肥料应用手册

张洪昌　段继贤　廖洪　主编

中国农业出版社

主　　编： 张洪昌　段继贤　廖　洪

副 主 编： 丁云梅　李星林

编写人员： 张洪昌　段继贤　廖　洪　丁云梅
李星林　王雪娟　毛　波　赵　伟
张颖键　谭根生

前 言

我国人口众多，耕地资源相对不足，农业增产主要靠提高单产。肥料的合理施用对作物单产的提高起着重要作用，但是长期以来农村盲目施肥的现象严重，不仅造成农业生产成本增加，而且严重污染环境，威胁农产品质量安全，影响农业产量进一步提高。

近几年来，随着农业生产的发展和科学技术的进步，新型肥料种类和品种如雨后春笋，与日俱增，对农业生产的发展起到了一定的推动作用。化学肥料具有养分含量高、见效快、效果好的特点，但与有机—无机复混肥相比较，化学肥料又存在养分单一、养分利用率低等不足之处，施用不当不仅会造成资源浪费，还会导致农作物减产，甚至造成环境污染。含有腐殖酸、氨基酸等活性物质的生物有机—无机功能性复混肥料则能有效提高土壤肥力、减少或降低病虫害发生，提高农作物产量、改善农产品品质。

为了帮助农民了解有关肥料的科学知识、有针对性地选购新型肥料并有效施肥，作者根据近年来肥料使用新理念和新技术，特别是配方施肥技术的发展，编著了这本《肥料应用手册》。

本书较系统全面地介绍了肥料的基础知识、主要肥料的性质和我国主要肥料的标准，并介绍了主要作物的合理施肥技术、主要作物专用肥料配方等有关肥料应用方面的知识，具有科学性、先进性和实用性。对农业技术推广人员和广大农业种植户合理施用肥料具有指导作用，对肥料生产企业也有一定的实用价值，还可供农业院校有关专业师生参考，也可作为市、县、乡镇和村农户科学施肥、生产企业经销服务人员培训的教材。

本书第十六章至二十章中有关作物专用肥料配方的数据是根据作物需肥特点、科学施肥理念和肥料生产工艺等因素给出的，读者在参考时，还应结合当地耕地土壤养分状况、施肥方法和气候条件等因素综合考虑，进行适当的调整。

本书在编写过程中引用了褚天铎等编著的《化肥科学使用指南》，鲁剑巍、曹卫东主编的《肥料使用技术手册》，周连仁、姜佰文主编的《肥料加工技术》等图书以及有关专著和文献的资料，特向这些图书和文献的编著者们表示衷心感谢。

由于我们水平有限，书中缺点和疏漏之处在所难免，恳请专家、同行和广大读者批评指正。

编　者

2010年8月

目　录

第一章 肥料的作用与合理施用

第一节 肥料的概念

一、肥料的定义与肥料的主要作用

以提供植物（作物）养分为其主要功能的物料，称为肥料。

肥料提供植物（作物）养分，提高产量和品质，培肥地力，改良土壤理化性能，是农业生产的物质基础。

二、肥料的来源与分类

肥料的来源一般分为两大类：一类是为满足农业生产的需要由工厂生产的化学肥料，也称为矿质肥料；另一类是人类生活与生产过程中自然产生的物质，如植物秸秆、农副产品加工的下脚料、粪便、含腐殖酸的物料等，称为有机肥料。肥料的品种日益繁多，目前还没有统一的分类方法。常见的肥料分类方法见表1-1。

表1-1 常见的肥料分类方法

分类方法	类别	主要肥料
按化学成分	有机肥料	来源于植物和（或）动物，施于土壤，以提供植物（作物）养分为其主要功效的含碳物料。如饼肥、人粪尿、家禽家畜粪便、秸秆等沤堆肥、绿肥等农家肥和腐殖酸肥料等。
	无机肥料（化学肥料）	标明养分为无机盐形式的肥料，由提取、物理和（或）化学工业方法制成。如尿素、硫酸铵、碳酸氢铵、氯化铵、过磷酸钙、磷酸铵、硫酸钾、氯化钾、磷酸二氢钾、钙镁磷肥、硫酸镁、硫酸锰、硼砂、硫酸锌、硫酸铜、硫酸亚铁、钼酸铵等。
	有机—无机肥料	来源于标明养分的有机和无机物质的产品，由有机肥料和无机肥料混合或化合制成。
按含营养元素成分数量	单质肥料	在肥料主养分中，仅含有一种养分元素标明量的氮肥、磷肥、钾肥等的统称。如尿素、硫酸铵、碳酸氢铵、过磷酸钙、重过磷酸钙、硫酸钾、氯化钾等单质肥料；硫酸铜、硼砂、硫酸锌、硫酸锰、硫酸亚铁、钼酸铵等单质微量元素肥料。

（续）

分类方法	类　别	主要肥料
按含营养元素成分数量	复混肥料	氮、磷、钾三种养分中，至少有两种养分标明量的由化学方法或掺混方法制成的肥料，是复合肥料与混合肥料的总称。如各种复混（合）肥料。
	复合肥料	氮、磷、钾三种养分中，至少有两种养分标明量的仅由化学方法制成的肥料，如磷酸一铵、磷酸二铵、硝酸磷肥、硝酸钾、磷酸二氢钾等。
	混合肥料	是将两种或三种氮、磷、钾单质肥料，或用复合肥料与氮、磷、钾单质肥料其中的一到两种，也可配适量的中、微量元素，经过机械混合的方法制取的肥料，可分为粒状混合肥料、粉状混合肥料和掺混肥料。如各种专用复混肥料。
	配方肥料	是指利用测土配方技术，根据不同作物的营养需要、土壤养分含量及供肥特点，以各种单质肥料或复合肥料为原料，有针对性地添加适量中、微量元素或特定有机肥料等，采用掺混或造粒工艺加工而成的，具有很强针对性和地域性的专用肥料。
按肥料作用方式	速效肥料	养分易被植物（作物）吸收利用，即肥效快的肥料。如尿素、硝酸铵、硫酸铵、氯化铵、碳酸氢铵、过磷酸钙、重过磷酸钙、硫酸钾、氯化钾、农用硝酸钾等。
	缓效肥料	养分所呈的化合物或物理状态施入土壤后能在一段时间内缓慢释放（供植物或作物）持续吸收利用的肥料，包括缓溶性肥料、缓释肥料。 缓溶性肥料是通过化学合成的方法，降低肥料的溶解度，以达到长效的目的。如尿甲醛、尿乙醛、聚磷酸盐等。 缓释性肥料是在水溶性颗粒肥料外面包上一层半透明或难溶性膜，使养分通过这一层膜、缓慢释放出来，以达到长效的目的。如硫包衣尿素、沸石包裹尿素等。
按肥料的物理状态	固体肥料	呈固体状态的肥料。如尿素、硫酸铵、氯化铵、过磷酸钙、钙镁磷肥、磷酸铵、硫酸钾、氯化氨、硼砂、硫酸锌、硫酸锰等。
	液体肥料	悬浮肥料、溶液肥料和液氨肥料的总称。如液氨、氨水、叶面肥料、液体单质化肥或液状复合肥、聚磷酸铵悬浮液肥等。
	气体肥料	常温、常压下呈气体状态的肥料。如二氧化碳。

（续）

分类方法	类　别	主要肥料
按作物对营养元素的需求量	大量元素肥料	利用含大量营养元素的物质制成的肥料。如氮肥、磷肥和钾肥。
	中量元素肥料	利用含中量营养元素的物质制成的肥料，常用的有镁肥、钙肥和硫肥。
	微量元素肥料	利用含微量营养元素的物质制成的肥料，常用的有硼肥、锌肥、锰肥、钼肥、铁肥和铜肥等。
	有益营养元素肥料	利用含有益营养元素的物质制成的肥料，常用的有硅肥、稀土肥料等。
按肥料的化学性质	碱性肥料	化学性质显碱性的肥料。如碳酸氢铵、钙镁磷肥、氨水、液氨等。
	酸性肥料	化学性质呈酸性的肥料。如磷酸二氢钾、过磷酸钙、硝酸磷肥、硫酸锌、硫酸锰、硫酸铜等。
	中性肥料	化学性质呈中性或接近中性的肥料。如硫酸钾、氯化钾、硝权钾、尿素等。
按反应的性质	生理碱性肥料	养分经作物吸收利用后，残留部分导致生长介质酸度降低的肥料。如硝酸钠、磷酸氢钙、钙镁磷肥等。
	生理酸性肥料	养分经作物吸收利用后，残留部分导致生长介质酸度提高的肥料。如氯化铵、硫酸铵、硫酸钾等。
	生理中性肥料	养分经作物吸收利用后，无残留部分或残留部分基本不改变生长介质酸度的肥料。如硝酸铵、尿素、碳酸氢铵等。

第二节　肥料在农业生产中的作用

一、肥料的重要性

肥料是农作物的“粮食”，是重要的农业生产资料之一，在农业生产中起着重要的作用。一是提高作物产量。据联合国粮农组织（FAO）调查统计，肥料的平均增产效果在40％～60％。二是改善作物品质。通过合理施肥，可以有效地改善作物品质，如适量施用钾肥，可明显提高蔬菜、瓜果中糖分和维生素含量，降低硝酸盐含量；适量施用钙肥，可以防治瓜果水心病、脐腐病等。三是保障耕地质量。通过合理施肥，补充土壤被作物吸收带走的养分，保护耕地质量。四是使作物生长茂盛，提高地面覆盖率，减缓或防止水土流失，维护地表水域、水体不受污染，相应地起到了保护环境的作用。

在我国农业生产中，农民购买肥料投入占全部农资投入的50%左右。肥料的施用也并非越多越好，过量或不合理施用肥料也会导致人体健康受到威胁。如氮肥过量施用，可能导致作物抗病虫、抗倒伏能力下降，产量降低；引起农产品尤其是食品中硝酸盐的富集；氮素的淋失会对地表水和地下水产生环境污染；氨的挥发和反硝化脱氮会对大气环境产生污染。

二、有机肥的作用

有机肥是我国农业生产中的传统肥料。就科学含义来讲，含有机质或者含碳（C）元素的肥料，叫有机肥料。

（一）有机肥的特点

有机肥料的种类很多，如人畜和家禽粪尿、农作物秸秆、含腐殖酸的物料、饼粕、草炭、泥面料、城市垃圾、污染等。可以说，哪里有农业、畜牧业，哪里有人类的日常生活活动，哪里就有有机肥的肥源。

有机肥的肥料来源广泛，是所有生物的排泄物、残渣或生物的腐解物。有机肥的积制操作简单，肥料养分完全，除含有大、中量元素之外，还含有微量元素。与化肥相比，有机肥肥效持久、缓慢。但是，有机肥存在脏、臭、不卫生、养分含量低、体积大和使用不方便等缺点。

（二）有机肥的主要作用

1. 提高产量和品质

有机肥料含有植物所需要的大量营养成分、各种微量元素、糖类、脂肪和多种生物性激素，有效营养成分能直接供应农作物吸收利用，土壤中的微生物能利用有机肥中的生物能量，以提高农作物的产量。科学施用有机肥料，能提高农作物产量、营养品质和外观品质。

2. 培肥土地

有机肥料含有丰富的有机物质。施用有机肥能增加土壤中有机质的含量。有机质能改良土壤的物理、化学和生物特性，熟化土壤，培肥地力。施用有机肥，能增加许多有机胶体，大大增加土壤的吸附表面，产生许多胶黏物质，使土壤颗粒胶结起来，变成稳定性的团粒结构，提高土壤保水、保肥和透气的性能以及调节土壤温度和湿度的能力。

施用有机肥料还可使土壤中的微生物大量繁殖，特别是许多有益微生物如固氮菌、氨化菌、硝化菌、纤维分解菌和磷钾细菌。长期施用有机肥使土壤有益微生物的数量明显增加，可以提高土壤的生理活性，使土壤养分状况越来越好，土壤能量越来越充足，土壤的缓冲性和抗逆性能也得到明显提高。

有机肥料在土壤中经过腐烂、分解，形成腐殖质。腐殖质中的各类腐殖酸含有羧基、羟基、酚羟基和醌基等，这些功能团具有刺激作用，能促进植物体内酶的活性，加强呼吸作用和光合作用，促进植物体内物质的合成、运转和积累。

3. 保护生态环境

长期施用有机肥料能起到防止或减少环境污染的作用。首先，利用人畜、家禽的排泄物积存制作为肥料，施入土壤里，消除了对一个局部地域的地表地下水资源、土地和小气候的污染，减少了对人、畜的危害，以及动、植物病虫害的蔓延。其次，由于经常施用有机肥，使土壤有机质含量增加和更新，大大提高土壤的吸附能力，可去除土壤中有毒物质或减轻其毒害。

科学研究表明，土壤腐殖质的存在及其对农药的吸附，不仅控制了农药在土壤中的残留，而且起到了对残毒的降解、流失和挥发。另外，通过土壤腐殖质与黏土矿物的吸附、化学沉淀和腐殖质的络合（螯合）作用，减轻了重金属对农作物的毒害，使农作物对这些有毒物质的吸收量大大减少。因此，长期施用有机肥对土壤中汞、镉和铬等重金属污染的减毒效果也很明显。中国农业科学院土壤肥料研究所的试验证明，土壤中施用猪、鸡、马、羊等粪后，原来十壤中的重金属铬为 50 毫克/千克土，8 天后降至 2～3 毫克/千克土。

三、化肥在农业生产中的作用

我国耕地面积近 1.4 亿公顷，全国人口约 13 亿，人均耕地面积 0.1 公顷，仅为世界人均耕地面积 0.27 公顷的 37.0%。在有限的土地上，要满足人民对农产品日益增长的需求，提高复种指数固然可以使总产量有一定提高，但目前我国耕地的复种指数已达 1.56，复种指数再进一步提高的潜力已很有限，在保护山林、滩涂、湿地的前提下再扩大耕地面积也有一定困难，切实可行的办法是提高单位面积产量。

据联合国粮农组织的调查结果，占世界人口一半以上的人所需能量的 90%、所需蛋白质的 80%，仍将从谷物和其他植物性食物中获得。发展中国家粮食总产量的增加，近 75%是通过提高单位面积产量而得到的。在提高单位面积产量的诸因素中，化肥所占的比重约 50%以上。

我国对农家肥和化肥的投入总量及比例与粮食产量关系的研究表明，1949 年肥料养分投入总量为 429 万吨，其中化肥占 0.1%；1975 年肥料养分投入总量为 1 063 万吨，其中化肥占 33.6%；1985 年肥料养分投入总量为 3 157 万吨，其中化肥的比例占 56.3%，至 1995 年肥料养分投入总量达到 5 300 万吨，化肥的比例已占到 67.8%。可见，化肥占肥料养分投入总量的比重逐渐提高（表1-2）。

表1-2　化肥用量与作物产量

年　份	化肥（以有效养分计）平均年用量（万吨）	作物平均单产（千克/亩*）	
		小麦	水稻
1950—1954	1.3	49.3	156.8
1955—1959	44.5	59.2	170.3
1960—1964	89.7	47.8	158.2
1965—1969	262.4	69.1	205.6
1970—1974	492.6	88.3	225.1
1975—1979	887.4	118.0	251.1
1980—1984	1 415.0	162.7	317.0
1985—1989	2 040.9	202.2	356.4
1990—1994	2 958.3	222.4	388.7

根据我国大量试验资料统计，每生产100千克经济产量，作物吸收氮、磷、钾的数量如表1-3所示。尽管土壤通过风化作用和其他自然过程会释放出一些养分，但事实上土壤释放的养分只能满足作物需要的40%～60%，其余要靠施肥来解决；在肥料中，60%～80%依靠化肥来解决。由此可见化肥在农业生产中的重要作用。

表1-3　作物吸收氮、磷、钾的数量

作　物	收获物	形成100千克经济产量需养分量（千克）		
		氮（N）	磷（P_2O_5）	钾（K_2O）
冬小麦	子粒	2.8～3.2	1～1.5	2～4
水稻	稻谷	1.5～1.9	0.8～1.0	1.8～3.8
玉米	子粒	2.4～4.0	1.1～1.4	3.2～5.5
高粱	子粒	2.6	1.3	3.0
谷子	子粒	2.7	1.5	2.1
甘薯	鲜块根	0.35	0.18	0.55
马铃薯	鲜块根	0.55	0.22	1.02

* 亩为非法定使用计量单位，15亩=1公顷。

（续）

作　物	收获物	形成 100 千克经济产量需养分量（千克）		
		氮（N）	磷（P_2O_5）	钾（K_2O）
棉花	皮棉	7.0～8.0	4.0～6.0	7.0～15.0
黄麻	纤维	1.99	0.82	4.67
大豆	子粒	8.1～10.1	1.8～3.0	2.9～6.3
芝麻	子粒	9.2	2.4	10.1
向日葵	子粒	3.3～6.1	1.5～2.5	6.3～13.9
油菜	子粒	6.8～7.8	2.4～2.6	5.5～7.0
花生	鲜荚果	4.0～6.0	0.53～1.33	1.0～2.0
苹果	鲜果	0.8～2.0	0.26～1.20	0.8～1.8
梨	鲜果	0.38	0.18	0.38
桃	鲜果	1.0	0.5	1.0
葡萄	鲜果	0.60	0.11	0.40
温州蜜柑	鲜果	0.60	0.30	0.72
黄瓜	鲜果	0.40	0.35	0.55
番茄	鲜果	0.45	0.50	0.50
菜豆	鲜豆荚	0.81	0.23	0.68
茄子	鲜果	0.26～0.30	0.07～0.10	0.31～0.55
结球甘蓝	营养体	0.41	0.05	0.38
大白菜	营养体	0.22	0.09	0.25
菠菜	营养体	0.21～0.35	0.06～0.11	0.30～0.53
萝卜	根	0.21～0.31	0.08～0.19	0.38～0.56

但是，化肥的施用存在很多问题。从我国具体的农业生产实践看，按纯养分计，我国化肥施用量由 1984 年的 1 740 万吨到 1994 年增加到 3 318 万吨，用量增加了 90.7%，而粮食总产量由 1984 年的 40 731 万吨到 1994 年总产 44 510 万吨，仅增加了 9.3%。从氮（N）、磷（P_2O_5）、钾（K_2O）的比例看，日本为 1∶1.1∶0.89，西欧为 1∶0.45∶0.50，美国为 1∶0.40∶0.48，加拿大为 1∶0.53∶0.32，而我国为 1∶0.45∶0.17；由氮（N）与钾（K_2O）的比值（N/K_2O）看，世界平均为 4.0，发达国家为 2.0，发展中国家（中国除外）为 4.0，而我国为 18.0。由此可以看出我国肥料养分投入的不平衡。在肥料的投入方面，沿海省、直辖市（福建、广东、江苏、上海、浙江）平均每亩肥料养分投入量为 50.7 千克，粮食

平均每亩产量 315 千克，每千克养分可以生产 6.2 千克谷物；内陆地区（甘肃、黑龙江、青海、内蒙古、西藏）平均每亩肥料养分投入量为 8.4 千克，粮食平均产量每亩 306.6 千克，平均每千克养分生产谷物 36.5 千克。肥料的投入量，沿海地区比内陆地区多 6 倍，而每千克养分的产量（效益）沿海地区只相当于内陆地区的 1/6。

第三节　肥料的合理施用

一、作物必需的营养元素

（一）作物必需的营养元素

1. 作物必需的营养元素

作物必需的营养元素有 16 种，分别是碳（C）、氢（H）、氧（O）、氮（N）、磷（P）、钾（K）、钙（Ca）、镁（Mg）、硫（S）、铁（Fe）、硼（B）、锰（Mn）、铜（Cu）、锌（Zn）、钼（Mo）、氯（Cl）。

目前国际公认的植（作）物必需营养元素的确定依据：

（1）这种元素对于植物的正常生长和生殖应该是必要的，当它完全缺乏时，植物的营养生长和生殖生长全过程不能完成。

（2）这种需要是专一的，其他元素不能代替它的作用，缺乏这一元素，植物将产生一定的特殊症状，满足这一元素，这种症状就会消除而恢复健康。

（3）这种元素必须在植物体内直接起作用，而不是仅仅使其他某些元素更容易生效，或者仅仅是对其他元素发生抗毒的效应。必需元素在植物体内不论数量多少都是同等重要的，任何一种营养元素的特殊功能不能为其他元素所代替。这就叫营养元素的同等重要律和不可代替律。

2. 作物必需营养元素在植物体内的含量（表 1-4）

表 1-4　正常生长植株必需营养元素的种类、可利用形态及在干组织中的含量

营养元素		化学符号	植物可利用的形态	在干组织中的含量	
				%	毫克/千克
大量营养元素	碳	C	CO_2	45	450 000
	氢	H	H_2O	45	450 000
	氧	O	O_2、H_2O、CO_2	6	60 000
	氮*	N	NO_3^-、NH_4^+	1.5	15 000
	磷	P	$H_2PO_4^-$、HPO_4^{2-}	0.2	2 000
	钾	K	K^+	1.0	10 000

（续）

营养元素		化学符号	植物可利用的形态	在干组织中的含量	
				%	毫克/千克
中量营养元素	钙	Ca	Ca^{2+}	0.5	5 000
	镁	Mg	Mg^{2+}	0.2	2 000
	硫	S	SO_4^{2-}	0.1	1 000
微量营养元素	铁	Fe	Fe^{2+}、Fe^{3+}	0.01	100
	硼	B	BO_3^{3-}、$B_4O_7^{2-}$	0.01	100
	锰	Mn	Mn^{2+}	0.005	50
	铜	Cu	Cu^{2+}、Cu^{+}	0.002	20
	锌	Zn	Zn^{2+}	0.002	20
	钼	Mo	MoO_4^{2-}	0.000 6	6
	氯	Cl	Cl^{-}	0.000 01	0.1

注：非豆科植物从土壤中吸收氮，豆科植物可从空气中固氮。

（二）作物必需营养元素分类与分组

1. 按作物的需要量分类（表 1-5）

表 1-5 根据作物的需要量分类

大量元素	作物对此类元素的需要量较大，它们约占植株体干重的千分之几到百分之几十。它们是碳、氢、氧、氮、磷、钾。其中，碳、氢、氧来自于空气和水；土壤中氮、磷、钾有效供应量少，而作物需求量较大，因此土壤中常缺乏这三种营养元素，必须通过施肥来满足作物的需要，所以称氮、磷、钾为“肥料三要素”。
中量元素	作物对此类元素的需要量为中等。它们是钙、镁、硫等。
微量元素	微量元素约占植株体干重的千分之几到十万分之几。它们是铁、硼、锰、锌、铜、钼、氯等。作物对这类元素的需要量很少，但缺乏时作物不能正常生长，例如玉米缺锌时呈现白苗症，严重时不抽雄穗；油菜缺硼严重时幼苗死亡，轻者呈现花而不实症。微量元素施用过量，也会对作物有害，甚至致其死亡。

2. 按作物必需营养元素的营养特点分组（表 1-6）

表 1-6 按作物必需营养元素的营养特点分组

第一组	碳、氢、氧、氮、硫 是构成有机物质的主要成分，也是酶促反应过程中原子团的必需元素。碳、氢、氧在光合作用中被同化，形成有机物；氮、硫同化过程也是新陈代谢的基本过程。

（续）

第二组	磷、硼 以无机离子或酸分子的形态被植物吸收，并可与植物的羟基化合物进行酯化反应，形成磷酸酯、硼酸酯等，磷酸酯参与能量转化。
第三组	钾、钙、镁、锰、氯 以离子形态被植物吸收，并存在于细胞的汁液中或被吸附在非扩散的有机离子上；主要功能是调节细胞渗透压、活化酶或成为酶的辅酶、维持生物膜的稳定性和选择性。
第四组	铁、铜、锌、钼 主要以配位态存在于植物体内，构成酶的辅基；除钼外，常以螯合物或络合物的形态被吸收；通过原子化合价的变化传递电子。

（三）作物必需营养元素的吸收形态和主要生理功能

作物正常生长发育需要 16 种必需营养元素，除此以外，已发现硅、钠、钛、碘、硒等矿质营养元素对作物有重要作用，称有益元素。这些营养元素的生理功能既是专性的，又互有联系，对作物的生长发育同等重要，不能相互代替。其中碳、氢、氧主要从空气中和水中吸收，一般不会缺乏，其余的营养元素是从土壤中吸收。

在农业生产中，土壤中的营养元素难以满足作物的生长发育需求，需要通过施肥加以补充。各种营养元素的吸收形态和主要生理功能见表 1-7。

表 1-7　植物必需营养元素的吸收形态和主要生理功能

营养元素	吸收形态	主要生理功能
碳（C）	CO_2、CO_3^{2-}、HCO^{3-}	是光合作用的原料；是淀粉、脂肪和蛋白质等有机化合物的组成元素。
氢（H）	H_2O、H^+、OH^-	作为水分的组成元素参与一切生理生化过程；是淀粉、脂肪和蛋白质等有机化合物的组成元素。
氧（O）	H_2O、CO_2、O_2	是呼吸作用的原料；参与水和二氧化碳的组成；是淀粉、脂肪和蛋白质等有机化合物的组成元素。
氮（N）	NH_4^+、NO_3^-	是蛋白质、核酸和核蛋白、叶绿素、酶、维生素和激素等化合物的组成元素。
磷（P）	PO_4^{3-}、HPO_4^{2-}、$H_2PO_4^-$	构成核酸、核蛋白、酶、ATP 等重要化合物；促进糖代谢、氮代谢和脂代谢；促进植物生长、分蘖、根的伸长和开花结实；增强植物抗旱、抗寒、抗盐碱、抗病虫害等的胁迫能力。

（续）

营养元素	吸收形态	主要生理功能
钾（K）	K^{+}	作为多种酶的活化剂参与并调节各种代谢；促进光合作用和光合产物的运输与转化；调节硝态盐的吸收、还原以及蛋白质的合成；促进作物经济用水；增强植物抗旱、抗寒、抗盐碱和抗病虫害等的胁迫能力。
钙（Ca）	Ca^{2+}	是细胞壁的组分，有助于细胞膜的稳定性；通过影响细胞分裂而促进新细胞的形成和根系的生长；作为多种酶的活化剂，调节体内各种代谢和调节介质的生理平衡。
镁（Mg）	Mg^{2+}	是叶绿素的构成元素；作为多种酶的活化剂，增强碳代谢、氮代谢、磷代谢和脂肪代谢；促进维生素合成，协调离子间的平衡。
硫（S）	SO_4^{2-}、SO_3^{2-}	构成蛋白质、酶、维生素等化合物；促进叶绿素形成；参与氧化还原过程；增强植物抗寒性和耐寒性。
铁（Fe）	Fe^{2+}、Fe^{3+}	参与叶绿素合成；是铁氧还蛋白、细胞色素氧化酶等的组分，在光合作用和呼吸作用中起重要作用；与生物体内的氧化、还原反应有关。
锰（Mn）	Mn^{2+}、Mn^{4+}	是叶绿素的组分；参与光合作用中水的光解；调节体内的氧化还原电位；促进维生素C的合成。
锌（Zn）	Zn^{2+}	是一些酶的构成元素和活化剂，参与光合作用的重要代谢；促进生长素IAA的合成，从而影响植物的生长。
硼（B）	BO_3^{2-}	参与促进分生组织的分化，开花器的发育和种子形成
钼（Mo）	MoO_4^{2-}	是作物体内硝酸还原酶的成分，参与硝态氮的还原过程；提高根瘤和固氮菌的固氮能力。
铜（Cu）	Cu^{+}、Cu^{2+}	是作物体内各种氧化酶活化基的核心元素，在催化作物体内氧化还原反应方面起着重要作用；增进叶绿体的稳定性；含铜酶与蛋白质的合成有关。
氯（Cl）	Cl^{-}	

（四）作物营养元素的专一性和综合性

植物所必需的营养元素在体内不论数量多少都是同等重要、不可替代的，这就是"营养元素的同等重要率和不可替代率"。尽管植物体内各种营养元素的数量悬殊，但都承担着某些重要而专一的作用。由于它们作用的专一性，每种必需营养元素的特殊作用是其他任何一种营养元素所不能代替的。

随着科学的发现和技术的进步，人们认识到某些营养元素之间存在着相互作用的效应，在不增加施肥量的条件下，只要配合适当，就会有明显的效果。在强调各种营养元素具有独特专一作用的同时，并不排斥各种营养元素的综合作用。事实上，多种营养元素是在相互配合条件下发挥作用的。

（五）合理施肥和肥料利用率

1. 合理施肥

施肥必须起到使作物获得优质、增产的作用；要以最少的投入获得最大的经济效益；要能改善土壤养分条件，为增加产量创造良好的基础；不浪费肥料，尽量避免不合理施肥可能产生的各种副作用。

注意事项：要考虑作物的营养特性，因为各种作物的营养特性是不同的；要考虑各地土壤条件，以及土壤中各养分含量、供肥能力等；必须考虑各地区气候与施肥的关系，如干旱地区或多雨水地区、低温和高温季节等不同气候条件下，要因地制宜，掌握好合理施肥。

2. 肥料利用率

肥料利用率是指当季作物从所施用肥料中吸收利用的养分占肥料中该种养分总量的百分数。在目前栽培技术和管理水平下，主要化肥的利用率：氮肥 30％～60％，磷肥 10％～20％，钾肥 40％～70％。

二、作物的营养特点

1. 作物的营养时期

作物从种子萌发到种子形成的整个生育过程中要经过许多不同的生育阶段，各生育阶段除了萌发期靠种子营养和生育末期根部停止吸收养分外，都要通过根系从土壤中吸收养分。植物根系从土壤中吸收养分的整个时期，叫作物营养时期。

2. 作物吸收养分的一般规律

生长初期吸收数量少、强度低，随着时间的推移，对营养物质的吸收量逐渐增加，到成熟期又趋于减少。不同作物养分吸收的高峰期和各生育期对氮、磷、钾的吸收数量和比例有差别，小麦吸收氮素的高峰在拔节期，而开花期吸收量较少；棉花吸收氮素的高峰在初花期到盛花期。

3. 作物营养临界期

作物营养临界期是指某种养分缺乏、过多或比例不当对作物生长影响最大的时期。在营养临界期，作物对某种养分需求的绝对数量虽然不多，但很迫切，若因某种养分缺乏、过多或比例不当而受到损失，即使以后该养分供应正常也难以弥补。

各种作物的营养临界期不完全相同，但多出现在作物生育前期。多数作物磷素营养的临界期多出现在幼苗期，玉米在出苗后 7 天左右，棉花在出苗后 10～20 天。作物幼苗期是种子营养向土壤营养的转折期，此时种子的磷素营养已近乎耗尽，急需从土壤中获取，但此时大部分幼根在土壤表层，尚未伸展，吸收养分的能力较弱，因此农业生产上采用少量磷肥作种肥，常有良好的效果。作物氮素营养临界期一般较磷素营养临界期稍晚，往往在营养生长转向生殖生长的时期，如小麦在分蘖至幼穗分化期，棉花在现蕾初期。水稻钾素营养临界期在分蘖初期和幼穗分化期。

4. 作物营养最大效率期

作物营养最大效率期是指某种养分能够发挥最大增产效能的时期。在这个时期，作物对某种养分的需要量和吸收量都是最多的。这一时期也是作物生长最旺盛的时期，吸收养分的能力最强，如能及时满足，则增产效果非常显著。玉米氮素营养最大效率期一般在喇叭口期至抽雄初期，小麦在拔节至抽穗期，棉花在开花结铃期，油菜在花期。

三、作物营养平衡施肥

作物正常生长发育和形成产量需要多种营养元素，而且各种营养元素之间存在着平衡的比例关系。增加氮肥用量，则需要相应地提高磷肥、钾肥以及中量、微量元素肥料的用量。如果单纯提高一种营养元素，其他营养元素不进行相应的调整，也不会发挥这种元素的作用。据报道，北京郊区 11 个夏玉米氮、磷、钾肥试验，不施氮、磷、钾肥的玉米每亩产 343.4 千克，单施磷肥每亩产 433.5 千克，单施氮肥每亩产 456.9 千克，施用氮、磷肥每亩产 472.0 千克，施用氮、磷、钾肥每亩产 533.5 千克。施用氮、磷、钾肥每亩产量比不施氮磷肥增产 190.1 千克，比单施磷肥增产 100.0 千克，比单施氮肥增产 76.6 千克，比施用氮磷肥的增产 61.5 千克。除氮、磷、钾以外，其他营养元素供应不平衡时，同样影响产量进一步提高。据有关文献在云南主要烤烟生产基地进行的试验，在施用氮、磷、钾肥的基础上补充施用镁肥、锌肥或硼肥，不仅提高了烟草的产量，还增加了上等烟的比例（表 1-8）。

表 1-8　氮、磷、钾复合肥与中量、微量元素肥料配合施用对烟草产量质量的影响效果

处　理	百叶重（克）	产量（千克/亩）	上等烟比例（克/千克）
氮、磷、钾	910.58	191.17	325.8
氮、磷、钾＋镁	1 070.06	206.53	375.6
氮、磷、钾＋锌	1 094.42	207.76	371.9
氮、磷、钾＋硼	1 056.04	212.25	352.7

根据 20 世纪 80 年代以来全国数百个田间试验统计，油菜在施用氮、

磷、钾肥基础上增施硼肥，平均增产7.9%；玉米在施用氮、磷、钾肥基础上增施锌肥，平均增产7.1%。由此可见，营养平衡是科学合理施肥的基本原则，如果忽视这个原则，盲目提高某一种营养元素的用量，不仅产量不会提高，反而使肥料效益降低，虽增加了投资，但投入产出比降低（表1-9）。

表1-9　小麦氮、磷、钾肥施用量及产量效应

氮(N)用量（千克/亩）	亩产量（千克）	每千克氮增产（千克）	磷(P_2O_5)用量（千克/亩）	亩产量（千克）	每千克磷增产（千克）	钾(K_2O)用量（千克/亩）	亩产量（千克）	每千克钾增产（千克）
0	162.6		0	181.8		0	237.0	
1.5	229.7	44.7	1.5	188.5	4.5	1.5	246.3	6.2
2.5	222.0	23.8	2.5	226.8	18.0	2.5	252.0	6.0
4.5	237.0	16.5	4.5	252.0	15.6	4.5	262.5	5.7
6.5	252.0	14.1	6.5	258.0	11.7	6.5	256.2	3.0
8.5	277.8	13.5	8.5	263.8	9.7	8.5	245.8	1.0
10.5	259.7	9.2	10.5	268.3	8.2	10.5	256.2	1.8
12.5	243.8	6.5	12.5	213.0	2.5	12.5	250.0	1.1

注：氮肥处理以每亩施磷（P_2O_5）4.5千克、钾（K_2O）2.5千克为底肥；磷肥处理以每亩施氮（N）6.5千克、钾（K_2O）2.5千克为底肥；钾肥处理以每亩施氮（N）6.5千克、磷（P_2O_5）4.5千克为底肥。

营养平衡施肥除营养元素的用量需要平衡以外，还应注意营养元素需要均衡供应。在化肥中，氮肥的作用最快，但持续供应的时间也最短，因此保证作物生长中氮肥的持续供应是关键，但要掌握供氮的时期。例如在马铃薯栽培中，若在块茎膨大期突然增施氮肥，不仅不能促进块茎膨大，反而会引起块茎上芽眼再生长，形成链状块茎或疣状块茎。

四、按土壤施肥

土壤是作物赖以生存的基础。肥料施入土壤，一部分被作物吸收，一部分被土壤保蓄起来，还有一部分随水流失或变成气体而损失。我国土壤类型繁多，在不同土壤中肥料养分的固定和损失程度不同，直接影响施肥效果，所以在施用肥料时必须考虑土壤条件。尽管土壤养分在作物当季营养中只占40%～60%，但长期的试验证明，施用同样的肥料，有丰富营养贮备的土壤比贫瘠土壤更容易得到高产。

土壤因素是施肥必须考虑的前提，因为只有在土壤对某一养分供应不足时才需要施肥，而且肥料施入土壤后会发生一系列变化，这些变化都会在不同程度上影响肥料的效果。不考虑土壤条件，也就谈不上真正的合理施肥。

土壤储蓄的养分总量与一季作物养分需要量相比，可以说极其丰富。可是对当季作物来说，只有土壤中有效养分的部分对作物生长才有实际意义。一般有效养分占土壤养分贮备的比例非常小，据文献资料，我国农田土壤氮素肥力较低，不施氮肥的试验区作物产量只有最高产量的69%，氮素肥力较低的土壤占全国土壤的65%；磷素、钾素肥力中等的土壤占50%以上。

表1-10、表1-11、表1-12显示我国不同地区土壤肥力的分布差异。

表1-10　我国不同地区土壤氮素肥力分布

地　区	碱解氮（毫克/千克）	平均相对产量（%）	肥力水平（%）		
			低	中	高
东北地区	192	80.4	33	67	0
西北地区	63	54.8	100	0	0
黄淮海地区	66	76.7	40	60	0
长江流域地区	128	65.4	71	29	0
华南地区	132	67.3	100	0	0
平　均	119	69.0	65	35	0

注：相对产量小于75%为低，75%～95%为中，大于95%为高，表1-15，表1-16亦同。

表1-11　我国不同地区土壤磷素肥力分布

地　区	碱解磷（毫克/千克）	平均相对产量（%）	肥力水平（%）		
			低	中	高
东北地区	10.4	90.4	0	67	33
西北地区	9.3	82.3	0	100	0
黄淮海地区	5.6	77.8	20	80	0
长江流域地区	11.1	88.6	14	29	57
华南地区	11.4	93.2	0	67	33
平　均	9.7	86.4	9	59	32

表 1-12　我国不同地区土壤钾素肥力分布

地　区	碱解钾（毫克/千克）	交换钾（毫克/千克）	平均相对产量（%）	肥力水平（%）		
				低	中	高
东北地区	826	245	95.3	0	67	33
西北地区	1 030	225	101.1	0	0	100
黄淮海地区	714	99	92.3	0	80	20
长江流域地区	268	86	92.8	0	57	43
华南地区	180	77	84.9	33	67	0
平　均	569	139	93.7	3	56	41

在我国南方高温多雨地区，土壤中的硫素营养容易分解、淋失，据南方7个省200多个土壤样本分析，有效硫（S）平均含量18毫克/千克，含量范围为4.5～62毫克/千克。通常土壤有效硫小于10～16毫克/千克，作物就有缺硫的可能性，因此我国南方缺硫的可能性较大。钙、镁与硫类似，缺镁和缺钙土壤也大多分布在南方。

土壤微量元素营养与成土母质和土壤酸碱度关系密切。我国缺硼土壤可分成两个区。一个是我国东部和南部，包括红壤、黄壤和黄潮土地区；另一个是黄土高原土壤和黄河冲积物发育土壤。黑龙江省一些排水不良的白浆土和草甸土也往往缺硼。北京缺钼的土壤为黄土发育的各种土壤，这是由于成土母质的含钼最低，由这种含钼量低的母质发育的土壤，含钼量也低；南方缺钼的土壤包括各种红壤，这类土壤全钼含量高，但有效钼含量低。锌营养低的土壤主要是土壤碳酸钙含量高的石灰性土壤，南方、北方均有分布。锰素缺乏的土壤主要在北方，南方酸性土壤很少有缺锰的现象。我国大多数土壤铜的供应量适度，这与其他微量元素不同，但在长期淹水的酸性水稻土中有可能缺铜。

因此，土壤营养元素的供应能力是确定需要施什么肥料的主要依据。

五、按作物施肥

不同作物因遗传特性所决定，对土壤养分的吸收有很大差别。水稻、小麦、大麦等禾本科作物含硅量较高，芝麻、花生、大豆等油料作物对氮、磷、镁的需要量较多，烟草、甘蔗、茄子、香蕉需要有充足的钾供应，西葫芦、番茄、青椒要求较高的钙。分析不同作物体内主要营养元素的浓度（含量），油料作物花生体内氮的浓度明显高于粮食作物小麦和玉米；同样都是粮食作物，高粱的含钾量明显高于小麦、大麦和玉米；粮食作物体内钙、镁的含量明显低于花生。由于不同作物体内营养元素的浓度不同，所以不同作物吸收营养元素的量也有明显差异（表 1-13、表 1-14、表 1-15）。

表 1-13　不同作物营养元素含量的浓度（%）

营养元素	小麦	大麦	玉米	高粱	花生
氮（N）	1.06	1.71	1.15	1.02	2.33
磷（P）	0.14	0.22	0.14	0.16	0.19
钾（K）	0.55	0.83	0.47	1.26	0.74
钙（Ca）	0.14	0.27	0.25	0.44	0.75
镁（Mg）	0.23	0.23	0.25	0.33	0.77

表 1-14　每生产 100 千克子粒（果实）需要的主要养分

单位：千克

作物	氮（N）	磷（P_2O_5）	钾（K_2O）	氮、磷、钾比例
小麦	3	1～1.5	2～4	1∶0.4∶1
稻谷	1.5～1.9	0.8～1	1.8～3.8	1∶0.5∶1.6
高粱	2.6	1.3	3	1∶0.5∶1.15
玉米	2.84	1.21	3.52	1∶0.42∶1.24
谷子	2.7	1.5	2.1	1∶0.6∶0.8
花生	4～6	0.53～1.33	1～2	1∶0.2∶0.3
苹果	0.8～2	0.26～1.2	0.8～1.8	1∶0.5∶0.9
梨	0.38	0.18	0.38	1∶0.5∶1
桃	1	0.5	1	1∶0.5∶1

表 1-15　每生产 1 000 千克鲜块茎需要的主要养分

单位：千克

作物	氮（N）	磷（P_2O_5）	钾（K_2O）	氮、磷、钾比例
甘薯	3.5	1.75	5.5	1∶0.5∶1.6
马铃薯	5.5	2.2	10.2	1∶0.4∶2

即使是同类作物，因品种不同对营养的吸收也有一定差异，施用相同

种类的肥料，其增产效果也不尽相同。杂交稻对土壤钾的吸收量比常规水稻约高1倍；同样施用锌肥，晋中405高粱几乎不增产，而晋杂4号和原杂10号增产8.1%～8.3%；小麦施用锌肥，西安8号、烟农15等可增产10%，晋麦21、昌农339-51、济南13、冀5418增产5%～10%，郑州79201、百泉3039、鲁麦7号则没有明显的增产效果；春魁番茄施锌肥可增产23.12%，而费洛雷德品种只增产4.15%。在盆栽条件下，油菜施用硼肥，430品种可增产16.8%～61.9%，而908品种增产幅度为13.9%～24.4%；芝麻施用硼肥，中芝8号的产量可增加82.6%，于芝品种只增加43.3%。

由以上大量分析试验结果不难看出，不同作物种类需要营养的数量、比例不同，即使是同类作物，因品种不同需要的营养也有一定差异。因此，作物对营养元素需求的差异是决定各种肥料施用量的主要依据。

六、科学施肥

作物不同生育时期对营养元素种类、数量和比例要求不尽相同。科学合理的施肥量就是可使作物产量接近最高而又不会造成肥料浪费的施肥量。如何接近或达到这个要求，就需要对土壤供肥能力、作物需肥特点、作物营养临界期和营养最大效率期有全面的了解，然后确定需要肥料的品种、数量和施用时期。

作物营养的临界期多出现在作物发育的转折时期。如种子萌发出苗初期，主要依靠种子中贮存的营养，当种子贮存的营养消耗殆尽，开始依靠根系吸收营养时，就是作物营养的一个临界期，所以苗期是施用速效化肥的重要时期。不同养分临界期的出现并不完全相同，大多数作物磷的营养临界期出现在生长初期，冬小麦、水稻在分蘖始期，棉花、油菜在幼苗期，玉米在3叶期，此时缺磷，作物生长衰弱、根系细弱，容易形成“小老苗”。氮的营养临界期较晚，水稻在3叶期和幼穗分化期，小麦在分蘖期和幼穗分化期，如果这个时期缺氮，会使分蘖数和小花数减少而穗粒数增加。相反，如果在氮营养临界期过后再追施氮肥，则造成无效分蘖增加，使早期群体郁闭，小穗数减少甚至倒伏。玉米氮的临界期在穗分化期，这时期缺氮或氮过多都会造成后期穗小而减产。棉花氮的临界期出现在现蕾初期，这个时期缺氮，植株生长矮小，果枝短，蕾铃少，易脱落；如果氮肥过多，易引起茎叶徒长，同样会造成花蕾大量脱落。钾的营养临界期，水稻在分蘖初期和幼穗形成期，分蘖期水稻茎秆中含钾（K_2O）量在1%以下，则分蘖停止；幼穗形成期如含钾量在1%以下，则每穗粒数显著减少。

在作物生长发育过程中，还有一个时期肥料的营养效果最好，称为作物营养的最大效率期。作物营养最大效率期一般出现在作物生长发育的旺盛时期，这个时期根系吸收养分的能力很强，植株生长迅速。在作物营养最大效率期施肥，增产效果十分明显，经济效益较高。油菜的氮素最大效率期在开花期，因此油菜应重视花期肥；棉花氮、磷营养最大效率期均在花铃期；玉米氮肥最大效率期在喇叭口至抽穗初期；小麦氮肥最大效率期在拔节至抽穗期；而甘薯的氮肥最大效率期出现在生长初期，磷、钾肥的最大效率期在块根膨大时。

作物营养最大效率期与营养临界期同等重要，都是作物营养的关键时期。保证这两个时期有足够的养分供应，对提高作物产量具有重要意义。

施肥的目的是为了增产，但是盲目增加施肥量往往适得其反。作物对肥料的吸收利用有一定的限度，当缺乏营养时施肥可以明显增加产量，在一定范围内产量随施肥量的增加而增加；增加到一定程度后再增加施肥量，产量并不相应增加，相反还会下降。表1-16、表1-17是微量元素肥料锌肥和锰肥对番茄和大豆产量的影响。

表1-16 锌肥不同用量对番茄产量的影响

硫酸锌用量（毫克/千克）	0	20	40	60	80	100	150	200
果实产量（克/株）	589.75	682.40	708.77	744.25	931.86	688.98	635.60	578.85
增产量（克/株）		92.65	119.02	154.50	342.11	99.23	45.85	−10.90
增产率（%）		15.71	20.18	26.19	58.00	16.82	7.77	−1.80

表1-17 锰肥不同用量对大豆产量的影响

硫酸锰用量（千克/亩）	0	0.5	1.5	2.5	3.5
产量（千克/亩）	121.47	131.84	139.90	134.02	122.62
增产量（千克/亩）		10.37	18.43	12.55	1.15
增产率（%）		8.54	15.17	10.33	0.95

七、过量施肥对作物的危害

过量施肥对作物生长、产量和品质会产生危害，这种现象叫肥害。肥害在农业生产中时有发生。过量施肥不仅造成肥料浪费，增加生产成本，导致作物对病虫害的抵抗力下降，降低农产品产量和品质，而且对农业生态环境造成负面影响。

过量施肥对作物的危害机理和表现症状见表1-18。

表 1-18 过量施肥对作物的危害机理及表现症状

	危害机理、表现症状
施氮过量	氮素供应过多时，作物对氮素吸收奢侈。体内过量的氮用于叶绿素、氨基酸及蛋白质形成，过多消耗体内的光合产物，构成细胞壁所需的养料如纤维素、果胶等物质形成受阻，细胞壁变薄，机械支持力减弱；体内过多的氮主要以非蛋白质态氮的增加为主，植物组织柔软多汁，容易倒伏、发生病虫危害；体内过多的氮增加细胞内氨基酸的积累，促进细胞分裂素形成，作物长期保持嫩绿，延迟成熟。 禾谷类作物苗期氮营养过剩，出叶迅速，叶色浓绿、多汁，分蘖期长，分蘖多；拔节、孕穗期节间拉长，植株徒长，叶片软披，分蘖继续发生，颖花稀疏；成熟期灌浆慢，贪青晚熟，成穗率低，结实性差，空秕率增加，千粒重下降，经济产量降低。
施磷过量	磷肥施用过量导致作物呼吸作用增强，消耗大量糖分和能量。 作物无效分蘖和瘪粒增加，叶片肥厚而密集、浓绿；植株矮小、节间过短，生长受到抑制，繁殖器官成熟进程加快，营养体小；地上部生长受到抑制的同时，根系却十分发达，数量多但短、粗。施用磷肥过多还会导致植株缺锌、缺铁、缺镁等。
施钾过量	植物对钾的吸收具有奢侈吸收的特性，过量钾的供应虽不易直接表现出中毒症状，但可能影响各种离子间的平衡，还浪费化肥用量，降低施肥的经济效益。偏施钾肥易引起土壤中钾过剩，还会抑制植物对镁、钙的吸收，出现镁、钙缺乏症。
施硼过量	植物硼中毒主要集中在叶间或叶缘，先是叶间或叶缘褪绿，老叶叶缘发黄焦枯，出现坏死斑点，最后全叶枯萎，脱落。大麦和玉米硼中毒时，新生叶严重失绿或变白，不能展开。
施锌过量	在锌矿区附近或过量施用含锌矿渣及农药，有时也会引起作物锌中毒，其症状为叶片失绿，新叶黄化，进而产生赤褐色斑点，严重时完全枯死。
施锰过量	当土壤 pH 下降，锰的溶解度增加，不少植物都可能发生锰中毒，其最普遍的症状是幼叶失绿，根部变褐。但与缺铁失绿不同，谷类作物锰中毒时，失绿的叶片、叶鞘和茎上出现微小褐斑，叶缘部发生白化、变紫色，幼叶卷曲；豆科作物对锰很敏感，锰中毒时叶片边缘出现褐色或紫色斑点；莴苣锰中毒时老叶呈青色。
施钼过量	钼过量也会引起植物中毒，但症状不多见，因为植物对钼的忍耐力很强。马铃薯和番茄对钼过量较敏感，钼中毒时叶片失绿，马铃薯幼株呈赤黄色，番茄呈金黄色。
施铁过量	在土壤淹水或水稻田嫌气环境下，由于氧化还原电位低，铁离子（Fe^{2+}）浓度增高，使作物体内积累过多的亚铁而引起中毒。铁中毒的症状在不同植物上表现不同，如水稻 Fe^{2+} 中毒时先从下部叶片尖端出现褐色斑点，逐步向整个叶片扩展，最后上部叶片也出现症状，严重时下部叶片变为灰白色或白色，根发黑或腐烂；烟草 Fe^{2+} 中毒时叶片变为褐色或紫色。
施铜过量	铜过多时，幼叶叶脉间失绿，老叶呈现亮橙红色或桃红色，叶缘严重皱缩，逐渐干枯，根系也呈褐色坏死。
施氯过量	不同作物氯中毒症状不同，但共同的反应是叶片数和叶面积减少，地上部呈现青铜色或黄化，叶缘呈褐色枯萎状。

八、作物营养缺乏症状识别

作物营养元素缺乏一般症状见表1-19。

表1-19 作物营养元素缺乏时的一般症状

缺乏元素	植株变态	叶	根、茎	生殖器官
氮	生长受抑制、植株矮小、瘦弱；地上部受影响较地下部明显	叶片薄而小，呈黄绿色，严重时下部老叶几乎呈黄色，干枯死亡	茎细，多木质；根受抑制、细小，分蘖少（禾本科）或分枝少（双子叶）	花、果穗发育迟缓；不正常早熟；种子少而小，千粒重低
磷	植株矮小，生长缓慢；地下部严重受抑制	叶色暗绿，无光泽或呈紫红色；从下部叶开始逐渐死亡脱落	茎细小，多木质；根不发育，主根瘦长，次生根权少或无	花少、果少、果实迟熟；易出现秃尖、脱荚或落花落蕾；种子小而不饱满；千粒重下降
钾	较正常植株小，叶片变褐枯死；植株较柔弱，易感染病虫害	开始从老叶尖端沿叶缘逐渐变黄，干枯死亡；叶缘似烧焦状，有时出现斑点状褐斑，或叶卷曲显皱纹	茎细小，柔弱，节间短、易倒伏	分蘖多而结穗少；种子瘦小；果肉不饱满；有时果实出现畸形，有棱角；子粒干瘪、皱缩
钙	植株矮小，组织坚硬；病态先发生于根部和地上幼嫩部分，未老先衰	幼叶卷曲、脆弱，叶缘发黄，逐渐枯死；叶尖有枯化现象	茎和根尖分生组织受损，根系生长不好，茎软下垂，根尖细脆易腐烂、死亡；有时根部出现枯斑或裂伤	结实不好或很少结实
镁	变态发生在生长后期；黄化，植株大小没有显著变化	首先从下部老叶开始缺绿，但只有叶肉变黄，而叶脉仍保持绿色，以后叶肉组织逐渐变褐死亡	变化不大	开花受抑制，花色苍白
硫	植株普遍缺绿；后期生长受到抑制	幼叶开始黄化，叶脉先缺绿，然后遍及全叶，严重时老叶变为黄白色，但叶肉仍呈现绿色	茎细小，稀疏，支根少；豆科作物根瘤少	开花结实期延迟，果实减少

（续）

缺乏元素	植株变态	叶	根、茎	生殖器官
铁	植株矮小，黄化，失绿症状首先表现在顶端幼嫩部分	新出叶叶肉部分开始缺绿，逐渐黄化，严重时叶片枯黄或脱落	茎、根生长受到抑制；果树长期缺铁，顶部新梢死亡	果实小
硼	植株矮小，病态首先出现在幼嫩部分；植株尖端发白，茎及枝条的生长点死亡	新叶粗糙，淡绿色，常呈烧焦状斑点；叶片变红，叶柄（脉）易折断	茎脆，分生组织退化或死亡；根粗短，根系不发达；生长点常有死亡	蕾、花或子房脱落；果实或种子不充实，甚至花而不实（油菜），果实畸形，果肉木栓化
锰	植株矮小，缺绿病态	幼叶叶肉失绿，但叶脉保持绿色；显白条状，叶上常有杂色斑点	茎生长势衰弱，多木质	花少，果实重量减轻
铜	植株矮小，出现失绿现象，易感染病害	禾谷类作物叶尖失绿、黄化，以后干枯、脱落；果树（梨）上部叶片畸形，变色，新梢萎缩	发育不良；果树茎上常排出树胶	谷类作物穗和芒发育不全，有时大量分蘖而不抽穗，种子不易形成
锌	植株矮小，水稻常表现为缩苗	果树叶片失绿，枝条尖端出现小叶、畸形，枝条节间缩短呈簇生状，玉米缺锌常出现白苗	严重时枝条死亡；根系生长差	果实小或变形；核果、浆果的果肉有紫斑
钼	植株矮小，生长缓慢，易受病虫危害	幼叶黄绿，叶脉间出现缺绿；老叶变厚，呈蜡质，叶脉间肿大，并向下卷曲；严重时叶片枯萎坏死	豆科作物根瘤发育不良，瘤小而少	豆科作物有效分枝和豆荚减少，百粒重下降；棉花蕾铃脱落严重；小麦灌浆差，成熟延迟，子粒不饱满

九、易发生作物缺素症的土壤养分含量

容易发生作物缺素症的土壤养分含量见表1-20。

表 1-20　容易发生作物缺素症的土壤养分含量

元素类别	元素符号	土壤含量（大量元素、特殊元素：毫克/百克；微量元素：毫克/千克）	
大量元素	N	有效氮（N）NO_3^-－N＋NH_4^+－N	<1.0
	P	有效磷（P）	<0.5～1.0
	K	交换性钾（K）	<5～6
	Ca	交换性钙（Ca）	<5～6
	Mg	交换性镁（Mg）	<6
	S	有效硫（S）	<1～1.5
特殊元素	Si	有效硅（SiO_2）pH 4～8 醋酸钠缓冲液	<10
微量元素	Fe	交换性铁（Fe）1 摩尔/升 NH_4OAc 浸提	<4～8
	Mn	易还原性锰（Mn）	<50～60
		交换性锰（Mn）1 摩尔/升 NH_4OAc 浸提	<3～5
	B	热水溶性硼（B）	<0.3～0.4
	Zn	有效锌（Zn）DTPA 浸提	<1.0
		0.1 摩尔/升 HCl 浸提	<1.5
	Cu	有效铜（Cu）0.1 摩尔/升 HCl 浸提	<2
	Mo	有效钼（Mo）草酸—草酸铵浸提	<0.1

第二章 氮肥的性质与施用

第一节 氮养分在作物生长中的作用

一、氮养分的主要生理作用

氮是植物体内许多重要有机化合物的组成成分，例如蛋白质、核酸、叶绿素、酶、维生素、生物碱和激素等都含有氮素。氮营养元素的主要生理功能见表 2-1。

表 2-1 氮养分的主要生理作用

组成成分	生理作用
合成生命存在的基础物质	在所有生物体内，蛋白质最为重要。它是构成原生质的基础物质。蛋白质中就含有氮素，在作物生长发育过程中，细胞的增长和分裂以及新细胞的形成都必须有蛋白质参与。蛋白质是生物体生命存在的形式，一切动、植物的生命都是在蛋白质不断合成和分解动态变化中才存在。如果没有氮素，就没有蛋白质，也就没有生命。所以，氮被称为生命元素。
构成核酸和核蛋白	核酸也是植物生长发育和生命活动的基础物质，通常核酸在细胞内与蛋白质结合，以核蛋白质的形式存在。它们在植物生活和遗传变异过程中有特殊作用。
是叶绿素的组成元素	绿色植物有赖于叶绿素进行光合作用，叶绿素的含量直接影响光合速率和光合产物的形成。缺氮时，植物体内叶绿素含量下降，叶片黄化，光合作用强度减弱，光合产物锐减，从而使作物产量明显降低。
是许多酶的组分	酶是植物体内代谢作用的生物催化剂。植物体内许多生物化学反应的方向和速度均由酶系统所控制。缺少相应的酶，代谢作用就不能进行。可以说，供氮状况直接关系到作物体内各种物质的合成与转化。
存在于一些维生素、生物碱和细胞色素之中	这些含氮化合物在植物体内含量虽不多，但对调节某些生理过程却很重要。细胞分裂素可促进植株发生侧芽，增加禾本科作物分蘖，调节胚乳细胞形成，增加粒重，还可以延缓和防止植物器官衰老，延长蔬菜和水果的保鲜期。
氮养分对作物的功能	氮对植物生命活动以及作物产量和品质均有极其重要的影响；合理施用氮肥是获得作物高产的必要措施。

二、氮养分的增产效果

在施用农家肥或磷、钾肥的情况下，各种作物施用氮肥均有显著的增产效果。据全国化肥试验网在 20 世纪 80 年代进行的试验结果：在现有的施肥水平下，每千克氮肥（N）约平均增产粮食 10 千克，大豆 4.3 千克，马铃薯 58 千克，皮棉 1.2 千克，油菜子 4.0 千克，花生 6.3 千克，甜菜 42 千克，甘蔗茎 155 千克（表 2 - 2）。

表 2 - 2　不同作物的氮肥肥效

单位：千克

作　物	试验个数	亩施氮肥	每千克氮增产	作　物	试验个数	亩施氮肥	每千克氮增产
水稻	896	8.4	9.1	皮棉	45	11.3	1.2
小麦	1 462	7.8	10.1	油菜（子）	68	10.6	4.0
玉米	728	8.3	13.4	花生	15	5.7	6.3
高粱	106	7.6	8.4	甜菜	36	7.4	41.5
谷子	39	5.6	5.7	甘蔗茎	17	7.0	155.0
青稞	26	4.5	9.4	茶叶	15	12.5	8.3
大豆	87	7.8	4.3	胡麻	17	4.2	2.1
马铃薯	16	4.2	58.1				

以上试验结果是平均数，其中有的施用较合理，增产效果更好些；也有的施用不太合理，增产效果差些。但近几年氮肥肥效确实有所下降，主要原因是高产地区施氮过量，氮、磷、钾配比不合理而造成氮肥浪费。

三、作物缺氮的症状表现

主要作物在缺乏氮素时的症状表现见表 2 - 3。

表 2 - 3　主要作物在缺乏氮素时的症状表现

作物	氮素营养缺乏症
水稻	植株瘦小，直立，分蘖少；叶片小，呈黄绿色，从叶尖沿中脉扩展到全部；下部叶片首先发黄、焦枯，穗小而短，并提前成熟
小麦	叶片短、窄，茎部叶片先发黄；植株瘦小，直立，分蘖少；穗粒少而小
大麦	叶色淡黄绿，老叶叶尖干枯，基部叶片枯黄；茎细长，直立，呈淡紫色；分蘖少，穗小

（续）

作物	氮素营养缺乏症
玉米	植株矮小，生长缓慢；叶片由下而上失绿发黄，症状从叶尖沿中脉向基部发展，先黄后枯，呈V形
油菜	植株矮小瘦弱，分枝少；叶片小而苍老，叶色从幼叶至老叶依次均匀失绿，由淡绿→淡绿带黄→淡红带黄
大豆	叶片出现青铜色斑块，渐变黄而干枯；生长缓慢，基部叶首先脱落，茎瘦长，植株生长缓慢，矮小、瘦弱；花、荚稀少
花生	叶片呈淡黄色至白色，茎发红，根瘤很少，植株生长不良
蚕豆	植株矮小，瘦弱；叶片小而薄，呈淡绿色，老叶则黄色，过早脱落；花少
甘薯	植株基部叶边缘红到紫色，叶柄短，易脱落；蔓细长，稀疏；薯块小，纤维多
马铃薯	叶面积小，淡绿色到黄绿色，中下部小叶边缘褪色呈淡黄色，向上卷曲，提早脱落；植株矮，茎细长，分枝少，生长直立
棉花	植株矮小，叶片由下而上逐渐变黄，幼叶黄绿，中下部叶片黄色，下部老叶片为红色；叶柄和基部茎秆暗红或红色，果枝少，结铃小
烟草	生长缓慢，幼叶叶色淡绿，中下部叶片变成柠檬黄或橙黄色，并逐渐干枯脱落；叶上竖，与茎形成的夹角小
甘蔗	植株瘦弱，茎浅红色；叶片黄绿色，叶尖端和边缘干枯，老叶淡红紫色；分蘖受阻
糖用甜菜	植株矮，叶片狭而薄、小而黄；贮藏器官小、发育不良，微带红色

四、氮养分对作物品质的影响

增施氮肥能明显增加作物蛋白质和氨基酸含量。中国农业科学院土壤肥料研究所在河北省辛集市马兰农场的定位试验结果，施氮肥的麦粒粗蛋白含量为13.3％，不施氮肥为10.9％；蛋白质由氨基酸组成，氨基酸总量相对增加35％左右。但是，在蛋白质含量增加时，有些养分含量不时会下降，如谷粒中淀粉、油菜子中油分、甘蔗含糖率等。氮素充足还能促进细胞分裂素的合成，延缓作物器官衰老，延长蔬菜和水果的保鲜期。

氮肥过量不利于品质改善，造成的负面影响有时很严重。如棉花纤维品质变劣；甜菜、甘蔗、西瓜和果品的含糖量下降，不耐贮存；禾谷类秕粒多；薯类作物薯块变小；豆科作物结荚少等。

第二节　我国耕地土壤中氮养分状况

一、耕地土壤中氮养分的含量

我国土壤含氮量较低，大多在0.05%～0.20%之间。土壤供氮能力弱，已成为限制农业增产的主要因素，施肥时应首先考虑施足氮素。

我国地域辽阔，不同土类、气候条件、耕作制度和施肥水平等对土壤氮素的状况影响很大。根据《中国化肥区划》资料，各大区土壤耕层的氮素状况差异很大（表2-4）。

表2-4　我国各地区土壤氮素状况

地　区	主要土类	全氮（%）	碱解氮（毫克/千克）
东北地区	黑土、草甸土、棕壤	0.135～0.585	80～350
北部高原地区	栗钙土、黄绵土、黑垆土	0.063～0.126	35～100
黄淮海地区	潮土、褐土	0.072～0.135	40～120
长江中下游地区	水稻土、红壤、黄棕壤	0.090～0.315	80～200
华南地区	水稻土、赤红壤	0.135～0.360	—
西南地区	水稻土、紫色土、黄壤、红壤	0.063～0.315	70～150
青藏地区	潮土、粟钙土	0.054～0.225	30～70
西北干旱地区	灌漠土、潮土	0.045～0.180	20～50

表2-5显示，东北地区土壤全氮含量普遍较高，平均在0.35%左右；其次是华南地区、长江中下游地区、西南地区，平均大多在0.15%～0.25%之间；黄淮海地区、北部高原地区、青藏地区、西北干旱地区土壤全氮含量普遍偏低，平均约为0.1%，其中大部分低于0.1%。在同一地区的相同土壤类型中，土壤全氮的含量差异有时也很悬殊，主要原因与施肥水平有关。

土壤中氮素的富集主要依赖于氮的有机化，即依赖于绿色植物光合作用的强度，通常需20份以上碳才能富集1份氮（碳氮比≥20）。

二、耕地土壤中氮养分的形态与转化

耕地土壤中氮养分的形态可分为有机氮和无机氮，其总量称之为全氮。其形态分类见图2-1、表2-5。

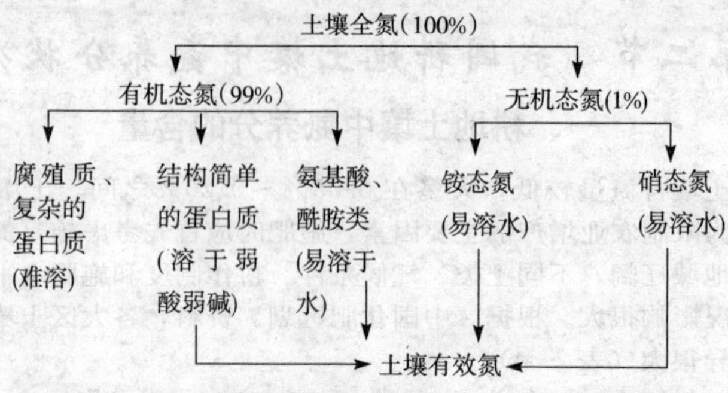

图 2-1　土壤中氮素的形态

表 2-5　耕地土壤中氮养分的形态分类

形态分类	
有机态氮	约占土壤全氮量的99%，作物大多不能直接吸收。 存在于土壤腐殖质、动植物残体或施入的人、畜粪尿、堆肥、绿肥等之中，按其分解的快慢，分为三类：①易溶于水、易分解的，如尿素、氨基酸和酰胺类物质；②易被弱酸、弱碱水解的，如结构简单的蛋白质；③不易分解的，如腐殖质和结构复杂的核蛋白、酶蛋白等。
无机态氮	占土壤全氮的1%左右，易溶于水，可被作物直接吸收。 分为铵态氮和硝态氮。
有效氮	铵态氮、硝态氮、尿素、氨基酸、酰胺类物质、简单的蛋白质等有机态氮，总称为有效氮，也称为碱解氮。
速效氮	铵态氮、硝态氮和酰胺态氮等更易被作物吸收利用，称之为土壤速效氮。与土壤有效氮的含量接近。

耕地土壤中氮素的转化作用与机理见表 2-6。

表 2-6　耕地土壤中氮素的转化作用与机理

转化作用	转化机理
氨化作用	有机态氮经微生物作用并分解产生氨（NH_3）的过程，称为氨化作用，也是氮素的矿化过程。土壤微生物和动物的残体可占土壤氮素矿化量的35%～75%。 氨化作用是促进氮素有效化，氨溶于水生成铵离子（NH_4^+），易被作物吸收。当田间持水量在60%左右，土温保持30～35℃、土壤呈中性至微碱性条件时，氨化作用顺利进行。热带旱地的土温常大于30℃，土壤铵态氮含量较多，铵态氮易被土壤胶体吸附。但被土壤胶体吸附的铵在高温下易与土壤胶体分离，逸入土壤间隙并扩散到空气中。因此，在热带旱地上，氮肥应深施并应注意覆土以减少氮的损失。

（续）

转化作用	转化机理
硝化作用	氨或铵盐在土壤硝化细菌的作用下，转化为硝酸，称为硝化作用。土壤通气好、田间持水量 60%左右、土温 25～30℃、土壤呈中性时，硝化作用顺利进行。硝化作用产生的硝态氮（NO_3^-）也易被作物吸收。温带旱地土温适宜，通气好，硝化作用强，土壤中积累较多的硝态氮。但硝态氮不能被土壤胶体吸附，大多存在于土壤溶液中，应控制灌溉量，避免氮素损失。
反硝化作用	硝态氮被土壤反硝化细菌还原为亚硝酸，并进一步还原为氮气（N_2）、二氧化氮（NO_2）、一氧化氮（NO）等气体而挥发损失，称为反硝化作用，又称脱氮作用。当土壤通气不良、土温 30～35℃、氢离子浓度 10～10 000 纳摩尔/升（pH5～8）和土壤含较多的新鲜有机质时，最易产生反硝化作用。 反硝化作用是土壤硝态氮的无效化过程，应尽量防止。所以，在水田淹水期间，反硝化作用比旱地要强烈得多，是水稻田氮素损失的主要途径。 此外，铵态氮在通气的土壤上层转化为硝态氮后，如果被淋溶到缺氧的深层或者土壤通气不畅，也会发生反硝化作用。
生物固定	有效氮被土壤微生物消耗，变为其躯体的成分而固定下来。这是土壤有效氮的无效化过程。然而，一旦微生物死亡，经过分解释放出氮素又可被作物吸收利用。

生物固定是土壤氮素无效化过程，但有利于土壤微生物活动和对氮素的暂时贮存；反硝化作用会造成脱氮损失应防止；硝化、氨化作用是氮素有效化过程，有利于作物吸收。但在北方石灰性土壤中，如果其局部氨的浓度过高，往往会发生氮素的挥发损失。所以在对土壤施肥、灌溉、耕翻时要加以注意。

三、耕地土壤中氮养分与施氮肥的关系

土壤全氮含量越高，对作物供氮能力也越强。但是，土壤全氮中约99%是有机态氮，需经过矿化后才能被作物吸收，所以土壤全氮含量很少作为指导当季氮肥施用量的指标，更多地把土壤全氮含量看作土壤供氮的潜力。

土壤有效氮大致占全氮的 4%～7%，粗略计算每亩耕层土壤大致可提供有效氮素 3～12 千克。土壤有效氮含量越高，作物当季能利用的氮素就越多，施用氮肥的肥效就降低，两者有较强的负相关。但也有试验结果显示两者的相关性不稳定。主要原因是土壤有效氮很活跃，其含量又受不同土壤氮素矿化速率的影响而变化很大，甚至在同一地块取土时间不同也会有很大差别。

按我国目前氮肥的施用水平，作物一生中所吸收的全部氮素大致有40%～60%来自于土壤，其余来自于施肥，施肥中既要满足作物对氮素的

需要，又要保持土壤氮素供应状况良好。

第三节 常见的氮肥品种及性质

一、尿 素

目前尿素占我国氮肥总量的40%，是主要氮肥品种之一。

1. 分子式、相对分子量、有效成分含量

尿素的分子式为 $CO(NH_2)_2$，相对分子质量为 60.06，含氮（N）46%。

2. 生产方法

工业上用液氨和二氧化碳为原料，在高温高压条件下直接合成尿素。其化学反应式如下：

$$2NH_3 + CO_2 \longrightarrow NH_2COONH_4$$

（氨）（二氧化碳）（氨基甲酸铵）

$$NH_2COONH_4 \longrightarrow CO(NH_2)_2 + H_2O$$

（氨基甲酸铵）　（尿素）　（水）

3. 生产工艺流程

煤 —气化→ 脱硫净化 → 高压合成 → 造粒 → 成品

4. 性质

尿素是含氮量最高的固体氮肥，属酰胺态氮肥。通常为白色粒状；不易结块，流动性好，易于使用。呈白色或浅黄色结晶体，易溶于水，水溶液呈碱性反应，吸湿性较强，因在尿素生产中加入石蜡等疏水物质，其吸湿性大大下降。

尿素在造粒过程中，温度达50℃时便有缩二脲生成，当温度超过135℃时，尿素分解生成缩二脲。其反应式如下：

$$CO(NH_2)_2 \rightarrow (CONH_2)_2 \rightarrow NH + NH_3\uparrow$$

尿素中缩二脲含量超过2%时就会抑制种子发芽，危害作物生长，例如小麦幼苗受缩二脲毒害，会出现大量白苗，分蘖明显减少。

5. 在土壤中的转化

尿素施入土壤后，以分子态溶于土壤溶液中，并能被土壤胶体吸附，吸附的机理是尿素与黏土矿物或腐殖质以氢键相结合。尿素在土壤中经土壤微生物分泌的脲酶作用，水解成碳酸铵或碳酸氢铵。其反应过程如下：

$$CO(NH_2)_2 + 2H_2O \xrightarrow{\text{脲酶}} (NH_4)_2CO_3$$

尿素　　　　碳酸铵

$$(NH_4)_2CO_3 + H_2O \longrightarrow NH_4HCO_3 + NH_4OH$$

碳酸铵　　水　　碳酸氢铵　　氢氧化铵

在土壤中呈中性，水分适当时，温度越高，水解越快，在10℃时需7～10天，20℃时4～5天，30℃时只需2天就能完全转化为碳酸铵，碳酸铵很不稳定，所以施用尿素也应深施盖土，防止氮素损失。尿素是中性肥料，长期施用对土壤没有破坏作用。

6. 主要技术指标

农用尿素的主要技术指标见表2-7。

表2-7 农业用尿素国家标准（GB2440—2001）

项 目		农业用		
		优等品	一等品	合格品
总氮（N）（以干基计），%	≥	46.4	46.2	46.0
缩二脲，%	≤	0.9	1.0	1.5
水分（H_2O），%	≤	0.4	0.5	1.0
亚甲基二脲（以HCHO计），%	≤		0.6	
颗粒（0.85～2.80毫米），%	≥	93	90	
颗粒（1.18～3.35毫米），%	≥	93	90	
颗粒（2.00～4.75毫米），%	≥	93	90	
颗粒（4.00～8.00毫米），%	≥	93	90	

7. 包装及贮运

用聚丙烯编织袋内衬塑料薄膜包装，每袋净重25±0.1千克、40±0.2千克或50±0.2千克，每批产品平均净重要达到25千克、40千克或50千克。包装袋上应清楚标明生产厂名称、净重及产品标准编号。贮运时要防止吸湿结块，要求仓库干燥阴凉、不漏雨、不漏阳光，运输车辆加盖防雨、防阳光暴晒布，不可与酸性物质共贮混运。如发现袋子破损时，应换包装，以密封贮运。

8. 合理施用技术

尿素适宜于各种土壤和作物，可做基肥和追肥，一般不直接做种肥，因为高浓度的尿素会影响种子发芽。如果必须作种肥施用，要与种子分开，尿素的用量也不宜多。粮食作物亩施尿素5千克左右，须先和干细土混匀，施在离种子下方2厘米左右，或旁侧10厘米左右。

（1）作基肥施用：以粮食作物为例，一般亩用尿素10～20千克。旱地作基肥时，尿素可撒施田面，随即耕耙。春播作物地温低，如果尿素集中条施，其用量不宜过大，否则易引起土壤局部碱化或缩二脲增多，造成烧种。水田作基肥时，尿素可在排干田水后撒施，然后翻犁，5～7

天后待尿素转变为碳酸铵，再进行灌水耙田。也可以在耕后耙前维持浅水施入，再用拖拉机施耕，使尿素和泥浆均匀混合。此外，尿素作面肥时，亩用量 7～8 千克，在移栽水稻前均匀施入，在耙田过程中不能随便放水。

（2）作追肥施用：每亩用尿素 10～15 千克，在分蘖期或拔节期施用。旱地作物可采用沟施或穴施，施肥深度 6～10 厘米，施肥后覆土，盖严，防止水解后氨的挥发。水田作物在追肥时要先排水，保持薄水层，施后除草耕田，两三天内不要灌水，待大部分尿素转化为碳酸铵后再灌水。用尿素追肥要比其他氮肥品种提前几天。在沙土地上漏水漏肥较严重，可分次施，每次施肥量不宜过多。

尿素含氮量高，用量少，一定要施得均匀；无论作基肥或追肥，均应深施覆土，以避免养分损失。尿素的肥效比其他氮肥约晚 3～4 天，因此作追肥时应提早施用。

尿素是电离度很小的中性有机物，不含副成分，对作物灼伤很小，并且尿素分子较小，具有吸湿性，容易被叶片吸收和进入叶细胞，所以尿素特别适宜作物作根外追肥，但缩二脲含量不要超过 0.5%。尿素喷施每次每亩 0.5～1.5 千克，每隔 7～10 天喷 1 次，一般喷 2～3 次，喷施时间以清晨或傍晚较好。

二、硫酸铵

硫酸铵简称硫铵，也叫肥田粉，约占我国目前氮肥总产量的 0.7%，是我国生产和施用最早的氮肥品种之一。由于尿素、碳酸氢铵等氮肥品种的快速发展，硫酸铵已在我国的产量很少，大多是炼焦和生化等工业的副产物。

1. 分子式、相对分子量、有效成分含量

硫酸铵的分子式为 $(NH_4)_2SO_4$，相对分子质量为 132.15，含氮（N）20.15%～21%。

2. 工业生产方法及工艺流程

（1）中和法：由氨和硫酸中和制取硫酸铵。采用硫酸与氨在喷淋塔直接反应，借反应热除去所有水分，生产出无定形硫酸铵，此法适用于大规模生产，产品适用于颗粒复合肥料。在真空或常压下，利用连续操作的饱和—蒸发结晶器生产硫酸铵。反应式如下：

$$2NH_3 + H_2SO_4 \longrightarrow (NH_4)_2SO_4 - Q$$

氨、硫酸 → 真空型饱和蒸发结晶器 → 离心分离 → 干燥 → 硫酸铵

（2）焦化废气回收法：将焦炉气冷却，分离出焦油和含水冷凝物，含

水冷凝物蒸馏放出氨，与脱除焦油后的焦炉气一起，以硫酸吸收，再用离心机分离即得硫酸铵结晶成品。

硫酸
↓
焦炉气→冷却→饱和→离心→成品
↑
焦炉气

（3）石膏法：先以氨和二氧化碳生成碳酸铵，再与石膏反应生成硫酸铵和碳酸钙。反应如下：

$$2NH_4OH + CO_2 \rightleftharpoons (NH_4)_2CO_3 + H_2O - Q$$

$$CaSO_4 \cdot 2H_2O + (NH_4)_2CO \rightleftharpoons CaCO_3 + (NH_4)_2SO_4 + 2H_2O - Q$$

碳酸铵
↓
石膏→粉碎→反应→过滤→结晶→离心分离→干燥

3. 性质

硫铵为白色或淡黄色结晶。工业副产品的硫铵因含有少量硫氰酸盐（NH_4CNS）、铁盐等杂质，常呈灰白色或粉红色粉状。硫铵容重为每立方米 860 千克，易溶于水，20℃时 100 毫升水中可溶解 75 克，呈中性反应。由于产品含有极少量的游离酸，有时也呈微酸性。硫铵吸湿性小，在 20℃时的临界相对湿度为 81%，一但吸水潮解，结块后很难打碎。

长期施用硫铵会在土壤中残留较多的硫酸根离子（SO_4^{2-}），硫酸根在酸性土壤中会增加酸度；在碱性土壤中与钙离子生成难溶的硫酸钙即石膏，引起土壤板结。因此，要增施农家肥或轮换氮肥品种，在酸性土壤中还可配施石灰。

硫也是作物必需养分，但在淹水条件下硫酸根会被还原成有害物质硫化氢（H_2S），引起稻根变黑，影响根系吸收养分，应结合排水晒田措施，改善通气条件，防止产生黑根。

4. 在土壤中的转化

硫酸铵施入土壤后，在土壤溶液中解离为铵离子和硫酸根，可被作物吸收或土壤胶体吸附，由于作物根系对养分吸收的选择性，吸收的铵离子数量远大于吸收的硫酸根，所以硫铵属于生理酸性肥料。

在酸性土壤施用硫铵后，铵离子既可交换土壤胶体上的氢离子，也可被作物吸收后使根系分泌氢离子，从而使土壤酸性增强。石灰性土壤由于碳酸钙含量较高，呈碱性反应，硫铵在碱性条件下分解产生氨气，会引起氮素损失，必须深施，覆土。

5. 主要技术指标

农用硫酸铵的主要技术指标见表 2-8。

6. 包装及贮运

用内衬塑料薄膜袋（或内涂塑料薄膜）的聚丙烯编织袋包装。每袋净重50±0.2千克。包装袋上应清楚标明生产厂、产品名称、注册商标、级别和净重。搬运过程中注意轻搬轻放，防止破包。在室外贮存时应注意防潮，防雨淋，避免在高温下贮存，也不可与碱性物质混合存放，失火时可用水浇。

表2-8 硫酸铵产品质量指标（GB535—95）

项　目		指　标		
		优等品	一等品	合格品
外　观		白色，无可见机械杂质	无可见机械杂质	无可见机械杂质
氮（N）含量（以干基计），%	≥	21.0	21.0	21.0
水分（H_2O）含量，%	≤	0.2	0.3	1.0
游离酸（以 H_2SO_4 计）含量，%	≤	0.03	0.05	0.20

7. 合理施用技术

硫酸铵可做基肥、追肥和种肥。基肥每亩用量20～40千克，追肥15～25千克，施用方法与其他固体氮肥一样。做种肥对种子发芽没有不良影响，但用量不宜多，基肥施足，可以不施种肥。

小麦种肥每亩用硫酸铵3～5千克，先与干细土混均，随拌随播，肥料用量大时应采用沟施；水稻秧头肥每亩用硫酸铵2～3千克，如遇低温寒潮，必须保持浅水层，以免伤苗；浸秧根也很经济，每亩秧田用硫酸铵1千克，对水50～60升，溶化后把秧苗根部浸在肥水里约半小时，即可插秧。

硫酸铵在石灰性土壤中与碳酸钙起作用生成氨气，易逸失；在酸性土壤中，如果硫酸铵施在水田通气较好的表层，铵态氮易经硝化作用而转化成硝态氮，转入深层后因缺氧又经反硝化作用，生成氨气和氧化氮气体逸失到空气中。所以无论在旱地和水田，硫酸铵都要深施。

三、碳酸氢铵

碳酸氢铵又称碳酸铵、酸式碳酸铵，是我国早期的主要氮肥品种。

1. 分子式、相对分子量、有效成分含量

碳酸氢铵的分子式为 NH_4HCO_3，相对分子质量79.06，含氮（N）17%左右。

2. 工业生产方法及工艺流程

（1）制法：同合成氨联合生产法。先用稀氨水和碳化母液的混合液吸收氨气，生成17%的浓氨水，浓氨水与含二氧化碳26%以上的变换气在碳化副塔内鼓泡反应，生成碳酸氢铵溶液，然后进入碳化主塔进一步与变化气反应，吸收其中的 CO_2，制得碳酸氢铵结晶，经离心机甩干后，计量包装。脱除 CO_2 的变换气经压缩后送往合成氨的精炼工序及合成工序，生产合成氨。生成反应式如下：

$$NH_3 + H_2O \longrightarrow NH_3 \cdot H_2O + \text{热量}$$

（氨）（水）　（氢氧化铵也称氨水）

$$NH_3 \cdot H_2O + CO_2 \longrightarrow NH_4HCO_3 + \text{热量}$$

（二氧化碳）　（碳酸氢铵）

（2）工艺流程：

稀氨水 —氨→ 制备浓氨水 —CO_2→ 碳酸氢铵 → 离心甩干 —计量包装→ 成品

3. 性质

碳酸氢铵的氮素形态是铵离子（NH_4^+），属于铵态氮肥。产品为白色或微灰色，呈粒状、板状或柱状结晶，容重 0.75，比硫铵轻而稍重于粒状尿素。易溶于水，在 20℃和 40℃时，100 毫升水中可分别溶解 21 克和 35 克，在水中呈碱性反应，pH8.2～8.4。密度 1.57，易挥发，有强烈的刺激性臭味。干燥碳铵在 10～20℃常温下比较稳定，但敞开放置时易分解成氨、二氧化碳和水，有强烈的刺激性氨味。河北省农林科学院土壤肥料研究所试验结果，在 20℃时将含水 4.8%的碳铵充分暴露在空气中，7 天损失大半（表 2-9）。碳铵的分解造成氮素损失，残留的水加速潮解并使碳铵结块。

表 2-9　碳酸氢铵暴露在空气中的失重（%）

时　间	16℃	20℃	32℃
1 小时	0.5	0.5	0.9
10 小时	1.8	4.0	8.4
1 天	3.5	8.9	19.0
5 天	10.6	48.1	67.9
10 天	18.0	74.1	93.7
15 天	26.1	77.3	97.7

碳酸氢铵含水量越多，与空气接触面越大，空气湿度和温度越高，其氮素损失也越快。对碳酸氢铵要求（表 2-10、表 2-11）①添加表面活性剂，适当增大粒度，降低含水量；②包装要结实，防止塑料袋破损和受潮；③库房要通风，不漏水，地面要干燥；④施用时要深施覆土。

表 2-10　不同温度条件下碳酸氢铵的分解率

温度（℃）	分解率					
	1小时	1天	3天	5天	10天	15天
12～16	0.49	3.46	7.40	10.64	18.01	—
20	0.52	8.86	30.14	48.05	74.09	77.25
32	0.88	18.98	48.30	67.92	93.96	97.68

表 2-11　不同含水量的碳酸氢铵的分解率

温度（℃）	产品中含水量(%)	不同天数的分解率（%）						
		1	2	3	4	5	7	10
25～30	<0.5	0.71	1.09	1.47	1.79	2.09	2.85	3.97
25～30	4.8	11.85	23.15	37.15	47.30	59.40	79.00	93.00

4. 在土壤中的转化

碳酸氢铵施入土壤后分解为铵离子和碳酸氢根，铵离子被土壤胶体吸附，置换出氢离子、钙离子（或镁离子）等，与其反应生成碳酸、碳酸钙（或碳酸镁），部分铵离子经硝化作用可转化为硝酸根，无副产物。尽管碳铵刚施入土壤时施肥的局部区域 pH 有所提高，但随着植物的吸收和硝化作用，土壤 pH 又有降低的趋势，这些都是暂时的，长期施用不影响土质。

5. 主要技术指标

农用碳酸氢铵的主要技术指标（GB3559—2001）见表 2-12。

表 2-12　碳酸氢铵产品的技术要求（%）

项　目	指　标			
	湿碳酸氢铵			干碳酸氢铵
	优等品	一等品	合格品	
氮（N）　≥	17.2	17.1	16.8	17.5
水分（H_2O）≤	3.0	3.5	5.0	0.5

注：优等品和一等品必须含添加剂。

6. 包装及贮运

用编织袋内衬塑料薄膜袋或厚质塑料袋（不允许使用再生塑料袋）包装，密封牢固。每袋净重 25±0.25 千克、40±0.4 千克、50±0.2 千克。包装袋上应标明生产厂、产品名称、产品级别和净重。在搬运过程中应注意轻搬轻放，防止包装袋破裂，防止阳光照射。在室外贮存时应用物遮盖。要注意防潮，防雨，避免在高温下贮存。

7. 合理施用技术

碳酸氢铵适于做基肥，也可做追肥，但都要深施。

（1）旱地基肥：每亩用碳酸氢铵 30～50 千克，占全生育期氮素总用量的 50%～60%。小麦、玉米施基肥可结合拖拉机和畜力耕地进行，将碳酸氢铵均匀地撒在地面，随即翻耕入土，做到随撒随翻，耙细盖严；或在耕地时撒入犁沟内，边施边犁垡覆盖，俗称“犁沟溜施”。

（2）旱地追肥：每亩用碳酸氢铵 20～40 千克，沟施或穴施。小麦、谷子等条播作物可在行间开 7 厘米左右深的沟，边往沟里撒施碳酸氢铵边覆土；中耕作物玉米、高粱、棉花等，在株旁 7～10 厘米处人工用锄刨 7～10 厘米深的沟，随后撒肥，覆土。撒肥时要防止碳酸氢铵接触、烧伤茎叶。干旱季节追肥后立即浇水。

（3）稻田基肥：每亩用碳酸氢铵 30～40 千克，占全生育期氮素总用量的 50%。稻田在施肥前先犁翻土地，使碳酸氢铵撒在已经犁翻的毛糙湿润土面上，再将它翻入土层，立即灌水，耕细耙平，再播种或插秧；水耕时，先在田面灌一薄层水，再施入碳酸氢铵，耕翻、耙平后插秧。

（4）稻田面肥：过去习惯在稻田耕耙之后施入碳酸氢铵，然后用拖板拉平插秧，大部分肥料都集中在表土氧化层里，易转化成硝态氮而淋溶损失。正确的方法应犁田或耙田后灌浅水，每亩用碳铵 10～20 千克，撒施后再耙 1～2 遍，用拖板拉平，随即插秧。这样能使碳酸氢铵均匀地分布在约 7 厘米深的土层里，既起到面肥作用，又能减少肥料损失。

（5）稻田追肥：施肥前先把稻田中的水排掉，每亩用碳酸氢铵 30～40 千克，撒施后结合中耕除草耘田，使碳酸氢铵均匀地分布在7～10 厘米深的土层。

碳酸氢铵不同施用深度的肥效见表 2-13。

表 2-13 碳酸氢铵不同施用深度的肥效

地点	作物	施肥深度	每千克氮素增产量（千克）
山东	春玉米	表施	10.7
		深施 4 厘米	13.2
		深施 10 厘米	20.8
北京	春玉米	表施	4.6
		刨坑深施	12.9
山东	冬小麦	3 厘米	14.3
		9 厘米	15.9
广东	晚稻	表施	10.62
		深施	17.52

四、氯 化 铵

氯化铵占目前我国氮肥总产量的3.3%。氮素形态是铵离子（NH_4^+），属于铵态氮肥。

1. 分子式、相对分子量、有效成分含量

氯化氨的分子式为NH_4Cl，相对分子质量为53.49，含氮24%～25%。

2. 生产方法

通常为联碱法副产品氯化铵。

用饱和食盐水吸收氨制成氨盐水，经二氧化碳碳化生成含碳酸氢钠（$NaHCO_3$）和氯化铵的溶液。经过滤，分离出结晶碳酸氢钠，再经煅烧得到产品纯碱。过滤的母液主要含氯化钠和氯化铵，经降温处理，氯化铵溶解度降低，析出，冷却母液。氯化钠如不饱和，再次加盐，由于氯化钠的溶解，再次降低氯化铵的溶解度，产生盐析作用，使氯化铵从溶液中析出，经分离、干燥得到氯化铵产品。其反应式如下：

$$\underset{\text{(食盐)}}{NaCl} + \underset{\text{(氨)}}{NH_3} + \underset{\text{(二氧化碳)}}{CO_2} + \underset{\text{(水)}}{H_2O} \rightarrow \underset{\text{(碳酸氢钠)}}{NaHCO_3} + \underset{\text{(氯化铵)}}{NH_4Cl}$$

$$\underset{\text{(碳酸氢钠)}}{2NaHCO_3} \xrightarrow{\text{加热}} \underset{\text{(纯碱)}}{NaCO_3} + CO_2\uparrow + H_2O$$

3. 生产工艺流程（联碱法）

食盐
↓
水⟶化盐$\xrightarrow{CO_2}$反应⟶混合浆料⟶分离$\xrightarrow{\text{氯化铵}}$干燥⟶成品

4. 主要技术指标

农用氯化铵的主要技术指标见表2-14。

表2-14 农业用氯化铵产品的技术要求（GB 2946—92）

指标名称		优等品	一等品	合格品
氮（N）含量（以干基计），%	≥	25.4	25.0	25.0
水分[①]（H_2O），%	≤	0.5	0.7	1.0
钠盐含量（以Na计），%	≤	0.8	1.0	1.4
粒度[②]（1.0～4.0毫米颗粒），%	≥	75	—	—
松散度[②③]（孔径5.0毫米），%	≥	75	—	—

注：①水分指出厂检验结果。结晶状产品必须加防结块剂。

②结晶状产品不控制粒度、松散度两项指标。

③松散度为监督抽验项目。每七天测定一次，均以出厂检验结果为准，但生产厂必须保证每批出厂产品合格。

5. 性质

氯化铵为白色或微黄色结晶，物理性状较好，一般不易结块，吸湿性比硫铵稍大，结块后易碎。在常温下较稳定，不易分解，但与碱性物质混合可使氮素以氨气形式挥发。氯化铵易溶解呈微酸性，在 20℃时，每 100 毫升水中可溶解 37 克。氯化铵是生理酸性速效肥料，因为作物对氯化铵中养分吸收有选择性，在土壤里残留较多的氯根（Cl^-），造成阴离子过剩，生成相应的酸类，所以氯化铵在酸性土壤中长期施用时应增施石灰。

氯化铵残留的氯离子与土壤中钙结合，形成溶解度较大的氯化钙（$CaCl_2$），易随雨水或灌溉水排走，在具备一定排灌条件时，氯化铵在酸性和石灰性土壤中均适用，但施肥后应及时灌水，使氯离子淋洗到土壤下层。

6. 包装与贮运

采用双层袋包装，外为塑料编织袋，内为改性聚乙烯薄膜袋或聚氯乙烯薄膜袋。每袋净重 40±0.4 千克、50±0.2 千克。包装袋上应写明产品名称、总氮含量、商标产品净重、标准编号、生产厂名称、批号或生产日期。应贮存在干燥通风处，避免雨淋、受潮。存放堆置高度应小于 7 米，不允许露天堆放和阳光直接照射。

7. 合理施用技术

（1）氯化铵在土壤中的转化：氯化铵施入土壤后在土壤溶液中解离为铵离子和氯离子，可被作物吸收或土壤胶体吸附，由于作物根系对养分吸收有选择性，吸收的铵离子数量远大于氯离子，所以属于生理酸性肥料。

在酸性土壤上，施用氯化铵使土壤酸化的程度大于硫酸铵，如连续大量施用氯化铵，必须配合适量石灰或有机肥料进行调节。在中性或石灰性土壤上，胶体上的钙离子被铵离子代换后与氯离子生成氯化钙，氯化钙比硫酸钙溶解度大，易被雨水或灌溉水淋洗掉，造成钙的损失；但在排水不良的盐渍土或干旱地区，氯化钙大量累积在耕层，造成土壤溶液盐浓度增加，也不利于作物根系生长。

氯化铵中含有大量的氯根（65％～66％），对参与硝化作用的亚硝化毛杆菌有抑制作用，使得氯化铵中的铵态氮可较多地被土壤吸附，从而减少氮素的淋失和流失。氯化铵也不会像硫酸铵那样还原生成有害物质硫化氢，抑制水稻根系及地上部生长，因此水田施用氯化铵效果优于硫酸铵。

（2）合理施用：氯化铵适宜做基肥和追肥，基肥每亩用量 20～40 千克，追肥 10～20 千克，施用方法与尿素等氮肥相同。氯化铵不宜做种肥，因为过量的氯离子对种子有害。在盐碱地中不宜施用氯化铵，在酸性土壤中施用氯化铵需配合施用石灰（但不能同时混施，以免引起氨的挥发损失）。

烟草是忌氯作物，不能施用氯化铵；茶树、葡萄、马铃薯、甘薯、甘蔗、西瓜、甜菜等作物尤其在幼苗时也要控制氯化铵用量。氯化铵用在水田肥效更为显著，因为氯离子对硝化细菌有抑制作用，可减少氮素淋失，而且氯离子易随水排走，不会有过多的残留。

五、硝 酸 铵

硝酸铵，简称硝铵，约占我国目前氮肥总产量的 3.5%。氮素形态是硝酸根（NO_3^-），属于硝态氮肥。硝酸铵兼有铵态氮（NH_4^-），但其性质接近于硝态氮。

1. 分子式、相对分子质量、有效成分含量

硝酸铵的化学分子式为 NH_4NO_3，相对分子质量 80.04，硝酸铵含氮（N）量为 35.0%。

2. 生产方法

氨与硝酸进行中和反应的中和法是工业上生产硝酸铵的主要方法。生产过程包括中和、蒸发、结晶和造粒、包装等。其中蒸发一般采取真空法。生产多孔粒状硝酸铵或真空结晶机制结晶硝酸铵时，要求浓度 92%；在造粒塔制低密度硝酸铵时，要求浓度 95%；在造粒塔生产高密度硝酸时，要求浓度 99.5%。根据中和硝酸铵溶液的浓度，采用一段、二段或三段蒸发流程，普遍采用膜式真空蒸发器，用降膜式热空气吹扫蒸发器可使溶液浓缩至 99.5%。

各种流程的差别在于原料硝酸的浓度、中和反应热的利用程度、反应器的结构型式以及产品用途不同，目前的趋势是装置大型化，使用较高浓度硝酸，充分利用中和反应热，提高自控水平。化学反应式如下：

$$\underset{\text{(氮)}}{NH_4} + \underset{\text{(氧)}}{2O_2} \xrightarrow{\text{触媒}} \underset{\text{(硝酸)}}{HNO_3} + \underset{\text{(水)}}{H_2O}$$

$$\underset{\text{(硝酸)}}{HNO_3} + \underset{\text{(氨)}}{NH_3} \longrightarrow \underset{\text{(硝酸铵)}}{NH_4NO_3}$$

3. 生产工艺流程

$$\left.\begin{array}{l}\text{硝酸}\\ \text{氨气}\end{array}\right\}\longrightarrow\text{中和}\longrightarrow\text{蒸发浓缩}\longrightarrow\text{结晶或造粒}\longrightarrow\text{计量包装}\longrightarrow\text{硝酸铵成品}$$

4. 性质

纯硝酸铵为无色无臭的透明结晶或呈白色的小颗粒，有 5 种晶型，每种晶型在一定的温度范围内是稳定的，将其加热或冷却，可以连续地从一种晶型转化为另一种晶型。常温下为菱形、八面晶体。容重：多孔性低密度 750～850 千克/米^3，高密度 940～980 千克/米^3。熔点 169.6℃，极易溶于水，溶于液氨、硝酸、乙醇、吡啶，但不溶于醚类。易吸湿而结块。硝酸铵在常温下是稳定的，加热达 110℃时，开始分解为氨和硝酸。在 200～720℃之间分解为氧化氮和水，高于 400℃时，反应极为迅猛，以致发生剧烈爆炸生成氮和水。H^+、Cl^-、重金属如铬、钴、铜等对硝酸铵有催化分解作用，硝酸对硝酸铵的分解也有很大影响。硝酸铵的铵态氮和硝态氮的总含氮量为34.4%～34.6%。

作物能够吸收铵离子和硝酸根离子。一般土壤中铵态氮由于微生物的作用转化为硝态氮，酸性很强的土壤中硝化过程变慢，作物可以转而吸收大量铵态氮。硝酸铵中的硝态氮和铵态氮各占一半，都能被作物吸收，在土壤中没有残留物，属中性肥料。硝酸铵中的氮素不易挥发损失，施用后即使不覆土，氮素挥发损失也不及尿素和碳酸氢铵严重。铵态氮能被土壤吸附，处于贮存状态，陆续供给作物利用，硝态氮则易溶解于土壤溶液，随水流动，容易流失，在水田通气不良的还原层中易发生反硝化作用变成气态损失。故硝酸铵不适于水田，若一定要用，最好"少吃多餐"，分期施用。

5. 主要技术指标

农用硝酸铵主要技术指标执行GB2945—89标准，见表2-15、2-16。

表2-15　农业用结晶状硝酸铵的技术要求（%）

指标名称		指标		
		优等品	一等品	合格品
总氮含量（以干基计），%	≥		34.6	
游离水含量，%	≤	0.3	0.5	0.7
酸度		甲基橙指示剂不显红色		

注：游离水含量以出厂检验为准。

表2-16　农业用颗粒状硝酸铵的技术要求（%）

指标名称		指标		
		优等品	一等品	合格品
外观		无肉眼可见的杂质		
总氮含量（以干基计），%	≥	34.4	34.0	
游离水含量，%	≤	0.6	1.0	1.5
10%硝酸铵水溶液pH		5	4	
防结块添加物（以氧化钙计的硝酸镁和硝酸钙的含量），%		0.2～0.5	—	
颗粒平均抗压强度，N	≥		5	
粒度（1.0～2.8毫米颗粒），%	≥		85	
松散度，%	≥	80	50	—

注：①游离水含量以出厂检验为准。

②允许加入新的防结块添加物，但该添加物必须经全国肥料及土壤调理剂标准化技术委员会认可。

6. 包装与贮运

包装袋上应涂以牢固的标志，并标明包装产品名称、产品标准号、商标、生产厂、批号、净重和含量，注名“氧化剂”、“防热”、“防潮”标志。硝酸铵每袋净重 40±0.4 千克、50±0.2 千克，通常以夹沥青层的多层牛皮纸袋包装。贮存时要保持干燥通风，仓库温度不宜超过 54℃，适宜温度为 30℃左右，相对温度保持在 50%～60%，垛与垛、垛与墙之间应保持 0.7～0.8 米，物料堆积高度不宜超过 6 米，用塑料薄膜覆盖可以减少吸湿。地面要保持清洁，同时避免阳光直射，隔绝热源。硝酸铵结块时，只能用木棍轻压，不能用铁锤猛砸或用石碾子碾，以防爆炸。搬运和堆垛时轻拿轻放。贮运中不能与柴草或有机物质、油类等易燃物质混在一起，也不允许混入硫黄、铜、锌、锡等金属粉末物质，以防火灾或爆炸，贮存处应备消防器材，引起火灾时可用大量水扑灭。

7. 合理施用技术

硝酸铵适用的土壤和作物范围广，但最适于旱地和旱作物，对烟、棉、油菜等经济作物尤其适用。硝酸铵可做基肥、种肥和追肥。

（1）基肥：旱地作物每亩用硝酸铵 15～20 千克。均匀撒施，随即耕耙。如果用在水田，可与农家肥混合施用，以减少氮素淋失。

（2）种肥：硝酸铵做小麦种肥，每亩用量 5 千克左右。先与干细土混匀，随拌随播。用量较多时，旱作采用沟施或穴施，施在种子下方 2～3 厘米处。不宜做水稻的种肥或秧头肥，因其浓度高，吸湿性强，与种子直接接触会影响种子发芽。基肥充足，可以不施种肥。

（3）追肥：每亩用硝酸铵 10～20 千克，旱作追肥多采用沟施或穴施，施后覆土，盖严，浇水时不宜大水漫灌，以免硝态氮淋失。水稻田分次追肥可减少氮素淋失，浅水时追施后即除草耘田，不再灌水，使其自然落干。水稻应在幼穗形成期重施追肥，此时需肥多，吸肥快，氮素损失小。

六、硝酸铵钙

为改变硝酸铵物理、化学性质，在硝酸铵生产过程中掺入石灰石细粉制成硝酸铵钙肥料。硝酸铵钙又叫石灰硝铵，含氮 20%～25%，硝酸铵钙和硝酸铵一样，其中铵态氮和硝态氮各占 50%，并含有 35%的碳酸钙和碳酸镁，这种肥料在欧洲用得较为广泛。

1. 硝酸铵钙的分子式、分子量

硝酸铵钙分子式为 $NH_4NO_3 \cdot CaCO_3$，相对分子质量 181.14。

2. 生产方法

硝酸铵钙的主要生产方法为混合法，即将浓度为 94%～95%的硝酸铵溶液与石灰石细粉混合，在混合过程中有部分硝酸钙生成。反应式如下：

$$\underset{\text{（硝铵溶液）}}{NH_4NO_3} + \underset{\text{（石灰石粉）}}{CaCO_3} \longrightarrow \underset{\text{（硝酸铵钙）}}{NH_4NO_3 \cdot CaCO_3}$$

在冷冻法生产硝酸磷肥时，也可制得硝酸铵钙。即将硝酸处理磷矿粉后所得的酸解液冷却，其中的四水硝酸钙析出，然后在转化器中将硝酸铵钙用氨和二氧化碳进行氨化和碳化。所得的硝酸铵、硝酸钙悬浮液进行蒸发，得到含氮量为21%左右的产品。也可将悬浮液分离、蒸发，然后在造粒器中粒化，得产品。

3. 生产工艺流程（混合法生产）

硝酸铵熔融液 —石灰石粉→ 搅拌反应 → 硝酸铵钙 → 造粒 → 计量包装 → 成品

4. 主要性质

硝酸铵钙改善了硝酸铵的结块性和热稳定性，从而减轻贮存运输中的火灾或爆炸危险。

硝酸铵钙产品为淡黄色或灰白色，粒状固体，溶于水，呈弱碱性，分散性好，吸湿性好于硝酸铵，不易结块。但在湿度大、温度高的情况下，若与空气接触也容易潮解。硝酸铵钙其中的铵态氮和硝态氮各占50%，并含有28%左右的碳酸钙和7%左右的碳酸镁。适于多种作物，在酸性土壤和喜钙作物上施用效果较好。

5. 包装与贮运

产品包装应按GB8569中对硝酸铵钙产品的规定进行。

包装袋上应印有牢固的标志，应标明包装产品名称、产品标准号、商标、生产企业、批号、净重和含量。并注有“氧化剂”、“防热”、“防潮”标志。硝酸铵钙每袋净含量25±0.25千克、40±0.4千克、50±0.2千克。每批产品平均每袋净重不得低于25千克、40千克、50千克。

产品应贮存于阴凉干燥处，在运输过程中应防潮、防晒、防破损。

6. 合理施用技术

硝酸铵钙的施用与硝酸铵相同，在酸性土壤和喜钙作物上施用肥效较好。硝酸铵钙不宜与过磷酸钙混合施用，以免降低过磷酸钙的肥效。一般情况下，每亩用硝酸铵钙15～25千克，宜作追肥和旱地基肥施用，施用方法可参照硝酸铵的施用技术。

七、硝 酸 钙

硝酸钙化学分子式为$Ca(NO_3)_2 \cdot 4H_2O$，相对分子质量236.15。含硝态氮13%～16%。

1. 生产方法

工业生产硝酸钙是用含碳酸钙90%以上的石灰石与稀硝酸中和制硝酸钙的水溶液，经浓缩、结晶即得硝酸钙产品。反应式如下：

$$\underset{(碳酸钙)}{CaCO_3} + \underset{(硝酸)}{2HNO_3} \longrightarrow \underset{(硝酸钙)}{Ca(NO_3)_2} + \underset{(水)}{H_2O} + \underset{(二氧化碳)}{CO_2}$$

用冷冻法制造硝酸磷肥也可以得到副产品硝酸钙。每生产1吨氮素的硝酸磷肥，可以得到0.5～1吨氮素的硝酸钙。

2. 主要技术指标

硝酸钙的主要技术指标执行HG/T3733—2004标准，见表2-17。

表2-17 硝酸钙的质量标准

项　目		指　标
总氮（N）的质量分数,%	≥	14.5
水溶性钙（Ca）的质量分数,%	≥	18.0
游离水（H_2O）的质量分数,%	≤	3.5
粒度（1.00～4.75毫米）,%	≥	80

3. 生产工艺流程

石灰石渣 $\xrightarrow{\text{稀硝酸}}$ 反应 ⟶ 硝酸钙水合物 ⟶ 浓缩结晶 ⟶ 造粒 ⟶ 成品

4. 性质

硝酸钙是一种白色或灰褐色颗粒，易溶于水，水溶液呈碱性，吸潮性很强，容易结块。肥效快，一般宜作追肥。虽然氮量偏低，但含20%以上的钙，加之水溶液好，是作物良好的氮源和钙源，特别是在滴灌、喷灌等设施农业中被广泛应用。由于硝酸钙含有较多的钙离子，对土壤的物理性状改善有促进作用。硝酸钙属生理碱性肥料，有中和土壤酸性的作用。

5. 包装与贮运

产品包装袋上应有牢固的标志，应标明包装产品名称、产品标准号、商标、生产企业、批号、净重和含量，并注有“氧化剂”、“防热”、“防潮”标志。每袋净含重40±0.4千克、50±0.2千克。通常以夹沥青层的多层牛皮纸袋包装。贮存时要保持干燥、通风、阴凉。贮存处应备消防器材。运输中防晒、防潮、防雨。

6. 在土壤中的转化

硝酸钙施入土壤后，在土壤溶液中解离为硝酸根（NO_3^-）和钙离子（Ca^{2+}），硝酸根被作物吸收，钙离子与土壤胶体上的阳离子进行交换，使土壤中的氢离子、盐渍土壤上的钠离子被置换下来，有助于改善土壤的理化性状。

7. 合理施用技术

硝酸钙既可以作追肥，也可作基肥。作追肥时，一般每亩施用20～30千克。旱地应分次少量施用；作基肥时最好与有机肥、磷肥、钾肥配合施用。

硝酸钙最宜用于甜菜、马铃薯、大麦、麻类等作物。

硝酸钙是生理碱性肥料，适用于酸性土壤，在缺钙的酸性土壤上施用效果更好。

由于硝酸钙含钙量高，不宜与磷肥直接混拌施用；水田也不宜施用；不要与未发酵完全的厩肥和堆肥混合施用，以免造成硝态氮的流失。作底肥施用时，应与腐熟的有机肥料随混随施，但不能与其混后堆沤，以防引起反硝化脱氮损失。

八、石 灰 氮

石灰氮，又称氰氨化钙，分子式为 $CaCN_3$，含氮 20%～22%，含氧化钙 20%～28%，是一种含钙的有机氮肥。

1. 工业生方法

普遍采用由碳化钙（电石）和氮气在 1 000℃高温下反应生成石灰氮。反应式如下：

$$\underset{\text{(碳化钙)}}{CaC_2} + \underset{\text{(氮)}}{N_2} \xrightarrow{\text{高温}} CaCN_2 + C$$

2. 工艺流程

先将 75%～81%的碳化钙破碎，并加一定返料的石灰氮和 1%～3%萤石或氯化钙，在常压、1 000～1 150℃下进行反应，生成石灰氮，经冷却粉碎制得成品。

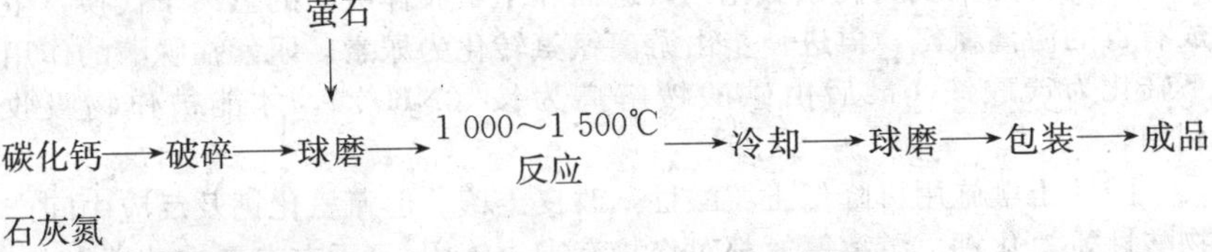

3. 主要技术指标

氰氨化钙（石灰氮）的主要技术指标执行 HG2427－1993 标准，见表 2－18。

表 2－18　氰氨化钙产品的技术要求（%）

项　目		指　标		
		优等品	一等品	合格品
总氮（N）含量，%	≥	20.0	19.0	17.0
电石（CaC_2）含量，%	≤	0.2	0.5	1.0
筛余物（850 微米筛），%	≤	3	3	3

4. 石灰氮的性质

不溶于水，是一种强碱性的迟效性氮肥。无色六方晶体，熔点 1 340℃，升华点 1 150～1 200℃，密度 2.36～2.30 吨/米^3。石灰氮含有游离碳素等杂质，呈暗黑色，质地细轻，有电石气味。粗制石灰氮在低温下极易吸潮和吸收空气中 CO_2，使其中残余的碳化钙水解并使氧化钙碳化。农用石灰氮含量 20%～22%、氧化钙 20%～28%、硫 9%～10%。

石灰氮施入土壤后变为氰氨，再变为尿素，最后变成碳酸铵和碳酸氢铵之后，才能供作物吸收。碱性很强，用量过多时将降低可溶性磷酸盐含量，适合于酸性土壤中直接施用，也可掺混其他营养成分制成复合肥料施用。

在泥碳土中长时间不被分解，最好不用这种肥料；在沙质土壤中分解较缓慢，施用量不宜过大；对酸性土壤，由于石灰可中和土壤酸性，肥效比硝酸铵和其他生理酸性氮肥高。

5. 包装与贮运

多层纸袋包装，其中一层涂柏油，每袋净重 25±0.1 千克，包装袋上应标明生产厂名称、产品名称、产品级别和净重。不宜久存，贮存时注意堆放在阴凉、通风、干燥处，注意防潮、防雨，装卸时轻拿轻放，防止破袋。搬运时应穿工作服、口罩、手套，接触皮肤时能引起局部溃烂。失火时用沙土扑灭，不可用水浇救。

6. 合理施用技术

石灰氮施入土壤后，与土壤中的水、二氧化碳发生一系列反应。在酸性土壤上首先生成酸性氰氨化钙，进而和土壤胶体吸附的氢离子代换，生成有毒的游离氰氨，再进一步由游离氰氨转化为尿素。尿素在脲酶的作用下转化为碳酸铵，最后由碳酸铵解离为铵（NH_4^+），才能被作物吸收利用。

酸性土壤施用可降低土壤酸性，改良土壤。但氰氨化钙及反应中间产物酸性氰氨化钙、游离氰氨都对作物有害，施用 15 天左右毒性才消失。

在碱性土壤上分解缓慢，氰氨进一步聚合呈双氰氨，难分解，也难被作物吸收，并有一定的毒害作用。故石灰氮不宜在碱性土壤上施用。

石灰氮为迟效性肥料，而且分解产物对种子和作物有毒害作用，不能作种肥和直接作追肥施用。石灰氮适用于大田作物和酸性土壤。作基肥时，要提前 15～20 天施入，每亩用 15～25 千克；与土壤充分混合，达到消除肥料毒害和杀灭土壤害虫卵、杂草种子的目的。用作追肥可按 1∶10 的肥、湿土比例混合堆放 10～20 天，以促进转化，消除毒害，尔后施用。应注意的是，石灰氮呈强碱性，不能与水溶性磷肥、腐熟有机肥、碳铵、硫铵、硝铵等肥料混合施用，以免引起氮素的挥发损失，降低磷肥的有效性。

九、氨　水

氨的水溶液叫氨水。我国目前氨水产量约占氮肥总产量 0.2%，氮素形态是铵态氮，含氮量 12%～16%。分子式为 $NH_3 \cdot H_2O$。

1. 工业生产方法

通常采用吸收法，用水吸收氨生成氨水。

生成反应式：

$$\underset{(水)}{H_2O}+\underset{(氨)}{NH_3}\longrightarrow\underset{(氨水)}{NH_3\cdot H_2O}$$

生产工艺流程：

$$\left.\begin{matrix}氨气\\水\end{matrix}\right\}\longrightarrow 吸收\longrightarrow 冷却\longrightarrow 包装\longrightarrow 氨水$$

2. 主要技术指标

氨水主要技术指标执行 HG1—88—1981 标准（表 2-19）。

表 2-19　农用氨水质量指标

指标名称		农业用
氨（NH_3）含量，%	≥	15

3. 物化性质

无色透明。具有弱碱性。易挥发，随温度升高和放置时间延长而增加挥发率，且浓度增大挥发量增加。氨水有一定的腐蚀作用，碳化氨水的腐蚀更加严重。对铜的腐蚀比较强、钢铁较差，对水泥腐蚀不大。对木材也有一定的腐蚀作用。

农用氨水含氮量为 12.4%以上。

4. 农化性质

氨水施入土壤后，一部分氨气被土壤颗粒吸附，大部分经离子交换作用，被土壤胶体吸附。短期内提高土壤碱性，待土壤胶体与铵离子交换吸附，或铵离子被硝化细菌硝化后，碱度随即消除，对作物生长的影响不大。在碱性土壤或石灰性土壤施用氨水，氨挥发损失大，施用时必须深施、覆土。施用的氨水量过多，超过土壤吸附范围，会引起危害。土壤溶液中氨浓度增高时，抑制作物对钾的吸收，使根枯死，也会使作物和土壤微生物生长受到阻碍。

氨水浓度太高时，会熏伤农作物，妨碍种子发芽，施用时一般都要稀释。试验表明，氨水能被作物安全吸收的浓度应≤0.05%。

5. 包装与贮运

用密封的玻璃瓶、坛、铁桶、槽车或槽船等装运。每批氨水都应附有质量证明书，内容包括生产厂名称、产品名称、产品类别、槽车或槽船号、批号、出厂日期、产品净重或件数、产品符合标准要求的质量证明和标准编号。应贮存在阴凉避风，隔绝火源的场所，以减少氨的挥发和避免发生爆炸事故。室内空气中氨的极限浓度为 30 毫克/米^3，空气中氨的爆炸下限为 15%（体积），上限为 28%（体积）。氨具有强烈的刺激性，贮运中注意防止刺激眼睛、烧伤皮肤，引起呼吸困难或强烈窒息性咳嗽，发生中毒时应呼吸新鲜空气，损伤皮肤时，用水洗涤，然后用 3%～5%乙酸或柠檬酸冲洗。运载工具要自重较小，装载量大，密封性最好，耐腐蚀性强，坚固耐用，装卸方便。为此，应选用耐腐蚀材料制作贮运工具，并用防腐蚀涂料刷贮器内壁。

6. 合理施用技术

氨水施用原则是"一不离土，二不离水"。不离土就是要深施，覆土；不离水就是加水稀释以降低浓度、减少挥发，或者结合灌溉施用。氨水是生理中性肥料，对土壤无残留有害物质，还能杀死蛴螬、地老虎等地下害虫。但施肥者应有防护措施，并防止氨水接触植株而被灼伤。

氨水可做基肥和追肥。基肥每亩用氨水 30～50 千克，旱作可通过塑料管把氨水引到犁铧后面，边耕地边把氨水施在犁沟里；如果用氨水耧，可顺着犁沟前浇施，随后耕地，覆盖。水田应先灌一层薄水，把氨水和泥浆混合均匀，施于田面，随即犁田耖耙、插秧；也可在灌水整地后，泼施氨水，然后用小拖拉机旋耕、耙匀插秧。

追肥每亩用氨水 20～40 千克。旱作采用沟施或穴施，对水稀释 10～15 倍，施肥深度和距离植株各约 10 厘米为宜。沟施法常用在密播作物上，一头由牲畜牵引，一人扶着氨水施肥器施肥，随后覆土；穴施法适宜在玉米、棉花等行距较宽和株距较大的作物上，氨水稀释后施入挖好的穴里，边施肥边覆土踩实。水田采用灌施法，施肥前先将田水排干，将盛氨水的容器放在垄沟口上，用小胶管的虹吸原理将氨水导入灌水沟的底部，用砖块立于进口处造成回流，使氨水进田前与灌溉水混匀，再流入稻田中。旱田水浇地也可采用此法。

十、液 体 氨

液体氨简称液氨，是一种液体氮肥。液体氨含氮（N）82.8%，是目前含氮量最高的氮肥品种，1 千克液氨相当于 5 千克碳酸氢铵，其肥效好，成本低，对土壤无害，是今后很有发展前途的氮肥品种。但目前的包装、贮运和施用等问题有待于科学解决。

化学分子式为 NH_3，相对分子质量 17.03。

1. 生产方法及工艺流程

（1）以无烟块煤为原料：由煤气炉制取含氮、氢、一氧化碳为主的气体经除尘、除焦油后脱硫，脱硫后气体压缩进入变换器，将一氧化碳转换为二氧化碳和氢，然后脱除二氧化碳，经压缩进入铜洗脱除残余的一氧化碳和二氧化碳，再经压缩后进行氨合成，即为传统铜洗流程。甲烷化流程是在变换和脱碳后将残余的一氧化碳、二氧化碳转化为甲烷，经压缩合成为氨。工艺流程如下：

无烟块煤或焦炭→造气→脱硫→压缩→变换→脱碳→(压缩)→铜洗或甲烷化→(压缩)→合成→氨

（2）以天然气为原料

天然气、油田气或焦炉气采用蒸气催化转化，将甲烷等转化为氢和一氧化碳，经变换、脱碳、甲烷化，脱除气体中二氧化碳、一氧化碳，净化后，氢、氮气体进行氨合成。工艺流程如下：

天燃气→脱硫→一段转化→二段转化→变换→脱碳→甲烷化→合成→氨

2. 性质

无色液体，极易气化为气氨，是一种优良溶剂，可溶解钠、钾、硫、硒、磷、无机氯化合物、溴化合物、碘化合物、氰化物、硝酸盐、亚硝酸盐、有机胺化合物、酚、醇、醛等。氨在标准状态下为无色气体，具有特殊的刺激性臭味。气氨相对密度 0.588，液氨相对密度 0.617，沸点－33.33℃。氨易溶于水，水溶液呈弱碱性，在常温下是一种可燃气体，但燃点较高，难点燃。在常温下相当稳定，在高温、电火花、紫外光或催化剂作用下可分解为氢和氮。易与许多物质发生反应。

液氨有强烈的挥发性，施入土壤后容易气化，只有与土壤中的水生成氨水后才被土壤吸附。含有机质多的肥沃土壤对氨的吸附能力强，可减少氨的损失。液氨施入土壤后会使局部土壤氨的浓度大大增加，使土壤的碱性增强，转化硝态氮后则显示酸性。液氨肥效与硫酸铵、尿素等固体氮肥大致相当。

3. 主要技术指标

液体氨的主要技术指标执行 GB536—88 标准（表 2－20）。

4. 包装及贮运

灌装液氨用的钢瓶或槽车应符合国家颁发的气瓶安全监督规程、压力容器安全监督规程等有关规定。灌装液氨的钢瓶和槽车外壁应刷有黄色油漆，并以黑色油漆标明生产厂名称、产品名称和毛重，按 GB190 中有毒气体的规定标志。钢瓶必须有安全帽，瓶外有橡皮圈或草绳包扎。液氨是强腐蚀性有毒物质，刺激眼睛、灼伤皮肤，损伤呼吸道和肺。贮运中将液氨钢瓶存放于库房或有棚平台上，也可用帐篷遮盖，防止阳光直射。应符合交通部《危险货物运输规则》，避免受热，严禁烟火，防止激烈撞击和震动。

表 2-20 液体氨产品质量指标（GB536—88）

指标名称		指标		
		优等品	一等品	合格品
氨（NH_3）含量，%	≥	≥99.9	≥99.8	≥99.6
残留物含量，%	≤	≤0.1（重量法）	≤0.2	≤0.4
水分（H_2O）含量，%	≤	≤0.1	—	—
油含量，毫克/千克	≤	≤2（红外光谱法） ≤5（重量法）	—	—
铁（Fe）含量，毫克/千克	≤	≤1	—	—

5. 合理施用技术

液氨是一种高浓度、挥发性很强的碱性液体氮肥，施用不当会引起氮素严重损失，并伤害作物，必须注意。液氨的施用方法主要有机械施肥和随灌溉水施两种。

机械施肥深度以 15 厘米左右为好，施后要严密覆土。施肥时的土壤温度以含水率在 20%左右为宜，在这个湿度下氨可以很好地被土壤所吸附。干燥或淹水的土壤都能促进氨的挥发，所以水田施液氨后应待氨被土壤充分吸附后再灌水。

随灌溉水施，是将盛装液氨的钢瓶置于田间，经过减压装置后用管子将液氨插入灌溉水中，由计量器控制流量，使灌溉水中氨的浓度保持在 100 毫克/千克以内。

液氨可做基肥，结合翻地或起垄施用，施用量以每亩 5～7.5 千克为宜。

据北京市农业科学院试验，液氨与等氮量的碳酸氢铵粉状肥相比，增产率高 10%以上；与施用固体氮肥相比，肥料成本节省 1/3～1/2。

十一、常见氮肥的典型性状及施用要点

常见氮肥的典型性状及施用要点见表 2-21。

表 2-21 常见氮肥的典型性状及施用要点

肥料类型	肥料名称	主要成分及分子式	养分含量氮(%)	化学性质	生理反应	溶解性	典型性状及施用要点
铵态氮肥	碳酸氢铵	NH_4HCO_3	≥16.8	弱碱	中性	水溶	遇碱铵变氨，施用要深埋
	硫酸铵	$(NH_4)_2SO_4$	20.5～21	酸性	酸性	水溶	混合普钙用，肥效明显增
	氯化铵	NH_4Cl	≥25	酸性	酸性	水溶	施用莫混碱，不用薯蔗烟

（续）

肥料类型	肥料名称	主要成分及分子式	养分含量氮（%）	化学性质	生理反应	溶解性	典型性状及施用要点
硝态氮肥	硝酸钠 硝酸钙	$NaNO_3$ $Ca(NO_3)_2$	15～16 13～15	中性 中性	碱性 碱性	水溶 水溶	应在旱用，萝卜最适应 宜作追肥用，不宜混厩肥
硝铵态氮肥	硝酸铵	NH_4NO_3	≥34	中性	酸性	水溶	旱地追肥用，立即起效应
	硫硝酸铵	$(NH_4)_2SO_4 \cdot 2NH_4NO_3$	26 左右	酸性	酸性	水溶	硫硝三比一，最好作追肥
	硝酸铵钙	$NH_4NO_3 \cdot CaCO_3$	20～25	弱碱	中性	水溶	石灰硝酸铵，中和酸碱田
酰胺态氮肥	尿素	$(NH_2)_2CO$	≥46	中性	中性	水溶	入土变碳铵，深埋是关键
氰氨态氮肥	氰氨化钙（石灰氮）	$CaCN_2$	17～20	碱性	不溶		堆沤变尿素，应施酸性土
铵态液体氮肥	氨水 液氨	$NH_3 \cdot XH_2O$ NH_3	12～16 99.6～99.9	碱性 碱性	液态 液态		氨水可驱虫，深施肥效增 肥效稳而壮，贮运保安全

第四节　缓释型氮肥

一、缓释型氮肥的概念

缓释氮肥，也叫控释氮肥。是指肥料养分释放速率缓慢，释放期较长，在作物的整个生长期都可以满足其生长的需求；也指可以根据作物生长需求的多少进行释放，当作物处于旺盛生长期时就快速释放养分，当作物处于生长停滞期就少释放或不释放养分。

缓（控）释氮肥是以颗粒肥料为核心，表面涂覆一层低水溶性的无机物质或有机聚合物，或者应用化学方法将肥料均匀地融入分解在聚合物中，形成多孔网络体系，并根据聚合物的降解情况促进或延缓养分的释放，使养分的供应能力与作物生长发育的需肥要求相一致、协调的一种新型肥料，其中包膜控释氮肥是最大的一类。

缓释氮肥是当肥料施入土壤后，转变为植物有效态养分的释放速度远远小于速溶氮肥，在土壤中缓慢放出养分，对作物具有缓效性或长效性。它只能延缓肥料的释放速度，但达不到完全控释的目的。

缓释氮肥的高级形式为控释氮肥，它使氮肥释放养分的速度与作物需要养分的量相一致，使肥料利用率达到最高。一般认为，真正意义上的控释氮肥，是指能依据作物营养阶段性、连续性等营养特性，利用物理、化学、生物等手段调节和控释氮养分供应强度与容量，达到供肥缓急相济效果的长效、高效植物营养复合体。

二、常见缓释型氮肥

常见的缓释型氮肥可以分为包膜型缓释氮肥和抑制剂型缓释氮肥。

包膜型缓释氮肥的分类方法比较多，根据包膜材料的主要成分可以分为无机物包膜氮肥和有机物及聚合物包膜氮肥。一般说来，有机物形成的包膜比硫黄等无机物形成的包膜具有更好的阻水性能，包膜表面更光滑、更薄，缓释效果也更好。但有机包膜氮肥的制备相对复杂些，费用也比较高。有机物及聚合物包膜氮肥最需要解决的问题是肥料释放后残留物的降解问题，否则其在土壤中的大量积累将可能对环境和农业产生较大的负面影响。

抑制剂型缓释氮肥目前主要有脲酶抑制剂型缓释尿素。

（一）包膜型缓释氮肥

1. 无机物包膜氮肥

常用作无机物包膜氮肥的原料有硫黄、磷酸铵镁、硅酸盐、磷酸钙、钙镁磷肥、P_2O_5（或 CaO）玻璃体、金属盐，其他还有一些疏水性矿粉如石膏、滑石粉及黏土等。

（1）硫包膜尿素：通常先加热要包膜的尿素颗粒，然后用熔融的硫黄包裹预热后的尿素颗粒，再经过冷却即成。硫包膜尿素的最大优点是制作工序简单，比较经济，也具有一定的缓释性。但是，硫作为涂覆材料并不能很好地密封尿素颗粒表面，包膜表面常常存在一些“针孔”或裂缝，这使得水很容易透过孔或缝进入到肥料核心快速溶解肥料。仅仅用硫包裹尿素，缓释效果不是很好，硫比较脆，贮存或运输过程中很容易脱落，其缓释性容易退化，后来出现了硫层上再加封一层塑性较好的物质作为密封层的改性硫包膜尿素。

常见的改性硫包膜尿素为硫预涂敷、后封沥青的包膜肥料，先将硫或金属硫化物加热至 150～170℃，然后喷涂到预热后的尿素颗粒上，然后喷涂沥青溶液，再喷涂一层矿粉。另外，也可以用蜡、聚丁烯、油、合成或天然松香等作为密封层，加密封层后所得产品的缓释性虽然较好，但加工和存放过程颗粒表面容易发黏，往往需要喷涂一层矿粉如石灰石、硅灰石、滑石粉进行调理，防止肥料颗粒相互粘连。

（2）金属氧化物和金属盐包裹氮肥：金属氧化物和金属盐也可以用作包裹材料制备缓释氮肥，通常先将肥料颗粒与金属的碳酸盐或氢氧化物混合，随后往上喷涂长链有机酸，稍加热就可在肥料颗粒表面反应形成金属盐包膜，最后用蜡密封。工艺中也可将金属氧化物和惰性物（如滑石、石灰石、黏土等）或一些营养物质混合作用。这类包膜氮肥制备所需时间较短，成本低廉，贮存性能好。

（3）肥料包膜（裹）肥料：肥料包膜（裹）肥料是在一种肥料的表面再包裹一种或几种另外的肥料。一般可以通过包裹难溶性的其他肥料来实现产品的缓释性，可以用作包膜的肥料一般有钙镁磷肥等。例如，以尿素作为核心基质，在尿素表面依次包敷复合物、微溶性养分物质（含 N、P、K 和 Mg、Fe、Zn）及痕溶性养分物质（MgO、CaO、SiO_2），它通过水渗过含营养物质的包裹层，溶解核心的氮肥后通过包裹层再向外扩散释放氮。由于包裹层均为植物所需营养物质，无须土壤微生物的分解，故温度和 pH 对氮的释放无显著影响。这类产品对环境污染小，颗粒均匀，养分均匀释放，缓释效果好。

2. 有机化合物及聚合物包膜氮肥

有机化合物的熔点比较低，易于熔化，水溶性差，在土壤中易于腐化分解，因而在包膜肥料中可用作包膜。包膜原料主要有蜡、油、松香、天然橡胶、聚烯烃类树脂、聚氨酯和醇酸树脂等一些特定的橡胶类物质及热塑性和热固性树脂等，在文献中见到的有松香、石蜡、烯烃聚合物及共聚物、尿素、甲醛和聚酯等。

（1）蜡包膜氮肥：蜡作为包膜材料广泛用于各种水溶性氮肥。先用熔融石蜡包裹肥料颗粒，随后使蜡固化制得包膜氮肥。蜡包膜氮肥的缺点在于，要使肥料的缓释效果比较理想，蜡用量较高，这将使得缓释肥料制备费用变得昂贵。从植物中获取的蜡如棕榈蜡等取代石蜡作为包膜材料，在某些方面比石蜡更为理想。

（2）不饱和油包膜氮肥：用油作为涂层材料制备缓释氮肥，至少要在肥料颗粒上喷涂两层涂层。第一层是具高黏性不饱和油，第二层是低黏性不饱和油。第二层主要起密封作用。在进行包膜前，需要往油中掺和一些普通的催化剂。适合的油有亚麻子油、红花油、葵花子油、大豆油等。这类包膜原料来源广泛，资源可再生，包膜在土壤中容易分解，对土壤的危害较小。

（3）改性天然橡胶包膜氮肥：天然橡胶的玻璃化温度较低，成膜发黏，并不适合用作肥料的包膜材料。但天然橡胶经过硫化，通过添加一些物质进行改性处理后就可以用作肥料的包膜材料。用改性天然橡胶制成的缓释肥料，其膜硬且无黏性，便于贮存和施用。

（4）热塑性树脂包膜氮肥：在制备过程中，将树脂溶液或熔体包覆在肥料颗粒表面，可形成一层疏水聚合物膜。通常使用的树脂可以是熔融状态下的聚合物树脂（如熔融的聚乙烯树脂，其缺点是包膜温度较高，并且包膜层必须迅速冷却）、溶于有机溶剂的聚合物树脂（不足之处是需要处理大量的有机溶剂，并且对环境有一定的不良影响）、在颗粒表面由 2 种或多种组分反应形成的聚合物树脂（缺点是制备时需处理一些含量较高的有毒有机物）、分散或溶解于水中的聚合物树脂（聚合物分散液或乳液）（不足之处是包膜时包膜液中的水对肥料有一定的溶解作用，干燥条件的控制尤其严格）。

（5）热固性树脂包膜氮肥：常用的热固性树脂有醇酸类树脂和聚氨酯类树脂两大类。醇酸树脂是双环戊二烯和甘油酯的共聚物，养分的释放可以通过改变膜的主要成分或膜的厚度来控制。热固性树脂类包膜材料的品种很多，具体的物质包括环氧树脂、脲醛树脂、不饱和聚酯树脂、酚醛树脂、三聚氰胺树脂、呋喃树脂和类似的树脂。也可将 2 种以上树脂组合用于包膜。这类树脂包膜通常不需要使用大量的有毒溶剂，有的包膜材料甚至能和肥料之间形成部分化学键（如聚氨酯包膜尿素），包膜的强度和耐磨性较好。

（二）抑制剂型缓释氮肥

抑制剂应用的主要对象是速效氮肥，主要指脲酶抑制剂、硝化抑制剂和氨稳定剂等。目前，主要的抑制剂型缓释肥料为“长效”尿素。

国内外研制、生产和应用的长效尿素主要是在普通尿素生产流程中添加一定比例的抑制剂制成的。抑制剂主要有脲酶抑制剂和硝化抑制剂等，脲酶抑制剂可抑制尿素的氨化作用，而硝化抑制剂是抑制氨的亚硝化和硝化作用。这类抑制剂的品种很多，但目前实际使用的脲酶抑制剂主要是氢醌（对苯二酚），硝化抑制剂主要是双氰胺（二氰二胺）。在尿素中加入 0.3％的多肽物质，也有较好的缓释作用。

长效尿素是尿素与抑制剂的混合物，由于抑制剂加入量很少，并与尿素几乎不发生反应，所以长效尿素的理化性质与普通尿素基本相同，只是有些品种在外观上呈现棕色或棕褐色，其他如比重、熔点、溶解度等方面与尿素相近，其粒度、含水量、缩二脲含量等与尿素基本相同，含氮量仍然是 46％。

三、缓释型氮肥的施用方法

缓释氮肥的施用方法与一般氮肥相似。应注意的是：①一般做基肥，如用于生育期长的作物或多年生园地果林和草地植物的追肥时，施用的时间应使肥料释放与作物需肥期相一致；②施肥深度，应既能使作物吸收到氮素，又能减少流失；③合理配施速效氮肥，协调供氮。

据报道，涂层尿素在土壤表面撒施随即浇水，14 天的氨挥发积累量比普通尿素低 4.4％～18.3％；在先浇水然后表面撒施，14 天的氨挥发积累量比普通尿素低 8.9％～50％；施于表土以下 5 厘米，涂层尿素的氨挥发积累量比普通尿素低 14.3％～58.3％。用同位素 ^{15}N 示踪，在不同土壤水分含量、施入土壤后不同时间和不同土壤类型条件下，施涂层尿素对土壤中氮含量的影响均高于施普通尿素。

普通尿素在水中9分钟即可完全溶解，北京市农林科学院研制开发的包衣尿素可以调节包膜厚度，使尿素在不同时间缓慢释放（表2-22），从而延长尿素的供氮时间。

表2-22　不同土壤水分条件下包衣尿素溶出率

肥料品种	水分（%）	累积溶出量（%）						
		1天	1周	2周	4周	8周	12周	17周
Ⅰ	40	4.2	12	22	49	76		
	70	3.4	15	22	48	79		
	100	5.1	13	22	51	75		
Ⅱ	40	2.9	6.2	11.4	22.8	39.4	64.4	77.2
	70	7.0	7.0	11.5	20.9	40.5	65.5	79.5
	100	5.4	5.4	11.0	22.3	42.1	63.2	78.5

多年生产试验表明，长效尿素的肥效期可以延长1倍以上，达到110～130天；氮素利用率可提高10个百分点，达到45%。与等量普通尿素相比可使作物增产6%～20%，并可节省追肥用工，扣除长效尿素价格增加的费用，每亩可增加纯收入40～100元。另外，长效尿素在同等产量条件下可节省尿素用量20%，可减少运输成本，减缓农田和地下水的氮素污染。

由于长效尿素肥效期长，利用率高，在施用技术上应与普通尿素有所不同。对一般作物如小麦、水稻、玉米、棉花、大豆、油菜而言，可在播种（移栽）前一次施入；在北方，除春播前施用外，还可在秋翻时将长效尿素施入农田。如作追肥，一定要提前进行，以免作物贪青晚熟。长效尿素施用深度为10～15厘米，施于种子斜下方或两穴种子之间或与土壤充分混合，既可防止烧种烧苗，又可防止肥料损失。

在水稻上，长效尿素用作基肥要深施，施肥深度一般为10～15厘米。

在小麦上，垄作时，先将肥料撒在原垄沟中，然后起垄，肥料即被埋入垄内；或者整地起垄后，施肥与播种同时进行。不管怎样施肥，要保证种子与肥料间的隔离层在10厘米以上。畦作小麦，通常采用全层施肥的方法，即先将肥料均匀地撒在地表，然后翻地将肥料翻入土中，然后进一步耙地、作畦、播种，此时肥料主要在下层，少部分肥料分布在上层土壤里，翻地深度不低于20厘米，以免肥料过于集中，影响小麦出苗。

玉米施用长效尿素时，要注意防止烧种、烧苗。种子与肥料之间的间隔应不低于 10 厘米。对于 10 月下旬即进入低温期的北方地区，可考虑在秋季将长效尿素深施入土，然后起垄或作畦，翌年开春即抢墒播种。

大豆施用长效尿素时，要注意既能满足大豆对氮素的需要，又不妨碍根瘤的正常固氮。长效尿素采用侧深施肥方式，深开沟侧位施肥，合垄后，在另一侧等距离点播或条播种子，每亩 10 千克左右为宜。北方地区，也可采用类似玉米的秋季施肥方式。

棉花垄作时，采用条施，先开 15 厘米深的沟，将长效尿素均匀撒入沟内，必要时与其他肥料一起施在沟内，然后合垄，常规播种。新疆地区的大垄双行棉花，在垄中间开 20 厘米深的沟，将长效尿素和其他肥料一起混匀撒入沟内，覆土压实，然后两侧播种。在干旱、半干旱的北方地区，秋季施肥对于棉花也是值得推广的方式。

第五节　氮肥合理施用技术

一、氮肥品种的合理安排

常用的氮肥品种均是速效氮肥。表 2-23 是近年来各地 196 个试验的结果。试验表明，不同品种的氮肥只要使用得当，每单位养分的肥效除碳铵偏低外，其余均较接近。

表 2-23　不同氮肥品种对不同作物肥效的相对比较（%）

作物	尿素	氯化铵	碳铵	硝酸铵	硫铵
小麦	100	103	93	100	101
玉米	100	101	95	108	100
水稻	100	101	95	80	103
棉花	100	100	93	105	—
油菜	100	95	90	102	—

1. 尿素、碳铵和硫铵

尿素、碳铵和硫铵适用于各种作物和土壤。碳铵挥发性强，应重点分配做底肥，尿素、硫铵等做种追和追肥。硫铵是生理酸性肥料，在酸性土壤中要少用，长期施用会加重土壤酸度，应注意增施石灰；硫铵多分配到缺硫的地块或喜硫的作物，如大豆、蚕豆、菜豆、花生、油菜、烟草等。

2. 氯化铵

氯化铵在土壤中会残留氯离子，不宜分配到盐碱地、干旱或排水不良的地区；氯离子多，会影响烟草燃烧性，易“熄火”，不宜施用；茶叶、葡萄、西瓜、柑橘、甜菜、甘蔗、大豆、四季豆等抗氧性能较弱的作物，要控制用量或避开作物对氯敏感的生育期，尤其在苗期。

氯化铵施用较多有时肥效较好，但影响产品品质。例如，不利于糖转化为淀粉，块根和块茎作物的淀粉含量会降低；氯离子能促进碳水化合物的水解，西瓜、甜菜、葡萄等则会降低含糖量。氯化铵适宜在雨水多、排灌条件好的地块施用。氯离子对硝化细菌有抑制作用，可减少氮素淋溶、挥发。所以，氯化铵在南方抗氯性能较强的水稻上施用，其肥效稍好于其他氮素化肥。

3. 硝酸铵

硝酸铵的重点分配地区是北方旱地。原因是土壤通气好，雨量不大，多为畦灌，深施后氮素损失少；硝态氮在土壤中的移动性比铵态氮大 5～10 倍，更易被作物吸收。所以，在墒情不太好的旱地或寒冷的地区，因脲酶活性低影响尿素转化，硝酸铵的肥效比尿素更好。

硝酸铵应重点用在烟草、大麻、甜菜等作物上，不仅产量较高，而且能改善品质。如烟草施用硝酸铵，由于硝态氮肥效快，能促进叶片生长。铵态氮被土壤胶体吸附，肥效较稳，有利于后期叶片的成熟，使叶片厚度适宜、颜色好、味道纯。

硝酸铵在我国南方水田和雨量大的坡地应少用，长期淹水的水稻田不宜施用。因为硝态氮易被淋失和产生反硝化作用，利用率约为旱作地区的 1/3。

二、氮肥与磷、钾肥及农家肥配合应用

作物正常生长需要多种营养成分的均衡供给。在土壤缺乏多种养分时，偏施氮肥增产效果很差，甚至不增产。目前，我国大部分土壤氮、磷养分都缺乏，而南方地区缺钾严重并不断向北方地区扩大，所以经济作物和南方地区应以氮、磷、钾配合为主；北方除高产缺钾地区外，主要考虑氮、磷配合。

1. 氮肥与磷、钾肥配合施用

土壤氮、磷、钾俱缺的地块上，氮肥与磷、钾肥配合施用能提高产量，产品质量也明显改善。江西省上饶地区在土壤含速效氮 90 毫克/千克、速效磷 12 毫克/千克、速效钾 60 毫克/千克的地块上连续三季水稻试验，其结果，氮肥与磷、钾肥或磷肥配合，在稻谷的产量、出米率、蛋白质含量、含磷量等方面均高于单施氮肥。试验效果见表 2-24。

北方地区很多地块氮、磷都严重缺乏而钾较丰富时，一般单施氮肥或磷肥增产幅度不大，甚至不增产。氮、磷配合施用成为该地当家化肥，产量显著提高。例如河北省农业科学院土壤肥料研究所小麦大田试验结果：单施氮肥每亩增产 33 千克，单施磷肥增产 48 千克，而等养分的氮、磷肥配合施用增产 109 千克，比单施氮、磷的增产之和还多 28 千克。这种现

象称为氮和磷之间的连应，也称正交互作用。由于土壤缺素程度不一和其他的因素影响，氮、磷或氮、磷、钾配合的正交互作用不是经常出现的，有时甚至会出现负交互作用。所以，应根据土壤缺素和肥效状况对不同养分的用量进行适当调整，才能获得更大效益。

表 2-24　氮肥与磷、钾肥配合施用对稻谷的影响

处　理	出米率（%）	蛋白质含量（%）	蛋白质总量（千克/亩）	糙米含磷量（%）	产量（千克/亩）
氮	78.1	9.25	19.9	1.01	275
氮、磷	78.6	9.91	25.5	1.22	324
氮、钾	78.1	9.87	24.4	1.07	317
氮、磷、钾	78.8	9.74	26.4	1.23	344

注：三季水稻测试值平均，每亩施氮（N）10 千克、磷（P_2O_5）3 千克、钾（K_2O）6 千克。

2. 氮肥与农家肥配合施用

农家肥中含有较多的磷、钾元素。在土壤磷、钾缺乏或少施、不施磷、钾肥的情况下，增施农家肥也能提高氮肥的增产效果，据中国农业科学院土壤肥料研究所在河北辛集市氮、磷俱缺而钾较丰富的土壤上进行的试验：单施氮肥（N）小麦产量很低，每亩仅比对照增产 35 千克；单施农家肥也只增产 55 千克；等量的农家肥与氮肥配合能增产 126 千克，效果显著，比单施氮肥、农家肥的增产之和 90 千克还多。但与农家肥、氮肥、磷肥配合施用，其每亩产量达 413 千克相比，相距甚远。这说明在缺磷的地块农家肥与氮肥配合施用，尤其在头几年比单施氮肥的产量提高较多，但长期不施磷肥，很难达到高产水平。试验测定结果见表 2-25。

表 2-25　氮肥与农家肥配合施用对土壤物理性状的影响

肥料名称	土壤容重（克/厘米^3）	总孔隙度（%）	毛细管孔隙度（%）	非毛细管孔隙度（%）	产　量（千克/亩）
对照	1.62	38.8	27.0	11.8	138
氮肥	1.52	42.6	35.7	6.9	173
农家肥	1.36	48.8	41.3	7.5	193
农家肥＋氮肥	1.42	46.3	41.3	5.0	264
农家肥＋氮肥＋磷肥	1.41	46.9	40.5	5.4	413

注：1980—1995 年的 16 年定位试验，产量为小麦 16 年平均。

每季每亩需氮 10 千克、农家肥 2 500 千克（以秸秆为主）。

粮食作物秸秆中含氮少而碳多，氮碳比约 1∶70～90，而微生物分解有机物适宜的氮碳比约 1∶25，因而微生物要顺利分解有机物需要吸收部分土壤中的氮。有人认为微生物每分解100千克秸秆至少要加入0.8千克氮。所以，在增施新鲜秸秆肥时，前期要适当增施氮肥，防止土壤短期内氮素不足。

总之，在不同的土壤条件下，氮肥要在施用农家肥的基础上，与磷肥或磷、钾肥配合施用，有些地区还要增施某些微肥和中量元素肥料。这既是配方施肥的主要内容，也是合理施用氮肥的措施之一。

三、不同作物含氮丰缺参考值

不同作物含氮丰缺参考值见表2-26。

表2-26　不同作物含氮丰缺参考值

作物（生育期，部位）	氮含量状况（N,%，干基）			
	缺乏	低量	足量	高量
水稻（分蘖中期，最新展开叶）			3.8～5.1	
水稻（分蘖期，地上部）		<2.5	2.5～3.5	>4.0
水稻（抽穗期，地上部）				>1.0
冬小麦（拔节期，地上部）			3.0	
冬小麦（抽穗期，地上部）	<1.25	1.25～1.75	1.75～3.00	>3.0
春小麦（扬花期，上部第4叶）	1.5～2.0	2.0～2.5	2.6～3.0	3.0～3.3
玉米（3～4叶期，地上部）			3.5～5.0	
玉米（抽雄期，穗位叶）		<3.0		
玉米（吐丝期，穗位叶）		1.1	2.7～3.5	
高粱（种植后1个月，地上部）			3.5～4.0	
棉花（苗期，最新充分发育叶）			3.0～4.3	
马铃薯（种后50天，第4～5叶）		<6.0	6.0～7.5	
红薯（生长中期，成长叶）			3.2～4.2	
大豆（结荚前，去柄上部叶）			4.26～5.50	
花生（扎针初期，上部茎叶）			3.50～4.50	
苜蓿（顶部15厘米植株）	<4.0	4.0～4.5	4.5～5.0	5.0～7.0
甜菜（新长成充分发育叶片）		<3.0	3.6～4.0	
甘蔗（顶部向下第3～6叶片）	<1.0	1.0～1.5	1.5～2.7	
柑橘（4～7月龄春梢叶片）		<2.2	2.4～2.6	>3.6
桃树（成熟叶片）		<2.4	3.0～3.5	>4.2
梨树（成熟叶片）		<1.8	2.3～2.7	>3.5
葡萄（成熟叶叶柄）			0.6～2.4	

四、氮肥施用量的确定

1. 氮肥用量与肥效的关系

在一定氮肥用量范围内，随着施氮量的增加，作物产量也在逐步提高，但每单位氮肥的增产效益下降。这就是在施肥上出现的报酬递减现象。表 2-27 是吉林省农业科学院土壤肥料研究所在 1985 年进行的氮肥利用率的试验，结果表明氮肥报酬递减是明显的，在每亩施氮量 8～12 千克的情况下，每千克氮增产玉米 9～12 千克，尿素利用率为 40%～45%。

氮肥的合理用量不是越多或越少越好，而要兼顾产量和纯收益两个方面。虽然随着氮肥用量的增加每单位氮肥的增产效果下降，但只要增施化肥的价格小于增产产品的价格，就可以得到较高的产量和最大的纯收益。这时的氮肥用量称为氮肥合理施用量。

氮肥的合理用量是变化的。因为随着磷、钾的相应增加，作物品种和其他生产条件的改善，报酬递减也会相应减弱；此外，土壤肥力和粮、肥比价的变化均会改变氮肥的合理用量。

表 2-27　不同尿素用量与利用率

项　目	不施氮	施氮量（千克/亩）			
		8.5	11.9	15.3	18.7
玉米产量（千克/亩）	253	444	447	437	435
氮肥利用率（%）	—	45.2	41.1	35.4	26.4

2. 氮肥用量与均衡增产

氮肥合理用量仅考虑局部地区是不够的。目前，在中低产地区每千克氮（N）一般能增产小麦 12～14 千克，而高产地区仅为 5～7 千克。根据现在粮、肥价格，一般在高产地区的氮肥投入也可获得较高的纯收益，但与中低产区的氮肥肥效比较，经济效益约差 50%以上。目前，我国氮肥用量仍然不足，所以在有灌溉条件的中低产地区要增加氮素等肥料投入，达到均衡增产。

氮肥施用过量是高产地区普遍存在的问题。它非但不能提高产量，反而造成作物贪青倒伏、氮素损失，甚至污染环境。这些地区要保持高产、稳产、低成本的目标，目前不是增加氮肥的投入，而是要选育更高产的耐肥品种，改善栽培管理措施和提高施肥技术。花生、大豆和豆科绿肥等作物虽然一生需氮较多，但 30%～50%的氮素是靠根瘤菌固定空气中的氮素，只需在生长初期施用少量氮肥以促进根瘤形成。如果氮肥施用过多，反而会抑制根瘤形成，降低固氮作用。果树、林木和某些价格较贵的经济作物长期以来不施或少施化肥，影响作物生长。如果在这些作物上增加氮素等化肥投入，经济效益会大幅度提高。

3. 氮肥用量确定方法

氮肥用量确定方法主要有：①养分平衡法，即根据无肥区带走的养分数量确定氮肥用量；②肥料效应函数法，即根据产量与相应施肥量的函数关系确定氮肥用量；③测土施肥法，即依据土壤有效养分含量测试值确定氮肥用量；④营养诊断法，是以作物体养分含量测试值为主要依据确定氮肥用量；⑤配方施肥法，是某些施肥法的综合应用。这些方法，氮肥和磷、钾肥都可应用，它们各有长处，也有不足的之处。有的过于繁琐，影响推广；有的测试值或系数难以准确。

以产定氮确定施肥量在我国应用范围较广。由于土壤氮素普遍缺乏，而且氮素化肥在土壤中残效小，所以氮肥施用量与作物产量之间的关系极为密切，作物产量较高，氮肥的用量越要相应增加。以粮食作物为例，详见表2-28。

表2-28　粮食产量与施氮肥的关系　　单位：千克

产　量	施氮肥量
小于200	3～7
200～300	7～9
300～400	9～12
400～500	12～15
大于500	大于15

采用以产定氮法确定施肥量，虽然属于半定量，但由于它是各地大量肥效试验的统计，其结果较接近实际。该方法的优点是使用方便，容易推广。在以上氮肥用量范围内，可以根据当地具体条件选择用量的上限或下限。例如，耐肥品种在磷、钾肥较充足的情况下，氮肥的用量应适当偏上限；腐熟的农家肥用量较多或土壤肥力较高时，氮肥用量可适当偏下限；在气温低和墒情较差时，氮肥用量应适当偏高。

五、提高氮肥肥效的施肥技术

氮肥可做基肥、种肥、追肥。掌握好不同施肥期的相互结合，有利于氮肥肥效的提高。

1. 基肥

基肥是整地或翻耕时施用的肥料。又称底肥。在施用农家肥、磷肥或磷、钾肥的同时施足氮肥，可以满足作物苗期对养分的需求，有利于壮苗，所以基肥充足是获得高产的基础。基肥应占作物全生育期氮肥用量的比例，与作物、土壤关系密切。

（1）经济作物的基肥：经济作物种类多，营养特性多样化，对基肥用量要求也不同。例如，烟草氮肥施用的原则是“前期足而不过量，后期少而不缺乏”，才能保证烟叶的质量。南方烟区，亩产黄烟 150 千克左右的中肥力烟田，全生育期需施氮肥（N）5～6 千克，基肥应占 60%左右。结球大白菜、甘蔗、棉花、甘蓝型油菜等产量高、需肥量大，一般分多次施用氮肥，基肥约占全生育期用量的 30%～40%。如春植甘蔗，基肥每亩用氮肥（N）2～3 千克，甘蓝型油菜用 1 千克左右，结球大白菜往往不用氮肥而施足农家肥和磷、钾肥做基肥即可。花生、大豆、豆科绿肥等作物在幼苗期根瘤未形成或数量很少，固氮能力弱，也应重视基肥，每亩施氮肥（N）2～3 千克，约占全生育期氮肥用量的 62%以上。

（2）茶、果树的基肥：多年生作物的基肥和底肥是不一样的。底肥是在定植或改种换植时结合深耕改土施用的肥料。基肥往往有多种形式，如茶树有两种形式，一种是扦插定植或种子直播时施入；另一种是每年秋、冬施入茶园，都称为茶树的基肥。底肥以施用农家肥等迟效肥为主，主要作用是改善土壤肥力，为作物后期生长奠定良好的土壤基础。基肥以施用农家肥和磷、钾化肥为主，增施少量氮肥。苹果树、梨树的基肥即秋施肥，结果盛期的树每株基施氮肥（N）0.2～0.4 千克；茶树每亩基肥为氮肥（N）2～3 千克。基肥占全生育期氮肥用量的 1/3 左右。

（3）粮食作物的基肥：北方冬小麦、春玉米、春稻和南方的中稻等作物生育期较长，在 150 天左右。一般采取基肥、追肥并重，约各占全生育期氮肥用量的 50%。如果每亩产粮食 400 千克左右，全生育期大致施氮肥（N）12 千克，基肥用量约 6 千克。南方的双季稻、春小麦，北方的麦茬晚稻以及干旱地区的早熟作物生育期短，壮苗早发是增产的关键。这些作物的基肥应重施，约占全生育期氮肥用量的 70%以上。干旱又缺乏灌溉条件的中低产地区，追肥作用往往不大，多采取一次性施足基肥，不再追肥。这些地区如果每亩产粮食 200 千克左右，每亩基肥施氮肥（N）6～7 千克。

以上氮肥基肥施用量还要考虑土壤条件，应掌握“瘦地或黏性土多施，肥田或沙性土少施”的原则。在瘦地或黏性土中，粮食作物的基肥用量可占全生育期氮肥用量的 60%左右，肥田或沙性土以30%～40%为宜。因为瘦地苗期易缺肥，沙性地保肥性差，易渗漏，尤其在水田和多雨的坡地，以“少吃多餐”为宜。此外，挥发性强的碳铵、氨水应多做基肥，便于深施，可减少氮素损失。

2. 种肥

种肥是播种或移栽时施用的肥料。在施足基肥时，一般不需要再施种肥。如果无基肥或基肥不足，小麦、玉米、谷子、高粱等旱作物可以用少量氮肥做种肥，每亩用尿素或硫铵 4～6 千克；为防止出苗率下降，不要与种子直接接触。种肥用量虽少，但能促进幼苗早发、苗壮，经济效益显著。

3. 追肥

追肥是为防止作物生育期间脱肥而施的肥料，又称补肥、接力肥。

（1）经济作物追肥：经济作物种类多，追肥期、追肥量差异大。如棉花生育期长，一般分苗肥、蕾肥、花铃肥、盖顶肥。苗肥要早施，每亩施氮肥（N）1～2 千克，如果棉田长势旺，应推迟施；蕾肥要稳施，每亩施氮肥（N）约 2 千克，肥力中等时宜在现蕾初期施，肥力偏高时可在盛蕾期施；花铃肥要重施，每亩施氮肥（N）3～4 千克，如果棉花徒长，应减少用肥量；盖顶肥要巧施，当出现棉株早衰，每亩施氮肥（N）0.5～1 千克，未出现早衰不必追施，避免贪青晚熟。又如春植甘蔗，虽然氮肥用量不宜过多，但要施苗肥、壮蘖肥、拔节肥和壮尾肥，壮蘖肥和拔节肥每亩分别追氮肥（N）3～4 千克，苗肥和壮尾肥分别追 2～3 千克（但也要根据甘蔗生长情况进行适当调整）。

（2）茶、果树追肥：多年生作物追肥次数多，用肥量也较大。如茶园追肥，每亩产干茶 200～300 千克时，一般要施氮肥（N）20～30 千克。茶园按春、夏、秋、晚秋 4 次施肥，各次用肥的比例约 1∶0.6∶0.6∶0.3。但在广东英德等地丰产茶园，全年追施氮肥（N）50～60 千克，追肥次数多达 10 次左右。又如结果期梨树，追肥一般分 4 次进行，花前肥、花后肥、果实膨大肥、采收后肥，每株分别追尿素 0.2～0.4 千克、0.3～0.5 千克、0.4～0.6 千克、0.1～0.3 千克。由于品种、土壤、产量等情况不同，施肥量和施肥次数要灵活掌握。

（3）粮食作物追肥：北方春玉米、冬小麦、单季稻和南方中稻等作物生长期较长，在施用基肥的情况下，如果每亩产 400 千克左右，亩追施氮肥（N）约 6 千克。一般分 2 次追肥，分蘖期或拔节期应重追，穗肥少追，如果作物长势好，穗肥也可不追。南方的双季稻，北方的麦茬晚稻、春小麦等作物生育期较短，追肥宜早不宜晚。双季稻采用“前促后保”施肥法，氮肥约 2/3 做基肥，1/3 做追肥，一般宜在移栽后 7 天左右追施。春小麦在分蘖前后追施，亩用氮肥（N）3～5 千克。夏玉米可追拔节肥，如果基肥或种肥不足，可亩用氮肥（N）5～6 千克，否则应减少用肥量。

六、氮肥合理施用的方法

氮肥合理施用的目的在于减少氮肥损失，提高氮肥利用率，充分发挥氮肥的最大增产效益。由于氮肥在土壤中有氨的挥发、硝态氮的淋失和反硝化作用 3 个非生产性损失途径，氮肥的利用率是不高的。据统计，我国氮肥利用率在水田为35%～60%，旱田为45%～47%，平均为50%，约有一半损失掉了，既浪费了资源，又污染了环境。所以，合理施用氮肥，提高其利用率，是生产上亟待解决的一个问题。

1. 氮肥在土壤中的转化

硫酸铵、碳酸氢铵和氯化铵中 NH_4^+ 的转化相同，除被植物吸收外，一部分被土壤胶体吸附，另一部分通过硝化作用转化为 NO_3^-。硫酸铵 [$(NH_4)_2SO_4$] 和氯化铵（NH_4Cl）中阴离子（SO_4^-、Cl^-）的转化相似，只是生成物不同，酸性土壤中分别生成硫酸和盐酸，增加土壤酸度；石灰性土壤中则分别生成硫酸钙和氯化钙，使土壤孔隙堵塞或造成钙的流失，使土壤板结，结构破坏；二者在水田中的转化亦有所不同，氯化铵的硝化作用明显低于硫酸铵，且不会像硫酸铵一样产生水稻黑根，因此在水田中往往氯化铵的肥效高于硫酸铵。碳酸氢铵（NH_4HCO_2）中的碳酸氢根离子（HCO_2^-）则除了作为植物的碳素营养之外，大部分可分解为 CO_2 和 H_2O。因此，碳酸氢铵在土壤中无任何残留，对土壤无不良影响。

酰胺态氮肥如尿素施入土壤后，首先以分子的形式存在，在土壤中有较大的流动性，而且植物根系不能直接大量吸收，以后尿素分子在微生物分泌的脲酶作用下，转化为碳酸铵，碳酸铵可进一步水解为碳酸氢铵和氢氧化铵。所以，尿素施在土壤的表层也会有氨的挥发损失，特别在石灰性土壤和碱性土壤上损失更为严重。尿素的转化速度主要取决于脲酶活性，而脲酶活性受土壤温度的影响最大，通常10℃时尿素转化需7～10天，20℃时需4～5天，30℃时只需2天。因为尿素在土壤中需要转化为铵态氮以后，才能大量被吸收利用，故尿素作追肥时，要比其他铵态氮肥早几天施用，具体早几天为宜，应视温度状况而定。

2. 影响氮肥效果的因素

（1）土壤条件：土壤条件是进行肥料区划和分配的必要前提，也是确定氮肥品种及其施用技术的依据。首先，必须将氮肥重点分配在中、低等肥力的地区。其次，是根据土壤特性选择氮肥，一般石灰性土或碱性土可施酸性或生理酸性氮肥，如硫酸铵、氯化铵，这些肥料除了能中和土壤碱性外，在碱性条件下铵态氮比较容易被作物吸收；而在酸性土，可选择施用碱性或生理碱性氮肥，如硝酸钠、硝酸钙、硝酸铵钙或石灰氮等，一方面可降低土壤酸性，另一方面在酸性条件下作物容易吸收硝态氮。在盐碱土中不宜施用氯化铵，以免增加盐分，影响作物生长。

尿素适宜于一切土壤。铵态氮肥宜分配在水稻地区，并深施在还原层。硝态氮肥宜施在旱地上，不宜分配在雨量偏多的地区或水稻区。“早发田”要掌握前轻后重、少量多次的原则，预防作物后期脱肥；“晚发田”既要注意前期提早发苗，又要防止后期氮肥过多，造成植株贪青倒伏。肥沃的土壤，施氮量可减少，保肥能力强的土壤施肥次数可少些；否则，施氮量要适当增加，分次施用。

（2）作物营养特性：作物的氮素营养特点是决定氮肥合理分配的内在因素，首先要考虑作物的种类，应将氮肥重点分配在经济作物和粮食作物上。各种作物对氮的要求是不一样的，如水稻、玉米、小麦等作物需要较多氮肥，香蕉、甘蔗、叶菜类蔬菜等需氮肥更多，而豆科作物有根瘤固定空气中的氮素，因而对氮肥需要较少。

不同作物对氮肥品种的反应不同，一般禾谷类作物施用硝态氮和铵态氮均可，叶菜类多喜硝态氮等。水稻施用铵态氮肥，尤以氯化铵、碳酸氢铵和尿素效果好，而硫酸铵虽然也是铵态氮肥，但在水田中常还原生成硫化氢，妨碍水稻根的呼吸。马铃薯施用铵态氮肥较好，尤其是硫酸铵，因硫对马铃薯的生长有利。忌氯作物如烟草、淀粉类作物、葡萄等应少施或不施氯化铵。烟草施用硝酸铵较好，它能改善烟叶品质。多数蔬菜施用硝态氮肥效果好，萝卜施用铵态氮肥会抑制其生长。甜菜施用硝酸钠效果好。番茄幼苗期喜铵态氮，结果期则以硝态氮为好。

作物不同生育期施氮肥的效果不一样，考虑作物不同生育期对养分的要求，掌握适宜的施肥时期和施肥量，是经济有效施用氮肥的关键。在作物施肥的关键时期（如营养临界期）或最大效率期进行施肥，增产作用显著。如玉米在抽穗开花前后需要养分最多，重施穗肥都能获得显著增产；早稻则要蘖肥重、穗肥稳、粒肥补；果树重施腊肥。

（3）氮肥本身的性质：肥料本身的特性和氮肥的合理分配密切相关。干旱地区宜施用硝态氮肥，多雨地区或多雨季节宜施用铵态氮肥。碳酸氢铵、氨水、尿素、硝酸铵一般不宜用作种肥，氯化铵不宜施在盐碱土和低洼地，也不宜施在棉花、烟草、甘蔗、马铃薯、葡萄、甜菜等忌氯作物上。

凡是铵态氮肥特别是碳酸氢铵、氨水都要深施、盖土，防止挥发，由于它们都是速效肥，在土壤中又不易流失，故可作基肥和追肥，适宜水田、旱地施用；硝态氮肥在土中移动性大、肥效快，适宜作旱地追肥等。

3. 氮肥的有效施用

（1）氮肥与其他肥料配合：在缺乏有效磷和有效钾的土壤上，单施氮肥效果很差，增施磷、钾肥还有可能增产。因为在缺磷、钾的情况下，蛋白质和许多重要含氮化合物很难形成，严重地影响了作物的生长。各地试验已经证明，氮肥与适量磷、钾肥以及中、微量元素肥料配合，增产效果显著。氮肥与有机肥配合施用，可取长补短，缓急相济，互相促进，既能及时满足作物营养关键时期对氮素的需要，同时有机肥还具有改土培肥的作用，做到用地养地相结合。

（2）氮肥深施：氮肥深施不仅能减少氮素的挥发、淋失和反硝化损失，还可以减少杂草和稻田藻类对氮素的消耗，从而提高氮肥的利用率。

据测定，与表面撒施相比，氮肥深施利用率可提高 20%～30%，且延长肥料的作用时间。

(3) 氮肥增效剂的应用：氮肥增效剂又名硝化抑制剂，其作用在于抑制土壤中亚硝化细菌活动，从而抑制土壤中铵态氮的硝化作用，使施入土壤中的铵态氮肥能较长时间地以铵根离子（NH_4^+）的形式被胶体吸附，防止硝态氮的淋失和反硝化作用，减少氮素非生产性损失。

第三章　磷肥的性质与施用

第一节　磷养分在作物生长中的作用

一、磷养分的生理作用

磷素（P_2O_5）在作物体中的含量约占干物重的0.2%～1.1%，主要集中在作物种子，如禾谷类作物的种子含磷素0.6%～0.8%，油料作物大豆、花生含1%左右，甜菜的块根仅约0.16%。

1. 磷素的生理作用

磷素是组成生物体的重要元素之一，其他元素不能代替。磷素是核酸、核蛋白、磷脂、植素、磷酸腺苷和酶的组分，并参与作物体内多种代谢过程。核蛋白由核酸与蛋白质合成，是细胞核和原生质的主要成分，多分布在幼叶、新芽、根尖等生长旺盛部位，担负着细胞增殖和遗传变异功能。磷脂与蛋白质形成膜质结构，既具有亲水性又具有疏水性，可增强细胞的渗透性；磷脂是含有酸性基和碱性基的两性化合物，可扩大酸碱度的调节范围，提高作物抗盐碱能力。植素是种子中磷的一种贮存形式，植素含量高时种子质量也好，并有利于生育后期淀粉的积累。磷酸腺苷是作物体内能量贮存和供应的中转站。酶与磷酸盐参与作物体内物质的合成、运转及各种生物代谢。

2. 磷素对作物品质的影响

磷素充足能促进作物体内的物质合成和代谢，作物的产量和品质也得到提高和改善。中国农业科学院土壤肥料研究所在河北缺磷地块增施磷肥，小麦的子粒和秸秆含磷量分别增加16%和51%。作物体内氮、磷含量的改善，可增加产品中的蛋白质和氨基酸的含量。

增施磷肥可防止植株因磷素不足而造成碳水化合物转移受阻，糖类在叶片中积累增加，形成较多的花青素，影响产品的外观，如玉米、番茄和油菜等茎叶上可明显出现紫红色的条纹或斑点。磷素充足，种子中的植素含量高、质量好，出芽生根速度快。磷素不足，产品的耐贮藏性差，薯类作物的薯块也变小。

二、磷养分的增产效果

1994年我国磷肥（P_2O_5）施用量为969万吨（包括复合肥中所含的磷），占化肥总施用量的29.2%。氮（N）、磷（P_2O_5）比为1∶0.47。在施用农家肥或氮、钾肥的情况下，各种作物施用磷肥均有明显的增产效果。据全国化肥试验网在20世纪80年代进行的大量试验结果，在现有的施肥水平下，每千克磷肥（P_2O_5）平均增产粮食约4.3～9.7千克，皮棉0.7千克，大豆2.7千克，油菜子6.3千克，花生2.5千克，甜菜47.7千克，甘蔗茎80千克，马铃薯33.2千克，胡麻1.9千克。

不同作物的施磷效果见表3-1。

表3-1 不同作物磷肥施用量（P_2O_5）的增产效果

单位：千克

作　物	试验个数	亩施磷肥	每千克磷肥增产	作物	试验个数	亩施磷肥	每千克磷肥增产
水稻	921	3.9	4.7	油菜（子）	97	4.4	6.3
小麦	1 851	5.4	8.1	花生	21	7.3	2.5
玉米	1 040	5.6	9.7	甜菜	51	6.3	47.7
高粱	129	6.1	6.4	胡麻	63	4.2	1.9
谷子	48	4.0	4.3	茶树	9	8.0	5.3
青稞	33	3.0	4.7	马铃薯	44	4.0	33.2
棉花（皮棉）	97	6.6	0.7	甘蔗茎	46	3.0	80.0
大豆	134	6.3	2.7				

以上试验是在相同量的氮肥或氮、钾肥的基础上施用磷肥，磷肥品种以普钙为主。从试验结果看出粮食等多种作物的当季肥效只有氮肥的40%～50%。但磷肥在土壤中残留量大，后效一般可维持5～10年，而氮肥仅1～2年。磷肥的累计肥效往往大于氮肥。

磷养分对主要作物的增产效果见表3-2。

表3-2 磷对主要作物的增产效果

作物	试验数	对照亩产（千克）	施磷增产（%）	每千克养分增产（千克）
小麦	246	174.3	23.0	16.0
玉米	255	329.3	15.8	20.6
谷子	166	169.9	21.5	14.6
棉花	64	41.2（皮棉）	18.5	3.0

作物潜在缺磷阶段从外观上难以诊断，只是当缺磷严重时在田间可见到水稻出现“僵苗”、“坐蔸”，小麦形成“小老苗”，玉米的穗秃顶增长，油菜脱荚，果树花果脱落。禾谷类作物缺磷时，植株分蘖、抽穗、开花和成熟延迟；水稻叶片直立，叶片浓绿，下部叶尖枯萎呈黄褐色。磷肥施用

过量，不像氮肥那样敏感，但易引起作物早衰，影响产量和效益。因此，对磷肥适时、适量施用应引起充分注意。

第二节　我国耕地土壤中磷养分状况

我国土壤的全磷（P_2O_5）含量多在0.05%～0.3%的范围内，分布规律是从南往北逐渐增加。土壤中磷素的形态多样，相互之间不断转化，对磷肥的肥效和供磷能力产生影响。

一、耕地土壤中磷养分的形态

土壤磷素按其化学结构分为有机态磷和无机态磷，分别占全磷含量的10%～30%和70%～90%；按其溶解度可分为水溶性磷、枸溶性磷、难溶性磷。图3-1表示土壤磷素形态的动态变化。

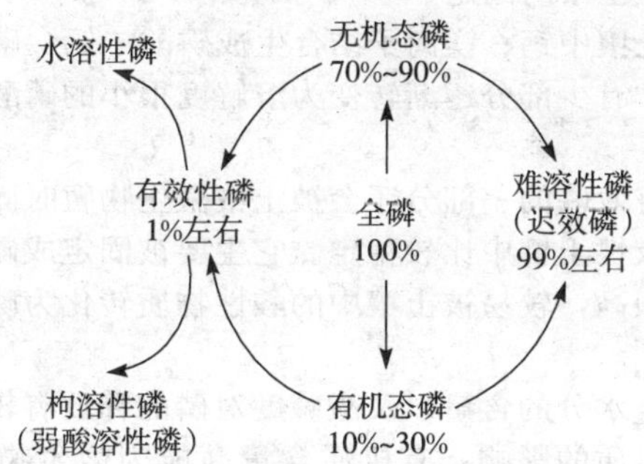

图3-1　土壤中磷的动态变化

1. 水溶性磷

如磷酸一钙［$Ca(H_2PO_4)_2$］、磷酸二氢钾（KH_2PO_4）等溶于水，易被作物吸收利用，但数量少又极不稳定。

2. 枸溶性磷

如磷酸二钙（Ca_2HPO_4）、磷酸二镁（Mg_2HPO_4）等溶于2%柠檬酸或柠檬酸铵溶液，之后溶于水；多分布在接近中性的土壤中，易被作物根部分泌物溶解，转化为水溶性磷酸盐。

3. 难溶性磷

如氟磷灰石［$Ca_{10}(PO_4)_6 \cdot F$］、氯磷灰石［$Ca(PO_4) \cdot Cl_2$］、盐基性磷酸铁（$FePO_4$）等无机态磷，以及肌醇磷酸盐、肌醇磷酸脂类、磷酸脂醇、磷脂等有机态磷；只溶于强酸，作物很难吸收。

土壤水溶性磷和枸溶性磷称为土壤有效磷，也叫土壤速效磷，其含量约占土壤全磷的1%。土壤熟化程度越高，农家肥与磷肥用量越大，土壤有效磷含量也越多。

二、耕地土壤中磷养分的形态与转化

在一定条件下土壤有效性磷可转变为难溶性磷，也称为磷的固定，其有效性下降；难溶性磷也可转变为有效性磷，称为磷的释放，其有效性提高。

1. 磷的固定

磷在碱性土、酸性土和中性土中的固定程度不一样。

（1）磷在碱性土中的固定：土壤有效磷在石灰质碱性土中易形成磷酸八钙［$Ca_8H_2(PO_4)_6 \cdot 5H_2O$］，作物不易吸收。

（2）磷在酸性土中的固定：水溶性磷主要被土壤中铁、铝固定，生成难溶性的磷酸铁和磷酸铝，占无机态磷含量70%以上，其中相当大的部分被氧化铁胶膜包裹为溶解度更低的“闭蓄态磷”。

（3）磷在中性土中的固定

水溶性磷与土壤中钙、镁离子结合生成磷酸二钙、磷酸二镁。磷酸二钙需经很长时间才有少部分逐渐转变为溶解度很小的磷酸八钙和无水磷酸二钙。

此外，土壤有效磷的一部分还会被土壤微生物暂时固定。土壤有效磷在接近中性的石灰性土壤中比较稳定。它主要被固定成磷酸二钙，吸附在土粒表面，细度很高，较易被土壤中的酸性物质转化为磷酸一钙。

2. 磷的释放

土壤有机质、水分的含量以及酸碱度对磷的释放有较大的影响。

（1）土壤有机质的影响：有机质含量高能为微生物提供充足的“食物”，促进磷细菌繁殖，加强土壤中难溶性磷分解；有机质在分解过程中产生的二氧化碳和有机酸类物质，有利于磷的释放；有机酸还能和土壤中的活性铁（或铝）形成络合物［$Fe(OH)_2$·有机酸］，减少对磷的固定。

（2）土壤水分的影响：土壤水分适宜，有利于磷酸盐的扩散、水解，易被作物吸收。酸性土壤在淹水状况中，酸性减弱，还原性增强，一部分“闭蓄态”磷酸铁还原为“非闭蓄态”磷酸铁，磷的有效性提高；在落干期间相反，土壤有效磷下降。

（3）土壤酸碱度的影响：接近中性的土壤不仅有效磷比较稳定，而且是土壤微生物生长的良好环境。因此，酸性土壤加入适量的石灰，碱性土壤加入磷石膏等酸性物中和，既能减少土壤有效磷的固定，又有利于难溶性磷的释放。

从施肥方面考虑，磷肥的适度固定虽然降低当季的肥效，但可减少磷素的淋溶等损失，保持其较强的后效。应防止磷的过度固定，影响作物的正常生长。所以，增施农家肥和改善土壤理化性质，是提高磷肥肥效的有效途径之一。

但是，不能因为土壤对磷有较大的缓冲作用而盲目大量施入磷肥。因为土壤中过多的磷素会降低一些微量元素如锌的有效性；另外，土壤过量积累磷素同样会流失，进入水体污染环境。

三、耕地土壤中磷养分与施磷肥的关系

土壤难溶性的磷素只能作为土壤的"磷库"，即潜在的肥力，作物不能吸收。土壤有效磷只占全磷的1%左右能被作物吸收。粗略计算，每亩耕层土壤大致可提供有效磷（P_2O_5）0.8～4.5千克，土壤有效磷越高，对作物的供磷能力越大。

在其他生产条件相同的情况下，土壤有效磷含量与磷肥的肥效成负相关；土壤有效磷含量越高，施用磷肥肥效越低。亩产粮食350～400千克时，需吸收磷肥（P_2O_5）约4.2～4.8千克。这种产量水平大多施磷肥（P_2O_5）5～7千克，磷肥当年利用率多在15%左右，被作物吸收的磷（P_2O_5）约0.9千克。这时，作物所吸收的全部磷素大约有20%来自于施肥，80%来自于土壤。因此，施足磷肥对高产和保持土壤供磷能力具有重要意义。

四、作物缺磷素时的症状表现

作物缺乏磷素时的症状表现见表3-3。

表3-3　主要作物缺乏磷素时的症状表现

作物	营养缺乏症
水稻	植株矮小，不分蘖或分蘖少。叶片直立，细窄，色暗绿。严重缺磷时，稻丛紧束，叶片纵向卷缩，有赤褐色斑点，生育期延长。
小麦（大麦）	植株瘦小，分蘖少。叶色深绿略带紫，叶鞘上紫色特别显著，症状从叶尖向基部，从老叶向幼叶发展。抗寒力差。
玉米	从幼苗开始，在叶尖部分沿着叶缘向叶鞘发展，呈深绿带紫红色，逐渐扩大到整个叶片，症状从下部叶片转向上部叶片，甚至全株紫红色，严重缺磷叶片从叶尖开始枯萎呈褐色。花丝抽丝延迟，雌穗发育不完全，弯曲畸形，早穗结粒差。
甘薯	早期叶片背面出现紫红色，脉间先出现一些小斑点状，随后扩展到整个叶片，叶脉及叶柄最后变成紫红色。茎细长，叶片小，后期出现卷叶。
大豆	植株瘦小。叶色深绿，叶片狭而尖，向上直立，开花后叶片出现棕色斑点。种子细小。严重缺磷，茎及叶片变暗红。
马铃薯	植株瘦小，严重缺乏时，顶端生长停止。叶片、叶柄及小叶边缘有些皱缩，下部叶片向下卷，叶缘焦枯，老叶提前脱落。块茎有时产生一些锈棕色的斑点。

（续）

作物	营养缺乏症
蚕豆	茎瘦弱。叶片直立，呈暗绿色。植株基部叶易脱落。
棉花	棉株矮小。叶色暗绿，蕾铃脱落，生育期延迟。严重缺磷时，下部叶片出现紫红色斑块，棉桃开裂吐絮差。
花生	老叶呈暗绿至蓝绿色，以后变黄而脱落，茎基部红色。
油菜	植株瘦小。出叶迟，上部叶片暗绿色，基部叶片呈紫红色或暗紫色，有时叶片边缘出现紫色斑点或斑块。易受冻害，分枝小，延迟开花和成熟。
甘蔗	茎秆瘦弱。节间短，新叶较窄，色泽黄绿，老叶尖端呈干枯状。
糖用甜菜	植株矮小。叶片细窄，比正常的叶片更为直立，叶色暗绿有时带红色条纹，缺乏光泽，生长中后期叶片由暗绿变为淡绿或黄绿色，下部叶片提早脱落。
烟草	整个植株呈簇生状。叶狭，色暗，直立，老叶有坏死斑点，干枯后变为棕色。经火烤后的烟叶色暗无光泽。

第三节　常见的磷肥品种及性质

按溶解度不同，磷肥分为三类：①水溶性磷肥，如过磷酸钙、重过磷酸钙；②枸溶性磷肥，如钙镁磷肥、沉淀磷肥，溶于2%的柠檬酸或柠檬酸铵溶液；③难溶性磷肥，如磷矿粉、骨粉，只溶于强酸。按加工方法不同，水溶性磷肥由无机酸与磷矿粉作用而成，又称酸法磷肥；枸溶性磷肥由磷矿粉经高温处理而制成，又称热法磷肥；难溶性磷肥又称机械加工磷肥。

一、过磷酸钙

过磷酸钙别名普通过磷酸钙，简称普钙，含有效磷（P_2O_5）12%～20%，占我国目前磷肥总产量的70%左右。

分子式 $Ca(H_2PO_4)_2 \cdot H_2O + CaSO_4$

1. 生产方法

一般生产方法分稀硝酸矿粉法（干法）和浓硝酸矿浆法（湿法）两种。干法是将60%～75%的硫酸直接与磷矿粉反应；湿法是磷矿石经球磨机湿磨成磷矿石浆，再与浓硫酸反应。其反应式如下：

$$\underset{\text{(磷矿粉)}}{2Ca_5F(PO_4)_3} + \underset{\text{(硫酸)}}{7H_2SO_4} + \underset{\text{(水)}}{3H_2O} \longrightarrow \underset{\text{(过磷酸钙)}}{3Ca(H_2PO_4)_2 \cdot H_2O} + \underset{\text{(硫酸钙)}}{7CaSO_4} + \underset{\text{(氟化氢)}}{2HF\uparrow}$$

2. 生产工艺流程

磷矿石 $\longrightarrow$ 磨粉 $\xrightarrow{\text{硫酸}}$ 反应 $\longrightarrow$ 熟化 $\xrightarrow{\text{中和}}$ 物料处理 $\longrightarrow$ 计量包装 $\longrightarrow$ 成品

3. 主要技术指标

过磷酸钙的主要技术指标执行 GB20413—2006 标准（表 3-4）。

表 3-4　过磷酸钙产品的技术要求（%）

产品类型	项　目		优等品	一等品	合格品 Ⅰ	合格品 Ⅱ
疏松过磷酸钙	有效磷（以 P_2O_5 计）的质量分数，%	≥	18.0	16.0	14.0	12.0
	游离酸（以 H_2SO_4 计）的质量分数，%	≤	5.5	5.5	5.5	5.5
	水分的质量分数，%	≤	12.0	14.0	15.0	15.0
粒状过磷酸钙	有效磷（以 P_2O_5 计）的质量分数，%	≥	18.0	16.0	14.0	12.0
	游离酸（以 H_2SO_4 计）的质量分数，%	≤	5.5	5.5	5.5	5.5
	水分的质量分数，%	≤	10.0	10.0	10.0	10.0
	粒度（1.00～4.75 毫米或 3.35～5.60 毫米）的质量分数，%	≥	80	80	80	80

4. 性质

（1）物化性质：过磷酸钙是疏松多孔的粉状或粒状物，因磷矿的杂质含量不同而呈灰白色、淡黄色、灰黄色或褐色等。呈微酸性，pH3 左右。主要成分是磷酸一钙［$Ca(H_2PO_4)_2 \cdot H_2O$］，副成分是硫酸钙（$CaSO_4$），还有少量游离磷酸、游离硫酸、磷酸二钙及磷酸铁、铝、镁等。加热时性能不稳定，至 120℃以上并继续加热时，五氧化二磷水溶性下降。

（2）农化性质：过磷酸钙的利用率较低，一般只有 10%--25%，其主要原因是往往生成溶解度低、有效性较差的稳定性磷化合物。当过磷酸钙施入土壤后，水分从土壤周围向施肥点汇集，使磷酸一钙溶解和水解，形成一种磷酸一钙、磷酸和含水磷酸二钙的饱和溶液，比原来土壤溶液中磷酸离子的浓度高，与周围溶液形成了浓度差，磷酸就不断地向周围扩散。在扩散过程中，磷酸逐步与土壤中多种离子起反应；同时，磷酸一钙溶解后，会引起微域土壤溶液 pH 反应急剧下降，能把土壤中的铁、铝、钙、镁等成分溶解出来，与磷酸发生化学作用，形成不同溶解度的磷酸盐沉淀。在石灰性土壤中，过磷酸钙中的磷酸一钙与土壤中的钙离子结合，转化为含水磷酸二钙、无水磷酸二钙和磷酸八钙等中间产物，最后大部分经水解形成稳定的磷灰石。在酸性土壤中，过磷酸钙的磷酸根离子（PO_4^{3-}）与土壤中的铁、铝离子或土壤胶体上的代换性铁、铝作用，生成磷酸铁、磷酸铝沉淀，经水解又可生成粉红磷铁矿，胶态磷酸铁以及各种磷铝石等，有效性差，随着时间的延长，这些磷酸盐不断老化，或在土壤氧化还原电位交替变换的条件下，形成"闭蓄态"磷酸盐。酸性土壤中还含有较多的氢氧化铁、氢氧化铝和氧化物。过磷酸钙施入后，其磷酸离子为水化铁铝所固定，生成盐基性磷酸盐，或进行阴离子交换而被吸附在土壤胶体上面。在中性和微酸性土壤中施入过磷酸钙，有效性最高。pH 6.5～7.5 之间的土壤，磷肥施入后呈磷酸一氢离子（HPO_4^{2-}）和磷酸二氢离子（$H_2PO_4^-$）存在，是作物最有效、最易吸收利用的形态。

（3）包装及贮运：用编织袋内衬塑料薄膜，衬袋材料可用高密度聚乙烯薄膜、改性聚乙烯薄膜或低密度聚乙烯薄膜。每袋净重 25±0.5 千克或 50±1.0 千克。贮运中要防潮，以免结块；要避免日晒雨淋，减少养分损失；车船上要铺垫耐磨的垫板和篷布。

5. 合理施用技术

过磷酸钙其有效成分易溶于水，是速效磷肥。适用于各种作物及大多数土壤。可以用作基肥、追肥，也可以用作种肥和根外追肥。过磷酸钙不宜与碱性肥料和尿素混用，以免发生化学反应而降低磷的有效性。与硫酸铵、硝酸铵、氯化钾、硫酸钾等有良好的混配性能。

用作基肥时，对于速效磷含量较低的土壤，一般每亩施用量 50 千克左右，耕作之前匀撒一半，结合耕地，播种前再撒一半，结合整地浅施入土，达到分层施磷的效果。如果与有机肥混合用作基肥，每亩施用量20～25 千克。也可采用沟施、穴施等集中施用方法。

作追肥时，一般每亩用量 20～30 千克。注意要早施、深施，施到根系密集层为好。作种肥时，每亩用量在 10 千克左右即可。根外追肥时，一般用 1%～3%溶液在开花前或抽穗前喷施。

二、重过磷酸钙

重过磷酸钙占我国目前磷肥总产量的 1.3%左右，简称重钙，也叫三倍过磷酸钙。通常含有效磷（P_2O_5）45%～50%，主要成分为一水磷酸二氢钙。

分子式 $Ca(H_2PO_4)_2 \cdot H_2O$

1. 生产方法

（1）浓酸法：用含 P_2O_5 45%～56%的浓磷酸分解磷矿粉，经混合、化成、熟化，制得成品。

（2）稀酸法：用含 P_2O_5 38%～39%的磷酸分解磷矿粉，反应料浆用泵打入造粒装置，与返料细粉混合造粒，经干燥、冷却后包装。

$$\underset{\text{(磷矿粉)}}{Ca_5F(PO_4)_3} + \underset{\text{(磷酸)}}{7H_3PO_4} + \underset{\text{(水)}}{5H_2O} \longrightarrow \underset{\text{(重过磷酸钙)}}{5Ca(H_2PO_4)_2 \cdot H_2O} + \underset{\text{(氟化氢)}}{HF\uparrow}$$

2. 工艺流程

磷矿粉 —(磷酸)→ 反应 → 造粒(← 返料) → 干燥 → 冷却 → 筛分 → 计量包装 → 成品

3. 主要技术指标

重过磷酸钙的技术指标执行 HG/T2219—1991 标准（表 3-5）。

表 3-5 粒状重过磷酸钙产品的技术要求（%）

项 目		优等品	一等品	合格品
总磷（P_2O_5）含量,%	≥	47.0	44.0	40.0
有效磷（P_2O_5）含量,%	≥	46.0	42.0	38.0
游离酸（以 P_2O_5计）含量,%	≤	4.5	5.0	5.0
游离水分,%	≤	3.5	4.0	5.0
粒度（1.0～4.0毫米）	≥	90	90	85
颗粒平均抗压强度，N	≥	12	10	8

4. 性质

（1）物化性质：外观呈灰白色或暗褐色，是高浓度、微酸性磷肥，大部分为水溶性 P_2O_5，还有少量硫酸钙（$CaSO_4$）、磷酸铁（$FePO_2$）和磷酸铝（$AlPO_4$）、磷酸一镁［$Mg(H_2PO_4)_2$］、游离磷酸和水等。

（2）农化性质：重钙不含硫酸铁、硫酸铝，几乎全部由磷酸一钙组成，在土壤中不发生磷酸退化作用。在碱性土壤及喜硫作物中，重钙效果不如普钙。其余与普钙相似。

5. 包装与贮运

编织袋内衬塑料薄膜，缝纫封口。每袋重量 25±0.5 千克或 50±1.0 千克。产品容易吸潮、结块；产品中水溶性磷含量高，贮运中注意防潮、防水，避免结块和损失。

6. 施用方式及注意事项

重过磷酸钙的有效成分易溶于水，是速效磷肥。适用土壤及作物类型、施用方法等和过磷酸钙非常相似，但是由于磷含量高，应当注意磷肥用量。另外，由于重钙中不含硫，对于一些喜硫作物如马铃薯、豆科以及十字花科作物的效果不如过磷酸钙（等磷量情况下）。重过磷酸钙与硝酸铵、硫酸铵、硫酸钾、氯化钾等有良好的混配性能，但与尿素混合会引起加成反应，产生游离水，使肥料的物理性能变坏，因此生产中只能有限掺混。

三、钙镁磷肥

钙镁磷肥占我国目前磷肥总产量的 17%左右，仅次于普通过磷酸钙，其主要成分是磷酸三钙，含 P_2O_5、MgO、CaO、SiO_2 等，无明确的分子式与分子量。

1. 生产方法和工艺流程

将磷矿石与助熔剂（含镁、硅的矿石）、焦炭等经计量后分批加入熔炉中，物料在 1 350℃以上的高温下成为熔融料，到 1 500℃左右时具有很好的流动性。熔融料在 1 100℃以上所生成的是高温型磷酸三钙（又称 α-磷酸三钙），是完全玻璃体，能溶于 2%柠檬酸溶液中。但当温度低于 1 100℃时，由高温型磷酸三钙转变为低温型磷酸三钙（又称 β-磷酸三钙），是结晶态，没有肥效。为使熔融料呈玻璃态结构，需要对出炉的熔融料进行高压水淬，使之骤冷至 700℃以下，熔料骤冷、固化并破裂成玻璃碎屑。一般采用白云石为助熔剂生产较高品位的钙镁磷肥，水淬水压为 0.51～0.61 兆帕；而采用蛇纹石或蛇纹石与白云石为助熔剂生产品位较低的钙镁磷肥，水淬水压为0.15～0.25 兆帕。水淬后的无定形玻璃碎屑经干燥、磨细即为成品。

（1）高炉法：

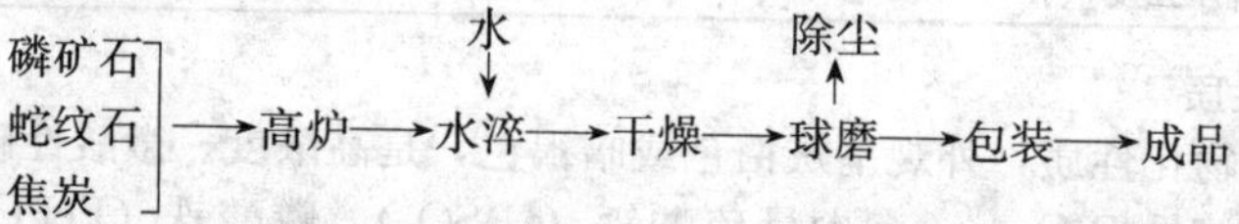

磷矿石、蛇纹石、焦炭 → 高炉 → 水淬（← 水）→ 干燥 → 球磨（→ 除尘）→ 包装 → 成品

（2）电炉法：

磷矿石、蛇纹石 → 电炉 → 水淬（← 水）→ 干燥 → 球磨（→ 除尘）→ 包装 → 成品

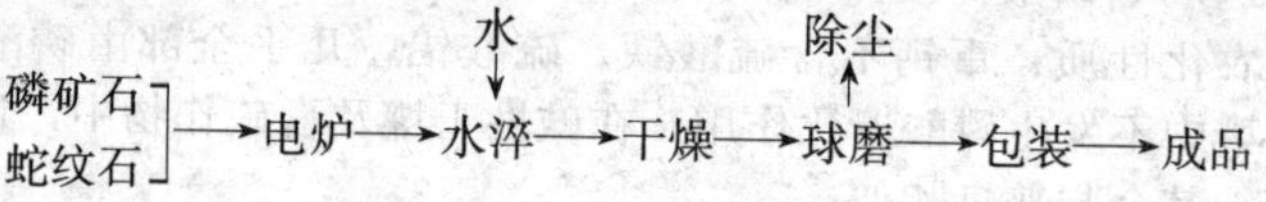

2. 钙镁磷肥的性质

（1）物化性质：钙镁磷肥是一种含磷酸根（PO_4^{3-}）的硅铝酸盐玻璃体，呈微碱性（pH8～8.5），根据所用原料及操作条件不同，成品呈灰白、浅绿、墨绿、黑褐色的细粉状。不吸潮，不结块，无毒，无嗅，对包装材料没有腐蚀性，长期贮存不因自然条件变化而变质。有效成分及其含量为 P_2O_5 12%～20%，MgO 8%～20%，CaO 25%～40%，SiO_2 20%～35%。成品自然堆放的堆积密度为 1.2～1.3 吨/米^3。

（2）农化性质：钙镁磷肥是枸溶性肥料，肥效较慢，但有后效。钙镁磷肥的有效磷以磷酸根（PO_4^{3-}）的形式分散在钙镁磷肥玻璃网络中，在土壤中不易被铁、铝所固定，也不易被雨水冲洗而流失。当遇土壤溶液中的酸和作物根系分泌的酸时缓慢地转化为易溶性磷酸盐被植物吸收。

$$Ca_3(PO_4)_2 \xrightarrow{2H^+} 2CaHPO_4 \xrightarrow{2H^+} Ca(H_2PO_4)_2$$

钙镁磷肥除含有磷素外，还含有大量的镁、钙、少量的钾、铁和微量的锰、铜、锌、钼等，大量的钙离子可减轻镉、铅等重金属离子对作物的危害。其中约有8%～20%的氧化镁（MgO），是叶绿素的重要构成元素，能促进光合作用，加速作物生长；含有25%～40%的氧化钙（CaO），能中和土壤酸性，起到改良土壤的作用；含有20%～35%的二氧化硅（SiO_2），能提高作物的抗病能力。

3. 主要技术指标

钙镁磷肥主要技术指标执行GB20412—2006标准（表3-6）。

表3-6　钙镁磷肥的技术要求

项　目		指　标		
		优等品	一等品	合格品
有效五氧化二磷（P_2O_5）的质量分数,%	≥	18.0	15.0	15.0
水分（H_2O）的质量分数,%	≤	0.5	0.5	0.5
碱分（以CaO计）质量分数,%	≥	45.0	45.0	45.0
可溶性硅（以SiO_2计）质量分数,%	≥	20.0	20.0	20.0
有效镁（以氧化镁计）质量分数,%	≥	12.0	12.0	12.0
细度：通过0.25毫米试验筛,%	≥	80	80	80

注：优等品中碱分、可溶性硅和有效镁含量如用户没有要求，生产厂可不作检验。

4. 包装与贮运

用多层牛皮纸袋或编织袋内衬塑料薄膜包装。每袋25±0.5千克、40±0.8千克、50±1.0千克。钙镁磷肥为细粉产品，若用纸袋包装，在贮存和搬运中容易破损，要轻挪轻放，加强管理。

5. 合理施用技术

钙镁磷肥广泛适用于各种作物和缺磷的酸性土壤，特别适合于南方钙镁淋溶较严重的酸性红壤。钙镁磷肥施入土壤后，磷需经酸溶解、转化才能被作物利用，属于缓效肥料。

多用作基肥。施用时，一般应结合深施，将肥料均匀施入土壤，使其与土壤充分混合。每亩用量15～20千克，也可以采用一年30～40千克、隔年施用的方法。南方水田也可以蘸秧根，每亩用量10千克左右。如果与优质有机肥混拌，应堆沤1个月以上，沤好的肥料可作基肥、种肥。

钙镁磷肥不能与酸性肥料混用。不要直接与普钙、氮肥等混合施用，但可以配合、分开施用。钙镁磷肥对于吸收枸溶性磷能力强的作物如油菜、萝卜、豆科绿肥、瓜类作物效果显著。稻田施用钙镁磷肥可以补硅。

四、磷酸氢钙

磷酸氢钙也称沉淀磷酸钙，含P_2O_5 30%～40%，属枸溶性磷肥，可作基肥，适用于各种农作物和各种土壤，对于酸性土壤肥效更为明显。因产量少，用作肥料的量也较少。

分子式 $CaHPO_4 \cdot 2H_2O$，相对分子质量 136.06。

1. 生产方法（酸解中和法）

由盐酸或其他酸分解磷矿粉制成磷酸，经石灰乳（$CaCO_3$）中和后沉淀而成。化学反应式如下：

$$10HCl + Ca_5F(PO_4)_3 \longrightarrow 3H_3PO_4 + 5CaCl_2 + HF\uparrow$$

（盐酸）（磷矿粉）（磷酸）（氯化钙）（氟化氢）

$$H_3PO_4 + CaCO_3 + H_2O \longrightarrow CaHPO_4 \cdot 2H_2O + CO_2\uparrow$$

（磷酸）（石灰）（磷酸氢钙）（二氧化碳）

2. 工艺流程（酸解中和法）

磷矿粉 $\xrightarrow{\text{硫酸或盐酸}}$ 酸解 $\xrightarrow{\text{石灰乳}}$ 中和 → 沉淀 → 分离 → 干燥 → 计量包装 → 成品

3. 性质

磷酸氢钙主要成分为磷酸二钙，含五氧化二磷（P_2O_5）30%～40%，呈灰白色粉末，不吸湿，不结块，有些地方也称其为“白肥”。磷酸氢钙适于作基肥和种肥，对各种作物均有增产作用，施于缺磷的酸性土壤其肥效优于过磷酸钙，与钙镁磷肥相当；在石灰性土壤上的肥效略低于过磷酸钙，其施用方法与钙镁磷肥相似。

4. 主要技术标准

肥料级磷酸氢钙执行 HG/T3275—1999 标准（表 3-7）。

表 3-7 肥料级磷酸氢钙质量标准

项目		指标		
		优等品	一等品	合格品
有效五氧化二磷（P_2O_5）含量，%	≥	25.0	20.0	15.0
游离水分含量，%	≤	10.0	15.0	20.0
pH（5 克试样加入 50 毫升水中）	≥	3.0	3.0	3.0

5. 包装与贮运

用多层牛皮纸袋或编织袋内衬塑料薄膜包装。每袋 25±0.5 千克、40±0.8 千克、50±1.0 千克。磷酸氢钙为细粉产品，若用纸袋包装，在贮存和搬运中容易破损，要轻挪轻放，加强管理。

6. 合理施用技术

磷酸氢钙广泛适用于各种作物和缺磷的酸性土壤，特别适合于南方钙镁淋溶较严重的酸性红壤。磷酸氢钙施入土壤后，磷需经酸溶解、转化，才能被作物利用，属于缓效肥料。

多用作基肥。施用时，一般应结合深施，将肥料均匀施入土壤，使其与土壤充分混合，每亩用量15～20千克，也可以采用一年30～40千克、隔年施用的方法。南方水田也可以蘸秧根，每亩用量10千克左右。如果与优质有机肥混拌，应堆沤1个月以上，沤好的肥料可作基肥、种肥。

磷酸氢钙不能与酸性肥料混用。不要直接与普钙、氮肥等混合施用，但可以配合、分开施用。磷酸氢钙对于吸收枸溶性磷能力强的作物如油菜、萝卜、豆科绿肥、瓜类作物效果显著。稻田施用磷酸氢钙可以补硅。

五、钢渣磷肥

钢渣磷肥是炼钢工业的副产品，又名碱炉渣，也称托马斯磷肥，一般含P_2O_5 8%～18%，还含有钙、铁、硫、铜、锌、钼、钴等多种营养成分。

分子式$Ca_4P_2O_9 \cdot CaSiO_3$

1. 钢渣磷肥的制法

从矿性炼钢炉得到的熔融含磷钢渣，经过冷却、破碎、磁选、粉碎、包装，即为成品。

2. 生产流程

熔融钢渣→冷却→破碎→第一次磁选（↓铁）→再破碎（粒经50毫米）→第二次磁选（↓铁）→再破碎（至20毫米左右）→第三次磁选（↓铁）→球磨成粉→计量包装→成品

3. 钢渣磷肥的性质

钢渣磷肥为黑褐色粉末，密度3.0～3.3，不含游离酸，不吸潮，不结块，不溶于水，溶于弱酸，属于枸溶性磷肥，呈强碱性，具有良好的物理性状，主要成分是磷酸四钙和磷酸四钙与硅酸钙的复盐，有效磷（P_2O_5）含量不稳定，所含磷不溶于水，而易溶于弱酸，宜作底肥施用，有较长的后效。

据大量样品分析结果，钢渣磷肥的化学组成见表3-8。

表3-8　钢渣磷肥的成分（%）

成分名称	含量	成分名称	含量
总P_2O_5	15～20	MgO	1～5
有效P_2O_5	14～18	MnO	3～6
总CaO	45～50	FeO	14～26
游离CaO	1～5	F	0.008～0.01
SiO_2	6～11		

4. 钢渣磷肥的主要技术指标

钢渣磷肥的主要技术指标见表 3-9。

表 3-9 钢渣磷肥的主要技术指标

项 目		指 标
有效磷（P_2O_5）含量，%		12～18
产品细度：通过 100 目筛，%	≥	90

5. 包装及贮运

用多层牛皮纸袋或编织袋内衬塑料薄膜包装。每袋 40±0.8 千克、50±1.0 千克。贮存于通风干燥阴凉库内，运输时防雨、防潮湿，防破损。

6. 钢渣磷肥的合理施用技术

钢渣磷肥含 45%～55%的石灰成分，在酸性土壤上施用效果很好，用在水稻田增产效果显著，但不宜在碱性土壤上施用，也不能与铵态氮混合用。对黏性土壤，可减少其黏性，改良土壤；对沙质土壤，能增强其吸收养分的能力。钢渣磷肥还可使土壤中的部分不溶性钾盐转变为可溶性。

钢渣磷肥施入土壤后，主要靠土壤酸度和根系分泌物溶解。其反应式：

$Ca_4P_2O_9 \cdot CaSiO_3 + 6CO_2 + 4H_2O \longrightarrow 2CaHPO_4 + 3Ca(HCO_3)_2 + SiO_2$

（钢渣磷肥）（二氧化碳）（水）（磷酸氢钙）（碳酸氢钙）（二氧化硅）

$Ca_4P_2O_9 + H_2O \longrightarrow Ca_3(PO_4)_2 \cdot H_2O + Ca(OH)_2$

（磷酸四钙）（水）（磷酸钙）（水）（氢氧化钙）

$Ca_3(PO_4)_2 \cdot H_2O + H_2CO_3 \longrightarrow 2CaHPO_4 + CaCO_3 + H_2O$

（磷酸钙）（水）（硝酸）（磷酸氢钙）（磷酸钙）（水）

钢渣磷肥宜作基肥施用，在酸性土壤上的施用效果好于碱性土壤。在石灰性土壤上施用时，为提高磷的肥效，应与有机肥混合堆沤后施用。由于钢渣磷肥含有较多的氧化钙，宜用于喜钙的豆科作物，水稻、小麦施用钢渣磷肥也能起到抗倒伏之功效。因肥料有腐蚀性，不宜与种子直接接触，以免影响发芽，可开沟施或穴施。

六、脱氟磷肥

目前，在我国施用脱氟磷肥不太多，因含氟量低于 0.2%，含砷低于 0.001%，作饲料添加剂其效益更好。脱氟磷肥的成分以 α 型磷酸三钙［$Ca_3(PO_4)_2$］为主，还含有较多的硅酸钙（$CaSiO_3$）等。属于枸溶性磷肥，在酸性土壤或微酸性土壤中等于或略高于普通过磷酸钙。

分子式 $Ca_3(PO_4)_2 + Ca_4P_2O_9$，或 α-$Ca_3(PO_4)_2$ 及 $Ca_4P_2O_9$

1. 生产方法

脱氟磷肥是由磷矿粉通过水热法脱氟生成羟基磷酸钙[$Ca_5(OH)(PO_4)_3$]，而后在二氧化硅（SiO_2）等矿物质参与下生成的。化学反应式如下：

$$Ca_5F(PO_4)_3 + H_2O \longrightarrow Ca_5(OH)(PO_4)_3 + HF\uparrow$$

（磷矿粉）　（水）　（羟基磷酸钙）　（氟化氢）

$$2Ca_5(OH)(PO_4)_3 + SiO_2 \longrightarrow 3Ca_3(PO_4)_2 + CaSiO_3 + H_2O$$

（二氧化硅）（磷酸三钙）（硅酸钙）（水）

2. 脱氟磷肥的性质

脱氟磷肥是白色或浅灰色的粉末，主要成分为磷酸三钙，一般含有效磷（P_2O_5）14%～18%，高的可达30%左右。不溶于水，溶于弱酸，无腐蚀性，不吸湿，不结块，久存不降低肥效，便于贮存、运输。

3. 包装与贮运

与钙镁磷肥和钢渣磷肥相同。

4. 合理施用方法

脱氟磷肥与钙镁磷肥和钢渣磷肥性质相似，在酸性土壤中的效果较好，其肥效比过磷酸钙稍慢，但后效较长，施用方法参照钙镁磷肥。

脱氟磷肥与厩肥混沤可提高肥效。

七、磷矿粉

分子式 $Ca_5(PO_4)_3OH$，或 $Ca_5(PO_4)_3F$

1. 性质

磷矿粉由磷矿石经过机械粉碎磨细而成，不计入磷肥的总产量中。既是各种磷肥的原料，也可直接作磷肥施用，属于难溶性磷。磷矿粉生产加工简单，可充分利用我国丰富的中、低品位的磷矿就地开采、加工、施用。

磷矿粉大多呈灰褐色，主要成分为磷灰石，全磷含量一般为10%～25%，大多只溶于强酸，弱酸溶性磷约为1%～5%，极难溶于水。磷矿粉作为磷肥施用的可能性和相对有效性与其物理和化学性质相关，在缺磷的酸性土壤上，施用磷矿粉有明显的增产效果。

2. 包装与贮运

与钙镁磷肥要求相同。

3. 施用

磷矿粉是难溶性磷肥，肥效缓慢，只能作基肥施用，与农家肥堆沤做底肥比单用好。在施用时应考虑以下条件：

（1）肥料细度：颗粒越细，比表面越大，磷矿粉与土壤及作物根系接触的面积也越大，肥效越高。一般要求磷矿粉颗粒90%能通过100目（0.149毫米）的筛孔为宜。

（2）作物种类：不同作物对磷矿粉的吸收利用能力不同。油菜、荞麦、萝卜等利用能力最强；豆科绿肥、豆科作物的利用能力较强；玉米、马铃薯、芝麻等中等；小麦、水稻等小粒禾谷类作物最弱。另外，多年生经济林木及果树如橡胶、油菜、茶树、柑橘、苹果等，对磷矿粉也有较强的利用能力。

（3）土壤条件：土壤 pH 是影响磷矿粉施用效果最主要的土壤性质之一。土壤 pH 愈低，愈有利于磷矿粉分解。磷矿粉的肥效也随水解性磷的递增而增加。因此，磷矿粉在南方缺磷酸性土壤上增产效果显著。然而，过高的土壤酸度通常会产生高量的交换性铝与低量的交换性钙，对作物生长产生不良影响。

磷矿粉施用方法与过磷酸钙不同。磷矿粉应采用撒施、作基肥的方法，以增加磷矿粉与土壤的接触面，提高肥料。其次，磷矿粉应与酸性肥料或生理酸性肥料配合施用，提高磷矿粉中磷的有效性。施于果树或经济林木时，可采用环形施肥法。磷矿粉用量一般为每亩50～100 千克。由于磷矿粉具有较长的后效，连续几年施用后，可以停一段时间后再用。

八、骨　粉

骨粉一般含磷（P_2O_5）20％～40％、氮（N）0.8％～3.7％。骨粉中的氮呈蛋白形态，磷呈磷酸三钙形态。目前，我国骨粉产量少，价格高，作饲料最为“经济”，所以骨粉未列入磷肥总产量中。

分子式 $Ca_3(PO_4)_2$

1. 性质

骨粉是我国农村较早施用的磷肥品种，由动物骨骼加工制成，其主要成分是磷酸三钙，不溶于水，溶于酸，肥效缓慢。骨粉的种类和养分含量见表 3-10。

表 3-10　骨粉的种类和养分含量（％）

名　称	氮（N）	磷（P_2O_5）	脱脂程度
生骨粉	3.7	22	未脱脂
蒸制骨粉	1.8	29	大部分脱脂
脱胶骨粉	0.8	33	不含脂肪

2. 包装与贮运

与脱氟磷肥要求相同。

3. 骨粉的合理施用

骨粉作为磷肥，在北方石灰性土壤中不易被作物吸收利用，而在南方酸性土壤中可与有机肥堆积发酵后作基肥用。一般在生长期长的作物和酸性土壤上施用效果较好，施用时间在夏季。在水田施用未经发酵的骨粉时，要先排水，露出田面后施用，否则骨粉易漂浮水面，影响肥效。骨粉后效长，当年肥效仅相当于过磷酸钙的 60%～70%，如果施在难溶性磷吸收力强和多年生作物上，肥效会更好些。施用方法与磷矿粉相似。

九、常见磷肥的典型性状及施用要点

磷肥的典型性状及施用要点见表 3-11。

表 3-11　常见磷肥的典型性状及施用要点

肥料类型	肥料名称	主要成分及分子式	养分 P_2O_5 含量(%)	化学性质	溶解性	典型性状及施用要点
水溶性磷肥	过磷酸钙	$Ca(H_2PO_4)_2 \cdot H_2O+CaSO_4$	12～18	酸性	水溶	贮运莫遇碱，施用混硫铵
	重过磷酸钙	$Ca(H_2PO_4)_2 \cdot H_2O$	38～46	酸性	水溶	含磷比较高，不宜蘸根苗
枸溶性磷肥	钙镁磷肥	$\alpha-Ca_3(PO_4)_2$	12～18	碱性	枸溶	应混厩肥沤，莫混氨态氮
	钢渣磷肥	$Ca_4P_2O_9 \cdot CaSiO_3$	5～14	碱性	枸溶	适应酸性地，最好作底肥
	脱氟磷肥	$2Ca_3(PO_4)_2 \cdot Ca_4P_2O_9 \cdot H_2O$	15～20	碱性	枸溶	堆沤肥效高，还可作饲料
	偏磷酸钙肥	$Ca(PO_4)_2$	60～70	碱性	枸溶	应施酸性田，适应作底肥
难溶性磷肥	磷矿粉	$Ca_5(PO_4)_3 \cdot F$	14 以上	中性	难溶	含量为全磷，适应酸性地
	骨粉	$Ca_3(PO_4)_2$	22～33	碱性	难溶	用前要堆沤，应施酸性田

第四节　磷肥合理施用技术

一、不同作物含磷丰缺参考值

不同作物含磷丰缺参考值见表 3-12。

表 3-12　不同作物含磷丰缺参考值

作物（生育期，部位）	磷含量状况（P,%，干基）			
	缺乏	低量	足量	高量
水稻（分蘖期，地上部）		<1.0		
水稻（分蘖中期，最新展开叶）			0.14～0.27	
水稻（分蘖期，叶片）		<0.15		
冬小麦（拔节期，地上部）			0.26	
冬小麦（抽穗期，地上部）	<0.15	0.15～0.19	0.20～0.50	>5.0
春小麦（扬花期，上部第 4 叶）			0.25～0.26	
玉米（3～4 叶期，地上部）			0.4～0.8	
玉米（抽雄期，穗位叶）		<0.25		

（续）

作物（生育期，部位）	磷含量状况（P,%，干基）			
	缺乏	低量	足量	高量
玉米（吐丝期，穗位叶）	<0.15	0.16～0.24	0.25～0.40	
高粱（种植后1个月，地上部）			0.3～0.6	
棉花（苗期，最新充分发育叶）			0.30～0.65	
马铃薯（种后50天，第4～5叶）		<4.0	>4.0	
红薯（生长中期，成长叶）			0.2～0.3	
大豆（结荚前，去柄上部叶）			0.26～0.50	
花生（扎针初期，上部茎叶）			0.20～0.35	
苜蓿（顶部15厘米植株）	<0.20	0.21～0.25	0.26～0.70	0.70～1.00
甜菜（新长成充分发育叶片）	<0.11	0.11～0.27	>0.27	
甘蔗（顶部向下第3～6叶鞘）	<0.02	0.02～0.05	0.05～0.20	
柑橘（4～7月龄春梢叶片）		<0.10	0.12～0.16	>0.25
桃树（成熟叶片）		<0.09	0.14～0.25	>0.4
梨树（成熟叶片）		<0.10	0.14～0.20	>0.30
葡萄（成熟叶叶柄）			0.10～0.44	

二、磷肥的合理用量

磷肥的主要特点是在土壤中移动性差，容易被固定，当季利用率低，后效较大。

1. 磷肥用量对肥效的影响

磷肥用量越大，当季肥效越小（表3-13）。为了兼顾产量和最大收益，按目前的粮肥比价，在缺磷的土壤上，小麦或玉米每亩施磷肥（P_2O_5）4～8千克；近年来，南方水稻田磷素积累较多，肥效偏低，每亩施磷肥（P_2O_5）3～5千克即可。这样的施磷水平，每千克磷肥（P_2O_5）平均能增产粮食6～10千克。

表3-13　磷肥（P_2O_5）用量对当季肥效的影响　单位：千克

试验个数	每千克磷肥（P_2O_5）增产粮食					
	亩用量<3	亩用量3～4.5	亩用量4.5～6	亩用量6～7.5	亩用量7.5～9	亩用量>9
小麦1260	11.4	9.3	7.3	5.9	5.5	4.3
玉米629	17.3	10.2	9.8	6.4	6.6	4.3
水稻829	5.1	5.4	3.1			

目前，我国粮食作物磷肥（P_2O_5）用量大多为每亩 4～8 千克，一般当季利用率为 10%～20%。磷肥用量对当季肥效与利用率的影响趋势往往是一致的，但有时也不一样。例如作物疯长，枝叶旺盛，肥料利用率可能不低，但果实少，肥效不高（表 3-14）。

表 3-14　磷肥（P_2O_5）用量对当季利用率的影响

	小麦				玉米			
磷肥用量（千克/亩）	4	8	16	48	4	6	8	10
利用率（%）	12.2	8.2	2.9	2.1	25.3	21.9	20.8	19.8

磷肥用量越多，后效越持久，因为磷肥当季利用率低，大部分残留在土壤里。

2. 磷肥用量因土因作物而异

我国提倡因土因作物施磷，缺磷严重的地块多施，缺磷不严重的少施或隔年施；喜磷作物多施，一般作物少施。

（1）因土施磷：在其他生产因素相同的条件下，土壤有效磷含量与磷肥肥效成负相关，可作为指导磷肥合理施用的主要依据。表 3-15 是粮食作物大量磷肥试验的粗略统计，缺磷土壤的磷肥（P_2O_5）用量大多以 4～8 千克为宜。严重缺磷的土壤大多是中、低产地块，如冷浸田、盐碱地、沙质土和新垦地等，有效磷含量较低，产量和施氮量也不高，所以磷肥用量也不宜过多。如果农家肥较少，产量和施氮量较高，可按表 3-15 中的用量取上限，反之取下限。

表 3-15　土壤有效磷含量与磷肥用量的关系

级　别	土壤有效磷（P，毫克/千克）	每千克磷肥（P_2O_5）增产	磷肥（P_2O_5）亩用量
严重缺磷	＜5	＞10 千克	6～9 千克
缺磷	5～10	6～10 千克	4～7 千克
含磷偏高	10～15	＜6 千克	＜4 千克
含磷丰富	＞15	一般不增产	暂不施

注：土壤有效磷分析用碳酸氢钠浸提法，$P \times 2.29 = P_2O_5 \times 1$。

因土确定磷肥用量的方法较简单，便于应用，与需肥量也不会相差太大。但在指导施磷肥时，只能作为参考，还要根据具体地块和不同作物灵活掌握。如黑龙江等寒冷地区，有的地块有效磷（P）达15～20 毫克/千克，施用磷肥往往也有较好肥效；还有经济作物，如菜园地有效磷（P）20 毫克/千克以上，还需要施用磷肥。磷肥用量常受氮肥或氮、钾肥用量的影响。在高、偏高、中等、偏低的土壤肥力中，若氮肥用量定为1，粮食作物的氮肥（N）与磷肥（P_2O_5）的合理比例分别为1∶0～0.3，1∶0.3，1∶0.5，1∶1；在缺钾的地块还要配施钾肥（K_2O）每亩4～6千克，这样才能做到平衡施肥。

（2）因作物施磷：有些作物对磷素的需要量大，反应敏感，施用磷肥有较好的效果。作物对磷敏感程度由大至小的顺序是：豆科作物（包括绿肥）、糖料作物、小麦、棉花、杂粮（玉米、高粱、谷子）、早稻、晚稻。因此，在相同的土壤肥力下，磷肥应重点施在对磷敏感的作物上。

据各地试验结果，在一般缺磷的土壤上几种主要作物的磷肥（P_2O_5）适宜用量：薯类、棉花每亩施4～6千克，花生、大豆、油菜、黄麻、茶园3～5千克，西瓜、烟草2～4千克，西瓜、烟草2～4千克，甘蔗6～8千克，苹果、香蕉、柑橘、荔枝每株盛果期0.2～0.3千克。经济作物种类多，产品质量要求高，尤其多年生的果树，合理施肥难度较大。

磷肥的合理用量也可采用“养分平衡法”、“测土施肥法”、“肥料效应函数法”等公式确定，这里不再详述。根据磷肥容易被固定、后效较大的特点，以及本地区的土壤状况，施用者应在公式中加入修正系数。

三、磷肥品种的合理安排

1. 磷肥品种的合理安排

磷肥按溶解度可分为水溶性、枸溶性和难溶性磷肥。

普钙、重钙等水溶性磷肥多分配在石灰性土壤上施用，磷素被土壤固定不严重，作物易吸收。如果施用等磷量的枸溶性磷肥，其肥效仅有前者的70%～90%，土壤缺磷越严重，肥效越偏低。

钙镁磷肥、磷酸氢钙等枸溶性磷肥多用在酸性土壤尤其南方水稻田，易溶解，被铁、铝固定的磷素也少。枸溶性磷肥在酸性水稻田上的肥效有时比水溶性磷肥还好。

磷矿粉等难溶性磷肥在石灰性土壤或生长期较短的作物上施用，肥效极低，应重点用在酸性较强的土壤和对难溶性磷吸收能力强的作物如油菜、荞麦、肥田萝卜、大麻、苜蓿等。此外，果树、茶树、橡胶树和一些多年生的经济作物具有较强的根系，用难溶性磷肥做底肥也有较好效果。

2. 磷肥在轮作中的合理安排

磷肥后效大，不同作物对磷肥的敏感程度不一样，在缺磷的土壤上磷肥在轮作中的合理分配能提高其增产效果。

（1）稻—稻连作：因为早稻生长期气温低，土壤供磷能力弱，磷肥重点用在早稻上，晚稻少施或不施。据广东省农业科学院土壤肥料研究所试验，晚稻施普钙的肥效仅为早稻肥效的39%；而早稻施用普钙后在晚稻上仍有明显后效，相当于晚稻施磷肥增产量的50%左右。所以，在较缺磷的水田中，早、晚稻磷肥分配比例以2∶1为宜；在不太缺磷的水田中，磷肥可全部施在早稻上，晚稻可利用其后效。

(2) 旱地轮作：小麦—豆科作物（包括绿肥）轮作时，磷肥重点用在豆科作物上，小麦可用少量水溶性磷肥做种肥。因为磷肥能促进豆科作物根瘤菌的固氮作用，有“以磷增氮”的好处，不但能改善豆科作物的磷素营养，还有利于其根瘤的生长发育，增强固氮能力。

冬小麦—玉米（包括其他杂粮）轮作时，磷肥应重点施在冬小麦上。因为冬小麦对磷肥反应比杂粮敏感，再加上秋后低温，土壤供磷能力差，施磷肥能增强麦苗抗寒能力，促进早发。

玉米—豆类间作时，磷肥重点用在豆类作物上，玉米可用少量磷肥做追肥或早期追肥。

(3) 水旱轮作：旱地转成水田不仅增加土壤溶液中水溶性磷的绝对数量，而且部分“闭蓄态”磷酸铁被还原为“非闭蓄态”磷酸铁，土壤有效磷含量增加；水田改旱地则相反。由于以上原因，应做到以下两点：其一，中稻—小麦或油菜轮作时，磷肥重点施在小麦或油菜上，水稻利用磷肥后效。其二，双季稻—绿肥或其他旱作物轮作时，磷肥重点用在绿肥等旱作物上；早稻水温低，不利于绿肥分解，应施用少量水溶性磷肥，以避免“僵苗”现象；晚稻可根据前茬生长情况采取补施或不施磷肥，三茬作物的磷肥用量比例以 4：2：1 为宜。

(4) 经济作物—粮食作物轮作：以棉花、烟草等经济作物为例。棉花—小麦—绿肥轮作时，磷肥的合理分配是“绿肥重施，小麦次之，棉花轻施”；一年两熟的棉麦套种时，因小麦播后气温低，应重施磷肥；烟草—粮食作物轮作时，磷肥的合理分配是“烟粮并重”。在以烟草为主的轮作中，烟草对磷的需求往往大于氮，要注意增施磷肥。轮作中的冬小麦或大豆、甘薯也要分配一定数量的磷肥，以利于各种作物均衡增产。

总之，磷肥在不同轮作中主要施用在豆科、绿肥、秋播和春播作物上，其余作物可以少施或不施，利用前茬作物的磷肥后效。磷肥在轮作中的这种分配方式，在缺磷越严重的地块，其增产效果越显著。

四、磷肥的合理施用方法

1. 基肥

磷肥做一年生作物的基肥应占全生育期施磷量的 70%以上，甚至全部。因为磷素在作物体内再利用的运转率可达吸收量的 70%～80%，比氮素的运转率还高，所以施足基肥不仅可以满足作物苗期需磷，还可避免后期脱肥，保持作物生长“旺而不衰”。

(1) 一年生作物的基肥施用：多采用深施或分层施用，如粮食作物在缺磷的土壤上每亩用磷肥（P_2O_5）4～8 千克，即普钙 30～60 千克或重钙 8～16 千克。磷肥在施用时如果有结块，应首先打碎、过筛，于犁地前均匀撒施于田前，与农家肥及其他化肥一起耕翻入土。

在严重缺磷的土壤中，磷肥充足时可以采取分层施用。粮食作物每亩用普钙35～45千克与农家肥一起撒施在田里，而后翻入深层中；另用普钙15～25千克撒在田里，耙匀拖平，马上播种或插秧。浅施的磷肥可供作物苗期需要，深施的磷肥可供作物生长中、后期需要。深施的磷肥也可选用枸溶性磷肥。

（2）多年生作物的基肥施用：多年生作物约施50%磷肥做基肥。以葡萄、茶树、果树为例，每亩产1吨的5年生葡萄植株的基肥，用磷肥（P_2O_5）3～4千克，与农家肥及其他化肥一起深施到根群的密集处。3～5年生的茶园基肥，可在离根径30～40厘米处开一条宽约15厘米、深20～25厘米的施肥沟，每亩用磷肥（P_2O_5）3～4千克，与其他肥料一起施入沟内。果树的基肥，对幼树可开穴或环形沟，深15厘米左右；成龄树于采果后在树冠外围挖圆形或长条形沟，宽、深各50～60厘米。每株幼树基施磷肥（P_2O_5）0.05～0.1千克，盛果树为0.2～0.4千克，约将全年磷肥用量的50%埋在土中。

基肥施用方法中的一些内容与氮肥基本相似，可参考本书第二章有关内容。

2. 种肥

作物苗期根系弱，又是磷素营养的临界期。对土壤严重缺磷或种粒小、贮磷量少的作物如油菜、番茄、苜蓿、谷子等，用水溶性磷肥做种肥，用量虽少，但有利于苗齐苗壮。北方或山地寒冷地区在大部分磷肥做基肥的情况下，春播时再用少量水溶性磷肥做种肥，不仅肥效好，还可防止因春播施肥深而影响保墒。种肥占全生育期磷肥用量的20%～30%。如果基肥用量少或未施，用磷肥做种肥的用量应适当增加。

（1）拌种：每亩用普钙3～4千克，与1～2倍的细干的腐熟农家肥拌匀，也可以用少量细干土混匀，再与浸种后阴干的种子搅拌，随拌随播。普钙不能和种子直接混拌，否则会烧伤种子；游离酸或水分过多或含有对作物有害的汞、苯、三氯乙醛等物质的普钙，不宜做种肥。

（2）条施、穴施、点施：条播的小麦、谷子用条施，穴栽的甘薯、马铃薯用穴施，点播的玉米、高粱、棉花用点施。磷肥施在种子下方或侧下方2～3厘米处为宜。具体做法：每亩用过筛的普钙10～15千克或重钙3～4千克，与5～10倍腐熟的农家肥混匀，顺着挖好的沟、穴均匀撒肥，然后播种、覆土。如果用播种一施肥机械更省力。

（3）秧田肥：每亩用过筛的普钙约20千克或重钙5千克左右。秧龄短的品种宜浅施，将磷肥撒施在秧田上，耙入田面6～8厘米深处，然后播种；秧龄长的品种可把普钙或重钙与农家肥同时施入秧田，磷肥用量可适当增加。

3. 追肥

有些作物在生长后期对磷肥反应非常敏感，如棉花在结铃开花期、大豆在开花结荚期、甘薯在块根膨大期，均需要较多的磷肥。所以，基肥不足的间套种作物如果种肥不能满足作物需要，应追施磷肥。大田试验表明，磷肥在土壤中移动性小，旱田 3～4 个月内，普钙仅在施肥点 1～2 厘米的范围内移动，枸溶性磷肥移动性更小。所以，磷肥追施时应集中在根部附近，增产效果更好。

（1）旱地追肥：一年生作物一般早追肥比晚追肥好。每亩用过筛的普钙 10～15 千克或重钙 3～4 千克，晚玉米应追攻秆肥，棉花追蕾肥，豆类追花前苗肥，甘薯等作物在插植后 60 天左右追肥。具体做法与旱地种肥相似，用沟施法、穴施法或点施法，磷肥肥效显著。因为磷肥与土壤接触面可减少到 5%～10%，被土壤固定仅为 20%～40%，比撒施时固定得少；而且磷肥多在根部附近，易被作物吸收。

（2）蘸秧根：每亩用过筛的普钙 3～4 千克或重钙 1 千克左右与 2～3 倍的腐熟农家肥及泥浆拌成糊状，随蘸随插，不能久效。

（3）秧苗肥：秧田铲秧时，每亩用过筛的普钙 4--6 千克或重钙 1～2 千克，与农家肥等混匀后施入秧田，随撒随铲，秧苗移栽后回青生长快。它与蘸秧根均属于集中施肥方法，但比蘸秧根更省工。

（4）多年生作物追肥：多年生及生长期较长的经济作物因产量高、需磷多，追肥次数也多，对作物生长发育影响也大。其具体做法，以春茶为例，可在正式采摘前 25 天左右追肥，1～2 年生的幼龄茶园要按丛穴施，而丛栽种植的茶园采取环状沟施或弧形沟施的形式，施肥沟深度以 7 厘米左右为宜。茶树要追春肥、夏肥、秋肥，磷肥的比例一般以 4∶1∶2 为宜。

综上所述，磷肥主要做基肥，基肥施用充足，除多年生作物外，一般不需要再施种肥或追肥。在缺磷严重的土壤或磷肥少的情况下，可重施种肥，达到用肥少、效果好的目的。磷肥需要做追肥时，要早施。在一般情况下，磷肥应施在作物根系附近，不能施在地表。

第四章　钾肥的性质与施用

第一节　钾养分在作物生长中的作用

一、钾养分的生理作用

钾是作物体中含量较多的元素之一，主要存在于茎叶中，约1%左右。钾对作物的生长发育有多方面的作用，钾能增加作物细胞的膨压，使细胞富于弹性，叶子气孔的保卫细胞富于弹性时，就能调节气孔的张开和关闭，有利于作物的呼吸作用，又可使作物吸收较多的二氧化碳，为光合作用提供丰富的碳素营养，促进糖分和淀粉的形成，提高作物产量。钾能提高作物对氮的吸收和利用，并能促进蛋白质的合成。钾能防止水分蒸发，促进根系发育，提高作物的抗旱能力。钾还能促进茎秆纤维素的发育，使茎秆强壮，防止倒伏，提高作物抵抗病虫害的能力。钾对作物体内养分的转化和运输有重要作用，对改善农产品品质也有良好作用。钾素供应充足，甘薯、甜菜、水果、西瓜的含糖量增多，甘薯、马铃薯淀粉含量高，棉花的纤维长，黄麻的拉力强，烟草的品质好，油菜作物的子粒含油量增加。

水稻缺钾时，首先是老叶尖端和边缘发黄变褐，形成红褐色斑点，最后老叶呈火烧状枯死。玉米缺钾时，老叶从叶尖开始沿叶缘向叶鞘处逐渐变褐而焦枯。棉花缺钾时，棉桃瘦小，开裂吐絮不畅，纤维质量差。

二、钾养分的增产效果

在施用农家肥或氮肥或氮、磷肥的情况下，各种作物施用钾肥均有不同程度的增产效果。据我国20世纪80年代至90年代初的部分试验结果，在现有的施肥水平下，以南方水稻为主的钾肥肥效较好，每千克钾肥（K_2O）平均增产稻谷5千克；其他粮食作物以北方为主仅增产1.5～3千克；钾肥在棉花、甘蔗、麻类、茶叶等经济作物上增产效果显著，往往超过磷肥的肥效（表4-1）。

以上试验结果是平均数，其中土壤缺钾程度不同，钾肥增产效果差别很大。但近几年来，钾肥的肥效呈逐年上升趋势，南方往往高于北方，经济作物好于粮食作物。经济作物施钾肥，有时产量提高不多，但对产品品质改善的效果明显。

表 4-1　不同作物施用钾肥（K_2O）的肥效

单位：千克

作物名称	试验个数	亩施钾肥量	每千克钾增产	作物名称	试验个数	亩施钾肥量	每千克钾增产
水稻	916	5.9	5.0	油菜（子）	63	6.5	1.2
小麦	718	5.8	2.3	花生	38	8.2	2.7
玉米	314	6.5	1.6	芝麻	23	7.0	2.2
高粱	11	6.2	2.9	甜菜	6	6.5	17.9
谷子	45	5.0	1.0	甘蔗	156	6.0	92.5
青稞	6	1.5	1.4	黄麻	22	5.0	4.6
甘薯	392	4.9	51.4	茶树	6	7.5	5.8
棉花(皮棉)	102	8.9	1.2	烟草	—	5.0	1.9
大豆	102	7.8	1.8				

三、作物缺钾素时的症状

作物缺钾症状可作为指导施钾肥的依据之一，尤其对后茬作物。因此，作物早期缺钾，后期再补施也不能完全补偿。所以，严重缺钾的土壤基肥应施足钾肥。作物缺钾症状见表 4-2。

表 4-2　作物缺乏钾养分时显示的症状

作物	症　状
烟草	老叶的叶尖先出现不规则的黄色晕斑，零星分布于中部、叶缘和叶尖。继而黄斑不断扩大成片，叶尖和叶缘枯死，有时产生破碎。有的老叶边缘失水收缩，向下卷曲如“覆盘”状。
棉花	易发生红叶茎枯病或凋枯病。在苗期和营养期叶黄、花斑、茎枯，又称花斑黄色茎枯病。花铃期主茎中上部叶片呈黄色花斑，继而红色，叶脉仍为绿色。
油菜	缺钾早期叶片变黄、卷曲，出现褐色斑块或灼烧状斑块。蕾薹期以后叶片皱缩、增厚，叶缘焦枯；角果小，阴角多。
水稻	常发生褐斑病或赤枯病，多在水稻分蘖中期到抽穗阶段。新叶难抽出，抽穗不齐；老叶尖端和边缘由黄变褐，发生不规则的褐色枯斑。
小麦	初期全部叶片呈绿色或蓝绿色，叶质柔弱，叶尖向下卷曲。以后老叶尖端及边缘变黄，逐渐呈棕色而枯萎，如烧焦状。
苹果	叶片呈蓝绿色，脉间失绿。中部叶缘焦枯，叶片皱褶、卷曲，甚至全叶焦枯而不脱落。果实小，着色差。

第二节　我国耕地土壤中钾养分状况

我国耕地土壤中含全钾（K_2O）量为1%～2.5%，大体是北方高而南方偏低，其主要原因是受土壤母质和气候条件等因素的影响。耕地土壤中多种形态的钾素相互之间不断转化，对耕地土壤供钾能力和肥效影响很大。

一、耕地土壤中钾养分的形态

土壤中钾素以无机盐形式存在，按溶解度大小分3种形态。

1. 难溶性钾

又称矿物态钾。主要有钾长石、黑云母、白云母等，含钾量多在6%～13%。难溶性钾占土壤全钾的95%左右，只溶于强酸，作物不能直接吸收。

2. 缓效性钾

又称非交换性钾。为黏粒矿物层状结构中的钾，以及黏土矿物中水化云母系和部分黑云母中的钾。占土壤全钾量的1%～3%，高的达5%，比难溶性钾易风化，是土壤有效钾的直接来源。所以，在用土壤有效钾含量指导施钾肥时，往往也要考虑土壤缓效钾状况。

3. 有效性钾

包括代换态钾（代换性钾）和水溶态钾（水溶性钾）两部分，约占土壤全钾含量的1%左右。代换态钾是被土壤胶体吸附的钾离子；水溶态钾是溶解在土壤水分中又不受土壤胶体静电引力影响的钾离子，作物根系极易吸收。土壤有效钾能被作物当季吸收，可作为合理施用钾肥的主要依据。

二、耕地土壤中钾养分的形态与转化

耕地土壤中钾养分形态的动态变化，见图4-1。

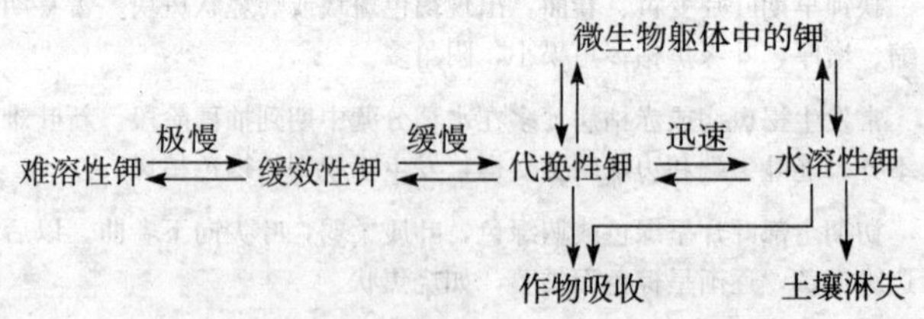

图4-1　耕地土壤中钾的动态变化

土壤中4种形态的钾可以相互转化，常处于动态平衡之中。土壤中的钾被释放，有效性提高；被固定，有效性下降。土壤难溶性钾或缓释性钾的释放是在物理、化学和微生物等因素的作用下极缓慢或缓慢地被风化、分解。代换性钾转化为水溶性钾，也属于钾的释放，但较迅速。

土壤有效性钾被固定，主要有 2 种方式。其一是晶格固定，主要是一些 2∶1 型黏粒矿物的土壤，在频繁的干湿交替中，易使钾固定在矿物晶格内部的空间，不易释放；其二是生物固定，指微生物对土壤钾素的暂时吸收，当微生物死亡后，经分解释放出来的钾仍可被作物利用。所以，在水旱轮作中易发生土壤供钾不足，应注意增施钾肥。

三、耕地土壤中钾养分与施钾肥的关系

据报道，我国土壤中全钾、缓效钾和有效钾三者含量的分布状况基本上一致，都是由南向北逐渐增加的趋势（表 4－3）。土壤中难溶性钾只能作为土壤的"钾库"，即潜在的肥力，作物不能吸收。土壤有效钾只占全钾的 1%左右，能被作物吸收。在其他生产条件相同的情况下，土壤有效钾含量与钾肥的肥效成负相关，即土壤有效钾含量越高，施用钾肥肥效越低，否则即相反。

我国不同土类钾素含量差异很大，每亩耕层有的可提供有效钾不足 5 千克，有的高达 30 千克以上，应根据土壤有效钾含量，合理施用钾肥。缺钾较严重的南方耕地应多施钾肥，北方多数地块可少施或暂时不施钾肥。土壤缓效钾是有效钾的重要来源，在施用钾肥时也应考虑。

表 4－3　我国主要土类的钾养分的大致状况

主要土类	全钾（K）（%）	缓效钾（K）（毫克/千克）	有效钾（K）（毫克/千克）	主要地区
砖、赤红壤	0.1～1.2	30～110	25～90	华南地区
红壤	0.4～1.4	80～160	40～120	长江以南
黄壤	0.5～1.6	90～240	70～200	西南地区
黄棕壤	1.3～2.1	500～650	60～150	江苏、安徽
紫色土	1.5～2.5	420～580	70～240	四川盆地
水稻土	1.7～2.5	230～290	50～120	南方各省
褐土、潮土	2.0～3.5	650～1 100	90～250	华北地区
塿土、黑垆土	1.0～2.0	800～1 200	100～300	黄土高原
黑土、黑钙土	1.7～2.3	500～800	80～350	东北地区

注：土壤有效钾分析用醋酸铵、火焰光度计法。

每亩产粮食 400～450 千克时，需吸收钾（K_2O）约 10～12 千克。由

于我国钾肥资源严重不足，不能满足作物的需要，一般每亩施钾肥（K_2O）5～10千克，不足的部分只能消耗土壤中的钾。所以，我国土壤钾素亏损不断加剧，缺钾面积由南往北逐年扩大。这种情况若不及时加以纠正，会严重影响作物高产和土壤供钾能力。

第三节 常见的钾肥品种及性质

钾肥应用量最大的是氯化钾，约占钾肥总用量的95%，硫酸盐钾肥约占5%，钾镁肥、钾钙肥、窑灰钾肥、草木灰等含钾肥料数量很少。目前我国钾肥来源主要靠进口。

一、氯化钾

氯化钾是高浓度的速效钾肥，也是用量最多、使用范围较广的钾肥品种。随着我国耕地土壤缺钾面积的不断扩大，氯化钾的用量也将会不断增加。

分子式KCl，相对分子质量74.55

1. 成分

含钾（K_2O）不低于60%，含氯化钾应大于95%。肥料中还含有氯化钠（NaCl）约1.8%，氯化镁（毫克Cl_2）0.8%和少量的氯离子，水分含量少于2%。氯化钾由钾石盐（KCl·NaCl）、光卤石等钾矿提炼而成，也可用卤水结晶制成氯化钾。

盐湖钾肥是青海省盐湖钾盐矿中提炼制造而成。主要成分为氯化钾，含钾（K_2O）52%～55%，氯化钠3%～4%，氯化镁约2%，硫酸钙1%～2%，水分6%左右。

2. 性质

因矿源不同，一般纯度为含氯化钾90%～95%、60%～63%，肥料中还含有少量的钠、镁、钙、溴和硫酸根等。氯化钾一般呈白色或浅黄色结晶，有时含有少量铁盐而成红色。

盐湖钾肥为白色晶体，水分含量高，杂质多，吸湿性较强，能溶于水。近年来，由于生产工艺和设备的改善，产品质量也在不断地提高。

氯化钾物理性状良好，吸湿性小，溶于水，呈化学中性反应，也属于生理酸性肥料。氯化钾有粉状和粒状2种。粉状肥料可以直接施用，也可同其他养分肥料配制成复混（合）肥。粒状肥料主要用于散装掺和肥料，又称为BB肥。

3. 主要技术指标

氯化钾执行GB6549—1996，见表4-4。

表 4-4　农业用氯化钾产品的技术要求（%）

项　目		优等品	一等品	二等品
氯化钾（K_2O）含量，%	≥	60	57	54
水分（H_2O），%	≤	6	6	6

注：除水分外，各组分含量均以干基计算。

4. 生产方法

以钾石盐矿为原料（钾石盐矿含 KCl · NaCl，其 KCl 含量应≥22%），用浮选法生产氯化钾，是将钾石盐矿经粗破碎，再经粉碎后送入浮选机，加入浮选剂、絮凝剂、起泡剂和抑制剂等，进行粗选和精选，得到氯化钾精矿，再经离心去水后进入干燥器，干燥后得成品。

工艺流程：

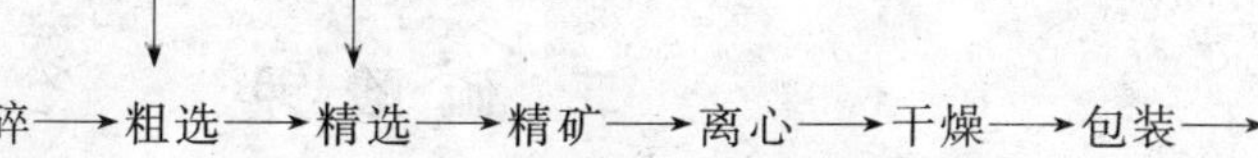

成品

5. 包装与贮运

双层袋包装，内袋为塑料袋，外袋为麻袋或塑料编织袋。每袋净重 50 千克。包装袋上应标明生产单位、产品名称、等级、批号及净重。在贮存和运输过程中应防止受潮、破包。

6. 氯化钾在土壤中的转化

氯化钾施入土壤后，溶解时解离为钾离子和氯离子，钾离子很容易被土壤胶体粒子吸收，也易被作物根系吸收，但残留的氯离子不易被土壤吸收，易随水流失。

7. 合理施用技术

氯化钾适宜作基肥或早期追肥，少数对氯敏感的作物一般不宜施用。氯化钾也不宜作种肥和根外追肥。

氯化钾易溶于水，为生理酸性肥料，但生理酸性表现不如硫酸钾强。尽管如此，在酸性土壤上如大量施用，也会由于酸度增强而促使土壤中游离铁、铝离子增加，对作物产生毒害。所以在酸性土壤中施氯化钾，也应配合施用石灰，可以显著提高肥效。氯化钾不适于在盐碱地上长期施用，否则会加重土壤的盐碱性。在石灰性土壤中，残留的氯离子与土壤中钙离子结合，形成溶解度较大的氯化钙，在排水良好的土壤中，能被雨水或灌溉水排走；在干旱或排水不良的地区，会增加土壤氯离子浓度，对作物生长不利，因此这种地区应控制氯化钾或氯化铵的用量。

氯化钾是速效性钾肥，可以做基肥和追肥。由于氯离子对土壤和作物不利，所以应多作基肥、早施，使氯离子从土壤中淋洗出去。氯化钾应配合氮、磷化肥施用，以提高肥效。

氯化钾适用于水稻、麦类、玉米，特别适用于麻类作物，因为氯对提高纤维含量和质量有良好的作用，但对马铃薯、甘薯、甜菜、甘蔗、柑橘、茶树等经济作物不宜过量使用，对烟草则不宜施用，因施用氯化钾时，烟叶吸收氯离子后不易燃烧，影响品质。

盐湖钾肥更适宜在中国南方施用，在南方多雨、排灌频繁的条件下，氯、钠、镁大部分被淋失，其残留量在较长时间内不至引起对土壤的盐害。盐湖钾肥的肥效与进口的等养分氯化钾相当，但物理性状不太好，杂质多，施用时要防止黏附叶片，灼伤作用。

氯化钾的适宜用量一般为每亩7.5千克左右，具体田块的适宜用量最好通过田间试验来确定。

氯化钾具有吸湿性，贮存时易结块，要放在干燥的地方，防雨、防潮。

二、硫 酸 钾

硫酸钾是高浓度的速效钾肥，不含氯离子，理论含钾（K_2O）54.06%，一般为50%，还有硫（S）约18%，适用于各种作物。但货源少，价格较高，目前我国主要应用在烟草、苹果、茶树、葡萄、甘蔗、甜菜、西瓜、薯类蔬菜等对硫敏感及喜硫、喜钾的经济作物上，既能提高产量，又能改善品质，对农业用户来说，效益会更好。

分子式K_2SO_4，相对分子质量174.27

1. 性质

（1）物化性质：无色结晶体，纯品中含氧化钾54%。密度（20℃）2.662克/厘米^3，熔点1 069℃。吸湿性极小，不易结块，易溶于水。不溶于有机溶剂，能生成二元、三元化合物如$K_2SO_4 \cdot MgSO_4 \cdot 6H_2O$。肥料用硫酸钾一般含氧化钾46%～52%。

（2）农化性质：是一种高效生理酸性肥料，施入土壤后，钾离子可被作物直接吸收利用，也可以被土壤胶体吸附，而硫酸根（SO_4^{2-}）残留在土壤溶液中形成硫酸。常期施用硫酸钾会增加土壤酸性。在石灰性土壤中，残留的硫酸根与土壤中钙离子作用生成石膏（$CaSO_4$），会填塞土壤孔隙，可能造成土壤板结。硫酸钾除含有钾外，还含有作物生长需要的中量元素硫，一般含硫在18%左右。

2. 生产方法

（1）以氯化钾和硫酸为原料：氯化钾和硫酸计量并控制当量，连续进入反应炉，搅拌反应生成固体硫酸钾，排出并冷却，即为产品。尾气（HCl 29%）经干燥、净化除尘、冷却、喷淋、吸收，制得30%～33%稀盐酸。其反应式如下：

$$KCl + H_2SO_4 \longrightarrow KHSO_4 + HCl\uparrow$$

（氯化钾）（硫酸）（硫酸氢钾）（氯化氢）

$$KHSO_4 + KCl \longrightarrow K_2SO_4 + HCl\uparrow$$

（硫酸氢钾）（氯化钾）（硫酸钾）（氯化氢）

生产工艺流程：

氯化钾 $\xrightarrow{\text{硫酸}}$ 反应 ⟶ 冷却 ⟶ 粉碎 ⟶ 硫酸钾

（2）以无水钾镁矾为原料：经富集后的无水钾镁矾矿，在带有搅拌器的反应器中与氯化钾进行复分解反应。反应温度为 50～55℃，生成硫酸钾，经过滤分离、滚筒造粒、干燥，得到粒状硫酸钾。滤液蒸发，浓缩结晶，氯化钾和钾镁矾返回系统。氯化镁母液回收或弃去。

$$K_2SO_4 \cdot 2MgSO_4 + 4KCl \xrightarrow{H_2O} 3K_2SO_4 + 2\text{毫克}\ Cl_2$$

（钾镁矾矿）（氯化钾）（硫酸钾）（氯化镁）

生产工艺流程：

钾镁矾矿 $\xrightarrow{\text{氯化钾}}$ 复分解反应 ⟶ 分离 ⟶ 造粒 ⟶ 干燥 ⟶ 硫酸钾

3. 主要技术指标

农用硫酸钾执行 GB20406—2006 标准，见表 4-5。

表 4-5　农业用硫酸钾产品的技术要求（%）

项　　目	粉末结晶状			颗粒状		
	优等品	一等品	合格品	优等品	一等品	合格品
氧化钾（K_2O）的质量分数，% ≥	51.0	50.0	45.0	51.0	50.0	40.0
氯离子（Cl^-）的质量分数，% ≤	1.5	1.5	2.0	1.5	1.5	2.0
水分（H_2O）的质量分数，% ≤	2.0	2.0	3.0	2.0	2.0	3.0
游离酸（以 H_2SO_4 计）的质量分数，% ≤	0.5					
粒度（粒径 1.00～4.75 毫米，或 3.35～5.60 毫米），% ≥	90					

4. 包装与贮运

塑料编织袋包装，每袋重 50±0.5 千克，袋应标明厂名、产品名称、商标、含量、净重等。运输与贮存过程中均应防潮，防包装袋破损。

5. 硫酸钾的合理施用

本品为化学中性、生理酸性肥料，长期施用，应适当与石灰配合。可作基肥，也可作追肥，但以作基肥为好。施用量一般 10～20 千克/亩。在块根、块茎作物中可多施一些，每亩可施 10～25 千克。在水田中施用硫酸钾，水量不宜太大，施后不要立即排水，以免肥分流失。在旱田施用，可以干施，也可以湿施。干施时可掺4～5倍的湿润土，湿施浓度在5%左右。

施用注意事项：①施用硫酸钾不要贴近庄稼根部，也不要施在茎秆和叶子上，以免灼伤作物。②最好用于碱性或中性土壤上，如果长期在酸性土壤上施用，应同石灰间隔配合施用。③硫酸钾易溶于水，易流失，用于沙性土壤最好少量分次施用或与农家肥混合施用。

三、硫酸钾镁肥

硫酸钾镁肥一般为硫酸钾镁形态，含钾（K_2O）和硫（S）、硼（B）等营养元素。因此，硫酸钾镁是一种优质的钾镁硫等多元素肥料。近年来，我国在农业生产中对无氯钾应用增长较快，无氯钾肥缺口较大，硫酸钾镁在农资市场上的前景十分看好。

分子式 $K_2SO_4 \cdot MgSO_4$

1. 性质

硫酸钾镁肥含钾（K_2O）≥22%、镁（MgO）≥12%、硫（S）22%左右，属于中性肥料。产品一般呈白色或浅灰色结晶，易溶于水，属速效钾镁肥，硫酸钾镁肥易吸湿潮解，在包装、贮运中应特别注意。

2. 生产方法

以含硫酸盐型的钾盐湖卤水为原料：硫酸钾镁一般为固体矿和液体矿2种工艺途径制成。固体矿工艺制成的产品，外观为大小不等的颗粒，淡黄色或肉色相杂，不易吸潮，使用方便，我国尚没有发现类似固体矿。

液体矿工艺技术是从硫酸钾型盐湖中经结晶提取而成，外观为无色结晶状，易吸潮，我国柴达木盆地中部的一些盐湖中含有大量的硫酸钾镁液体矿，例如青海省格尔木西台吉乃尔盐湖钾盐储量达2 700万吨。

采集盐湖卤水资源，进入晒盐池，利用当地高蒸发量的特点对盐湖卤水进行多次滩晒与倒卤后，形成钾混盐结晶体，作为生产硫酸钾镁肥的原材料。原材料进入生产线采用两段转化法生产，首先是机械分离除去石盐和母液后得出钾镁混盐，然后固液分离后得出硫酸钾镁肥。

工艺流程：

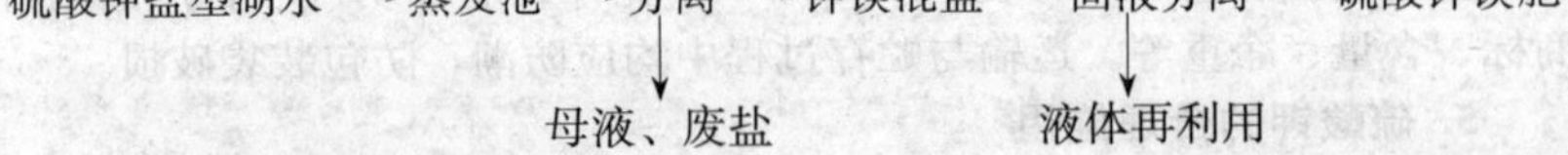

硫酸钾盐型湖水→蒸发池→分离→钾镁混盐→固液分离→硫酸钾镁肥

分离↓母液、废盐；固液分离↓液体再利用

3. 包装与贮运

双层袋包装，内袋为塑料袋，外袋为麻袋或塑料编织袋。每袋净重50±0.5千克。包装上应标明生产单位、地址、产品名称、等级、批号及净重。在贮存和运输过程中应防止受潮、破包。

4. 合理施用方法

硫酸钾镁肥既可以单独施用，也可以作为复合肥、BB肥的钾肥原料使用，适用于任何作物。该肥料水溶性好，尤其适用于蔬菜、果树、烟草、茶叶和花卉等经济作物，既可作基肥、追肥，也可作叶面喷肥。可直接施用，也可作为复合肥厂和混肥厂的原料，进行二次加工生产配方专用BB肥，具有良好的市场前景。

据报道，近年来硫酸钾镁在全国不同地区的各种作物上施肥效果表明，在缺镁地区，等量钾的条件下增产10%以上；在其他地区与不施钾肥、镁肥比较，平均增产率17%。据在广东、浙江2省的43个试验统计，每亩平均施用16千克钾镁肥时，每千克钾（K_2O）增产稻谷4.8千克。2004年以来，青海中信国安委托中国农业科学院对12种作物进行对比试验及分析，委托全国各省土肥站及农业科学院在全国23个省份对小白菜、茶叶、西瓜、烟草、玉米、甘蔗、蜜柚、香蕉、枇杷、花生、番茄、棉花、水稻等169种作物进行田间试验及分析，并通过田间试验建立了硫酸钾镁肥施用技术体系，如每亩叶菜类和叶茎类蔬菜基施15～20千克，茄果类和根菜类蔬菜20～25千克，豆类蔬菜25～30千克，玉米17～22千克（生长中期再追施17～22千克），水稻30～35千克，西瓜75～95千克。

硫酸钾镁适合各种土壤。近年来，我国高强度的耕作以及单一的氮、磷、钾肥施用，造成了土壤中、微量元素持续耗竭，特别是镁的缺乏。钙、硫等可以通过过磷酸钙、硫酸铵等的施用予以补充，而镁除了钙镁磷肥外，补充途径十分有限。因此，在我国许多地区，缺镁已经是普遍现象，这种现象在南方部分地区尤为明显。因此，硫酸钾镁特别适合在南方红黄壤地区施用。

四、钾钙（硅）肥

钾钙（硅）肥是以钾长石为原料，辅以石灰石、石膏、无烟煤等经烧结或生化处理制得的枸溶性钾钙（硅）肥，目前国内已有用化学法联产钾钙肥的研究报道。由牡丹江农海氨基酸复合肥料有限公司和北京泽农生化科技有限公司研发的生物法转化钾长石中不溶性的钾、钙、硅为可溶性钾、钙、硅速效肥料已取得了一定成效，为我国的钾长石矿资源利用、缓解我国钾肥资源严重不足将起到一定作用。

分子式 $K_2SO_4 \cdot (CaO \cdot SiO_2)$

1. 性质

（1）烧结法生产的产品：钾钙（硅）肥是浅蓝色还带绿色的多孔小颗粒，产品呈碱性，是水溶性含钾肥料。成分很复杂，一般含钾（K_2O）

4%左右、氧化钙（CaO）4.16%、可溶性硅（SiO_2）20%以上、镁（MgO）4%左右，还含有硫等。

（2）生物法生产的产品：外观为褐色或黑褐色粉粒状或颗粒状肥料，属中性肥料。产品含可溶性钾（K_2O）、氧化钙（CaO）、可溶性硅（SiO_2）、有效活菌数，还含有腐殖酸、有机质等养分。

2. 生产方法

主要原料是钾长石，正长石和微斜长石的化学组分相同，通长都叫钾长石，化学式为 $K_2O \cdot Al_2O_3 \cdot 6SiO_2$。纯矿物含氧化钾 16.9%，氧化铁 16.4%，二氧化硅 64.7%。钾长石外观呈淡黄、肉红、浅玫瑰红、褐黄、灰绿、棕褐等色。钾长石硬度为 6 级，相对密度 2.57 克/厘米^3，熔点 1 200℃左右。

（1）烧结法：钾钙肥是以钾石、石灰石、石膏、无烟煤为原料，分别经粉碎通过 60～100 目筛，按钾长石：石灰石：石膏：无烟煤为 1：2：0.7：1 的比例，加水混合，压成团球，放入煅烧炉中，温度保持在 1 000～1 200℃，经 3～4 小时取出冷却粉碎而成。煅烧时所起的反应如下：

$$2(KAlO_2 \cdot 3SiO_2) + CaSO_4 + 6CaCO_3 \longrightarrow K_2SO_4 \cdot 6(CaO \cdot SiO_2) + CaO \cdot Al_2O_3 + 6CO_2$$

生产工艺流程：

磷石膏 → 配料 ← 石灰石粉、煤粉

钾长石粉 → 配料 → 制球 → 焙烧 —冷却→ 粉碎 → 水浸 → 分离 →（残渣）

冷却结晶 —固液分离→ 干燥 → 成品

烧结法与高温熔融法相近似，还有用水热法进行生产。这些方法能源耗量过大，产品含有效钾量低或工艺复杂，难以工业化生产。

（2）生物法：利用硅酸盐细菌分解钾长石生产生物钾、钙、硅肥，是将钾长石粉碎为粉状，加入一定量的氧化钙和碳源、氮源等为发酵原料，与硅酸盐细菌和磷细菌等微生物组成的混合菌群进行发酵，经后处理，即得钾钙（硅）肥，也称为生物钾钙硅肥。产品含可溶性钾（K_2O）6%～10%、氧化钙（CaO）6%～8%、可溶性硅（SiO_2）20%～30%、有效活菌数 0.3 亿～1 亿/克，还含有腐殖酸、有机质等养分。生物法分解钾长期生产的钾钙（硅）肥具有资源利用率高，能源消耗低，产品效果好等特点，综合效益优于其他生产方法。

生产工艺流程：

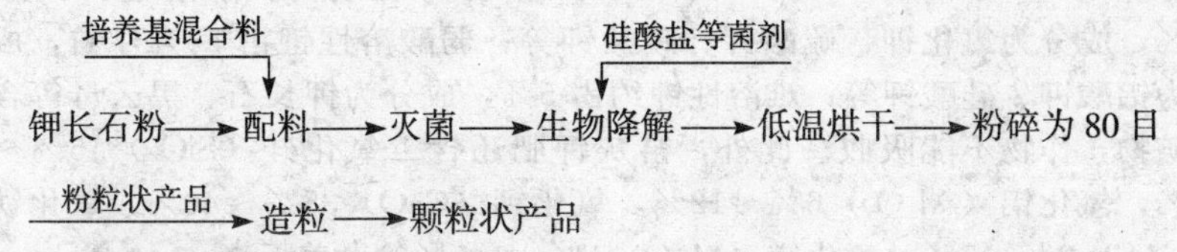

3. 包装、标识、运输和贮存

选择适当的包装材料、形式和方法，以满足产品包装上的基本要求。产品包装中应有产品合格证和产品使用说明书，在使用说明书中标明使用范围、方法、用量及注意事项等内容。包装上印有标识，标识所标注的内容应符合国家法律、法规的规定，包装上印有产品名称及商标、产品规格、净重、净重误差范围不得超过其明示量的±5%。包装上还应印有执行标准、产品登记证号、生产企业名称、地址、生产日期或生产批号、保质期。

运输过程中有遮盖物，防止雨淋、日晒及高温。气温低于0℃时应采取适当措施，以保证产品质量。轻装轻卸，避免包装破损，严禁与对微生物肥料有毒、有害的其他物品混装、混运。

产品应贮存在阴凉、干燥、通风库房内，不得露天堆放，以防日晒、雨淋，避免不良条件的影响。

4. 施用方法

产品适用于各种作物，尤其是对水稻、小麦、玉米、花生、甘蔗、烟草、棉花、薯类、果树等增产效果明显。可做基肥和早期追肥，一般每亩施用量为50～100千克，经济效益较大。与农家肥混合施用效果更好，施后立即覆土。烧结法生产的产品适用于酸性土壤，生物法生产的产品不适用于旱田和干旱地区墒情不好的土壤，也不能与过酸过碱的肥料混合施用，当土壤pH小于6时，生物菌会受到抑制。

根据试验统计，施用生物钾钙（硅）肥料，南方薯类作物增产10%～20%；水稻每亩施含有氧化钾（K_2O）2.3千克的生物钾钙（硅）肥，平均增产稻谷12.3%。

五、窑灰钾肥

窑灰钾肥是水泥业的副产品，在硅酸盐水泥生产过程中逸出的窑气带出一部分灰尘，俗称水泥窑灰，因含有一定量的钾元素养分，所以叫窑灰钾肥。窑灰钾肥中还有硅、钙、镁、硫等营养元素。

通式为$K_2O \cdot CaO \cdot SiO_2 \cdot MgO \cdot S$

1. 成分

由于水泥的原料及其他方面的差异，成分含量变化较大。窑灰钾肥一般含钾（K_2O）8%～15%，其中95%左右为有效钾。水溶性钾约占40%，成分为氯化钾、硫酸钾、碳酸钾等；弱酸溶性钾占55%左右，成分为铝酸钾、硅酸钾等；难溶性钾约占5%，成分为钾长石、黑云母等含钾矿物，作物不能吸收。此外，窑灰钾肥还含二氧化硅（SiO_2）15%～18%，氧化铝（Al_2O_3）6%～12%，氧化钙（CaO）35%～40%，氧化铁（Fe_2O_3）2%～5%，氧化镁（MgO）1%～1.5%等营养元素。

2. 性质

呈灰黄色或灰褐色粉末，碱性强，氢离子浓度0.01～1纳摩尔/升（pH9～11），易吸潮、结块，要注意防潮，更不能被雨淋。

3. 生产方法

本产品在水泥生产中，水泥原料经加工成生料，生料入水泥窑经煅烧生成熟料过程中，回收煅烧所产生的带有氧化钾、氧化钙等物质的气体，经分离出的气体放空，剩余的固体粉粒物料即为窑灰钾肥。

4. 水泥生产副产品窑灰的工艺流程

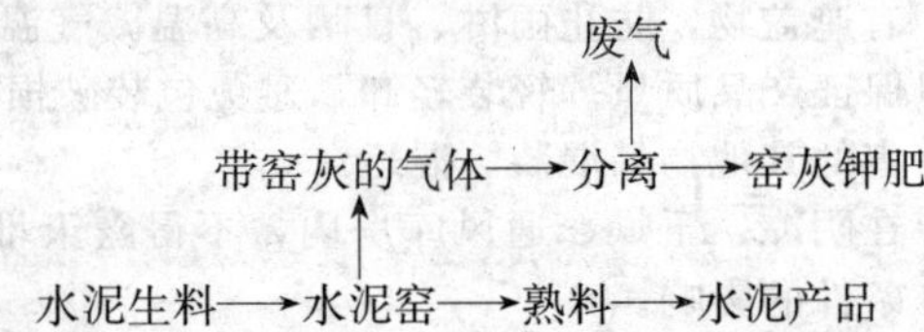

5. 主要技术指标

窑灰钾肥的主要技术指标见表4-6。

表4-6 水泥窑灰钾肥的主要指标

级　别	一级	二级	三级	四级
有效氧化钾含量，%	＞20	＞15～20	＞10～15	5～10

6. 包装、运输和贮运

袋装或散装。纸袋包装每袋净重25±0.5千克、40±1.0千克。

包装窑灰钾肥的纸袋上须清楚标明工厂名称、产品名称、产品等级、有效氧化钾含量、产品净重和包装日期。

散装时须提交与袋装标志相同内容的卡片。窑灰钾肥在运输和保管过程中，应防止雨淋、水浸和混入杂物。

不同等级的窑灰钾肥应分别贮运，不得混杂。

7. 窑灰钾肥的施用

窑灰钾肥是含有多种营养元素的碱性肥料，切忌与铵态氮肥、过磷酸钙等肥料混施，以免引起铵态氮损失和磷固定、降低肥。窑灰钾肥适用于酸性土壤和喜钙的作物，还能起施用石灰的作用。大豆、水稻、小麦等喜钙、喜硅作物施用效果明显。

窑灰钾肥适宜做基肥，也可作早期追肥，因颗粒细，施用时可拌细泥或与农家肥混合堆沤，能消除碱性，减少随风吹散。

窑灰钾肥吸水后会放出热量，属热性肥料，在越冬和早春作物苗床上施用，具有增温、护苗和增强抗病能力等作用。但要避免与植株沾附，防止烧苗。

六、草木灰

1. 成分

草木灰中一般含钾（K_2O）5%～8%，其中90%以上为水溶性，以碳酸钾（K_2CO_3）形式存在；草木灰中大多还含磷（P_2O_5）1.5%～3%，为枸溶性磷。不同草木灰中钾（K_2O）含量差异很大，如松木灰约12%，烟煤灰仅0.7%。高温燃烧生成的草木灰呈灰白色，钾以溶解度较低的硅酸钾（K_2SiO_3）为主，肥效较差；低温燃烧时，呈黑灰色，钾以易溶的碳酸钾为主，肥效显著。残留较多燃烧不完全的碳素的草木灰呈黑色。不同有机物燃烧后产生的草木灰中钾、磷、钙的含量见表4-7。

表4-7　草木灰中钾、磷、钙含量（%）

种　类	钾（K_2O）	磷（P_2O_5）	钙（CaO）
松木灰	12.44	3.41	25.18
小杉木灰	10.95	3.10	22.09
禾本科草灰	8.09	2.30	10.72
稻草灰	8.09	0.59	1.92
小灌木灰	5.92	3.14	25.09
棉子壳灰	5.80	1.20	5.92
牛羊粪灰	5.61	1.95	9.54
烟煤灰	0.70	0.60	16.00

2. 性质

草木灰成分因其燃烧不同而差别很大。一般木本植物灰分中钙、钾、磷较多，草本植物含硅较多。钾、钙、磷较少，同一植物中幼嫩组织部分的灰分含钾、磷较多，而衰老组织部分的灰分含钙、硅较多。

草木灰钾的主要形式是以碳酸钾存在，其次是硫酸钾和少量的氯化钾。它们都是水溶性钾，有效性很高，能直接被植物吸收利用。草木灰是一种碱性肥料，不能与铵态氮肥混合施用，也不能与人粪尿、圈肥等有机肥和过磷酸钙混合施用，以免降低肥效，造成氮的挥发损失。

草木灰适宜在各种土壤上施用，对多种作物均有良好的肥效。在酸性土壤上，不仅能够提供钾、磷、钙多种营养元素，而且可利用其碱性中和土壤酸性，增产效果尤为显著。草木灰可用作基肥和追肥。一般每亩用量50～100千克，与湿润细土掺和均匀后于整地前撒匀、翻耕，也可随犁沟撒施；追施草木灰采用穴施或沟施的办法效果较好，每亩用量50千克左右；草木灰也可用作根外追肥，用10%～20%的水浸提液叶面喷洒，既供给作物营养，又防止或减轻病虫害发生。草木灰是一宝贵的钾肥资源，要将其首先用在喜钾的烟叶、棉花、甘薯、蔬菜及瓜果等作物上。

盐碱土和滨海盐碱土上生长的植物体含有较多的氯化钠，燃烧后的残体灰分不宜作种肥施用，以免增加土壤盐分，影响作物出苗和生长。

3. 施用

草木灰可作基肥、追肥和盖种肥。作基肥每亩用量50～100千克；作追肥时，可撒施叶面，既能提供养分，又能减少病虫害发生；作盖种肥是在作物播种后，撒盖在上面，特别是水稻或蔬菜育秧时，不仅可以提供一定量的养分，还可提高土壤温度，促进种子的发芽和幼苗生长。

草木灰是碱性肥料，不能用作垫圈材料，也不能与铵态氮肥混合施用，以免造成氮的损失。

七、常见钾肥的典型性状及施用要点

钾肥的典型性状及施用要点见表4-8。

表4-8　常见钾肥的典型性状及施用要点（%）

肥料名称	主要成分及分子式	养分含量（K_2O）	化学性质	溶解性	典型性状及施用要点
硫酸钾	K_2SO_4	33～50	中性	水溶	可湿磷矿粉，碱地要留慎
氯化钾	KCl	57～60	中性	水溶	主用作基肥，不用烟薯地
窑灰钾肥	$K_2SO_4 \cdot KCl \cdot K_2CO_3 \cdot K_2SiO_3 \cdot K_3AlO_3$	5～20	碱性	枸溶	莫混铵态氮，应施酸性田
钾镁肥	$K_2SO_4 \cdot MgSO_4 \cdot NaCl$	22～33	中性	水溶	内含钾镁氯，莫用马铃薯
钾钙(硅)肥	$K_2O \cdot CaO \cdot SiO_2$	4～5	强碱	水溶	莫混铵态氮，应施酸性田
草木灰	$K_2CO_3 \cdot K_2SO_4 \cdot K_2SiO_3$	5～8	碱性	水溶	宜作盖种肥，也可散叶面

第四节　钾肥合理施用技术

一、不同作物含钾丰缺参考值

不同作物含钾丰缺参考值见表4-9。

表 4-9　不同作物含钾丰缺参考值

作物（生育期，部位）	钾含量状况（K,%，干基）			
	缺乏	低量	足量	高量
水稻（分蘖期，地上部）		<1.0		
水稻（分蘖中期，最新展开叶）			1.5～2.7	
水稻（分蘖期，叶片）		<1.30		
冬小麦（拔节期，地上部）			2.49	
冬小麦（抽穗期，地上部）	<1.25	1.25～1.49	1.50～3.00	>3.00
春小麦（扬花期，上部第 4 叶）			2.30～2.50	
玉米（3～4 叶期，地上部）			3.5～5.0	
玉米（抽雄期，穗位叶）		<1.90		
玉米（吐丝期，穗位叶）		<1.5	1.7～2.5	
高粱（种植后 1 个月，地上部）			3.0～4.5	
棉花（苗期，最新充分发育叶）			0.90～1.95	
马铃薯（种后 50 天，第 4～5 叶）	<2.50	2.50～4.50	>4.50	
红薯（生长中期，成长叶）			2.9～4.3	
大豆（结荚前，去柄上部叶）			1.71～2.50	
花生（扎针初期，上部茎叶）			1.70～3.00	
苜蓿（顶部 15 厘米植株）	<1.8	1.8～2.4	2.5～3.8	3.9～4.5
甜菜（新长成充分发育叶片）	<0.5	0.5～1.0	1.0～6.0	
甘蔗（顶部向下第 3～6 叶鞘）	<1.0	1.50～2.25	2.25～6.00	
柑橘（4～7 月龄春梢叶片）		<0.40	0.7～1.2	>2.3
桃树（成熟叶片）		<1.0	2.0～3.0	>4.0
梨树（成熟叶片）		<0.7	1.2～2.0	
葡萄（成熟叶叶柄）			0.44～3.00	

二、施用于缺钾土壤

钾肥要用在缺钾的土壤上，含钾偏高或较丰富的土壤可以少施或不施。因此，施钾首先要考虑土壤有效钾的丰缺。

1. 土壤有效钾含量与钾肥肥效

表 4-10 是各地在施用氮或氮、磷肥的基础上，粮食作物钾肥肥效的大量试验结果。这些结果可指导其他作物合理施用钾肥。土壤有效钾含量

的多少是钾肥有效施用的先决条件，它与钾肥肥效成负相关，土壤有效钾含量越低，钾肥当季肥效越好。

表 4-10　土壤有效钾含量与钾肥肥效

级　别	土壤有效钾（K，毫克/千克）	肥效反应	每千克钾肥（K_2O）增粮（千克）	建议亩用钾肥（K_2O）（千克）
严重缺钾	<40	极显著	>8	5～8
缺钾	40～80	较显著	5～8	5
含钾中等	80～130	不稳定	3～5	<5
含钾偏高	130～180	很差	<3	不施或少施
含钾丰富	>180	不显效	不增产	不施

注：$K \times 1.2 = K_2O$

土壤有效钾含量小于 40 毫克/千克为严重缺钾，钾素成为作物增产的限制因素，肥效极显著，粮食作物每亩施钾（K_2O）5～8 千克，经济作物可适当增加钾肥用量。土壤有效钾含量 40～80 毫克/千克为缺钾土壤，粮食和经济作物分别每亩施钾（K_2O）约 5 千克和 8 千克，增产效果较显著。土壤有效钾含量 80～130 毫克/千克，钾肥肥效不稳定，钾肥应用在经济作物上，粮食作物少施。

土壤有效钾含量是指导当季作物施钾的主要依据，如果同时考虑土壤缓效钾，更能切合实际。因为土壤缓效钾是有效钾的补给源和后备。在土壤有效钾含量相近的情况下，缓效钾含量越低，转化为有效钾的数量越少，施用钾肥的肥效会更好。

2. 重点施钾的地区和土壤

钾肥施用重点在南方，但北方缺钾面积正在不断扩大，尤其氮、磷肥用量多的高产地块易出现缺钾，也应重视。主要缺钾的地区和土壤如下。

（1）砖红壤和赤红壤：砖红壤和赤红壤是我国土壤钾素供应水平最低的，施钾肥有显著的效果。广东、广西、海南、云南南部以及福建东南部的缺钾地块，施钾肥的效果有的超过磷肥。

（2）红壤和黄壤：主要分布在长江以南和西南地区，如广东北部、湖南、江西、湖北、安徽等南部以及浙江、福建、四川、贵州等省的大部分地区。这些地区增施钾肥已成为当地增产的重要措施之一。

（3）黄棕壤和棕壤：包括长江中下游黄棕壤和低白土，胶东和辽东半岛的棕壤，广西柳州和玉林等由石灰岩、沙页岩、红色黏土等母质形成的水稻土等。这些土壤有效钾含量往往偏低，也是钾肥肥效较显著的地区。

（4）熟化程度低的土壤和沙性土壤：熟化程度低的土壤有效钾含量也大多偏低，供钾能力弱；质地粗的沙性土含钾低，其有效钾又易被淋溶损失，在这类土壤上施用钾肥的效果往往好于黏性土壤。

综上所述，因土施钾就是把钾肥优先用在高产的缺钾土壤上，以提高钾肥的增产效益。

三、施用于喜钾作物

在土壤缺钾的情况下，农民更愿意把钾肥用在经济作物上。因为经济作物比粮食价格高，虽然有时产量提高不明显，但能改善产品品质。

1. 钾肥对产量和品质的影响

在施用氮、磷肥的基础上，钾肥对水稻和经济作物有显著增产效果。水稻等作物试验大多在南方进行，土壤缺钾比北方严重，钾肥的肥效比较显著；玉米虽然比水稻更喜钾，但对于北方玉米，由于土壤含钾量较高，所以钾肥的肥效比南方水稻低。试验结果表明，钾肥对不同作物的增产效果主要取决于缺钾的程度；在含钾丰富的土壤上，钾肥对喜钾作物的增产幅度也较低。

据报道，钾肥还能明显改善产品品质。中国农业科学院烟草研究所在山东进行的试验结果（表 4-11），施钾使烟叶含糖量增加，含氮量降低，由于糖分的增加和其他内在成分的变化，改善了烟叶品质，刺激性小，烟味醇和。广东、广西等地甘蔗施钾，蔗苓糖含量增加 0.93%，蔗汁重力纯度增加 1.9%。华南热带作物研究所在海南省铁质砖红壤的试验结果表明，由于土壤缺乏代换性钾，橡胶树吸收土壤中的镁相对较多，叶片含镁量高；钾、镁比率低，施钾可矫正钾、镁比，因而降低乳胶早凝率。此外，供钾充足，作物抗倒伏、抗旱的能力提高，植株内可溶性氨基酸、单糖的积累下降，从而可减少病虫害的发生。

表 4-11 钾肥对烟叶成分的影响（%）

处 理	还原糖	总糖	总氮	蛋白质	尼古丁
对照	12.26	15.20	2.63	14.34	2.20
钾（K_2O）4 千克/亩	13.82	16.81	2.34	12.36	2.20
钾（K_2O）8 千克/亩	14.62	18.81	2.06	10.74	1.95

钾肥对作物品质和产量的影响与农家肥也有关系。堆厩肥、牲畜粪尿是富含钾素的肥料，可补充土壤的钾，施农家肥后钾肥的增产和改善品质的效果就会下降。在这种情况下，可减少钾肥的施用量。

2. 钾肥在轮作中的合理分配

钾肥在轮作中应优先用在喜钾的作物上。喜钾作物由大到小的顺序是：豆科作物→薯类、甜菜、甘蔗、西瓜、果树→棉花、麻类、烟草→玉米→水稻、小麦。

（1）稻—稻轮作：因早稻多施用农家肥，钾肥施在晚稻上效果好；而且晚稻田搁田、烤田的次数和天数比早稻少，土壤钾素不能很快释放出来，更易发生缺钾。所以，钾肥集中施在晚稻上；或者晚稻重施，早稻轻施，增产效果都很显著。

（2）绿肥—稻—稻轮作：据试验，每千克钾肥（K_2O）能增收鲜草150千克左右，豆科绿肥中约2/3的氮素是靠根瘤菌从空气中固定来的。因此，施钾后的绿肥翻压做早稻基肥，比钾肥直接施在早稻上更有利，群众称之为"以钾增氮"。如果不是绿肥，而是麦子或油菜，钾肥施在这些作物上或晚稻上较为有利；如果钾肥充足，这两种作物都施用适量的钾肥，增产效果更好。

（3）麦—稻轮作：水旱轮作，干湿交替时，旱作土壤更易缺钾。据四川省农业科学院土壤肥料研究所试验结果，土壤有效钾（K）含量低于50毫克/千克时，小麦应每亩增施钾肥（K_2O）4千克左右；高于70毫克/千克时，可以少施或暂不施钾肥。

（4）寒、旱地区的轮作：轮作中的大豆、油菜、小麦等作物在寒冷、干旱、阳光不足等恶劣环境下增施或早施钾肥，均能增强作物抗寒性，减少冻害，肥效较明显。

（5）不同作物品种对钾肥的反应：以水稻为例。据试验，常规稻、籼稻以及广秋（矮秆）品种增施钾肥平均增产稻谷18%～19%；杂交稻如汕优2号、矮优2号等品种增施钾肥，平均增产稻谷32%～35%。不同水稻品种对氮、磷、钾积累吸收量见表4-12。

表4-12　不同水稻品种对氮、磷、钾积累吸收量

品　种	产量（千克/亩）	吸收养分量（千克/亩）			折合500千克稻谷吸收量（千克）		
		N	P_2O_5	K_2O	N	P_2O_5	K_2O
湘矮早9号	489.4	12.3	4.3	18.2	12.7	4.4	18.6
杂交早稻	541.3	12.2	4.8	23.4	11.3	4.4	21.6
洞庭晚籼	445.0	12.2	6.4	14.6	13.7	7.2	16.4
杂交晚稻	534.0	14.9	8.2	14.7	13.9	7.6	18.5
杂交中稻	657.0	13.8	5.3	13.0	10.5	3.6	17.5

总之，在土壤缺钾的情况下，喜钾作物应重施钾肥，需钾多的高产品种、在轮作中更易产生缺钾的作物也应优先施用钾肥。

四、钾肥的最佳施用期

钾肥可做基肥、种肥和早期追肥。无论水田或旱田，钾肥均宜早施，以基肥为主。这对缺钾土壤和生长期短的作物尤其重要。

1. 基肥或早期追肥

作物的苗期也往往是钾的临界期，对钾的反应十分敏感。虽然作物苗期吸收钾不到全生育期的1%，但苗期个体小，相对数量较大，所以钾肥应以基肥或早期追肥为主。

湖南省农业科学院土壤肥料研究所钾肥施用期的试验结果见表4-13。

表4-13　钾肥不同施用期对水稻增产的影响

处　理	亩产量（千克）	亩增产（千克）	增产率（%）	每千克钾肥（K_2O）增产（千克）	钾肥利用率（%）
不施钾肥	364	—	—	—	—
钾肥做基肥	409	45	12.4	9.0	63.8
钾肥做分蘖肥	401	37	10.2	7.4	55.3
钾肥做穗肥	388	24	6.6	4.8	41.9

每亩施用钾肥（K_2O）5千克，分做基肥、分蘖肥和穗肥，稻谷分别增产12.4%、10.2%和6.6%；钾肥利用率分别为63.8%、55.3%和41.9%。由此表明，钾肥做基肥或早期追肥效果显著。又据浙江省绍兴、诸暨等市、县对水稻试验，钾肥以1/2做基肥，1/2做分蘖肥施用，肥效也很好。

早稻一般有较充足的农家肥做基肥，钾肥可推迟到分蘖早期及圆秆拔节期施用，此时钾肥的肥效还略优于基肥；而晚稻钾肥应早施，以基肥为宜。

2. 果树等作物追肥

对多年生作物和一些喜钾经济作物既要重视施基肥，也要注意追肥。据报道：①苹果盛期果树的追肥分别在发芽前、落花后和花芽分化期进行；梨树在盛果期多追果实膨大肥。每年每株约追钾肥（K_2O）0.5千克，约占全生育期钾肥用量的40%。②西瓜幼苗长到15厘米左右，每亩沟施钾肥（K_2O）3～5千克；当果实迅速膨大、幼瓜直径约15厘米时，每亩沟施钾肥（K_2O）5～7千克；在头棚瓜收获前、二棚瓜坐果后再追施钾肥（K_2O）4～6千克，以防茎叶早衰。③烟叶每亩产125～250千克的烟田，钾肥可用在烟苗初出新根进行平穴小培土时追施硫酸钾约10～15千克，效果非常明显，但不能施用氯化钾。红烟的硫酸钾用量比黄烟多。

3. 种肥

在未施基肥或基肥不足的间套种作物，可用硫酸钾做种肥。氯化钾不宜做种肥，因为易影响附近种子发芽。

钾肥在沙质田里易渗漏，以分次施用为宜。还有一些土壤本身不太缺钾，由于氮肥用量过多，致使水稻等作物后期叶色浓绿，植株柔软，通风透光差，这时追施少量钾肥或叶面喷钾，有利于作物生长发育。

五、钾肥的合理施用量

钾肥的施用也出现“报酬递减”现象，用量过高或过低都不好。用量过高，每千克钾肥增产效益低，纯收益也不高；用量过低，虽然每千克钾肥增产效果好，但产量和质量上不去，纯收益低。在目前钾肥资源比较少的情况下，一般还做不到完全满足作物的需求，要因土因作物进行合量分配。

据报道，在缺钾的土壤上，以粮食作物每亩用钾肥（K_2O）5～8千克、经济作物10千克左右为宜。豆科作物、甘蔗、甜菜、烟草、甘薯、西瓜、果树等喜钾的作物，钾肥用量可适当增加。土壤含钾中等和农家肥用量较多的地块，经济作物每亩用钾肥（K_2O）5千克左右，粮食作物可以少施或暂不施。据各地试验表明，在土壤缺钾的条件下，每千克钾肥（K_2O）一般能增产粮食5～10千克，当季利用率为45%～55%。

六、钾肥的合理施用方法

我国土壤普遍缺氮，大部分缺磷。所以钾肥在缺钾土壤上施用，必须配合氮肥或氮、磷肥，才能有较好的增产效果。钾肥在土壤中移动性小，应施于根系密集的土层。

1. 水稻秧田肥

钾肥用于秧田面施要比本田面施用量多，统计资料显示，一般每亩用钾肥（K_2O）8～10千克。施肥前先把秧板做好，将钾肥直接撒在秧板上，耙入泥浆中，耥平，即可播种。草木灰可结合盖秧施用，每亩用量60～80千克，应与湿土拌和，防止被风吹散。如果钾肥用于秧田追肥，宜早追，一般在秧苗3片叶以前，追前应与细干土或细土粪拌和，也可以在没有露水时直接撒施，每亩用钾肥（K_2O）约5千克。

2. 水稻本田肥

钾肥易溶于水，易渗漏，施用时本田中的水不宜过多，应将多余的水排走，然后撒施钾肥，再耙匀、施平、插秧。施肥后3～5天内不要排水，同时尽量避免串灌和干湿交替排灌，减少土壤中钾素的淋失和固定。钾肥用于水稻本田基肥的施用方法与氮、磷化肥类似，不再重复。

3. 旱地作物基肥

钾肥往往与氮、磷肥一起做基肥，用撒施、沟施或穴施，不同作物的施用方法与氮、磷肥一样。钾肥也不能表施，否则作物根系很难吸收，也易引起钾的固定或淋失。青海盐湖钾肥和碱性较强的草木灰、窑灰钾肥呈粉末状，应做基肥，少做追肥，以免沾附而烧伤幼苗。

4. 根外喷肥

作物尤其密植作物生长期间表现缺钾时，可进行根外喷肥，作为根际施肥的补充。喷洒浓度大多为1%左右，即每亩每次用氯化钾或硫酸钾0.5千克，加水50升。叶面喷施可进行2次，在作物生育的中后期进行，每次相隔7～10天。

氯化钾和硫酸钾的施用方法一样。氯化钾除烟草等忌氯作物和低洼盐碱地不宜施用外，与等养分硫酸钾肥效一样，都能改善作物品质，施用合理对土壤也不会造成不良的影响。

第五章　中量元素肥料的种类、性质与施用

植物在生长过程中，需要量次于氮、磷、钾，但是比微量元素肥料需要量大的营养元素称为中量元素肥料。据报道，一般植物体中含0.1%～0.5%的元素称中量元素。钙、镁、硫3种元素在植物体中的平均含量分别约0.5%、0.2%、0.1%，属于植物的中量元素。我国农民很早就使用石灰、石膏、骨粉、草木灰等含钙、镁、硫的物质做肥料，至今南方一些地区仍有使用的习惯。近年来，由于大量元素氮、磷、钾化肥使用量不断增加，农业产量不断提高，农作物对中量元素的需求越来越迫切。

第一节　钙　　肥

一、钙肥在作物生长中的作用

植物含钙量在0.2%～1%，不同植物含钙量差异很大，通常双子叶植物含钙高于单子叶植物，双子叶植物中以豆科植物含钙量高。含钙量高的植物有三叶草、豌豆、花生和甘蓝、番茄、黄瓜、辣椒、胡萝卜、洋葱、马铃薯以及烟草、果树等。在农业生产上常常出现番茄蒂腐病或脐腐病，大白菜、甘蓝干烧心或心腐病，苹果苦痘病和鸭梨黑心病等，都是缺钙引起的生理病害。

1. 钙的生理作用

（1）以果胶酸钙的形态构成植物细胞壁的中胶层，是植物细胞膜生成和强化不可缺少的。

（2）促进根系的生长。

（3）钙是碳水化合物代谢所必需的。

（4）消除其他离子的毒害作用。氢离子、铵离子、铝离子、镁离子等对作物的毒害，这种作用称作离子拮抗作用，在施用石灰过量的时候，施用镁肥常有良好的效果，这也是利用钙镁的拮抗作用。

（5）钙在作物体内有中和作物体内过多且有毒的有机酸的作用，特别是钙与草酸结合，生成不溶性的草酸钙而消除有机酸对作物的毒害。

（6）钙是植物体内一些酶的组分与活化剂。例如，钙是α-淀粉酶的组分，三磷酸腺苷酶中也含有钙。

（7）钙有助于细胞膜的稳定性，促进钾离子（K^+）的吸收，延缓细

胞老化。

(8) 钙能增强作物对病虫害的抵抗能力。

2. 钙肥的施用效果

在我国南方酸性土（特别在红、黄壤）地区旱地上施用石灰已作为改土培肥的增产措施。刘勋等人对江西省20世纪60～70年代红壤施石灰的增产效果见表5-1。

表5-1　江西红壤土施钙的增产效果（%）

（每亩施石灰50千克）

作物	大豆	大麦	棉花	小麦	水稻	花生	油菜	紫云英	甘薯
增产	37.9	61.6	8.7	16.9	9.7	10.0	4.2	71.3	—

福建省农业厅总结了1963—1964年全省不同类型土壤和作物施石灰石粉的试验结果，除滨海盐渍土外，都有一定增产效果。其中烂泥田增产5.5%～57%，锈水田13.9%～27.2%，黄泥田5%～25.4%，黄沙泥田6.1%～17.9%，泥土田2.7%～10.4%，沙泥田4%～6.7%。另据陈家驹等人1990—1995年研究，施用石灰、牡蛎壳灰等含钙碱性物料，能起到治酸补钙的增产效果。3年来，在滨海耕作风沙土和低丘赤沙土的试验结果表明，施钙可使花生空秕率从34.1%～79.6%降为1.7%～13.3%，花生增产率达39%～232.8%。据辽宁省农业科学院汪仁研究，施钙50～100毫克/千克，增产19.3%～33.3%；施钙200～800毫克/千克，增产50.7%～59.2%；施钙1 600毫克/千克不增产，3 200毫克/千克则有减产作用。据华中农业大学土壤农化系（1984）试验，在强酸性土壤氢离子浓度12 590纳摩/升（pH4.9）的条件下，每亩施石灰50千克，花生产量大大提高。碱性土壤通常以石膏做钙肥施用，据张德鹏（1986）报道，用湖北应城的青石膏施于水田，在湖北、江西13个县117点上试验的结果，一般增产稻谷5%～15%。据中国科学院南京土壤研究所（1970—1972年）在河南封丘县及江苏铜山县试验，每亩施石膏175～200千克，小麦、大豆取得明显增产效果。据中国农业科学院土壤肥料研究所微肥组初步研究结果，北方地区菜豆和花椰菜施钙也有一定的增产作用，钙与硼配合施用有明显增产效果。

酸性土施石灰改土的增产效果是肯定的，然而也有些报道施石灰未取得效果，说明施石灰也要因地制宜。北方石灰性土壤含钙较多，施钙试验只是刚刚开始，施用的有效条件和机理有待进一步研究。

二、我国耕地土壤中钙素的状况

1. 耕地土壤中钙的含量

地壳平均含钙（Ca）3.6%（或氧化钙5.1%），土壤中的含钙量经过母质风化和成土过程后产生截然不同的区分：石灰性土壤中钙的含量超过地壳的平均含钙量，而酸性土壤则远远低于母质中的含钙量，表土平均含钙量约1.37%。我国耕地土壤中含钙量见表5-2。

表5-2 我国耕地土壤中钙的含量

	总含量	其中	
		受强烈淋溶的土壤	干旱或半干旱受淋溶较弱的土壤
含钙（Ca）量	痕迹量～>4	<1%，秦岭淮河以南的红、黄壤土一般<0.35%	>1%

可见，我国长江以南（秦岭淮河以南）地区的酸性土壤容易缺钙，其他土壤一般不容易缺钙。

2. 耕地土壤中钙的存在形态

（1）土壤有机物中的钙：土壤有机物中的钙主要存在于土壤动、植物残体中，一般新鲜有机物含钙（Ca）占干重的1%左右，灰分含钙7.15%～10.75%。动、植物残体中的钙只有分解后才有效，分解后一部分淋失掉，一部分保留在土壤中进入土壤溶液或成为代换性钙。另一部分是尚未分解的钙。土壤有机物中的钙只占土壤总钙量的0.1%～1%，有效钙占的比例也不大。

（2）土壤矿物态钙：土壤矿物态钙占土壤总钙量的40%～90%。矿物态钙存在于土壤固相的矿物晶格中，一般不易溶于水，也不易为溶液中其他阳离子所代替，因此是植物不能直接利用的钙。土壤含钙矿物主要是硅酸盐矿物，如钙斜长石、钠钙斜长石、辉石、角闪石等；此外还有非硅酸盐含钙矿物，如方解石、白云石以及硫酸盐类的石膏、磷灰石等。土壤含钙矿物一般较易风化，碳酸钙和硫酸钙本身有一定的溶解度。含钙矿物风化后可释放出钙离子（Ca^{2+}）进入土壤溶液，大部分被淋失，一部分被土壤胶体吸附成代换性钙，还有一部分与重碳酸根离子结合成重碳酸钙。矿物态钙是土壤钙的主要供给源。

（3）土壤水溶性钙：土壤水溶性钙是指存在于土壤溶液中的钙，一般每千克含量从几十毫克至几百毫克。土壤溶液中的钙离子（Ca^{2+}）浓度与其他离子相比是数量最多的，大致是镁离子（毫克$^{2+}$）的2～8倍，钾离子（K^{+}）的10倍左右，它是植物可以直接利用的有效钙。

（4）土壤代换性钙：土壤代换性钙是指吸附在土壤胶体表面的能为其他代换性阳离子所代换出来的钙。一般代换性钙占土壤总钙量的20%～30%，其变幅范围5%～60%，其含量20～600毫克/千克。我国不同地区、生物、气候、土壤条件不同，土壤代换性钙与其他代换性阳离子组成的情况不同，亚热带和热带水稻土的代换性钙占代换性盐基总量的40%～81%，钙饱和度10%～75%，大于镁、钾的饱和度；北方石灰性土壤一般钙占代换性盐基总量的75%～90%，为钙饱和土壤。代换性钙也是作物可以利用的有效态钙。

三、作物缺钙时的形态表现及营养指标

作物缺钙时的形态表现见表5-3。作物钙营养指标见表5-4。

表5-3　作物缺钙时的形态表现

作物	营养缺乏症
水稻	植株短，组织老化，病症先发生于根及地上幼嫩部分，植株呈现未老先衰。幼叶卷曲，干枯，定型的新生叶片前端及叶缘枯黄，老叶仍保持绿色，结实少，秕粒多。
小麦	生长点及茎的尖端死亡，植株矮小或簇生状，幼叶往往不能展开，已长出的叶片也常出现缺绿现象。根系短，分枝多，根尖分泌透明黏液，似球形黏附在根尖。
玉米	植株矮，叶缘有时呈白色锯齿状不规则破裂，茎顶端呈弯钩状，新叶分泌透明胶汁，使相近两叶尖端粘连在一起，不能正常伸展，老叶尖端也出现棕色焦枯。
大豆	叶片卷曲，老叶上会发生许多灰白色小斑点，叶脉变为棕色，叶柄软弱，下垂，不久即枯萎死亡。茎顶端弯钩状卷曲，新生幼叶不能伸展，易枯死。
马铃薯	幼叶边缘出现淡绿色条纹，继而组织死亡。叶片皱缩，严重缺钙时，顶芽死亡。侧芽向外生长，形成簇生状。块茎的髓部发生混杂的棕色坏死斑点，这些斑点最初在块茎顶端的维管束环以内出现。
蚕豆	严重缺钙的植株，新生部分出现畸形，幼叶及叶柄枯萎，生长点附近的小叶不能展开，而且有些弯曲，顶端死亡。豆荚畸形、萎缩，并发黑，种子发育差，非常小。
棉花	植株矮，叶片老化，果枝少，结铃少，生长点受到严重抑制，呈弯钩状，叶片提前脱落。严重缺钙时，新叶叶柄往下垂，并溃烂，子叶及真叶以及部分老叶的叶柄都可能发生这种症状。
花生	在老叶的背面出现疤痕，随后叶片正反面发生棕色枯死斑块，结荚少，空壳率高。
甘蔗	生长缓慢，幼叶极为柔弱，生长点很快死亡，老叶的绿色减退，并发生很多红棕色斑点，这些斑点的中间先枯萎，以后扩展到整个叶片而死亡。
烟草	叶色变淡绿色，后顶芽向下弯曲，幼叶尖端及边缘枯萎，较老的叶片仍保持正常。整个植株矮化，呈异常的深绿色，极端缺乏时顶芽可能死亡。下部叶片增厚，有时也出现一些枯死红棕色斑点，如果开花期间缺钙，则花、芽都有凋萎的倾向。花冠顶部枯死，以致雌蕊突出。在很多情况下，花冠上出现枯死斑点。

表 5-4　一些作物钙素营养指标

作物	栽培条件、取样部位及时期	含钙量（%）	
		低（或缺乏）	中（或正常）
玉米	沙培，25天，地上部	0.30	0.76～0.80
小麦	幼苗期，地上部	0.14	1.38
甘蔗	水培，茎	0.02	0.04
棉花	土培，初花期，地上部	0.80～1.02	2.20
大豆	水培，成熟期，地上部	0.57	1.34
花生	土培，花针期，叶片	1.50	2.60
马铃薯	田间，叶片	0.49	3.30
甜菜	叶	0.66	3.70
苜蓿	出苗后4周，地上部	0.58	1.55
苹果	营养枝中部叶片	0.56	1.11
龙眼	夏梢顶部第二对复叶第二三片小叶	<0.70	0.70～1.70
梨	田间，新梢最先长大叶片	—	1.25～1.85
李	叶片	<2.00	—
桃	田间，成熟后叶片	—	2.12
甜橙	田间，结果枝顶端叶片	<2.00	2.50～5.00
杏	田间，叶片	—	3.00
葡萄	田间，短枝基部以上第五节叶片	—	1.27～3.19
咖啡	水培，3月龄，叶片	0.80	0.92
草莓	土培，32周，叶片	0.47～0.70	0.91～1.37

四、不同作物含钙丰缺参考值

不同作物含钙丰缺参考值见表5-5。

表 5-5　不同作物含钙丰缺参考值

作物（生育期，部位）	钙含量状况（Ca%，干基）			
	缺乏	低量	足量	高量
水稻（分蘖中期，最新展开叶）			0.16～0.39	
冬小麦（拔节期，地上部）			0.50	
冬小麦（抽穗期，地上部）		<0.20	0.20～0.50	>0.50
玉米（3～4叶期，地上部）			0.9～1.6	
玉米（抽雄期，穗位叶）		<0.40		

（续）

作物（生育期，部位）	钙含量状况（Ca%，干基）			
	缺乏	低量	足量	高量
玉米（吐丝期，穗位叶）			0.4～1.0	
高粱（种植后1个月，地上部）			0.9～1.3	
棉花（苗期，最新充分发育叶）			1.90～3.50	
马铃薯（种后50天，第4～5叶）			>2.36	
红薯（生长中期，成长叶）			0.73～0.95	
大豆（结荚前，去柄上部叶）			0.36～2.00	
花生（扎针初期，上部茎叶）			1.25～1.75	
苜蓿（顶部15厘米植株）	<0.25	0.25～0.50	0.50～3.00	3.00～4.00
甜菜（新长成充分发育叶片）	<0.1	0.1～0.4	0.4～1.5	
甘蔗（顶部向下第3～6叶鞘）	<0.10	0.10～0.15	0.15～2.00	
柑橘（4～7月龄春梢叶片）		<1.6	3.0～6.0	>7.0
桃树（成熟叶片）		<1.0	1.8～2.7	>3.5
梨树（成熟叶片）		<0.8	1.5～2.2	
葡萄（成熟叶叶柄）			0.7～2.0	

五、钙肥的种类及性质

含钙肥料的品种主要有石灰、石膏和含钙肥料等，石灰是指由石灰岩、泥灰岩和白云岩等含碳酸钙（$CaCO_3$）的岩石经高温烧制而成的生石灰。沿海地区还普遍烧螺、蚌、牡蛎制成“壳灰”，其主要成分都是氧化钙（CaO）。一些化学氮肥如硝酸钙、硝酸铵钙、石灰氮等都含有钙。石膏是主要钙肥之一，其成分是硫酸钙($CaSO_4 \cdot 2H_2O$)，既含钙又含硫，对缺钙、缺硫的土壤更适宜。一些磷肥中常有含钙的成分，如普通过磷酸钙、钙镁磷肥、重过磷酸钙，也都是重要钙肥来源。一些工矿的副产品或下脚废渣中，如炼铁的高炉渣，炼钢的炉渣，热电厂燃煤的粉煤灰，小氨厂的炭化煤球渣，磷肥厂的副产品磷石膏等都含有钙的成分。

此外，各种农家肥中也含有一定量的钙，用量大，使用面广，是不可忽视的钙源。其中骨粉、草木灰则是含钙丰富的农家肥。一些常用含钙肥料见表5-6。

表 5-6 常见含钙肥料的成分与主要性质（%）

名　　称	主要成分	氧化钙（CaO）含量	主要性质
石灰石粉	$CaCO_3$	52（44.8～56.0）	碱性，难溶于水
生石灰（石灰岩烧制）	CaO	90（84.0～96.0）	碱性，难溶于水
生石灰（牡蛎蚌壳烧制）	CaO	52（50.0～53.0）	碱性，难溶于水
生石灰（白云岩烧制）	CaO、MgO	43（26.0～58.0）	碱性，难溶于水
熟石灰（消石灰）	$Ca(OH)_2$	70（64.0～75.0）	碱性，难溶于水
普通石膏	$CaSO_4 \cdot 2H_2O$	26.0～32.6	微溶于水
磷石膏	$CaSO_4 \cdot Ca_3(PO_4)_2$	20.8	微溶于水
普通过磷酸钙	$Ca(H_2PO_4)_2 \cdot H_2O$，$CaSO_4 \cdot 2H_2O$	23（16.5～28）	酸性，溶于水
重过磷酸钙	$Ca(H_2PO_4)_2 \cdot H_2O$	20（19.6～20）	酸性，溶于水
钙镁磷肥	α-$Ca_3(PO_4)_2 \cdot CaSiO_3 \cdot MgSiO_3$	27（25～30）	微碱性，弱酸溶性
氯化钙	$CaCl_2 \cdot 2H_2O$	47.3	中性，溶于水
硝酸钙	$Ca(NO_3)_2$	29（26.6～34.2）	中性，溶于水
窑灰钾肥	$K_2SiO_3 \cdot KCl \cdot K_2SO_4 \cdot K_2CO_3 \cdot CaO$	30～40	水溶液呈碱性
粉煤灰	$SiO_2 \cdot Al_2O_3 \cdot Fe_2O_3 \cdot CaO \cdot MgO$	20（2.5～46）	难溶于水
硅钙肥	$CaSiO_3$	39（30～48）	难溶于水
草木灰	$K_2CO_3 \cdot K_2SO_4 \cdot CaSiO_3 \cdot KCl$	16.2（0.89～25.2）	水溶液呈碱性
石灰氮	$CaCN_2$	53.9	强碱性，不溶于水
骨粉	$Ca_3(PO_4)_2$	26～27	难溶于水
厩肥		5.74	
泥炭		0.9（0.39～1.42）	

注：CaO（%）＝Ca（%）×1.4。

1. 石灰

石灰是最主要的钙肥，包括生石灰、熟石灰、碳酸石灰 3 种。石灰为强碱性，除能补充作物钙营养外，对酸性土壤能调节土壤酸碱程度，改善土壤结构，促进土壤有益微生物活动，加速有机质分解和养分释放；能减轻土壤中铁、铝离子对磷的固定，提高磷的有效性；能杀死土壤中病菌和虫卵以及消灭杂草。

生石灰，又称烧石灰，主要成分为氧化钙，化学分子式CaO。通常用石灰石烧制而成，含氧化钙90%～96%。如果是用白云石烧制的，则称镁石灰，除含氧化钙55%～85%外，尚有氧化镁10%～40%，兼有镁肥的效果，贝壳类含有大量碳酸钙，也是制石灰的原料，沿海地区所称的壳灰，就是用贝壳类烧制而成的。其氧化钙的含量螺壳灰为85%～95%，蚌壳灰为47%左右。生石灰中和土壤酸度的能力很强，可以迅速矫正土壤酸度，此外还有杀虫、灭草和消毒的功效。

熟石灰，又称消石灰，主要成分是氢氧化钙，化学分子式 $Ca(OH)_2$。由生石灰吸湿或加水处理而成，此时会放出大量热能。熟石灰中和土壤酸度的能力也很强。其含量因原料种类而异，可按生石灰中氧化钙含量推算。

碳酸石灰，主要成分是碳酸钙，化学分子式 $CaCO_3$。由石灰石、白云石或贝壳类磨细而成。其溶解度小，中和土壤酸度的能力较缓和而持久。

2. 石膏

农用石膏有生石膏、熟石膏、磷石膏3种，主要成分为硫酸钙。硫酸钙的溶解度很低，水溶液呈中性，属生理酸性肥料，主要用于碱性土壤，消除土壤碱性，起到改良土壤以及提供作物钙、硫营养的目的。

生石膏，即普通石膏，俗称白石膏，主要成分为 $CaSO_4 \cdot 2H_2O$，含钙（Ca）量约23%。它由石膏矿直接粉碎而成，呈粉末状，微溶于水，粒细有利于溶解，供硫能力和改土效果也较高，通常以60目筛孔为宜。除钙外，还含硫（S）18.6%。

熟石膏，又称雪花石膏，其主要成分为 $CaSO_4 \cdot 1/2H_2O$，含钙（Ca）约25.8%。它由生石膏加热脱水而成。吸湿性强，吸水后又变为生石膏，物理性质变差，施用不便，宜贮存在干燥处。除钙外，还含硫（S）20.7%。

磷石膏，主要成分为 $CaSO_4 \cdot 2H_2O$，约占64%，其中含钙（Ca）约14.9%。磷石膏是硫酸分解磷矿石制取磷酸后的残渣，是生产磷铵的副产品。其成分因产地而异，一般含硫（S）11.9%、五氧化二磷2%左右。

3. 其他含钙肥料

除上述石灰肥料外，硝酸钙、氯化钙可溶于水，多用作根外追肥施用，它们和硫酸钙（石膏）、磷酸氢钙等还常用作营养液的钙源。此外，多种磷肥（如过磷酸钙、磷矿粉、沉淀磷酸钙、钙镁磷肥、钢渣磷肥等）也是钙肥的重要来源。

硝酸钙、氯化钙、氢氧化钙可用于叶面喷施，浓度因肥料、作物而异，在果树、蔬菜上硝酸钙喷施浓度为0.5%～1%，氯化钙一般0.3%～0.5%（大白菜有时用0.7%）。

六、钙肥合理施用技术

1. 石灰施用技术

酸性土壤施用石灰能起到治酸增钙的双重效果，但是确定石灰需要量是个复杂问题。据中国科学院南京土壤研究所（1958）研究结果，依据我国土壤酸碱度划分等级，对不同质地的酸性土壤第一年的石灰需要量提出的经验标准（表5-7）很有参考价值。

表5-7　不同质地酸性土壤第一年石灰施用量

单位：千克/亩

土壤酸度类型	黏土	壤土	沙土
强酸性，氢离子浓度10 000～31 630纳摩尔/升（pH4.5～5）	150	100	50～75
酸性，氢离子浓度1 000～10 000纳摩尔/升（pH5～6）	75～125	50～75	25～50
微酸性，氢离子浓度1 000纳摩尔/升（pH6）	50	25～50	25

一般每亩施用40～80千克石灰较适宜，旱地红壤及冷烂田、锈水田等酸性强的土壤施用石灰效果较好，用量多一些，酸性小的土壤石灰用量宜适当减少。质地黏的酸性土应适当多施石灰，沙质土应少施。此外，随着土壤熟化程度的提高，土壤酸性减小，石灰用量亦应减少，基本熟化的土壤每亩施石灰50千克即可，初步熟化的土壤每亩施75～100千克。

棉花、小麦、大麦、苜蓿等不耐酸的作物应多施；蚕豆、豌豆、水稻等中等耐酸作物可少施；茶、马铃薯、荞麦、烟草等耐酸力强的作物可不施。

作物施石灰的效果不仅取决于土壤酸度和作物种类，还与施用时期有关。一般来说，旱地雨季施用效果优于旱季。例如，江西省红壤研究所的试验结果，在小麦、大豆、芝麻三熟制中，石灰的肥效以雨季（春季）大豆为好。在水田，石灰施于晚稻优于早稻。

石灰的施用方法，可以基施，也可追施。基施石灰，在整地时将石灰与农家肥一起施入土壤，也可结合绿肥压青和稻草还田进行，水稻秧田每亩施熟石灰15～25千克，本田50～100千克；旱地50～70千克。如用于改土，可适当增加用量，每亩150～250千克。在缺钙土壤上种植大豆、花生以及块根作物等喜钙的作物，每亩用石灰15～25千克，沟施或穴施；白菜和甘薯可在幼苗移栽时用石灰与农家肥混匀穴施，均有良好效果。如果整地时没能施用石灰做基肥，可在作物生育期间追施。水稻一般在分蘖和幼穗分化始期结合中耕每亩追施石灰25千克左右。旱地追施石灰可条施或穴施，以每亩15千克左右为宜。

施用石灰应注意不要过量，否则会使土壤肥力下降，并易引起土壤结构变化。除施用量适当外，还应注意施用均匀，否则会造成局部土壤石灰过多，影响作物正常生长。沟施、穴施时应避免与种子或植物根系接触。为了充分发挥石灰改土的增产效果，必须配合农家肥及氮、磷、钾化肥施用。石灰施用后有2～3年的效果，不要年年施用。

2. 石膏施用技术

石膏是改善土壤钙营养状况的另一种重要钙肥，它不但提供26%～32.6%的钙素，还可提供15%～18%的硫素。在我国“三北”地区，干旱、半干旱地区，分布许多碱化土壤，这类土壤需石膏来中和碱性，以改善土壤物理结构。石膏的施用视目的不同而有所区别。

（1）改良碱地施用：一般在土壤氢离子浓度1纳摩尔/升以下（pH9以上）时，需要施石膏中和碱性，其用量视土壤代换性钠的含量来确定。代换性钠占土壤阳离子总量5%以下时，不必施用石膏；占10%～20%时，适量施用石膏；大于20%时，石膏施用量要增大。为了改良碱土，石膏多做基肥施用，结合灌溉排水施用石膏。由于一次施用难以撒匀，可结合双季稻及冬播小麦耕翻整地，分期分次施用，以每次每亩施150～200千克为宜。同时，结合粮棉和绿肥间套作或轮作，不断培肥土壤，效果较好。施用的石膏要尽可能研细，才能提高效果。石膏的溶解度小，后效长，除当年见效外，第二年、第三年也有较好效果，不必年年施用。如果碱土呈斑状分布，其碱斑面积不足15%时，石膏最好撒在碱斑面上。为了提高改土效果，应与种植绿肥或与农家肥和磷肥配合施用。

磷石膏是生产磷铵的副产品，含氧化钙略少于石膏，但价格便宜，并含有少量磷素，也是较好的钙肥及碱土的改良剂。用量以比石膏多施1倍为宜。

（2）作为钙素和硫素营养施用：我国华南地区的中性或微酸性土壤上，农民也有施用石膏的习惯，在低山丘陵谷地的翻浆田、发僵田，每亩用石膏1.5～2千克，与其他农家肥混合给水稻蘸秧根，或苗期第一次耙草耘田时，每亩用2.5～5千克混合农家肥给水稻做塞蔸肥，能起到促进返青、提早分蘖的效果。

旱地施石膏应先将石膏粉碎，撒于土壤表面，再结合耕耙做基肥，也可做种肥条施或穴施。石膏基施时每亩用量15～25千克，做种肥每亩用4～5千克。

3. 影响钙肥施用效果的因素

（1）土壤类型对钙肥施用效果的影响：我国华南地区土壤中含钙的基性原生矿物风化作用及淋溶作用强烈，钙大量淋失。该地区除石灰性冲积土、紫色砂页岩母质发育的土壤和长期施用石灰的土壤外，相当面积的红壤和砖红壤都明显缺钙，一般含钙量仅0.02%；华中地区土壤的含钙量稍高，在0.25%左右；西北和华北地区的土壤则因有碳酸钙盐类的大量积聚，含钙极为丰富。

在缺钙土壤施用石灰，除可补充植物和土壤获得钙以外，还可降低土壤pH，从而减轻或消除酸性土壤中大量铁、铝、锰等离子对土壤性质和植物生理的危害。石灰还能促进有机质的分解。

（2）土壤性质对钙肥施用效果的影响：石灰施用量因土壤性质（主要是酸度）和作物种类而异。红壤一般每亩施25～100千克，多者可达150千克左右；多用作基肥，常与绿肥作物同时耕翻入土。石灰、石膏应当避免盲目过多施用。历史上曾经出现过量或连年高量施用石灰而形成石灰板结田、次生碳酸盐土壤的状况，土壤理化性状变劣。同时，施用过多会降低硼、锌等微量营养元素的有效性。石灰用量要合适，尤其要配合有机肥的施用，还要考虑钙与其他营养离子间的相互平衡。

第二节　镁　　肥

镁是作物必需的营养元素之一。农用镁肥品种较少，大多是兼作肥料用的化工产品及原料。

一、镁元素在作物生长中的作用

植物含镁量依植物种类不同差异较大，一般农作物含镁量0.1%～0.6%。通常豆科作物比禾本科作物含镁量高，块根作物镁的吸收量通常是禾谷类作物的2倍。花生、芝麻、谷子、棉花、甜菜、烟草、油棕榈、咖啡、香蕉、菠萝、柑橘、马铃薯、番茄等，都是需要镁较多的作物。

镁肥的肥效视土壤有效镁含量和作物需镁程度而不同，与施肥技术、土壤环境条件也有关。从已有的资料来看，我国南方酸性土壤施用镁肥效果较好，北方石灰性土壤镁肥效果较差。

二、我国耕地土壤中镁元素的状况

1. 土壤中镁素的含量（表5-8）

表5-8　土壤中镁素的含量

名　称	含量（%）
地壳中镁	2.35
土壤	0.1～4，大多为0.3～2.5，平均0.6
北方土壤	0.5～2，平均0.5左右
南方土壤	0.06～1.95，平均0.5左右
西北的粟钙土、棕钙土	＞5.0

（续）

名　称	含量（%）
沉积岩	平均2.52，其中硫岩7.89。
炭浆岩	平均3.49，其中辉石、橄榄石等5.0，其中的花岗岩等<1.0

2. 土壤中镁素的存在形态

（1）有机物中的镁：一般有机物含镁在1%以内，主要来自于秸秆和施入的农家肥。土壤有机质中的镁除了结合在有机成分中尚未分解的以外，其余的多数以络合或吸附形态存在于有机物中。

（2）矿物态镁：包括在原生矿物和次生矿物晶格中的镁，是土壤镁的主要形态和供给源，占土壤全镁量的70%～90%。主要存在于含镁的硅酸盐矿物（如橄榄石、辉石、角闪石等）和非硅酸盐矿物（如菱镁石、白云石等）中。不溶于水，但大多数可溶于酸，其中用低浓度的酸提取的酸溶性镁（非代换性镁）是矿物中较易释放的镁，可看作植物有效镁的补充（或称缓效性镁），这部分镁可占全镁量的5%～25%，数量不亚于代换性磷。近年来对酸溶性镁的研究已引起重视。

（3）水溶态镁：存在于土壤溶液中，一般每克土中含几微克到几十微克，其含量与钾不相上下，水溶态镁只占代换性镁的百分之几。两者是动态平衡关系。

（4）代换态镁：吸附在土壤胶体表面并能被其他离子代换出来的镁。代换态镁占土壤全镁量的1%～20%，平均5%。土壤代换性镁含量一般在1.2～60.8毫克/千克，红壤等酸性土壤代换性镁1.0～25.3毫克/千克，棕色森林土等中性土壤20.0～57.1毫克/千克，水稻土3.3～20.7毫克/千克。代换性镁是作物可以利用的主要有效镁，是上壤镁肥力的重要衡量指标。

三、作物缺镁素时的形态表现及营养指标

镁是叶绿素的组分，缺镁时通常表现为叶片失绿。起初由叶尖和叶缘的脉间色泽褪绿，再由淡绿变黄，进而变紫，随后向基部和中央扩展，但叶脉仍保持绿色。禾本科作物叶脉平行，失绿呈条状，双子叶植物叶脉呈网状，失绿呈斑点状，严重时则整个叶片干枯，这是缺镁的典型特征。一些作物缺镁时的形态表现见表5-9。

表5-9　一些作物缺镁的形态表现特征

作物名称	缺镁的形态特征
水稻	植株高度不减，但叶脉间失绿，先变为蓝黑色，进而变为铁锈色。中下部叶片从叶舌部分开始略向下倾斜，老叶枯焦，易感染稻瘟病、胡麻叶斑病。

（续）

作物名称	缺镁的形态特征
小麦	叶脉间出现黄色条纹，心叶挺直，下部叶片下垂，叶缘出现不规则褐色焦枯，仍能分蘖抽穗，但穗小。
大麦	叶片淡绿，叶脉有念珠状绿色斑点，老叶脉间失绿，边缘间隙坏死变褐，尖端焦枯，严重时不分蘖，也不会抽穗。
黑麦	老叶发黄，其他叶片脉间失绿，带棕色斑点，边缘及尖端变为红棕色，进而叶缘向内卷曲，后枯死。
玉米	下部叶片脉间出现淡黄色条纹，后变为白色条纹，极度缺乏时，脉间组织干枯死亡，呈紫红色的花斑叶，而新叶变淡。
棉花	老叶脉间失绿，叶片主脉与支脉仍保持绿色，老叶上有紫红色斑块，新定型叶片随后失绿变淡，棉桃亦变为浅绿色，苞叶最后呈红黄色枯焦。
油菜	苗期子叶边缘首先呈紫红色，中后期下部老叶叶缘失绿黄化，逐渐向内扩展，但叶脉仍绿色，以后失绿部分由淡绿变黄绿，最后为紫红色和黄紫色、绿紫色相间的花斑叶，后期不抽薹不开花。
大豆	前期叶片脉间叶肉失绿呈凸起皱缩状，而叶脉附近、叶片基部仍保持绿色，进而整叶变为黄绿色，并带有一些棕色小斑点，后期叶缘向下卷曲，从边缘逐渐向内变黄，最后整叶橘黄色，叶缘枯焦，似有早熟的假象。
花生	老叶边级先失绿，后逐渐向叶脉间扩展，而后叶缘部分变成橙红色。
甘蔗	老叶先在脉间出现些缺绿斑点，后变为棕褐色，斑点合并后变成大块锈斑，以至整叶呈现锈棕色，茎细小。
烟草	下部叶片尖端边缘和脉间失绿，叶脉及周围保持绿色，极度缺乏时下部叶片几乎变为白色，少数干枯或产生坏死斑点。
马铃薯	老叶尖端及边缘褪绿，沿脉间向中心部分扩展，下部叶片发脆，严重时植株矮小，根及块茎生长受抑制，下部叶片向叶面卷曲，叶片增厚，最后失绿的叶片变成棕色，而后死亡脱落。
番茄	新叶发脆并向上卷曲，老叶脉间黄色，而后变褐、枯萎，黄化症进而向幼叶发展，结实期叶片缺镁失绿症加重，果实由红色褪变为淡橙色。
茶树	老叶色暗绿且发脆，新叶叶脉绿色，脉间叶肉黄褐色。
三叶草	老叶脉间失绿，叶缘带绿色，随后叶缘变为褐色或褐带红色。
柑橘	老叶呈青铜色，随后周围组织绿色减退，叶基部形成绿色的楔形。
香蕉	叶片失绿，叶柄上有紫红色斑点。

农作物严重缺镁时才会出现缺镁的症状，一般轻微缺素（或潜在缺素）作物不表现出缺镁症状，但产量已受到影响，这时需配合植株、土壤

的化学诊断，才能确定是否缺镁。土壤镁素营养诊断前面已提及。据目前已经有的报道，列出一些作物镁素营养临界指标（表5-10）供使用时参考。

在采样分析时，应注意叶片部位和发育阶段，一般以展开的第三、第四片叶片较好。不同发育阶段植株组织中的含镁量也是不等的，如水稻茎叶中的含镁量以分蘖期为最高，至幼穗分化期开始降低，拔节后含量更低。

表5-10　一些作物镁素营养临界指标（%）

作物	取样部位	低	中
水稻	茎叶	0.060	0.096～0.108
小麦	幼苗地上部叶片	0.078	0.300
玉米	苗期叶片	0.138	0.240
大豆	苗期叶片	0.180	0.360
番茄	叶片	0.132	0.480
甜菜	叶片	0.096	0.550
马铃薯	上部叶片	0.132	0.480
烟草	叶片	0.080～0.200	0.180～0.650
桃	叶片	0.140～0.180	0.190～0.290
苹果	叶片	0.060～0.150	0.210～0.530
蚕豆	叶片	0.080	—
甘薯	叶片	0.400	0.710
油菜	叶片	0.110	0.360
苜蓿	叶片	0.120～0.200	0.210～0.500

四、镁肥的种类及性质

含镁硫酸盐、氯化物和碳酸盐都是专用镁肥，但由于价格高，只在一些经济作物上使用。近年来，福建省三明市水稻缺镁有所发展，用泻盐（硫酸镁）作为防治水稻缺镁黄叶病被大面积推广应用。镁存在于一些矿物中，但矿物态镁不是水溶性的，只有通过长时间的风化后才能被释放出来为作物利用。农业上使用的含镁矿物主要有白云岩和石灰岩烧制的生石灰，它们含有镁，还含有丰富的钙，既可当镁肥，又可当钙肥使用。

镁素还作为副成分存在于一些常用化肥中，如钙镁磷肥、脱氟磷肥、硅镁钾肥、钾钙肥等都含有镁。一些工矿业副产品或下脚废料中也含有丰富的镁，如钢铁炉渣、炭化煤球渣、粉煤灰、水泥窑灰等都含有一定成分的镁。晒盐副产物苦卤及由苦卤提取的钾镁肥也含有丰富的镁。

常见的一些含镁肥料的品种、成分和重要性质见表5-11。

表5-11 常见镁肥的品种、成分和主要性质（%）

品　种	含氧化镁（MgO）	含其他成分	主要性质
氯化镁	19.70～20.00	—	酸性，易溶于水
硫酸镁（泻盐）	15.10～16.90	—	酸性，易溶于水
硫酸镁（水镁矾）	27.00～30.30	—	酸性，易溶于水
硫酸钾镁（钾泻盐）	10.00～18.00	钾（K_2O）22～30	酸性—中性，易溶于水
生石灰（白云岩烧制）	7.50～33.00	—	碱性，微溶于水
菱镁矿	45.00	—	中性，微溶于水
光卤石	14.60	—	中性，微溶于水
钙镁磷肥	10.00～15.00	磷（P_2O_5）14～20	碱性，微溶于水
钢渣磷肥（碱性炉渣）	2.10～10.00	磷（P_2O_5）5～20	碱性，微溶于水
钾镁肥	25.90～28.70	钾（K_2O）8～33	碱性，微溶于水
硅镁钾肥	10.00～20.00	钾（K_2O）6～9	碱性，微溶于水
厩肥	1.13	—	

五、镁肥的施用技术

1. 施用原则

镁肥的效应与土壤供镁水平密切相关。土壤氧化镁含量1～40克/千克，多数在3～25克/千克之间，主要受成土母质、气候、风化和淋失程度等影响。一般北方土壤含镁量都在10克/千克以上。西北栗钙土和棕钙土高达20克/千克以上。南方除紫色土以外，含镁量都较少，如红壤氧化镁含量为0.6～3克/千克，交换性镁饱和度（交换性镁占阳离子交换量的百分数）仅4%左右，一般不能满足果树的需要。据报道，土壤交换性镁饱和度6%～10%，或交换性镁60毫克/千克土以下，许多果树已感到镁不足。

（1）优先施用在缺镁的土壤：在酸性土、高度淋溶的土壤、沼泽土、沙质土易发生缺镁，施用镁肥效果比较显著。土壤交换性镁的含量能较好地反映土壤供镁状况，对许多植物来说，60毫克/千克为缺镁临界值。土壤交换性镁饱和度也是衡量土壤供镁能力的指标，其数值依作物对镁的需求而异。需镁较多的一些牧草，要求12%～15%以上，大多数作物为6%～10%，豆科作物不小于6%，一般作物不能低于4%。

另外，土壤供镁状况还受其他阳离子的影响，当交换性钙/镁比值大于20时，易发生缺镁现象；交换性钾/镁比值，一般要求在0.5～0.5，故钾肥与石灰施用量过大会诱发作物缺镁。我国红壤地区的土壤含镁量为0.06%～0.3%，交换性镁为60～120毫克/千克，往往不能满足作物的需要。

钙镁磷肥中含有约10%以上的氧化镁，因此以钙镁磷肥为主要磷源的地区，一般不必再施用镁肥。硫酸钾镁肥是近年来引起重视的肥种，以硫酸钾镁为钾源的土壤或者施用以硫酸钾镁为原料制成的复混肥料（掺混肥料）的土壤，也不必再单独施用镁肥。

（2）施于需镁较多的作物上：镁对多年生牧草、蔬菜、葡萄、烟草、果树及禾谷类作物中的黑麦、小麦等有良好的反应；对甜菜、橡胶、油橄榄、可可等也有效果。有资料报道，在福建省烟区，在交换性镁较低的土壤上施用镁肥，烟草的产量和品质均有所提高。

（3）按镁肥的种类选择施用：各种镁肥的酸碱性不同，对土壤酸度的影响不一，故在红壤上表现的效果不一致，其肥效顺序为：碳酸镁＞硝酸镁＞氧化镁＞硫酸镁。水溶性镁肥宜作追肥，微水溶性则宜作基肥。每亩用镁（毫克）量为1～1.5千克。

2. 施用技术

镁肥可用作基肥或追肥。对需镁较多的甘蔗、菠萝、油棕、香蕉、棉花、烟草、马铃薯、玉米等作物，一般每亩施硫酸镁12～15千克。应用根外追肥纠正缺镁症状效果快，但肥效不持久，应连续喷施几次。例如，为克服苹果缺镁症，可在开始落花时，每隔14天喷洒2%硫酸镁溶液3～5次，一般每亩每次喷施肥液30～80千克。其效果比土壤肥快。

由于NH_4^+对Mg^{2+}有拮抗作用，而硝酸盐能促进作物对Mg^{2+}的吸收，因此施用的氮肥形态影响镁肥的效果，不良影响程度为：硫酸铵＞尿素＞硝酸铵＞硝酸钙。配合有机肥料、磷肥或硝态氮肥施用，有利于发挥镁肥的效果。

第三节　硫　　肥

一、硫肥在作物生长中的作用

硫是作物必需的营养元素之一，是组成植物蛋白质、核酸等物质不可缺少的元素。作物需硫量大致与磷相当，因此被认为是植物第四大元素。一般植物含硫平均0.2%左右，植株的含硫量视土壤硫素供应水平和生长环境条件不同而不同。禾谷类作物（如水稻、小麦、玉米、高粱、谷子等）含量一般低于0.2%，油菜、甜菜、萝卜、蚕豆、豌豆、烟草含硫较高，一般大于0.2%。

1. 硫素的生理功能

硫是含硫氨基酸的组分，硫氢化物能与丙酮酸结合参与半胱氨酸、胱氨酸、蛋氨酸等分子的构成，都是合成蛋白质的重要氨基酸。缺硫时蛋白质形成受阻碍，非蛋白氮积累而导致生育障碍。

硫参与硫胺素、生物素、辅酶A及铁氧还原蛋白等的组成与代谢活动。

硫是一些酶的组分，如磷酸甘油醛脱氢酶、脂肪酶、氨基转移酶、脲酶及木瓜蛋白酶等都含有硫。硫营养不足时，碳水化合物含量增加，还原糖减少，植物体内柠檬酸代谢受阻，蛋白质减少；同时，可溶性氮、酰铵态氮、硝态氮增加，游离氨基酸中精氨酸增加；蛋白质中甲硫氨酸降低；豆科植物根瘤减少。

2. 硫肥的施用效果

据报道，我国已有14个省份施硫肥有显著效果，施硫有效的作物（包括谷类作物、油料作物、牧草及经济作物等）有20余种。

在缺硫地区施用硫肥可以大幅度提高作物产量。据试验统计，水稻施用硫肥平均增产15.7%，小麦增产15.4%，油菜18.2%，紫云英14.8%，花生7.8%，芝麻19.5%，萝卜13.4%，甘蔗9.6%，烟草14.6%，黄麻5.7%，大豆6.4%，大蒜12%，茶（鲜叶）15.4%。施硫增产的省份不仅包括长江以南地区，北方一些省如吉林、黑龙江、陕西、山西也有效果。

二、我国耕地土壤中硫元素的状况

1. 我国耕地土壤中含硫状况（表5-12）

表5-12　我国耕地土壤中硫的含量状况（%）

土壤类别	含硫（S）范围	平均值
地壳	0.01～0.5	0.085
岩浆岩母质	100～500	南方7省统计280
沉积岩	0.05～0.2	0.052
石灰岩		0.26
沙岩		0.11
沿海的酸性		0.03

（续）

土壤类别	含硫（S）范围	平均值
受淋洗作用强的红、黄壤土	0.01～0.15	>1
北方、西北钙质土	0.1～0.5	
有机质丰富的土壤	0.2～1.5	

2. 硫在土壤中的存在形态

（1）土壤中有机态硫：主要是动植物残体和施入农家肥残余在土壤中的硫，一般有机硫占土壤全硫的90%～95%，是作物硫的重要给源，但有机硫分解很缓慢，每年仅有1%～3%转化为无机硫。我国南部和东部湿润地区，土壤有机硫占全硫的比例较大，占85%～94%。我国北部和西部干旱、半干旱地区有机硫占全硫的比例略小，而无机硫相对多些，无机硫占全硫的39.4%～61.8%。

（2）土壤中矿物态硫：封闭在土壤矿物中的硫，包括难溶性的硫化物和硫酸盐，主要是硫化铁、硫化镍、硫化铜、硫化锶和硫化钡等不易释放游离的硫，要经过风化释放并氧化成硫酸根离子（SO_4^{2-}）才能被植物利用，但数量有限。

（3）土壤中水溶性硫：存在于土壤溶液中植物可直接吸收利用的硫酸根离子（SO_4^{2-}）。数量不多，一般25～100毫克/千克，盐土中最高达100毫克/千克。

（4）土壤中吸附态硫：即土壤胶体上的阳电荷所吸附的硫。吸附物质除含水氧化铁、铝胶体外，黏粒矿物也有一定吸附作用。黏粒矿物中以高岭石吸附量最大，其次是伊利石，蒙脱石吸附量最小。有机质丰富的土壤吸附硫酸根（SO_4^{2-}）也多；提高土壤氢离子浓度（降低pH）可提高对硫酸根（SO_4^{2-}）的吸附能力，土壤中硫酸盐浓度高时，被吸附的硫酸根（SO_4^{2-}）也多。土壤吸附性阳离子组成中钾和钠占优势时，对硫酸根（SO_4^{2-}）的吸附能力弱，而大量代换性铁（Fe^{3+}）、铝（Al^{3+}）存在时，吸附硫酸根（SO_4^{2-}）的能力增强。大量施磷肥将降低硫酸根（SO_4^{2-}）的吸附能力。土壤吸附态硫数量也不多，一般每千克仅含几毫克，中性土壤则几乎没有吸附态硫。

植物硫营养不仅决定于土壤本身的供硫能力，而且还和外界引入补充的硫的来源有关，如肥料和农药中的硫、灌溉水中的硫、空气中的硫都对土壤有效硫有影响。此外，土壤有效硫的多少还和当地土壤的淋洗作用有关，雨水多、排水良好的土壤易缺硫。土壤有效硫能否满足植物的需要还和植物的种类、产量等有关。随着作物产量的提高，作物对硫的需求量增加，更容易显示硫的不足。

我国土壤有效硫尚未进行全面普查，南方各省因高湿、多雨，土壤硫易流失，容易缺硫。据南方 10 省、自治区统计，土壤有效硫含量平均 34.3 毫克/千克，其中江西 22.5 毫克/千克，广东 34.7 毫克/千克，福建 27.3 毫克/千克，浙江 33.9 毫克/千克，湖南 32.8 毫克/千克，贵州 66.7 毫克/千克，广西 27.1 毫克/千克，四川 31.3 毫克/千克，海南 24.2 毫克/千克，云南 36.7 毫克/千克。以江西平均含有效硫最低，贵州平均含有效硫最高。10 省、自治区缺硫面积约占耕地面积的 1/4（约 600 万公顷）。从南方 10 省、自治区的水田、旱地农作物、种植园和林地比较来看，土壤有效硫、全硫和有机硫含量由大到小的顺序排列是水田、种植园、旱地农作、林地。由于林地不施肥，所以含硫量最低。

由于作物产量不断提高，作物从土壤中吸收的硫素营养增多，有些地方由于使用化肥品种的改变，含硫化肥（如硫酸铵、过磷酸钙）数量减少，甚至被不含硫的化肥（尿素、磷酸铵）所取代。同时，近年来农家肥用量减少，以有机硫补给土壤的硫素越来越少，因此容易造成某些地区土壤缺硫。

三、作物缺硫元素时的形态表现及营养指标

作物缺硫时的症状见表 5－13。部分作物硫素丰缺临界指标见表5－14。

表 5－13　部分作物缺乏硫素时的形态表现

作物名称	症状形态表现
水稻	返青慢，不分蘖或少分蘖，植株矮、瘦，叶片薄，幼叶呈淡绿色或黄绿色，叶尖有水渍状圆形褐色斑点，叶尖枯焦，根系暗褐色，白根少，生育期推迟。
大麦	植株色淡绿，幼叶失绿较老叶更明显，严重缺硫时叶片出现褐色斑点。
棉花	植株瘦小，整个植株变为淡绿或黄绿色，生育期推迟。
油菜	初始表现为植株淡绿色，幼叶色泽较老叶浅，以后逐渐出现紫红色斑块，叶缘向上卷曲，开始结荚延迟，花荚少而小，色淡，根系短而稀。
大豆	新叶淡绿到黄色，叶脉、叶肉失绿，但老叶仍浅绿色均匀，后期老叶也失绿发黄，并出现棕色斑点，植株细弱，根系瘦长，根瘤发育不良。
甘蔗	幼叶先失绿，呈浅黄绿色，后变为淡柠檬黄色，并略带淡紫色，老叶深紫色，根系发育不良。
烟草	整个植株淡绿色，下部老叶易枯焦，叶尖常卷曲，叶面也发生一些突起的泡点。
马铃薯	叶片和叶脉普遍黄化，症状与缺氮相似，但叶片并不提前干枯脱落，极度缺硫时，叶片上出现褐色斑点。
柑橘	新叶失绿，严重时出现枯梢，果小畸形，色淡，皮厚，汁少。有时囊汁胶质化，形成微粒状。

表 5-14 一些作物硫素丰缺临界指标（%）

作物	取样时间与部位	低	中	高
玉米	地上部	0.04	0.08	
大豆	地上部	0.14	0.23	
烟草	叶片	0.11	0.15	
苜蓿	成熟期，地上部	0.24	0.27	0.75
柑橘	幼叶	0.08～0.10	0.19～0.26	
桃树	5～11月，叶片		0.18	

四、我国硫肥的种类及性质

含硫肥料种类较多，大多是氮、磷、钾及其他肥料的成分，如硫酸铵、普钙、硫酸钾、硫酸钾镁、硫酸镁等，但只有硫黄、石膏被作为硫肥施用。

1. 硫黄

硫黄一般含硫 95%～99%，难溶于水，后效长，施入土壤后经微生物氧化为硫酸盐后，才能被作物吸收利用。

2. 石膏

石膏是碱土的化学改良剂，也是重要的硫肥。农用石膏分生石膏、熟石膏及和磷石膏。生石膏由石膏矿石直接粉碎过筛而成，呈粉末状，微溶于水。熟石膏由生石膏加热脱水而成，易吸湿，吸水后变为生石膏。含磷石膏是用硫酸法制磷酸的残渣，含硫酸钙约 64%，并含有 2%左右的磷（P_2O_5）。

3. 其他含硫肥料（表 5-15）

表 5-15 部分硫肥的主要性质（%）

名 称	分子式	硫	性 质
石膏	$CaSO_4 \cdot 2H_2O$	18.6	微溶于水，缓效
硫黄	S	95～99	难溶于水，迟效
硫酸铵	$(NH_4)_2SO_4$	24.2	溶于水，速效
过磷酸钙	$Ca(H_2PO_4)_2 \cdot H_2O \cdot CaSO_4$	12	部分溶于水
硫酸钾	K_2SO_4	17.6	溶于水，速效
硫酸钾镁	$K_2SO_4 \cdot 2MgSO_4$	12	溶于水，速效
硫酸镁	$MgSO_4 \cdot 7H_2O$	13	溶于水，速效
硫酸亚铁	$FeSO_4 \cdot 7H_2O$	11.5	溶于水，速效

五、硫肥的施用技术

1. 施用量

各地硫肥施用量有差异。水稻缺硫时施用硫肥，一般每亩施用6～12千克石膏或2千克硫黄。黑龙江省则提出水稻每亩施用硫酸铵5.6千克。对一般作物来说，土壤有效硫低于16毫克/千克时，施硫才有增产效果；土壤有效硫大于20毫克/千克，一般不需要施用硫肥。否则，施多了反而会使土壤酸化并减产。

十字花科、豆科作物以及葱、蒜、韭菜等都是需硫多的作物，对硫反应较敏感，在缺硫时应及时供应少量硫肥。禾本科作物对硫敏感性较差，比较耐缺硫，需施硫较多才能显出肥效。

硫肥用量的确定，除了视土壤有效硫和作物需硫量外，还要考虑氮硫比值一些试验表明，只有氮硫比值接近7时，氮和硫才能得到有效的利用。但不同的土壤氮硫含量基础不同，氮硫比值有差异，需灵活掌握。

2. 施用硫肥的选择

硫酸铵、硫酸钾及含微量元素的硫酸盐肥料均含有硫酸根，这种含硫酸根的硫肥都是作物易于吸收的硫形态。普通过磷酸钙及石膏也是常用含硫肥料，在施用时着眼于硫素的作用，同时要考虑带入的其他元素引起的营养不平衡问题。施用矿物硫（硫黄），虽元素单纯，但需经微生物分解以后才能有效，因此它的肥效快慢与高低受到土壤温度、酸碱度和硫黄颗粒大小的影响，一般颗粒细的硫黄粉效果较好。硫黄粉虽比硫酸盐肥料肥效慢，但其后效期长，一般只要用量充足，一次施硫黄粉，第二年可以不再施用，其后效与上年相似。

3. 施用时间

我国温带地区（黄河流域及黄河以北地区），硫酸盐类可溶性硫肥春季使用比秋季好。在热带、亚热带地区（长江以南两广、海南以及江西、湖南、福建等）宜夏季使用，因为夏季高温，作物生长旺盛，需硫量大，适时施硫肥，既可及时供应作物硫素营养，又可补充雨季中硫的淋溶损失。

硫肥施用方法视作物生长与需要而定。基肥于播种前耕耙时施入，通过耕耙使之与土壤充分混合并达到一定深度，以促进其分解转化。根外喷施硫肥可作为辅助性措施，矫正缺硫症还应施基肥。有人认为在干旱、半干旱地区可溶性硫酸盐溶于水，喷施土面比固体肥料撒施的肥效好。石膏、硫黄蘸秧根是经济施用硫肥的有效方法，对缺硫水稻每亩用2～3千克，其肥效往往胜过10～20千克撒施的效果。

第六章 微量元素肥料的种类、性质与施用

对于作物来说，含量介于0.2～200毫克/千克（按干物重计）的必需营养元素称为微量元素。据报道，到目前为止证实是作物所需的微量元素的有锌、硼、锰、钼、铜、铁、氯、钠等8种，氯因自然界中较丰富，未发现作物缺氯症状；钠是否为所有高等植物所必需，学术界的看法还不完全一致，故本书对氯和钠不做介绍。

第一节 锌 肥

一、锌元素在作物生长中的作用

1. 锌元素的生理作用

锌是一些脱氢酶、蛋白酶和肽酶必不可少的组分。这些酶包括碳酸酐酶、磷脂酶、黄素酶、二肽酶、谷氨酸脱氢酶、苹果酸脱氢酶、乙醇脱氢酶、L-乳酸脱氢酶、D-乳酸脱氢酶、D-3磷酸甘油醛脱氢酶、D-乳酸细胞色素C还原酶和醛缩酶等。缺锌使碳酸酐酶活性降低，这种酶在作物体内分布很广，主要存在于叶绿体中，能催化二氧化碳（CO_2）的水合作用，使二氧化碳进入作物体内水化，形成重碳酸盐和氢离子（$CO_2+H_2O \Longleftrightarrow HCO_3^-+H^+$），促进光合作用中二氧化碳的固定。在生产实践中也证明，小麦、水稻、玉米等作物喷施锌肥后均能提高光合强度，从而增加干物质积累。

锌参与作物体内生长素吲哚乙酸的合成过程。吲哚乙酸是作物自身合成的一种生长素，作物缺锌时这种生长素含量下降，导致生长发育出现停滞状态，叶片变小，节间缩短，形成小叶簇生等症状。

锌以某种方式影响叶绿体的形成。禾谷类作物缺锌时，叶片维管束鞘细胞中叶绿体的数目明显减少，叶绿体的片层结构遭到破坏。因此，降低了作物光合作用强度和干物质的积累。

锌与作物碳、氮代谢关系密切。缺锌时，作物体内总氮量变化不大，但氨基酸态氮的含量增加，蛋白质态氮的含量下降，说明蛋白质的合成受到影响。缺锌作物中大量积累α-酮戊二酸，α-酮戊二酸是形成糖类化合物和蛋白质的中间体。α-酮戊二酸与胺结合形成氨基酸和蛋白质，与碳氢化合物结合形成糖和淀粉。α-酮戊二酸的大量累积，既影响了蛋白质

的生成，也影响了淀粉的生成。

锌是稳定细胞核糖体的必要成分，作物缺锌使核糖核酸和核糖体减少。

锌对植物体生殖器官也有影响。在缺锌情况下，番茄花蕾呈长椭圆形，萼片表皮毛稀少。随着花蕾的生长，花药生长停滞，花药长度只相当于正常花药的 1/3 左右，花柱和子房比正常植株略粗壮，但花蕾不能开放，且开始脱落，花药中不能形成正常的花粉粒。

2. 锌肥的增产效果（表 6-1）

表 6-1　合理施用锌肥的增产效果

作物	地　区	稻谷（千克/亩）	增产幅度（%）
水稻	江汉平原	43.7	
	湖南	33.6	
	四川	48.6	
	浙江	33.8	
	安庆		
小麦	山东	32.3	
	河北	27.1	
	北京		
	南通		
玉米	山东	41.7	
	吉林	49.1	
	陕西	31.9	
	北京	40.2	
高粱	江苏	30.8	
	阜新		
甘薯	缺锌土壤	332.6	
棉花	湖北	皮棉 8.7	
	临汾		拌种 13.3
	新疆		喷施 8.2
	阜新		12.2
油菜	湖北		12.7
	陕西		9.5

（续）

作物	地　区	稻谷（千克/亩）	增产幅度（%）
大豆	河南	10	10.5
	山东	16.1	14.2
	东北三江平原		22.5
	辽宁		15.3
花生	山东		基施 7.5
	阜新		喷施 13.6
	石灰性沙土		36
番茄	辽宁		7.5
	湖北		15.4
	吉林		喷施 10.6
	济南		13.7
黄瓜	北京	816.7	22.7
	济南	415.3	13
芹菜	济南		20.3
	冀鲁豫		8
白菜	河北		18.3
马铃薯	陕西		15.7
苹果	山东		10～20
柑橘	桂林		8～35

二、我国耕地土壤中锌元素的状况

1. 我国耕地土壤含锌量

据报道，我国耕地土壤含锌量为 3～790 毫克/千克，平均 100 毫克/千克。土壤全锌量与成土母质有关，由基性岩发育的土壤全锌量比酸性岩高，由石灰岩发育的土壤全锌量比片麻岩和石英岩高。我国主要土类全锌含量，就土壤类型而论，暗栗钙土、黑土、紫色土等较低，棕色石灰土、红色石灰土、砖红壤、赤红壤、黄壤等较高，其他土类介于二者之间（表 6-2）。

表 6-2　我国主要土类中的全锌含量状况

单位：毫克/千克

土壤种类	变幅	平均
白浆土	79～100	89
棕壤土	44～770	98
黑土	58～66	61
黑钙土	56～153	88
暗栗钙土	20～93	57
草甸土	51～130	87
红壤土	22～172	79
黄壤土	50～600	145
砖红壤、赤红壤土	20～600	180
紫色土	30～100	65
红色石灰土	100～300	238
棕色石灰土	50～600	302

2. 我国耕地土壤有效锌含量

作物利用土壤中的锌不是土壤含锌量的全部，而是利用处于作物能够吸收状态的锌，称为有效锌。土壤有效锌包括水溶态、代换态、螯合态和稀酸溶态等。在这些形态中，水溶态锌含量很少，通常以代换态、螯合态和稀酸溶态作为作物可以吸收的锌。土壤中的锌以二价形式存在于土壤矿物中。根据中国科学院南京土壤所对全国土壤锌素的调查表明，缺锌土壤主要分布在北方，分布情况与石灰性土壤的分布模式基本相似。按土类论，缺锌土壤包括绵土、塿土、黄潮土、褐土、棕壤、栗钙土、棕钙土、灰钙土、各种漠境土、沙姜黑土、黑色石灰土以及碳酸盐紫色土等。长江冲积物以及南方石灰岩母质发育的土壤也较易缺锌。在水稻生产中，容易缺锌的水稻土有 3 种类型：①石灰性水稻土；②沼泽区水稻土，如江苏里下河地区的水稻土；③盐土区水稻土，如河北柏各庄的水稻土。

我国部分省、直辖市、自治区耕地土壤有效锌含量状况如表 6-3 所示。影响耕地土壤有效锌的因素见表 6-4。据农业部土肥站统计，我国耕地有 0.486 亿公顷土壤缺锌，并有不断增加的趋势。

表 6-3　我国部分省、自治区、市耕地土壤有效锌含量状况

地区	土壤有效锌含量（毫克/千克）		缺锌土壤（有效锌 0.5 毫克/千克）占耕地面积百分率（%）
	变幅	平均	
陕西	0.34～0.76	0.58	52.0
山东	0.04～14.56	0.54	63.5
新疆	0.109～10.60	0.996	59.7
山西	0.20～2.20	0.54	59.6
吉林	0.01～23.30	1.18	36.6
甘肃	0.04～5.80	0.44	61.0
湖南	0.02～18.60	1.06	21.9
上海	0.25～11.29	1.51	9.0
江西	0.10～11.81	1.20	22.3
四川盆地	0.08～9.60	1.45	7.0
北京	0.06～9.40	0.81	61.0
河北	0.04～10.60	0.53	70.7
湖北	0.05～2.20	0.65	50.7
河南	0.04～2.14	0.50	60.1

表 6-4　影响耕地土壤有效锌的因素

因素分类	影响情况
土壤氢离子浓度（酸碱度）	缺锌多发生在氢离子浓度小于 316.3 纳摩/升（pH 大于 6.5）的土壤中，土壤氢离子浓度降低（pH 高），有效锌减少。
土壤中的碳酸盐	土壤有效锌含量与碳酸盐含量呈负相关。一般土壤中碳酸盐含量愈高，土壤有效锌含量愈低。通过土壤中加入不同量碳酸氢钠的试验表明，水稻吸收锌（^{65}Zn）的量因碳酸盐的增加而减少。
土壤中的有机质	目前多数资料认为，有机质含量与二乙三胺五醋酸（DTPA）浸提的有效锌呈正相关，但当土壤有机质过高（如泥炭土），则土壤中有效锌的含量反而会随有机质的增加而出现下降趋势。
温度	一般温度愈高土壤有效锌的含量愈高，温度低土壤中锌的有效性降低。例如水稻、玉米等作物常常在早春易发生缺锌现象，随着气温的升高缺锌现象即可得到缓解或消失。
施肥不当	大量施用磷肥会诱发作物缺锌；施用氮肥过多，也会导致土壤有效锌不足。在南方酸性土壤中，由于长期施用石灰改变了土壤的酸碱度，因而也会诱发缺锌。

三、土壤含锌的临界指标

土壤有效锌含量是判断作物是否缺锌的重要标准之一。因此，可以通过化验土壤的有效锌含量确定是否需要施用锌肥。由于土壤的性质不同，采用的提取剂不同，是否需要施锌肥的临界指标也就不同。对石灰性和中性土壤用氢离子浓度 50.12 纳摩/升（pH7.3）的二乙三胺五醋酸（DTPA）溶液浸提，一般以 0.5 毫克/千克作为临界指标；对酸性土壤用 0.1 摩尔/升的盐酸浸提，以 1.5 毫克/千克作为临界指标。根据土壤有效锌的含量可以将土壤供锌能力分成如下几级（表 6-5）。

表 6-5　土壤供锌能力级别　　单位：毫克/千克

级别	石灰性和中性土壤（二乙三胺五醋酸溶液浸提）	酸性土壤（0.1 摩尔/升盐酸浸提）
很低	<0.5	<1.0
低	0.5～1.0	1.1～1.5
中等	1.1～2.0	1.6～3.0
高	2.1～4.0	3.1～5.0
很高	>4.0	>5.0

由于不同作物对锌的敏感程度不同，对不同作物来讲，土壤有效锌的临界指标也有一定的差异。水稻缺锌的土壤，有效锌的临界指标为 0.5～0.7 毫克/千克，玉米 0.6～0.8 毫克/千克，小麦 0.46～0.6 毫克/千克，油菜 0.7～0.8 毫克/千克，苹果 0.5 毫克/千克，亚麻 0.6～0.9 毫克/千克，蔬菜 1.0～1.2 毫克/千克。

四、作物缺锌元素时的症状表现

1. 作物对锌元素的敏感性分类（表 6-6）

表 6-6　作物对锌敏感性的分类

项　目	作物名称
高度敏感作物	玉米、甜玉米、水稻、大豆、荞麦、亚麻、棉花、蓖麻、烟草、向日葵、啤酒花、甘蓝、莴苣、芹菜、菠菜、桃、樱桃、油桃、苹果、梨、李、杏、柑橘、葡萄、胡桃、番石榴、番木瓜、咖啡、油桐等。
中度敏感作用	高粱、马铃薯、洋葱、番茄、甜菜、三叶草、紫花苜蓿、苏丹草、可可等。
不敏感作物	小麦、大麦、黑麦、燕麦、豌豆、胡萝卜、芥菜、薄荷、红花、禾本科牧草等。

2. 作物缺锌元素时的症状表现（表 6-7）

表 6-7　作物缺锌时的症状表现

作物名称	症状表现
水稻	水稻缺锌症各地叫法不一。四川叫“坐蔸”、“僵花”，湖北叫“白叶倒苗”，湖南叫“赤枯翻秋”，安徽叫“红苗”、“火塘苗”，江苏叫“矮缩苗”，北京叫“稻缩苗”，台湾叫“窒息病”。 水稻缺锌症状的出现时期，移栽早稻在插秧后 2～3 周，晚稻在 3～4 周，直播稻在淹水后 2～10 天。一般症状表现为下部叶片出现褐色斑点和条纹，叶片较窄，新叶中脉特别是中脉的基部失绿，生长停滞，植株矮小，不分蘖或很少分蘖，老根变黑逐渐死亡，只发新根，有的地块叶枕有平摆、错位，小花不孕率增加，空秕率高，成熟推迟，严重影响产量。
玉米	玉米缺锌症各地的名称也不一致。云南叫“花白叶病”，山东叫“花纹条叶病”，东北叫“花白苗”。 玉米缺锌一般出现在出苗 1～2 周，大面积发生多在幼苗 3～5 叶期。幼苗老龄叶片出现细小的白色斑点，并迅速扩大形成局部的白色区，呈半透明的白绸状，风吹易折断。新生幼叶淡黄色至白色，特别是叶片近基部的 1/3 处更为明显。随着幼苗的生长，叶片自叶舌至叶尖呈现黄白与绿色相间并与主脉平行的条带，由于品种和品系不同，有时在叶缘略带紫色。严重缺锌时叶片上出现无色斑块，并逐渐连接成片，叶片变成紫褐色、干枯死亡。缺锌植株生长矮小，节间缩短，有时出现叶枕错位现象。根系稀少，部分不定根变黑死亡。严重缺锌的植株往往不能抽穗，勉强结实的植株果穗子粒稀疏、秃尖严重，产量受到极大的影响。
小麦	小麦缺锌时麦苗返青迟，拔节困难，植株矮小，叶片主脉两侧失绿，形成黄绿相间的条带，条带边缘清晰，无颗粒状斑点及霉污。一般从基部老叶开始失绿，逐渐向顶部蔓延直至旗叶。下部老叶逐渐成水渍状而干枯死亡。根系不发达，抽穗迟，穗小、粒少，千粒重降低，严重影响产量。严重缺锌时不能抽穗，根系变黑，麦苗干枯死亡。
棉花	从第一片真叶开始幼叶即呈青铜色，叶脉间明显失绿，叶片变厚变脆易碎，叶缘向上卷曲。节间缩短，植株矮小呈丛状，生长受阻，结铃推迟，蕾、铃易脱落。
大豆	植株生长缓慢，叶片失绿变成柠檬黄色。植株下部所有老叶中脉两侧出现褐色斑点，继而脱落。严重缺锌时，植株在豆荚成熟前即死亡。
烟草	下部叶片的叶尖及叶缘失绿，继而失绿部分坏死。叶片上的坏死部分起初呈水渍状，由叶缘扩张到全叶，且由基部叶向顶部叶发展。坏死组织最后都变成棕褐色而干枯。缺锌植株节间缩短、矮小，叶片变厚，失去经济价值。
甜菜	叶脉间失绿，变成黄色，并出现棕色或灰色斑点，叶尖萎蔫，唯叶柄仍保持绿色。
番茄	植株中、上部叶片呈微黄色或灰褐色，并有不规则青铜色斑点。植株矮小，嫩枝前端叶片小，向上直立，失绿明显，俗称“小叶病”。老叶叶缘呈水渍状并向内扩张，后干枯、死亡。果实小，果皮厚，口味差。

（续）

作物名称	症状表现
马铃薯	节间缩短，植株生长受到抑制。顶端叶片小，向上直立，叶面上有灰色至古铜色不规则斑点，叶缘向上卷曲。严重缺锌时，叶柄及茎上出现褐色斑点。
苹果	苹果缺锌常表现为小叶簇生，称为“小叶病”。主要表现在新梢生长受阻，节间短缩，叶小质硬并簇生枝顶。受害轻时新梢虽有生长，但叶小生长缓慢，有些枝条除顶端簇生叶外，其他部位不发叶或叶片脱落形成“光杆”。到夏季，生长受阻的枝条可能部分恢复生长，长出正常叶片，但秋季或翌年春季仍可能再显病态。缺锌果树花芽分化减少，果实小而畸形。一般苹果缺锌只在部分枝条表现明显的缺锌症状，但对全株产量和果实品质有较大的影响。
桃	桃树缺锌症状大多出现在夏季。在叶片上出现一些失绿的斑点，由枝条基部逐渐向顶部蔓延。生长枝的顶端簇生质硬且无叶柄的小叶，因此也称“簇叶病”或“小叶病”。受害枝顶部以下会抽生细弱小枝，但小枝尚未发叶即由顶端向下干枯，如不及时矫治，3～4 年内可造成全株死亡。
柑橘	缺锌初期叶脉间出现失绿斑块，失绿部分为浅绿色至黄绿色，叶脉及叶脉附近仍保持绿色。严重缺锌时植株生长受阻，树冠外围着生纤细短小枝条，这些枝条顶端的叶片小而狭长，向上直立，叶片失绿现象显著。由于节间缩短，许多叶片聚集在一起，呈簇生状。有时顶端叶片脱落形成“顶枯”。果实小，皮厚，果汁少，果肉木质化，淡而无味。缺锌症状往往在向阳面较为严重。

3. 作物植株含锌诊断及指标

直接测定植株的锌含量是判断作物是否缺锌的有效手段。大多数生长正常的作物叶片含锌量为 20～150 毫克/千克。有人提出作物地上部分含锌量小于 10 毫克/千克，肯定缺锌；含锌量为 10～20 毫克/千克时，可能缺锌；大于 20 毫克/千克，一般不缺锌。一些作物叶片的正常含锌量见表 6-8。

表 6-8 作物叶片正常含锌量 单位：毫克/千克

作物	含锌量	作物	含锌量
玉米	20～150	花生	20～50
水稻	20～120	番茄	20～120
小麦	40～150	苹果	20～50
高粱	15～40	柑橘	20～200
棉花	20～100	桃	>10
大豆	20～75		

由于不同作物对锌的敏感程度不同，植株含锌量也有差异，因此不同作物含锌量的临界指标也不相同。几种主要农作物缺锌的植株含锌量的临界指标见表6-9。

表6-9　缺锌作物植株含锌的临界指标

单位：毫克/千克

作物	诊断部位	含锌量	作物	诊断部位	含锌量
水稻	地上部	10～15	马铃薯	定型叶中段	10
玉米	叶片	15～20	甘蔗	自上而下3～6叶鞘	15～15
小麦	地上部（拔节期）	18～20	葡萄	叶片	20～24
高粱	叶片（幼苗）	＜20	苹果	叶片（幼果期）	23
棉花	上部定型叶（初花期）	＜20	人参	叶片（栽培后第3年）	11～20
大豆	叶片	20	苜蓿	茎上部1/2（初花期）	
油菜	叶片	20			

五、锌肥的种类、性质和使用

目前，农业生产上常用的锌肥为硫酸锌、氯化锌、碳酸锌、螯合态锌、硝酸锌、尿素锌等，主要成分及性质见表6-10。

表6-10　常见含锌肥料成分及性质

名　称	主要成分	含锌（Zn）量（%）	主要性质	适宜施肥方式
七水硫酸锌	$ZnSO_4 \cdot 7H_2O$	20～30	无色晶体，易溶于水	基肥、种肥、追肥、喷施、浸种、蘸秧根等
一水硫酸锌	$ZnSO_4 \cdot H_2O$	35	白色粉末，易溶于水	基肥、种肥、追肥、喷施、浸种、蘸秧根等
氧化锌	ZnO	78～80	白色晶体或粉末，不溶于水	基肥、种肥、追肥等
氯化锌	$ZnCl_2$	46～48	白色粉末或块状棒况，易溶于水	基肥、种肥、追肥等
硝酸锌	$Zn(NO_3)_2 \cdot 6H_2O$	21.5	无色四方晶体，易溶于水	基肥、种肥、追肥、喷施等
碱式硫酸锌	$ZnSO_4 \cdot 4Zn(OH)_2$	55	白色粉末，溶于水	基肥、追肥、蘸秧根等

（续）

名　称	主要成分	含锌（Zn）量（%）	主要性质	适宜施肥方式
碱式碳酸锌	$ZnCO_3 \cdot 2Zn(OH)_2 \cdot H_2O$	57	白色细微无定型粉末，不溶于水	基肥、追肥、种肥
尿素锌	$Zn \cdot CO(NH_2)_2$ $Na_2ZnEDTA$	11.5～12 14	白色晶体或粉状微晶粉末，易溶于水	基肥、追肥和喷施
螯合锌	$Na_2ZnHEDTA$	9	液态，易溶于水	追肥（喷施）
氨基酸螯合锌	$Zn \cdot H_2N \cdot R \cdot COOH$	10	棕色，粉状物，易溶于水	喷施、蘸秧根、拌种等

六、锌肥的施用技术

1. 锌肥的施用方法（表 6-11）

表 6-11　七水硫酸锌的施用方法与施用量　单位：千克/亩

作物	基　肥	追　肥	蘸秧根	喷　施	浸　种	拌　种
水稻	大田面肥用 1 千克硫酸锌；种肥用 3 千克硫酸锌	移栽后10～30 天追施1～1.5 千克	用 0.3 千克硫酸锌配成 0.5%～2%泥浆	七水硫酸锌配成 0.1%～0.3%溶液，每 10 天左右喷 1次	用 0.1%的七水硫酸锌溶液浸种 24～48 小时	用 1%～1.5% 氧化锌包被，每 100 千克利用氧化锌 1.5 千克
玉米	1～2 千克，开沟条施或用单腿耧串施	用 1～2 千克拌细土10～15 千克，条施或穴施		配成 0.2%硫酸锌溶液，苗期至拔节期喷施 2 次（间隔 7 天）喷 50～70 升溶液	用0.02%～0.05%硫酸锌溶液浸种 6～8 小时	每千克种子用硫酸锌 4～6 克配成 2%溶液
小麦	1～2 千克硫酸锌与农家肥混合撒施	1～2 千克，在返青至拔节期串施于小麦行间，深 5～6 厘米		配成 0.2%硫酸锌溶液，拔节、孕穗期各喷 1 次，每次喷 50～70 升	用 0.05%硫酸锌液浸种 12 小时	每千克种子用硫酸锌 6～8 克，配成 2%溶液，喷在种子上

（续）

作物	基　肥	追　肥	蘸秧根	喷　施	浸　种	拌　种
棉花	用硫酸锌1千克，撒施后翻地	用硫酸锌1千克拌细土10～15千克，条施或穴施		用0.2%硫酸锌溶液于苗期、现蕾期各叶1次，每次喷50～70升		
油菜	用硫酸锌1.5千克，拌土或农家肥撒施			用0.1%硫酸锌溶液于苗期、抽薹期，各喷1次		
大豆花生	用硫酸锌2千克拌土，或与农家肥混匀撒施			用0.1%硫酸锌溶液在开花期、苗期各喷1次		
甘薯	1千克硫酸锌与农家肥混匀后撒施	1千克硫酸锌拌细土10～15千克，在团颗期穴施		用0.2%～0.3%硫酸锌于团颗期喷2次，间隔7～10天		
蔬菜	用硫酸锌2～4千克拌细土10～15千克，撒施，然后翻耕			用0.1%～0.2%硫酸锌溶液在苗期、旺长期各喷1次		
果树				在果树缺锌时用0.2%硫酸锌溶液喷施，也可与酸性农药混合喷施		

2. 锌肥的施用技术

锌肥可用作基肥、追肥和种肥。

作基肥时每亩施用1～2千克硫酸锌，可与生理酸性肥料混合施用。轻度缺锌地块隔1～2年再行施用，中度缺锌地块隔年或于翌年减量施用。

作追肥时常用作根外追肥，一般作物喷施浓度为0.02%～0.1%的硫酸锌溶液，玉米、水稻用0.1%～0.5%浓度。水稻在分蘖、孕穗、开花期各喷一次0.2%浓度的硫酸锌溶液；果树可在萌芽前1个月喷施3%～4%硫酸锌溶液，萌发后用1%～1.5%的溶液喷施，或者用2%～3%的溶液涂刷枝条，一年生枝条2～3次，或在初夏时喷施0.2%硫酸锌溶液。

种肥常采用浸种或拌种的方法，浸种用浓度为0.02%～0.1%，浸种12小时，阴干后翻种。拌种每千克种子用2～6克硫酸锌，玉米可用2～4克。

氧化锌还可用作水稻蘸秧根，每亩用量200克，配成1%的悬浊液，浸蘸秧苗根30秒。氧化锌也可以制成悬浮剂直接喷施。

作基肥时每亩施用量不要超过2千克硫酸锌，喷施浓度不要过高，否则会引起毒害。锌肥在土壤中移动性差，且容易被土壤固定。因此，一定要撒均匀，喷施也要均匀喷在叶片上，否则效果欠佳。锌肥不要和碱性肥料、碱性农药混合，否则会降低肥效。锌肥有后效，不需要连年施用，一般隔年施用效果好。

第二节　硼　　肥

一、硼元素在作物生长中的作用

1. 硼对作物的生理作用

硼参与作物体内糖的运输与代谢。缺硼时，作物体内的碳水化合物代谢发生混乱，叶中糖累积而茎中糖减少，表明糖的运输受阻；糖类不能运输至生长点，引起生长点死亡。在有硼的情况下，有利于糖穿过细胞膜的运输。

硼与作物体内生长素合成或利用有关。虽然没有证实硼在生长素代谢中起某种特别的作用，但芳基硼酸（酚基硼酸的衍生物）对根的生长肯定有促进作用。硼还能间接控制作物体内吲哚乙酸的活性及含量，保持其促进生长的生理浓度。缺硼时会产生过量的生长素，抑制根系的生长。硼能抑制吲哚乙酸活性，因而有利于花芽的分化。

硼影响作物体内细胞伸长和分裂，这主要与硼影响核酸的含量有关。另外，也与果胶的合成有关。硼和核糖核酸（RNA）的代谢有关，缺硼时核糖核酸明显降低，植株组织中果胶物质显著减少，而纤维素含量增加，细胞壁具有异样结构，韧皮部薄壁细胞和一般薄壁细胞壁增厚，使这些组织易于撕裂。硼能促进作物根中木质素的形成，缺硼木质素形成受阻，木质素含量下降。

硼与6-磷酸葡萄糖络合，抑制6-磷酸葡萄糖脱氢酶的活性。缺硼时，6-磷酸葡萄糖脱氢酶的活性增加，导致含酚化合物积累。这些化合物的积累同作物组织出现的褐色坏死有关。作物缺硼时，出现顶芽褐腐病、根心腐病。

硼对作物生殖器官建成和发育有影响。缺硼时，作物的生殖器官及开花结实受到的影响最为突出，不能形成或形成不正常的花器官，表现为花药和花丝萎缩，花粉管形成困难，妨碍受精作用，甚至生殖器官受到严重破坏，花粉粒发育不能正常进行，形成“花而不实”现象。硼能促进D-半乳糖形成和L-阿拉伯糖转入到花粉管薄膜果胶部分的数量，促进花粉萌发，有利于花粉管的生长。

硼与豆科作物根瘤菌的固氮作用有关。缺硼时，根瘤生长不良，甚至无固氮能力，作物的生长也受到限制。

2. 硼肥的增产效果（表6-12）

表6-12 施用硼肥的增产效果

作 物	增产幅度（%）
油 菜	一般10～20，严重缺硼30～50，平均26.9
花 生	南方10.2，北方11
大 豆	浙江18.9，江西16.2，辽宁开原9.7，辽宁康平25.1
棉 花	全国平均10.3
甜 菜	黑土地10～20，陕西21.3
麻	平均8.6
番 茄	北京19.7，上海14.9，济南16～44
芹 菜	北京10.5，铁岭28
马铃薯	济南＞20
柑橘	江苏、江西8.7～41
苹 果	辽宁36.8～68.1
梨	提高坐果率，北京30.4，陕西1.6～14

二、我国耕地土壤中硼元素的状况

1. 我国耕地土壤含全硼量

据报道，我国土壤全硼量范围在0～500毫克/千克之间，平均64毫克/千克。南方各类土壤的平均含硼量除石灰岩土以外，都低于64毫克/千克，北方各类土壤则高于或接近平均含量。一般富硼土壤分布于干旱地区，而低硼土壤则分布于湿润地区，此外盐碱土也富含硼。西北黄土母质发育的土壤（如塿土、黑垆土、黄绵土等）全硼含量也较高，平均含硼量为80毫克/千克。我国红壤地区全硼量最低，一般在50毫克/千克以下。

据不完全统计，我国土壤全硼量按土壤类型区分，除了西藏珠穆朗玛峰地区以外，变幅一般在19～88毫克/千克之间。我国土壤含硼量见表6-13。

表6-13 我国耕地土壤中全硼含量 单位：毫克/千克

土　类	全硼含量	
	变幅	平均
白浆土	45～69	63
棕壤	31～92	61
草甸土	32～72	54
黑土	36～69	54
黑钙土	49～64	50
暗棕钙土	35～57	42
褐土	45～69	63
塿土、黑垆土、黄绵土	44～128	88
红壤（华中）	<4～145	62
红壤（华南）	痕迹～300	71
砖红壤及赤红壤	5～500	60
黄壤	10～150	78
红色石灰土	20～200	88
棕色石灰土	40～150	87
紫色土	40～50	45

2. 我国耕地土壤缺硼的地区分布

据报道，我国现有耕地中缺硼面积达2 750万公顷，并有不断扩大的趋势。我国部分省、自治区、直辖市耕地土壤缺硼（土壤中有效硼小于0.5毫克/千克土壤）的状况见表6-14。

表6-14 我国部分省（自治区、直辖市）耕地土壤中缺硼状况

省（自治区、直辖市）	土壤有效硼含量（毫克/千克）		缺硼土壤占耕地面积百分率（%）
	变幅	平均	
湖北	0.04～4.24	0.330	91.1
湖南	0.05～0.47	0.204	98.7
江西	—	0.150	98.5

（续）

省（自治区、直辖市）	土壤有效硼含量（毫克/千克）		缺硼土壤占耕地面积百分率（%）
	变幅	平均	
福建	—	0.270	100.0
四川（盆地）	0.01～1.61	0.230	96.1
上海	0.09～2.38	—	50.7
河南	—	0.250	96.0
贵州	—	0.370	77.5
云南（大理）		0.261	88.7
吉林		0.510	60.0
北京	痕迹～3.80	0.650	42.0
辽宁	—	—	87.0
甘肃	0.01～9.20	0.780	32.5
陕西	0.04～1.98	0.300	89.0
河北	0.02～9.83	0.500	65.6
山东	0.04～6.79	0.480	65.1
山西	0.07～2.42	0.400	77.2
宁夏（灌区）	—	—	9.4
安徽（徽州）	—	0.130	96.0
江淮丘陵	—	0.130	100.0

3. 影响土壤有效硼的因素

（1）土壤氢离子浓度（pH）：土壤氢离子浓度在199.5～19 950纳摩/升（pH4.7～6.7）之间，硼的有效性最高，水溶性硼与氢离子浓度呈负相关（与pH成正相关）。当氢离子浓度在7.94～79.42纳摩/升（pH 7.1～8.1）之间，硼的有效性降低，水溶性硼与氢离子浓度呈正相关（与pH成负相关）。现已证明，土壤中硼的有效性主要受吸附固定的影响，而吸附固定又与土壤酸碱度密切相关。酸性土壤中硼的有效性高，但容易淋洗损失，施用大量石灰，硼的吸附固定增加，会诱发缺硼。

（2）土壤质地：土壤质地影响硼在土壤中的移动。在黏质土壤上，黏粒的吸附作用能保持较多的有效硼；在轻质土壤上硼易遭淋失，使水溶性硼减少。因此，缺硼往往出现在轻质土壤中。

(3) 土壤有机质：一般是有机质多的土壤有效性硼较多。因为与有机质结合或被有机质所固定的硼可在有机质分解后释放出来。对酸性土壤来说，有机质使硼固定而避免淋失，起了保护作用，有机质矿化后又会增加有效性硼。对石灰性土壤来说，有机质对硼的有效性的影响没有土壤酸碱度的影响明显。

(4) 气候条件：干旱使土壤中硼的有效性降低，一方面是由于有机质的分解受到影响而减少硼的供应，同时干旱地区的固定作用增强，温度愈高愈深，从而降低水溶性硼的含量。湿润、多雨地区常由于强烈的淋洗作用而导致硼的损失，降低有效硼的含量，特别是轻质土壤尤为明显。

4. 土壤中有效硼的指标

土壤有效硼含量是判断作物是否缺硼的重要依据之一。因此，可以通过化验土壤有效硼含量来了解作物硼素的供应状况。目前，我国测定土壤有效硼的方法是采用沸水浸提姜黄素比色法，一般以 0.5 毫克/千克作为临界指标。土壤有效硼含量分为 5 级，详见表 6-15。

表 6-15　土壤有效硼分级指标　　单位：毫克/千克

级别	很低	低	中等	高	很高
含量	<0.25	0.25～0.50	0.50～1.00	1.00～2.00	>2.00

由于不同作物对硼的敏感程度不同，对不同作物来讲，土壤有效硼的临界指标也有一定的差异。甜菜缺硼土壤有效硼的临界指标为 0.75 毫克/千克，棉花 0.8 毫克/千克，油菜 0.5 毫克/千克，禾本科作物约 0.1 毫克/千克。

土壤有效硼超过一定数量，可使作物中毒，一般土壤有效硼超过 1 毫克/千克，有发生中毒的可能性。美国加利福尼亚大学农业推广服务中心(1969) 提出适宜和中毒的指标如下：

0.5 毫克/千克，对所有作物均安全；

1 毫克/千克，对敏感作物出现伤害；

5 毫克/千克，对中等耐硼作物出现伤害；

10 毫克/千克，对耐硼作物出现伤害。

土壤种类不同，中毒的临界浓度相差很大。如酸性土壤有效硼 1.2 毫克/千克就可能使作物中毒，而石灰性土壤有效硼 3 毫克/千克作物仍不中毒。

三、作物缺硼元素时的表现

1. 作物对硼的敏感性分类（表 6-16）

表 6-16　作物对硼敏感性分类

项　目	主 要 作 物
高度敏感的作物	苜蓿、油菜、花椰菜、芹菜、白菜、包心菜、甘蓝、萝卜、芜菁、莴苣、三叶草、甜菜、苹果、葡萄、向日葵、柠檬、油橄榄等。
中度敏感的作物	番茄、棉花、马铃薯、甘薯、烟草、胡萝卜、辣椒、芥菜、菠菜、花生、桃、梨、板栗、茶、苕子等。
不敏感作物	大麦、小麦、燕麦、黑麦、亚麻、玉米、甜玉米、高粱、谷子、水稻、大豆、蚕豆、豌豆、黄瓜、洋葱、苏丹草、薄荷、柑橘、葡萄柚、樱桃、西瓜、胡桃等。

2. 作物缺硼元素时的表现

作物严重缺硼影响到作物叶、花、果、根和茎的正常生长，使外部形态发生异常，根据这些异常，可以直观判断作物缺硼状况。不同种类的作物缺硼症状也不一样，但有共同的特征，即生长点死亡，维管束受损，根系发育不良，有时只开花不结实，生育期推迟。缺硼症状在早期一般不易发现，内部的潜在性异常现象早已存在，到孕蕾和开花期最为显著。

根用作物如甜菜和萝卜以及花椰菜、芹菜等都可作为土壤缺硼的指示作物。根据这些作物的生长情况，可判断出土壤硼的供给情况。作物缺硼元素时的表现见表 6-17。

表 6-17　作物缺硼元素时的表现

作　物	主要症状表现
油菜	油菜缺硼时心叶卷曲，叶肉变厚。下部叶片失绿变色，叶脉间和叶缘呈紫红色并逐渐变成黄褐色而枯萎。叶柄上部开裂，内部组织暴露。茎（尤其是髓部）有褐色坏死区，木质部发育不良，韧皮部比正常植株肥大，但脆弱易碎。根呈黄褐色，细根少，主根肿大或心腐而萎缩，生长点死亡。花数少，花蕾容易脱落，花被（花瓣、萼片）缩小，雌蕊柱头突出，花序早衰，尤其是主花序常常萎缩。结实很少或不结实，花而不实。由于顶芽或主花序死亡，腋芽抽出新的分枝，使植株呈丛生状，是缺硼的典型特征。
棉花	棉花缺硼在苗期、蕾期即有表现，主要是叶片变厚增大、变脆，色暗绿无光泽，主茎生长点受损，腋芽丛生，上部叶片萎缩；至蕾铃期，蕾铃脱落严重，只见现蕾，不见开花（即蕾而不花），开花也难成桃，但病症却最早出现在叶上；土壤中度或轻度缺硼、棉花发生潜在性缺硼时，叶柄上出现环带。据王运华等研究，当棉花叶柄环带率长江流域棉区大于 8%、黄河流域棉区大于 3%时，棉花可能缺硼。

（续）

作　物	主要症状表现
甜菜	甜菜缺硼时发生腐心病，首先是幼叶卷曲变形，叶色变深，凋萎或停止发育，上部叶片出现白色网纹状皱纹，叶色深绿，褶皱逐渐加重而破裂，最后凋萎；叶柄上出现横向裂纹和颜色变化，先变黄而后变黑。外部老叶和叶脉变黑，充满锈斑，最后凋萎。由于输导组织受损，叶片上有时出现糖浆状分泌物，块根上部变得干燥和松软，最后变空，颜色呈褐色到黑色。严重缺硼时，幼苗期便会死亡。
苹果	苹果缺硼，有顶枯和丛生现象，由腋芽抽出新的枝条，节间缩短，叶片变厚。果实有木栓化现象，果肉内出现斑块，最初呈淡绿色，直径一般不超过1厘米。随着缺硼加重，斑块逐渐变成暗褐色而干缩，具有海绵或木栓的韧度，称为木栓化。有时果皮也会出现凹陷和坏死以及木栓化现象。缺硼植株的花和果实都很少。梨和桃缺硼时有类似的症状，果实干缩，果皮凹凸不平。
柑橘	柑橘缺硼，新生叶上出现细小的水浸状黄色斑点，随着叶龄的增长，黄色斑点增大，叶片反卷，失去光泽，脆而易折，叶脉发黄，主脉和侧脉增粗、木栓化，甚至纵向暴裂，呈暗褐色，叶提前掉落。木栓化的枝条一般不再抽新梢，老叶脱落后出现枯梢秃顶现象，开花甚多，花粉生活力差，坐果率低，出现“花而不实”或“花而少实”。有的幼果果皮有乳白色突起小斑，严重时果实表面有下陷的黑斑，成熟果实小，皮厚而硬（称为“石头果”），汁少、渣多，种子多败育，果皮及中心柱常流胶，果实产量低，品质差。
板栗	板栗缺硼时雌花数量一般较多，落花落果现象也不严重，但是总苞（刺苞）或球果在发育过程中生长停滞，形成核桃大小的圆球形总苞，一直保持绿色。板栗成熟期正常的总苞由绿转黄，产生离层而脱落，而缺硼果实不易脱落，甚至比叶子脱落还晚，总苞中的栗子是干瘪的，只有蚕豆大小，而且有壳无肉，无食用价值。空苞栗的胚胎发育，每个子房中16个胚珠一直保持同等大小，其中没有一个膨大发育，北京地区到7月中旬胚全部干瘪而败育，这时胚珠外的珠被（子房壁）还能发育一段时期，后干瘪，形成蚕豆大小的瘪粒，外边的总苞发育到核桃大小后停滞，总苞因为中间没有栗子支撑而不再扩大，但是皮很厚，消耗大量营养，比早期落果的危害还严重。
花生	花生缺硼，主茎和侧枝短粗，茎顶端生长的叶片易落，生长点逐渐焦枯坏死，株形矮，呈丛生状；茎部和根部有明显裂缝，心叶小而皱缩，老叶叶缘干枯，叶片厚而脆，根系发育不良，根尖褐色坏死，花少，果少，甚至空壳不结果。
大豆	大豆缺硼，幼叶脉间失绿，叶尖向下弯曲，老叶粗糙增厚且皱缩，顶芽向下卷曲、萎缩。主根顶端死亡，侧根多僵直而短，根瘤发育不正常，根系不发达，生长缓慢，不开花或开花不正常，结荚出现畸形。

（续）

作 物	主要症状表现
苜蓿	苜蓿缺硼，顶端生长点死亡，叶片变黄或变红，有时呈褐色，先由叶尖和叶缘开始，叶脉仍保持绿色，失绿的叶片逐渐变成花青色和红色。主茎顶端枯萎后，由腋芽重新抽出枝条（与油菜缺硼时相似），植株矮小、丛生。开花迟或者不开花。
萝卜	萝卜缺硼，生长点死亡，植株生长矮化，叶子小而且少，畸形褪色。根不能充分发育，不但根小而且歪扭，中心肉质部分呈水渍状或空心，从根的纵切面看，中心呈褐色（故常称为“褐心病”），根颈部出现许多黑褐色的纵向裂纹。其他根菜类也有类似的症状。
花椰菜	花椰菜缺硼，先在叶缘部分产生很多黄色小斑点，然后在叶脉间向内扩展，同时叶变皱曲。茎、叶柄及主脉处表皮木栓化，茎的髓部组织遭到破坏，形成长形的空洞。主茎及构成花序的小茎中部呈现小的、密集的水浸区域。严重缺硼时，头状花序内部和外部都受到影响。整个头状花序呈现青铜色或褐色，花序周围的较小叶片可能呈现畸形。
芹菜	芹菜缺硼症状称为“裂茎症”。缺硼芹菜的幼叶沿边缘发生褐色斑点，同时茎也变脆。表皮内维管束组织发生褐色条纹，以后在叶柄表面发生横向裂缝，同时组织由裂口处向外卷曲，裂开的组织很快变成深褐色。茎叶歪扭。幼叶变褐而死，根也变成褐色，很多侧根死亡，并在尖端形成小的球状附属物。芹菜缺硼与缺钙有相似症状，但缺钙时茎部不出现横向裂纹，由此可以区分芹菜是缺硼还是缺钙。
小麦	小麦虽然需硼不多，一般情况下并不出现缺硼症状，但是在严重缺硼时，仍然有典型的缺硼症状。小麦缺硼在营养生长期与正常植株并没有显著差异，开花时雄蕊发育不良，花药瘦小、空瘪、不开裂，不能散粉；花粉少或畸形，有时无花粉；雌蕊外形正常，但不能正常授粉，子房横向膨大，颖壳不易闭合，或者闭而复开，最后枯萎，形成空秕穗（即不稔症）。缺硼植株生育期推迟，有时开花后还会分蘖或分枝。生长后期有时麦秆呈紫褐色。

四、硼元素对作物营养的临界线

农作物中含硼量的丰缺在叶片中表现最为明显，通过分析叶片的含硼量能很好地反映作物缺硼、适量或过量等情况。大多数作物叶片含硼量低于15毫克/千克时就能发现缺硼的征兆；叶片含硼量在20～100毫克/千克之间为丰富而不过量；超过200毫克/千克时往往会出现硼中毒。但是，不同作物叶片含硼量不同，禾本科作物的叶片含硼量一般较低（10毫克/千克以下），而双子叶作物的叶片含硼较高（在20毫克/千克以上）。一些作物叶片硼缺乏、足量及毒害的指标见表6-18。

表 6-18　一些作物硼缺乏、足量和毒害指标

作物	取样部位	硼（毫克/千克，干重）		
		缺乏	足量	毒害
油菜	叶片	5～10	20.2	—
棉花	初花期成熟叶	＜20	20～100	＞100
甜菜	中部叶片	＜20	31～200	＞800
苹果	春梢叶	＜15	20～25	—
玉米	果穗形成前的整个地上部	＜9	15～90	＞100
花生	生长 30 天植株上部幼叶	18～20	54～65	＞250
大豆	叶片	—	62.8	—
烟草	叶片	＜18	18～32	32～176
胡萝卜	成熟叶片	＜16	32～103	＞175
黄瓜	第一次摘收后两周中部成熟叶	＜20	40～120	＞300
芹菜	叶柄	16	28～75	—
	嫩叶	20	68～432	＞720
小麦	孕穗期组织	2.1～5	8	＞16
	茎秆	4.6～6	17	＞34

五、硼肥的种类和性质

常见硼肥的种类和性质见表 6-19。

表 6-19　常用硼肥的种类和性质

品　名	化学分子式	含硼量（%）	备　注
硼酸	H_3BO_3	16.1～16.6	易溶于水
十水合硼酸二钠（硼砂）	$Na_2B_4O_7 \cdot 10H_2O$	10.3～10.8	易溶于水
五水四硼酸钠	$Na_2B_4O_7 \cdot 5H_2O$	约 14	微溶于水
四硼酸钠（无水硼砂）	$Na_2B_4O_7$	约 20	溶于水
十硼酸钠（五硼酸钠）	$Na_2B_{10}O_{16} \cdot 10H_2O$ $(Na_2B_5O_8 \cdot 5H_2O)$	约 18	易溶于水
硼玻璃	玻璃体（粉状硅酸盐）	10～17	枸溶性缓效硼肥

1. 硼酸

分子式：H_3BO_3

（1）物化性质：白色、无臭、带珍珠光泽的三斜晶体粉末。接触皮肤有滑腻感觉。相对密度 1.435（15℃），溶于水，水溶液呈弱酸性，溶于甘油、乙醇。

（2）农化性质：硼酸是速效性的可溶性硼肥，硼在作物体中参与碳水化合物的转化和运输，促进蛋白质的合成，调节水分吸收和养分平衡以及氧化还原过程，使生殖器官正常发育，利于开花结果。作物缺硼时，生长点死亡，根腐烂，开花少，果实空等。一般双子叶作物比单子叶作物需硼量多，较易缺乏，这些作物称为对硼敏感作物，如油菜、甜菜、棉花等。

（3）生产方法：

硼砂硫酸法：硼砂和硫酸复分解得硼酸。其反应式如下：

$$Na_2B_4O_7+H_2SO_4+5H_2O \longrightarrow 4H_3BO_3+Na_2SO_4$$

硼砂→溶解→过滤→中和→结晶→分离→干燥→硼酸

氨水法：硼矿粉与碳化氨水混合，加热分解得到硼酸铵溶液，经脱氨得到硼酸。其反应式如下：

$$(MgO)_2B_2O_3+2NH_4HCO_3+H_2O \longrightarrow 2(NH_4)H_2BO_3+2MgCO_3$$

$$(NH_4)H_2BO_3 \longrightarrow H_3BO_3+NH_3\uparrow$$

（4）质量指标：见表 6-20。

表 6-20　硼酸产品质量标准（GB 538—1990）

指标名称		指　标	
		优等品	一等品
硼酸（H_3BO_3）含量,%	≥	99.6～100.8	99.4～100.8
水不溶物，含量,%	≤	0.01	0.04
硫酸盐（SO_4），含量,%	≤	0.10	0.20
氯化物（以 Cl 计），含量,%	≤	0.05	0.10
铁（Fe）　含量,%	≤	0.002	0.003
氨（NH_3）　含量,%	≤	0.03	0.05

说明：氨含量是硫酸法硼酸的必检项目，其他方法生产的硼酸免检。

2. 硼砂

别名：十水四硼酸钠或硼酸钠、月石沙；分子式：$Na_2B_4O_7 \cdot 10H_2O$

（1）物化性质：无白半透明或白色单斜晶粉末，无臭，味咸。相对密度 1.73，易溶于水，水溶液呈弱碱性，pH9.1～9.3，在干燥空气中易分化。

（2）农化性质：与硼酸相同，不再叙述。

（3）生产方法：将预处理的硼镁矿粉与烧碱混合，在碱解釜中加热加压分解，制得偏硼酸钠溶液，再经碳化制得硼砂。其反应式如下：

$$2MgO \cdot B_2O_3 + 4NaOH \longrightarrow 4NaBO_2 + 2Mg(OH)_2$$

$$4NaBO_2 + CO_2 \longrightarrow Na_2B_4O_7 + Na_2CO_3$$

工艺流程：

硼镁矿粉→[分解]（烧碱）→[偏硼酸钠]→[碳化]（CO_2）→硼砂

(5) 主要技术指标：见表 6-21。

表 6-21 采用工业硼砂质量标准（GB 537—1997）

指标名称		指标	
		优等品	一等品
十水四硼酸钠,%	≥	99.5	95.0
水不溶物,%	≥	0.04	0.04
碳酸钠（以 CO_3 计）,%	≤	0.1	0.2
硫酸盐（以 SO_4 计）,%	≤	0.1	0.2
氯化钠（以 Cl 计）,%	≤	0.03	0.05
铁（Fe）,%	≤	0.002	0.005

(6) 包装及贮运：用内衬两层牛皮纸（或塑料袋）的麻袋包装，每袋净重 40 千克、50 千克、80 千克。包装袋上应标明生产厂名称、产品名称、产品级别和净重。应装在篷车、船舱或带篷汽车内运输，不应与潮湿物品或其他有色物料混合堆放，运输工具必须干燥、清洁。贮存在干燥、清洁的库房内，应避免雨淋或受潮。

(7) 施用方法：硼砂是一种易溶于热水的白色结晶，可做基肥、追肥、种肥，但多用其水溶液浸种或喷施。

将种子浸于 0.01%～0.05%硼砂水中，4～6 小时后捞出，晾干后播种。播种时不要与氮肥、磷肥、硼镁磷肥直接接触。

水稻、小麦、玉米、高粱在孕穗期和扬花初期可根外喷洒，浓度为 0.1%，每亩喷液量 100 千克。大豆、谷子在扬花期喷硼砂水溶液，浓度为 0.05%，每亩喷液量 50 千克。蔬菜在生长期进行根外喷施，硼砂水溶液浓度为 0.2%。水果在花期喷硼砂水溶液，苹果树浓度为 0.25%、梨树 0.2%。施用时要注意切勿过量，叶面施肥要注意浓度。

3. 五水四硼酸钠

无色六方结晶，密度 1815 千克/米^3，熔点 120℃，分解温度 150℃，微溶于水。

4. 四硼酸钠（无水硼砂）

白色结晶或玻璃状晶体，吸湿性强，溶于水，不溶于醇。

5. 十硼酸钠

白色棱形晶体，0℃时溶解度为 10.3 毫摩尔/升。

6. 天然沉积硼酸盐

经磨细可直接作硼肥使用；火成岩硼矿石则需经过预先加工，使之变为可被植物吸收的形态。

硼酸、硼砂等产品生产中排出的含硼废渣或废泥也可使用。

六、硼肥的施用技术

1. 油菜

基肥：在缺硼土壤中，每亩用 0.5 千克硼砂拌细干土 10～15 千克，或与农家肥、化肥混合均匀，开沟条施或穴施于土中，不要使硼肥直接接触种子（直播）或幼根（移栽）。施用硼肥不宜深翻或撒施，不要施用过量。每亩条施硼砂 2.5 千克以上会降低出苗率，甚至死苗减产。

喷施：用 0.2％硼砂水溶液或 0.1％硼酸水溶液在油菜苗后期（花芽分化前后）、抽薹期（薹高 15～30 厘米）、花期各喷 1 次，苗后期每亩用肥液 50 升左右，后两期 80～100 升，喷后如遇雨应当重喷。

配合施用：硼肥与农家肥和氮、磷化肥配合施，能更好地发挥增产潜力。每亩用 0.5 千克硼砂配合农家肥 1～2 吨，氮肥（纯 N）12.5～17.5 千克、磷肥（P_2O_5）6 千克施用，效果较好。

2. 棉花

基肥：每亩用硼砂 0.5 千克拌细干土 10～15 千克，在播种前开沟条施或穴施于土中，不要使硼肥接触种子，不要任意超量施硼肥，以免浪费肥料，并防止过量中毒。

追肥：每亩用硼砂 0.5 千克拌细干土 10～15 千克，在棉花苗期进行土壤追施，也可与化肥混合均匀一起追施，离棉苗 7～10 厘米开沟或挖穴施下。

人工喷施：用 0.2％硼砂水溶液或 0.1％硼酸水溶液于棉花蕾期、初花期、花铃期各喷 1 次，每亩每次喷量 50～80 升。

飞机喷施：运五飞机携带常量喷雾设备，作业时速小于每秒 4 米，飞行时速 160 千米，飞行高度距棉花 5～7 米，作业幅度 50 米，用 4％硼砂水溶液喷雾，每亩每次用肥液 2.5 升。

3. 豆科作物

基肥：每亩用硼砂 0.4～0.5 千克拌细干土 10～15 千克，施于播种沟（或穴）中种子的一侧，不要接触种子，播后盖土。

喷施：用 0.2％硼砂水溶液或 0.1％硼酸水溶液，大豆于苗期至开花期、蚕豆于苗期至初花期、花生于苗期至结荚期喷施 2～3 次，每亩每次用肥液量 50～75 升。

4. 经济作物

基肥：甜菜每亩用硼砂 0.5～0.7 千克，拌细干土 10～15 千克，或用硼镁肥 7～10 千克，条施或穴施于土壤中，施后盖土。苎麻基施硼砂，每亩用 1～1.5 千克～拌细干土 10～15 千克，撒施入土壤中。

喷施：用 0.2%硼砂水溶液，甜菜于苗期、繁茂期、块根形成期各喷 1 次；甘蔗于苗期、分蘖期、伸长期各喷 1 次；烟草在苗期至旺长期喷施 2～3 次；芝麻在蕾期、花期各喷 1 次；向日葵在见盘至开花期喷施 2～3 次。每次每亩喷量为 50～80 升。

5. 果树

土施：苹果每株土施硼砂 100～150 克（视树体大小而异）于树的周围。缺硼板栗，以树冠大小计算，每平方米施硼砂 10～20 克较为合适，要施在树冠外围须根分布很多的区域。例如幼树冠 10 米^2，可施硼砂 150 克，大树根系分布广，要按比例多施些。但施硼量过多，如每平方米树冠超过 40 克，就会发生药害。所以一定要掌握好施硼量。其他果树也可采用同样方法施硼。

喷施：果树施硼以喷施为主，喷施浓度略高于一般大田作物，硼砂可用 0.2%～0.3%浓度水溶液，硼酸可用 0.1%～0.2%浓度水溶液；柑橘在春芽萌发展叶前及盛花期各喷 1 次；苹果在花蕾期和盛花期各喷 1 次；桃、杏和葡萄在花蕾期和初花期各喷 1 次；肥料溶液用量以布满树体或叶面为宜。

6. 蔬菜

施硼以喷施为主，喷施浓度一般为 0.1%～0.2%的硼砂水溶液。番茄在苗期和开花期各喷 1 次；花椰菜在苗期和莲座期（或结球期）各喷 1 次；扁豆在苗期和初花期各喷 1 次；萝卜和胡萝卜在苗期及块根生长期各喷 1 次；马铃薯在蕾期和初花期各喷 1 次；每次每亩均为 50～80 升。其他蔬菜一般在生长前期喷施效果较好。

7. 粮食作物

基肥：水稻、玉米、小麦等粮食作物每亩施硼镁肥 5～7.5 千克或硼砂 0.5 千克。

喷施：用 0.2%硼砂或 0.1%硼酸水溶液，水稻于孕穗期和开花期各喷 1 次；小麦于孕穗期和灌浆期各喷 1 次；玉米于苗期和小喇叭口期各喷 1 次。每次每亩均为 50～80 升。

第三节　锰　肥

一、锰元素在作物生长中的作用

1. 锰在作物体内的生理功能

(1) 增强光合作用：锰是叶绿体的成分，是维持叶绿体结构所必需的微量元素。叶绿体中含有丰富的锰元素，锰在叶绿体中直接参与光合作用过程中水的光解，是电子转移的传递体。如果作物体内锰素不足，常常引起叶片失绿，使光合作用减弱；锰素供应充足，能减少正午阳光对光合作用的抑制，从而使光合作用得以正常进行，有利于作物体内碳素同化过程。

(2) 调节体内氧化还原状况：锰是三羧酸循环中许多酶的成分，三羧酸循环是作物体内的一切代谢过程的中心。锰与铁一起可以调节作物体内氧化还原作用，提高作物的呼吸强度。当作物吸收硝态氮时，锰起还原作用；在作物吸收铵态氮时，锰又起氧化作用。因此，有人认为锰在这些氧化还原过程中担当着催化剂的角色。

(3) 促进氮素代谢：锰是作物体内羟胺还原酶的组分，参与硝酸还原过程。缺锰时，硝态氮还原受阻，叶片中游离氨基酸有所累积，并影响蛋白质合成。据研究，小麦施锰能增加子粒中含氮量和蛋白质成分中的麦胶蛋白质含量。豆科作物施锰，根瘤的数目和大小均有增长，根瘤菌的固氮能力增强，根的重量和土壤中含氮量均有提高。

(4) 有利于作物生长发育：锰有促进种子发芽、幼苗早期生长，促进开花、增加花数的作用。锰是氧化还原酶、水解酶和转化酶的活化剂。在锰素的影响下，不仅对胚芽鞘的延伸有刺激作用，而且加强种子萌发时淀粉和蛋白质的水解过程，使单糖和氨基酸的含量比未经锰处理的种子要高。它能加速同化作用，尤其是蔗糖从叶部向根部和其他器官的转移，为作物各部位及时提供充足的碳素营养和能量，促进作物的生长发育，抑制铁过多的毒害。棉花施锰可减轻蕾、花脱落，防止早衰，增加霜前花。柠檬施锰还可使开花期大大提前，花量明显增加。

(5) 减轻作物病害：缺锰时，作物往往易感染某些病害，锰充足，可以增强作物对某些病害的抗性。施锰可以大大降低大麦及黑麦对黑穗病的感染率，提高马铃薯对晚疫病、甜菜对立枯病和黑斑病的抗性。锰肥做亚麻的种肥，可以减轻亚麻对立枯病、炭疽病和细菌病的感染。用高锰酸钾溶液进行冬黑麦种子处理，可提高冬黑麦对锈病的低抗力。

2. 施用锰肥的增产效果（表 6-22）

表 6-22　在缺锰土壤施用锰肥的增产效果

作　物	增产幅度（%）
小　麦	山西 8.5～20，湖北 11.3～20.7
玉　米	江苏 5.6，山东 10，辽宁 12.9
水　稻	湖北 5.6～8.2，上海 5.2～19.2（平均 9.8），辽宁 21.5

（续）

作　物	增产幅度（%）
高　果	南京 6.0，辽宁 15.2
油　菜	施底肥 14.2，喷施 5.2
花　生	江苏 12.2，辽宁 19.3
大　豆	辽宁 8.0，陕西 8.2
棉　花	湖北 14.1
烟　草	陕西 15.0
甜　菜	江苏 10.2，陕西 15.2
蔬　菜	陕西 13.8～26.3
果　树	福建 17.6

二、我国耕地土壤中锰元素的状况

1. 我国耕地土壤中的全锰含量

据现有资料，我国土壤全锰量范围为 42～5 000 毫克/千克，平均 710 毫克/千克，略低于世界土壤全锰量的平均值（850 毫克/千克），总的趋势是由南向北逐渐降低。按土壤类型区分，各类土壤的全锰量变幅很大，有的低至 100 毫克/千克以下，红壤则会超过 2 000 毫克/千克，有的可高达 5 000 毫克/千克。不同土壤的全锰量不同，在南方酸性土壤即砖红壤中的锰有富集现象，并且因成土母质不同而有较大差异。如玄武岩母质发育的红壤含锰 2 000～3 000 毫克/千克，花岗岩母质发育的红壤大部分小于 500 毫克/千克，片岩、页岩、沉积物上发育的红壤为 200～500 毫克/千克，在花岗岩发育的赤红壤中含锰量很低，有时只有 100 毫克/千克上下，最低的在 50 毫克/千克以下。我国不同类型土壤的全锰含量见表 6-23。

表 6-23　我国不同类型土壤的全锰含量

单位：毫克/千克

土　类	全锰含量	
	变幅	平均
白浆土	850～1 800	1 400
棕壤	340～1 000	770
草甸土	480～1 300	940
黑土	590～1 100	900
黑钙土	730～1 200	840

（续）

土　类	全锰含量	
	变幅	平均
暗栗钙土	250～900	580
褐土	550～900	730
塿土、黑垆土、黄绵土	660～1 170	844
黄潮土、青黑土	262～662	425
红壤	42～2 270	640
砖红壤、赤红壤	200～3 000	915
棕色石灰土	200～5 000	1740
红色石灰土	500～2 000	900
黄壤	50～750	300

2. 我国耕地土壤中有效锰的状况

土壤中的全锰含量不适于作为判断锰的供给指标，土壤中的有效锰才是作物可以利用的锰。我国缺锰土壤的分布与石灰性土壤的分布模式基本一致。按土类而论，缺锰土壤包括绵土、塿土、黄潮土、棕壤、褐土、栗钙土、棕钙土、灰钙土及各种漠境土。质地较轻的土壤，如黄泛区的土壤等缺锰比较严重，面积也较大。一般情况下，酸性土壤和水稻土很少缺锰。但在南方酸性土壤中由于大量施用石灰后，交换态锰减少，有时会导致诱发性缺锰，施锰肥有一定效果。在我国北方大面积的石灰性土壤，尤其是质地轻、通透性良好、有机质少的土壤，锰的供给往往不足。据农业部土肥站统计，我国现有耕地中有 0.202 亿公顷耕地缺锰，并有不断扩大的趋势。我国一些省、自治区、直辖市耕地土壤的缺锰状况见表 6-24。

表 6-24　我国部分省、自治区、直辖市耕地土壤缺锰状况

地　区		缺锰土壤百分率（%）	测定提取方法
山西		50.2（<7 毫克/千克）	（DTPA 提取锰）
陕西		48.0（<7 毫克/千克）	（DTPA 提取锰）
甘肃		54.0（<7 毫克/千克）	（DTPA 提取锰）
新疆	（北部）	78.0（<7 毫克/千克）	（DTPA 提取锰）
	（南部）	94.0（<7 毫克/千克）	（DTPA 提取锰）
	（东部）	96.0（<7 毫克/千克）	（DTPA 提取锰）
宁夏	（南部山区）	52.0（<7 毫克/千克）	（DTPA 提取锰）
	（引黄灌区）	43.0（<9 毫克/千克）	（DTPA 提取锰）

（续）

地　区	缺锰土壤百分率（%）	测定提取方法
河北	73.7（<7毫克/千克）	（DTPA提取锰）
山东（黄泛平原）	89.1（<10毫克/千克）	（DTPA提取锰）
北京	45.2（<9毫克/千克）	（DTPA提取锰）
吉林	22.0（<9毫克/千克）	（DTPA提取锰）
湖南	11.5（<7毫克/千克）	（DTPA提取锰）
湖北	16.0（<5毫克/千克）	（DTPA提取锰）
江西	16.9（<7毫克/千克）	（DTPA提取锰）
四川（盆地）	24.0（<10毫克/千克）	（DTPA提取锰）
贵州	19.1（<7毫克/千克）	（DTPA提取锰）
辽宁	27.1（<10毫克/千克）	（DTPA提取锰）
上海	16.0（<100毫克/千克）	（易还原态锰）
云南	50.0（<100毫克/千克）	（易还原态锰）

3. 影响耕地土壤中有效锰含量的因素

土壤有效锰的多少与土壤氢离子浓度（酸碱度）、氧化还原单位、土壤质地、土壤水分状况及有机质含量等有关。

（1）土壤氢离子浓度（pH）：土壤氢离子浓度（pH）是影响土壤有效锰的重要因素，氢离子浓度低（高pH）的土壤比氢离子浓度高（低pH）的土壤更易吸附锰，因此氢离子浓度低（高pH）的石灰性土壤有效锰较低。氢离子浓度高（低pH）的酸性土壤中有效锰较高。氢离子浓度小于31.63纳摩/升（pH大于7.5），有效锰急剧下降，氢离子浓度小于10纳摩/升（pH大于8）时，土壤有效锰很低。

（2）氧化—还原电位：氧化—还原电位对于变价锰元素的影响尤为突出，在氧化—还原电位高时，锰的有效性降低，在还原条件下，锰的有效性大大提高。

（3）土壤质地：土壤锰的有效性总的趋势是，沙土到中壤随土壤黏粒（粒径小于0.01毫米）含量增加而增加，中壤到重壤随黏粒含量增加而降低。一般地说，沙性大的土壤，有效锰含量较低。

（4）土壤有机质：土壤有机质的存在，可促使锰还原而增加活性锰。

土壤有机质含量高，有效锰含量亦高；有机质含量低，有效锰含量亦低。土壤有效锰与土壤有机质之间呈正相关。

（5）土壤碳酸钙含量：一般地说，土壤有效锰随土壤碳酸钙含量增加而降低，锰的有效度与碳酸钙含量之间呈负相关。

（6）土壤水分状况：土壤水分状况直接影响土壤氧化还原状况，从而影响土壤中锰不同形态的变化。淹水时，锰向还原状态变化，有效锰增加；干旱时，锰向氧化状态变化，有效锰降低。因此，同一母质发育的水稻土其有效锰高于相应的旱地土壤，旱地沙土常常处于氧化状态，锰以高价锰为主，有效锰较低，常常易缺锰。

4. 耕地土壤锰含量临界线

土壤有效锰含量多少是判断作物是否缺锰的重要依据，因此可以通过化验土壤有效锰含量来了解作物是否缺锰。由于采用的测定方法不同，土壤诊断指标也不一样，目前我国采用氢离子浓度 50.12 纳摩/升（pH7.3）的二乙三胺五醋酸（DTPA）浸提土壤有效锰，一般认为 7 毫克/千克为土壤缺锰临界指标。也有用 1 摩尔/升中性醋酸铵加 0.2%对苯二酚的溶液浸提土壤活性锰，包括水溶态锰、交换态锰和易还原态锰。一般认为 100 毫克/千克为土壤缺锰临界指标。采用二乙三胺五醋酸（DTPA）浸提的土壤有效锰和土壤活性锰含量分为 5 级（表 6-25）。

表 6-25　土壤有效锰分级指标　　单位：毫克/千克

有效锰类型	很低	低	中等	丰富	很丰富
活性锰	<50	50～100	100～200	200～300	>300
二乙三胺五醋酸提取的锰	<4	4～7	7～9	9～15	>15

三、作物缺锰元素时的表现

1. 作物对锰元素的敏感性（表 6-26）

表 6-26　作物对锰元素敏感性分类

高度敏感作物	小麦、燕麦、大豆、花生、食用甜菜、豌豆、绿豆、烟草、马铃薯、甘薯、莴苣、黄瓜、萝卜、菠菜、洋葱、苹果、桃、柑橘、樱桃、葡萄、葡萄柚、柠檬、美洲山核桃、草莓、覆盆子等。
中度敏感作物	紫花苜蓿、三叶草、田菁、苕子、箭筈豌豆、大麦、高粱、亚麻、薄荷、花椰菜、芹菜、甘蓝、番茄、胡萝卜、芜菁、棉花、糖用甜菜等。
不敏感作物	黑麦、玉米、水稻、越橘、芦笋等。

2. 作物缺锰元素时的症状表现（表 6-27）

表 6-27　作物缺锰元素时的症状表现

作　物	症 状 表 现
燕　麦	叶片出现与叶脉平行的失绿条纹，由黄色到黄绿色，叶脉仍为绿色。有时叶片呈浅绿色，黄色条纹扩大成杂色斑点，叶尖也会变成黑色，在老叶上出现灰色条纹，成为“灰斑病”。失绿现象首先在幼苗的第三和第四叶片上出现，同时叶片上出现一条组织变弱的横线，像一条褶痕，在这个褶痕的位置上叶片变曲，叶尖下垂。燕麦幼叶的横线出现在靠近叶片基部 1/3 处，老叶的横线位置较高。小麦、大麦、玉米缺锰症与燕麦相似。
甜　菜	糖用甜菜对锰需要量较大。缺锰时，中脉间出现小的失绿病斑，严重缺锰时，失绿症斑由黄绿色变成浅黄色或浅绿色，叶脉和叶脉附近仍保持绿色。随着失绿加重，失绿病斑增多，并扩大而连成片，逐渐蔓延到全叶。叶缘向上卷曲而高出叶面，使叶片呈直立三角形。失绿病斑最后呈褐色而坏死，严重时坏死部分脱落。甜菜缺锰病称为“黄斑病”。
豌　豆	叶片有叶脉间失绿和叶脉保持绿色两种。将豌豆粒分为两半以后，可观察到每半粒的中心部分有褐色斑点或空洞，这是豌豆缺锰的特殊病状。
烟　草	幼叶绿色减退，叶脉间的组织变为灰绿色至灰白色，并出现坏死斑点，斑点分布于整个叶片上，不像缺钾那样局限在叶尖和叶缘。
苹　果	叶脉间失绿，呈浅绿色，有斑点，从叶缘向中脉发展。严重缺锰时，叶脉间为褐色，失绿遍及全树，叶片全部为黄色。
柑　橘	幼叶淡绿色，并呈现极细的网纹。随后叶片老化，网纹变为深绿色，在主脉及较粗的侧脉处出现不规则条带，亦在叶脉间出现淡绿色的区域。严重缺锰时，在叶脉间出现许多不透明的白色斑点，叶片变为灰色或白色，大部分细小枝条死亡。
大　豆	新叶变成浓绿色至黄色，叶脉仍保持明显绿色，严重时，老叶叶面不平滑、皱缩，出现枯焦褐色斑点，容易早落。
花　生	早期缺锰，叶脉间呈灰黄色；后期缺锰，绿色部分变青铜色，叶脉仍保持绿色，不像大豆那样明显。
棉　花	幼叶首先在叶脉间出现浓绿与淡绿相同的条纹。叶片中部比尖端更为明显。叶尖初呈淡绿色，以后逐渐变为白色，叶脉为绿色。在白色条纹中同时出现一些小块枯斑，以后连接成条的干枯组织，并使叶片纵裂。
番　茄	叶片脉间失绿，距主脉较远的地方先发黄，叶脉保持绿色，以后叶片上出现花斑，最后叶片变黄。很多情况下，在出现黄斑前先出现褐色小斑点。严重缺锰时，生长受抑制，不开花，不结果。
黄　瓜	缺锰时，叶脉间的颜色由绿转变成黄白色，而沿叶脉及主脉附近的部分仍保持绿色。茎细小瘦弱，花芽常常变黄。
甘　蔗	缺锰时，幼叶首先在叶脉间出现浓绿与淡绿相间的条纹，尤以叶片中部更为明显。叶尖初呈浅绿色，以后转成白色，叶脉的暗绿色也逐渐减退。在白色条纹中，很快出现一些小块枯斑，枯斑扩大成长条状干枯组织，并沿叶片的纵断面裂开。甘蔗缺锰症被称为“甘蔗白症”。

四、作物植株含锰临界指标

作物植株的含锰量可作为判断土壤中锰的供给情况和锰肥效果的指标。在自然环境中生长的作物含锰量差异很大，除了作物种类间的差异以外，也反映出土壤中锰的供给情况。作物的正常含锰量由痕迹到 1 000 毫克/千克不等，一般作物约在 20～100 毫克/千克之间。多数作物含锰量小于 20 毫克/千克时会发生缺锰症状，比较适宜的含量为 20～500 毫克/千克；大于 500 毫克/千克时，常发生锰中毒或过量。有人提出，小麦成熟叶片含锰小于 20 毫克/千克为缺乏，20～50 毫克/千克为充足，大于 500 毫克/千克有毒害。大豆初花期新成熟的叶片中锰的临界浓度是 13 毫克/千克，在中花期或初荚形成期的成熟叶片中，锰的临界浓度增至 20 毫克/千克。柑橘和糖用甜菜缺锰症状在叶片含锰 20 毫克/千克时发生。同一作物的不同器官含锰是不相同的，例如小麦叶片为 71～81 毫克/千克，茎秆为 36～42 毫克/千克，穗为 23～25 毫克/千克。不同生育阶段植株锰的浓度也不同，所以植株诊断应以一定生育阶段同一部位的含锰量作为判断标准。一般来说，叶片最适宜作为诊断部位。一些作物中含锰的临界指标见表6－28。

表 6－28　作物中锰含量的临界指标　　单位：毫克/千克

作　物	取样部位	缺乏	足量
小　麦	植株	＜10	16～28
大　豆	顶部	＜15	35
棉　花	叶片	＜15	75～90
苹　果	叶片	＜15	30
柑　橘	叶片	＜15	25～200
杏	叶片	＜10	86～94
番　茄	叶片	＜6	70～398
燕　麦	开花时植株	＜14	20～82
烟　草	上部叶	＜10	24～43
菜　豆	顶部	＜32	207～1340
甜　菜	叶片	＜30	70～170
葡　萄	叶柄	＜18	300～650
梨	新梢中基部叶片	＜20	60～120
桃	新梢中基部叶片	＜119	119～142
玉　米	营养生长期叶片	＜10	20～200

五、锰肥的品种和性质

目前常用的锰肥是硫酸锰，氯化锰、氧化锰、碳酸锰等次之，硝酸锰也逐渐被采用。常见锰肥的成分及性质见表 6-29。

表 6-29　常见锰肥的成分与性质

名　称	分子式	含锰（%）	水溶性	适宜施肥方式
硫酸锰	$MnSO_4 \cdot H_2O$	31	易溶	基肥、追肥、种肥
氧化锰	MnO	62	难溶	基肥
碳酸锰	$MnCO_3$	43	难溶	基肥
氯化锰	$MnCl_2 \cdot 4H_2O$	27	易溶	基肥、追肥
硫酸铵锰	$3MnSO_4 \cdot (NH_4)_2SO_4$	26～28	易溶	基肥、追肥、种肥
硝酸锰	$Mn(NO_3)_2 \cdot 4H_2O$	21	易溶	基肥
锰矿泥	—	9	难溶	基肥
含锰炉渣	—	1～2	难溶	基肥
螯合态锰	$Na_2MnEDTA$	12	易溶	喷施、拌种
氨基酸螯合锰	$Mn \cdot H_2N \cdot R \cdot COOH$	10～16	易溶	喷施、拌种

1. 硫酸锰

（1）分子式：$MnSO_4 \cdot H_2O$

（2）物化性质：淡玫瑰红色细小晶体，单斜晶系，易溶于水，不溶于乙醇。含锰量为 31%，相对密度 2.95。在空气中风化，加热到 200℃以上开始失去结晶水，280℃时一水物大部分失去。在 700℃时为无水盐溶融物，在 850℃时开始分解，因条件不同则放出三氧化硫、二氧化硫或氧，残留黑色的不溶性四氧化三锰约在 115℃完全分解。

（3）农化性质：锰在作物体中是许多氧化还原酶的成分。参与光合作用、氮的转化、碳水化合物的转移等。作物缺锰时，叶子出现失绿斑点。禾本科作物缺锰易生成白穗，甜菜缺锰出现“黄斑病”。

（4）生产方法：

软锰矿法——将二氧化锰含量 60%以上的软锰矿粉与煤粉以100：20（重量比）的比例混合，在还原焙烧炉中生成氧化锰，再与稀硫酸进行酸解生成硫酸锰。其反应式如下：

$$2MnO_2 + C \longrightarrow 2MnO + CO_2$$

$$MnO_2 + C \longrightarrow MnO + CO$$

$$MnO_2 + CO \longrightarrow MnO + CO_2$$

$$MnO + H_2SO_4 \longrightarrow MnSO_4 + H_2O$$

硫酸
↓
锰矿粉煤粉→[焙烧]→[氧化锰]→硫酸锰

对苯二酚副产回收法——生产对苯二酚副产废液含硫酸锰和硫酸铵，废液经石灰乳中和除去杂质，然后加热脱氨，得硫酸锰溶液，再经浓缩、结晶、脱水分离、干燥、包装，得硫酸锰成品。其除杂质反应式如下：

$$(NH_4)_2SO_4 + Ca(OH)_2 \longrightarrow CaSO_4\downarrow + 2NH_3\uparrow + 2H_2O$$

石灰乳　氨回收
含硫酸锰、硫酸铵废液→[中和]→[加热脱氨]→[浓缩结晶]→[甩干]→硫酸锰

(5) 质量指标：见表 6-30。

表 6-30　工业标准（GB 1622—86）

指标名称		指标		
		一级品	二级品	三级品
硫酸锰（$MnSO_4 \cdot H_2O$），含量,%	≥	98.0	95.0	90.0
铁（Fe），含量,%	≤	0.004	0.008	0.015
氯化物（Cl），含量,%	≤	0.004	0.005	0.01
水不溶物，含量,%	≤	0.05	0.10	0.20

(6) 包装及贮运：用玻璃纤维袋，内衬塑料袋双层包装，每袋净重 50 千克，防止风化与受潮，轻拿轻放。

(7) 施用方法：作基肥时，将干粉均匀撒施，与其他肥料混合使用效果更好。每亩用量 1～2 千克。浸种用 0.01%～0.1%水溶液，浸 12～14 小时；拌种每千克种子用 4～8 克硫酸锰；追肥用 0.1%～0.2%水溶液浇注，每亩用量 0.5～1 千克。

2. 含锰炉渣

也叫锰铁渣肥，是高炉冶炼锰铁的副产品，也是一种新型的综合性肥料。将冶炼过程中放出的高温融渣经水淬骤冷、烘干球磨而成深灰色粉状碱性或弱碱性肥料。要求细度 80%以上通过 100 目筛。锰铁渣肥含有丰富的硅、钙元素，还含有一定数量的锰、镁、铜、铁、锌等微量元素。

六、锰肥的施用方法

1. 粮食作物

小麦对锰较为敏感，在缺锰土壤中小麦施锰肥效果很好，做基肥、追肥和种肥均有良好效果。

基肥：在小麦播种前每亩用 2～4 千克硫酸锰（或相当数量的基他锰

肥），加适量农家肥或细干土10～15千克，拌匀，条施在播种沟的一侧，施后盖土。锰肥有后效，隔年施一次可满足小麦需要。

追肥：在小麦苗期至孕穗期喷施0.1%～0.2%硫酸锰，一般喷2～3次。土壤追肥，每亩用1～2千克硫酸锰，在小麦苗期至拔节期进行，掺细干土10～15千克或适量农家肥，于小麦一侧开沟施入，盖土。

种肥：拌种和浸种。拌种每千克种子用4～8克硫酸锰，先用少量水溶解后，均匀喷洒在种子上，拌匀、阴干后即可播种。浸种用0.05%～0.1%硫酸锰溶液浸泡12～24小时（或浸泡过夜）捞出晾干即可播种。

大麦、谷子等禾谷类作物施锰肥，可参照小麦施锰肥技术。玉米对锰的反应不如小麦敏感，喷施锰肥可在苗期至大喇叭口期喷施0.1%～0.2%硫酸锰溶液2次。

2. 油料作物

基施锰肥，每亩用1～3千克硫酸锰（或相当于这个数量的其他锰肥），拌适量农家肥或细干土10～15千克，穴施入土壤中，施后盖土。喷施是常用的方法，一般用0.1%～0.2%硫酸锰溶液在作物生长阶段喷施1～3次，喷施时期以苗期至初花期效果较好。油料作物一般不用拌种和浸种方法。土壤追施对油料作物也有较好效果，在作物生长前期每亩用1～2千克硫酸锰，掺和适量农家肥或其他化肥，离作物10厘米左右处挖穴，均匀施入土中，施后盖土。

3. 经济作物

棉花可采用施基肥、土壤追施或叶面喷施。严重缺锰土壤可每亩用2～4千克硫酸锰或其他锰肥做基肥，拌细干土10～15千克（或适量农家肥和生理酸性化肥），穴施或条施。轻度缺锰土壤可采用追肥和叶面喷施，追肥每亩用2～3千克硫酸锰，拌细干土10～15千克或生理酸性化肥，在苗期至初花期距棉株6～9厘米处，沟施或穴施。叶面喷施，在苗期、初花期和花铃期用0.2%硫酸锰溶液各喷1次，也可在土壤追施的同时在初花期至花铃期喷施1次，都有较好的效果。

烟草可采用施基肥和叶面喷施。施基肥每亩用2～4千克硫酸锰，叶面喷施用0.2%硫酸锰溶液于苗期至生长旺期喷施2～3次。

4. 果树和蔬菜

蔬菜基肥和喷施为主。基施硫酸锰一般每亩用2～4千克，掺和适量农家肥或细干土10～15千克，穴施或条施，施后盖土；喷施以0.1%～0.2%硫酸锰溶液在苗期至生长盛期（或初花期）喷2～3次，每次间隔7～10天。

果树以喷施为主，也可土壤追施。喷施一般用0.2%～0.3%硫酸锰溶液。柑橘在春芽萌发展叶前及盛花后各喷1次；苹果在花蕾期和盛花后各喷1次。土壤追肥在早春进行，每株用硫酸锰200～300克（视树体大小而异）于树干周围施用，施后盖土。追施加喷施，效果更好。

5. 绿肥作物

越冬豆科绿肥作物在春暖后喷施0.1%～0.2%硫酸锰溶液。留种地除春暖后喷施外，还应在花前期至初花期喷施1～2次。绿肥作物可在苗期至旺长期一般喷施2～3施。

第四节　钼　　肥

一、钼元素在作物生长中的作用

1. 钼元素在作物体内的主要生理功能

（1）促进氮素代谢：钼在作物体内最主要的生理功能是影响氮素代谢过程。作物将硝态氮吸入体内，必须首先在硝酸还原酶等的作用下，转化成铵态氮以后，才能参与蛋白质的合成。而在这一转化过程中，钼又是硝酸还原酶中不可缺少的组分。因此，在缺钼的情况下，硝酸还原反应将受到阻碍，植株叶片内的硝酸盐便会大量累积，给蛋白质的合成带来困难。此外，也有人认为，在合成蛋白质的整个过程中，钼都能发挥其不同程度的作用。

（2）参与根瘤菌的固氮作用：生物固氮是由固氮酶催化的。固氮酶由两个蛋白组分组成，一个是钼铁氧还蛋白，含有钼和铁两种金属元素，另一个是铁氧还蛋白。这两种蛋白单独存在时都不能固氮，只有两者结合时才具有固氮能力。固氮作用是一个非常复杂的生化反应过程，其机理尚未完全搞清。钼在固氮酶中起电子传递体的作用，豆科作物的根瘤能固氮，因此钼对于豆科作物具有特别重要的意义。

（3）钼与维生素C的形成有关：作物缺钼时，维生素C的浓度显著减少，作物补施钼肥后维生素C的浓度显著上升，并在数天后恢复正常，可见钼与维生素C的形成有关。

（4）钼与作物的磷代谢有密切关系：据报道，钼酸盐影响正磷酸盐和焦磷酸酯类的化学水解作用，也影响到作物体内有机磷和无机磷比例。据缺钼番茄的叶片测定表明，无机磷比正常叶片高4～10倍，重新供钼2～4天后，缺钼番茄的有机磷含量开始恢复。

（5）参与碳水化合物的代谢过程：钼在光合作用中的直接作用还不清楚，但缺钼会引起光合作用水平降低，糖的含量特别是还原糖的含量降低，表明钼也参与碳水化合物的代谢过程。

（6）钼是一些酶的活化剂和抑制剂：钼能促进过氧化氢酶、过氧化物酶和多酚氧化酶的活性，是酸式磷酸酶的专性抑制剂。

2. 钼肥的增产效果（表6-31）

表 6-31 钼肥的增产效果

作　物	增产幅度（%）
大　豆	江苏（沙质土壤）11.6～29.7，淤土地 5～33.3，盐土地 5 湖北（冲积土地）1.3～24；湛江：19.8
花　生	山东（棕壤土）14；徐州 14.8；湖南 21
蚕　豆	河北 16.1；黄岩 1～13.8
豆科绿肥	浙江 26.8；徐州 11.8～45.7
小　麦	徐州 3.7～65.8；四川（黄壤土）11～14；山东（褐潮土）13～16
水　稻	湖南 6.5；湛江 4.6
玉　米	上海 28.1；山西（雁北）8.7；山东（棕壤土）2.3
谷　子	山西 4.5～18
棉　花	河北 23.2；山西 18.6

二、我国耕地土壤中钼元素的状况

1. 我国耕地土壤全钼含量

根据现有资料，我国耕地土壤全钼含量是 0.1～6 毫克/千克，平均含量是 1.7 放毫克/千克，略低于世界平均含量 2.3 毫克/千克。

土壤全钼量因土壤类型而异，并受成土母质的影响。不同类型的土壤含钼量有一定的差异。我国部分土壤全钼量如表 6-32。

表 6-32 我国部分耕地土壤全钼含量

单位：毫克/千克

土　类	含　钼　量	
	变幅	平均
白浆土	1.3～6.0	4.0
棕壤	1.0～4.0	2.2
褐土	0.2～3.0	1.4
黑土	＜0.5～2.1	1.4
黑钙土	2.0～4.2	2.7
草甸土	0.2～5.0	2.4
暗栗钙土	0.1～1.2	0.7
红壤	0.4～3.9	1.4
砖红壤、赤红壤	0.6～5.1	3.0

一般情况，生物积累作用较强的土壤含钼较多，例如黑钙土、草甸土

等；栗钙土含钼少；红壤含钼量较高，与红壤化过程中钼的富化作用有关。

按成土母质区分，有时更能反映出土壤含钼量的差异。例如花岗岩母质发育的土壤含钼量较高，黄土母质发育的土壤含钼量则较低。以华中丘陵区红壤为例，含钼量由高到低（按成土母质排列）顺序：花岗岩（2.8毫克/千克）→石灰岩（2.1毫克/千克）→红色黏土（1.2毫克/千克）→千枚岩（0.9毫克/千克）→沙岩（0.5毫克/千克）。花岗岩母质发育的红壤含钼量远高于其他母质发育的红壤。

2. 我国耕地土壤中有效钼的状态

土壤中的全钼含量不适于作为判断钼的供给指标，土壤有效钼才是作物可以利用的钼。在我国有南方和北方两大缺钼区。

北方缺钼主要由于成土母质含钼量极低。黄土高原的成土母质主要为黄土和黄土状母质，其全钼含量为0.21～1.45毫克/千克，平均0.62毫克/千克，远远低于全国平均钼含量1.7毫克/千克的水平。黄土高原土壤的有效钼含量平均0.06毫克/千克。其中74%的样点施钼肥有效，含量在缺钼临界值（<0.15毫克/千克=以下。华北平原以黄河冲积物和黄土状母质为主，大部分土壤有效钼含量低于0.1毫克/千克，属于有效钼很低的土壤。东北平原及内蒙古高原有效钼含量为0.10～0.15毫克/千克，也属于有效钼较低的范围，这可能是与土壤母质矿化程度低、钼的释放少有关。东北平原由于钼的固定较多，造成该区土壤中钼的含量普遍偏低。

在我国南方，土壤全钼含量并不低，但由于降水量大，淋溶作用较强，同时由于土壤氢离子浓度一般大于1 000纳摩/升（pH小于6），土壤中的钼以作物不能利用的5价以下的状态存在，因而造成作物缺钼。缺钼严重的广东、海南及福建的赤红壤、砖红壤区和贵州、广西、四川的紫色土区，其有效钼含量一般不足0.1毫克/千克，其他地区除云南、贵州东部以及四川宜宾地区较高外，土壤有效钼含量一般也在0.10～0.15毫克/千克范围内，为中等缺钼土壤。

据农业部土壤肥料站统计，我国耕地土壤中缺钼面积达0.446亿公顷。部分省主要耕地的有效钼含量见表6-33。

表6-33　我国部分省耕地土壤中有效钼的含量范围

单位：毫克/千克

省　份	土壤名称	有效钼含量	
		变幅	平均
陕西中部及北部	塿土、黄绵土、黑垆土等	痕迹～0.32	0.11
河南	潮土、褐土、沙姜黑土等	痕迹～0.76	0.05
吉林	草甸土、泥炭土、灰棕壤、棕壤、白浆土、水稻土	0.15～0.30	0.25

（续）

省　份	土壤名称	有效钼含量	
		变幅	平均
吉林	黑土、黑钙土、淡黑钙土等	0.09～0.15	—
河北坝上	草甸栗钙土、暗栗钙土、潮土	0.01～0.15	—
江苏北部淮阴、兴化	黄潮土等	痕迹～0.25	0.05
江苏南部	黄棕壤、灰潮土、水稻土	痕迹～0.19	0.07
福建北部，江西，浙江西部	红壤及红壤性水稻土	痕迹～0.65	0.15
广东	砖红壤、赤红壤	0.05～0.32	0.16

注：土壤有效钼用草酸铵浸提，极谱法测定。

3. 影响土壤有效钼的因素

（1）成土母质：土壤中钼的供给情况与土壤含钼量有关，土壤中钼的供给不足与成土母质有关，我国北方黄土母质发育的土壤和黄河冲积物发育的土壤含钼量过低，土壤有效钼往往也很少。

（2）土壤氢离子浓度（酸碱度）：在酸性土壤中钼的可给性比较低，氢离子浓度小于 316.3 纳摩/升（pH6.5 以上），随着氢离子浓度下降（pH 升高），可给性逐渐增大。所以，在我国南方酸性土壤中，纵然全钼量很高，可给性都往往很低，有效态钼过少，不能满足作物需要。因而在南方广大面积的红壤上，钼的肥效一般都很好。

（3）农业技术措施：农业技术措施影响土壤中钼的可给性，与钼肥的效果有密切的关系。

在酸性土壤上施用石灰中和土壤酸度，对于钼肥的效果有一定的影响。土壤酸度下降后，土壤中钼的可给性提高，能够提供较多的钼来满足（或部分满足）农作物对钼的需要。因此，在酸性土壤上施用钼肥时，要与施用石灰以及土壤酸碱性一起考虑，才能获得较好的效果。

钼、磷、硫三元素之间存在着复杂的关系，相互影响、相互制约。钼、磷、硫的缺乏常会同时发生。在农作物对磷和硫的需要未满足以前，可能不表现出缺钼现象，施用钼肥效果也较差。在施用磷肥以后，作物吸收钼的能力增高，钼肥效果提高。所以，施用磷肥以后最容易出现缺钼现象。磷肥与钼肥配合施用，常会表现出好的肥效。硫也会加重钼的缺乏，在施用含硫肥料以后，容易出现缺钼现象，但是情况与磷不同，一方面硫酸根与钼酸根离子争夺作物根上的吸附位置，互相影响吸收，另一方面含硫肥料使土壤酸度上升，降低了土壤中钼的可给性。

锰影响作物对钼的吸收，导致钼的缺乏；另一方面，锰的可给性在酸性土壤中大于石灰性土壤，这时土壤中钼的可给性很低，锰的可给性增大更加重锰钼之间的矛盾。

4. 土壤钼含量诊断指标

土壤中有效钼含量的多少是判断作物是否缺钼的重要依据之一。因此，可以通过土壤中有效态钼的测定，评价钼的供给情况。目前，我国采用氢离子浓度 501.2 微摩/升（pH3.3）的草酸-草酸铵溶液提取土壤有效态钼，一般认为 0.15 毫克/千克为土壤缺钼临界指标。土壤有效态钼分级见表 6-34。

表 6-34 土壤有效钼分级指标

单位：毫克/千克

级别	很低	低	中等	丰富	很丰富
含量	＜0.10	0.10～0.15	0.16～0.20	0.21～0.30	＞0.30

三、作物缺钼元素时的表现

1. 作物对钼元素的敏感性分类（表 6-35）

表 6-35 作物对钼元素的分类表

类 别	作物名称
高度敏感作物	花生、三叶草、花椰菜、莴苣、菠菜、洋葱、硬花甘蓝、食用甜菜等
中度敏感作物	紫花苜蓿、黄花苜蓿、苕子、箭筈豌豆、豌豆、大豆、蚕豆、绿豆、油菜、糖用甜菜、甘蓝、萝卜、芜菁、番茄、胡萝卜、柑橘等。
不敏感作物	小麦、大麦、黑麦、燕麦、玉米、甜玉米、高粱、水稻、棉花、芹菜、马铃薯、苹果、桃、梨、葡萄、苏丹草等。

2. 作物缺钼元素时的症状表现（表 6-36）

表 6-36 作物缺钼元素时的症状表现

作物名称	症 状 表 现
花椰菜	缺钼症状称为“鞭尾病”。其症状是叶片出现浅黄色失绿叶斑，由叶脉间发展到全叶。叶缘为水渍状或膜状，部分透明，迅速枯萎，叶缘向内卷曲，有时在叶缘发病以前叶柄先枯萎，在全叶枯萎时仍不脱落，老叶呈深绿至蓝绿色，严重时叶缘全部坏死、脱落，只剩下主脉和靠近主脉处有少量叶肉，残余的叶肉使叶片成为狭长的畸形，并且起伏不平，即出现所谓“鞭尾现象”。
油菜	叶片凋萎和焦灼，叶片弯曲的现象不明显，但常有“鞭尾现象”，植株丛生。
大豆	缺钼时植株矮小，叶色淡绿，叶片上出现很多细小的灰褐色斑点，叶片增厚皱缩，向上卷曲，根瘤发育不良。

（续）

作物名称	症状表现
豌豆	顶部茎尖枯萎，基部芽显绿色，侧枝生长缓慢，花易早落，很少形成荚果。
花生	缺钼时根瘤少且小，固氮能力弱或不固氮。生长受到抑制，植株矮小，叶片因缺氮而失绿。
甘蓝	缺钼时，叶片边缘向下卷曲成杯状，叶缘为水渍状，叶脉常呈绿色，叶肉则为橄榄绿色。叶片向四面伸张而不易包心。幼叶褐色坏死，叶缘变形等。
苜蓿	缺钼时叶片呈淡绿色，生长受到抑制。叶片焦枯而脱落，下部叶片失绿现象严重，叶色与缺氮相似。
甜菜	缺钼时叶片变窄，由灰绿色发展成均匀的黄绿色，类似缺氮。严重缺钼时，叶缘向上卷曲，全叶由主脉向上弯曲，有时呈焦灼状，叶片或叶柄凋萎并发展到坏死，直至全叶枯萎而死亡。
番茄	缺钼初期，下部老龄叶片呈现明显的黄化和杂色斑点，叶脉仍保持绿色。随后失绿部分扩大，小叶叶缘明显上卷，尖端及沿叶缘处产生皱缩、死亡。
柑橘	缺钼的典型症状称为“黄斑病”。叶片上出现水渍状区域，然后扩大形成卵圆形的橘黄色斑点，叶缘卷曲，萎蔫而死，症状从老叶或茎中部叶片开始，逐渐波及幼叶，直至全株死亡。
叶菜类	叶片上有浅黄色斑块，由叶脉扩展到全叶，叶缘为水渍状或膜状，向内卷曲，老叶呈深绿色，严重时叶缘全部坏死脱落，只有主脉和近脉处留有少量叶肉，变成狭长扭曲。
禾谷类	小麦、玉米、大麦、谷子等作物一般不易缺钼，土壤严重缺钼时，植株茎软弱，叶丛淡绿，叶尖呈灰色，小麦叶片出现与叶缘平行的黄褐色虚线。开花晚，子粒不饱满。

四、部分作物缺钼的临界值

作物含钼量可用来判断土壤中钼的供给情况、估计钼肥的效应。作物含钼量变幅很大，有的小于 0.1 毫克/千克，有的大于 300 毫克/千克，正常含钼量是 0.1～0.5 毫克/千克，因作物种类而异。双子叶作物尤其是十字花科作物和豆科作物含钼较多，一般为 2 毫克/千克左右，对钼有较大的需要量；禾本科作物含钼量较少，仅为 0.03～0.07 毫克/千克，对土壤中钼的供给状况和钼肥不十分敏感。作物不同部位的含钼量也有很大差异，苜蓿根含量 35 毫克/千克，叶 7 毫克/千克，茎 4.3 毫克/千克，根瘤含钼量比根部其他组织多 5～15 倍。一般作物含钼量小于 0.1 毫克/千克时会发生缺钼症状。牧草中含钼大于 15 毫克/千克时，会引起家畜中毒。

部分作物不同部位缺钼诊断指标见表 6－37。

表 6-37　部分作物缺钼临界值（干物质）

单位：毫克/千克

作物	取样部位	临界值	作物	取样部位	临界值
小麦	孕穗期顶端	<0.18	苜蓿	开花期叶片	<0.10
	抽穗期植株	<0.30		初花期叶片	<0.28
	穗	<0.20		收获期全株	<0.55
玉米	根系	<0.30	红三叶草	开花期植株	<0.15
	茎秆	<0.11		萌发期全株	<0.20
	雄花穗	<0.10	烟草	56 天叶片	<0.10
棉花	根（生长 69 天）	<0.13	柑橘	叶片	<0.08
	茎（生长 69 天）	<0.25	柠檬	叶片	<0.13
	叶（生长 69 天）	<0.50	抱子甘蓝	全株	<0.08
甘蔗	56 天植株	<0.13		叶片	<0.08
大豆	株高 33 厘米左右	<0.19	结球甘蓝	叶片	<0.08
甜菜	土茎上完全展开叶	<0.10	莴苣	叶片	<0.06
	开花出现症状叶	<0.15	菠菜	56 天叶片	<0.10
番茄	56 天叶片	<0.13	南瓜	8 周叶片	<0.20
萝卜	生长 8 周叶片	<0.06	花椰菜	56 天顶	<0.04
芜菁	8 周地上植株	<0.03		尾鞭症株叶片	<0.07

五、钼肥的品种和性质

常用的含钼肥料种类和性质见表 6-38。

表 6-38　常用钼肥的种类和性质

钼肥名称	主要成分	含钼量（%）	主要性状	应用
钼酸铵	$(NH_4)_6Mo_7O_{24}\cdot 4H_2O$	50～54	黄白色结晶，溶于水，含氮 6%左右	基肥、根外追肥
钼酸钠	$Na_2MoO_4\cdot 2H_2O$	35～39	青白色结晶，溶于水	基肥、根外追肥
三氧化钼	MoO_3	66	难溶	基肥
含钼玻璃肥料		2～3	难溶，粉末状	基肥
含钼废渣		10	含有效钼 1%～3%，难溶	基肥

我国钼肥的主要品种为钼酸铵、钼酸钠等。

1. 钼酸铵

（1）分子式：$(NH_4)_6Mo_7O_{24}\cdot 4H_2O$

（2）物化性质：无色或浅黄色，棱形结晶，相对密度 2.38～2.98，溶于水、强酸及强碱中，不溶于醇、丙酮。在空气中易风化失去结晶水和部分氨，加热到 90℃时失去一个结晶水，190℃时即分解为氨、水和三氧化钼。

（3）农化性质：钼在作物中的作用是参与氮的转化和豆科作物的固氮过程。有钼存在，才能促使农作物合成蛋白质。缺钼时豆科作物固氮减弱或不能固氮。豆科和十字花科作物对钼比较敏感。钼肥对大豆、花生、蚕豆、苜蓿、油菜等有良好肥效。

（4）生产方法：

氨浸法——钼精矿经焙烧、氨化即得钼酸铵。

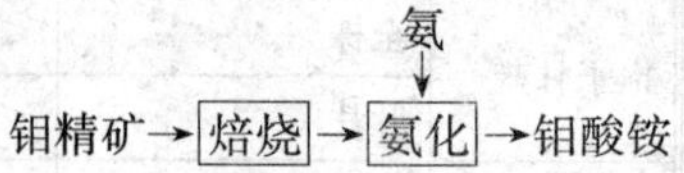

氨 ↓（氨化）

钼精矿→[焙烧]→[氨化]→钼酸铵

$2(NH_4)_2MO_4O_{13}\cdot 2H_2O+4NH_4OH$→本品＋$(NH_4)_2MoO_4$

碱法——钼精矿经焙烧，再用碱浸，得钼酸钠，再与氯化铵和氨水反应得到钼酸铵。

氢氧化钠 ↓（碱浸）　氨 ↓（氨化）

钼精矿→[焙烧]→[碱浸]→[氨化]→钼酸铵

$MoO_3+Na_2CO_3\rightarrow Na_2MoO_4+CO_2\uparrow$

$Na_2MoO_4+2NH_4Cl\rightarrow(NH_4)_2MoO_4+2NaCl$

$4(NH_4)_2MoO_4+NH_4OH$→本品$+7NH_3+4H_2O$

（5）钼酸铵的主要技术指标：见表 6－39。

表 6－39　农用钼酸铵的主要技术指标

指标名称		指标	指标名称		指标
Mo,%	≥	56	Fe,%	≤	0.01
MoO_3,%	≥	84	CaO・MgO,%	≤	0.008
Cu,%	≤	0.001	倍半氧化物,%	≤	0.02
AS,%	≤	0.005	氯化碱渣,%	≤	0.15
S,%	≤	0.05	碱金属,%	≤	0.1
P,%	≤	0.002	正硅酸,%	≤	0.03
Mn,%	≤	0.01			

(6) 施用方法：钼肥可作基肥、追肥、种肥或根外追肥。钼肥施用量很小，一般每亩只施 30～200 克。

(7) 包装及贮运：铁桶内衬塑料袋包装，净重 59 千克或木桶 40 千克或 50 克一袋，100 袋装入一铁桶中。应贮存于阴凉、干燥库房中，运输保持干燥，防止受热，不可与酸类物品共贮混运。

2. 钼酸钠

分子式为 $Na_2MoO_4 \cdot 2H_2O$，有效组分含量（Mo）为 39.6%。白色结晶粉末，比重 3.28，溶于水，在 100℃或较长时间加热时就会失去结晶水。可做基肥、追肥、拌种、叶面喷施用。

3. 三氧化钼

分子式为 MoO_3，有效组分含量（Mo）为 66.6%。浅绿色或淡黄色粉末，加热时呈鲜黄色，为层状斜方晶系。在空气中很稳定，于 600℃开始升华，当达到熔点 759℃时显著升华。无水三氧化钼几乎不溶于水，但易溶于苛性钠、纯碱或氨的溶液中，生成钼酸盐。也能溶于盐酸、磷酸、硝酸、硫酸以及硝酸与硫酸的混合物中。很少单独施用，常将三氧化钼加到过磷酸钙中制成含钼过磷酸钙施用。

4. 含钼废水废渣

工业钼酸铵生产厂每年要排放大量含钼废水与废渣，每生产 1 吨钼酸铵约有废渣 0.4 吨，废水 1.6 $米^3$。含钼废渣是钼焙沙用氨水或碱浸渍后的剩余渣。未经处理的含钼废渣，有效组分含全钼 10%～16%，水溶态钼 1%～5%，有效态钼 1.3%～6%。废水是指在浓缩、中和结晶后由二次母液酸解后的废液，废水中含钼 2～3 克/升。含钼废渣及废水可以做基肥或种肥施入土壤，施用量依含钼量多少确定，一般每亩施钼 25～50 克。其肥效一般可持续 2～4 年。

六、钼肥的施用技术

1. 基肥

在作物播种前每亩用 10～50 克钼酸铵（或相当数量的其他钼肥）与常量元素肥料混合施用，或者喷涂在一些固体物料的表面，条施或穴施。施钼肥的优点是肥效可以持续 3～4 年。但由于钼肥价格昂贵，一般不采用基施方法。

2. 追肥

在作物生长前期每亩用 10～50 克钼酸铵（或相当数量的其他钼肥）与常量元素肥料混合条施或穴施，也能取得较好效果，并有后效。因钼肥价格昂贵，一般也不采用土壤追肥。

3. 种子处理

种子处理是钼肥施用最常见的方法，效果好，施入土壤时均匀且节省肥料。种子处理有浸种和拌种两种方式。

浸种适用于吸收溶液少而慢的种子，如稻谷、棉子、绿肥种子等。浸种肥液浓度一般为0.05%～0.1%，种子与肥液的比例约为1：1；即每千克种子用肥液1升。浸泡时间为8～12小时，捞出后阴干即可播种。用浸种方法施肥时，土壤墒情要好，否则在土壤很干燥的情况下会使发芽受到影响，出苗不齐。一般浸种还需结合叶面喷施才能取得良好效果，否则因肥料量太少，增产效果不明显。

拌种适用于吸收溶液量大而快的种子，如豆类。拌种量一般每千克种子用2～3克钼酸铵。拌种时先按拌种量计算出所需钼酸铵量和所需溶液量，例如拌15千克大豆种，则需称取30～45克钼酸铵，配成0.1～1千克肥液。先将肥料用少量热水溶解，然后用冷水稀释到所需溶液量，将种子放入容器内搅拌，使种子表面均匀沾上肥料，晾干后播种；或将种子摊开在塑料布上，用喷雾器把肥液喷到种子上，一边喷一边拌，使每粒种子均匀沾上肥液，晾干后即可播种。

4. 叶面喷施

叶面喷施是钼肥最常用的方法。根据不同作物的生长特点，在营养关键期喷施，可取得良好效果，并能在作物出现缺钼症状时及时有效地矫治作物缺钼症状。喷施肥液浓度为0.05%～0.1%。喷施时期，豆科作物在苗期至初花期，冬小麦在返青至拔节期，叶菜类在苗期至生长旺期，果菜类在苗期至初花期。喷施应在无风晴天16时进行，每隔7～10天喷1次，共喷2～3次，每次每亩用肥液量50～75升。

第五节　铜　　肥

一、铜元素在作物生长中的作用

1. 铜素在作物体内的生理作用

铜是叶绿体中类脂的成分，对叶绿素的合成和稳定起促进作用，作物缺铜，叶绿素含量减少。

是作物呼吸作用和氧化磷酸化过程中重要的酶，如多酚氧化酶、维生素C氧化酶、细胞色素氧化酶等都是含铜酶。所以，铜在作物的碳素代谢中起着重要作用。

铜作为亚硝酸还原酶和次亚硝酸还原酶的活化剂，参与作物体内硝酸还原过程，铜也是胺氧化酶的还原剂，起催化氧化脱胺作用，影响蛋白质的合成。在作物生殖生长过程中，铜能促进营养器官中的含氮化合物向生殖器官转运，缺铜会影响花粉受精和种子的形成，造成“花而不实”。

在脂肪代谢中，脂肪酸的去饱和作用和羟基化作用都需要含铜的酶起催化作用。由于铜在作物的主要物质代谢过程中起主要作用，所以施铜可以明显改善作物生长状况，达到高产的目的。

铜在木质素合成中起着重要作用。作物缺铜会导致木质素合成受阻，厚壁组织和输导组织发育不良，支持组织软化，作物体内水分运输恶化。铜可促进作物细胞壁木质化和聚合物合成，从而增加植株抵抗病原侵入的能力。

2. 施铜肥的增产效果（表 6-40）

表 6-40　部分地区施用铜肥的增产效果

作物	增产幅度
水稻	福建 6～10，湖北 10～20
小麦	河北平均 13，山西平均 20
棉花	河北 14.5～17.3
玉米	西北 11.7～14.3
谷子	西北 11.4～22
花生	湛江平均 11.5
油菜	西北 20.5
烟草	河南 9.4

二、我国耕地土壤中铜元素的状况

1. 我国耕地土壤全铜含量

据现有资料，我国土壤全铜量为 3～300 毫克/千克，平均值为 22 毫克/千克，变幅虽然很大，但大多数土壤的全铜量接近平均值，即 20～40 毫克/千克之间。土壤全铜含量与成土母质有关，砖红壤、赤红壤、红壤的含铜量往往较低，由玄武岩发育的土壤比由花岗岩发育的土壤高几倍。

2. 我国耕地土壤中有效铜的状况

土壤中的全铜含量不能作为判断土壤供铜的指标，土壤中有效铜才是作物可以利用的铜。我国大部分土壤的有效铜含量都比较丰富，不存在大面积连片的缺铜区。一般来讲，母质中含铜少的土壤，有效铜含量均较低，如石英岩、花岗岩、沙岩、红色石灰土和黄土发育的红壤和赤红壤，有效铜含量为 0.10～0.50 毫克/千克，而片岩、石灰岩发育的则为0.14～1.22 毫克/千克，玄武岩发育的则为 0.74～10.5 毫克/千克。在南方，缺铜的土壤主要分布于四川、贵州两省，在广东、广西、云南、福建、浙江、安徽也有相当面积的黄壤，其有效铜含量为痕迹～3.25 毫克/千克，平均为 0.59 毫克/千克，该土壤也属于易缺铜的土壤。此外，长年渍水的低湿水稻土中有效铜含量也很低（如南方各省红壤丘陵山区的冷浸田、烂泥田等）。在北方，由黄土发育的各类土壤如黄土区的绵土、塿土等含铜均不高。江苏徐州、淮阴地区的沙质黄土有效铜含量小于 1 毫克/千克，其他土壤都较丰富。

3. 影响土壤有效铜的因素

（1）土壤有机质：铜在土壤内主要以有机复合体的形式存在。有机质含量低，如山坡地、风沙土、黄淮海平原的沙姜黑土及西北的某些瘠薄黄土，其有效铜均较低，施用铜肥可取得良好的效果。在我国东北地区的三江平原和松嫩平原存在较大面积的沼泽土、泥炭土，还有南方的一些湖淤区等，这些地区土壤有机质含量很高，由于有效铜被过高的有机质所固定（如开垦用作农田），应特别注意铜的供应状况。由此可见，因有机质影响土壤铜素供应不足的土壤有两大类。一类是山坡地、风沙土、冷浸田等，这类土壤耕层薄、质地粗、保水保肥性差，土壤有机质含量低；另一类是新开垦的土壤和质地黏重、有机质含量过高的土壤，如沼泽土和泥炭土等。

（2）土壤酸碱度：在碱性条件下，铜的可给性低，在氢离子浓度100纳摩/升以下（pH7以上）有效铜显著降低，特别是沙土。

（3）施肥水平：除土壤本身供铜状况外，决定一种作物是否需要施铜还要考虑施肥水平。如氮肥施用量过高，则要求相应增加铜的供应。

（4）铁供应水平：水稻土有效铁含量过高时，可考虑施用铜肥，减轻铁的病害。

4. 土壤含有效铜的分级

土壤有效铜含量多少是判断作物是否缺铜的重要依据。因此，可通过化验土壤有效铜含量来了解作物是否缺铜。由于采用的测定方法不同，土壤诊断指标也不一样。目前，在石灰性和中性土壤中，土壤有效铜是采用氢离子浓度50.12纳摩/升（pH7.3）的二乙三胺五醋溶液提取的，酸性土壤则采用0.1摩尔/升盐酸溶液提取。

土壤有效铜含量可分为5级（表6-41）。石灰性和中性土壤有效铜的临界值是0.2毫克/千克，酸性土壤有效铜临界值是2.0毫克/千克。一般认为土壤分析结果低于临界值时，对铜敏感作物一般有缺铜症状，施用铜肥增产效果较好。

表6-41 土壤含有效铜的分级值

单位：毫克/千克

级别	石灰性和中性土壤（DTPA溶液浸提）	酸性土壤（0.1摩/升盐酸提取）
很低	<0.1	<1.0
低	0.1～0.2	1.0～2.0
中等	0.3～1.0	2.1～4.0
高	1.1～1.8	4.1～6.0
很高	>1.8	>6.0

三、作物缺铜元素时的表现

1. 作物对铜元素的敏感性（表 6－42）

表 6－42　作物对铜元素的敏感性分类

高度敏感的作物	大麦、小麦、燕麦、紫花苜蓿、莴苣、洋葱、菠菜、胡萝卜、食用甜菜、苏丹草、柑橘、向日葵、葡萄柚等。
中度敏感的作物	玉米、甜玉米、高粱、三叶草、硬花甘蓝、甘蓝、花椰菜、芹菜、萝卜、黄瓜、芜青、番茄、糖用甜菜、棉花、油桐、草莓、越橘、苹果、梨、桃等。
不敏感的作物	黑麦、水稻、大豆、豌豆、马铃薯、薄荷、油菜、大头菜等。

2. 作物缺铜元素时的表现（表 6－43）

表 6－43　作物缺铜元素时的症状表现

作　物	症　状　表　现
麦类、水稻	植株叶片变软，萎蔫，分蘖期幼叶变黄，叶窄，叶尖卷曲变白，叶片健康部分变白时，在叶片的 1/3～1/2 处可能断裂。从整株生长看，分蘖很多但是不抽穗或者穗很少，有时不能形成饱满的子实。植株矮小，顶枯和节间缩短像一丛草的样子，严重时无收成或者死亡。
果树	主要症状是顶枯。症株顶部枝条弯曲，枝条上形成斑块和瘤状物，芽的数目增多。树皮出现裂纹，有胶液流出。顶部枝条上的叶片首先发病，最初呈暗褐色，以后失绿且变厚。叶缘不平整，好像被烧伤的样子，叶片有坏死和褐色区域。柑橘顶部的枝条细而柔弱、弯曲，叶片特别肥大，呈暗绿色。随着缺铜加重，新牛的叶片很小，且迅速枯萎而脱落，使枝条呈顶枯状。在老枝条上，叶片很大，暗绿色，有时畸形，果实有含胶瘤状物。其他果树顶部有赘瘤，果实小，有时变硬。
玉米	叶失绿，变成灰色，叶片卷曲、反转，新叶叶尖死亡。
番茄	幼枝生长停滞，叶片弯曲，叶片呈暗蓝绿色，不能形成花芽，所以开花不足，根系发育不良。
洋葱	生长缓慢，叶呈灰黄色，球茎松散，鳞片较薄，不紧实。
莴苣	叶片失绿变白，从顶端叶和叶缘开始，叶片凹陷，生长停滞。
豌豆	茎秆顶端萎蔫，分枝伸长，花粉败育，不结实。
甜菜	幼叶呈蓝色，老叶从尖端开始呈大理石纹状、失绿，叶缘呈焦灼状，继而整个叶片脉间失绿，叶脉仍保持绿色。受害组织干枯，幼叶皱缩，块根灰白、细长。
亚麻	植株生长停滞，顶端叶片形成丛生状态，常常发黄而枯死，不能结实。
大豆	植株生长缓慢，叶片淡绿而边缘呈黄色，下部叶片变成棕色、脱落。

（续）

作　物	症 状 表 现
烟草	植株上部叶片柔软，易凋萎，开花期间主轴不能直立，种子数量少。
葡萄	上部枝条软，叶片暗绿，老枝上叶片大而暗绿、弯曲以至畸形，果皮和果穗轴上带有胶质瘤。

四、作物植株含铜量的丰缺指标

作物含铜量多少可以作为判断作物是否缺铜，作物中铜的含量一般为5～20毫克/千克，作物幼苗含铜量最高，而趋于成熟时逐渐降低。铜供应充足时，作物的嫩芽和幼叶比老叶的铜含量高；在缺铜作物中，幼叶的含铜量比老叶低。一般情况下作物含铜量低于4毫克/千克时，作物可能缺铜，含量超过20毫克/千克时，可能对作物造成危害。部分作物含铜量丰缺指标见表6-44。

表6-44　部分作物的含铜量丰缺参考值（干物）

单位：毫克/千克

作　物	取样部位	缺乏	正常	过量
紫花苜蓿	地上部分（15厘米）	<10	10～30	>30
玉米	穗位叶	<5	5～30	>30
棉花	新近成熟的叶	<8	8～20	>20
大豆	新近成熟的叶	10	10～30	—
大麦	子实	—	6～12	—
燕麦	叶（6～9周苗龄）	<3	7～12	—
小麦	茎	8	9～18	—
苹果	最上位叶	1～4	3～12	—
柑橘	叶（4～7月苗龄）	4～6	6～16	—
葡萄	幼叶	2～5	8～10	17～22

五、铜肥的主要品种和性质

主要含铜肥料见表6-45。

表6-45　主要含铜肥料的成分及性质

品　种	分子式	含铜量（%）	溶解性	适宜施肥方式
硫酸铜	$CuSO_4 \cdot 5H_2O$	25～35	易溶	基肥、种肥、叶面施肥
碱式硫酸铜	$CuSO_4 \cdot 3Cu(OH)_2$	15～53	难溶	基肥、追肥
氧化亚铜	Cu_2O	89	难溶	基施

（续）

品　种	分子式	含铜量（%）	溶解性	适宜施肥方式
氧化铜	CuO	75	难溶	基施
含铜矿渣		0.3～1	难溶	基施
螯合状铜	$Na_2CuEDTA$	18	易溶	种肥、喷施
氨基酸螯合铜	$Cu \cdot H_2N \cdot R \cdot COOH$	10～16	易溶	种肥、喷施

目前常用的铜肥是硫酸铜。

（1）分子式：$CuSO_4 \cdot 5H_2O$

（2）物化性质：深蓝色块状结晶或蓝色粉末。有毒、无臭，带金属味，含铜24%～25%，相对密度2.284，于干燥空气中风化脱水成为白色粉末物。能溶于水、醇、甘油及氨液，水溶液呈酸性。加热30℃，失去部分结晶水变成淡蓝色；至150℃时失去全部结晶水，成为白色无水物；继续加热至341℃，开始分解生成二氧化硫、氧化铜（黑色）。无水硫酸铜具有极强的吸水性，与氢氧化钠反应生成氢氧化铜（浅蓝色沉淀）。

（3）农化性质：铜含在多酚氧化酚成分中，能提高叶绿素的稳定性，预防叶绿素不致丁过早被破坏，促进作物吸收。作物缺铜时失绿，果树缺铜时果实小、果肉变硬，严重时果树死亡。对铜敏感的作物是禾谷类作物如小麦、大麦、燕麦等。

（4）生产方法：废铜经焙烧，再与硫酸反应制得硫酸铜。

工艺流程：

硫酸（加入反应）

废铜→焙烧→反应→结晶→分离→硫酸铜

反应式如下：

$$2Cu + O_2 \rightarrow 2CuO$$

$$CuO + H_2SO_4 \rightarrow CuSO_4 + H_2O$$

（5）主要技术指标：见表6-46。

表6-46　硫酸铜主要技术指标（GB437—1980）

指标名称		一级	二级
硫酸铜（$CuSO_4 \cdot 5H_2O$），%	≥	96	93
游离酸（H_2SO_4），%	≤	0.1	0.2
水不溶物，%	≤	0.2	0.4

（6）包装及贮运：用内衬塑料袋的编织袋包装。每袋净重50千克。

注意防潮、雨淋，不能与其他物品混装及堆放。

（7）施用方法：硫酸铜可用作基肥、种肥、追肥。主要用于种子处理和根外追肥。对禾谷类作物浸种采用 0.01%～0.05%溶液。根外追肥用 0.02%～0.4%硫酸铜溶液。玉米拌种每千克用 0.05 克硫酸铜，若作基肥，每亩 1.5～2 千克，每隔3～5 年施一次。

六、铜肥合理使用技术

1. 我国耕地土壤缺铜状况

在南方，缺铜的土壤主要分布于四川、贵州两省。广东、广西、云南、福建、浙江、安徽也有相当面积的黄壤，其有效铜含量为痕迹至 3.25 毫克/千克，平均 0.59 毫克/千克，该土壤也属于易缺铜的土壤。在北方，由黄土发育的各类土壤如黄土区的绵土、塿土等含铜量均不高。江苏徐州、淮阴地区的沙质黄土有效铜含量少于 1 毫克/千克，其他土壤较丰富。

华中丘陵区红沙岩发育的红壤，江苏徐淮地区的沙质黄潮土，西北地区遭受风蚀、水蚀的风沙土和黄绵土，有效铜含量较低。中性与碳酸盐紫色土、石灰岩发育的石灰岩土，北方与南方的花岗岩、沙岩、石英岩发育的土壤，如塿土、黄壤、赤红壤、砖红壤等的分析结果表明有效态铜含量较低，都有可能缺铜。长期渍水的低湿水稻土也有缺铜的可能。

总体而言，与其他微量元素不同，我国土壤中有效性铜比较丰富，一般都在 1 毫克/千克以上。虽然近年来全国各地有缺铜的报道，但一般认为不存在大面积连片的缺铜地区。我国大部分土壤用 DTPA 溶液提取出的有效态铜都高于缺铜临界含量 0.2 毫克/千克。有资料表明，我国土壤含铜为 3～300 毫克/千克，平均含量 22 毫克/千克。这是由于土壤中铜的可给性主要受有机质固定的影响，其他因子如酸碱度的影响不如对其他微量元素那样深远。我国有机质土分布零星，面积也很小，主要分布于黑龙江省。在新开垦的酸性有机土上种植做物最先出现的营养性疾病常是缺铜症，这种状况常被称为“垦荒症”。

2. 土壤中铜元素有效性的影响因素（表 6－47）

表 6－47　土壤中铜元素有效性的影响因素

作物因素	物种之间对缺铜的敏感性差异很大。敏感作物主要为燕麦、小麦、大麦、玉米、菠菜、洋葱、莴苣、番茄、苜蓿和烟草，其次为白菜、甜菜、柑橘、苹果和桃等；其中小麦、燕麦是良好的缺铜指示作物。耐受缺铜的作物有莱豆、豌豆、马铃薯、芦笋、黑麦、禾本科牧草、百脉根、大豆、羽扇豆、油菜和松树。黑麦对缺铜土壤有独特的耐受性，在不施铜的情况下，小麦完全绝产，而黑麦却生长健壮。小粒谷物对缺铜的敏感性顺序通常为：小麦＞大麦＞燕麦＞黑麦。

（续）

土壤成土母质因素	对土壤中全铜量影响较大的成土因素是成土母质。一般来说，母质中含铜少的土壤不论其全铜量还是作物可吸收的有效铜量均较低，如灰岩、花岗岩、沙岩发育的土壤有效铜含量为 0.1～0.5 毫克/千克，片岩、石灰岩发育的为 0.14～1.22 毫克/千克，玄武岩发育的为 0.74～10.15 毫克/千克。
土壤有机质因素	影响土壤含铜量及其有效性的另一个主要因素是土壤有机质含量。铜在土壤内主要以有机复合体的形式存在。有机质含量低，如山坡、黄淮海平原的沙姜黑土及西北的某些瘠薄黄土，有效铜均较低，施用铜肥可取得良好的效果。在我国东北地区，三江平原和松嫩平原等存在较大面积的沼泽土、泥炭土，南方的一些湖淤区等，这些地区土壤有机质含量很高，由于有效铜被过高的有机质所固定，如开垦用作农田时，应特别注意铜的供应状况。

3. 铜肥的施用技术

（1）基肥：每亩施用硫酸铜 0.2～1 千克，视不同作物而定（表 6-48）。一般将硫酸铜混在 10～15 千克细干土内，在播种前开沟施入播种行两侧，也可与农家肥或氮、磷、钾肥混合基施。在沙性土壤上最好与农家肥混施，以提高保肥能力。一般铜肥后效较长，每隔3～5 年施 1 次。

表 6-48　几种作物施硫酸铜的建议用量

作　物	施用量（千克/亩）	备　注
柑橘	0.46	5 年 1 次
油桐	0.46	5 年 1 次
小粒谷物	0.40	最初施用
玉米	0.40	最初施用
大豆	0.20～0.40	最初施用
菜用玉米	0.15～0.45	最大量每亩　1.5～3.0 千克
蔬菜	0.30～0.45	最大量每亩　2.3 千克
小麦	0.50～1.00	5 年 1 次

（2）种子处理：

拌种：每千克种子拌硫酸铜 1 克，将硫酸铜先用少量水溶解，然后用喷雾器或喷壶均匀地喷在种子上，拌匀，阴干后即可播种。

浸种：称 10～50 克硫酸铜，加水 100 升，配成 0.01%～0.05%浓度的硫酸铜水溶液，将种子放入溶液内浸泡 24 小时后捞出，阴干后播种。

（3）喷施：称 20～200 克硫酸铜，加水 100 升，配成 0.02%～0.2% 浓度的水溶液，在作物苗期或开花前喷施，每次每亩用液量50～75 升。在果园内也可与防治病虫害结合起来喷施波尔多液（1 千克硫酸铜、1 千克生石灰各加水 50 升，制成溶液在后混合），最适宜喷施时期是在每年的早春，既可防治病害，又可提供铜素营养。

第六节　铁　　肥

一、铁元素在作物生长中的作用

1. 铁元素的生理功能

（1）有利于叶绿素的形成：铁不是叶绿素分子的组分，但对叶绿素的形成也是必需的。缺铁时，叶绿体片层结构发生很大变化，严重时甚至使叶绿体发生崩解。缺铁时，叶绿素形成受到影响，叶片发生失绿现象，严重时变成灰白色，尤其是新生叶更易出现失绿病症。铁与叶绿素之间的这种密切联系，影响光合作用和碳水化合物的形成。

（2）促进氮素代谢：铁和铜一样，在硝态氮还原成铵态氮的过程中起着促进作用。在缺铁的情况下，亚硝酸还原酶和次亚硝酸还原酶的活性显著降低，使这一还原过程变得相当缓慢，蛋白质的合成和氮素代谢便受到一定影响。铁还是固氮系统中铁氧还蛋白和钼铁氧还蛋白的重要组分，对生物固氮具有重要作用。

（3）铁与作物体内的氧化—还原过程关系密切：铁是一些重要的氧化—还原酶催化部分的组分。在作物体内，铁存在于血红蛋白的电子转移键上，在催化氧化—还原反应中成为氧化或还原的形式，即增加或减少一个电子。因此，铁就成为一些氧化酶或非血红蛋白酶（如黄素蛋白酶）的重要组分。

（4）增强抗病力：保证作物的铁素营养，有利于增强作物的抗病力。有人用氯化铁溶液对冬黑麦种子进行处理，提高了植株对锈病的抗性。施铁肥能使大麦和燕麦对黑穗病的感染率显著降低。铁盐还可大大增强柠檬对真菌病的抗性。

2. 铁肥的增产效果

据钟永安的研究结果，北方草原的树木和牧草缺铁，产生黄化，严重影响林木和牧草生长，产量很低，甚至死亡。施用铁肥对此有显著的矫正效果。朱通顺等研究表明，在北京、张家口一带，苹果、梨、杨、柳等树木也常失绿、黄化，施用黄腐酸铁肥 3～5 天可见效。中国科学院南京土壤研究所与河南封丘县农技站在该县黄潮土上对花生施用铁肥的试验表明，用 0.5%硫酸亚铁喷施，花生平均增产 11.1%。对大豆施用铁肥试验表明，每亩平均增产大豆 27 千克，增产 19%。

二、我国耕地土壤中铁元素的状况

1. 我国耕地土壤中含铁素状况

铁是地壳中分布最广的化学元素之一，在所有的土壤中都含有大量的铁，有的土壤含铁量高达10％以上，一般占土壤重量的1％～6％，仅次于硅和铝。铁在土壤中通常是以氧化铁的形态存在，除了氧化铁的形态以外，还可以形成少量的硫化铁或磷酸铁。由于三氧化二铁的高度不溶解性，使铁在水中的移动成为一个很困难的问题。尽管土壤中铁的含量很高，但对作物有效铁的含量都很少，只有总铁量的千分之几至万分之几。据报道，我国部分省、自治区、直辖市的调查，土壤中有效铁含量如表6－49表示。

表6－49　我国部分省、自治区、直辖市土壤有效铁含量

单位：毫克/千克

地　区	变　幅	平　均
北京	1.66～41.11	12.06
上海	1.00～162.00	28.00
山西	1.65～97.65	5.89
河北	0.50～82.50	8.20
吉林	1.10～279.00	48.60
山东	1.60～162.00	—
江西	1.00～550.00	73.40
湖南	—	740.00
湖北	5.98～117.75	37.15
河南	2.70～106.00	14.87
广东	0.70～2 148.00	266.75
甘肃	1.00～32.00	7.10
陕西	2.40～54.50	6.80
贵州（宁南山区）	17.00～38.00	30.00
（水田）	27.00～160.00	93.00
宁夏（宁南山区）	2.90～9.10	5.20
（引黄灌区）	1.52～151.00	32.25
江淮地区	13.80～274.60	72.20

注：土壤有效铁的测定用DTPA浸提，用原子吸收分光光度计测定。

2. 影响耕地土壤中有效铁的因素（表6－50）

表 6-50 影响耕地土壤中有效铁的因素

土壤酸度	在土壤中铁的溶解度与酸碱度有密切关系，土壤越偏碱（氢离子浓度<100 纳摩/升，即 pH>7=，铁与土壤中阴离子结合得越牢固，铁的溶解度也越低。试验表明，氢离子浓度每增大 9 倍（如由 1 000 纳摩/升，增加到10 000 纳摩/升），即 pH 每降低 1 个单位（比如由 pH6 降到 pH5），铁的溶解度大约增高 1 000 倍。所以在偏碱性土壤中生长的作物较生长在偏酸性土壤中的作物更容易表现缺铁。
土壤碳酸钙及黏粒的含量	土壤中碳酸钙的水解一方面提高了土壤的酸碱度，另一方面使铁与碳酸根形成更难溶解的化合物，降低了铁的活性。此外，土壤中黏粒（土壤颗粒的直径小于 0.01 毫米）含量越高，铁的有效性越低。所以，碳酸钙含量越高或越偏黏的土壤，越容易出现缺铁现象。
土壤水的饱和度	土壤饱和度就是土壤中含水的程度。土壤颗粒之间的孔隙被空气和水蒸气所填充，如果水饱和度过高，土壤颗粒间的空隙被水填充，造成还原的环境，在还原条件下如果土壤碳酸钙含量又偏高，铁就会形成难溶解的化合物。在生产实践中，一片果园没有缺铁现象，但一场大雨过后，积水的果园常常出现缺铁现象。在北方石灰性土壤中，这种现象更加突出。其原因就是土壤水饱和度过高降低了铁的可给性。
土壤中有机质	土壤有机质对铁的活化有明显的促进作用，有机质高的土壤有效铁的含量也高。

3. 耕地土壤含铁临界值

土壤有效铁含量多少是判断作物是否缺铁的重要依据，可以通过化验土壤有效铁含量了解作物是否缺铁。目前，我国采用氢离子浓度 50.12 纳摩/升（pH7.3）的二乙三胺五醋酸（DTPA）溶液提取土壤有效铁。尽管各地提出的土壤有效铁含量缺乏和适宜的标准不尽相同，但可以笼统地把 4.5 毫克/千克定为土壤有效铁丰缺的指标。土壤有效铁低于 4.5 毫克/千克可认为是缺铁，高于 4.5 毫克/千克可以认为不缺铁。

三、作物缺铁元素时的表现

表 6-51 部分作物缺铁元素时的症状表现

作物	症 状 表 现
苹果	新梢顶端的叶片变为黄白色，有时叶脉仍保持绿色，严重时，叶片边缘逐渐干枯变褐而死亡、脱落。新梢幼嫩部分有时也因缺铁而干枯，形成“枯梢”现象。
梨树	新生枝上的叶片变小，叶片失绿变成淡绿或黄白色，叶脉往往同时失绿。叶片边缘发生棕色焦枯斑块。严重缺铁时新梢干枯。
桃树	叶片变成淡黄色甚至白色，叶脉往往也失绿。在北方称为“白叶病”，南方称为“黄叶病”，叶片极易脱落。生长季早期缺铁引起幼果大量脱落，中、晚期缺铁果实发育受阻，体积小，颜色淡，味淡而不甜。

（续）

作物	症 状 表 现
柑橘	新生叶片变薄，呈淡灰白色，网状叶脉保持绿色，一般叶脉不褪绿甚至呈紫绿色，极易脱落。新梢顶部叶片脱落，枝条形成“光杆”。果小、质硬、粗糙，并常出现畸形果，色泽变淡，味道变酸。
大豆	上部叶片脉间失绿黄化，叶脉仍保持绿色并有轻度卷曲。严重缺铁时整个叶片变成白色，叶片边缘出现褐色斑点状坏死组织。
马铃薯	顶端叶片轻微失绿，并向全株扩展，随着缺铁的时间延长，顶部叶片变成黄白色，并向上卷曲，叶片边缘有时出现褐色坏死斑块，下部叶片仍保持绿色。
番茄	顶梢幼叶失绿呈黄白色，叶脉仍保持绿色，叶片及茎部出现灰黄色斑点。叶片上的斑点沿叶脉向外扩展，有时叶肉焦枯坏死，但叶脉仍略有绿色。早期缺铁影响花序发育，中、后期缺铁影响果实发育，常出现小果、畸形果，果实颜色及风味均变淡，严重时引起幼果脱落。
甜菜	新生叶片较小，出现失绿花斑，其他叶片呈现黄绿色，老叶微红。
烟草	顶端嫩叶叶脉间呈淡白绿色，严重时整个顶芽变成白色，叶脉同时失绿。
甘蔗	幼叶出现灰色条纹，条纹贯穿整个叶脉，中部叶片也有浅色条纹，但条纹长短不一，下部老叶则呈深绿色。
玉米	幼叶脉间失绿，呈整齐的条纹状，中、下部叶片出现黄绿色条纹，老叶略显棕色。严重时新叶变成白绿色，但失绿均匀，一般不出现坏死斑点。

四、作物含铁丰缺指标

不同作物含铁丰缺指标参考值见表6-52。

表6-52　不同作物含铁丰缺指标参考值

作物（生育期，部位）	铁含量状况（Fe毫克/千克，干基）		
	缺乏	适量	过剩
水稻（叶片）	<63	>90	
玉米（穗位叶片）	<25	56～178	
大豆（营养生长期，叶片）	<20	45～60	
小麦、大麦、燕麦（苗期，地上部）		50～200	
苜蓿（初花，最上部1/3）	<20	30～200	>400
油菜（苗期，地上部）		>50	
马铃薯（妈花，成熟叶）		>60	
烟草（近成熟，叶片）	<60	70～140	
柑橘（4～10个月叶龄叶）	<36	60～120	>200
桃（新梢中基部叶片）		60～200	
梨（新梢中基部叶片）	<30	60～200	

五、铁肥的主要品种和性质

目前，我国市场上销售的铁肥仍以价格低廉的无机铁肥为主，其中以硫酸亚铁盐为主。有机铁肥主要制成含铁制剂销售，如氨基酸螯合铁、EDDHA类等螯合铁、柠檬酸铁、葡萄糖酸铁等，这类铁肥主要用于含铁叶面肥。常见的铁肥及主要特性见表6-53。

表6-53 常见的铁肥及主要特性

名　称	主要成分	含Fe量（%）	主要特性	适宜施肥方式
硫酸亚铁	$FeSO_4 \cdot 7H_2O$	19	易溶于水	基肥、种肥、叶面追肥
三氯化铁	$FeCl_3 \cdot 6H_2O$	20.6	易溶于水	叶面追肥
硫酸亚铁铵	$FeSO_4 \cdot (NH_4)_2SO_4 \cdot 6H_2O$	14	易溶于水	基肥、种肥、叶面追肥
尿素铁	$Fe[(NH_2)_2CO]_6 \cdot (NO_3)_3$	9.3	易溶于水	种肥、叶面追肥
螯合铁	EDTA-Fe，HEDHA-Fe DTPA-Fe，EDDHA-Fe	5～12	易溶于水	叶面追肥
氨基酸螯合铁	Fe・H₂N・R・COOH	10～16	易溶于水	种肥、叶面喷施

1. 硫酸亚铁

又称黑矾、绿矾，分子式$FeSO_4 \cdot 7H_2O$。外观为浅绿色或蓝绿色结晶，含铁（Fe）19%～20%，含硫（S）11.5%，易溶于水，有一定的吸湿性。性质不稳定，极易被空气中的氧氧化为棕红色的硫酸铁，特别是在高温和光照强烈的条件下更易被氧化，因此须将硫酸亚铁放置于不透光的密闭容器中，并置于阴凉处存放。

2. 三氯化铁

分子式$FeCl_3 \cdot 6H_2O$。外观为深黄色结晶，含铁（Fe）20.6%，含氯（Cl）39.3%，易溶于水，吸湿性强，易结导体。作物对三价Fe^{3+}的利用率较低，而且营养液的pH较高时，三氯化铁易产生沉淀而降低其有效性。现较少单独使用三氯化铁作为营养液的铁源。

3. 螯合铁肥

氨基酸螯合铁肥、乙二胺四乙酸铁（EDTA-Fe）、乙二胺邻羟基苯乙酸铁（EDDHA-Fe）等适用的pH、土壤类型范围广，肥效高，可湿性强。

4. 羟基羧酸盐肥

有氨基酸铁肥、柠檬酸铁、葡萄糖酸铁等。氨基酸铁肥、柠檬酸铁肥土施，可提高土壤铁的溶解吸收，促进土壤钙、磷、铁、锰、锌的释放，提高铁的有效性。氨基酸铁、柠檬酸铁成本低于 EDTA 铁类，可与许多农药混用，对作物安全。

5. 尿素铁络合物

分子式 $Fe[(NH_2)_2CO]_6 \cdot (NO_3)_3$，含铁量 9.2%，含氮量 34.8%。呈固体，天蓝色颗粒，吸湿性小，不易挥发，易溶于水，在空气中稳定，便于贮藏运输。适于做基肥、追肥和叶面喷施。

6. 硫酸亚铁铵

分子式 $(NH_4)_2SO_4FeSO_4 \cdot 6H_2O$，含铁量 14%，含氮量 7%，含硫量 16%。呈透明浅蓝绿色单斜结晶固体。比重 1.864。溶于水，不溶于醇。常温避光贮存时不起变化。可做基肥、种肥、追肥和叶面喷施用。

六、铁肥合理使用技术

作物缺铁引起叶片失绿甚至顶端坏死，矫治不容易，因为铁在作物体内移动性较差，采用叶面喷施硫酸亚铁的方法，往往是沾铁肥的部位可以复绿，而没有沾铁肥的部分效果较差。土壤施肥，由于缺铁的作物难以利用高价铁，虽然施入土壤的铁是低价铁（二价铁），但在土壤中很快被氧化形成高价铁，同样难被作物吸收。目前矫治缺铁主要是改进使用技术和研发不同品种的铁肥。在我国生产实践中使用的铁肥仍然是以硫酸亚铁为主。常用的铁肥使用技术如下。

1. 叶面喷施

果树缺铁可用 0.2%～1%有机螯合铁或硫酸亚铁溶液叶面喷施，每隔 7～10 天喷一次，直至复绿为止。硫酸亚铁应在喷洒时配制，不能存放。配制成的硫酸亚铁溶液应为淡绿色、没有沉淀，如溶液变成赤褐色或产生大量赤褐色沉淀，说明低价铁已经氧化成高价铁，喷施后也不会有好的效果。如果配制硫酸亚铁溶液的水偏碱或钙含量偏高，形成沉淀和氧化的速度会加快。为了减缓沉淀生成，减缓氧化速度，在配制硫酸亚铁溶液时，在每 100 升水中先加入 10 毫升无机酸（如盐酸、硝酸、硫酸），也可加入食醋 100～200 毫升（约 100～200 克）使水酸化后，再用已经酸化的水溶解硫酸亚铁。

目前，我国已试生产了一些有机螯合铁肥，如氨基酸螯合铁肥、黄腐酸铁、铁代聚黄酮类化合物。使用氨基酸螯合铁肥或黄腐酸铁时，可喷施 0.1%浓度的溶液，肥效较长，效果优于硫酸亚铁。叶面喷施除用于果树、树木外，也可用于一年生作物。

2. 树干埋藏施肥

只用于多年生木本作物，如果树、林木等。在树干中部用直径 1 厘米左右的木钻，钻深1～3厘米向下倾斜的孔，穿过形成层至木质部，向孔内放置1～2克固体螯合铁或硫酸亚铁，孔口立即用油灰或橡皮泥封固，没有油灰或橡皮泥时用黄泥也可，外面再涂一层接蜡或熔化的固体石蜡，以防止雨水渗入、昆虫产卵和病菌滋生。这种方法利用树液流动将硫酸亚铁缓慢溶解，随蒸腾流运送到新生部位。由于施入后立即封固，控制了硫酸亚铁的氧化。每株树钻1个施肥孔即可。这种方法是一种防治果树缺铁的有效方法，但投入劳力较多且易感染病虫害。受伤后易于流胶的树种如桃树、松柏类树木不宜采用这种方法。

3. 输液法施肥

用0.3%～1%的硫酸亚铁或螯合铁溶液注射到树干内，将注射针头插入树干，然后将输液瓶挂在树干上，让树体慢慢吸收溶液。钟永安等用75%的硫酸亚铁溶液500毫升，采用输液法输入一株6龄的缺铁旱柳，经24小时全部输完，3天后全株变绿，生长很快恢复正常。

4. 根灌施肥

在作物根系附近开沟或挖穴，一年生作物深10厘米，多年生作物深20～25厘米。每株树木开沟或挖穴5～10个，用2%螯合铁溶液灌入沟或穴中，一年生作物每沟或每穴灌0.5～1升，多年生作物每沟或每穴灌5～7升。待自然渗入土壤后即可覆土。

5. 涂树干

对1～3年生幼树或苗木，用毛刷将0.3%～1%有机铁肥溶液环状刷涂在侧枝以下的主干上，刷涂宽度20～30厘米。

6. 局部富铁施肥

将2～3千克硫酸亚铁或螯合铁与优质农家肥100～150千克混均匀，在成龄树冠下挖放射状沟5～7条，沟深25～30厘米，将混有硫酸亚铁的农家肥分施于沟内，然后覆土。一年生作物在根系附近开沟，沟深15～20厘米，每亩地施用混有硫酸亚铁的农家肥500～1 000千克。

其他作物施用铁肥可采用基施和喷施等方法。基施一般施用硫酸亚铁，用量一般为1.5～3千克/亩；铁肥在土壤中易转化为无效铁，其后效弱，每年都应施用；土施铁肥与生理酸性肥料混合施用能起到较好的效果，如硫酸亚铁和硫酸钾造粒合施，肥效明显高于各自单独施用。根外施铁肥，以有机铁肥为主，其用量小，效果好；对易缺铁作物种子或缺铁土壤上播种，用铁肥浸种或包衣可矫治缺铁症，一般浸种溶液浓度为1克/千克，包衣剂铁含量为100克/千克。

第七章　复混肥料

复混肥料是世界化肥工业的发展方向，全世界的使用量已超过化肥总使用量的1/3，而我国约占化肥总使用量的18%左右。我国作物种植多样化，作物施肥已转入了多种养分配合的合理施肥方法，复混肥工业的加速发展已势在必行。

我国复混肥料的执行标准是GB/T15063—2009。在我国，复混肥料是生产和使用量最大的一类产品，这类产品目前实施工业产品生产许可证和肥料登记证双重管理。工业产品生产许可证中依据养分含量划分为高、中、低3个浓度规格，其中高浓度规格可以覆盖低浓度规格，就是说申请一个高浓度的许可证，就可以生产高、中、低3个浓度规格的产品。登记证一般根据养分的具体浓度予以登记。

第一节　复混肥料的定义与养分含量表示法

复混肥料是氮、磷、钾三种养分中至少有两种养分标明量的由化学方法和（或）掺混方法制成的肥料。为使仅以化学方法制成的复混肥料（如磷酸一铵、磷酸二铵、磷酸氢钾、硝酸磷肥、钙镁磷钾肥等）与以掺混方法制成的复混肥料加以区分，国家标准规定了下列术语和定义。

复合肥料氮、磷、钾三种养分中，至少有两种养分标明量的仅由化学方法制成的肥料，是复混肥料的一种。

掺合肥料氮、磷、钾三种养分中，至少有两种养分标明量的由干混方法制成的肥料，是复混肥料的一种。

复混肥料又称多元素肥料。按照土壤条件和作物需要，它可以使用几种单一肥料和（或）复合肥料作为基础肥料，配制成氮、磷、钾养分组成不同的二元或三元复混肥料。在这些肥料中，可以含有一种或几种次要养分和（或）中、微量养分。此外，它还可以含有有益于肥料有效使用、有益于作物健康成长或有益于动物营养健康的其他物质。复混肥料体系的分类见表7-1。

复混肥料是近代化肥品种中发展最快的品种。在化肥工业发达的国家里，它已发展成为主要化肥产品之一；在肥料工业正在发展的国家里，它将是一种发展的必然趋势。

表 7-1 复混肥料体系的分类

养分浓度	原料体系		
低浓度（二元＞20%，三元≥20%）	尿素-普钙-钾盐 硫铵-普钙-钾盐	氯化铵-普钙-钾盐 尿素-钙镁磷肥-钾盐	硝铵-普钙-钾盐 综合体系
中浓度（≥30%）	尿素-普钙-磷铵-钾盐 氯化铵-普钙-重钙-钾盐	氯化铵-普钙-磷铵-钾盐 综合体系	尿素-普钙-重钙-钾盐
高浓度（≥40%）	尿素-磷铵-钾盐 尿素-重钙-钾盐 综合体系	氯化铵-磷铵-钾盐 氯化铵-重钙-钾盐	硝铵-磷铵-钾盐 硝铵-重钙-钾盐

复混肥中养分的成分和含量是以氮（N）—磷（P_2O_5）—钾（K_2O）的顺序，用阿拉伯数字表示的。例如硝酸磷肥 18—12—0 表示硝酸磷肥的总有效养分是 30%，其中含氮 18%、五氧化二磷 12%；又如进口三元复合肥 15—15—15 表示为 N、P_2O_5、K_2O 各 15%，总有效养分 45%的三元复混肥料；复混肥料中含有中量或微量元素时，则在 K_2O 后面的位置上标明其含量，并加括号标注元素符号。例如 16—8—4—4（S）为含中量元素硫的三元复混肥料，16—8—4—0.5（Zn）—0.12（B），表示含微量元素锌和硼的三元复混肥料。

第二节 复混肥料的主要生产方法

复混肥料的生产方法很多，随着基础肥料生产水平的变化和科技的进步，复混肥料的生产方式也随之变化。目前复混肥料生产所使用的方法可分为以下几类。

一、干法掺合工艺

1. 粉状肥料的掺合

粉状肥料的掺合是将各种基础肥料粉碎后混合的一种加工方法。掺合的工艺：首先按配方比例分别称量出基础物料，如硫酸铵、氯化铵、普钙和钾盐等，破碎至过 6 目筛，然后进行掺合。一般都在转鼓混合器中进行。将混合物料存放若干周进行“熟化”，使化学反应接近完全，然后破碎过 6 目筛后装袋。

2. 颗粒肥料的掺合

将各种粒状基础肥料直接混合的一种加工方法，是平衡施肥最好的物化产品。

颗粒肥料掺合是干混掺合的一种特殊形式。掺混的原料全部是颗粒状，要求颗粒大小基本一致。所用原料有单一肥料，也有基础复合肥料，如尿素、氯化铵、硝酸铵、硫酸铵、重过磷酸钙、磷酸一铵和磷酸二铵以及氯化钾等颗粒肥料。目前，主要应用尿素、磷酸一铵或磷酸二铵以及氯化钾进行生产。

颗粒掺合肥料的生产方法很多，通常是将原料物料卸入仓库分别堆存，再经铲运、提升设备，经粗筛除去杂质后卸入分隔的贮斗；然后流到称量装置分别称量后流入混合机；经混合的物料计量包装入库或运往成品贮斗，而后卸入卡车散装外运。

掺合肥料的技术要求是不同粒级基础肥料的颗粒大小分布的一致性。掺合肥料容易出现养分的不均性，这是由两个或两个以上原料肥料颗粒大小不同所引起的。不同大小和不同质量的颗粒彼此分离是造成养分不均匀的主要原因。肥料在运输中受到振动、装卸过程中肥料的流动以及在施肥时的抛掷，都会引起分离。养分不均匀的复混肥料在施入土壤后会出现田块中某种养分过量和某种养分短缺的情况，从而影响肥料的有效性。

我国的化肥产品结构除磷酸铵、硝酸磷肥和重过磷酸钙以及个别尿素生产颗粒肥料外，其余 N、P 和 K 的单一肥料多是小结晶产品。随着科技的进步，大颗粒尿素的生产，我国高浓度颗粒状掺混肥发展很快。在颗粒掺混肥的基础上研制了大田作物系列控释颗粒掺混肥，提高了肥料的利用率。

二、团粒法造粒

团粒法造粒是将粉末状的干质混合料加水或通入蒸气，或添加具有高分散度微粒的黏土、高岭土和凹凸棒土等有助于产生黏结力的物质，借助肥料盐类的液相使之黏聚，再供助于外力使黏聚的颗粒产生运动，相互间的挤压、滚动使其紧密成型。然后，这些颗粒经过干燥和过筛，尺寸过大的颗粒经过破碎，较细的颗粒返回造粒机重新造粒。合格的产品经过冷却，再涂上调理剂，以防止结块。为了保证调理剂的黏着力，常在颗粒上喷一些油，以提高颗粒的物理性状。

该方法是目前我国颗粒状复混肥料的主要生产方法，也是国际上较普遍采用的一种生产方法。根据使用造粒设备的不同，可分为圆盘造粒、转鼓成粒和双浆混合成粒等工艺。前两种造粒方法是目前我国复混肥厂生产中广为采用的方法，其技术成熟、质量可靠。

三、料浆造粒法

料浆造粒法是进入造粒系统的全部或大部分物料呈料浆形式，将固体物料如钾盐、尿素或返料加入到料浆里，或者在造粒中将它们与料浆混合，以生产出各种不同组分的复混肥料。

料浆造粒法的料浆通常是用磷酸或硫酸（或这些酸的混合物）与氨和（有些情况下）磷矿石反应制备的。这些方法中的每种工艺在造粒前均可将固体物料如钾盐、尿素或返料加入到料浆里，或者在造粒中将它们与料浆混合，以生产出各种不同组分的复混肥料。在某些工艺中，例如磷酸铵的生产，一部分化学反应可以在造粒机里完成。造粒机通常是一个转鼓，或者是某种形式的双轴造粒机或圆筒掺合机。循环的返料通常都加入造粒机，而且数量要充足，以便把液相减少到造粒需要的程度，提高生产效率。

目前，我国磷酸铵和硝酸磷肥装置以及料浆法重过磷酸钙装置均采用这种料浆造粒工艺。磷酸铵-硫酸铵、磷酸铵-硝酸铵、尿素-磷酸铵的生产都可以采用这种方法。

四、熔融造粒法

熔融造粒法是将经熔融并能流动的熔料喷入冷媒（通常以空气或熔料不能溶解的矿物油等作为冷媒），物料冷却时因表面张力而固化成球形颗粒；或将熔料喷放造粒机内的返料粒子上，使其在返料粒子表面涂布，经过反复涂布直至颗粒大小符合要求。

该方法显著的优点是不需要使用通常造粒装置中昂贵的干燥机，并能使干燥用的燃料得到节约。这种节约指的是，在工艺过程中或者通过磷酸浓缩、通过从溶液中蒸发掉水而形成熔融物所消耗的额外蒸气，其能量比干燥颗粒产品用热炉气所消耗燃料的能量更为有效，从而有某种程度的净节约。还有一些联合的方法，在这些方法中，反应热足够用来把全部水分蒸发掉。例如，生产用的磷酸，其质量分数已能够达到含 P_2O_5 50%以上，生产用的硝酸质量分数可以达到 65%～75%（HNO_3）而不需要外部加热。这些酸与氨的反应足以使它们所含有的水分蒸发掉。硫酸生产中所产声的废热锅炉蒸气可以用来浓缩其他酸或溶液，而硫酸同氨的反应是放热反应。硫酸与磷酸和（或）硝酸的混合物同氨反应，常常为生产无水熔融物提供足够的热量。

在磷酸一铵、硝酸铵（APN）或尿素铵（UAP）的熔融造粒中可以加入钾盐和其他固体基础肥料生产 N、P、K 颗粒复混肥料，其生产方法包括表面剥落（即在转鼓或运输带的水冷表面上固体）、造粒塔造粒、盘式造粒、喷浆转鼓造粒、转鼓造粒和双轴造粒等。

五、浓溶液的造粒塔造粒法

造粒塔造粒法是熔融造粒法的一种特殊形式。物料以熔融物或高度浓缩的溶液形式在稍高于物料熔点的温度下进入造粒塔顶部的成滴设备，由造粒塔顶部喷下，当滴珠在造粒塔中下落，通过上升的空气流时，便产生冷却和固化成颗粒。

对含有两个或两个以上化合物的复混肥料进行造粒塔造粒是一个比较新的进展。造粒塔造粒法最初使用于硝酸磷肥的造粒，以后改用到磷酸铵-硝酸铵复混肥料。

该方法的一项特殊要求是钾盐必须磨得十分细，以防止造粒杯的空隙堵塞，并且要将钾盐预热到足够高的温度，以防止熔融物激冷。氯化钾与熔融物的混合时间必须短，以免氯化物起催化作用促使硝酸铵分解。

对含有尿素的复混肥料，日本三井造船公司曾生产一种用造粒塔造粒的尿素—氯化铵复混肥料。挪威制氢公司以尿素—磷酸一铵为基础复混肥料开发了一种空气—造粒塔造粒法，其熔融物含有一些聚磷酸盐，某些聚磷酸盐的存在可使熔点降低并改善产品的物理性质。

六、挤压造粒法

挤压造粒是利用压力使固体物料进行团聚的干法造粒过程。固体物料在受到挤压时，首先排除粉粒间的空气使粒子重新排列，以消除物料间的空隙。脆性物料被挤压时，部分粒子被压碎，细粉填充粒子间的空隙。在此情况下，新产生的表面上的自由化学键如不能迅速被来自周围大气的原子或分子所饱和，新生成的表面相互接触，就会形成强有力的重组键。当塑性物料被挤压时，粒子就变形和流动，产生强有力的范德华（van der Waals）引力。在挤压过程的最后阶段，以压力形成给系统提供的能量在粒子间的接触点上形成热点而使物料熔融。温度下降和物料冷却时就形成固体桥。

挤压造粒法是将两种或两种以上经破碎和搅拌均匀的基础肥料，在较少的含水量下通过挤压机械形成粒状复混肥料的一种生产方法。挤压造粒法在国内生产实践中已可应用于尿素-过磷酸钙（或钙镁磷肥）、氯化铵（或硫酸铵）-过磷酸钙、氯化铵-磷酸铵、碳酸氢铵-磷酸铵系列产品的生产，每一系列均可添加氯化钾或硫酸钾以生产三元复混肥料，以及包含农药或激素等专用型复混肥料。

第三节　复混肥的配方设计和实例

复混肥料的配方应以作物营养特点为主要依据来确定基本配方，而以土壤供肥能力和施肥方法及田间试验等因素来进行修正，然后确定配方。

一、配方设计

1. 依据作物的需肥特点来确定基本配方

依据作物对主要养分的吸收量和吸收比例，设计相应的养分比例，作为基本配方。假定其他条件（如土壤肥力）基本相同，同种作物在不同地区和不同土壤上，单位产量将会吸收基本相同的养分。作物生长发育吸收氮、磷、钾的数量见表 7-2。

表 7-2 部分作物吸收氮、磷、钾的数量 单位：千克

	作物	收获物	形成 100 千克收获物时三种养分需要量		
			氮（M）	磷（P_2O_5）	钾（K_2O）
大田作物	水稻	稻谷	2.40	1.25	3.13
	冬小麦	子粒	3.00	1.25	2.50
	春小麦	子粒	3.00	1.00	2.50
	大麦	子粒	2.70	0.90	2.20
	玉米	子粒	2.57	0.86	2.14
	高粱	子粒	2.60	1.30	3.00
	谷子	子粒	2.50	1.25	1.75
	马铃薯	块茎	0.50	0.20	1.06
	大豆	豆粒	7.20	1.80	4.00
	花生	荚果	6.80	1.30	3.80
	棉花	子棉	5.00	1.80	4.00
	油菜	菜子	5.80	2.50	4.30
	烟草	鲜叶	4.10	0.70	1.10
	甜菜	块根	0.40	0.15	0.50
	甘蔗	茎	0.19	0.07	0.30
蔬菜	西瓜	果实	0.15	0.07	0.32
	洋葱	葱头	0.27	0.12	0.23
	茄子	果实	0.30	0.10	0.40
	胡萝卜	块根	0.31	0.10	0.50
	萝卜	块根	0.60	0.31	0.50
	芹菜	全株	0.16	0.08	0.42
	菠菜	全株	0.36	0.18	0.52
水果	柑橘	果实	0.40	0.15	0.60
	梨	果实	0.21	0.08	0.21
	葡萄	果实	0.30	0.15	0.36
	苹果	果实	0.15	0.02	0.16
	桃	果实	0.25	0.01	0.33

需硼较多的作物有苜蓿、甜菜、三叶草、芹菜、萝卜、甘蓝、花椰菜、向日葵、苹果；需硼中等的作物有棉花、烟草、番茄、马铃薯、花生、胡萝卜、茶树、桃；需硼极少的作物有大麦、小麦、燕麦、玉米。一般来说双子叶作物比单子叶作物需硼多。推荐一些作物的硼肥施用量及施用方法见表 7-3。

表 7-3　与复混肥料混配推荐的硼用量

作物	硼砂用量/（千克/公顷）	施用方法
棉花	0.6～1.2	条施、撒施、穴施均可
甜玉米	1.2～2.4	条施、撒施、穴施均可
甘薯	0.6～3.6	条施、撒施、穴施均可
大豆	0.6～1.1	条施、撒施、穴施均可
花生	0.3～0.6	条施、撒施、穴施均可
紫花苜蓿	1～4	条施、撒施、穴施均可
糖甜菜	0.6～3.2	条施、撒施、穴施均可
食用甜菜	1.2～3.6	条施、撒施、穴施均可
芹菜	0.6～3.3	条施、撒施、穴施均可
柑橘	30～60 克/株	条施、撒施、穴施均可
苹果	1.7～3.4	条施、撒施、穴施均可

试验表明，花生、大豆、绿豆、蚕豆、豆科绿肥作物、油菜、花椰菜、甜菜施用钼肥都有良好的增产效果。谷类作物施用钼肥的增产幅度较小。推荐一些作物的钼肥施用量及施用方法见表 7-4。

表 7-4　与复混肥料混配推荐的钼肥用量

作物	钼肥用量		施用方法
	钼（克/公顷）	钼酸铵（克/公顷）	
大豆	200	375	条施、撒施、穴施均可
糖甜菜	50～800	63～1 482	条施、撒施、穴施均可
豌豆	227～908	420～1 680	条施、撒施、穴施均可
花椰菜	111～444	206～822	条施、撒施、穴施均可
牧草	45～2 996	84～5 550	条施、撒施、穴施均可
柑橘	1 克/株	1.85 克/株	条施、撒施、穴施均可
牧草	2～111	4.5～206	条施、撒施、穴施均可

需锌较多的作物有玉米、高粱、棉花、蚕豆、柑橘、苹果、桃；需锌

中等的有马铃薯、大豆、甜菜、水稻、番茄、大麦、梨；需锌较少的有燕麦、小麦、苜蓿、胡萝卜、豌豆。推荐一些作物的锌肥施用量及施用方法见表7-5。

表7-5 与复混肥料混配推荐的锌肥用量

作　物	钼肥用量		施用方法
	锌（千克/公顷）	硫酸锌（千克/公顷）	
玉米	5～10	22.5～48	撒施或条施
高粱	4～9	18～39	撒施或条施
大豆	2～4	9～18	撒施或条施
水稻	8～11	34.5～48	撒施或条施
四季豆、洋葱	0.7～1.3		撒施
马铃薯等	0.3～0.7		撒施

需锰较多的作物有燕麦、小麦、马铃薯、大豆、豌豆、洋葱、莴苣、菠菜、芜菁；需锰中等的有大麦、甜菜、玉米、三叶草、芹菜、萝卜、胡萝卜、番茄；需锰较少的有苜蓿、花椰菜、包心菜。推荐一些作物的锰肥施用量及施用方法见表7-6。

表7-6 与复混肥料混配推荐的锰肥用量

作　物	钼肥用量		施用方法
	锰（千克/公顷）	硫酸锰（千克/公顷）	
大豆、玉米、燕麦	17～67	70.5～279	撒施
大豆、玉米、燕麦	6～22	25.5～91.5	条施
大豆、玉米、燕麦		9～15.5	穴施
玉米、大豆、花生		37.5	穴施
大豆、棉花		75	穴施
棉花	2～4	8.4～16.6	穴施
甘薯		42	穴施
马铃薯	11～17	46.5～70.5	穴施
糖甜菜	22～90	91.5～375	穴施
蔬菜（四季豆、菠菜、芹菜、花椰菜、莴苣）	10～12	42～49.5	撒施
洋葱	50～80	208～333	撒施
	11～22	46.5～91.5	条施

需铜量较多的作物有小麦、洋葱、莴苣、菠菜、大麦、燕麦、花椰菜、胡萝卜、向日葵；需铜中等的作物有马铃薯、甘薯、甜菜、三叶草、亚麻、包心菜、黄瓜、萝卜、番茄；需铜较少的作物有大豆、豌豆和其他豆类。推荐的一些作物的铜肥施用量及施用方法见表 7-7。

表 7-7　与复混肥料混配推荐的铜肥用量

作　物	钼肥用量		施用方法
	铜（千克/公顷）	硫酸铜（千克/公顷）	
小粒谷类作物	1～7	4～28.5	条施
小粒谷类作物	4～14	16.5～55.5	撒施
玉米	4～14	16.5～55.5	撒施
玉米	1～4	4～16.5	条施
大豆	3～6	12～24	撒施
大豆	2	7.9	条施
蔬菜	2～14	7.9～55.5	撒施
蔬菜	1～4	4～16.5	条施
柑橘	7～25	28.5～100	撒施
油桐	7	28.5	撒施

需铁量较多的作物有大豆（尤其是黑豆）、高粱、花生、蚕豆、甜菜、马铃薯、菠菜、花椰菜、番茄、甘蓝，而桃、李、红玉苹果、杏、核桃也容易缺铁。推荐的铁肥施用量及施用方法见表 7-8。

表 7-8　与复混肥料混配推荐的铁肥用量

作物	铁肥用量	施用方法
柑橘	12～24 克/株	穴施或条施、沟施

2. 依据土壤的供肥力修正配方

根据施用地区土壤的基本供肥特点，对基本配方的养分比例进行校正，对其中任一养分比例的校正幅度一般小于 50%，大都在 25%左右。

土壤供应速效养分的数量、潜在养分转化为速效养分的速率和速效养分持续供应的时间决定了满足作物营养需求而补施同一养分的数量、形态和时间。

判断土壤中氮、磷、钾含量丰缺指标及供肥量见表 7-9。该表只提供参考数据，实际应用中还应在当地田间试验，确定土壤肥力校正系数，求得土壤供给当季作物养分量。

表 7-9 土壤养分分级指标与土壤供给当季作物养分量

分级	全氮(N)(克/千克)	全磷(P_2O_5)(克/千克)	全钾(K_2O)(克/千克)	有机质(克/千克)	水解氮(N)(毫克/千克)	速效磷(P_2O_5)(毫克/千克)	速效钾(K_2O)(毫克/千克)	供当季作物养分量		
								N	P_2O_5	K_2O
甚缺	<0.3	<0.4	<6	<5	<30	<5	<50	45	15	
缺乏	0.3～0.8	0.4～0.8	6～10	5～15	30～60	5～15	50～80	90	30	
中等	0.8～1.6	0.8～1.2	10～15	15～30	60～90	15～30	80～150	135	45	
丰富	1.6～3.0	1.2～1.8	15～25	30～50	90～120	30～80	150～200	180	60	
甚丰富	>3.0	>1.8	>25	>50	>120	>80	>200	>225	>75	>262.5

土壤中微量元素丰缺指标及临界值见表 7-10。

不同作物对微量元素的需要量不同。作物缺乏微量元素时，土壤的临界含量也不一样。表中所列临界值是针对一般作物来定的，例如对需硼较多的甜菜来说，土壤中水溶态硼的临界值为 1.0 毫克/千克；对甘蓝型油菜而言，土壤中水溶态硼的临界值为 0.7 毫克/千克；对

表 7-10 土壤有效态微量元素的分级及临界值

单位：毫克/千克

微量元素名称	极低	低	中等	高	极高	临界值	提取剂
硼水溶态	<0.25	0.25～0.50	0.51～1.0	1.01～2.0	>2.0	0.50	沸水
钼有效态	<0.1	0.10～0.15	0.16～0.20	0.21～0.30	>0.3	0.15	pH=3.3 草酸—草酸铵溶液
锰代换态（活性）	<50	50～100	101～200	201～300	>300	100	1 摩尔/升中性醋酸铵+0.2%对苯二酚溶液
锌有效态（碳、中性土壤）	<0.5	0.5～1.0	1.1～2.0	2.1～5.0	>5.0	0.5	pH = 7.3DTPA（二乙三胺五醋酸）溶液
锌有效态（酸性土壤）	<1.0	1.0～1.5	1.6～3.0	3.1～5.0	>5.0	1.5	pH=7.3DTPA 溶液
铜有效态（碳、中性土壤）	<0.1	0.1～0.2	0.3～1.0	1.1～1.8	>1.8	0.2	pH=7.3DTPA 溶液
铜有效态（酸性土壤）	<1.0	1.0～2.0	2.1～4.0	4.1～6.0	>6.0	2.0	pH=7.3DTPA 溶液

需硼较少的禾本科作物而言，土壤中水溶态硼的临界值则小于0.5毫克/千克。

3. 依据有机肥料的平均施用水平修正配方

有机肥的校正是一个较为复杂的问题。目前，有机肥仍然是我国农业生产中的重要肥源，除了能为作物提供营养外，还可改善土壤理化和生物学性质。但有机肥的养分含量低，养分分解释放过程很难与作物的吸肥过程相适应，作物大量需肥时往往释放量不够，而使其养分利用率较低，但其后效较长。因此，不能简单地将其中所含的养分与化肥中的养分等价对待。

4. 依据施肥方法等因素修正配方

在确定工艺条件、施用方法时，一些因素仍可能对配方中的养分比例产生较大影响，须在实施过程中予以进一步校正。例如基、追肥比例，施肥量，氮包膜控释，添加生物菌剂等。对经大幅度校正的配方做修正完善，其中任一养分比例的修正一般小于25%，大都在10%左右。配方经修正完善后，其养分比例的设计工作即告一段落。以上三项校正可使基本配方中每一养分比例的变动幅度达到1/3左右。

5. 田间试验校正配方

通过田间试验验证配方，进一步修正配方，使其更加科学化。

二、配方设计实例一

1. 依据作物的需肥特点确定基本配方

以上海郊区种植的春番茄和秋甘蓝为例，其养分吸收量与比例见表7-11。

表7-11　春番茄和秋甘蓝对主要养分的吸收

作物	养分吸收量/（千克/吨）			养分吸收比例	备　注
	N	P_2O_5	K_2O	$N:P_2O_5:K_2O$	
春番茄	3.50	0.72	5.85	1∶0.21∶1.67	上海市农业科学院土壤肥料研究所 单产45～52.5吨/公顷
秋甘蓝	3.12	0.70	3.14	1∶0.22∶1.01	

以作物对N、P、K养分的总吸收量为依据设计基本配方。由于配方设计要求获得专用型复混肥中N、P、K养分的相对比例，故必须首先将作物对养分的吸收量转换成配方中养分的施用量。而以肥料形态施入土壤的养分，不可能全部被当季作物吸收，即养分的当季利用率不可能达到100%，且作物对N、P、K养分的利用率差异很大。因此，设计专用型复混肥基本配方中养分比例的第一步，也是最重要的一步，是以不同作物对N、P、K养分的平均利用率，将养分吸收量转换成养分施用量。所选用

的作物对养分吸收量单位，一般只需单位质量产品（包括按比例的秸秆等非经济产品）的养分吸收量，而不必考虑单位面积的养分吸收量。本例中所用单位是每吨产品所吸收的养分质量，即千克/吨。

根据相同作物在上海郊区的多年试验结果，春番茄和秋甘蓝对N、P、K的利用率分别为30%、15%和50%，由此可换算养分施用量并计算养分比例。

春番茄：$\frac{3.50}{0.30}:\frac{0.72}{0.15}:\frac{5.85}{0.50}=11.7:4.8:11.7=1:0.41:1$

秋甘蓝：$\frac{3.12}{0.30}:\frac{0.70}{0.15}:\frac{3.14}{0.50}=10.4:4.7:6.3=1:0.45:0.61$

经上述计算后，获得适用于两种蔬菜的专用肥中N、P、K养分的基本比例：

春番茄　N 1：P_2O_5 0.41：K_2O 1

秋甘蓝　N 1：P_2O_5 0.45：K_2O 0.61

2. 依据土壤的供肥力修正配方

（1）选定专用肥使用地区土壤养分的测定方法：在本项研究中，氮用全氮（%）[全氮（克/千克）与碱解氮、有机质含量一般均呈线性相关]、磷用速效磷（国内大都用0.5摩尔/升 $NaHCO_3$ 提取，单位用 P_2O_5，毫克/千克）、钾用速效钾（常用1摩尔/升 NH_4Ac 提取，单位用 K_2O，毫克/千克）表示。

对上海郊区菜地，采用的平均含量为：

全氮 1.2克/千克（n=19）

速效 P_2O_5 56.6毫克/千克（n=19）

速效 K_2O 100.4毫克/千克（n=17）

（引自1982—1983年对上海郊县菜区土壤的分析结果）

（2）确定临界值：针对专用肥的作物对象，选择与这种作物对象相应的养分丰缺临界值，对上海菜区，上述两种作物选用的临界值为：

春番茄：速效 P_2O_5 20毫克/千克，速效 K_2O 130毫克/千克。

秋甘蓝：速效 P_2O_5 20毫克/千克，速效 K_2O 100毫克/千克。

由于专用型复混肥中氮的比例固定为1，土壤供氮力的调整主要经由专用肥施用量的调节来实现，如N施用量不论选用225千克/公顷，还是375千克/公顷，其与P、K之间的相对比例都是1。因此，养分比例中主要校正的是磷、钾养分的相对比例。

（3）确定校正的标准和方法：对蔬菜为主的一年生作物，采用的标准为专用肥施用地区土壤速效磷、钾的测定值，如在临界值的正负25%以内（即相当于临界值的75%～125%），一般对基本配方的比例不予校正，因不论土壤养分的释放还是对象作物对施入肥料的吸收，都有一定的调节能力。若土壤速效磷、钾的测定值高于临界值 25%以上，必须使其在专用肥中的比例相应减少 25%（1/4），若测定值低于临界值 25%以上，则增加其所占的比例 25%。磷、钾中如一个养分特别缺乏或特别丰富时，也可适当增加校正幅度，但最多不超过 50%。因为土壤中某一养分严重缺乏，不可能由一两次施肥予以根本校正；反之，即使养分十分丰富，也须施入一定数量的养分作补充，以维持土壤养分长期平衡。

（4）进行校正计算：计算过程略。上述两种作物经校正后的配方比例为：

春番茄：N 1：P_2O_5 0.42：K_2O 1.25

秋甘蓝：N 1：P_2O_5 0.45：K_2O 0.61

3. 依据有机肥料的平均施用水平修正配方

以一个地区的平均用量计，如上海菜区，采用厩肥 15 吨/公顷（实际施用时，往往集中于春季茄果类蔬菜），其他粪肥 7.5 吨/公顷。与上述有机肥量相应的养分含量为 N 67.5 千克，P_2O_5 60 千克，K_2O 60 千克（N：P_2O_5：K_2O 为 1：0.72：1.78）。

从专用型复混肥计划的平均用量（如每季蔬菜拟用专用型复混肥 1875 千克/公顷或氮 225 千克/公顷）中减去有机肥提供的与化肥等价的 N、P、K 养分量，重新计算养分比例。

进行校正计算（略）。上述已经土壤养分状况校正的配方，经有机肥平均施用量校正后为：

春番茄：N 1：P_2O_5 0.5：K_2O 0.89

秋甘蓝：N 1：P_2O_5 0.53：K_2O 0.45

有机肥校正幅度较大，应引起充分重视，但在实际计算时必须注意如下事项：①一个地区有机肥的平均施用量带有估计性质，有些统计值往往偏高，与实际施用水平有较大差距。这是由于有机肥的可能生产量（如多少厩肥、多少大粪）、可能收集量与可能施用量均因具体条件而变动很大，不宜从可能生产量推断施用量，故数量宜稍加保守，选用较低值。②一个地区，不同季节、不同田块有机肥的实际施用量不等，必须特别注意对较集中施用有机肥的作物（如春季茄果类蔬菜）的专用肥进行校正。③近年有机肥的质量明显下降，多数有机肥的实际养分含量与常见肥料手册中所载养分含量出入较大，故应尽量利用当地完成的有机肥分析数据，并要注意实际施用的有机肥按鲜重计，而有的分析资料则以干重百分率表示。④有机肥的总量，主要应按其中所含的有机物质数量计算，调制时加入的土和其他填充剂不宜计入。

4. 依据施肥方法等因素修正配方

一个专用肥的基本配方经土壤养分丰缺和有机养分施用量的校正后，基本上已可提供工厂试产和作肥效评价用。但在确定工艺条件、施用技术等方面，一些因素仍可能对配方中的养分比例产生较大影响，须进一步校正。

（1）基、追肥比例的影响：对一年生作物，习惯上分基肥和追肥施用，由于不同养分在作物不同生育期的生理作用不同，基肥和追肥的养分比例常有较大差别，尤其是磷。据报道，我国推荐的蔬菜专用复混肥料，基、追肥的养分比例如下：

茄果类（4 个平均）：基肥 N 1∶P_2O_5 1.25∶K_2O 1.03，追肥 N 1∶P_2O_5 0.16∶K_2O 1.0

叶菜类（4 个平均）：基肥 N 1∶P_2O_5 1.16∶K_2O 1.0，追肥 N 1∶P_2O_5 0.22∶K_2O 0.8

其基本特点是，磷集中在基肥施用，氮、钾养分在基、追肥中的比例相近。

为适应我国土壤供肥特点和当前农民喜欢用单一氮肥追施的习惯，也为了尽可能节约磷、钾资源，当前应提倡专用肥主要作基肥，少作追肥，并把磷、钾养分主要配在基肥中较合适。如对前述两种蔬菜，当只施一次专用肥（或绝大部分）时应作基肥施用，生长期间基本不追肥时，其养分配比可基本不变。即春番茄为 1∶0.5∶0.89，秋甘蓝为 1∶0.53∶0.45，但若春番茄和秋基蓝计划分别以氮的 70%和 75%用基肥，以 30%和 25%用单一氮肥追肥，把全部磷、钾配在专用型复混肥中，则其养分比例必须相应调整如下：

春番茄：N 1∶P_2O_5 0.71∶K_2O 1.27

秋甘蓝：N 1∶P_2O_5 0.71∶K_2O 0.60

（2）施肥量的影响：由于肥料中不同养分对作物的平衡营养作用，只有在一定施用量的前提下才能充分显示，因此一个地区平均施肥水平的高低，也会对专用肥的养分平衡作用产生相当大的影响。对平均施肥量低的地区（如施氮量＜75 千克/公顷），实际施用的专用肥中磷、钾养分也会相应减少，则对土壤养分矫正和对作物的平衡营养效果也较差。故施用量低时，一般应使专用肥中磷、钾比例相应提高（10%左右）。若一个地区土壤的氮肥力高，施肥量也高（如施氮量＞187.5 千克/公顷），常可适当降低磷的比例和提高钾的比例，以防止氮偏高的不利影响。如果同一养分比例的专用肥施在不同养分水平的土壤上，就可用单一养分的肥料（如氮肥）与之合理搭配，使之发挥平衡营养作用。

（3）其他因素的影响：如专用肥剂型（粒状肥中养分初期释放较缓慢）、混配中养分的损耗、溶解度改变（如水溶性磷的退化）、氮包膜控释和添加生物菌剂等，有时都可作为修正配方的因素。

5. 田间试验校正配方

按上述原则和设计方法设计配方时还要注意以下几个问题：

（1）专用复混肥的作物对象具有相对性，并非每一种作物都要求有专用的配方。专用肥有时只针对一种作物，如烟草和茶叶；有时可针对一类作物，如叶菜、果菜和豆类等。这种归类可经由两种方式来实现。一种方式是先为若干单一的作物设计配方，然后将相近的配方合并；另一种方式是按作物的营养类型归类，并按同一营养类型中不同作物的养分吸收量与吸收比例予以平均，据此设计这一类作物的配方。

（2）对同种作物，施肥量的差异对养分平衡有很大影响。当施肥量大，甚至超量施用时，将会掩盖土壤中某一养分轻度缺乏或专用复混肥中养分比例微小、不合理对肥效的影响。从已有研究的一些试验结果中发现，当超量施肥时，不同养分比例的专用肥对同一作物的产量和质量影响差异较小；反之，若施肥量低，则无论土壤养分的比例（如缺磷富钾）还是专用肥中养分的不同配比，都会对平衡营养产生明显影响，不同养分配比专用肥的肥效将会有较大差异。

（3）一些对作物生育影响较大的环境条件，有时也是配比专用肥必须考虑的重要因素。例如气温，对在春季气温较低条件下种植的蔬菜（尤其是茄果类），由于这些蔬菜的苗期吸磷力低，一般应使配方中磷的比例较原设计的配方有一定增加或配施一定量单元磷肥；反之，气温较高时，秋播的蔬菜钾的比例可适当提高。对早熟要求高的春季作物如马铃薯，原设计配方为1∶0.47∶0.91，当马铃薯正常收获（6月上旬初花期）时，产量较高，但若期望马铃薯提早至5月上、中旬收获以保证高产值时，配方须作相应调整，提高磷的比例，采用1∶0.70～0.90∶0.60～0.80，可明显促进马铃薯早熟。

由于现有的专用复混肥配方的设计原则和程序尚不够完备，因此对一个实际应用的配方，除应按上述程序进行计算外，还应按作物的吸肥要求和施用地区的土壤条件重点考虑某一养分的矫正，如在严重缺磷地区，对专用肥中磷的比例应做重点考虑。在上海菜区，由于菜地的平均含 K_2O 量不高，而多数蔬菜又需要较高的钾供应，因此专用肥中钾的比例就应重点考虑。又如对烟、茶、草莓等经济作物，不仅要考虑施钾的量，还应考虑配入钾的形态，如配入 K_2SO_4 显然比 KCl 好。

专用肥中是否必须加入微量元素，当前一般都缺乏严格的田间试验依据。因此，研究指出，可采用先按作物类型确定敏感的1～2种微量元素（如茄果类蔬菜对锌，豆类对钼，花菜对硼等），再按土壤中该种微量元素的有效含量确定是否需要配入。配入比例一般少于实物量的1%（质量）。一种专用肥中配入的微肥，一般不宜超过2～3种。根据不充分时，一般不配入微肥，必要时可考虑配施相应的微肥叶面营养液。

三、配方设计实例二：烤烟专用肥配方设计

烤烟是一种根系发达、生物产量大、有显著营养特点的嗜好性经济作

物。烤烟的营养与施肥主要应掌握以下原则：①严格控氮，以控制烟草的生物生长量和调节不同生育期的碳氮比，使其只在旺长期出现氮代谢优势，以确保烟叶充分成熟；②充分供钾，烤烟吸收的营养元素中，灰分元素特别是钾占有很大比例，成熟烟叶中钾含量的高低是烤烟的一项重要质量指标；③严格限氯，氯虽然也是烤烟的一种必需营养元素，但烤烟对氯敏感，若氯的吸收量过多，将导致烟叶变厚变脆，叶边翻卷，初烤叶表面无光，易吸湿受潮，燃烧后产生黑灰，容易熄火，使烟叶品质降低。此外，烤烟的蒸腾系数达 1 500，高于一般大田作物 2～3 倍，耗水量大，所吸收的氮中有相当比例将在根系中合成烟碱。以上特点也增加了营养控制和施肥的难度。

烤烟专用复肥配方设计的技术关键是肥料中适当的 N：P_2O_5：K_2O 养分比例和相应的原料结构。

1. 养分比例

长期以来，我国烟草界对烤烟专用肥的 N、P、K 养分比例有较为一致的看法，普遍认为 N：P_2O_5：K_2O 应为 1：2：3，即特别强调高 P、K。有些烟区（如黑龙江省）要求生产 1：3：4 或 1：5：3 的烟肥。尽管这些养分比例在工艺上能实现，但不一定合理。那么，应如何设计烤烟专用肥的养分比例呢？

考虑到我国早期资料所用的烤烟品种耐肥性差、施肥量低，且以施用饼肥等有机肥为主，测定值中 P、K 比例可能偏低。因此，选用 1：0.50：2.50 作为设计烟肥的基本养分比例。但烤烟吸入植株体内的养分比例绝不能简单地等同于烟肥中的养分比。

根据不同烟区、不同研究机构的测定结果，烤烟对肥料中养分利用率的差异也较大，尤其是磷，因此选用多次出现的数据值作为计算依据，即烤烟对 N、P、K 的利用率分别为 30%、12%和 40%。这样，可将上述烤烟对养分的吸收比例换算成烟肥的养分比例。

$$\frac{1.0}{0.30}:\frac{0.50}{0.12}:\frac{2.50}{0.40}=3.33:4.16:6.25=1:1.25:1.88$$

显然，以上比例将随烤烟对养分的吸收比例和养分利用率的变化而改变。但一般条件下，这一基本比例已能适应多数烟区烤烟的需肥要求。近几年与国内的试验结果也比较一致。例如，陕西省烟草公司 3 年试验的结果表明，烤烟的最适养分比例为 1：1.15～1.58：1.65～2.20。中国科学院南京土壤研究所曾在不同烟区筛选过多种烟肥配方，其中 1987 年在河南和安徽烟区，也以 SF-873 配方即 1：1：2 为好。美国 20 世纪年代初的烤烟施肥标准中对速效 P、K 含量中等水平的烟区采用的养分比例为 1：1.0～1.67：2.0～2.5。1990 年以后，我国批量生产的多数烟草专用型复混肥的养分比例大都已调整到 1：1：2 左右。

如上所述，1∶1∶2这一养分比例可作为当前我国不同烟区开发烟肥时选用的基本比例。但是，实际确定某一烟肥品种的养分比例时，需根据目标烟区的土壤及气候条件予以调整。一般来说，南方烟区大体可按以上基本比例，如为贵州省湄潭烟区开发的品种为1∶1.13∶2.13（8—9—17）；而北方烟区尤其是东北烟区，磷的比例可高些，如为辽宁省开源烟区开发的品种，养分比例为1∶1.75∶2.5（8—14—20），为了促进成熟，对黑龙江烟区，磷的比例可提高至2.0～2.5。

专用型复混肥配方中的养分比例应以对象作物的养分吸收比例为基本依据。烤烟因不同种品种、不同地区和不同栽培条件的影响，加之养分吸收量计算方法不统一，使不同来源的养分吸收数据差异很大，N∶P_2O_5∶K_2O从1∶1.08∶0.28到1∶0.45∶2.69（表7-12）。

表7-12　烤烟吸收的养分比例

资料来源	养分吸收量（千克/公顷）			养分吸收比例
	N	P_2O_5	K_2O	N∶P_2O_5∶K_2O
贵州烟草研究所	145.5	45.0	87.0	1∶0.31∶1.63
贵州烟草研究所	258.0	46.2	72.8	1∶0.18∶0.28
1980年正常天气	2 879.5	762.1（毫克/株）	4 110.3	1∶0.26∶1.43
1981年干旱天气	3 419.6	554.1	3 004.0	1∶0.16∶0.88
4组平均	—	—	—	1∶0.23∶1.06

2. 氮源选择

常用氮源有铵态、硝态和尿素态氮肥。由于尿素施入土壤后第一步转化产物为铵，因此可归入铵态氮肥。研究表明，烤烟是喜硝态氮作物，氮源中配入一定比例的硝态氮，能明显促进烟株对氮和钾的吸收，从而提高烟叶质量。但若全部使用硝态氮，植株需要较多能量将其还原成NH_4^+，且有被大量淋失等弊病，因此一般认为铵态氮和硝态氮各占50%左右较好。限于我国当前氮肥产品中硝态氮肥产量较低，以及配入烟肥后将增加工艺上造粒难度等原因，多数生产厂不愿添加硝态氮。为确保烟肥的效果，我们认为对土壤硝化力弱的南方烟区和北方微酸性土壤烟区，烟肥中必须添加一定比例的硝态氮肥，使硝态氮占含N量的30%～50%；而北方中性和石灰性土壤的硝化力较强，烟肥施入土壤后铵态氮能在很短时间内经硝化作用转化成硝态氮，如硫酸铵和尿素在微碱性（pH7.3～8.2）、28.0±2.0℃条件下培养，能在5～8天内将其N量的60%～80%转变为硝态氮，且北方石灰性土壤中有较多OH^-，有利于作物对NH_4^+的吸收，南方酸性土壤中，土壤胶体与溶液中有较多H^+，有利于作物对NO_3^-的吸收。因此，不论南北方烟区，烟专用肥中如能配入一定量硝态氮肥都可以收到较好的效果。但就土壤硝化力差异这一基本的土壤生物化学特点看，硝态氮肥应主要配在南方烟区的烟肥中。

3. 磷源选择

对复肥中磷源选择的观点较为一致。用于南方烟区的烟肥，水溶性或枸溶性磷均可使用，但水溶性磷源应占较高比例；而用于北方石灰性土壤烟区的烟肥，则应主要使用水溶性磷。除生产品位大于40%的高浓烟肥外，一般可使用有效 P_2O_5 14%～18%的过磷酸钙或18%～20%的钙镁磷肥。使用这些磷源有一个很重要的优点，在施磷肥的同时可配施不同数量的中量及微量营养元素，如Mg、Zn和B等。

4. 钾源选择

最好的钾肥应为含养分 13－0－44 的 KNO_3，但由于 KNO_3 产量低、价格贵，对复混工艺的要求高，实际使用很少。烟肥中最常用的钾源是 K_2SO_4，其所含的 K^+ 和 SO_4^{2-} 均为烟草所喜好。最普遍使用的KCl，因其带入较多 Cl^-，会影响烟叶品质，故通常不作烟肥钾源。但对于某些低氯土壤（如 Cl^- ＜0.003%＝，则需要在烟肥中配入少量的KCl。若烟叶 Cl^- 含量小于0.3%～0.4%，则烟叶发脆，在贮运中极易破碎。故烟肥产品中的 Cl^- 含量一般应控制在1%～2%。

5. 添加微肥

我国烤烟主要分布在酸性土壤及肥力较低的地区，常出现若干微量元素的含量低于临界值的情况，需要通过施肥补充。但由于微肥价格高，肥效不稳定，因此应在土壤测定和田间试验的基础上应根据需要添加，而不应搞“十全大补”式的添加。如用于河南和山东烟区的烟肥，可添加Zn、Mo和Mn中的1～3种；贵州和福建烟区的烟肥在添加Mg的基础上，添加Zn、B和Cu中的1～2种；陕西强石灰性土壤烟区，可添加B、Zn、Mo和Mn中的1～3种。

6. 我国烟区的传统优质肥料——饼肥

8种饼肥含有N、P、K养分的平均值为N5.04%±1.10%，P_2O_5 1.92%±0.63%，K_2O1.47%±0.37%，N∶P_2O_5∶K_2O 为1∶0.33∶0.21。其中菜饼含N4.60%，养分比例为1∶0.54∶0.30；棉子饼含N3.41%，养分比例为1∶0.48∶0.28，均属低P、K，尤其是低K肥料。如果在烤烟全生育期只施用单一饼肥，而不补充适量P、K肥，显然不符合烤烟的营养要求。

传统上，烤烟的施肥原则是烟肥中应添加一定量的饼肥或经腐熟干燥的畜禽粪等有机肥，但实际上这并不是配施有机肥的好办法。烤烟施肥量低，即使烟肥中配入30%的有机肥，每亩施用50千克烟肥时，带入的有机肥也只有15千克，而配入有机肥后，烟肥品位则显著降低。例如含N

$+P_2O_5+K_2O$为32%（8－8－16）的烟肥，如配入含$N+P_2O_5+K_2O$为8%的饼肥30%，则品位将降低至24.8%，这不但使烟肥中单位养分的加工成本增加，而且将增大烟肥的贮运费用。有机肥的添加还将使烟肥造粒困难，干燥时间延长，降低了产品的抗压强度和外观质量。因此，就当前我国的工艺条件和施肥习惯而言，应提倡将有机肥直接作基肥或经充分腐熟后作追肥施用。

第四节 复混肥中元素间的协和与拮抗

推荐施用复混肥，目的是提高肥效。在配制复混肥时，不仅要考虑土壤、作物的特性，还要考虑各养分间的相互关系，以及各种营养元素在土壤和植物吸收过程中由于相互作用而产生的影响。因此，在配肥过程中，如果单纯从某种元素的需要量来决定配比，可能导致无效甚至起到相反的作用，因为各种元素之间存在着拮抗和协和作用，有的在配合过程中还存在着激烈的物理和化学作用，以至完全失去肥效。下面介绍目前复混肥中普遍存在的几种元素的相互关系。

1. 氮与磷、钾

氮、磷、钾为每种植物生长必不可少的养分，一般情况下它们表现为协和作用。只有植物吸收了大量硝态氮时，氮、磷才产生拮抗作用；在高氮土壤，氮、钾也存在拮抗。

2. 氮、磷、钾与锌

锌是植物体不可缺少的微量元素，它参与碳水化合物的转化。锌肥能提高子实产量和子粒重量，提高作物的抗寒性和耐盐性。作物缺锌时，叶片失绿，光合作用减弱，生长缓慢或停止生长，产量降低。在植物生长过程中由于供氮量增加，会导致植物缺锌，磷、锌之间存在着明显的拮抗作用。在土壤高磷导致作物生长失调时，可通过施锌加以调整，一般植株中$P/Zn<400$时为正常，$P/Zn>400$会出现缺锌症状。施用钾可以低消磷与锌的拮抗作用，并增加土壤中的有效锌。

3. 磷、钾与铁

土壤中一般不缺铁，一般认为土壤中缺铁的原因是铁与其他营养元素（主要是磷元素）的拮抗作用以及土壤pH过高，过量的磷可钝化铁离子的活性。铁直接影响植株对钾的吸收，特别在长期淹水条件下及Fe^{2+}含量高的情况下，铁的作用更为明显。

4. 钙、钾与硼

钾能促进植物对硼的吸收，钙、硼之间有平衡关系。正常生长的植物体内钙硼比，大豆1∶500，甜菜1∶100，烟草1∶1 200。当比例失调时，植株以缺硼症状反映出来。

5. 其他元素

磷可以加强植株对钼的吸收和运输，硫则抑制植株对钼的吸收。对于豆科作物，施用含硫酸根离子（SO_4^{2-}）的肥料时应特别注意钼肥的作用。铁与钼适量时为协和作用，钙、硼对镁有拮抗作用。氯离子（Cl^-）、磷酸二氢根离子（$H_2PO_4^-$）、硝酸根离子（NO_3^-）之间都有不同程度的拮抗作用，施用时必须注意。

表 7-13　配料组分相合性判别

1	氨水																							
2	硫酸铵	×																						
3	氯化铵	○	○																					
4	碳酸氢铵	○	◎	◎																				
5	硝酸铵	○	○	○	×																			
6	尿素	○	○	○	◎	◎																		
7	石灰氮	×	×	×	×	×	×																	
8	过磷酸钙	◎	○	○	◎	◎	○	×																
9	钢渣磷肥	×	×	×	×	×	×	×	×															
10	钙镁磷肥	×	×	×	×	×	○	×	○	×														
11	磷矿粉	×	○	○	◎	○	○	×	○	○	○													
12	硫酸钾	◎	○	○	○	○	○	◎	○	◎	○	○												
13	氯化钾	◎	○	○	○	○	◎	◎	○	◎	○	○	○											
14	窑灰钾肥	×	×	×	×	×	×	×	×	○	○	○	○	○										
15	磷酸铵	◎	○	○	◎	○	○	×	○	×	◎	○	○	○	×									
16	氨化过磷酸钙	◎	○	○	◎	○	○	×	○	×	◎	○	○	○	○	○								
17	石灰质肥料	×	×	×	×	×	×	×	×	×	×	×	○	○	○	×	×							
18	硫酸镁	◎	○	○	◎	○	◎	×	○	○	○	○	○	○	×	○	○	○						
19	硫酸锰	×	○	○	×	○	○	×	○	×	×	○	○	○	×	○	○	×	○					
20	硼酸	○	○	○	○	○	○	×	○	×	○	○	○	○	×	○	○	×	○	○				
21	骨粉类	○	○	○	×	○	○	×	○	×	×	○	○	○	×	○	○	×	○	○	○			
22	烘尿肥	◎	○	○	×	◎	◎	×	○	×	○	○	○	○	×	○	○	○	○	○	○	○		
23	厩肥、堆肥	○	○	○	○	○	○	○	○	○	○	○	○	○	○	○	○	○	○	○	○	○	○	
24	草木灰	×	×	×	×	×	×	○	○	○	○	×	○	○	×	×	×	○	○	×	○	○	×	×

○可以混合

◎可以混合，须随混随用

×不可混合

6. 各种原料相互影响

以上是各种元素之间对植物生理功能产生协和和拮抗作用。此外，生产复混肥的各种原料在混配过程中也会发生化学反应，有些化学反应产生良好的效果，有些反应导致肥效损失；有些原料混合起来吸湿、结块，甚至分解，完全失去肥效，因而不能混用。例如铵盐与消石灰相混，会发生如下反应

$$(NH_4)_2SO_4 + Ca(OH)_2 \rightarrow CaSO_4 + 2NH_3 \uparrow + H_2O$$

导致了氨的损失。硝酸铵与过磷酸钙相混，会发生如下反应

$$2NH_4NO_3 + Ca(H_2PO_4)_2 —— 2NH_4H_2PO_4 + Ca(NO_3)_2$$

造成一部分氮的损失。又如过磷酸钙和尿素直接混合时会发生下列反应，生成磷酸二氢钙一尿素加合物和尿素磷酸，并放出水

$Ca(H_2PO_4)_2 \cdot H_2O$（磷酸一钙）$+ 4CO(NH_2)_2$（尿素）——$Ca(H_2PO_4)_2 \cdot 4CO(NH_2)_2$（尿素磷酸一钙）$+ H_2O$（水）

$$CO(NH_2)_2 + H_2PO_4 —— CO(NH_2)_2 \cdot H_3PO_4$$

由于以上反应使混合物液相增多，形成饱和溶液，呈泥浆状，无法进行造粒。以上混合物的临界相对湿度很低，30℃时为52.8%，几乎在任何条件下都能吸收空气中的水分而溶化。

经过长期的实践和理论分析，得出各种原料混配程度如图7-13所示。

第五节　复混肥的组分对肥料性能的影响

复混肥的品质在很大程度上取决于复混肥的组分。以普钙为原料制得的复混肥其品质与普钙的酸度有关，如果普钙游离酸和水分较高，则复混肥的松散性较差。磷或钾多于氮的复合肥，通常比等养分或氮多于磷养分的复混肥更为干燥和松散。含尿素的复混肥吸湿，使混合物黏结，在贮存时由于结晶水的析出而使水分增多。为了降低含有尿素混合物的吸湿性，不推荐在混合物中加入氯化物。要改善这种混合物的物理状态，必须往其中加入适宜的中和剂。在稳定温度和周围环境的饱和湿度条件下贮存时，硝酸铵与普钙或重钙和氯化钾的混合物，比由尿素与普钙或重钙和氯化钾制成的复混肥吸湿更为强烈。复混肥的各组分与复混肥性能的影响列于表7-14至表7-18。

表7-14　复混肥（1∶1∶1）组成和贮存期限对其含湿量的影响（%）

复混肥	水分含量		
	贮存前	贮存时间（天）	
		80	260
NH_4NO_3＋过磷酸钙＋KCl	3.6	11.1	11.0
NH_4NO_3＋5%白云石粉	3.4	10.2	11.6
NH_4NO_3＋15%白云石粉	3.4	9.2	10.5

（续）

复混肥	水分含量		
	贮存前	贮存时间（天）	
		80	260
CO $(NH_2)_2$＋过磷酸钙＋KCl	5.5	15.7	13.3
CO $(NH_2)_2$＋5%白云石粉	3.7	12.0	14.5
CO $(NH_2)_2$＋15%白云石粉	3.6	8.5	8.7

表 7-15　钾组分的形式对复肥吸湿的影响（%）

复混肥	水分含量	
	配制当天	贮存 3 个月后
CO $(NH_2)_2$＋过磷酸钙＋KCl	2.3	4.0
CO $(NH_2)_2$＋过磷酸钙＋K_2SO_4	1.3	1.6
CO $(NH_2)_2$＋过磷酸钙＋KNO_3	2.2	3.2

表 7-16　复混肥（1∶1∶1）组成和贮存条件对产品含水量的影响（%）

复混肥	含水量		
	起始	不同空气相对湿度下贮存 90 天	
		80	260
CO $(NH_2)_2$＋过磷酸钙＋KCl	3.6	11.1	11.0
CO $(NH_2)_2$＋过磷酸钙＋KCl	3.4	10.2	11.6
CO $(NH_2)_2$＋$(NH_4)_2HPO_4$＋KCl	3.4	9.2	10.5
CO $(NH_2)_2$＋磷铵＋KCl	5.5	15.7	13.3
CO $(NH_2)_2$＋KPO_3＋KCl	3.7	12.0	14.5

表 7-17　复混肥（1∶1∶1）组成和贮存条件对产品 P_2O_5 水溶性的影响（%）

复混肥	起始	30%空气相对湿度下贮存 90 天	60%空气相对湿度下贮存 90 天
CO $(NH_2)_2$＋过磷酸钙＋KCl	11.2	11.5	11.4
CO $(NH_2)_2$＋过磷酸钙＋KCl	13.7	13.3	13.5
CO $(NH_2)_2$＋KPO_3＋KCl	1.6	1.6	1.5

表 7-18　复混肥组成与贮存条件对氮损失的影响（%）

肥　料	贮存时的湿度	连续贮存时间		氮损失	
		100 天	90 天	以绝对干物质计	对起始含量计
$CO(NH_2)_2$（尿素）	30	45.81	45.53	0.23	0.61
	60	45.81	45.50	0.31	0.68
	90	45.81	44.61	1.20	2.62
$CO(NH_2)_2$＋过磷酸钙	30	16.40	16.35	0.05	0.30
	60	16.40	16.16	0.24	1.46
	90	14.37	14.27	0.10	0.70
$CO(NH_2)_2$＋过磷酸钙＋KCl	30	12.21	11.03	1.18	9.66
	60	13.75	12.41	1.34	9.74
	90	12.21	10.86	1.35	11.06

第六节　复混肥料的主要种类、性质和施用

目前我国生产复混肥的主要代表产品规格见表 7-19。

表 7-19　我国复混肥料的代表产品规格

养分浓度	三元复混肥料				二元复混肥料
	高磷高钾	高磷低钾	低磷高钾	低磷低钾	
低浓度（≥25%）	11-7-7 9-9-7 11-8-6	13-8-4 11-10-4	14-6-8 10-5-10	15-5-5	12-8-0 10-0-10
中浓度（≥30%）	5-15-12 8-8-16 10-8-20	16-10-4 18-8-4	16-4-10 18-4-8	16-7-7 18-8-8	15-10-0 12-0-18
高浓度（≥40%）	15-15-15 12-12-24	22-12-16	18-8-18 20-9-13	20-10-9	23-12-0 10-40-0 13-32-0

引自《中国肥料》。

一、硝酸磷肥

硝酸磷肥是氮磷二元复合肥料，是世界上生产较多的一种复合肥料。

1. 主要成分

硝酸磷肥［$CaHPO_4 \cdot NH_4H_2PO_4 \cdot NH_4NO_3 \cdot Ca(NO_3)_2$，含N 13%～26%，$P_2O_5$ 12%～20%］是由硝酸或硝酸—硫酸（或硝酸—磷酸）混合酸分解磷矿粉，去除部分可溶于水的硝酸钙后的产物。产品组分复杂，氮主要来自NH_4NO_3和$Ca(NO_3)_2$，磷来自$CaHPO_4$和$NH_4H_2PO_4$，N∶P_2O_5比例1∶1或2∶1。硝酸磷肥大部分为灰白色颗粒，有一定吸湿性，部分溶于水，水溶液呈酸性反应。硝酸磷肥中含氮成分主要是硝酸铵和硝酸钙，都可溶于水；含磷成分主要是磷酸铵和磷酸二钙，前者可溶，后者部分可溶。溶液pH较低时，可能存在$Ca(H_2PO_4)_2$，水溶性增加；在pH较高时，可能存在难溶的$Ca_3(PO_4)_2$而水溶性降低。

2. 性质

硝酸磷肥是含有氮、磷养分的复合肥料，主要成分是硝酸盐和磷酸盐等。硝酸盐的主要成分是硝酸铵，还有少量硝酸钙，都溶于水。磷酸盐有3种形态：水溶性的磷酸盐包括磷酸一钙、磷酸一铵、磷酸二铵等；枸溶性的磷酸盐包括溶解于中性柠檬酸铵或碱性柠檬酸铵溶液的磷酸二钙和磷酸铁铝盐、磷酸二镁等；还有未分解的磷矿和碱性磷酸盐，都属于难溶性的磷酸盐。硝酸磷肥临界相对湿度为57%。

硝酸磷肥中的枸溶性磷主要是由磷酸二钙提供的。在酸性土壤中，就直接肥效而言，这种含大量磷酸二钙的肥料至少和含水溶性磷的磷肥相当；就残留肥效而言，硝酸磷肥要优越得多。因为磷酸二钙接近中性，在一定程度上避免了磷酸铁、磷酸铝的生成，防止了磷的固定。在碱性土壤中，磷酸二钙的直接肥效不如水溶性磷，但残留肥效较高，因为它转化为磷酸三钙的机会较小。但以含枸溶性磷为主的硝酸磷肥比起含水溶性磷的磷肥来，在肥效上总有一种滞后现象，而且大颗粒（直径5毫米）比小颗粒（直径2毫米）和粉末的滞后现象更为严重。

3. 生产方法

（1）冷冻法：用58%～60%浓度的硝酸在酸解槽内分解磷矿，酸解液经过沉降槽、洗涤鼓除去酸不溶物，然后在间壁冷却结晶器内用氨气化或盐水作为冷冻介质，冷却酸解液到－5℃，此时析出大量$Ca(NO_3)_2 \cdot 4H_2O$结晶，用真空过滤分离结晶，用冷硝酸洗涤后，送去硝酸钙转化工段，母液用氨中和，中和料浆和硝酸钙转化工段来的硝酸铵溶液，一并进入真空蒸发器浓缩，浓缩到一定程度进行造粒。其反应式如下：

$Ca_5F(PO_4)_3 + 10HNO_3 \rightarrow 5Ca(NO_3)_2 + 3H_3PO_4 + HF\uparrow$

$HNO_3 + NH_3 \rightarrow NH_4NO_3$

$H_3PO_4 + 2NH_3 \rightarrow NH_4H_2PO_4$

$H_3PO_4 + 2NH_3 \rightarrow (NH_4)_2HPO_4$

$(NH_4)_2HPO_4 + Ca(NO_3)_2 \rightarrow CaHPO_4 + 2NH_4NO_3$

$Ca(NO_3)_2 + 2HF + 2NH_3 \rightarrow 2NH_4NO_3 + CaF_2$

$NH_4NO_3 + CO_2 + 2NH_3 + H_2O \rightarrow NH_4NO_3 + (NH_4)_2CO_3$

$Ca(NO_3)_2 + (NH_4)_2CO_3 \rightarrow$ 本品 $+ CaCO_3$

（2）硝酸一硫酸法：利用硫酸与钙生成不溶性硫酸钙（$CaSO_4 \cdot 2H_2O$）结晶，有利于分离。其反应式如下：

$Ca_5F(PO_4)_3 + 10HNO_3 \rightarrow 5Ca(NO_3)_2 + 3H_3PO_4 + HF\uparrow$

$Ca_5F(PO_4)_3 + 5H_2SO_4 \rightarrow 5CaSO_4 \cdot 2H_2O + 3H_3PO_4 + HF\uparrow$

4. 产品质量指标（表 7-20）

表 7-20 硝酸磷肥质量标准（GB/T10510—1998）

项目		指标		
		优等品	一等品	合格品
总氮肥（N），%	≥	27.0	26.0	25.0
有效磷（以 P_2O_5计）含量，%	≥	13.5	11.0	10.0
水溶性磷占有效磷的百分比，%	≥	70.0	55.0	40.0
水分（游离水），%	≤	0.6	1.0	1.2
粒度（1.00～4.00毫米），%	≥	95.0	85.0	80.0
颗粒平均抗压碎力（2.00～2.80），N	≥	50.0	40.0	30.0

5. 包装及贮运

编织袋内衬塑料薄膜，缝纫封口。每袋重量 40±0.4 千克。注意防晒、防潮、防水、防破裂，以免损失。

6. 施用方法

硝酸磷肥是一种既含氮又含磷的复合肥料，适用于酸性和中性土壤，对多种作物都有较好的效果。可作基肥或追肥，也可作种肥，集中施用效果更好。硝酸磷肥的氮以硝态氮为主，易随水流失，应优先用于旱地和喜硝作物上，在水田中施用要注意氮素流失。旱田可用在种斜下方 5 厘米处，以防止影响发芽和烧苗；直播田可在播种时施用，宜做基肥或早期追肥，一般每亩用量 30 千克左右。

二、磷酸一铵

磷酸一铵为二元氮磷复合肥料，别名磷酸二氢铵、一铵。料浆法生产的产品含氮（N）9%～10%，含磷（P_2O_5）41%～46%。

分子式：$NH_4H_2PO_4$

1. 性质

磷酸一铵产品是白色或浅色颗粒或粉末，是吸湿性很小的稳定性盐类，加热到100℃左右不会引起氨损失。在0～100℃范围内，不会生成水合物，19℃相对密度1 803千克/米^3，正方晶型，0.1摩尔溶液pH=4.4，呈酸性。能溶于水，在10～25℃水中溶解度为9～40。

磷酸一铵在土壤中的NH_4^+比其他铵盐容易被土壤吸附，因为在中性条件下磷铵容易离解，形成的NH_4^+被土壤胶体（负电）吸收，同时形成的$H_2PO_4^-$也是作物可吸收利用的形态。和铵离子共存的磷酸根离子特别容易被作物根系吸收。在作物生长期间施用磷酸一铵是最适宜的。另外，磷酸一铵中的磷比过磷酸钙中的磷不容易被固定，即使被固定的磷也容易再溶解。磷酸一铵在土壤中呈酸性，与种子过于接近，可能会有不良影响。在酸性土壤中比普钙、硫酸铵好，在碱性土壤中也比其他肥料优越。磷酸一铵中的磷和重钙中的磷等效，所含氮则和硫酸铵中的氮等效。

2. 生产方法

磷酸与氨反应生成磷酸一铵。所用的磷酸既可是热法磷酸也可是湿法磷酸，通常用湿法磷酸。生产方法是用磷酸浓缩法（传统法）和料浆浓缩法（料浆法）。磷酸与氨反应生成磷酸一铵。

工艺流程：

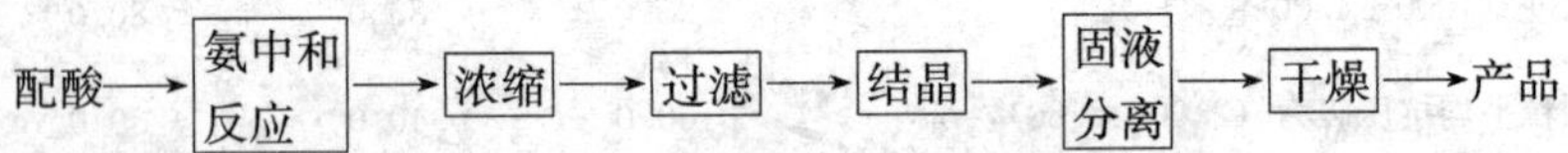

反应式：$H_3PO_4 + NH_3 \rightarrow NH_4H_2PO_4$

3. 主要技术指标（表7-21、表7-22）

表7-21　料浆浓缩法磷酸一铵质量标准（GB 10205—2001）

指标名称		指标（%）		
		优等品 11-47-0	一等品 11-44-0	合格品 10-42-0
总养分（$N+P_2O_5$）	≥	58.0	55.0	52.0
总氮（N）	≥	10.0	10.0	9.0
有效磷（以P_2O_5计）含量	≥	46.0	43.0	41.0
水溶性磷占有效磷的百分比	≥	80	75	70
水分（H_2O）	≤	2.0	2.0	2.5
粒度（1.00～4.00毫米）	≥	90	80	80

表 7-22　粉状磷酸一铵质量标准（GB10205—2001）

项　目		Ⅰ类		Ⅱ类		
		优等品 9-49-0	一等品 8-47-0	优等品 11-47-0	一等品 11-44-0	合格品 10-42-0
总养分（$N+P_2O_5$）	≥	58.0	55.0	58.0	55.0	52.0
总氮（N）	≥	8.0	7.0	10.0	10.0	9.0
有效磷（以 P_2O_5 计）	≥	48.0	46.0	46.0	43.0	41.0
水溶性磷占有效磷的百分比	≥	80	75	80	75	70
水分（H_2O）	≤	4.0	5.0	3.0	4.0	5.0

4. 包装及贮运

编织袋内衬塑料薄膜，缝纫封口。每袋 25±0.5 千克、40±0.8 千克、50±1.0 千克。注意防晒、防潮、防水、防破袋，以免损失。

5. 施用方法

磷酸一铵是一种以磷为主的氮磷复合肥料，适用于各种土壤和作物，可作种肥、基肥、追肥。作基肥时，一般每亩用量 15～25 千克，作种肥时，一般每亩用量 2.5～5 千克。作种肥时要尽量避免与种子接触，用量应减少，避免影响种子发芽和烧苗。施用于油菜、小麦、水稻等作物时只要注意氮肥配合，其效果优于等磷量普钙和等氮量硫铵的综合肥效。对中耕作物最好采用开沟条施，亩用量 7.5～10 千克，小麦、油菜最佳用量 20 千克/亩。磷酸一铵是以磷为主的肥料，施用时应优先用在需磷较多的作物和缺磷的土壤中，按作物需磷情况考虑用量，不足氮素由单质氮来补充。

不要与碱性肥料混合使用，以免降低肥效。如南方酸性土壤要使用石灰时，应相隔几天后再施用磷酸一铵。

三、磷酸二铵

磷酸二铵是二元氮磷复合肥料，料浆法生产的产品含氮（N）12%～14%，含磷（P_2O_5）51%～57%。

分子式 $(NH_4)_2HPO_4$，分子量 132

1. 性质

磷酸二铵产品为白色或浅色颗粒，堆密度为 960～1 040 千克/米^3，产品呈微碱性，0.1 摩尔溶液的 pH＝7.8，在常压下有足够的稳定性，在 70℃下易分解失去 1 个氨分子而成为磷酸一铵。磷酸二铵 19℃相对密度 1 619 千克/米^3，单斜晶型，吸湿性比磷酸一铵大些，在 25℃100 克水中的溶解度为 72.1 克，是水溶性速效肥料。

磷酸二铵在土壤中的 NH_4^+ 比其他铵盐容易被土壤吸附。因为在中性条件下磷铵容易离解，形成的 NH_4^+ 被土壤胶体（负电）吸收，同时形成的 H_2PO_4 也是作物可吸收利用的形态。和铵离子共存的磷酸根离子特别容易被作物根系吸收。在作物生长期间施用磷酸二铵是最适宜的。另外，磷酸二铵中的磷比过磷酸钙中的磷不容易被固定，即使被固定的磷也容易再溶解。磷酸二铵在土壤中呈酸性，与种子过于接近，可能会有不良影响。在酸性土壤中比普钙、硫酸铵好，在碱性土壤中也比其他肥料优越。磷酸二铵中的磷和重钙中的磷等效，所含氮则和硫酸一铵中的氮等效。

2. 生产方法

所用的磷酸既可用湿法磷酸也可以用热法磷酸，通常用湿法磷酸。磷酸与氨反应生成磷酸二铵，与磷酸一铵不同的是磷酸被氨中和度比一铵大。

工艺流程：

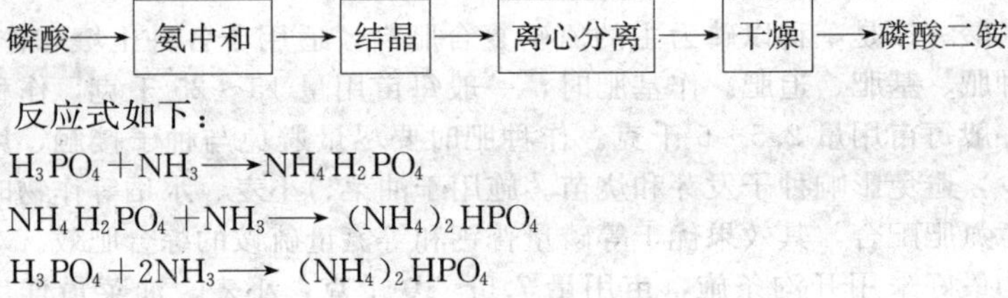

反应式如下：

$$H_3PO_4 + NH_3 \longrightarrow NH_4H_2PO_4$$

$$NH_4H_2PO_4 + NH_3 \longrightarrow (NH_4)_2HPO_4$$

$$H_3PO_4 + 2NH_3 \longrightarrow (NH_4)_2HPO_4$$

3. 产品质量指标（表 7-23）

表 7-23 料浆法磷酸二铵质量标准（GB 10205—2001）

项　目		指标（%）	
		一等品 15-42-0	合格品 13-38-0
总养分（$N+P_2O_5$）	≥	57.0	51.0
总氮（N）	≥	14.0	12.0
有效磷（以 P_2O_5 计）	≥	41.0	37.0
水溶性磷占有效磷的百分比	≥	75	70
水分（H_2O）	≤	2.0	2.5
粒度（1.00～4.00 毫米）	≥	80	80

4. 包装与贮运

编织袋内衬塑料薄膜，缝纫封口，每袋 25±0.5 千克、40±0.8 千克、50±1.0 千克。贮运注意防晒、防潮、防水、防破袋，以免损失。

5. 施用方法

基本适合所有的土壤和作物。可用作基肥、种肥，也可叶面施用。作基肥时，一般每亩用量 15～25 千克，通常在整地前结合耕地将肥料施入土壤；也可在播种后，开沟施入。作种肥时，通常将种子和磷酸二铵分别播入土壤，每亩用量 2.5～5 千克。

磷酸二铵不能和碱性肥料直接混合使用，否则铵容易损失，磷容易被固定。当季如果已经施用足够的磷酸二铵，后期一般不需再施磷肥，后期多以补充氮素为主。由于磷含量高，多数作物需要补允施用氮、钾，同时在施用时应优先用在需磷较多的作物和缺磷土壤。

用作种肥时要避免与种子直接接触，以免发生氨毒，影响发芽。

四、尿素磷酸铵

尿素磷酸铵是目前世界上很受重视的复合肥料，在我国尚未见报道，但有规模化生产的企业。

1. 主要特点

尿素磷酸铵型 N-P 或 N-P-K 复合肥料具有养分含量高、生产成本低的优点。这种肥料已成为当今世界上最受重视的高养分复合肥料。

2. 成分和施用

尿素磷酸铵是尿素和磷铵复合成而的一种高浓度的氮磷复合肥。总有效养分 50%～58%，养分组分有多种形态，如 37-17-0、29-29-0、25-25-0 等，其主要成分为 $CO(NH_2)_2 \cdot (NH_4)_2HPO_4$，属水溶性，适合于多种作物。每亩用量一般以 20～25 千克为宜，可用作种肥、基肥和追肥。

五、硫 磷 铵

本产品是二元氮、磷混合物，农资市场流通量较少，适于用户自行配制。本书只作简单介绍。

硫磷铵是硫酸铵和磷酸铵的混合物，是将磷酸和硫酸的混合酸中通入氨生成硫酸铵与磷酸铵而制成的，也可将硫酸铵、磷酸铵按一定比例混合而成。其主要成分为 $(NH_4)_2SO_4$ 与 $NH_4H_2PO_4$，总有效养分为 36%，其中 N36%，P_2O_5 20%，易溶于水，呈灰白色颗粒，物理性状好，吸湿小。可用作基肥、种肥和追肥。作基肥一般每亩用量 20～30 千克，作种肥 2.5～5 千克。

六、磷酸二氢钾

磷酸二氢钾是磷、钾二元高浓度复合肥料，总有效成分 87%，其中含磷（P_2O_5）52%、钾（K_2O）35%，农用一般为 0-49-32。

分子式：KH_2PO_4

1. 性质

产品白色结晶或灰白带光泽斜方或四方晶体，吸湿性小，物理状态好。相对密度 2.338，熔点 252.6℃。易溶于水，水溶液呈酸性，1%的水溶液 pH=4.6。溶于醇。在 200℃时开始脱水，240～260℃转变为偏磷酸钾（KPO_3），加热至 400℃时，熔融成透明的液体，冷却后固化为不透明的玻璃状物质偏磷酸钾（KPO_3）$_n$。

磷酸二氢钾在水中的溶解度见表 7-24。

表 7-24　KH_2PO_4在水中的溶解度

温度（℃）	0	10	20	30	40	50	60	70	80	90
溶解度（%）	12.88	15.50	18.45	21.90	25.10	29.00	33.40	37.05	41.30	45.50

2. 生产方法

磷酸二氢钾的生产方法很多，有中和法、复分解法、磷矿直接制取法等。

中和法系将钾碱（氢氧化钾或碳酸钾等）和磷酸为原料，经中和而制得磷酸二氢钾。其成本虽较高，但产品纯度高、工艺简单、操作易控制，不失为一种好的生产方法。复分解法采用氯化钾与磷酸、酸式盐（如 NaH_2PO_4、$NH_4H_2PO_4$）反应而制得磷酸二氢钾。因成本较中和法低，仍被广泛采用，但产生的氯化氢对设备腐蚀较大。

矿石直接制取法是以磷矿粉、氯化钾、无机酸为原料，直接生产磷酸二氢钾。该法原料价格低、生产成本低，有竞争力，但产品纯度低，精制工艺复杂。

中和法的生产工艺流程：

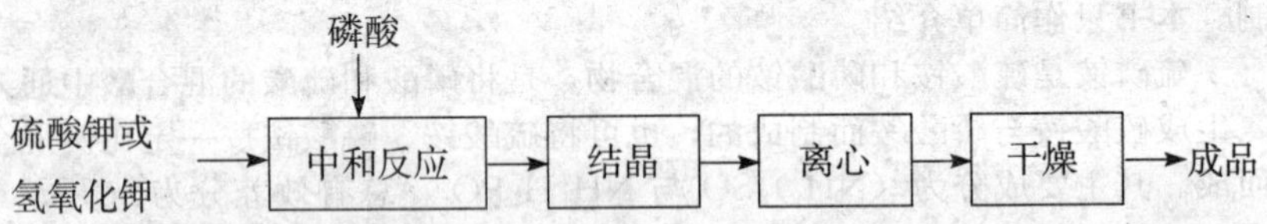

主要化学反应：

$$H_3PO_4 + KOH === KH_2PO_4 + H_2O$$

3. 磷酸二氢钾的主要技术指标（表 7-25）

4. 合理施用

磷酸二氢钾可作基肥、追肥和种肥施用，但由于价格昂贵，目前多用于种子处理或叶面喷施。

表 7-25 磷酸二氢钾质量标准（HG2321—92）

项　目	工业（%）		农业（%）	
	一等品	合格品	一等品	合格品
磷酸二氢钾（以干基计）含量　≥	98.0	97.0	96.0	92.0
水分　≤	2.5	3.0	4.0	5.0
pH	4.3～4.7		4.3～4.7	
水不溶物含量　≤	0.2	0.5	—	
氯化物（Cl）含量　≤	0.2	—		
铁（Fe）含量　≤	0.003			
砷（AS）含量　≤	0.005			
重金属（以 Pb 计）含量　≤	0.005			
氧化钾（K_2O，以干基计）含量≥	33.9	33.5	33.2	31.8

磷酸二氢钾适合浸种、拌种和根外追肥。浸种浓度 0.2%，时间 12 小时左右，每 100 千克溶液浸大豆 30 千克、小麦 50 千克。拌种通常用 1%浓度的溶液当天拌种下地。喷施浓度为 0.2%～0.5%，每亩用量 50～75 千克溶液，选择在晴天的下午，以叶面喷施不滴到地上为宜。小麦在拔节孕穗期、棉花在开花前后连续喷施 3 次。果树在果实膨大至着色期喷施 0.5%磷酸二氢钾溶液，对于提高产品质量有良好的效果。

七、硝 酸 钾

硝酸钾又叫钾硝石，俗名火硝，含氮（N）13%左右，含钾（K_2O）46%左右，副成分极少。硝酸钾是一种低氮高钾的二元氮钾复合肥。因属易燃易爆品，而且生产成本较高，生产使用量不大，我国主要依赖进口。农用硝酸钾执行的标准是 GB/T 20784。

分子式：KNO_3，分子量 101.10

1. 性质

纯品为白色结晶，粗制品略带黄色，吸潮性小，不易结块，易溶于水，化学中性、生理中性肥料。在高温下易爆炸，属于易燃易爆物品，在贮运、施用时要注意安全。

2. 生产方法

国外用硝酸钠（智利硝石）与氯化钾反应来制取。比较经济的生产方法是用氯化钾和硝酸为原料的直接法生产硝酸钾。还有用硝酸钠和氯化钾混合溶解后重新结晶而得硝酸钾，可用于农业作为肥料使用。

3. 农用硝酸钾的主要技术指标（表 7-26）

表 7-26　农业用硝酸钾产品的技术要求（%）

项　目		优等品	一等品	合格品
氧化钾（K_2O）的质量分数	≥	46.0	44.5	44.0
总氮（N）的质量分数	≥	13.5		
氯离子（Cl^-）的质量分数	≤	0.2	1.2	1.5
游离水（H_2O）的质量分数	≤	0.5	1.2	2.0

4. 合理施用技术

硝酸钾含硝态氮，易流失，施在旱地肥效比施在水田更显著，在旱田追肥时，一般每亩用量为 10～15 千克，对马铃薯、烟草、甜菜、葡萄、甘薯、西瓜等喜钾忌氯的作物上具有良好肥效，豆科作物反应较好。做基肥或早期追肥，施用时要配合氮、磷化肥，以提高肥效。硝酸钾还可做根外追肥，叶面喷施，适宜浓度为 0.6%～1%。在干旱地区，硝酸钾与有机肥混合作基肥施用，亩用硝酸钾量约为 10 千克左右。

八、氨化过磷酸钙

为了清除过磷酸钙中游离酸的不良影响，通常在过磷酸钙中通入一定量的氨或用碳酸氢铵与过磷酸钙混合制成氨化过磷酸钙，其主要成分为磷酸二氢钙、磷酸氢钙和硫酸铵，含氮 2%～3%，磷（P_2O_5）13%～15%。经氨化的过磷酸钙水分有所下降，产品干燥、疏松、不黏结，能溶于水（磷为弱酸溶性），不含游离酸，没有腐蚀性，吸湿性和结块性弱，物理性状好，性质比较稳定。

氨化过磷酸钙的肥效稍好于过磷酸钙，可单独施用，也可做为复混肥的原料，适合于各类作物，在酸性土壤上施用的效果最好，注意不得与碱性物质混合，以免氨挥发和磷退化。因含氮量低，应配施其他氮肥，其施用方法与过磷酸钙相同，不再叙述。

九、硝铵—磷铵—钾盐复混肥系列

该系列肥料很受人们的青睐，是因为体系中硝铵具有 2 种氮素形态——铵基氮和硝基氮。硝基氮是烟草生长需要的氮素形态，能提高烟草的品质。

硝酸磷肥（一种二元复合肥料）也是二次加工生产三元复混肥的上好原料。其组分 N∶P_2O_5＝2∶1，总养分 36%～40%，组分盐类是 NH_4NO_3、$NH_4H_2PO_4$、$CaHPO_4 \cdot 2H_2O$，其中氮含量的 40%左右是硝基氮，磷含量的 50%左右是枸溶性 P_2O_5。在其基础上配入磷铵和硫酸钾生产不同规格的忌氯作物的专用肥是很合适的。

硝磷铵钾三元复混肥中含有部分的硝基氮，可以直接被植物吸收，肥效快，磷素的配制较合理，速缓兼容，表现为肥效长久，又能作种肥使用，不会发生肥害。

硝磷钾复混肥系列属磷钾三元复混肥料，产品执行国家标准GB15063—2009。

1. 成分

硝磷钾复混肥系列是由硝酸铵、磷铵或过磷酸钙、硫酸钾和氯化钾等制成，也可以在混合制硝磷肥的基础上添加钾盐等制成三元复混肥，常见的养分含量为10-10-10（S）或15-15-15（Cl），各地也可按市场需求生产不同比例的氮磷钾复混肥系列产品。

2. 性质

硝磷钾复混肥料呈淡褐色颗粒状，氮素中有硝态氮和铵态氮，磷素中有30%～50%为水溶性磷，50%～70%为枸溶性磷，钾素为水溶性。硝磷钾复混肥料有吸湿性，应注意防潮结块。不含氯离子的硝磷复混肥料已成为我国烟草种植区的专用肥料，作为烤烟的基肥和早期的追肥在提高产量、改善烟草品质等方面起到明显的效果。喜硝态氮的作物施用，也有明显的肥效，一般每亩施用硝磷钾复混肥30～50千克。

十、磷酸铵—硫酸铵—硫酸钾复混肥系列

磷酸铵复混肥是用在忌氯作物上的主要肥料之一，产品执行国家标准GB15063—2009。

铵磷钾肥是用磷酸一铵或磷酸二铵、硫酸铵和硫酸钾按不同比例混合而生产的氮、磷、钾三元复混肥料。养分含量有12-24-12（S），10-20-15（S），10-30-10（S）等多种。在复混肥的生产中也有在尿素磷酸铵或氯铵磷酸铵、氯铵普钙的混合物中再加氯化钾，制成含单氯或双氯三元氮磷钾复混肥料，但不宜用在烟草上种植。

铵磷钾肥的物理性状良好，易溶于水，易被作物吸收利用。铵磷钾复混肥主要用做基肥，也可做早期追肥。是不含氯的混合肥料，目前主要用在烟草等忌氯作物上，施用时可根据需要选用其中一种适宜的养分比例，或在追肥时用单质氮肥进行调节。

十一、尿素—过磷酸钙—氯化钾复混肥系列

用尿素、过磷酸钙、氯化钾为主要原料生产的三元系列复混肥料，总养分在28%以上，还含有钙、镁、铁、锌等中量和微量元素。是目前我国复混肥料的代表品种之一。

1. 主要原料分子式及分子量

尿素$CO(NH_2)_2$，分子量60.06；过磷酸钙$Ca(H_2PO_4)_2 \cdot H_2O$，分

子量 252.02；氯化钾 KCl，分子量 74.55。

2. 产品基本性质

本品为灰色或灰黑色颗粒状肥料，不起尘，不结块，便于装卸和施肥，在水中会发生崩解。易吸潮，能缓慢溶解于水。

3. 生产方法

过磷酸钙经氨化预处理，尿素、氯化钾和其他添加剂、调理剂等经粉碎过筛后，按需要配制成氮、磷、钾不同比例、不同含量混合料，经圆盘造粒机造粒后，送烘干机干燥，然后过筛、冷却，将成品进行计量包装，返料经粉碎后送圆盘造粒机造粒。

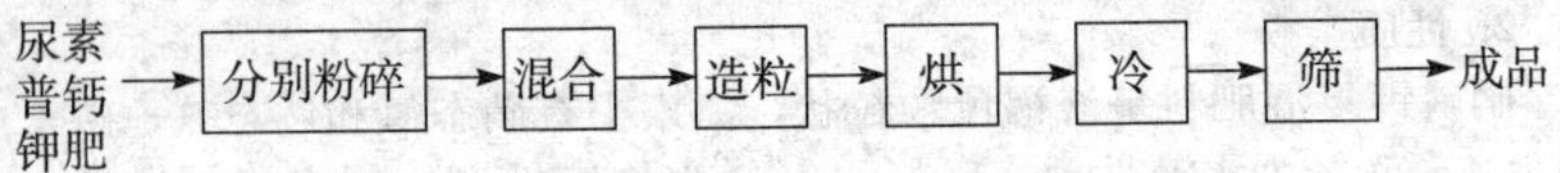

(1) 原料准备：首先将过磷酸钙进行氨化，中和游离酸。

过磷酸钙的氨化，只能中和掉游离磷酸的第一个氢离子，控制 pH 4.2～4.5，否则，过磷酸钙会随着加氨量的增加而发生退化。氨化剂最好是气氨，但气氨来源比较困难，大多数是复混肥厂都采用碳酸氢铵作氨化剂。

$$H_3PO_4 + NH_4HCO_3 === NH_4H_2PO_4 + CO_2 + H_2O \quad (1)$$

$$Ca(H_2PO_4)_2 \cdot H_2O + NH_4HCO_3 === NH_4H_2PO_4 + CaHPO_4 \cdot 2H_2O + CO_2 \quad (2)$$

$$NH_4H_2PO_4 + NH_4HCO_3 + CaSO_4 + H_2O === CaHPO_4 \cdot 2H_2O + (NH_4)_2SO_4 + CO_2 \quad (3)$$

氨化过磷酸钙、碳酸氢铵加入量应控制在反应式（1）、（2）为好。若出现在反应式（3），将使水溶性 P_2O_5 损失殆尽。

可根据过磷酸钙游离酸含量，每份游离 P_2O_5，加含氮 17.1%的碳酸氢铵 1.15 份。

例如氨化 100 千克含游离酸 5.5%的过磷酸钙时，可用含氮 17.1%的碳酸氢铵实物：

克实＝1.15×5.5%＝6.325（千克）

(2) 计量配料：生产实践表明，当本系列产品配料中含有硫酸铵时，硫酸铵和磷酸一钙反应生成磷酸铵和硫酸钙。硫酸铵和硫酸钙还可以形成溶解度较小的硫酸铵—硫酸钙复盐 [$CaSO_4 \cdot (NH_4)_2SO_4 \cdot H_2O$]，游离水转化为结合水，物料变硬，有利于成粒。因此，为了解决过磷酸钙—尿素复混肥生产中成球率低、黏盘、生产连续性差、烘干困难等一系列问题，通常在配料中添加适量的磷酸二铵（约 30 千克/吨）和硫酸铵（100 千克/吨），既有利于控制造粒操作，又对成品的质量有显著改进。

（3）混合造粒：当配料在拌和机中混合均匀后，即可送入圆盘造粒机或转鼓造粒筒团聚造粒。当圆盘造粒机的尺寸选定以后，就要根据产量和成球质量来确定圆盘的倾角和最佳的工作转速。圆盘造粒机是通过倾斜圆盘的旋转运动而使物料成粒。倾斜的圆盘使粉料产生落差，由于落差使颗粒之间的碰撞，摩擦的机会增多，物料在几种力的作用下沿着一定的轨迹运动，圆盘内的颗粒由小到大，直至达到成品要求的粒度而从圆盘的边缘溢出。经皮带运输机送入下道工序进行干燥筛分。

（4）干燥筛分：对尿素、过磷酸钙物料在 80～105℃下的干燥试验表明，适宜的干燥温度为 80～85℃，这时尿素水解引起的氮损失小于 4%，水溶性 P_2O_5 的退化率小于 5%，物料也不发生软化和黏结现象。因此，必须严格控制烘干温度。烘干机的进出口处都要安装测温控制点，随时注意调节烘干温度。避免氮损失和磷退化，干燥后，颗粒肥料的水分含量小于 5%，筛出 2～4 毫米直径的合格颗粒，经滚筒冷却机冷却，待物料温度低于 45℃后，即为成品。

（5）冷却包装：因为成品在较高温下贮存时尿素会缓慢水解，导致水溶性 P_2O_5 降低，因此需将筛出的合格颗粒进行冷却，一般都用滚筒冷却机，既能冷却物料，又使造出的颗粒更加圆润、光滑。

4. 主要质量指标

产品执行国家标准 GB15063—2009。

5. 包装及贮运

聚丙烯编织袋内衬聚乙烯薄膜袋包装，每袋净重 25±1.5 千克、50±0.5 千克。注意防潮、防晒、防重压。开包使用最好一次用完，以防吸湿结块。贮存时间过长，吸湿结块，有效养分下降，但不影响施用。

6. 产品施用方法

适用于稻、麦、玉米、棉花、络麻、油菜、豆类、瓜果等各种农作物，尤其适用于各种作物作基肥。除忌氯作物外均可施用。一般作基肥，但不能直接接触种子和作物根系。基肥为本品，50～60 千克/亩；追肥为尿素，10～15 千克/亩。

十二、尿素—钙镁磷肥—氯化钾复混肥系列

本系列产品是我国生产较多的系列，特别适用于南方酸性土壤。这类产品物理性质良好，但应注意施入土壤后，尿素产生的 NH_3 在和碱性的钙镁磷肥充分混合的情况下，促进 NH_3 的挥发损失，故这类复混肥料宜强调深施。本系列复混肥料在生产过程中采用酸性黏结剂包裹尿素的工艺技术，既可降低颗粒肥料的碱性度，施入土壤后又可减少或降低氮素的挥发和磷、钾素的淋溶损失，达到进一步提高肥料的利用率。

产品属氮、磷、钾三元复混肥系列，执行国家标准 GB15063—2009。

1. 产品性质

产品含有较多营养元素（不仅含有农作物所需的氮、磷、钾大量营养元素，而且含有 6%左右的 MgO，1%左右的 S，20%的 CaO，10%以上的 SiO_2 以及 Fe、Mn、Zn、Mo 等其他微量元素），吸湿性小，氮的淋失损失少。

2. 生产方法

该系列复混肥分为包裹肥和复混肥两大类。

(1) 包裹肥：

配料：按配料单严格称量硫酸，待用。把称好的钙镁磷肥、氯化钾倒入混料机中混合 5～6 分钟，作为混合料待用。

包装或成球：首先将尿素倒入成球盘中，开动成球机，再缓慢喷上稀硫酸溶液，待尿素开始熔融时即加入混合料，且边加边喷稀硫酸溶液，直到配料全部加完，停止加酸，待尿素全部被钙镁磷肥、氯化钾包裹成球后再加少量扑粉（着色料），转动 1 分钟左右，待扑粉全被包住肥料粒子即可停机出料。

出料、烘干：用人工或机械将上述成球肥从成球机中扒入料斗中，再加入烘干机中进行烘干。控制好烘干温度是生产的关键。温度过低，肥料烘不干，容易吸潮结块，黏塞烘干机；温度过高，尿素分解，氮损失严重，且易结大块。一般控制烟气进口温度和粉干尾气温度 300℃和 80℃以下为宜。

冷却：将上述烘干的肥料冷却到常温。

筛分包装：将大于 4 毫米和小于 1 毫米的肥料筛分出来，作返料用。将 1～4 毫米的肥粒包装计量出厂。

(2) 复混肥：

配料：配酸同包裹肥。

粉碎：将尿素、氯化钾粉碎成 20 目以下的粉末，待用。

成球：开动成球机，边下料边喷，黏结成球，颗粒从成球机下端边缘甩出。一般采取连续性生产。

烘干、冷却、筛分、包装：同包裹肥。

3. 产品包装及贮运

聚丙烯编织袋内衬聚乙烯薄膜袋包装，每袋净重 25±1.5 千克、50±0.5 千克。注意防潮、防晒、防重压。开包使用最好一次用完，以防吸湿结块。贮存时间过长，吸湿结块，有效养分下降，但不影响施用。

4. 产品施用方法

适用于稻、麦、玉米、棉花、络麻、油菜、豆类、瓜果等各种农作物，尤其适用于各种作物作基肥。除忌氯作物外均可施用。一般作基肥，但不能直接接触种子和作物根系，用量 50～60 千克/亩。

十三、氯化铵—过磷酸钙—氯化钾复混肥系列

这类产品是由氯化铵、过磷酸铵、氯化钾为主要原料生产的氮磷钾三元双氯系列复混肥料，产品执行国家标准 GB15063—2009。

该产品的物理性状较好，但吸湿性比硫酸铵—过磷酸钙—氯化钾系列产品强，生产贮存过程中应注意防潮结块。这类产品含氯离子较多，适用于耐氯作物如水稻、小麦、玉米、高粱、棉花、麻类等作物。甘薯、马铃薯、甜菜、烟草等作物对氯离子比较敏感，施用时应严格控制用量。长期施用这类产品，土壤容易变酸。因此，南方在酸性土壤上连续施用时应适当配施石灰和有机肥料。这类产品可作基肥和追肥施用，但不宜作种肥施用，以免影响种子发芽、出苗。南方用于水稻肥效更为显著，因为氯离子对硝化细菌有抑制作用。可减少氮素损失，而且氯离子易随水排走，不会有过多的残留。盐碱地区以及干旱缺雨地区，氯化钙易在土壤中积累，使土壤溶液浓度增加，对种子发芽和幼苗生长不利，所以在这些土壤上最好少用。

1. 主要原料

氯化铵分子式 NH_4Cl，分子量 53.5；过磷酸钙分子式 $Ca(H_2PO_4)_2 \cdot H_2O$，分子量 252.05；氯化钾分子式 KCl，分子量 74.55。

2. 产品基本性质

氯化铵、过磷酸钙、氯化钾系列复混肥料系具有生理酸性的三元复混肥料，施于水田时，硝态氮淋失和反硝化作用造成的损失较少。氯化铵系列复混肥中的磷、钾由于被氯化铵活化而利于植物吸收。氯化铵系列复混肥料具有以下特点：①克服了过磷酸钙易结块、难粉碎、施用不便的缺点；②克服了氯化铵单独使用时容易造成局部短时间氯过量的缺点；加入过磷酸钙后的混合肥含有硫、镁、硅等营养元素。

3. 用途

主要用于水稻，还可用于小麦、玉米、棉花、油菜等不忌氯作物。

4. 生产方法

氯化铵系列复混肥料的生产由于纯氯化铵分散性好、不黏结，而使其混合性能好，但较难成粒。没有尿素与过磷酸钙发生加成反应使混合物料成黏泥状的问题，故可免去过磷酸钙氨化预处理步骤。但因其成粒差，须选择高性能的黏结剂。有的厂家考虑成粒差，仍配有一定量的尿素作氮源。国内所用的黏结剂有膨润土粉、凹凸棒粉、沸石粉等及由以上三种基本原料按不同配比组合起来的混合黏结剂和尿素熔融液、硫酸、尿素溶液、硫酸锌与尿素的混合物等。

（1）工艺流程：

（2）生产操作：将氯化铵（尿素）、氯化钾、过磷酸钙分别计量，送

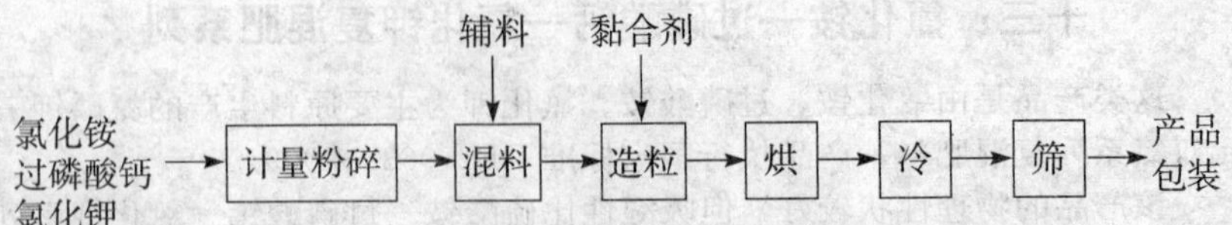

入混合机均匀混合，混合料经粉碎机破碎后由皮带输送机送入造粒机添加黏结剂造粒，从造粒机出来的复混肥经提升机进入滚筒干燥机干燥，再经回转式冷却器，冷却后的物料经振动筛筛出合格的产品，部分不合格的粗物料经粉碎后返回振动筛重新过筛，另一部分不合格的细物料返回到造粒机造粒。

计量配料：首先根据配方要求将氯化铵（尿素）、氯化钾、过磷酸钙计量，送入混合机混合。配方的选择主要根据农作物对氮、磷、钾养分的需求及氯化铵等基础物料相互之间的配伍性（即如何搭配使其既能满足养分的需求，又相互之间不发生化学反应，混合在一起容易成粒）。

混合造粒：当物料经破碎充分混匀后，即送入造粒机造粒。造粒有多种方法，现以圆盘造粒机为例。生产中影响造粒的因素主要有三：ⓐ水分。水分过高，固体物料在造粒机中就会变成过大的颗粒，导致在干燥器壁结垢，产出含水量高的不合格产品，并增加破碎机的负荷；水分过低，造粒机、干燥器和冷却器会产生严重的粉尘问题。ⓑ圆盘的倾角。倾角过大，产量减少，粒度难以控制，容易造成粒度过大；倾角过小，则较难成粒。一般圆盘的倾角以45°～65°角为宜。ⓒ圆盘的转速。转速过大，容易造成粒度过大，转速过小则较难成粒，一般转速以每分钟30～50转为宜。

干燥：当物料在造粒机内成粒后，就要送干燥筒干燥，以除去物粒中的水分并提高粒子的强度。干燥筒炉头温度一般控制在550℃左右，出口温度控制在60～70℃。过高的温度使过磷酸钙转化为枸溶性的偏磷酸钙，并造成氮的损失，同时在干燥时也容易造成物料溶化而引起结块。

冷却、筛分、包装：干燥后即进入冷却、筛分工序。筛选的合格粒度产品立即进行计量包装，以防贮存时结块。在冷却过程中容易吸收水分，需严格控制温度和湿度。

十四、尿素—磷酸铵—硫酸钾复混肥系列

用尿素、磷酸铵、硫酸钾为主要原料生产的复混肥系列产品，属无氯型氮磷钾三元复混肥，其氮磷钾含量可达54%，水溶性 P_2O_5 大于80%。产品色泽和圆润程度均好。产品执行国家标准GB 15063—2009。

1. 主要原料

尿素 $CO(NH_2)_2$，分子量60.06；磷酸一铵 $NH_4H_2PO_4$，分子量115；硫酸钾 K_2SO_4，分子量174。

2. 产品基本性质

粉状复混肥料外观为灰白色或灰褐色均匀粉状物，不易结块，除了部分填充料外，其他成分均能在水中溶解。

粒状复混肥料外观为灰白色或黄褐色粒状，pH5～7，不起尘、不结块，便于装、运和施肥，在水中会发生崩解。

3. 产品用途

可作为烟草和各种忌氯作物的专用肥料。针对烟草和不同忌氯作物的生长特点设计的各种专用复混肥料，产品是无氯肥料，对各种忌氯作物都可施用。

4. 生产方法

生产粉状复混肥料时多采用干粉混合法，生产粒状复混肥料时多采用热熔造粒法。

（1）干粉混合法：干粉混合法用于生产粉状复混肥料，其特点是：设备投资小，约为生产粒肥的1/5；生产成本低，只有生产粒肥的2/3；原料损耗仅为生产粒肥的1/10；二次加工时，基本上不发生化学反应，因此具有良好的物性，便于贮存和运输。

原料准备：生产粉状复混肥料，除了尿素、磷铵、硫酸钾这些主要原料外，还需加一定量的钙镁磷肥作填充料，还可根据不同作物的需要加一定量的中、微量元素。混合前必须将需要粉碎的原料分别进行粉碎。粉碎粒度要求在2毫米以下。

计量配料：配料计算时，要求水溶性磷（P_2O_5）占有效磷（P_2O_5）的65%以上。为使产品不结块，须控制尿素用量，每吨产品用尿素量在160千克以内，并适当加入钙镁磷肥作填充料。以利于生产的顺利进行和产品质量的提高。

干粉混合：将粉状磷铵、硫酸钾、钙镁磷肥及粉碎好的尿素等按需要的配比进行称量配制，分批在高效混合器内进行机械混合。配制好的物料经斗式提升机送入混合破碎机，破碎后经搅笼/龙不断推入高效混合机。高效混合机不停地转动，一批料进完继续转动5分钟后，再经搅笼/龙将混合好的产品经斗式提升机到料斗即可包装出厂。

工艺流程：

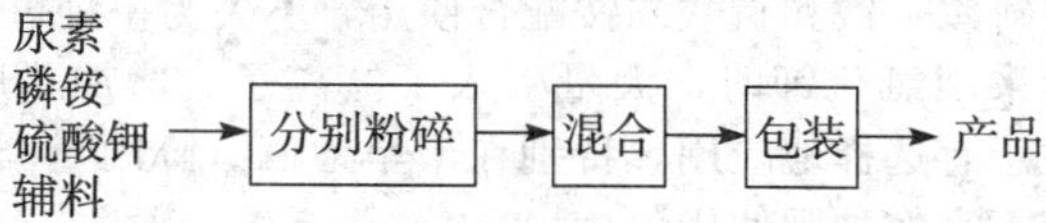

（2）热熔造粒法：

原料准备：热熔造粒法生产本系列复混肥料的主要原料与干粉法混合生产系列复混肥料的主要原料基本相同。

计量配料：可参照干粉混合法。

造粒：将配制好的原料经斗式提升机加入混合粉碎机中。混合粉碎后的物料经拌和机拌和好后送入料斗，然后进入造粒机进行造粒。在造粒机内（转鼓造粒机、滚筒造粒机或圆盘造粒机均可）用热风炉产生的热源加热物料。混合料中尿素的熔点明显低于其他物料，当尿素表面呈熔融状态时，其他物料还呈干粉或软化状态。这时尿素即被其他物料所包裹，形成粒状物而达到造粒的目的。造粒后的粒状物料进入冷却机。在滚筒冷却机内，小的粒状物再次进行团聚造粒并冷却成型。

生产过程中过磷酸钙与尿素的反应水由高温烟气蒸发带走，产品中水分可控制在2%以下，氮略有损失，水溶性磷有一定的退化，钾、氮百分含量则有所升高，但对产品质量没有影响。

此流程与一般复混肥造粒工艺流程基本相同，只需设置燃烧装置和烟气引风机。

筛分包装：冷却后的物料温度在40℃左右，此时进行筛分，粉尘多，宜选用圆筒式滚动筛。筛出的合格粒子（产品）进入料斗进行包装。2毫米以下的细粉直接返回造粒机造粒，粗料破碎筛分后循环使用。

十五、氯化铵—磷酸铵—钾盐复混肥系列

该系列可采用典型的团粒法生产流程来生产高浓度的颗粒复混肥。一种方法是在转鼓造粒机的料层中通入气氨和蒸气，能够制得颗粒很好的、养分浓度在内40%～50%的复混肥产品。另一种方法是用加入碳铵的手段来调整体系物料的pH，使磷酸铵处于最大溶解度区域，同样可以得到很高成粒率（70%左右）；同时，可加入少量（2%～5%）的硅藻土、高岭土等“土”类填充物来调节其颗粒径和圆润度。调整pH的手段还可以加入石灰粉（氧化钙）、石灰乳液（氢氧化钙）等碱性物质来实现，但会因为引入了较多的水溶液Ca^{2+}离子和体系中的$H_2PO_4^-$离子，反应而生成$CaHPO_4 \cdot Ca_3(PO_4)_2$盐类，这些是水不溶性和难溶性的物质，因此造成肥料中水溶性P_2O_5的退化，甚至有效P_2O_5的退化，影响复混肥的品质，导致有效磷素损失。因此，不推荐加入强碱性钙（镁）盐来调节体系pH。

当然，用磷铵一铵和磷酸二铵配合使用，不失为一种可行的方法。该体系中当钾盐采用氯化钾时，大量引入了氯离子，增加了肥料的总氯含量，施肥要注意有选择地应用，特别在干旱地区（降雨量＜200毫米/年）谨慎使用。也不宜作种肥使用。

十六、含有微量元素的复混肥料

生产含微量元素肥料的品种有如下原则：①要有一定数量的基本微量

元素肥料的种类，满足种植在缺乏微量元素的土壤上作物的需要；②微量元素的形态要适合所有的施用方法。

由于所有类型的土壤都需磷肥，所以磷肥与微量元素应合理地配合。这种配合也是大量元素和微量元素混合的农业化学主要依据之一。铜例外，它只能与钾配合，而不能与磷肥配合，因为铜在含磷肥料成粒过程中其有效性有所降低。

复合肥料的生产是以氨化磷酸为基础，加入硼酸、硫酸锌、锰盐等微量元素中和磷酸而完成的。与生产普通肥料的工艺大致相同。也可以利用挤压方法获得符合规定的含微量元素的复混肥料。

含微量元素的复混肥料是添加 1 种或几种微量元素的二元或三元肥料（NPK、NK、NP、KP)，应具备如下特点：①大量与微量元素之间有最适宜的比例，而且不论是在撒施肥还是集中施肥（穴施或条施）的条件下，都要有足够数量的养分；②应是高浓度且易被作物吸收的形态；③微量元素的分布要均匀；④具有良好的物理特性。目前，生产的含微量元素的复混肥料大都是颗粒状态的。

1. 含锰复混肥料

含锰复混肥料是用尿素磷铵钾、磷酸铵和高浓度的无机混合肥混合，造粒前加入硫酸锰，或将硫酸锰事先与其中一种肥料混合，再与其他肥料混合，经造粒而制成。见表 7-27。

在缺锰的土壤上施用各种剂型的含锰综合肥料对农作物均有效果。例如，施含锰的尿素磷铵钾的处理，豌豆产量增加 50%，含锰的磷酸铵处理增产 52.5%，含锰的硝磷铵钾肥增产 42.7%。

表 7-27　以尿素磷铵为基础的含锰复混肥料的成分

肥　料	$N:P_2O_5:K_2O:Mn$	营养成分含量（%）				养分总量（%）
		N	P_2O_5	K_2O	Mn	
尿素磷铵钾	1:1:1:0.07	18	18	18	1.5	55.5
硝磷铵钾	1:1:1:0.07	17	17	17	1.3	52.3
无机混合肥料（尿素、磷酸铵、氯化钾）	1:1:1:0.06	18	18	18	1.0	55.0
磷酸一铵	1:4:0:0.25	12	52	—	3.0	67.0

这些含锰肥料对荞麦和其他作物也有效果。所以，对所有的需锰作物都建议施用含锰的综合肥料。锰肥可作基肥，播前耕翻土壤时施入，用量为 15～25 千克/亩；条施，用量为 4～8 千克/亩。对谷类作物和糖用甜菜，使用含锰的磷酸铵时采用穴施或条施最为合适。

2. 含硼复混肥料

含硼复混肥料是将硝磷铵钾肥、尿素磷铵钾、磷酸铵及高浓度的无机混合肥在造粒前加入硼酸，或将硼酸事先与其中一种肥料混合而成（表 7－28）。

表 7－28　以磷铵和尿素为基础的含硼复混肥料的成分

肥　　料	$N:P_2O_5:K_2O:B$	营养成分含量（%）				养分总量（%）
		N	P_2O_5	K_2O	B	
硝磷铵钾	1：1：1：0.01	17	17	17	0.17	51.2
尿素磷铵钾	1：1：1：0.01	18	18	18	0.20	54.2
无机混合肥料（尿素、磷酸铵、氯化钾、硼酸）	1：1.5：1：0.05	16	24	16	0.20	56.2
磷酸一铵	1：1：1：0.01	18	18	18	0.17	54.2

在有效硼缺乏的土壤上施用含硼复混肥料，可使亚麻子实、糖用甜菜、蔬菜和荞麦子实产量提高 20%～30%，糖用甜菜块根产量提高 18%～25%。

对大多数作物可以使用 1：1：1：0.1 剂型的含硼综合肥料。但是，对糖用甜菜种子田、饲料作物、食用块根作物、蔬菜作物则使用 1：1.5：1：0.01 剂型更为合适。

含硼复混肥料既可作基肥施用（20～27 千克/亩），又可穴施(4～7 千克/亩)。

3. 含钼复混肥料

该肥料是硝磷钾肥和磷—钾肥（重过磷酸钙＋氯化钾或普钙＋氯化钾）同钼酸铵的混合物。含钼硝磷钾肥是向磷酸中添加钼酸铵进行中和，或者进行氨化、造粒而制成的。在制造磷—钾—钼肥时，需事先把过磷酸钙或氯化钾同钼酸铵一起进行浓缩（表 7－29）。

表 7－29　含钼复混肥料的成分

肥　　料	$N:P_2O_5:K_2O:Mo$	营养成分含量（%）				养分总量（%）
		N	P_2O_5	K_2O	Mo	
硝磷铵钾肥	1：1：1：0.01	17	17	17	0.05	51.1
无机混合肥料						
双料普钙＋氯化钾	0：1：1：0.003	—	27	27	0.009	54.1
普钙＋氯化钾	0：1：1：0.003	—	15	15	0.05	30.1

在沙壤土和壤质土上，施含钼硝磷铵钾肥比施普通肥料使甘蓝、莴苣

产量分别提高20%～30%。

在许多情况下，施含钼综合肥比播种前单独用钼处理种子，钼的效果更为明显。而且所有的试验结果基本一致。

含钼硝磷铵钾肥适合于蔬菜作物、一年生和多年生的牧草、食用豆科作物和大豆等。含钼复混肥料作基肥用量为17～20千克/亩，穴施为3.5～6.7千克/亩。

4. 含铜复混肥料

对于栽培在低洼泥炭沼泽土壤上的前茬作物应施含铜复混肥料。因为这类土壤上缺铜，谷类作物几乎不能形成子粒，饲料作物、蔬菜作物、亚麻和牧草的产量也很低。对于严重缺乏有效铜的生草灰化土壤，更应该施用含铜的复混肥料。

在确定含铜复混肥料的成分时，应考虑到新开垦的干燥泥碳沼泽土上种的头茬农作物。施用铜时必须在氮、钾的基础上，甚至在某种程度上钾用量要超过氮。在生草灰化土上，铜与这些大量元素的配合要合理。在已开垦的缺磷泥炭土壤上，也必须在施用磷、钾肥的基础上施铜。但是，在泥炭土上施用补充磷的含铜复混肥料，可能引起铜效果大幅度降低。

以尿素、氯化钾和硫酸铜为原料所制取的氮—钾—铜复混肥料是一种高效颗粒状的含铜复混肥料。含有效成分：N 14%～16%，K_2O 34%～40%，Cu 0.6%～0.7%。这种复混肥料中铜的效果较好。其他剂型的含铜颗粒状复混肥料效果较差，这是由于在氮—钾—铜已成为氨化复混肥料的组成成分，在溶液中容易分解，所以植物能很好地吸收。

氮—钾—铜肥料作为一种含铜的复混肥可用于泥炭土和其他某些缺铜的土壤上。肥料中氮、钾和铜之间的比例对需铜的所有作物都是适合的。作基肥或播种前作种肥，其用量均为14～34千克/亩。

5. 含锌复混肥料

以磷酸铵为基础制取的氮—磷—锌肥和氮—磷—钾—锌肥对需锌作物是有效的。这些肥料含N 12%～13%，P_2O_5 50%～60%，Zn 0.7%～0.8%，或含N18%～21%，P_2O_5 18%～21%，K_2O18%～21%，Zn 0.3%～0.4%。仅锌就能提高作物产量，例如在石灰性的生草灰化沙壤土上，玉米产量提高了24%，种植在灰钙土上的苜蓿子实产量提高30%～54%。施用含锌肥料对其他作物（菜豆、花类）也表现出同样的效果。

含锌的复混肥料适用于所有的需锌作物。既可撒施作基肥，也可穴施。尤其对谷类作物、玉米和糖用甜菜，施用磷酸铵时采用穴施更为合适。

含锌的复混肥料对浆果类作物更有前途。因为在这种肥料中既有速效态锌，也有缓效态锌，可以在许多年内满足浆果类作物对这种元素的需要。

6. 含钴、碘复混肥料

含钴的硝磷铵钾（N17%，P_2O_5 17%，K_2O17%，Co 0.1%）和含碘的硝磷铵钾或碘的尿素磷铵钾（N18%，P_2O_5 18%，K_2O18%，I 0.1%）复混肥料，适合于第一轮周期的蔬菜和饲料作物，也适用于种植在生草灰化土、泥炭土以及缺钴、碘的黑钙土和灰钙土上的牧草作物。

产品含 N 不低于 7.8%～8.0%，P_2O_5 7.5%～8.5%，K_2O 12%～14%，Mg1%，Mo 和 Co 各 0.01%～0.05%，Zn0.12%～0.17%，Cu0.05%～0.17%，Fe 0.24%，Mn0.18%～0.2%。这种含微量元素的完全无机肥料适合于温室栽培的作物（无土和水培条件下栽培的作物）。对大田作物施用时应条施或穴施。

对于谷类作物，除施基肥外，播种时再补施含微量元素的完全肥料3～5 千克/亩，粮食产量增加 20～30 千克/亩。

十七、有机—无机复混肥料

在有机肥料中加入化肥，混合，生产成有机—无机复混肥。可以造粒，也可以掺混后直接施用。产品执行国家标准 GB18877—2009。

1. 生产有机—无机复混肥的原料

（1）有机物料：经过无害化、稳定化处理的有机物料，经过风干或烘干后，再粉碎和筛分，作为生产有机—无机复混肥的原料。无害化处理，是指已通过一定的技术措施杀灭病原菌、虫卵和杂草种子等有害物质。稳定化处理，是指通过生物降解已将物料中易被微生物降解的有机成分如可溶性有机物、淀粉、蛋白质等转化为相对稳定的有机物，不会对植物种子和作物苗期生长产生不利的影响。

（2）大量元素化肥：在有机物料中加入化肥，主要为了提高肥料效果。氮素原料有尿素、氯化铵、碳酸氢铵、硫酸铵等。生产有机—无机掺混肥用硫酸铵比较适宜，氮素损失小，粉末状容易同有机肥料混合均匀。磷素原料有过磷酸钙和钙镁磷肥，北方地区适宜用过磷酸钙，南方酸性土钙镁磷肥和过磷酸钙均可使用。钾素原料主要有氯化钾和硫酸钾，生产马铃薯、烟草、西瓜等忌氯作物的有机—无机专用肥，严禁使用氯化钾。

（3）其他营养元素原料：除了上述三种植物生长营养元素外，还有一些中量元素和微量元素的作用也是不能忽视的。这些元素主要包括镁、钙、硅、硼、锰、钼、锌、铁、钴、铜等。这些元素在植物生理功能中是不能用其他元素代替的，它们各具有专一的生理功能。在作物的整个生长过程中它们互相依赖，互相制约，处于一种平衡状态。一旦失去平衡，便会使作物产生生理病害，以致减产。在复混肥中增加适量的微量元素，使农作物增产增收。各种微量元素的施用浓度范围往往较小，约 0.05～1.0 毫克/千克，过少或过多都是无益的，甚至会造成危害。据有关资料报道，微量元素的加入量为每吨有机肥料可加入硼（B）0.2千克，锌（Zn）0.5千克，锰（Mn）0.5千克，铜（Cu）0.5千克，铁（Fe）1千克，钼（Mo）0.005千克。

2. 有机—无机复混肥生产方法

（1）原料的预处理：生产复混肥的原料（氨化过磷酸钙、尿素、氯化钾等）要进行粉碎，造粒不好、肥料混配不均匀，会直接影响到复混肥的质量和外观。保证各种物料粒度小于1毫米。

氨化过磷酸钙、尿素可用链式粉碎机粉碎（尿素不能用高速磨粉机粉碎，以免温度高，物料黏度大，粉碎效果差）。氯化钾可用高速磨粉机粉碎，也可用链式粉碎机粉碎。经粉碎后的物料最好经振动筛筛选后，小于1毫米的物料用来混合造粒，大于1毫米的物料返回再次粉碎。

（2）计量混合：将大量、微量元素化肥和有机肥料等物料按照拟好的配方输送到混合机内进行混合，混合机可用滚筒式或立式混合机。混合必须充分，即混即用，不宜混合后放置太久，以免受潮。直径2米的混合机，转速24～30转/分为宜，混合时间30分钟左右。微量元素肥料用量少，掺混不均匀不仅影响其使用效果，还容易产生肥害，可采取逐级放大掺混。先将粉碎的细微量元素肥料与少量粉碎的有机肥料掺混均匀，再用掺微肥的有机肥料向大量有机肥料中掺混，最后掺入大量元素化肥，混合均匀。

（3）造粒：有机肥料中掺入化肥可形成有机—无机掺混肥，但为了使其物理性状更好，使用方便，可对其进一步造粒。

团粒法：把混合机混合好的物料输送到造粒机内，再加入选好的黏合剂。物料由于造粒机的转动翻滚逐渐变大成粒。该工艺造出的粒，光滑、美观，但对有机物物料的细度要求较高，且有机肥料的加入量有限，一般有机物料总量应小于原料总量的40％为宜。

挤压法：该法是将物料直接挤压成成品的造粒过程。挤压法特别适合于热敏物料的造粒。挤压法造粒可以看做是干料加蒸气进行无化学反应的造粒过程。其主要特点是降低能耗，简化工艺流程，原料产品始终保持干燥状态，因此可省去团粒法的干燥和冷却工序，避免氮损失，也不存在排放物污染环境的问题。挤压法设备投资低，有机物料加入比例较大，但形状或表面光滑度不如团粒法。

（4）低温干燥：有机—无机复混肥料在干燥筒内烘干，脱水，一般热风温度在90℃左右（挤压法除外）。

（5）冷却：干燥后有机—无机肥料颗粒进入冷却滚筒中冷却。

（6）筛分、包装：干燥后有机—无机复混肥料在筛分机内进行筛分，粒径未达到标准的肥料颗粒分离，返回进入原料中，经破碎后重新造粒。粒度合格的进行计量包装。

3. 有机—无机复混肥料施用

有机—无机复混肥料与复混肥料一样，在施肥时应考虑土壤、作物和气候等因素。必须指出的是，虽然有机—无机复混肥料含有相当数量的有机质，具有一定的改土培肥作用和养分控释作用，但其作用有限，与大量施用有机肥做基肥不同，由于施用有机—无机复混肥料时单位面积农地实际投入的有机质相当少，因此对某些土壤要注意有机肥的投入和后期补施化肥等。

有机—无机复混肥料一般可做基肥，也可做追肥和种肥。做种肥时，要注意在条施、穴施时避免与种子直接接触，避免有机物的降解作用及化肥对种子发芽产生不良反应。

一般做基肥每亩施用50～60千克，做追肥（条施或穴施）一般每亩施20～30千克。

十八、缓释型复混肥料

1. 生产方法

缓释型复混肥料的生产方法多采用转盘生产包膜法，根据试验研究结果，采用目前最新的科研技术产品——氨基酸肽缓释剂进行包膜，既经济又环保，每吨缓释型复混肥料仅用3～5千克，产品即能达到缓释要求。生产工艺流程见图7-1所示。

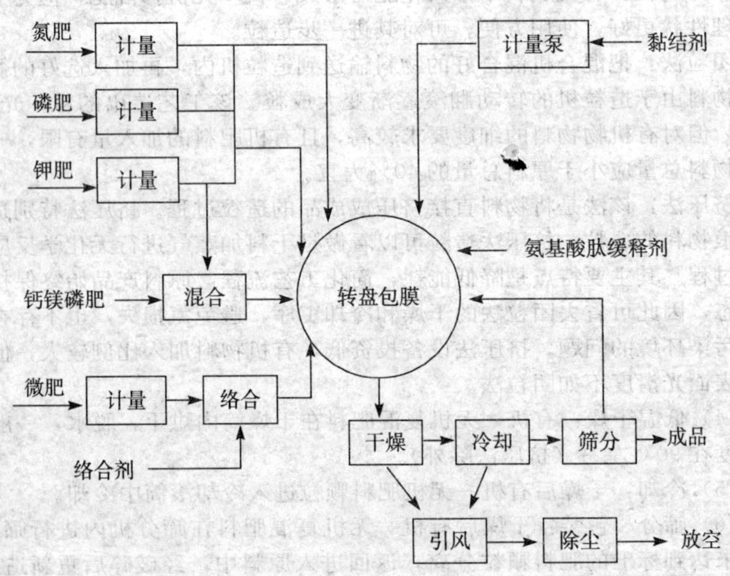

图7-1　转盘生产包膜缓释复混肥料工艺流程

此法流程简单，容易操作，特别是可以用氨基酸肽缓释剂或钙镁磷肥、磷矿粉、磷石膏、脱氟磷肥、钢渣磷肥等作为包膜材料包涂速溶性肥料，以达到控制养分释放的目的。

2. 缓释复混肥料的主要技术指标

对缓释复混肥料的质量指标要求见表 7-30。

表 7-30　缓释型复混肥料的质量指标

项　目		指　标	
		高浓度	中浓度
总养分（$N+P_2O_5+K_2O$）的质量分数，%	≥	40.0	30.0
水溶性磷占有效磷的质量分数，%	≥	70	50
水分（H_2O）的质量分数，%	≤	2.0	2.5
粒度（1.00～4.75 毫米，3.35～5.60 毫米），%	≥	90	
养分释放期（月）	=	标明值	
初期养分释放率，%	≥	15	
28 天累积养分释放率，%	≤	75	
养分释放期的累积养分释放率，%	≥	80	
中量元素单一养分的质量分数（以单质计），%	≥	2.0	
微量元素单一养分的质量分数（以单质计），%	≥	0.02	

注：①三元或二元缓控释肥料的单一养分含量不得低于 4.0%。

②以钙镁磷肥等枸溶性磷肥为基础磷肥并在包装袋上注明为“枸溶性磷”的产品、未标明磷含量的产品、缓控释氮肥以及缓控释钾肥，“水溶性磷占有效磷的质量分数”这一指标不做检验和判定。

③三元或二元缓控释肥料的养分释放率用总氮释放率来表征；对于不含氮的二元缓控释肥料，其养分释放率用钾释放率来表征。缓控释磷肥的养分释放率用磷释放率来表征。

④应以单一数值标注养分释放期，其允许差为 15%。如标明值为 6 个月，累积养分释放率达到 80%的时间允许范围为 6 个月±27 天；如标明值为 3 个月，累积养分释放率达到 80%时的时间允许范围为 3 个月±14 天。

⑤包装容器标明含有钙、镁、硫时检测中量元素指标。

⑥包装容器标明含有铜、铁、锰、锌、硼、钼时检测微量元素指标。

⑦除上述指标外，其他指标应符合相应产品标准的规定，如复混肥料（复合肥料）、掺混肥料中的氯离子含量、尿素中的缩二脲含量等。

3. 缓释型复混肥料的施用

目前我国缓（控）释肥料可提高肥料利用率 10%以上，通常施肥量为常规肥料用量的 1/2～2/3，仍可增加作物产量。施用方法主要是基施，一般用量为 30～50 千克/亩。

第七节　复混肥料的增产效果与施用方法

复混肥料是多元素肥料，应根据土壤与作物的不同施用，才能更好发挥其增产效果。

一、复混肥料的增产效果

据有关文献显示，中国农业科学院土壤肥料研究所等 1983—1986 年试验结果，在每亩施复混肥料（养分）10～25 千克时，平均每千克养分增产稻谷 5.2～15.3 千克，小麦 3.7～11.2 千克，玉米 3.8～11.6 千克，谷子 5.6～6.8 千克，甘薯 30.2 千克，大豆 5.1 千克，油菜子 3 千克，花生 2.5～4.7 千克，甘蔗 54.7 千克，棉花1.5～2.6 千克。

实验结果表明，复混肥肥效显著，但与养分形态相似的等养分单质化肥比较，肥效大致相当；粉状肥和粒状肥比较，产量差异也不显著。

1. 复混肥与等养分单质化肥比较

表 7 - 31 是中国农业科学院土壤肥料研究所等单位 20 世纪 80 年代的试验。结果表明，不管二元或是三元复混肥与等养分单质化肥比较，只要两者养分形态、数量比例、栽培措施一致，其产量差异均不显著，在多数作物上都不超过 5%。因此，要提高复混肥料的增产效果，关键是要配方合理，针对性强。

表 7 - 31　复混肥与等养分单质化肥肥效比较

作物		试验个数	单质化肥（千克/亩）	复混肥料（千克/亩）	复混肥比单质化肥增产（%）
水稻		8	417	411	−1.4
小麦		51	319	314	−1.6
二元复混肥料	玉米	42	384	383	−0.2
	谷子	10	238	251	5.5
	大豆	4	154	161	4.5
	油菜	4	99	105	6.1
	棉花	5	182	187	2.7
三元复混肥料	水稻	52	375	387	3.2
	小麦	18	392	396	1.0
	玉米	12	534	535	0.2
	甘薯	4	2 860	2 752	−3.8
	花生	15	191	192	0.5
	甘蔗	6	7 163	7 214	0.7
	棉花	4	232	213	−8.2

2. 粒状与粉状的复混肥比较

中国农业科学院土壤肥料研究所在湖北黄棕壤和山东潮土、棕壤上做的48次试验结果表明，小麦、玉米、油菜、棉花等作物施用粉状尿素磷铵和粒状尿素磷铵，在等养分时两者的产量差异不显著（表7-32）。又据广东等地的试验结果表明，造粒型和掺合型复混肥料在等养分条件下，两者的肥效也相当。

表7-32 施粒状和粉状复混肥产量比较

单位：千克/亩

供试作物	试验个数	粒状 尿素磷铵	粉状 尿素磷铵	粒状/粉状 (%)
小麦	17	314	320	-1.9
玉米	24	359	358	0.8
油菜	4	104	97	7.2
棉花	3	176	180	-2.2

3. 复混肥中不同养分形态的品种比较

用硝酸磷肥或硝酸铵、钙镁磷肥以及含氯肥料做原料生产的复混肥料，由于硝态氮、枸溶性磷和氯离子的存在，如果施用不合理会影响作物产量和品质。据在茶园的试验，等养分的硝酸磷肥系的效果均不如磷酸铵系好，前者比后者减产5%～24%，平均增产8.7%。这可能与茶园地处丘陵山地，硝酸磷肥中硝态氮肥被冲刷淋溶损失有关。在一些地区还发现，水稻田施用硝酸磷肥，苗期的长势不如等养分的磷酸铵系，表现为脱氮、叶淡黄、分蘖减少等。这些作物应少用含硝态氮的复混肥料。

硝酸磷肥含有较多的枸溶性磷，施在严重缺磷的石灰性旱地上，其肥效只有等养分尿素磷铵系的80%～90%。氯磷铵系在水稻、玉米和白菜上的肥效往往高于等养分的尿素磷铵系，但不能用在烟草上。双氯复混肥料在果树、西瓜、茶树、葡萄、薯类等忌氯作物上少用或不用，否则会影响作物产量和品质。

尿素普钙系、尿素重钙系、尿素磷铵系之间的养分形态相似，根据各地试验表明其肥效大致相当。

二、复混肥料的施用方法

1. 因土施用

目前我国南方土壤缺钾的面积不断扩大，缺磷程度有所缓和，宜施用氮钾（N，K）为主的复混肥料。北方多数地区磷肥效果显著，钾肥暂不显效，以施用氮磷（N，P）为主的复混肥料为宜。但经济作物和高产地区应提倡施用氮磷钾（N，P，K）三元复混肥料，增产效果更为显著。

广东省农业科学院土壤肥料研究所的8个水稻试验，在土壤有效磷（P）和有效钾（K）平均分别为10.9毫克/千克和30毫克/千克，即在富磷缺钾的条件下，每亩施氮磷钾（N，P，K）复混肥20.8千克，氮（N）、磷（P_2O_5）、钾（K_2O）的比例为1∶0.6∶0.48，平均每亩产374.5千克；每亩施氮磷（N，P）复混肥16千克，氮（N）、磷（P_2O_5）比例为1∶0.6，平均每亩产330.1千克；每亩施氮钾（N，K）复混肥14.8千克，氮（N）与钾（K_2O）比例为1∶0.48，平均每亩产358千克。由此看出，在这类土壤上施氮钾与氮磷钾复混肥的产量差异不大，磷肥增产作用很小。

中国农业科学院茶叶研究所经多年试验表明，土壤中水解氮为100～150毫克/千克、有效磷为15～20毫克/千克、有效钾为50～80毫克/千克的茶园，一般以2∶1∶1型复混肥增产效果较好；如果土壤中有效磷在10毫克/千克以下，有效钾不到50毫克/千克，施用高磷高钾复混肥的增产效果更佳。

复混肥因土施用，还应根据当地土壤养分以及气候变化等实际状况灵活掌握。有些作物和地块还需在复混肥中添加某些微量元素。

2. 因作物施用

根据作物种类和不同的营养特点，选用适宜的复混肥品种。例如，烟草施用不含氯的三元复混肥可以增加烟草叶片厚度，改善烟叶的燃烧性和香味；果树、西瓜等作物施用三元复混肥可降低果品酸度，提高甜度；甘蔗、甜菜等施用三元复混肥可提高其含糖量；谷类作物主要根据土壤养分丰缺情况而定。专用复混肥因需增加加工费用，多用在经济作物上，效益会更高些。

根据各地试验结果，几种经济作物上施用复混肥料的适宜养分比例大致是：棉花选用1∶0.5∶1或1∶0.5∶0.5型复混肥；苎麻为1∶0.35∶0.8；甘蔗为1∶0.23∶1.1；甜菜为1∶0.7∶0.8；花生、大豆为1∶2∶1；西瓜为1∶0.4∶0.8。苹果在育苗期和幼龄期为1∶1∶0.5，在结果树上全年一次施用为1∶0.4∶0.8；茶园中一般为1∶0.5～1∶0.5～1，就茶类来说，红茶产区要多施磷肥，绿茶产区要多施氮肥。

3. 按养分形态施用

复混肥料的性质主要由其养分形态所决定，含硝态氮的复混肥在水田上少用或不用；含枸溶性磷复混肥更适合于酸性土壤上施用；含高氯离子的复混肥不宜在烟草、马铃薯等对氯敏感的作物上使用。

表7-33中水溶性磷复肥指尿素磷铵系、尿素重钙系、尿素普钙系等品种的平均产量。这些品种的复混肥肥效较为稳定，在我国南北方水旱田的各种作物上均适宜。与硝酸磷肥系复混肥相比，在有效磷含量不同的土壤上当季肥效有一定差异，供试土壤有效磷含量越低，水溶性磷复混肥的

肥效越好。有些试验经显著性测定，可以达到“显著”或“极显著”水平。因此，严重缺磷的土壤应施用水溶性磷复混肥。

硝酸磷肥系和硝磷钾肥系含有的氮素，其中一半为硝态氮，在多雨的南方坡地和水田上易被淋失，肥效下降。因此，这类复混肥料宜在旱地土壤上施用，尤其适合于北方旱作物。

表 7-33　石灰性土壤有效磷含量与硝酸磷肥系的肥效关系

作物	土壤有效磷（P）（毫克/千克）	硝酸磷肥系（千克/亩）	水溶性磷复肥（千克/亩）	两种肥料产量比较（%）
玉米	15.0	518	504	102.8
	6.7	355	401	88.5**
棉花	14.8	165	164	100.6
	9.4	129	142	90.8
	9.6	142	144	98.6
	6.7	180	196	91.8*
	4.3	209	230	90.9*
小麦	4.1	204	253	80.6**
	8.9	356	365	97.5
	11.8	357	370	96.5

注：引自陕西省农业科学院土壤肥料研究所（1984—1986 年）资料，* 为显著水平，** 为极显著水平。

4. 以基施为主

复混肥料中有磷或磷钾养分，大多呈颗粒状，比单质化肥分解缓慢。因此，做基肥或种肥较好。中国农业科学院土壤肥料研究所于 1984 年在华北地区进行试验，在作物生长前期或中期附加单质氮肥做追肥的情况下，不论是二元还是三元复混肥料均以基施为好，采用基肥、追肥各半，则明显减产，减产幅度在 6%以上。根据陕西省农业科学院土壤肥料研究所对小麦等的试验，即使在作物生长期间均不加追单质氮肥，复混肥一次基施的效果也好于基肥、追肥各半的做法（表 7-34）。

表 7-34　复混肥基肥追肥比例试验结果　单位：千克/亩

作物	试验个数	对照	全基肥	基肥 75% 追肥 25%	基肥追肥各半	复混肥用量（千克/亩）	复混肥养分比
小麦	5	213	312	307	286	10	1∶1∶0
玉米	8	346	467	445	417	15	1∶1∶1
甘薯	3	2 420	2 766	2 712	2 731	6	1∶1∶1

（续）

作物	试验个数	对照	全基肥	基肥75%追肥25%	基肥追肥各半	复混肥用量（千克/亩）	复混肥养分比
花生	2	308	345	334	325	6	1∶1∶1
谷子	1	257	346	330	330	12	1∶1∶0.4

注：追肥时对小麦、玉米、谷子附加单质氮5千克，甘薯、花生为3千克。

复混肥以全耕层深施好，还是做种肥条施为好？大多数试验结果认为，在高肥力土壤上，两者差异不大，而在中低产田以条施做种肥的效果为好，比全耕层深施增产小麦6.3%，增产玉米6.5%。做种肥条施，必须将种子和肥料隔开，否则会严重影响出苗率而减产。肥料对小麦和玉米发芽率的影响程度由大到小的顺序为氯磷铵、硝酸磷肥、尿素、尿素磷铵。距种子5厘米处施肥对种子发芽无明显影响。

总之，复混肥用量较多时以基肥为主，用量较少时可集中做种肥，在生育阶段根据苗情追施适量单质氮肥。在无基肥或基肥不足的情况下，早追适量复混肥也有很好的增产效果。多年生作物全生育期均施用养分比例适宜的复混肥，增产效果也很好。

第八节　复混肥料的用量计算

复混肥料种类很多，成分复杂，养分含量各不相同。施用不合理时必然造成某种营养元素施用过量或某种营养元素不足，导致养分比例失调。应根据复混肥料的成分、养分含量和作物需肥的要求计算出肥料的用量。为便于应用，以基肥为例说明如下。

例1：已知硝酸磷肥有效养分为20—20—0，计划每亩基施氮素（N）8千克，磷素（P_2O_5）6千克，应需要多少硝酸磷肥或其他单质化肥？

计算步骤如下：

①含有6千克磷素（P_2O_5），需要多少硝酸磷肥。计算时用6千克除以硝酸磷肥中含磷量

$$6 \div \frac{20}{100} = 30(\text{千克})$$

即30千克硝酸磷肥含有6千克磷素（P_2O_5）。

②计算30千克硝酸磷肥中含有多少氮素。用30千克乘以硝酸磷肥中含氮量

$$30 \times \frac{20}{100} = 6(\text{千克})$$

即用30千克硝酸磷肥做基肥，磷素满足了，氮素不够，不够的数量为8—6＝2（千克）。

③如果用碳酸氢铵（17%）或尿素（46%）补充氮素，可以用上面同样方法计算需要补充的碳酸氢铵或尿素的数量。

需补充的碳酸氢铵：$2\div\frac{17}{100}=11.8$（千克）

或　　　尿素 $2\div\frac{46}{100}=4.3$（千克）

由以上计算得知，基肥每亩用量应为 30 千克硝酸磷肥加上 11.8 千克碳酸氢铵（或 4.3 千克尿素）即可。

例 2：已知氮磷钾复混肥料的有效养分为 18—9—12，打算每亩基肥用量为 5 千克氮素（N），4 千克磷素（P_2O_5），5 千克钾素（K_2O），应需要多少氮磷钾复混肥料和其他单质化肥？

计算步骤如下：

①计算出 5 千克氮素（N），需要多少复混肥料

$$5\div\frac{18}{100}=27.8\text{(千克)}$$

②计算出 27.8 千克复混肥料中含有多少磷素（P_2O_5）和钾素（K_2O），以及需要补充多少磷素和钾素

$$\text{含有磷素}=27.8\times\frac{9}{100}=2.5\text{（千克）}$$

$$\text{需补充磷素}=4—2.5=1.5\text{（千克）}$$

$$\text{含有钾素}=27.8\times\frac{12}{100}=3.3\text{（千克）}$$

$$\text{需补充钾素}=5—3.3=1.7\text{（千克）}$$

③如果用氯化钾（含钾 60%）和普钙（含磷 14%）来补充钾素和磷素，其需要量应为

$$\text{需补充氯化钾}=1.7\div\frac{60}{100}=2.8\text{（千克）}$$

$$\text{需补充普钙}=1.5\div\frac{14}{100}=10.7\text{（千克）}$$

由计算结果，基肥每亩用量应为 27.8 千克氮磷钾复混肥料（18—9—12），再加上 2.8 千克氯化钾（60%）和 10.7 千克普钙（14%）即可。

例 3：购回小麦专用复混肥 10—9—6，应如何施用？

粮食作物专用肥的养分配方应适合做基肥，追肥用尿素（46%）比较适宜。如果单产在 400 千克左右，每亩总施氮（N）量约 11 千克，基肥和追肥的分配为 6 千克和 5 千克，那么

$$\text{基肥需专用肥}=6\div\frac{10}{100}=60\text{（千克）}$$

其中　　　含磷（P_2O_5）$=60\times\frac{9}{100}=5.4$（千克）

$$含钾（K_2O）=60\times\frac{6}{100}=3.6（千克）$$

$$追肥需尿素=5\div\frac{46}{100}=10.9（千克）$$

由计算结果，基肥需用小麦专用肥 60 千克，追肥用尿素 10.9 千克；小麦总的养分用量比例：$N:P_2O_5:K_2O=11:5.4:3.6=1:0.49:0.33$；每亩养分用量：氮＋磷＋钾＝20 千克。

第八章　有益元素

随着农业科学的发展与分析化学技术的进步，在作物 16 种必需营养元素之外，还有一些营养元素。这些营养元素对某些作物的生长发育具有良好的刺激作用，或者某些植物种类在某些特定条件下所必需，但并不是所有植物所必需的，称为有益元素。目前，有益元素主要包括硅（Si）、钠（Na）、钴（Co）、硒（Se）、镍（Ni）、铝（Al）、钛（Ti）等。随着人们对有益元素认识的提高，含有益元素的肥料或制剂在农业生产上已得到应用，并显示出它们在提高作物产量方面的积极作用。

第一节　硅　肥

一、硅元素对作物的作用

据有关文献显示，硅对作物的有益作用归纳为四个方面。

1. 促进作物的光合作用

硅是细胞壁的组成成分之一，作物吸收硅后，形成硅化细胞，增强了组织的机械强度，茎叶直立，夹角减小，有利于通风透光。另外，硅化细胞对散射光的透过率为绿色细胞的 10 倍，有助于光的吸收。蔡德龙从放射性同位素 ^{14}C 的试验结果得出，硅素提高水稻的光合作用能力，促进光合作用的产物向稻谷转移。

2. 增强作物的抗逆能力

硅化细胞的形成使作物表层细胞壁加厚，角质层增加，秸秆强度加大。从而使作物抵制病虫害侵入的能力增强，抗倒伏性提高。同时，作物中的硅化细胞能调节叶面气孔开闭，控制水分蒸腾，增强作物抗旱、抗干热风的能力。有试验报道，增施硅肥，水稻蒸发量减少 20%。施用硅磷肥（含 SiO_2 35%），水稻叶稻瘟和穗稻瘟发病率明显降低。蔡德龙等就硅肥对水稻维管束及茎壁影响的试验表明，水稻随着氮肥施用量的增加，茎秆壁变薄，增施硅肥，茎秆壁加厚，维管束的组织也随着硅肥的施用而增加或变粗。

3. 促进根系氮化能力，降低锰、铁等离子的毒害作用

硅素能增强作物导管的刚性与植物内部的通气性，进而增强根系氮化能力。根系氮化能力的提高可以抑制对 Fe^{2+} 、Mn^{2+} 的过量吸收，减轻铁、锰的毒害。

4. 活化土壤中的磷，提高磷肥利用率

硅肥能使固定磷肥的游离铁、铝成为不溶性，从而降低对磷的固定。另外，硅肥施入土壤后，溶解的硅酸进入土壤黏土矿物的晶格中，降低土壤对磷的吸附，施硅促进水稻对磷酸的吸收，且提高土壤磷的释放率。

据报道，很多作物含有硅素，其中水稻是含硅量最多的作物。一般水稻茎叶含硅（SiO_2）达到干重的15%～20%；其次是燕麦、大麦、小麦，含硅一般达干重的2%～4%；甘蔗、玉米、谷子、高粱等作物含硅也较高，豆科作物含硅较少，约为禾本科作物的10%。部分作物含硅量见表8-1。

表8-1 部分作物含硅量（%）

作 物	二氧化硅（SiO_2）	
	子 粒	秸 秆
水稻	2.440（稻谷）	10.230
小麦	0.036	3.610
燕麦	1.220	2.780
玉米	0.060	2.050
蚕豆	0.024	0.370
马铃薯	—	0.073（茎叶）
红三叶草	—	0.188（地上部）
饲用甜菜	0.150（块根）	0.550（叶）

尽管作物广泛地含有硅素，但硅素对作物的生理作用尚不清楚。较多的人认为，硅是水稻、大麦、甘蔗不可缺少的元素。近年的研究表明，硅对作物的有益作用相当重要，尤其是对水稻。水稻大量吸收硅，茎和叶含硅量特别高，通常占干物质的10%～20%。硅素供量不足时，水稻的生物量就受到影响，施用硅素的水稻茎秆粗壮，清秀挺拔，谷黄粒饱，病虫害减少。据杨金良（1992）用硅磷肥（含SiO_2 35%）做的试验结果表明，施硅的水稻叶稻瘟和穗稻瘟发病率明显降低。申义珍（1992）用水玻璃施用（含SiO_2 32.9%）在江苏泰州市石灰性冲积型水稻土上的试验表明，施硅的水稻纹枯病、稻飞虱虫量都降低，茎基部第二节间的抗折强度增强。吴英（1992）在黑龙江的试验观测，施硅的水稻茎秆承重强度增加22.7～30.5克/分米。光合生产率提高14.2%，干物质提高24.8%。硅对甘蔗、小麦、大麦、玉米都有相似的良好作用。

近年也有一些人做了硅与其他元素间关系的研究。硅酸能促进水稻对磷的吸收，当磷酸存在时，硅的吸收只受到轻微的抑制。范业成（1989）的观察，施硅促进了水稻对磷酸的吸收，且提高了土壤磷的释放率。施硅还提高了水稻后期对氮的利用率，加速氮的运输和积累，同时还有提高水稻硅氮比的作用。硅氮比提高后，提高了水稻耐高氮的能力，减轻由于偏施氮肥引起的贪青、徒长、倒伏。吴英等（1992）报道，施硅的水稻抽穗期地上部氮、磷分别比对照增加 34.2%和 9.6%，钾的吸收量也略有增加。水稻等淹水条件下生长的作物，供给硅肥能促进根系的氧化能力，从而抑制了对铁、锰的过量吸收，减轻铁、锰的毒害。水稻吸收的硅有相当部分沉积在叶表面，形成角质双硅层，降低了蒸腾强度，无硅水稻的蒸腾率比加硅的增加 30%。

不同作物主要灰分营养元素组成详见表 8-2。

表 8-2　不同作物主要灰分营养元素组成（占灰分总量%）

种类	SiO_2	CaO	K_2O	MgO	P_2O_5	Fe_2O_5	MnO
水稻	61.4	2.8	8.9	1.5	1.4	0.1	0.2
小麦	58.7	6.5	18.1	5.4	0.7	1.3	0.1
大麦	36.2	16.5	11.9	6.9	2.1	0，3	0.4
大豆	15.1	16.5	25.3	14.1	4.8	0，8	0.8
苜蓿	14.2	15.1	22.2	2.8	4.0	0.8	0.1
扁豆	17.0	37.9	14.6	3.7	4.2	1.2	0.1

（引自《硅肥及施用技术》，2000）

二、硅肥的施用效果

据报道，我国对硅肥的研究起步较晚，但 20 世纪 80 年代以来发展较快，各地在水稻施硅的效果上做了大量的工作。70 年代末，张效朴等（1986）在浙江、江西、广东、江苏、安徽等省十几种有代表性的酸性和中性水稻土上布置了 60 余块田间试验，在施用氮、磷、钾的基础上增施硅钙肥 100～150 千克/亩，在有效硅较低的土壤上增产稻谷 5%～23%，平均每亩增产稻谷 30 多千克。80 年代以来，水稻硅肥试验在全国南北展开。吴英（1992）报道，在黑龙江省草甸土、草甸黑土、白浆土、草甸白浆土和白浆化黑土等类型水稻土，有效硅含量 180～500 毫克/千克，施用硅肥的 55 个试验，平均增产率为 8.9%；薛碧秀报道，四川各类母质发育的水稻土 292 个田间施硅试验，平均水稻增产 10.6%，每亩增产稻谷 44 千克。据近年全国已报道的试验统计，80 年代以来全国进行的 743 个水稻施硅田间试验，平均增产稻谷 10.3%。另据张效朴（1986）研究，大麦施硅也取得了明显增产。施硅不仅使产量提高，稻米品质也得到改善，施硅后，稻米精米率提高3.4%，精米整米率提高4.9%，垩白率降低8%，直链淀粉含量降低0.03%，稻米味道也有改善。

另据关连珠等（1995）报道，北方水稻土施用硅素不仅增加了水稻含硅量，还促进了对磷的吸收，因此有一定增产作用，高产田增产率在7%～14%之间，平均增产8%，低产田增产11%～16%。据苑振戈等（1996）报道，在山东昌邑市硅锌锰配合施用，小麦增产4.3%～24.6%，平均增产11.86%，玉米增产5.2%～25.2%，平均增产15.38%。蔡德龙等（2002）在河南信阳市潜育性水稻土上进行的杂交稻施硅试验，施硅使稻谷增产19.8%～24.7%。

小麦施硅增产主要与土壤有效硅含量有关，同时也与含硅物料的品种、土壤肥力（特别是含磷量）、气温、灌溉水质以及施用方法有关。

三、我国耕地土壤中硅元素的状况

在我国耕地土壤二氧化硅的总含量为50%～70%，平均为60%左右。但由于成土过程中各种因素的影响，各个土类的同一剖面中各个层次的含硅量也有很大差别。除母质对土壤中二氧化硅的含量有影响外，自然风化气候等因素也产生一定的影响。

土壤中的硅有有机和无机两种存在形态。土壤有机物中硅的含量视有机物来源与种类而不同，但有机物中的硅仍以无机状态存在，只有少数可能和蛋白质等结合，90%以上是以氧化硅凝胶存在，其余为多硅酸和有机化合物存在于有机物中。土壤无机硅包含矿物态、胶体态和水溶态三种形态。矿物态硅主要是石英、硅酸盐矿物，呈固定晶格结构形态；胶体态硅包括硅酸溶胶和凝胶。硅酸溶胶或凝胶经脱水结晶后又可生成石英。胶体态硅通常以二氧化硅水合物（$SiO_2 \cdot nH_2O$）形式来表示，较易溶解，是活性二氧化硅的组成部分；水溶态硅存在于土壤溶液中，是植物可以吸收利用的硅，主要形式是单硅胶（H_4SiO_4）。它实际上是一种极弱的酸，因此通常叫硅酸，常以二氧化硅表示其数量。

据报道，我国南方的水稻土有效硅含量一般在80～120毫克/千克，在长江冲积物和湖积物等水稻土壤有效硅含量多在200毫克/千克以上。我国南方的酸性红壤区域施硅有效土壤面积约133.3万公顷。四川省内老冲积黄壤和酸性紫色土及沙岩黄壤土等母质发育的水稻土含有效硅平均值为69.64毫克/千克、76毫克/千克，而碳酸紫色土和中性紫色土等母质发育的水稻土有效硅平均含量分别为189毫克/千克、129毫克/千克，缺硅水稻土面积约200万公顷，占全省水稻土总面积的44%，其中严重缺硅水稻土面积约有72.7万公顷，占水稻土总面积的16%。据有关资料显示，我国各类缺硅水稻土的面积约为

3 330万公顷。

目前，我国各地诊断水稻是否施用硅肥，其指标都在95～105毫克/千克，小麦在86～204毫克/千克时施用硅肥增产效果显著。有人认为，在石灰性土壤中有效硅（SiO_2）为170毫克/千克为临界值。

缺硅指标在国内外的研究结果表明，稻秆中的硅酸含量和土壤中可给态硅酸含量间有很好的相关性。

1. 从土壤有效硅分析

朝鲜将种植水稻的土壤供硅能力分为三级：土壤有效硅含量（100克土含SiO_2毫克数）<10为低级，10～20为中级，>20为高级。

2. 从作物叶秆含硅量与土壤有效硅含量分析

水稻与土壤含硅量分析（日本），见表8-3。甘蔗与土壤含硅量分析（毛里求斯），见表8-4。

表8-3 水稻与土壤含硅量分析

秸秆中SiO_2含量（%）	土壤中可给态SiO_2含量（毫克/100克土）	硅素丰缺程度	施硅效果
<11	<10.5	甚缺	显著
11～13	10.5～13.0	缺	有效
>13	>13.0	丰	无效

表8-4 甘蔗与土壤含硅量分析

第三叶片中SiO_2含量（%）	土壤中可给态SiO_2含量（毫克/100克土）	硅素丰缺程度	施硅效果
0.5	<3.6	甚缺	显著
<1.09	10.5	缺	有效

3. 从作物地上部分分析（表8-5）

表8-5 作物与土壤含硅量分析

作物	地上部分含硅量（%）		作物	地上部分含硅量（%）	
	缺硅	不缺硅		缺硅	不缺硅
大麦	0.03	2.09	大葱	0.01	0.04
番茄	0.05	1.02	包心菜	0.03	0.18
萝卜		0.86			

四、作物缺硅元素的形态表现

作物缺硅元素时的形态表现见表 8-6。

表 8-6 作物缺硅元素时的形态表现

作物	形 态 表 现
水稻	生长受阻，根与地上部分都较短矮，抽穗迟，每穗小穗数、饱满谷粒数和粒重减少，叶片和谷壳有褐色斑点。叶片下披成“垂柳叶”状是水稻缺硅的典型症状。 植株矮小易凋萎或早衰，分蘖少，茎叶软弱，叶片下垂，剑叶微有纵卷，叶片黄绿色，易感染病害（如稻瘟病）。出穗迟，小穗减少，结实率下降，穗部干重仅为正常穗的 1/2 或 1/3。 茎叶徒长，多汁柔软，可溶性糖分和蛋白质增多，易患稻瘟。中、后期则整株叶片发黄，叶尖干枯；抽穗困难，颖壳白化，谷粒呈樱花瓣状，不易结实，谷粒上还发生褐色斑点，不仅品质差，而且减产。
麦类	大麦、小麦、黑麦和燕麦缺硅，遇寒流时下部叶片发生下垂，甚至叶茎枯萎，叶片有时出现黑褐色斑点。
甘蔗	发生叶斑病，首先在蔗叶上出现小而细长的黄色斑点，继而变红、变褐坏死，病斑逐渐扩大，叶片枯死。光合作用强度下降，干物质产量降低。蔗茎中蔗糖积累速度变慢，成熟期推迟。蔗茎组织发育受阻，薄壁细胞直径变小，维管束数目少。维管束中后生木质部导管的平均直径小，厚生木质部导管在后生木质部导管形成过程中基本退化。蔗叶衰老速度加快，蔗叶软垂易倒伏，易受虫害。 蔗叶发生褐斑症。
番茄	虽然番茄需硅和含硅量很低，但缺硅时也表现出症状。于第一花序开花期生长点停止生长，新叶出现畸形小叶，叶片缺黄化，下部叶片出现坏死部分，并逐渐向上部叶片发展，坏死区扩大，叶脉仍保持绿色，而叶肉变褐，下位叶片枯死，花药退化，花粉败育，开花而不受孕。 在第一花序开花期，生长点停止伸长，新叶畸形，叶片黄化，下部叶片部分坏死，并向上蔓延，叶脉绿色，叶肉变褐、花药退化，“花而不孕”。
花生	植株生长不整齐，病害多，最终表现毛根（室株）增加，单粒种仁及粗细不匀的果粒多，不能成熟的空秕粒增多。
黄瓜	长成葫芦状，一头粗一头细，且表面粗糙、残次品多，产量下降，品质下降。
茭白	生长前期叶片由边缘开始发黄，逐渐蔓延至整株，特别是中后期易感染白叶枯病，加速干枯，提早衰亡，明显减产。
大蒜 薯类	生长延缓，叶片下披，结实变小或不匀，不但影响外观，而且质量下降，特别是瓜果类产品，易变质发烂，不利于贮藏运输。

五、硅肥及含硅物料

在农业生产中，水稻等作物施用的硅肥主要是指一类微碱性（氢离子浓度小于10纳摩/升、pH大于8）、含枸溶性无定形玻璃体的物料，其化学组成较为复杂，主要成分有 $CaSiO_3$、$CaSiO_4$、Mg_2SiO_4、$Ca_3Mg(SiO_4)_2$等，还有多种微量元素不明确的分子和其他物料。凡含可溶性二氧化硅15%以上，氧化钙、氧化镁小于30%，有害重金属小于1毫克/千克，含水量在14%～16%的化工、冶炼行业的各种废渣，均可生产含硅肥料，如高炉炉渣、黄磷炉渣、粉煤灰、炭化煤球渣、铁锰渣等，一般为无味、不吸潮、有效成分不溶于水可溶于酸的物料，呈白色、灰色或黑色。

我国一些常见的含硅物料见表8-7。

表8-7　一些常见的含硅物料（%）

物料名称	二氧化硅含量	其他成分含量（变幅）
硅酸钠	55.0～60.0	—
硅钙钾肥	35.0～46.0	钾7.50（6.00～9.00）
石灰石粉	5.0	—
磷矿粉	9.8	磷25.00（14.00～40.00）
钙镁磷肥	40.0	磷16.50（14.00～20.00）
钢渣磷肥	25.0（24.0～27.0）	磷12.50（5.00～20.00）
窑灰钾肥	16.0～17.0	钾12.60（6.00～20.00）
钾钙肥	35.0	钾3.50（1.00～5.00）
粉煤灰	50.0～60.0	钾1.20，磷0.10
厩肥	4.0～5.0	氮0.93，磷1.00，钾1.31

注：氮（N）、磷（P_2O_5）、钾（K_2O）。

六、硅肥的施用技术

1. 施用量的试验统计

水稻施硅肥的量以土壤有效硅含量95～100毫克/千克为指标。土壤有效硅含量低，施硅肥量应增加，用量过多稻谷增产率呈下降趋势。硅酸钠含有效硅（SiO_2）55%～60%。据彭嘉桂等（1989）试验，每亩施用硅酸钠10千克，水稻增产率16.3%；每亩施用硅酸钠25千克，水稻增产率12.5%；每亩施用硅酸钠40千克，水稻增产率8.5%。施用量越大，增产率越小。据马同生等（1991）报道，施用高效硅素化肥（$Na_2O \cdot nSiO_2$，含 $SiO_2 \geqslant 50\%$）每亩6千克，水稻有良好效果。另据马同生（1994）报道，小麦拔节初期每亩追施多效硅肥10千克，小麦增产极显著。邓小玉（1984）在长江中游的施硅试验，平均每亩施电厂粉煤灰硅钙肥 100～150 千克，水稻增产率4%～23.4%，有明显增产效果。

由于我国目前施用的硅肥以利用工业废渣、废料为主，很少施用纯净的化工产品，含硅成分不统一，可溶性也不同，所以各地的施用量很不相同。此外，由于作物种类和土壤类型、气候条件等不同，对硅素的施用效果也有影响。所以，硅肥的施用量要综合考虑含硅物料的种类、性质，做到因地制宜。

2. 施用时期

水稻施硅，以苗期第一次耘草时做追肥比做基肥或幼穗分化期追肥好，也比基肥、追肥（分化期）各半好。因为苗期至幼穗分化期是水稻吸硅的高峰期，早施淋失严重，迟施赶不上吸肥高峰期需要，产量都不理想；水稻品种以杂交水稻施硅增产幅度比常规稻高；中稻施硅效果比早稻好。

对水稻和小麦来说，缓效性含硅物料如炉渣、粉煤灰、天然硅灰石等粗制品应做基肥施用。水溶性的高效含硅物料（如高效硅素化肥和多效硅肥）可一次或分次施用，可做基肥、面肥，也可做追肥。做追肥施用应在分蘖末期至拔节期之前，至迟也不要超过拔节期。

3. 与其他营养元素的配合施用

据胡定金、谢振翅等（1995）报道，长江流域水稻施硅肥并与锌、锰肥配合施用，增产效果（9.7%～12.1%）大于单施硅（增产 5.7%），也大于硅、锌配合施用（增产 8.1%）和硅、锰配合施用（增产 7.1%）；硅与锌、锰配合施用能提高水稻植株对氮、磷、钾的利用率（分别提高 1.9%，6.2%，2.8%），促进氮、磷更多进入种子，磷、钾更多地进入稻草，对水稻高产有利。硅与锌、锰配合施用的比例是，高效硅肥每亩 6 千克，硫酸锌 1 千克和硫酸锰 1 千克。据申义珍等（1994）报道，硅与氮、磷配合施用有利于提高水稻产量，减少病害。硅与钾配合施用未表现出增产作用；硅与锌、锰、钼配合施用比对照有明显增产效果（增产 16%）。另据中国农业科学院土壤肥料研究所 1993—1994 年在北方石灰性土壤上进行的 7 个小麦试点，采用硅与锌、锰配合施用，小麦平均增产 12.8%，有明显的增产作用。小麦施用硅与锌、锰配合施用的比例是，在施用氮、磷、钾的基础上，每亩基施高效硅肥 6 千克、硫酸锌和硫酸锰各 2 千克，优于每亩基施高效硅肥 3 千克、硫酸锌和硫酸锰各 2 千克。

4. 施用技术

（1）施用量：灰渣类等迟效硅肥的当季利用率为 10%～30%，其后效可维持数年，无须年年施用。在缺硅地区，可施用高效硅肥（含水溶性 SiO_2 50%～60%）10 千克/亩，或者施用普通硅肥（含枸溶性 SiO_2 19%～20%）100 千克/亩。

应根据不同地块土壤有效硅的含量与硅肥水溶态硅的含量确定硅肥施用量。严重缺硅的土壤可适量多施，轻度缺硅的土壤应少施。有效硅含量达到50%～60%的水溶态硅肥，每亩可施用6～10千克，有效硅含量为30%～40%的钢渣硅肥，每亩可施用30～50千克，有效硅含量低于30%的，每亩可施用50～100千克。

（2）施用方法：一般宜作基肥，结合作物种类和栽培方式可以撒施、条施或穴施，但不能和种子直接接触，以免影响发芽。

水溶性的高效硅肥也可作根外追肥，如水稻、小麦在分蘖期至孕穗期可用3%～4%溶液喷施；为充分发挥这类肥料的作用，宜配合有机肥料施用。

5. 注意事项

（1）施用范围：土壤有效硅范围越大，施肥增产的效果越好。因此，硅肥应优先分配到缺硅地区和缺硅土壤上。不同作物对硅需求程度不同，喜硅作物施用硅肥效果明显。由于硅肥具有改良土壤的作用，硅肥应施用在受污染的农田以及种植多年的保护地上。

（2）施用方法：硅肥不易结块、不易变质、稳定性好，也不会有下渗、挥发等损失，具有肥效期长的特点。因此，渣类迟效硅肥不必年年施，可隔年施用。其施用方法可以与有机肥和氮、磷、钾肥一起作基肥施用；养分含量高的水溶态硅肥既可以作基肥也可作追肥，但追肥时期应尽量提前。例如，水稻应在孕穗之前施用。

第二节　农用稀土

一、农用稀土资源及用途

稀土元素是化学元素周期表中原子序数由57～71的镧系元素及其化学性质与镧系相近的钪（Sc）和钇（Y）共17种元素的统称，都是第三副族元素。我国稀土资源储备量占全球总量50%以上，主要分布在江西、湖南、广东等省以及内蒙古治区。

我国于1972年开始稀土农用的研究，研究证明土壤和作物体内普遍含有稀土元素，作物中的稀土元素含量为20～570毫克/千克。低浓度的稀土元素可促进种子萌发和幼苗生长。稀土元素对作物扦插生根有特殊的促进作用，同时还可提高作物叶绿素含量和光合速率。稀土元素可促进大豆根系生长，增加结瘤数，提高根瘤的固氮活性，增加结荚数和荚粒数。在我国稀土元素已广泛应用于作物、果树、林业、花卉、畜牧和养殖等方面，取得了很好的效果。

二、稀土对作物的增产作用

稀土元素的肥效主要表现为促进作物生长，提高作物产量，改善产品品质和加强作物抗逆作物。如浸种可提高玉米出苗率2.9%～3.9%，施用稀土后使水稻、小麦、油菜及蔬菜、果树等作物增产5%～20%，黄花菜的叶斑病、叶枯病与锈病的发病率大幅度降低。

三、农用稀土制品种类及施用

1. 农用稀土制品的种类

农用稀土制品多数含有混合的稀土元素，是稀土工业的中间产物或由稀土矿渣经用盐酸、硝酸或硫酸浸提后制成的氯化钾、硝酸盐或硫酸盐。有混合稀土或单一稀土的氯化物，还有稀土元素与微量元素的复盐或稀土元素与大量元素肥料，如碳铵、过磷酸钙或微肥的复合肥料。为确保稀土农用制品的质量，国家技术临督局发布了农用稀土制品的国家标准（表8-8）。

表8-8　农用稀土国家标准（GB9968—1996）

产品牌号	化学成分,%，克/升					
	REO 不小于	杂质含量，不大于				
		As	Cd	Pb	Cl^-	水不溶物
RE $(NO_3)_3$－GN	38	0.000 5	0.001	0.005	1	0.5
RE $(NO_3)_3$－YN	380	0.005	0.01	0.05	10	5

注：(1) 牌号中的G、Y、N依次为“固”、“液”、“农”字汉语拼音的第一个大写字母，分别表示“固态”、“液态“、“农用”；“RE”表示稀土。(2) 并规定固体产品的粒度不大于3毫米，液体产品的pH4～5，总α比活度不大于800贝可（Bq）/千克。(3) REO是稀土氧化物的统称。

目前我国定点生产和使用的农用稀土制品称为“农乐”益植素NL系列，简称“农乐”或“常乐”，是混合稀土元素的硝酸盐，主要成分为硝酸镧和硝酸铈等，分子式R $(NO_3)_3 \cdot 6H_2O$（R表示混合稀土），稀土氧化物（R_2O_3）含量37%～40%、含氧化镧25%～28%、氧化铈49%～51%、氧化铵14%～16%，其他稀土元素小于1%。呈酸性，易溶于水并潮解，潮解后仍可施用。有固体和液体两种剂型，固体为结晶，呈灰白色或浅红色粉末或块状，一般采用小包装，每袋100克或500克。液体有时带乳白色，密度1.6，不用时要密封。

2. 农用稀土制品的施用方法

农用稀土制品一般采用拌种、浸种、喷施和蘸秧根等，用量为30～100克/亩。在配制稀土溶液时不能用pH大于6.5或含碳酸氢根、磷酸盐的水配制，因水溶液pH大于6时稀土元素会全部沉淀。

拌种：稀土元素用量和溶液浓度依作物而异。一般每千克花生仁、小麦、玉米种子分别用4%～5%的稀土溶液40～50克、10.6%的“农乐”溶液35克和15%稀土溶液20克拌种，甜菜种子1.3～1.5千克用20%的“农乐”溶液200克拌种。

浸种：甜菜种子用0.12%的“农乐”液浸种24小时，以“农乐”、水和种子之间的比例为1∶80∶60为佳；小麦用0.1%溶液浸种20小时；玉米用0.08%溶液浸种16小时；甘蔗用0.01%溶液浸种6小时。注意浸种阴干后立即播种，以免灼伤根及幼芽。

喷施：喷施浓度与喷施时期依作物种类而异。喷施浓度（按稀土氧化物计）甜菜用0.08%溶液在生长初期到中期进行；甘蔗用0.03%溶液在五叶期至伸长期喷施，但以分蘖期较为理想；花生用0.01%～0.05%溶液在苗期和初花期喷施为好；春小麦用0.07%溶液在三叶期至拔节期喷施，以分蘖至拔节最宜；水稻秧田用0.01%溶液在移栽前7～10天喷施，水稻本田分蘖初期和孕穗期分别用0.01%和0.03%溶液喷施；西瓜用0.06%溶液在团棵期和坐果期施用；苹果用0.05%～0.10%溶液在盛花期和果实膨大期喷施；葡萄用0.05%～0.10%溶液在花前期、生理落花期和果实迅速膨大期喷施等。

蘸秧根：可代替水稻在秧田或分蘖始期喷施，一般用稀土元素15～25克，加泥浆40千克，溶解搅拌后供用。

3. 施用农用稀土制品需注意的问题

轻稀土组元素在共生矿中多伴随有钍（Th），重稀土组多伴生有铀（U），故农用稀土制品含有一定的放射性和毒性。为保证安全，卫生部门制定了部分绿色食品中稀土元素限量标准，按氧化物计的数量（毫克/千克）如下：以原料计的粮食小于或等于2.0，以鲜重计的蔬菜小于或等于0.7，以鲜样计的水果小于或等于0.54，花生、马铃薯和绿豆小于或等于1.0，茶叶小于或等于2.0。

在目前施用量少的情况下，土壤中稀土元素残留变化仍波动在自然本底值范围内，一些农作物、畜禽鱼产品中的稀土元素含量也低于标准，目前还不至于大量蓄积对人与环境产生危害。但必须指出，土壤污染是逐步累积的过程，具有长期性、潜在性和缓效性。

第九章　有机肥料

第一节　有机肥料概述

有机肥又称农家肥，主要来自农村和城市可用做肥料的有机物，包括人、畜禽粪尿、作物秸秆、绿肥等，它是我国传统农业的物质基础。有机肥来源广泛、品种多，几乎一切含有有机物质并能提供多种养分的物料都可以称之为有机肥。有机肥料除能提供作物养分、维持地力外，在改善作物品质、培肥地力等方面起着重要作用，实行有机肥料与化肥相结合的施肥制度十分必要。随着农业的发展，工厂化生产有机肥的企业大量涌现，有机肥已超出农家肥的局限向商品化方向发展。国家已经发布了农业行业标准 NY525—2002。

一、有机肥的主要种类

有机肥料的来源广泛。含有机质并能提供作物需要的养分，对农作物无副作用的物料均可以生产成为有机肥料。因此，有机肥料的种类繁多。广大农民在长期加工、施用有机肥料的过程中，产生了许多有机肥料名称，并形成许多有机肥料分类方法，但全国还没有一个统一的有机肥料分类标准。1990 年农业部在全国 11 个省（区）广泛开展有机肥料调查的基础上，根据有机肥料的资源特性和积制方法，把有机肥料归纳为粪尿类、堆沤肥类、秸秆肥类、绿肥类、土杂肥类、饼肥类、海肥类、腐殖酸类、农业城镇废弃物和沼气肥等 10 大类，并收集了 433 个肥料品种（表 9-1）。实际上，生产中有机肥料的品种远不止这些；在某些地区可能以某种或某几种为主要的有机肥料，其他有机肥料种类很少见到，这与当地有机肥料资源的分布有关。

表 9-1　全国有机肥料种类品种表

类别	品　种
粪尿类	人粪尿、人粪、人尿、猪粪、猪粪尿、马粪尿、牛粪、牛尿、牛粪尿、骡粪、骡尿、驴粪、驴尿、驴粪尿、羊尿、羊粪尿、兔粪、鸡粪、鸭粪、鹅粪、鸽粪、蚕沙、狗粪、鹌鹑粪、貂粪、猴粪、大象粪、蝙蝠粪等

（续）

类　别	品　种
秸秆肥料	水稻秸秆、小麦秸秆、大麦秸秆、玉米秸秆、荞麦秸秆、大豆秸秆、油菜秸秆、花生秸秆、高粱秸、谷子秸秆、棉花秆、马铃薯藤、烟草秆、辣椒秆、番茄秆、向日葵秆、西瓜藤、梨瓜藤、草莓秆、麻秆、冬瓜藤、南瓜藤、绿豆秆、豌豆秆、香蕉茎叶、甘蔗茎叶、洋葱茎叶、芋头茎叶、黄瓜藤、芝麻秆等
绿肥类	紫云英、苕子、金花菜、紫花苜蓿、草木樨、豌豆、箭筈豌豆、蚕豆、萝卜菜、油菜、田菁、柽麻、猪屎豆、绿豆、豇豆、泥豆、紫穗槐、三叶草、沙打旺、满江红、水花生、水浮莲、水葫芦、蒿草、苦刺、金尖菊、山杜鹃、黄荆、马桑、青草、粒粒苋、小葵子、黑麦草、印尼大绿豆、络麻叶、苜蓿、空心莲子草、葛薄、红豆草、茅草、含羞草、马豆草、松毛、蕨菜、合欢、马樱花、大狼毒、麻栎叶、绊牛豆、鸡豌豆、菜豆、薄荷、野烟、麻柳、山毛豆、秧青、无芒雀麦、橡胶叶、脾草、狼尾草、红麻、巴豆、竹豆、过河草、串叶松香草、苍耳、飞蓬、野扫帚、多变小冠华、大豆、飞机草等
饼肥类	豆饼、菜子饼、花生饼、芝麻饼、茶子饼、桐子饼、棉子饼、柏子饼、葵花子饼、蓖麻子饼、胡麻饼、烟子饼、兰花子饼、线麻子饼、栀子饼等

注：摘自全国农业技术推广服务中心的《中国有机肥料资源》。

二、有机肥的作用

有机肥料的作用见表 9-2。

表 9-2　有机肥料的基本作用

营养作用	有机肥料富含作物生长所需的养分，能源源不断地供给作物生长。有机质在土壤中分解产生二氧化碳，可作为作物光合作用的原料，有利于作物产量提高。提供养分是有机肥料主要的作用。 有机肥养分全面，不仅含有作物生长必需的 16 种营养元素，还含有其他有益于作物生长的元素，能全面促进作物生长。 有机肥料所含的养分多以有机态形式存在，通过微生物分解转变成为植物可利用的形态，可缓慢释放，长久供应作物养分。
改良土壤	提高土壤有机质含量，更新土壤腐殖质组成，增肥土壤。土壤有机质是土壤肥力的重要指标，是形成良好土壤环境的物质基础，土壤有机质由土壤中未分解的、半分解的有机物质残体和腐殖质组成。施入土壤中的新鲜有机肥料，在微生物作用下分解转化成简单的化合物，同时经过生物化学的作用，又重新组合成新的、更为复杂的、比较稳定的土壤特有的大分子高聚有机化合物，为黑色或棕色的有机胶体，即腐殖质。腐殖质是土壤中稳定的有机质，对土壤肥力有重要影响。

（续）

改良土壤	改善土壤物理性状。有机肥料在腐解过程中产生羟基一类的配位体，与土壤黏粒表面或氢氧聚合物表面的多价金属离子相结合，形成团聚体加上有机肥料的密度一般比土壤小，施入土壤的有机肥料能降低土壤的容重，改善土壤通气状况，减少土壤栽插阻力，使耕性变好。有机质保水能力强，比热容较大，导热性小，颜色又深，较易吸热，调温性好。 增加土壤保肥、保水能力。有机肥料在土壤溶液中离解出氢离子，具有很强的阳离子交换能力，施用有机肥料可增强土壤的保肥性能。土壤矿物质颗粒的吸水量最高为50%～60%，腐殖质的吸水量为400%～600%，施用有机肥料，可增加土壤持水量一般可提高10倍左右。有机肥料既具有良好的保水性，又有不错的排水性，因此能缓和土壤干湿之差，使作物根部土壤环境不至于水分过多或过少。
刺激作物生长	有机肥料是土壤中微生物取得能量和养分的主要来源，施用有机肥料有利于土壤微生物活动，从而促进作物生长发育。微生物在活动中的分泌物或死亡后的物质，不只是氮、磷、钾等无机养分，还能产生谷酰氨基酸、脯氨酸等多种氨基酸、多种维生素，还有细胞分裂素、植物生长素、赤霉素等植物激素。少量的维生素与植物激素就可促进作物的生长发育。
净化土壤环境	增施鸡粪或羊粪等有机肥料后，土壤中有毒物质对作物的毒害可大大减轻或消失。有机肥料的解毒原因在于有机肥料能提高土壤阳离子代换量，增加对镉的吸附。同时，有机质分解的中间物与镉发生螯合作用，形成稳定性络合物而解毒，有毒的可溶性络合物可随水下渗或排出农田，提高了土壤自净能力。有机肥料还能减少铅毒害，增加砷的固定。

三、商品有机肥的技术指标

商品有机肥料必须按肥料登记管理办法办理肥料登记，并取得登记证号，方可在农资市场上流通销售。有机肥料技术指标见表9-3。

表9-3　有机肥料的技术指标（NY525—2002）

项　目		指　标
有机质（以干基计），%	≥	30
总养分（$N+P_2O_5+K_2O$），%	≥	4.0
水分（游离水），%	≤	20
酸碱度，pH		5.5～8.0

有机肥料中的重金属含量、蛔虫卵死亡率和大肠杆菌值指标应符合GB8172的要求。

第二节 秸 秆 肥

一、秸秆资源与养分含量

据报道，我国农作物秸秆年总产量达7亿多吨，其中稻草2.3亿吨、玉米秸2.2亿吨、小麦秸1.2亿吨、豆类和秋杂粮作物秸秆约1亿吨，花生、薯类藤蔓、甜菜叶、甜菜糖渣和甘蔗糖渣约1亿吨。

秸秆中含有大量的有机质和氮、磷、钾、钙、镁、硫、硅、铜、锰、锌、铁、钼等营养元素，主要作物秸秆的营养元素含量见表9-4。

表9-4 主要作物秸秆的营养元素含量（烘干物）

种类	大量及中量元素/（克/千克）							微量元素/（毫克/千克）					
	N	P	K	Ca	Mg	S	Si	Cu	Zn	Fe	Mn	B	Mo
稻草	9.1	1.3	18.9	6.1	2.2	1.4	94.5	15.6	55.6	1 134	800	6.1	0.88
小麦秸	6.5	0.8	10.5	5.2	1.7	1.0	31.5	15.1	18.0	355	62.5	3.4	0.42
玉米秸	9.2	1.5	11.8	5.4	2.2	0.9	29.8	11.8	32.2	493	73.8	6.4	0.51
高粱秸	12.5	1.5	14.2	4.6	1.9	1.9	143	46.6	254	127	7.2	0.19	
红薯藤	23.7	2.8	30.5	21.1	4.6	3.0	17.6	12.6	26.5	1 023	119	31.2	0.67
大豆秸	18.1	2.0	11.7	17.1	4.8	2.1	15.8	11.9	27.8	536	70.1	24.4	1.09
油菜秸	8.7	1.4	19.4	15.2	2.5	4.4	5.8	8.5	38.1	442	42.7	18.5	1.03
花生秸	18.2	1.6	10.9	17.6	5.6	1.4	27.9	9.7	34.1	994	164	26.1	0.60
棉秆	12.4	1.5	10.2	8.5	2.8	1.7		14.2	39.1	1 463	54.3		

二、主要农作物秸秆的品质

碳氮比（C/N）小的秸秆，提供速效养分较好，但有机质往往残留得少；反之，C/N大的秸秆，养分释放缓慢，但腐殖系数高，有机质残留多，对改善土壤的物理性状有利。一般认为，C/N在20～25的秸秆，增产、肥田和改土效应都能兼顾。各种豆秸、花生秸的C/N在25～30，含氮量比较高，是秸秆中品质最好的一种。但豆秸、花生秸、薯类藤等C/N小的秸秆应粉碎后作饲料，或经处理后做有机肥原料，经济效果会更好。

各种农作物秸秆按有机肥料品质分级见表9-5。表中红薯藤、大豆、绿豆、花生等作物的秸秆品质为二级，其余均属三级，这与实际情况相吻合。

表 9-5 主要农作物秸秆品质评价

秸秆种类	粗有机物		N		P		K			
	克/千克	分数	克/千克	分数	克/千克	分数	克/千克	分数	总分	级别
稻草	813	25	9.1	24	1.3	6	18.9	12	67	3
小麦秸	830	25	6.5	24	0.8	3	10.5	12	64	3
大麦	925	25	5.6	24	0.9	3	13.7	12	64	3
玉米秸	871	25	9.2	24	1.5	6	11.8	12	67	3
豆秸	896	25	18.1	32	2.0	6	11.7	12	75	2
油菜秸	850	25	8.7	24	1.4	6	19.4	12	67	3
花生秸	886	25	18.2	32	1.6	6	10.9	12	75	2
向日葵	920	25	8.2	24	1.1	6	17.7	12	67	3
红薯藤	834	25	23.7	32	2.8	6	30.5	12	79	2
绿豆秸	854	25	15.8	32	2.4	6	10.7	12	75	2
高粱	796	20	12.5	24	1.5	6	14.2	12	62	3
谷子	933	25	8.2	24	1.0	6	17.5	12	67	3

三、秸秆的利用价值

1. 秸秆是重要的有机资源

秸秆中含有大量的有机质和氮、磷、钾及微量元素，是农业生产的重要有机肥料源。利用秸秆加工有机肥料，按目前的秸秆产量计算，6 亿吨秸秆中氮、磷、钾养分含量相当于 400 多万吨尿素、700 多万吨过磷酸钙和 700 多万吨硫酸钾。相当于我国目前化肥施用量的 1/4。如果通过各种方式还田，若每年有 50%的秸秆能够归还土壤，相当于投入化肥约 900 多万吨。

2. 改良土壤、培肥地力

（1）补充土壤养分：秸秆还田是补充和平衡土壤养分、改良土壤的有效方法。据报道，每亩还田玉米秸秆 500 千克后，相当于施用土杂肥 2 500 千克或碳铵 11.7 千克、过磷酸钙 6.2 千克、硫酸钾 4.75 千克，还有一定数量的中、微量元素养分和有机质补充到土壤中。一年后土壤有机质含量相对提高 0.05%～0.23%，全磷平均提高 0.03%，速效钾增加 31.2 毫克/千克。土壤容重下降 0.03%～0.16 克/厘米^3，土壤孔隙度提高 1.75%～7%。连续多年秸秆还田的耕地，不仅可提高磷肥的利用率、补充土壤钾素的不足，地力亦可提高 0.5～1 个等级。

秸秆还田对钾元素的循环利用尤其重要，一些地方因为缺钾限制了农业生产的发展。我国钾资源有限，目前我国钾肥主要靠进口。秸秆是有机肥料中含钾量最多的，如果能把秸秆通过多种方式归还到土壤中去，使钾素得到自然循环利用，可以起到减缓土壤钾素大量亏损的局面，是解决我国钾肥资源不足的一项重要措施。

（2）改良土壤：秸秆对土壤有机质和理化性状和土壤微生物等都有良好的影响。一般认为，土壤中直径大于 0.25 毫米的微团聚体对土壤物理性状及营养条件具有良好作用。表 9－6。

表 9－6　各处理土壤微团聚体变化（%）

处理 团聚体	1～0.25 毫米		0.25～0.01 毫米		<0.01 毫米	
	第一年	第三年	第一年	第三年	第一年	第三年
CK	20.48	29.32	22.22	25.79	20.11	16.79
化肥	18.42	18.64	22.12	21.05	21.16	14.79
稻草	18.60	32.28	21.07	16.95	20.02	10.02
猪粪	25.14	34.87	22.83	18.91	21.07	9.45

注：摘自全国农业技术推广服务中心《秸秆还田技术》。

（3）对土壤有机质平衡的影响：据报道，华北地区土壤有机质的年矿化量每亩为 54～95 千克，每年必须补充大于矿化数量的有机碳源，才能提高土壤有机质的数量和质量。

秸秆还田对土壤有机质平衡有重要作用见表 9－7。

表 9－7　玉米秸秆还田对土壤有机肥料平衡影响

单位：千克/亩

栽培技术	处　理	土壤有机碳理论值				0～20 厘米实测值	
		年矿化量	年积累量	盈亏量	盈亏量占原含量比例（%）	盈亏量	盈亏量占原含量比例（%）
覆膜	不施肥	58.63	27.67	－30.96	－2.43	－17.60	－1.39
	玉米秸	95.07	96.27	＋1.20	＋0.09	＋62.15	＋4.88
	玉米秸＋氮、磷	91.71	95.47	＋3.76	＋0.30	＋61.95	＋4.78
露地	不施肥	57.58	27.65	－26.06	－2.05	－12.45	－0.98
	玉米秸	94.11	95.72	＋1.61	＋0.13	＋54.35	＋4.27
	玉米秸＋氮、磷	88.83	95.63	＋6.80	＋0.53	＋76.95	＋6.04

注：摘自全国农业技术推广服务中心《秸秆还田技术》。

(4) 有机肥对增加土壤微生物的作用：施用有机肥给土壤中的微生物提供了所需要的碳源，可促进微生物的繁殖和生长，增施有机肥，在土壤水分含量适宜时，一般能使土壤微生物增加0.5～3倍。

四、秸秆有机肥的生产方法

1. 原料预处理

(1) 铡碎：将秸秆用铡草机切为3～5厘米的碎段。

(2) 润湿：将铡碎的秸秆用水润湿，加水量为原料湿重的60%～75%。

(3) 调碳氮比：将湿润后的秸秆碎段加尿素调碳氮比为25∶1为宜。

(4) 调酸碱度：在上述物料中用石灰或草木灰调pH6.5～8，一般用石灰2%～3%或草木灰3%～5%。

(5) 加入菌剂：将生物菌剂与物料混合均匀，进行发酵腐熟处理，使秸秆中的纤维素等物质分解，制成质量较好的有机肥。加菌量按使用的菌种说明书中规定的量添加。

(6) 发酵处理秸秆：可选用堆放式或槽式、塔式等发酵设施。目前采用自走式多功能翻抛机（兼有喷菌、粉碎、混料功能）进行秸秆发酵处理，具有易操作、功效高等特点。在发酵过程中需进行通气供氧、翻堆、加液、温控、湿控等工作。

2. 生产工艺

(1) 小型有机肥料厂的一般生产工艺：

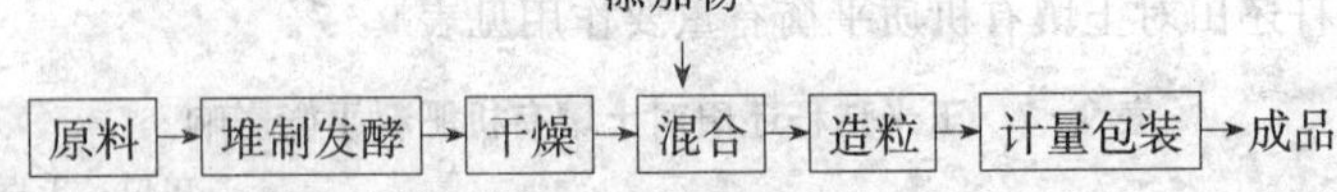

(2) 大、中型有机复混肥料厂的一般生产工艺：

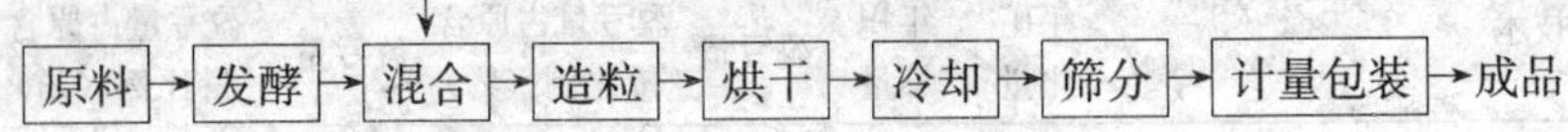

五、秸秆肥的施用

秸秆肥中含有作物所需的各种营养元素，是补充耕地有机质的主要来源，对改善土壤理化性状、提高土壤有机质含量、提高土壤肥力作用显著。适用于各种土壤、各种作物。肥效持久，宜做基肥施用，结合深耕翻土，有利于土肥相融，提高肥效。一般每亩施用商品秸秆有机肥约150～300千克；与化肥配合施用，可缓急相济，互为补充。

第三节　粪尿肥

一、人粪尿肥

1. 人粪尿的主要养分含量

人粪尿经熟化处理后是一种养分含量较高、肥效快的有机肥。人粪尿中主要养分见表 9-8。

表 9-8　人粪尿中主要养分含量（%）

种类	水分	有机质	氮（N）	磷（P_2O_5）	钾（K_2O）
人粪	≥70	15.2～20	1.00～1.16	0.26～0.5	0.3～0.37
人尿	≥90	3～4.8	0.5～0.64	0.11～0.13	0.19～0.2
人粪尿	80	5～10	0.5～0.8	0.2～0.4	0.2～0.3

2. 人粪尿的腐熟

人粪尿必须经储存、腐熟后才能施用。人粪尿在腐熟过程中经微生物作用逐步分解为简单的化合物后易被作物吸收。人粪尿腐熟快慢与季节有关，一般夏季需 6～10 天，其他季节需 15～30 天。

人粪尿的储存方式分密闭沤制和堆制腐熟两大类。密闭沤制常用密闭化粪池、加盖粪缸或沼气发酵等多种方式进行。密闭条件可减少氨的损失。堆制腐熟多以加干土和其他含有机质的废弃物堆制或制作高温堆肥的方式进行。

3. 人粪尿的施用

经过腐熟处理的人粪尿是优质的有机肥料，含有铵离子和钠离子较多，施用时应与其他有机肥料混合施用。

人粪尿适用于大多数作物，对桑树、茶树、麻、棉花、水稻、玉米、小麦等作物有显著效果。

人粪尿既可以作基肥，也可作追肥。一般施用量为大田作物每亩40～70 千克，需氮较多的叶菜类或生育期较长的作物，施用量每亩 60～120 千克，但应分次追施，在做追肥时注意添加适量的清水。

二、家畜粪尿肥

1. 家畜粪尿的成分

家畜粪尿含有丰富的有机质和各种营养元素，经堆沤熟化后的肥料称为圈肥（厩肥），是良好的有机肥，是我国农村的主要有机肥源之一。家畜粪尿的成分因家畜的种类、饲料成分和收集方法等因素的不同而有差异（表 9-9）。

表 9-9 各种新鲜家畜粪尿中主要养分的大致含量（%）

种类	水分	有机质	氮（N）	磷（P_2O_5）	钾（K_2O）	钙（CaO）
猪粪	80.7	17.0	0.56～0.59	0.4～0.46	0.43～0.44	0.09
猪尿	96.7	1.5	0.3～0.38	0.1～0.12	0.85～0.99	微量
马粪	76.5	21.0	0.47～0.55	0.30	0.24～0.30	0.17～0.24
马尿	89.6	8.0	1.2～1.29	0.01	1.39～1.5	0.45
牛粪	81.7	13.9	0.28～0.32	0.18～0.25	0.15～0.18	0.41
牛尿	86.8	4.8	0.41～0.5	微量～0.03	0.65～1.47	0.01
羊粪	61.9	33.1	0.65～0.70	0.5～0.51	0.25～0.29	0.46
羊尿	86.3	9.3	1.4～1.47	0.03～0.05	1.96～2.1	0.16

2. 家畜粪尿沤制熟化

圈肥（厩肥）是指家畜粪尿和各种垫圈材料混合沤制熟化的肥料。圈肥平均含有机质 25%、氮 0.5%、五氧化二磷 0.25%、氧化钾 0.6%。新鲜畜粪尿含难分解的纤维素、木质素等化合物，碳氮比（C/N）较大，而氮大部分呈有机态，当季作物利用率低，只有 10%，最高也只有 30%。如果直接用新鲜畜粪尿，由于微生物分解厩肥过程中会吸收土壤养分和水分，与幼苗争水争肥，而且在厌气条件下分解还会产生反硝化作用，促使肥料中氮的损失，所以新鲜畜粪尿需积制腐熟。

农村沤制是将畜粪尿放入猪圈里经猪不断的踏踩，压紧使粪尿与垫料充分混合，并在紧密缺氧条件下就地分解腐熟，经 3～5 个月满圈时，圈内的肥料可达腐熟程度，即可施用，上层的肥料如没完全腐熟时，需再腐熟一段时间的方可施用。

圈（厩）肥的一般养分含量见表 9-10。

表 9-10 圈肥的大致养分含量

圈（厩）肥	N（%）	P_2O_5（%）	K_2O（%）
猪圈（厩）肥	0.4～0.5	0.19～0.21	0.5～0.7
牛圈（厩）肥	0.34～0.4	0.16～0.18	0.3～0.4
羊圈（厩）肥	0.7～0.9	0.23～0.25	0.6～0.7
马圈（厩）肥	0.5～0.7	0.28～0.31	0.5～0.6

家畜粪尿也可采用发酵法加工有机肥料，其发酵工艺类似秸秆发酵方法，不再叙述。

3. 家畜粪尿厩肥的施用

腐熟好的畜粪尿厩肥可做基肥和追肥，半腐熟好的畜粪肥只能做基肥。腐熟的畜粪肥适宜施用各种土壤和各种作物。

三、禽粪肥

1. 性质与资源数量

禽粪是指鸡、鸭、鹅、鸽粪便，是良好的有机肥料。一只家禽年平均排粪量约 50 千克，是不可忽视的有机肥源。据报道，1997 年全国家禽饲料养数量为 765 865.3 万只，按鸡年平均排粪 26 千克计算，年产粪量达 19 912.98 万吨，含精有机物 9 852.7 万吨、氮 465.96 万吨、磷（P_2O_5）178.5 万吨、钾（K_2O）307.08 万吨。

2. 禽粪的利用方式

（1）沤制圈肥：本方法是农村农户的传统方法，即将禽粪作沤制熟化，以提高肥效，在我国已有悠久的历史，本书不详述。

（2）发酵生产有机肥料：禽粪便发酵腐熟后再施用要比使用生粪好得多。施用方便，无臭味，由于有机质的好氧发酵，堆内温度持续 15～30 天，达 50～70℃，可杀灭绝大部分病原微生物、寄生虫卵和杂草种子；禽粪经过腐熟后，许多作物难利用形态的养分可转变为作物可利用的形态。

传统的自然堆腐发酵，占用较大场地，发酵周期长，而且养分损失量大。生产有机肥料的发酵工艺，可加速发酵进程，减少养分损失。其发酵的技术要点如下：向家禽粪便中添加锯末、砻糠、作物秸秆等原料，以调整水分和碳氮比；在禽粪内添加过磷酸钙、沸石等原料，吸附发酵过程中产生的臭气还能改善理化状况。在堆肥原料中接入专用微生物发酵菌剂，可缩短畜禽粪便发酵的周期；在接菌种时加入适量的糖、豆饼等，有利于微生物生长的培养物质，促进发酵菌剂快速形成优势菌群。在发酵过程通过翻堆或直接向堆中鼓气，补充氧气，促进发酵进程。

发酵方法有条垛式堆腐、栅式发酵、滚筒发酵、塔式发酵等，可根据原料来源量而定。

（3）有机肥料的生产工艺：将发酵后的物料进行粉碎，还可添加其他养分物料，经混合后进行造粒，经筛分、计量、包装得产品。

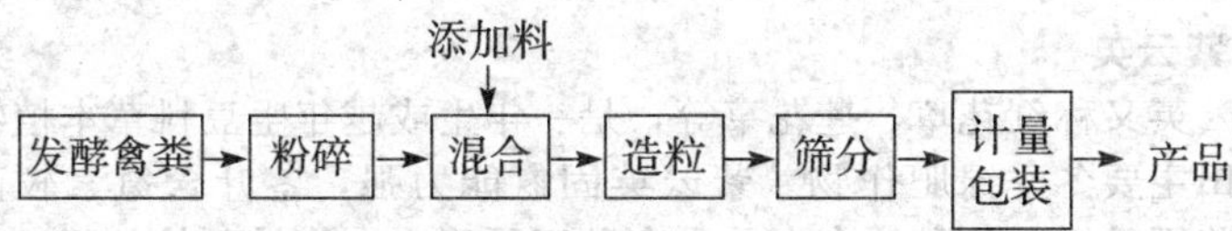

第四节　绿　　肥

一、绿肥在农业生产中的作用

绿肥在我国利用历史悠久，长期以来农民有种植绿肥作为有机肥料的来源和养地的习惯，同时也是饲草的来源之一。绿肥对提高土壤肥力、促进农牧业的发展起着重要的作用。

大多数绿肥作物是营养价值很高的饲料，用绿肥作物作饲料，畜、禽粪便还田，既提供了饲料资源，同时也提高了绿肥的经济价值，还产生了优良的有机肥源。

绿肥含有丰富的有机质和无机养分，是很重要的有机肥源，对改良耕地土壤、促进作物增产、改善农田生态环境等方面具有良好的作用。我国主要绿肥作物的养分含量见有 9-11。

表 9-11　主要绿肥作物的养分平均含量参考值（%）

绿肥种类	鲜草成分（绿肥体）				干草成分（干物质）			
	水分	氮（N）	磷（P_2O_5）	钾（K_2O）	水分	氮（N）	磷（P_2O_5）	钾（K_2O）
紫云英	88.0	0.33	0.08	0.23	2.75	0.66	1.90	38.06
光叶紫花苕子	84.4	0.50	0.13	0.42	3.12	0.83	2.60	43.92
箭筈豌豆	81.8	0.56	0.13	0.43	3.07	0.70	2.40	43.25
毛叶苕子	83.2	0.47	0.09	0.45	2.35	0.48	2.25	42.55
黄花苜蓿	83.3	0.54	0.14	0.40	3.23	0.81	2.38	35.87
紫花豌豆	81.50	0.51	0.15	0.52	2.76	0.82	2.81	43.26
田菁	80.0	0.52	0.07	0.15	2.00	0.54	1.68	37.38
柽麻	72.1	0.78	0.15	0.39	2.98	0.50	1.10	38.49
草木樨	80.0	0.48	0.13	0.44	2.82	0.92	2.40	38.98
紫穗槐(嫩茎叶)	60.9	1.32	0.36	0.79	3.36	0.76	2.01	—
紫花苜蓿	79.0	0.56	0.18	0.31	2.16	0.53	1.49	36.13
沙打旺（2年生）	82.8	—	—	—	2.80	2.22	1.18	45.00
满江红	94.0	0.24	0.02	0.12	2.77	0.35	3.39	—

二、介绍几种绿肥作物

1. 紫云英

紫云英又称红花草、莲花草等，是一年生或越年生豆科草本植物，是我国稻田主要冬季绿肥作物。紫云英固氮能力强，茎叶含氮素较高，是肥、饲兼用的绿肥品种。多在秋季套种于稻田中，作早稻的基肥，在我国北方可春播。种植紫云英的田块，土壤团粒会大量增加，对改良土壤理化状态效果显著。

紫云英根瘤较多，喜温暖，种子发芽适宜温度15～25℃，平均气温在10～15℃时生长较快，开始结荚的适宜温度在15～20℃。

紫云英适宜在含水量75%的土壤中生长，喜肥性强，耐旱、耐瘠、耐涝力、耐盐力差。当土壤含盐量在0.1%时，虽可出苗，但不结根瘤菌。

紫云英在稻田、棉田或其他秋收作物地上套种或与麦类、油菜、黄花苜蓿、蚕豆等混种或间作，或在旱地单独种植，产量一般在0.5万～0.6万千克/亩。

施用方法是将紫云英翻压在田地里，每亩施用量一般在1 500～2 500千克。

2. 苕子

苕子是我国广泛种植的冬季绿肥作物，是一年生或越年生豆科草本植物。苕子适应性广，耐旱、不耐高温和洪涝。在15～20℃时生长最快。

苕子播种时应进行种子处理，可用60℃左右的温水浸种24小时，促进种子发芽。稻田套种时一般在中稻或晚稻收割前20天左右播种。北方的毛叶苕子可秋播，作为春季作物的基肥或留种。

种植苕子施用磷肥作基肥增产效果明显，在早春追施适量的氮肥对提高产量很重要。在苕子生长过程中应保持田间不渍水。苕子作肥料施用时应在现蕾至初花期翻压在田地土内最为合适。这时产草量高、苕子养分含量也高，也容易腐烂，迅速为农作物提供养分，一般每亩翻压苕子1 500～3 500千克。

留种的苕子，应设立支架，有利于透光，减少病虫害，提高结荚率，使子粒饱满，全株种荚枯黄带褐色时即可收割。

3. 箭筈豌豆

箭筈豌豆又名大巢菜、野豌豆、野绿豆等，是一年生或越年生豆科作物。多与稻、麦、棉复种或间作套种，也在果园、桑园中种植利用。目前广泛种植的大箭筈豌豆属南方型早熟品种。从东欧引进的多为北方型品种。在我国江苏、浙江、四川、云南、贵州等省及华北、西北、东北等地均有种植。

箭筈豌豆喜凉，耐寒，耐旱，耐荫蔽，耐埋，抗冰雹，不耐碱，忌清水，怕热，适应性较广。气温在5℃左右时种子即可发芽。日均温度大于25℃时生长受到抑制，宜适在pH6.5～8.5的土壤上种植。

箭筈豌豆压青的最佳时期为花期至青荚期。压青量一般每亩为1 500～3 000千克。

4. 草木樨

草木樨又名野苜蓿、野良香，一年生或二年生豆科草本植物。耐旱、耐盐碱、耐寒、耐瘠薄，适应能力强，是保水、保土、绿肥和蜜源植物。

草木樨根系粗壮发达，入土深达2米左右，在荒沙地、坡地种植有防风固沙、保持水土的作用。二年生白花草木樨主要在东北、西北和华北等地种植，一年生黄花草木樨多在南方种植，主要种植于旱地。草木樨多与玉米、小麦间种或复种，也可在经济林木行间种植。

草木樨种子在3～4℃即能发芽，春、夏、秋季均可播种，全生育期450天左右。在北方采用二年生草木樨压青或根茬养地，小麦和草木樨套作，当年小麦不减产。草木樨种子有40%～60%的硬子，要用粗沙碾磨后方可播种，播种深度以2～3厘米为好。

5. 紫穗槐

紫穗槐又称紫花槐、穗花槐等，为多年生落叶灌木。紫穗槐嫩枯叶可作绿肥，在绿肥作物中其养分含量为最高。

紫穗槐适应性强，耐旱、耐寒、耐荫、耐瘠薄、耐盐碱，无论沙滩、荒地、河堤、路边、铁道两旁均可种植。可直播，也可育苗或插条。

紫穗槐用作肥料时，通常在初夏将生长2～3年的植株割一次，第二次在抽条在7～8月初，可采收下部的叶片作为肥料。留种时，连续3年以上不割条。种荚成熟时，荚壳呈棕黑色，连荚壳采收，晒干贮存，一般每亩可采收种荚50～80千克。

6. 田菁

田菁又名碱青、涝豆、青子等，为一年生或多年生豆科草本植物。最早种植在我国南方，后北移，早熟品种可在华北和东北地区种植。

田菁喜温暖，抗逆强性强，耐盐碱、耐涝，是改良盐碱地的绿肥作物。田菁在含盐0.3%～0.5%的盐土及pH9.5的碱土上都能生长。田菁作肥料时应在现蕾至初花期收割或翻压为适宜。

在北方，田菁播种期从3月上旬至6月份都可收获种子，早播生长期长，产草量大。播种时用55℃左右的温水浸种20分钟，晾干后播种。用作绿肥的种植方式主要有改良盐碱地，利用夏用地、荒地、沟渠、路边等。作绿肥时，适宜翻压期为初花期。

留种地应选用轻盐碱地块，当苗高60厘米左右时进行定苗，每亩留苗3 000～4 000株，在盛花期打顶、去边心，在有70%荚果变黄褐色至紫褐色即可收获。

7. 柽麻

柽麻又名太阳麻、印度麻、菽麻，一年生豆科草本植物。原产印度，我国南方各省先行引种，以后扩大到华东、华北、西北、东北等地区。多用作间套或填闲种植，嫩枝叶可作肥料或饲料。

柽麻喜湿润，耐旱、耐沙、耐瘠薄能力强，在盐分0.3%以下的盐碱地上生长良好。但耐涝能力较差，不宜在低洼黏重土上种植。柽麻在12～42℃都能生长，在温度20℃左右时播种出苗快，生长也较快，产草量高。

生长50～70天每亩可产鲜草2 000～3 000千克。

柽麻种子有硬子，播前应进行处理；种子有毒，不可作饲料。

柽麻可春播、夏播，也可秋播，北方多在夏收后单种或与夏播作物套种。南方在5～8月可随时播种，待植株长到第二批花序始花期为翻压适宜期。若作稻田绿肥时，宜在插秧前30天翻压。压青后水稻一般可增产10%～15%。

8. 满江红

满江红又称绿萍、红萍、红浮萍，是一种漂浮的蕨类植物。满江红可通过共生固氮蓝藻固定空气中的氮，亦具有水生绿肥的共性，有富集磷、钾的能力，而且繁殖率很高，在环境条件适宜时，一般3～5天可增殖一倍，是一种优质高产的肥饲兼用绿肥。

满江红落叶互生，覆互状排列，叶分上下两片。上片叶称背叶或同化叶，能进行光合作用，固定空气中的氮素。同化叶在环境条件适宜时呈绿色，在不良条件下（如高、低温、缺肥等）则为紫红色或黄色。

满江红有无性繁殖和有性繁殖两种方式，可水稻田行间放养、南方冬水田放养、夏秋季放养、河塘水放养等。水稻田行间放养20～30天即可倒萍作水稻追肥。冬水田放养，播稻前10～15天翻压作基肥。采用其他方式放养的满江红，收集的鲜萍可异地还田，作旱地作物基肥。据报道，浙江、广西等地每亩翻压满江红1 500～2 000千克，水稻增产10%～20%，小麦增产10%左右。

9. 沙打旺

沙打旺又称地丁、苦草、薄地犟，是豆科多年生草本植物，也是一种优良的绿肥、饲草和水土保持兼用型草种。

沙打旺耐寒、耐旱、耐贫瘠、耐盐碱，但不耐涝。种子发芽的最低温度为8～9℃，最适宜的温度为18～22℃。适宜在沙壤土上生长。在pH9.5～10、全盐含量0.3%～0.4%的土壤上也能正常生长；低洼潮湿排水不良的土地及黏重土壤不能正常生长。

沙打旺在春、夏、秋三季都可播种，一般多在立秋前后播种，当年可以收割，一般在第四年开始衰退，第五年开始枯萎死亡。适宜采收期在初花期，割时留茬高15～20厘米，以防伤害越冬芽。一般每年可采收2次，第一次在6月中旬，第二次在10月上旬。采收的沙打旺可异地压青作绿肥或作饲料过腹还田。据报道，种植沙打旺第一年每亩固氮16千克左右，第二年每亩固氮15.7千克左右。除植株带走的外，留在土壤中的氮2.7千克，使土壤含量增加10%以上，有机质增加20%以上。

三、绿肥的合理施用

利用绿肥提倡一草多用，在轮作中应优先安排种植。做饲料或工业原料的兼用绿肥作物，利用其生物固氮作用，既可提供优质饲料，又可利用根茬和畜禽粪便培肥地力。绿肥含有丰富的有机质和农作物所需的营养元素，是一项重要的有机肥料资源。

1. 合理安排翻压时间

绿肥翻压到土壤中以后，在微生物的作用下腐解矿化，释放出养分被作物吸收利用。按不同绿肥腐解特点和作物需肥特性，确定翻压时期和翻压量，适时翻压。稻田翻压紫云英后 30 天左右铵态氮释放达以高峰。一般应在水稻插秧前 15 天左右翻压为宜。

2. 合理安排翻压量

作为绿肥的翻压量，应根据水稻等作物的耐肥能力、土壤肥力和耕作水平等因素确定，一般中等肥力的水稻田块每亩约施绿肥 1 500 千克为宜，肥力低的可适当增加，但不是越多越好（表 9-12）。

表 9-12　紫云英压青量对早稻产量的影响

压青量（千克/亩）	产量（千克/亩）	比空白增产（%）	比单施化肥增产（%）
2 500	417.3	88.6	8.4
2 000	435.0	96.5	13.0
1 500	424.3	91.7	10.2
1 000	412.3	86.3	7.1
单施化肥	358.0	74.0	—
空白	221.3	—	—

四、绿肥与化肥的配合施用

大多数绿肥提供的主要养分是以氮为主，故应补充磷、钾等养分；通过与化肥配合施用可满足作物的所需养分。磷、钾肥最好是在绿肥播种时作基肥施，这样既可保证绿肥对磷、钾养分的需要，从而提高绿肥的产量和品质。由于绿肥对磷、钾的吸收和富集，从而提高磷、钾养分对所种作物的有效性。

第五节　饼　　肥

饼肥是含油的种子经提取油分后的渣粕，作肥料用时称为饼肥。饼肥含有丰富的营养成分，这类资源一般提倡过腹还田或综合利用，但需注意的是有些饼粕含有毒素，如棉子饼含有棉酚，茶子饼含皂素，桐子饼含有桐酸和皂素等，不易作饲料。

我国饼肥种类较多，主要有大豆饼粕、花生饼、芝麻饼、菜子饼、棉子饼、茶子饼等。农民一般将其作为优质有机肥施于瓜果、果树、花卉等经济价值较高的作物。

一、饼肥的性质

我国的饼肥中含有机质75%～85%，氮1.11%～7.00%，五氧化二磷0.37%～3.00%，氧化钾0.85%～2.13%，还含有蛋白质及氨基酸、微量元素等。菜子饼和大豆饼中还含有粗纤维6%～10.7%，钙0.8%～11%，胆碱0.27%～0.70%。此外，还有一定数量的烟酸及其他维生素类物质等。

主要饼肥的养分含量见表9-13。

表9-13 常见饼肥养分含量参考值（%）

种 类	N	P_2O_5	K_2O	种 类	N	P_2O_5	K_2O
大豆饼	7.00	1.32	2.13	大麻饼	5.05	2.40	1.35
芝麻饼	5.80	3.00	1.30	柏子饼	5.16	1.89	1.19
花生饼	6.32	1.17	1.34	苍耳子饼	4.47	2.50	1.47
棉子饼	3.41	1.63	0.97	葵花子饼	5.40	2.70	—
棉仁饼	5.32	2.50	1.77	大米糠饼	2.33	3.01	1.76
菜子饼	4.60	2.48	1.40	茶子饼	1.11	0.37	1.23
杏仁饼	4.56	1.35	0.85	桐子饼	3.60	1.30	1.30
蓖麻子饼	5.00	2.00	1.90	花椒子饼	2.06	0.71	2.50
胡麻饼	5.79	2.81	1.27	苏子饼	5.84	2.04	1.17
椰子饼	3.74	1.30	1.96	椿树子饼	2.70	1.21	1.78

饼肥中的氮以蛋白质形态存在，磷以植酸及其衍生物和卵磷脂等形态存在，钾大都是水溶性的。饼肥是一种迟效性有机肥，必须经微生物分解后才能发挥肥效。

饼肥含氮较多，碳氮比（C/N）较低，易于矿质化。由于含有一定量的油脂，影响油饼的分解速度。不同油饼在嫌气条件下的分解速度不同，如芝麻饼分解较快，茶子饼分解较慢。

土壤质地也影响饼肥的分解及氮素的保存。沙土有利于分解，但保氮较差；黏土前期分解较慢，但有利于氮素保存。

二、饼肥的合理施用

饼肥是优质的有机肥料，具有养分完全、肥效持久、优化作物根际生态环境的优点，适用于各种土壤和多种作物，尤其对瓜果、花卉、棉花、烟叶等经济作物能显著提高产量，改善品质。

饼肥可作基肥、追肥。作基肥时不需腐熟，粉碎后可直接施用，一般在播种前2～3周施入，翻入土中，以便充分腐熟。饼肥不能在播种时施用，因其在土中分解会产生高温，并生成各种有机酸，对种子发芽及幼苗生长不利。饼肥用作追肥时应腐熟，有利于作物吸收利用。饼肥发酵一般采用与堆肥或厩肥混合堆积的方法，或用水浸泡数天即可，施用时可在作物旁开沟条施或穴施，用量一般为每亩施50千克左右。

饼肥直接施用时应拌入适量的杀虫剂，以防招引地下害虫。

第六节　泥　炭

泥炭又称草炭、泥煤、草煤、草木炭、泥炭、泥炭土等，在我国分布较广，但蕴藏量各地不一。泥炭是古代低湿地带生长的植物残体长期大量堆集的结果，在积水条件下经过千万年的变化，由未完全分解的植物残体形成有机物层。泥炭一般含有机质40%～70%，腐殖酸20%～40%，碳氮比10～20，pH4.5～6，全氮（N）1.2%～2.3%，全磷（P_2O_5）0.1%～0.49%，全钾（K_2O）0.2%～0.59%，还含有中量元素和微量元素，是一种重要的有机肥源。

一、泥炭的类型

1. 低位泥炭

一般分布在地势低洼处，植物群落以沼泽植物为主，如苔属植物、芦苇属、赤杨属、桦属等，低位泥炭一般是黑褐色或灰褐色，分解程度和养分含量较高，呈酸性到中性，适宜直接利用。目前，我国出产的泥炭多属低位泥炭。

2. 高位泥炭

又称贫营养型泥炭，一般分布在高寒山区森林地带的分水岭上，植被以水藓类为主。分解程度差、养分含量少，呈酸性，不宜直接做肥料，但其吸收能力强，宜做垫圈材料。此类泥炭在我国分布面积约占泥炭总面积的5%左右。

3. 中位泥炭

又称过滤性泥炭，是介于以上两者之间的类型。

二、泥炭的分布

我国泥炭资源丰富，分布较广，储量较多。据煤炭和地质部门的资料，全国储量约270亿～280亿吨，主要分布在东北的大兴安岭和小兴安岭、三江平源、广东、广西、浙江、福建、青藏高原北部和东部，以及四川阿坝草原等地。埋藏深度较浅或裸露地表的泥炭主要集中在海河、淮河、长江流域中下游，云贵高原、成都平原等地数量也很大。

三、泥炭的性质

泥炭的干物质中主要含纤维素、半纤维素、木质素、沥青、脂肪酸和腐殖酸等有机物，此外还含有氮、磷、钾、钙等微量元素，一般有机物含量为40%～70%，腐殖酸20%～40%，碳氮比10～20，灰分31.5%～59.8%，pH4～6.5。养分含量，全氮（N）0.75%～2.39%，全磷（P_2O_5）0.1%～0.49%，全钾（K_2O）0.2%～1.5%。自然状况下，泥炭含水50%以上。目前，我国出产的泥炭大部分是富营养型的泥炭。

四、泥炭在我国农业上的应用

1. 直接作基肥

选择分解程度高、养分含量高、酸度较小的泥炭，挖出后经适当晾晒，使其还原性物质得以氧化，粉碎后直接作基肥施用。与化肥混合施用可提高肥效。

2. 泥炭垫圈

泥炭吸水吸氨性强，用作垫圈材料可以改善牲畜卫生条件，保存粪尿液中的养分，收集后制成优质圈肥。

3. 泥炭堆肥

将泥炭与粪尿肥或其他有机物料制成堆肥，粪尿肥能提供有效氮，为微生物分解有机质创造条件，加速泥炭的熟化。

4. 制造复混肥料

由于泥炭含有大量的腐殖酸，但其速效养分较少，生产中常将泥炭与碳铵、磷钾肥、微量元素肥料等制成粒状或粉状复混肥料，提高肥效。

5. 制营养钵肥

泥炭有一定的黏结性和松散性，并有保水、保肥和通气、透水等特点，有利于幼苗根系生长，生产上常将泥炭制成营养钵，育苗。在制作营养钵时，先调节泥炭酸度，再加其他肥料及适量水分后，压制而成。

6. 作微生物肥料的载体

在微生物菌剂生产中，用泥炭作为菌剂载体。将泥炭风干后粉碎，调节至适宜的酸碱度，灭菌后与菌剂混配制成各种微生物菌肥。

五、泥炭营养土

1. 物化性质

由泥炭破碎、添加少量矿物营养物质混合而成。灰黑色粉剂或颗粒状，不溶于水，但有较好吸水和保水能力，pH6 左右。

2. 农化性质

泥炭营养土是一种理想的植物培养基质，其容重仅为自然土壤的一半，代换量、持水性和耐肥力却比普通土壤高 1 倍，缓冲性能强，pH 较稳定，能适应多数植物正常生长。

3. 生产方法

将选用的泥炭除去机械杂物，进行干燥、破碎，然后在混合机中与添加的无机养分混合，添加物与泥炭一般控制在 1：200 重量比，生产中应混合均匀。

4. 产品质量指标（表 9-14）

表 9-14 普通型泥炭营养土质量指标

指标名称	指 标	指标名称	指 标
pH	5.5～6.5	容重，吨/米^3	0.5～0.6
水分,%	25～30	含氮（N）量,%	3～6
有机质含量（干基）,%	30～35	含磷（P_2O_5）,%	3～5
灰分（干基）,%	65	含钾（K_2O）,%	5～7
腐殖酸含量（干基）,%	5～10	微量元素 Fe、Mn、Zn、Cu、B、Co	适量

5. 产品用途

主要用于花卉栽培和水稻、蔬菜等作物育秧。适合大多数花卉，尤其是喜酸花卉。在水稻、蔬菜等作物育秧方面，其 pH 和营养条件更适合秧苗生长，与石灰性土壤相比，秧苗的生长远比后者优越。在室内园林植物培育方面，不仅可以提高温室利用率，而且可以节约劳力，经济价值提高约 40%。在蔬菜育苗方面，与常规方法相比，可增产 20%～30%，还能提早上市 1～2 周。

6. 施用方法

泥炭营养土可以单独或与适量的自然土、沙、蛭石等掺混使用，播种方法如种子直播、苗木移栽、插枝等均与在自然土相同。

7. 包装与贮运

用纤维编织袋包装，每袋净重 25 千克；作花卉栽培用小包装，塑料袋装 2 千克。袋上应标品种名称、型号、净重及生产厂。贮运应注意保持干燥，防止浸水和淋雨。

第七节　有机肥料的合理施用原则

粗制有机肥料一般施用量较大，除秸秆还田用量不宜过高外，大多施用量为每亩 1 000～2 000 千克，且主要用作基肥，一次施入土壤。部分粗制有机肥料（如粪尿肥、沼气肥等）因速效养分含量相对较高，释放也较快，亦可作追肥施用，但多用在蔬菜和经济作物上。绿肥和秸秆还田一般应注意耕翻的适宜时期和分解条件。

有机肥料和化肥配合施用，是提高化肥和有机肥肥效的重要途径。在有机、无机肥料配合施用中应注意二者的比例以及搭配方式。许多研究表明，以有机肥料的氮量与氮肥的氮量比 1∶1 左右增产效果最好。除了与氮素化肥配合外，有机肥料还可与磷、钾及中量元素、微量元素肥料配合施用，或与复混肥料配合施用。

第十章 腐殖酸肥料

第一节 腐殖酸概述

一、腐殖酸的组成、结构、分类及性能

1. 腐殖酸的组成、结构及性能

腐殖酸（Humic Acid，简写 HA），又名胡敏酸，是动植物（主要是植物）的遗骸，经过微生物分解和转化以及一系列化学过程形成和积累起来的一类有机物质。腐殖酸不是纯物质，而是类型物质、复杂混合物，其组成随来源不同而差异很大，而且近年来通过发酵制取腐殖酸的性质仍在界定之中，只是把这一类性质接近的物质统称为“腐殖酸”。现在通常认为，腐殖酸是一组含芳香结构、性质类似、无定形的酸性物质组成的混合物。

（1）腐殖酸的元素组成：腐殖酸的主要元素组成为碳、氢、氧、氮、硫。

（2）腐殖酸的结构：腐殖酸的分子结构十分复杂，已证实其中含有芳香环和含氮杂环，而且由这些环构成分子的主体。环上有酚羟基、羟基、醇羟基、醌羟基、烯醇基、磺酸基、胺基、羧基、羰基、游离的醌基、半醌基、醌氧基、甲氧基等多种官能团，是由芳香族及其多种官能团构成的高分子有机酸。

腐殖酸的分子量分布较宽，小分子为几千到几万，大分子达几万到几百万。

（3）腐殖酸的基本性质：腐殖酸为黑色或黑褐色无定形粉末，密度1.330～1.448 克/厘米^3，具有很大的比表面积，在稀溶液条件下像水一样无黏性。

（4）腐殖酸的基本功能：

溶解性：腐殖酸能或多或少地溶解在酸、碱、盐、水和一些有机溶剂中，因而可用这些物质作为腐殖酸的抽提剂。这些抽提剂一般分为碱性物质（如 KOH、NH_4OH、$NaCO_3$、$Na_4P_2O_7$ 等）、中性盐（NaF、$Na_2C_2O_4$）、弱酸性物质（如草酸、柠檬酸、苯甲酸等）、有机溶剂（如乙醇、酮类、吡啶等）和混合溶液（NaOH 和 $Na_4P_2O_7$）5 类。

胶体性：腐殖酸是一种亲水胶体，低浓度时是真溶液，没有黏度；高浓度时则是一种胶体溶液，或称分散体系，呈现胶体性质。当加入酸类或

高浓度的盐类溶液时可产生凝聚，一般使用稀盐酸或稀硫酸，保持溶液pH3～4之间时，此溶液经静止后就能很快析出絮状沉淀。

酸性：腐殖酸分子结构中有羧基和酚羟基等基团，使其具有弱酸性，所以腐殖酸可以与碳酸盐、醋酸盐等进行定量反应。腐殖酸与其盐类组成的缓冲溶液可以调节土壤酸碱度，使农作物在适宜的pH条件下生长。

离子交换性：腐殖酸分子上的一些官能团如羧基－COOH上的H^+可以被Na^+、K^+、NH_4^+等金属离子置换出来而生成弱酸盐，所以具有较高的离子交换容量。腐殖酸的离子交换容量与pH有关，当pH从4.5提高到8.1时，其离子交换容量从1.7毫摩尔/克增加到5.9毫摩尔/克。

络合性能：由于腐殖酸含有大量的官能团，可以与一些金属离子（如Al^{3+}、Fe^{2+}、Ca^{2+}、Cu^{2+}、Cr^{3+}等）形成络合物或螯合物。腐殖酸结构中参与金属络合或螯合的官能团一般是羧基和酚羟基，可能还有羰基和胺基。

生理活性：腐殖酸的生理活性指腐殖酸促进生物体生理活动的能力。腐殖酸的生理活性在植物上表现为刺激植物生长代谢、改善子实质量和增强植物抗逆能力，但与腐殖酸的浓度和腐殖酸的分子量大小有关系（这种特性是一般肥料所不具备的）。

2. 腐殖酸的分类

腐殖酸的分类因其形成与来源方式而不同（表10-1）。

表10-1　腐殖酸的分类

按形成方式	天然腐殖酸	土壤腐殖酸	土壤中植物残体和少量的动物遗体经土壤微生物分解而形成，腐殖物质占土壤总有机质的95%～90%
		水体腐殖酸	江、河、湖、海水体中自然形成的腐殖酸，一般水源中含量在10毫克/升左右，占水中总有机物的50%～90%
		煤炭腐殖酸	来源于泥炭（草炭）、褐煤和风化煤
	人工腐殖酸（人造腐殖酸）	生物发酵腐殖酸	以农作物秸秆、酒厂废液、糖厂废渣和其他农副产品等非煤资源为原料，采用生物技术与化学技术结合，或纯微生物发酵技术制取的腐殖酸
		化学合成腐殖酸	指以非煤炭类物质为原料（亚硫酸纸浆废液、木材水解木质素、糠醛渣等）通过化学合成反应的方法制取的与天然腐殖酸相类似的物质
		氧化再生腐殖酸	指各种煤经过人工氧化方法生成的腐殖酸

（续）

按来源方式	原生腐殖酸	是天然物质的化学组成中所固有的腐殖酸
	再生腐殖酸	指各种煤经过自然风化或人工氧化方法生成的腐殖酸
	合成腐殖酸	通常指用人工方法从非煤炭物质所制得的与天然腐殖酸相类似的物质
按天然结合状态	游离腐殖酸	以游离状态存在的腐殖酸
	结合腐殖酸	与钙、镁等离子结合形式存在的腐殖酸
按溶解度和颜色	黑腐酸	又称胡敏酸，仅溶于碱溶液，不溶于酸和乙醇、丙醇，呈黑色溶液部分
	棕腐酸	又称草木樨酸，溶于碱、丙酮或乙醇而不溶于水，不溶于酸，呈棕色溶液的部分
	黄腐酸	又称富里酸，溶于碱、酸和水，而呈黄色溶液的部分

3. 腐殖酸的原料来源

腐殖酸广泛存在于土壤、湖泊、河流、海洋以及泥炭（又称草炭）、褐煤、风化煤中。腐殖酸的原料来源可以分成两大类，即煤类物质和非煤类物质。前者主要包括泥炭、褐煤和风化煤；后者包括土壤、水体、菌类和其他非煤物质，如含酚、醌、糖类等物质，它们经过生物发酵、氧化或合成可以生成腐殖酸类物质。煤类物质和土壤、水体、菌类等物质制得的腐殖酸是天然腐殖酸，其中煤类物质是天然腐殖酸的主要原料。

在嫌气环境下，死亡的植物残体未得到完全分解便堆积形成泥炭。泥炭经过煤化后形成褐煤和烟煤物质。造煤植物在地下经历煤化过程的还原性元素，又在地表大气和水的影响下发生缓慢的氧化水解反应，这时形成的就是风化煤。从泥炭、褐煤到风化煤这一过程中，腐殖酸的含量和结构也发生变化，它们一方面反映出原始植物或煤的性质，另一方面又反映出还原和氧化的程度。

二、腐殖酸在农业上的应用

1. 改良土壤

腐殖酸是多孔性物质，可改善土壤团粒结构，调节土壤水、肥、气、热状况，提高土壤交换容量，调节土壤 pH，达到酸碱平衡。腐殖酸的吸附、络合反应能减少土壤中的有害物质（包括残留农药、重金属及其他有毒物），提高土壤自然净化能力，减少污染。同时，腐殖酸具有胶体性状，可改善土壤中微生物群体，适宜有益菌的生长繁殖。

2. 刺激植物生长

腐殖酸含有多种活性基因，可增强作物体内过氧化氢酶、多酚氧化酶的活性，刺激植物生理代谢，促进种子早发芽，出苗率高，幼苗发根快，根量多，根系发达，茎、枝叶健壮、繁茂，光合作用加强，加速养分的运转、吸收。

3. 增加肥效

腐殖酸含有羧基、酚羟基等活性基，有较强的交换与吸附能力，能减少铵态氮的损失，增施腐殖酸，提高氮肥特别是尿素的利用率。腐殖酸与尿素作用可生成络合物，对尿素的缓释增效作用十分明显；腐殖酸还能抑制尿酶的活性，减缓尿素分解，减少挥发，可使氮利用率提高 6.9%～11.9%，后效增加 15%。

腐殖酸对磷肥的增效作用表现在一是与磷肥形成腐殖酸—金属—磷酸盐络合物，从而防止土壤对磷的固定，磷肥肥效可相对提高 10%～20%，吸磷量提高 28%～39%；二是能够提高土壤中磷酸酶的活性，从而使土壤中的有机磷转化为有效磷。

腐殖酸对钾肥具有增效作用。腐殖酸是一系列酸性物质的复杂混合物，其酸性功能可吸收和贮存钾离子，减少其流失，并可避免因长期使用无机钾遗留阴离子对土壤造成的不良影响。腐殖酸可促使难溶性钾的释放，提高土壤速效钾特别是水溶性钾的含量，同时还可减少土壤对钾的固定。腐殖酸还能提高土壤中微量元素的活性，一些微量元素如硼、钙、锌、锰、铜等多以无机盐形式施入土壤，易转化为难溶性盐，使其利用率降低，甚至完全失效。腐殖酸可与金属离子间发生螯合作用，使其成为水溶性腐殖酸螯合微量元素，从而提高植物对微量元素的吸收与运转，这种作用是无机微量元素所不具备的。

腐殖酸还能促使固氮菌、真菌形芽胞杆菌、黑曲霉菌、灰绿青霉菌等微生物的生长。

4. 提高农药药效，减少药害，保护环境

腐殖酸对某些植物病菌有很好的抑制作用。施用腐殖酸在防治枯萎病、黄萎病、霜霉病、根腐病等方面效果达 85%以上。而且，腐殖酸的无毒、无副作用是许多农药望尘莫及的，有助于提高蔬菜自身的抗逆防衰能力。

腐殖酸对农药的缓释增效作用，可降低农药的使用量。腐殖酸不仅可单独作为农药，还可以与农药混用，其与有机、无机磷农药复合可使有机磷分解率大大降低。这是由于腐殖酸分子中含有较多的亲水基团，与农药混合能有效地发挥其良好的分散、乳化作用，从而有助于提高农药活性。此外，腐殖酸具有很大的内表面积，对有机、无机物均有很强的吸附作用，与农药配伍，会形成稳定性很高的复合体，从而对农药起缓释作用。腐殖酸与农药复合，可使农药用量减少1/3～1/2，药效延缓 3～7 天。而且，腐殖酸与农药复配后，其毒性大大降低，这对于减少环境污染、发展无公害农作物生产具有重要的意义。

5. 抗旱、抗寒、抗病，增强作物抗逆特性，提高产量

腐殖酸可缩小叶面气孔的开张度，能减少叶面水分蒸发，调整水量，使植物体内水分状况得到改善，保证作物在干旱条件下正常生长。节水能力可以提高 30%，节水保墒的效果仅次于地膜覆盖所产生的效果。

腐殖酸被植物吸收后易被细胞膜吸附，改变细胞膜的渗透性，促进无机养分的吸收。同时，由于腐殖酸是两性胶体表面活性大，使细胞渗透性和膨胀压增加，提高细胞液浓度而增强作物抗寒性。腐殖酸能强烈刺激愈伤组织细胞的繁殖，促进愈伤组织的生长，同时还有对真菌的抑制作用，因此防治腐烂病、根腐病比化学药物有显著疗效。腐殖酸的存在为土壤有益微生物提供了优良的环境，有益种群逐步发展为优势种群，抑制有害病菌的生长，再加上植物本身由于土壤条件优良而生长健壮，抗病能力加强，因而大大减少病虫害特别是土传病害的发生和危害。

腐殖酸可使一般作物增产 10%以上。

6. 改善作物品质，提高农产品质量

腐殖酸可与微量元素形成络合物或螯合物，调节常量元素与微量元素的比例，加强酶对糖分、淀粉、蛋白质及各种维生素的合成和运转，使多糖转化成可溶性的单质糖，使淀粉、蛋白质、脂肪物质的合成积累增加，使果实丰满、厚实、增加甜度。

第二节　腐殖酸肥料及施用技术

一、腐殖酸肥料

腐殖酸肥料简称腐肥，指利用泥炭、褐煤、风化煤等腐殖酸类物质为主要原料，采用不同的生产方式制取的含有大量腐殖酸和作物生长、发育所需的氮、磷、钾及某些微量元素的产品。腐殖酸类肥料含有大量有机质，具有有机肥料的特点，同时又含有速效养分，兼有化肥的某些特征，是一种多功能的有机一无机复合肥料。

腐殖酸肥料的品种主要有腐殖酸铵、硝基腐殖酸铵、腐殖酸磷、腐殖酸铵磷、腐殖酸钠、腐殖酸钾等。

腐殖酸肥料在农业生产中的作用主要是刺激作物生长，改良土壤，增加养分，提高肥效，加强土壤微生物活动等。

二、腐殖酸肥料施用技术

(一) 施用条件

1. 土壤条件

腐肥适于各种土壤，但不同土壤条件下增产效果不同。据山东、广东、河南、云南、河北、陕西等省186个试验点统计（表10-2），在亩施腐殖酸铵（以下简称腐铵）100千克条件下，有机质缺乏的瘠薄低产田土壤，肥效好，增产幅度大，每千克肥料增产粮食多；施在高产肥沃的土壤上，增产效果差，增产幅度小，每千克腐肥增产的粮食少。

表10-2　不同土壤施用腐铵的增产效果

土壤种类	增产率（%）	每千克腐铵增粮（千克）
瘠薄低产田土壤	32.3	0.46
中等肥力土壤	19.4	0.38
土质肥沃高产田土壤	10.7	0.34

土壤理化性状对腐肥效果影响很大，在结构不良的沙土、盐减地、酸性红壤上施用腐肥，增产效果尤为显著。吉林、内蒙古、陕西等省试验，在沙土上亩施腐铵75～150千克，分别比不施肥增产17.1%～19.9%。内蒙古、河北、陕西等省在盐碱地上，亩施腐肥150～200千克，有较好的保苗作用，比不施肥增产高达144.6%～150%。云南省在低产酸性红壤土上施用腐铁，比不施肥增产39.7%。

土壤养分供应状况对腐肥增产效果影响较大。湖南省土壤肥料研究所通过8块大田土壤盆栽试验和22块田间试验研究，结果认为腐肥的肥效与土壤有效氮的含量有密切关系。他们用碱解氮表示土壤有效氮含量（表10-3），碱解氮含量高，腐铵的增产效果差；碱解氮含量低，腐铵的增产效果好。

表10-3　土壤有效氮含量与腐铵增产效果

土壤碱解氮含量（毫克/百克干土）	氮素供应水平	腐铵增产（%）
<5	极缺	40.5
5～10	比较缺	26.3
10～15	含量中等	14.9
>15	有效氮充足	增产极微或不增产

腐殖酸磷肥（以下简称腐磷）、腐殖酸氮磷肥（以下简称腐氮磷）施在低产缺磷的土壤上如盐碱土、新开红壤、黄土、黑黄土、瘦红土等，肥效较明显。在氮多磷少、氮磷严重失调的土壤，或者对速效磷肥固定较为强烈的土壤上，腐磷、腐氮磷效果更显著，腐殖酸对磷肥的增效作用也更明显。北京农业大学在河北省万全县进行的腐氮磷肥效试验表明，产量水平相近的两块地，速效氮含量也基本相同，土壤速效磷含量仅4.9毫克/千克（以P计）的地块，施用腐氮磷肥比不施肥增产

65%，而速效磷含量 20 毫克/千克（以 P 计）的地块，施腐氮磷比不施肥增产 38.8%。可见，前者对磷的增效作用明显，后者对磷的增效作用不明显。

腐肥（指腐殖酸复混肥料，而非作为植物生长调节剂用的腐钠或黄腐酸）是喜水的肥料，各地农民反映，施腐肥比施化肥需水多，土壤水分缺乏会影响腐殖酸发挥效果。例如底墒不足的旱地施用腐铵后，苗期效果不明显，而雨季一来，作物长势快，腐铵的效果很快就表现出来。因此，在土壤干旱的条件下施用腐肥，必须配合灌水，才能充分发探腐肥的效果。在水分过多的涝洼地里，施用腐肥可以吸收水分，改善透气状况，对作物出苗、发根有利。腐殖酸类物质吸水、蓄水能力较强，能保存土壤水分，减少蒸发，增强作物抗旱能力。

2. 作物种类

腐肥对各种作物均有增产作用。根据各省综合材料，从腐铵与等氮量碳铵对比的增产效果来看，玉米、水稻较好，小麦次之，高粱、谷子较差（表 10-4）。

表 10-4　腐铵对各种作物的增产效果

作　物	玉米	水稻	小麦	高粱	谷子
腐铵比等氮量碳铵增产率（%）	8.0	6.8	6.1	4.2	2.2

腐殖酸与作物之间的关系比较复杂，涉及腐殖酸刺激作用的大小、作物的敏感程度。国内外曾根据各种作物对腐殖酸刺激作用的反应和敏感程度，把作物分成以下几类：

效果好（反应最敏感）的作物——白菜、萝卜、番茄、马铃薯、甜菜、甘薯。

效果较好（反应较敏感）的作物——玉米、水稻、高粱、裸麦。

效果中等的作物——棉花、绿豆、菜豆、小麦、谷子。

效果差（反应不敏感）的作物——油菜、向日葵、蓖麻、亚麻等。

在有些地区，被认为对腐殖酸不敏感的作物，如油菜、花生等，施用方法得当也有一定增产效果。

3. 施用时期

作物不同生育期对腐殖酸的反应不同，据各地经验一般是作物生长前期效果较明显，在作物生命活动最旺盛的时期，生物有机体生理代谢、酶的活动比较强烈的时期，腐殖酸的效果最显著。例如种子萌发、幼苗发根、秧苗移栽、植株分蘖、扬花灌浆等生育转折时期，腐肥效果比较显著。考虑到腐殖酸的作用比较缓慢，后效较长，应该尽量早施，在作物生长前期施用，最大限度发挥腐殖酸的增产作用。

4. 与其他肥料配合

严格来说，腐殖酸本身不是肥料，它不能直接提供作物所需的营养元素，国外把它称做“增强剂”，我国叫做“增效剂”，它必须与施肥和其他农业技术措施结合起来才能发挥增产作用。在缺乏氮、磷、钾的土壤上，单独施用腐殖酸类物质（如泥炭、褐煤、风化煤粉）或腐殖酸系列生长刺激素，也有一定增产作用，如果配合施用其他肥料或者施用在土壤肥力较高，氮、磷、钾供应充足的土壤上，其增产和改善品质的效果更好。

（二）施用方法

腐殖酸与化肥混合制成腐殖酸复混肥，可以作基肥、种肥、追肥或根外追肥。可撒施、穴施、条施或压球造粒施用。液体腐钠、腐钾或黄腐酸溶液作为生长刺激素施用，可以浸种、拌种、浸根、蘸根、喷洒等。根据全国各地试验结果，固体腐殖酸复混肥作基肥、种肥施用比作追肥施用效果好；深施比浅施、表施效果好；集中施用比撒施效果好；制成球肥或粒肥施用，比粉状肥料施用效果好。应该根据土壤、作物、肥料的特点，采用不同的施用方法。

1. 固体腐肥施用方法

（1）基肥：固体腐肥主要指含植物所需营养元素的腐殖酸复混肥，用做基肥施用肥效较好。陕西省试验，同量腐铵作基肥比追肥多增产 9%；吉林省试验，做基肥比追肥增产 5%～17%。做基肥可以采用撒施、穴施、条施的办法。大量施用粉碎的泥炭、褐煤、风化煤粉用于改良土壤，可以撒在地表，用犁耕翻入土。各地试验表明，集中施用（穴施、条施）比分散施用效果好；深施比浅施、表施效果好。

有些地区试验，腐殖酸复混肥一半作基肥，一半作早期追肥，其肥效超过全部作基肥的效果（表 10-5）。

表 10-5　腐铵不同施肥方法的增产效果

作物	处　理	产量（千克/亩）	增产率（%）
玉米	对照	242	—
	腐铵 100 千克/亩，全部做基肥	277	14.5
	腐铵 100 千克/亩，基、追肥各半	287	18.6
水稻	对照	282	—
	腐铵 100 千克/亩，全部做基肥	329	16.7
	腐铵 100 千克/亩，基、追肥各半	335	18.9

（2）种肥：腐殖酸复混肥作种肥施在种子附近，比化肥作种肥更为安全，肥效也好，因为腐殖酸可减少或避免因化肥局部浓度过高对种子发芽

造成的伤害。腐肥作种肥比追肥效果好，内蒙古农业科学研究院春麦试验，作种肥比追肥增产 11.4%；黑龙江林口县玉米试验，种肥比追肥增产 12.2%。腐肥作种肥对应注意耕层水分管理，因为腐肥吸水能力高于普通化肥，耕层水分不足会发生肥料与种子或根系争夺水分的现象，对幼苗生长不利。稻田施用腐肥，可用作面肥，在插秧前把肥料均匀撒在地表，耙匀后插秧，增产效果很好。

(3) 追肥：腐肥作追肥应该早期追施，因腐肥肥效慢、后劲长，防止追肥过晚作物贪青晚熟。追肥时，应在距离作物根 6～9 厘米的地方挖坑或开沟施入，追施后结合中耕覆土。不要把腐肥直接追在地表，以免随雨水或灌溉水流失，造成肥分损失，肥料离根系远，作物也难以充分吸收。追肥以穴施、条施为好，延安地区农业科学研究所谷子追肥试验，集中条施比撒施增产 11%；湖南省油菜试验，集中条施比撒施增产 4.5%。腐肥追施后，最好结合浇水，或者在雨前追施，因为保证一定的土壤水分，腐肥容易发挥肥效。稻田追肥后，应及时中耕，使肥料与土壤混合，防止由于淹水造成肥料流失。

(4) 压球造粒施用：腐肥压成球或造粒后深施，既便于施用，又能使肥料集中在根系附近，充分发挥肥效。南方各省结合水稻追肥，把颗粒肥施到水稻蔸（穴）中间，以充分发挥颗粒肥养分集中、肥效“稳、缓、长”的特点，取得很好的效果。据福建省 17 个早稻试验资料统计，腐铵粒肥深施比粉肥表施，每亩多增产稻谷 20.5 千克，增产 7.8%；云南省试验结果，颗粒肥深施比粉肥表施增产3.2%～31.0%。

(5) 秧田施肥：腐肥在秧田施用，对培育壮秧、增强秧苗抗逆性能有利。用泥炭、褐煤、风化煤粉覆盖秧床，有利于吸收太阳辐射热，提高地温，加速秧苗生长。秧田施用腐肥，可以结合犁田、耙田，作秧田基肥；也可在播种后覆盖床面，或在秧苗出土后腐肥掺细土撒在秧床上做追肥施用。在华北石灰性、碱性土壤地区，育秧床土中添加少量硝基腐殖酸作为土壤调酸剂，使 pH 从 8 降为 6 左右，对培育壮秧有利。

(6) 施肥量：由于各生产厂生产的腐殖酸肥料中腐殖酸含量、养分含量不同，生产工艺、原料配比差异较大，因此施用量很不一致。必须根据肥料质量、土壤状况、作物种类和施肥方法不同，通过试验确定施肥量，既要考虑增产效果，又要考虑经济效益。

作为土壤改良剂，直接施用未加工的泥炭、褐煤、风化煤粉，必须增加施用数量，否则收效不大。据吉林、新疆等地试验，每亩施原料煤粉 2 000～5 000 千克，当季即可收到改土效果，连年施用效果更好。

以化肥为主添加腐殖酸制成的腐殖酸复混肥，氮、磷或氮、磷、钾养分总量应不低于 20%～25%，腐殖酸含量 5%～15%即可。这种类型的肥料每亩施用量 25～50 千克，与普通化肥施用量相似，但其肥效特别是养分利用率高于普通复混肥。

把硝基腐殖酸铵作为化肥增效剂与化肥混合施用效果很好，每亩施用量10～20千克。

(7) 施肥深度：腐殖酸本身在土壤中移动性很小，适当深施，集中施在主要根层附近，效果较好。据日本试验，含腐殖酸的氮、磷、钾复混肥施在种子下面12厘米处，腐殖酸和养分利用效果都很好。由于各地土壤条件差异很大，必须根据当地土壤性质、作物种类，试验并确定适宜的施肥深度，才能使腐肥发挥更大的增产作用。

2. 液体腐肥施用方法

液体腐肥主要指溶于水的腐钠、腐钾、黄腐酸溶液以及添加少量水溶性养分的液体肥料。它们有的基本不含作物所需养分，仅起生长刺激作用；有的含少量养分（如腐殖酸叶肥），把肥料效能和生理调节作用融合在一起。液体腐肥与固体腐肥施用方法差异较大。

(1) 浸种：为提高种子发芽率、提早出苗、增强幼苗发根能力，各种作物的种子都可以用腐钠、腐钾或黄腐酸溶液浸种。浸种可用大锅、水缸、铁桶、木桶或其他容器盛水，根据水量多少加入腐钠、腐钾或黄腐酸原液，搅拌均匀，调成所需浓度。具体浓度应根据所用腐殖酸的生理活性，通过生物试验确定。目前各地一般采用0.01%～0.05%的浓度浸种，某些蔬菜作物种子浸种浓度要低些。浸种时间根据种皮厚薄有所不同，蔬菜、小麦等种子浸5～10小时，水稻、玉米、棉花等浸24小时以上。浸种温度最好保持在20℃左右，浸种后取出稍加阴干即可播种。

由于浸种比较费工，近来一些地区农村采用拌种的方法，效果也很好。拌种是把腐殖酸调成略浓一些的溶液喷洒在种子上，混拌均匀，使腐殖酸沾在种子表面，稍加阴干即可播种。

(2) 蘸秧根、浸插条：水稻、甘薯、蔬菜等移栽作物或果树插条，可以用腐殖酸溶液浸泡，或在移栽前将腐殖酸溶液加泥土调制成糊状，将移栽作物根系或插条在里边蘸一下，立即移栽。浸根、浸条、蘸根可以促进根系发育，增加次生根数量，缩短缓秧期，提高成活率。浸根的浓度约0.05%～0.1%，蘸根的浓度可适当高些。浸泡时间一般11～24小时，提高温度可缩短时间。浸根、浸条、蘸根只需浸泡秧苗或插条的根部、基部，切勿将叶部一起浸泡，以免影响生长。

(3) 喷施：水稻、小麦等作物扬花后期至灌浆初期，叶面及穗部喷洒适宜浓度的腐钠、腐钾或黄腐酸溶液2～3次，可加速养分向穗部转移，促进灌浆，使子粒饱满，千粒重增加，空瘪率降低，产量提高。喷洒浓度为0.01%～0.05%，每亩喷洒约50千克稀溶液。喷洒时间每天14～18时进行，因这时花朵已闭合，不会影响授粉，既有阳光又不太热，有利于叶面吸收。喷洒时期不能过迟，否则不起作用，甚至使作物贪青晚熟，影响产量。喷洒腐殖酸溶液可结合作物后期叶面喷肥同时进行，节省人工。

小麦在穗分化开始喷洒黄腐酸，可使叶面气孔开张度减小，蒸腾强度降低，对抗御干热风有效。喷洒浓度为0.03%～0.05%，喷2～3次，每次间隔5～7天。

（4）追施（浇灌）：将腐钠、腐钾溶于灌溉水中，随水浇灌到地里，既省工又能收到良好的效果。旱田可在浇底墒水或生育期内灌水时，在入水口加入原液，根据流量调节原液用量，原液浓度0.05%～0.1%，每亩需加原液50千克左右，折合每亩加入纯腐钠约0.5千克。水稻田可结合各生育期灌水分几次施用，浓度与用量与旱田基本相同。可提苗、壮穗，促进生长发育。

3. 施用液体腐肥应注意的问题

（1）生理活性：腐钠、腐钾、黄腐酸的生理活性和刺激作用直接影响到施用效果。衡量腐殖酸类激素的质量标准不仅是腐殖酸的含量，更重要的是它们的生理活性如何。根据试验，泥炭、褐煤、风化煤提取的腐殖酸，尽管含量相同，但刺激作用却不同。据有关文献介绍，泥炭等年轻煤提取的腐殖酸，生理活性强，刺激作用较大；形成年代较久的煤提取的腐殖酸，生理活性、刺激作用较差。提纯的腐殖酸放置时间的长短也影响活性，随配随用的刺激作用强；长时间放置，生理活性减弱，刺激作用变小。在提纯腐殖酸过程中，产品最后烘干的温度也影响活性，较高温度烘干腐殖酸制品，会使生理括性降低，刺激作用减弱，最好在低于80℃温度下慢慢蒸干，或直接使用碱提取原液，不制成固体，可防止刺激作用被“钝化”，造成生理活性减弱。

（2）施用浓度：液体腐肥和其他任何植物生长刺激剂一样，施用时必须掌握适宜浓度，才能有效地刺激生长发育。浓度过高会起抑制作用，浓度过低不起作用。不同土壤、不同作物、不同使用方法对浓度的要求也不相同。应通过生物试验，确定适宜浓度，便于在生产中推广。

腐殖酸的浓度是指腐殖酸含量和溶液数量之比，通常用百分数表示，如0.1%、0.01%等。可根据原液或固体腐钠、腐钾、黄腐酸的腐殖酸含量，按照浓度和溶液体积之比的关系，计算加水倍数，配制出所需要的浓度。其计算公式

$$加水倍数=\frac{腐殖酸含量}{使用浓度}$$

例如，固体腐钠含腐殖酸50%，要配制成浓度为0.1%的溶液，需加多少倍的水？

按上述公式计算：

$$加水倍数=50\div0.1=500$$

即每千克含腐殖酸50%的腐钠，加水500千克，就能配制成浓度为0.1%

的腐钠溶液。

腐钠、腐钾溶液配制成施用所需的浓度以后，要用广泛酸碱试纸（pH 试纸）测试溶液的 pH 值（测定方法见试纸背面的使用说明），一般要控制在 pH7.2～7.5 之间，溶液 pH 值超过 8 时，可加少量工业硫酸或盐酸调节。

配制腐殖酸溶液，最好不要使用含钙、镁较多的硬水，以免腐殖酸被钙、镁沉淀，影响施用效果。

（3）环境温度：腐殖酸的刺激作用与作物所处的环境温度有关。有资料指出，在较低温度下使用腐殖酸，见效慢，气温超过 18℃时刺激生长发育的效果容易发挥出来，但温度超过 38℃时，由于刺激作用太强，作物的呼吸作用过于旺盛，反而影响干物质的积累，对作物产生不利影响，必须停止或减少腐殖酸刺激剂的使用。有的研究报告提出相反的结论，腐殖酸刺激剂用于浸种，温度低时效果好，温度高则效果反而差。之所以出现这些不同的结论，与腐殖酸本身结构、生理活性、使用方式和作物种类有关，也与腐殖酸具有双向调节作用有关。实际使用时应该通过生物试验，观察温度对腐殖酸刺激作用的影响，根据环境温度的变化，灵活应用，使其对作物生长发育起到良好的作用。

（4）配合施肥：液体腐钠、腐钾或黄腐酸含作物所需的养分很少，主要起刺激作用，但作用结果往往对养分要求更高。因此，施用腐殖酸溶液必须配合其他肥料，在施肥基础上或在有较高肥力的土壤上施用。

第三节　常用的腐殖酸肥料品种及性质

一、腐殖酸铵

1. 腐殖酸铵的组成

腐殖酸铵简称腐铵，是腐殖酸的铵盐，是以腐殖酸较高的原煤经氨化而成的一种多功能有机氮素肥料，内含腐殖酸、速效氮和多种微量元素，是目前腐殖酸肥料中的主要品种。

2. 腐殖酸铵的生产原理

腐铵是用氨水中和原料中腐殖酸的酸性基因，生成腐铵。其化学反应式为

$$R-COOH+NH_3 \cdot H_2O \rightarrow R-COONH_4+H_2O$$

3. 腐殖酸铵的生产方法

根据原料中腐殖酸含量的高低和腐殖酸结合的钙、镁等物质数量的多少，生产方法不同。原料煤含腐殖酸在 30％以上，可采用直接氨化法，将原料煤经干燥粉碎后，用浓度 10％～15％的氨水进行氨化，密闭堆放 5～7 天制成粗制品或加温反应即成；原料煤腐殖酸含量在 30％左右，与

钙、镁等物质结合较高者，采用酸洗法，将原料煤烘干、粉碎，加盐酸（或硫酸）反应后进行过滤洗涤，除去钙、镁的氯化物和多余的盐，再将物料烘干，与氨水或碳氨一起送入氨化器中氨化制成产品。

4. 腐殖酸铵的生产工艺流程

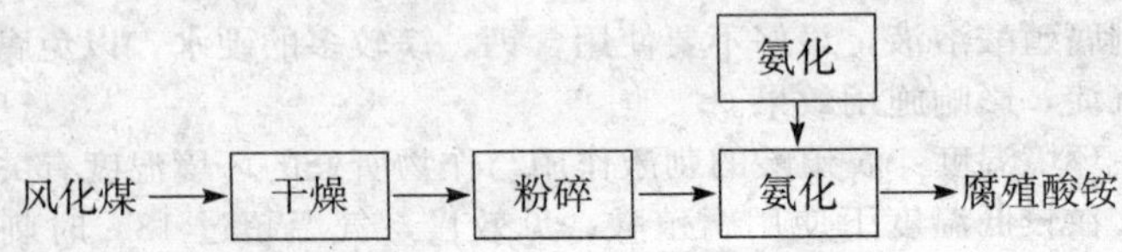

5. 腐殖酸铵的物化性质

腐殖酸铵为黑色有光泽颗粒或黑色粉末，溶于水，呈微碱性，无毒，在空气中较稳定。腐殖酸铵的质量指标如表 10－6。

表 10－6　腐殖酸铵的质量指标

项　目		指标			
		粉　状		粒　状	
		一级品	二级品	一级品	二级品
水溶性腐殖酸铵（干基），%	≥	35	25	35	25
速效氮（干基），%	≥	4	3	4	3
水分（应用基），%	≤	35	35	35	35
粒度（3～6 毫米），%	≥			90	80
pH		7～9	7～9	7～9	7～9

6. 腐殖酸铵的包装及贮运

用纤维编织袋（内衬塑料膜）包装，每袋净重 25 千克，根据不同用途，也可采用 1～5 千克塑料袋小包装。包装袋上应标明名称、级别、净重生产厂家。贮运应保持干燥和通风。

7. 腐殖酸铵合理施用技术

腐殖酸铵适用于各种土壤、各类作物。就土壤而言，尤其在结构不良的沙土、盐碱土、有机质缺乏的土地上施用效果更为显著，施于肥沃土壤上效果不太显著。对作物来讲，以蔬菜增产效果最好，其次是块根、块茎作物，对油料作物效果较差。一般反映做基肥效果优于追肥。

（1）基肥：腐殖酸铵中腐殖酸含量在 30%以上，每亩用量 40～50 千克，旱地沟施和穴施，效果优于撒施。作种肥用量为种子重量的 2%～5%。

（2）追肥：旱地最好在雨前追施或施后覆土、浇水。因腐殖酸铵吸水力很强，施后必须保证土壤中有充足的水分，缺水不但不能发挥肥效，还会产生肥料与作物争水的矛盾，不利于作物生长。水田施后不要排水，以免水溶性腐殖酸铵流失。水稻在开花至灌浆期间还可做根外追肥，每亩每次用 100 千克 0.005%～0.01%浓度的溶液喷洒，喷施 2～3 次。冲施15～20 千克/亩。

（3）浸种、浸根：浸种用 0.01%浓度的腐殖酸铵溶液，温度最好在20℃左右，种皮薄的种子（如麦、稻、玉米）浸泡 8～10 小时，种皮厚的（如棉花、蚕豆等）浸泡 30～40 小时，能提高种子的发芽率和幼苗的发根能力。水稻、烟草、蔬菜等移栽作物，在移栽时可用 0.001%浓度的腐殖酸铵溶液浸根 3～4 小时，油菜、甘薯用 0.005%溶液浸 8～10 小时。

腐殖酸铵不能完全代替农家肥料和化肥，必须与农家肥料和化肥配合施用，特别是与速效磷肥配合，有助于磷酸进一步活化，提高磷肥的利用率。

二、硝基腐殖酸铵

1. 硝基腐殖酸铵的组成

基腐铵是一种质量较好的腐肥，腐殖酸质量分数高达 40%～50%，大部分溶于水；除铵态氮外，还含有硝态氮，全氮可达 6%左右。

2. 硝基腐殖酸铵的生产原理

腐殖酸与稀硝酸共同加热时，会发生氧化分解，使分子变小，羧基和羟基数目增多，并发生硝代反应，使芳香环上引进硝基，生成分子量较小的硝基腐殖酸。对于钙、镁含量较高的原料煤，先用硝酸进行氧化降解，再进行氨化处理，即得硝基腐殖酸铵。

3. 硝基腐殖酸铵的生产方法

风化煤破碎后，输入反应缸，并加入 45%稀硝酸，搅拌，反应生成的浆液用过滤机过滤并水洗，滤出的固体经干燥机烘干到水分<15%，再将物料与氨水或碳氨送入氨化器中氨化制成产品。

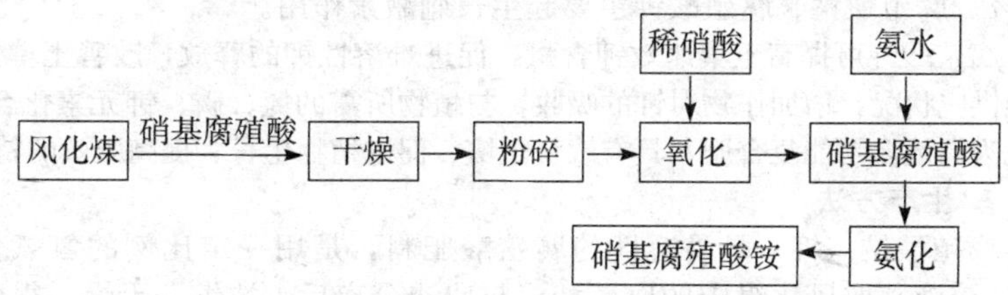

4. 硝基腐殖酸铵的物化性质

硝基腐殖酸铵为黑色有光泽颗粒或黑色粉末，溶于水，呈微碱性，无毒，在空气中较稳定。腐殖酸铵的质量指标如表 10-7。

表 10-7 腐殖酸铵的质量指标

项 目		指 标
水溶性腐殖酸铵,%	≥	45
速效氮(铵态氮),%	≥	2
总氮,%	≥	5
水分,%	≤	30

5. 硝基腐殖酸铵的包装及贮运

用纤维编织袋(内衬塑料膜)包装,每袋净重 50 千克。包装袋上应标明生产厂名称、产品名称、产品级别和净重,应贮存在干燥、阴凉、通风好的地方,防止阳光直射,运输搬运轻装轻放,运输车辆应遮盖篷布。

6. 硝基腐殖酸铵合理施用技术

硝基腐铵适用于各种土壤和作物。据各地试验,施用硝基腐铵比施用等氮量化肥多增产 10%~20%,但硝基腐殖酸铵生产成本较高,应设法降低成本,才能达到增产增收的目的。

硝基腐铵的施用方法与腐铵类似。由于质量分数较高,施用量要相应减少,一般作基肥施用,施用量以 600~1 125 千克/公顷为宜。

硝基腐铵对作物生长刺激作用较强;对减少速效磷的固定,提供微量元素营养,均有一定作用。

三、腐殖酸钠、腐殖酸钾

1. 成分和性质

腐殖酸钠、腐殖酸钾是腐殖酸结构中的羧基、酚烃基等酸性基因与氢氧化钠(或碳酸钠)、氢氧化钾(或碳酸钾)起中和反应生成的腐殖酸盐类,示性式为 R—COONa 或 R—COOK。

固体腐殖酸钠、腐殖酸钾呈棕褐色,易溶于水,水溶液呈强碱性,腐殖酸含量 50%~60%。液体腐殖酸钠、腐殖酸钾为酱油色溶液,pH9~10,腐殖酸含量液体腐殖酸钠为 0.6%~1.0%,液体腐殖酸钾为 0.4%~0.6%。腐殖酸钠、腐殖酸钾主要起生长刺激素作用。

腐殖酸钾可提高土壤速效钾含量,促进难溶性钾的释放,改善土壤钾元素的供应状况,增加作物对钾的吸收,与植物所需的氮、磷、钾元素化合后,可成为高效多功能复合肥,具有改良土壤、促进植物生长、提高肥效的特点。

2. 生产方法

腐殖酸钠(钾)是易溶性的腐殖酸肥料,是用一定比例的氢氧化钠(钾)溶液萃取风化煤中的腐殖酸,与残渣分离后,浓缩,干燥,得到固体的腐殖酸钠(钾)成品。具体过程:风化煤先进行湿法球磨,得到粒度小于 20 目的煤浆,放入配料槽,加入计算量的烧碱(氢氧化钾),控制 pH11,并按液固比 9:1 混匀后送到抽提罐,夹套蒸气加热,使罐内温度升到 85～90℃，搅拌反应 0.5 小时，卸入沉淀池使固液分离，上部清液转移到蒸发器浓缩到 10 波美度，泵至喷雾干燥塔干燥。

其化学反应方程式为：

$$R-COOH+NaOH \rightarrow R-COONa+H_2O$$

$$R-COOH+KOH \rightarrow R-COOK+H_2O$$

3. 生产工艺流程

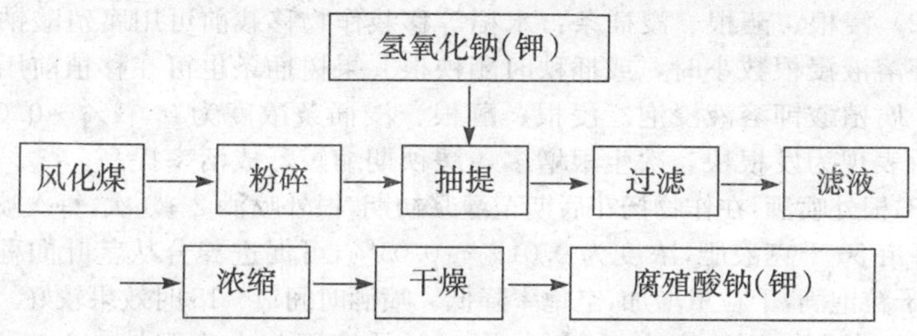

腐殖酸钠、腐殖酸钾的质量标准如表 10-8、表 10-9。

表 10-8　腐殖酸钠质量指标

项　目		指　标		
		一级品	二级品	三级品
腐殖酸（干基）,%	≥	70	55	40
水分,%	≤	10	15	15
pH		8.0～9.5	9.0～11.0	9.0～11.0
灼烧残渣（干基）,%	≤	10	20	25
水不溶物（干基）,%	≤	20	30	40
1.0 毫米筛的筛余物,%	≤	5	5	5

表 10-9　腐殖酸钾质量指标

项　目		指　标
腐殖酸（干基）,%	≥	70
氧化钾（K_2O）,%	≥	8～10
水不溶物,%		5～10
水分,%	≤	10

4. 包装及贮运

用纤维编织袋（内衬塑料膜）包装，每袋净重 25 千克，根据不同用途，也可采用 1～5 千克的塑料袋小包装。包装袋上应标明名称、级别、净重和生产厂家。贮运应注意保持干燥和通风。

5. 施用方法及肥效

腐殖酸钠、腐殖酸钾对各种土壤均可施用，主要起刺激素作用，本身不含多少养分，施用在具有一定肥力的土壤上效果更好。必须与其他肥料配合施用。

各种作物对腐殖酸钠、腐殖酸钾刺激作用的反应不同，效果最好的是蔬菜、薯类，其次是水稻、玉米、小麦、谷子、高粱等。豆科作物及油料作物效果差些。

（1）浸种：一般浸种适宜浓度为 0.05%～0.005%，浸种时间因种皮厚薄、吸胀能力和地区气温差异而有所不同。蔬菜、小麦等种子浸泡 5～10 小时，水稻、棉花等硬壳种子需浸 24 小时以上。

（2）浸根、蘸根、浸插条：水稻等移栽作物移栽前可用腐殖酸钠、腐殖酸钾溶液浸根数小时，或插秧时蘸秧根。果树插条也可在移植前用腐殖酸钠、腐殖酸钾溶液浸泡。浸根、蘸根、浸插条浓度为 0.01%～0.05%。处理后表现为发根快，次生根增多，缓秧期缩短，成活率提高。

(3)根外喷洒：在作物扬花后期至灌浆初期，根外喷洒 2～3 次，每次喷施数量为每亩 50 千克液肥，浓度为 0.01%～0.05%，可促进养分从茎叶向穗部转移，使子粒饱满，千粒重增加，空瘪率降低。喷洒时间14～18 时效果较好。

（4）基肥：用浓度为 0.05%～0.1%的液肥与农家肥拌在一起施用，或者开沟、挖坑作基肥浇施，每亩用量 250～400 千克。水田可结合整地、溜水一起施入。

（5）追肥：幼苗期和抽穗前，每亩用 0.01%～0.1%浓度的液肥 250 千克左右，浇灌在作物根系附近（勿接触根系），水稻田可随水灌施或水面泼浇，能起到提苗、壮穗，促进生长发育的作用。

（6）叶面喷施：根据不同种类作物要求的喷施浓度、时期，将液肥均匀地喷洒在叶片正反两面，以滴水为度。

上述各种施用方式的具体浓度、用量，应根据当地腐殖酸钠、腐殖酸钾制品性质、效果，经试验后确定。施用前加水溶解，按所需浓度稀释后施用。稀释液碱性强，可加少量盐酸或硫酸调节 pH 至 7～8，以免碱性对作物产生不利影响。

6. 注意事项

（1）浓度适宜。浓度过低不起作用，浓度过高会产生抑制作用。必须经过试验确定适宜浓度，把原液浓度稀释后施用。

（2）在作物生长发育的关键时期（如萌芽、发根、分蘖、幼穗分化、扬花、灌浆等）施用为好，可促进作物体内各种氧化酶的活动，有利于作物生长发育，收到更好的增产效果。

(3)在土壤透气不良或低洼积水、缺少氧气供应的情况下，刺激作用特别显著。这说明施用在板结土、涝洼地、水田效果好，能提高作物的抗涝能力。

（4）在干旱年份或干燥地区施用效果最好，能增强作物抗旱性，提高生活能力。

（5）应注意温度条件，天冷见效慢，天热见效快，一般 18℃以上效果较好，但气温高于 38℃必须停止施用或减少施用次数与用量，以免由于呼吸作用过于强烈减少干物质的积累而减产。

四、黄腐酸

黄腐酸，又称富里酸、富啡酸、抗旱剂一号、旱地龙等，有时也将其归类为微肥或叶面肥。

1. 物化性质

腐殖酸溶于碱、酸、水等溶剂中呈黄色的部分就是黄腐酸（是腐殖酸中生物活性最高的成分）。黄腐酸为黑色或棕黑色物质，含有碳（50%左右）、氢（2%～6%）、氧（30%～50%）、氮（1%～6%）、硫（1%）等，相对密度 1.33～1.448，可溶于水、酸、碱。水溶液呈酸性，无毒，在自然环境中稳定，遇高价金属离子易絮凝。

2. 农化特性

黄腐酸能被植物根、茎、叶吸收，可促进生根，提高植物的呼吸作用，减少叶片气孔开张度，降低作物的蒸腾作用，调节某些酶的活性，如促进过氧化氢酶，抑制吲哚乙酸氧化酶等。黄腐酸可以改良土壤；用于水稻浸种，可促进生根和生长；用于葡萄、甜菜、甘蔗、瓜果、番茄等，可不同程度地提高含糖量或甜度；用于杨树等插条，可促进插枝生根；小麦在拔节后喷洒叶面，可提高其抗旱能力，提高产量。

3. 制法

（1）离子交换法：反应器中预置水和经再生的氢式强酸型离子交换树脂，加入磨细到 100 目以下的风化煤粉，反应后出料，卸入沉淀池，使煤粉渣和树脂沉降，上部含黄腐酸的水溶液，经过离心进一步脱灰后，流入蒸发器浓缩，输入喷雾器干燥器干燥，即得成品。

工艺流程如下：

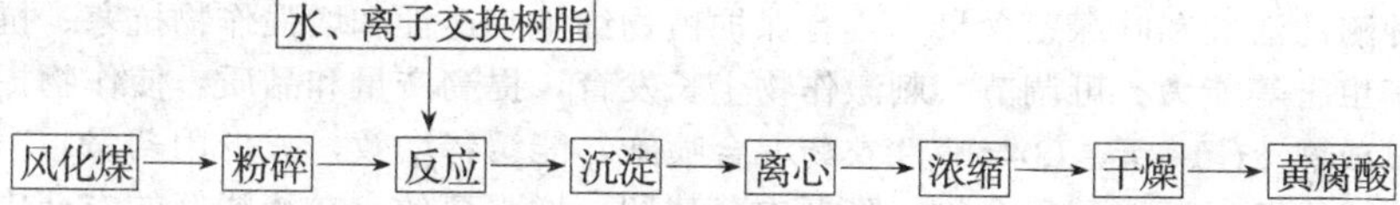

（2）硫酸一丙酮法：将 40～60 目的风化煤和含水 10%～20%的丙酮按一定比例加入反应罐中，在搅拌下逐渐加入浓硫酸，使黄腐酸游离并溶入溶剂中。反应后，把物料卸入沉淀池中自然沉淀 8 小时，澄清的提取液移入夹套加热蒸发器，蒸去大部分溶剂，浓缩物注入浅盘放入烘箱烘干后，即得产品。

工艺流程如下：

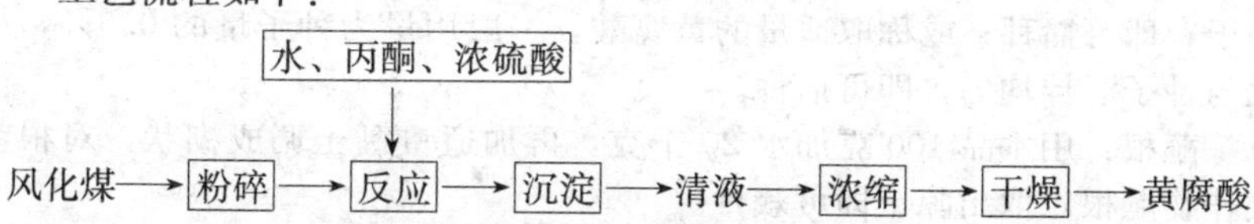

化学反应方程式：

$$R—COOCa+H^{+}\longrightarrow R—COOH+Ca^{2+}$$

$$R—COOMg+H^{+}\longrightarrow R—COOH+Mg^{2+}$$

黄腐酸的质量标准见表 10-10。

表 10-10 黄腐酸的质量指标

项　目		指　标
黄腐酸含量（干基），%	≥	70
水分，%	≤	5
灰分，%	≤	30
水不溶物（干基），%	≤	8
pH（1%）	<	4.5
粒度，目	≤	60

4. 包装及贮运

用纤维编织袋（内衬塑料膜）包装，每袋净重 20 千克。另外，也可纸箱包装，每箱装 40 纸盒，每盒装 10 纸袋，每袋净重 50 克。包装袋上应标明产品名称、产品级别、生产厂名称和净重。贮运注意干燥和通风。

5. 合理施用技术

黄腐酸属广谱植物生长调节剂，有促进植物生长的作用，尤其能适当控制作物叶面气孔的开放度，减少蒸腾，对抗旱有重要作用，能提高抗逆能力，具增产和改善品质的作用。适用小麦、玉米、甘薯、谷子、水稻、棉花、花生、油菜、烟草、蚕桑、瓜果、蔬菜等。

主要功效：①喷施黄腐酸能缩小植物叶片气孔的开张度，减少植株水分蒸发。在一个生长周期喷施 2 次可少浇水 1 次，并增强作物抗旱、抗干热风能力。喷施 1 次可持效 15～22 天。②喷施黄腐酸能提高植株体内多种酶的活性和叶绿素含量，具有保护植物细胞膜透性和增强作物抗寒、抗病虫害等能力。可调节、刺激作物生长发育，提高产量和品质，使作物提早成熟 5～10 天。③与酸性农药混合喷施，能缓释增效，减少用药量1/3，形成农药－黄腐酸复合物，降低农药残留，增强药效。在稀释好的农药中按每亩 50 克加入本品，效果更佳（不能与碱性农药混用）。④用黄腐酸拌种或浸种，可提高发芽率和出苗率，苗齐、苗壮，对促进根系发育有明显功效。

拌种：用本品 50 克溶于 6 千克水，可拌种 25 千克，堆闷 1 小时摊开晾干，即可播种；或称取适量的黄腐酸，一般用量为种子量的 0.5%，将之与种子混拌均匀，即可播种。

蘸根：用本品 100 克加水 20 千克，再加适量黏土调成糊状，对根茎类作物蘸根，取出晾干即可栽种。

喷施：粮、棉、油等大田作物每次每亩用100克黄腐酸，稀释1 000倍，在整个生长期内喷施2～3次；果树、蔬菜、药材等经济作物每次每亩用200克黄腐酸，稀释800～1000倍，在作物生长期内喷施3～4次。

注意事项：①摇匀使用，溶于水后及时喷施。②早晚天凉无风时喷施效果最佳，如喷后4小时内遇雨淋，需重喷。③用于抵抗旱情时，用量可增加1/4左右，在干旱初期使用效果最佳。④应用时应加表面活性剂。

五、腐殖酸复混肥

腐殖酸复混肥是根据土壤养分供应状况与作物需求，将腐殖酸、无机化肥、微量元素肥料分别粉碎，按一定比例混合造粒制成的复混肥。

1. 性质

灰黑色成型颗粒，部分溶解于水，水溶液接近中性，无毒。能提高化肥利用率，刺激植物生长，改良土壤性质。

生产工艺流程：

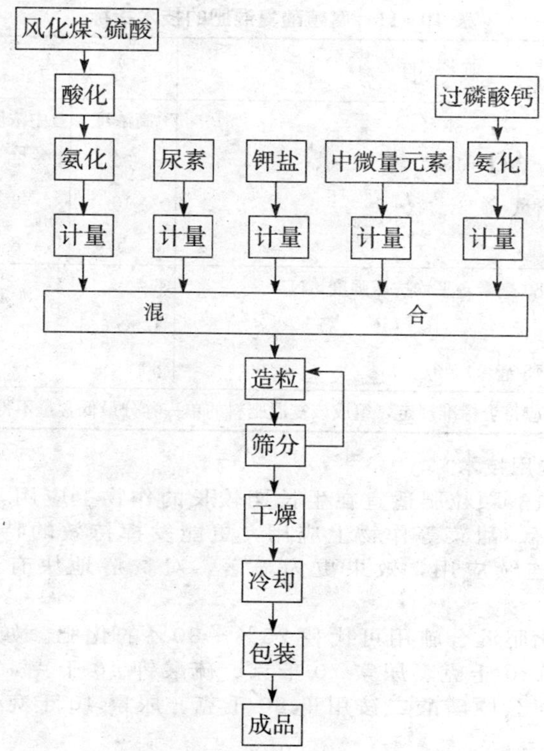

2. 生产方法

以泥炭、褐煤、风化煤为原料，先用硫酸与风化煤中的腐殖酸进行酸化反应，生产游离的腐殖酸和溶解度很小的硫酸钙，然后再用碳酸氢铵中和腐殖酸，生成水溶性腐殖酸铵，按配比要求加入适量氮、磷、钾、中微量元素，经粉碎、计量、混合、造粒、筛分、干燥、冷却和包装，生产出腐殖酸复混肥料。

3. 产品主要技术指标

腐殖酸复混肥的主要技术指标见表 10 - 11。

4. 包装及贮运

用聚丙烯编织袋（内衬塑料薄膜）包装，每袋净重 25±0.1 千克、40±0.2 千克或 50±0.2 千克，每批产品平均净重要达到 25 千克、40 千克或 50 千克。包装袋上应标明生产厂名称、NPK 及腐殖酸含量、净重及产品标准编号。贮运时要防止吸湿结块，要求仓库干燥阴凉、不漏雨、不漏阳光，运输车辆加盖防雨布，防阳光暴晒，不可与酸性物质共贮、混运。如发现袋子破损时，应换包装，密封贮运。

表 10 - 11 腐殖酸复混肥的技术指标

项　目	指　标		
	高浓度	中浓度	低浓度
总养分含量（$N+P_2O_5+K_2O$），% ≥	30	25	20
腐殖酸（HA）含量，% ≥	10	8	5
水分（H_2O）含量，% ≤	5	8	10
颗粒（2.00～2.80 毫米）平均抗压强度，N≥	6		
酸碱度（pH）	4.5～6.5		
粒度（1.00～4.75 毫米），% ≥	80		

注：总养分含量应符合标准规定，组成该复混肥料的单一养分最低含量不得低于 4%。

5. 合理施用技术

（1）腐殖酸颗粒肥适宜在生长期较长的作物上应用，如在大豆、玉米、马铃薯、甜菜等作物上应用，更能发挥持效的特点。在同一地块内多年连续应用，效果更为显著，对贫瘠地块有改良土壤的作用。

（2）与化肥混合施用可代替 25%～30% 的化肥。如每公顷常规施磷酸二铵 120 千克、尿素 70 千克、硫酸钾 40 千克，与腐殖酸颗粒肥混用，每公顷磷酸二铵用量 80 千克、尿素 40 千克、硫酸钾 20 千克。

（3）腐殖酸颗粒肥可作基肥和种肥，不可作追肥。作种肥时，与化肥均匀混拌后一同分层深施，深度 7～14 厘米；如作基肥，可在春、秋整地起垄时施用。

（4）不可单用，也不能全部代替化肥。

第十一章 氨基酸肥料

目前，美国、澳大利亚、加拿大、日本以及我国台湾均已大量生产氨基酸肥料，产品早已进入国际市场。预计我国的氨基酸肥料开发应用也将迅速发展。

第一节 概 述

1. 氨基酸的概念

氨基酸通常由5种元素组成，即碳、氢、氧、氮、硫。在自然界中现已发现组成各种蛋白质的氨基酸有20多种，这20多种氨基酸都是羧酸分子中α-碳原子上一个氢被氨基取代而成的化合物，这种化合物分子中间同时含有氨基（$—NH_2$）和羧基（—COOH），既有氨的性质，又有羧酸的性质，故称其为氨基酸。

2. 氨基酸的性质

氨基酸的分子通式：$H_2N·R·COOH$

氨基酸具有酸性的羧基（—COOH）和碱性的氨基（$—NH_2$），不同的氨基酸具有某些共同的化学性质，同时具有某些共同的物质性质。纯品氨基酸都是无色的结晶体，各有其特殊的结晶形状，熔点一般200～300℃。

各种氨基酸都能溶于水，但溶解度不同。所有的氨基酸都不溶于乙醚、氯仿等非极性溶剂，但可溶于强酸、强碱中。

氨基酸的羧基具有羧酸羧基的性质（如成盐、成酯、成酰胺、脱羧、酰氯化等），氨基酸的氨基具有一级胺（$R—NH_2$）氨基的一切性质（如与HCl结合、脱氨与HNO_2作用等。）

3. 氨基酸原料资源

氨基酸的原料资源广泛，畜禽屠宰场下脚料（废弃的碎肉、皮、毛、蹄角、血液等），制革厂的碎皮下脚料、人发渣、油脂加工的饼粕、海产品加工含蛋白的下脚料、味精厂的废液、淀粉厂的蛋白粉、绿肥作物的紫云英、沙打旺、毛叶苕子等，含粗蛋白质在20%以上的物料，均可作为氨基酸的生产原料。

4. 复合氨基酸的生产方法

目前，氨基酸的生产方法主要有3种：①微生物法（含酶法、发酵法）；②水解提取法（分碱解提取法和酸解提取法）；③化学合成法（部分氨基酸）。肥料用氨基酸一般多采用水解提取法，其生产工艺如下：

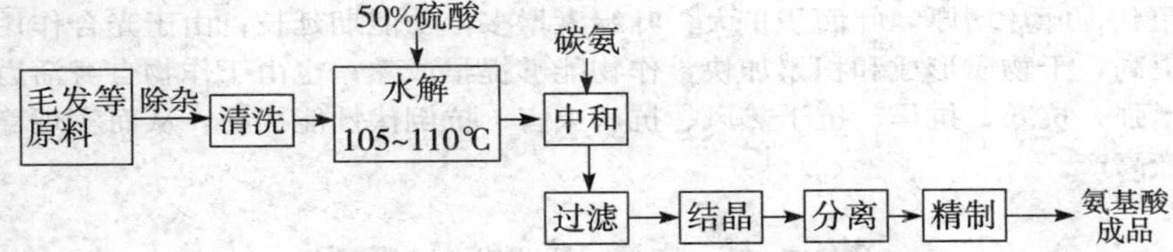

5. 氨基酸在作物生长中的作用

氨基酸在作物生长中主要作用有：①有机氮养分的补充来源，构成和修补作物体组织；②金属离子的螯合剂，氨基酸具有络合（螯合）金属离子的作用，容易将作物所需的中量元素和微量元素（钙、镁、铁、锰、锌、铜、钼、硼、硒等）携带到植物体内，提高作物对各种养分的利用率；③有内源激素的作用，可调节作物生长；④氨基酸是作物体内合成各种酶的促进剂和催化剂，对作物新陈代谢、促进作物生长起着重要作用；⑤氨基酸能增强作物光合作用；⑥氨基酸的分子中同时含有氨基和羧基，能调节作物体内酸碱平衡；⑦氨基酸是生理活性物质，具有极其重要的生理功能，可增强作物的抗逆性能。

6. 氨基酸肥料及其作用

凡是能够提供各种氨基酸类营养物质的物料统称为氨基酸类肥料。

氨基酸肥料是利用动物毛、皮、蹄角、人发渣和农、副、渔业含蛋白质的下脚料经水解或微生物发酵生成混合氨基酸，再与微量元素等无机养分螯（络）合或混合而成的肥料。经多年在我国南方和北方各类作物上的应用表明其生态效益、经济效益和社会效益都很显著，是一种很好的新型肥料。

（1）肥效好：据试验统计结果，多种氨基酸混合，其肥效高于等氮量的单种氨基酸，也高于等氮量的无机氮肥。大量氨基酸以它的叠加效应提高了养分的利用率。

（2）肥效快：氨基酸肥料中的氨基酸可被作物的各个器官直接吸收（无机肥、有机肥需降解，在光合作用下被动吸收或渗透吸收），使用后期内即可观察到明显效果；同时，可促进作物早熟、缩短生长周期。

（3）改善农产品品质：氨基酸肥料主要是氨基酸和配合料以及氨基酸络合物等，有机物占一定比例，因而可以提高农作物品质。如粮食蛋白质含量增加；棉花纤维长，质量好；蔬菜适口性好，味道纯正鲜美，粗纤维少，有害残留少；花卉花期长，花色鲜艳，香气浓郁；瓜果类果大，色好，糖分增加，可食部分多，耐贮性好。

（4）改善生态环境：施在地里的肥料无残留，能够改善土壤理化性状、提高保水保肥力和透气性能，起到养护、改良土壤的作用。

（5）代谢功能增强，抗逆能力提高：强化作物生理生化功能，使茎秆粗壮，叶片增厚，叶面积扩大，叶绿素增多，功能期延长；由于光合作用提高，干物质形成和积累加快，作物能够提早成熟；也由于作物自身活力增强，抗寒、抗旱、抗干热风、抗病虫害、抗倒伏性能提高，从而实现稳产高产。

第二节　氨基酸叶面肥

叶面肥料是将作物所需的养分喷洒到作物叶面，供作物吸收利用的一类肥料。氨基酸叶面肥是指其有效成分以氨基酸为主的肥料，其最直观的作用是为作物补充养分。喷施叶面肥也称根外追肥，可有效调节作物体内一系列重要的生理过程，具有见效快、养分效率高等特点。

现以作者的发明专利产品——农海牌氨基酸叶面肥为例作一介绍。

1. 农海牌氨基酸叶面肥的主要成分

农海牌氨基酸叶面肥的主要成分为混合氨基酸含量13%～16%，锌、硼、锰、铜等螯合微量元素2.5%～3.5%，生物制剂≥3%。

2. 产品性质

农海牌氨基酸叶面肥外观为红色、褐色液体，有酱油香味，极易溶于水，pH4.5～6.5，密度≥1.15克/毫升。产品含有天冬氨酸、胱氨酸、羟脯氢酸、甘氨酸、谷氨酸、丙氨酸、丝氨酸、苏氨酸、半胱氨酸、谷氨酰胺、天冬酰胺、酪氨酸、赖氨酸、精氨酸、组氨酸、丙氨酸、缬氨酸、亮氨酸、异亮氨酸、脯氨酸、苯丙氨酸、色氨酸等多种氨基酸和氨基酸螯合锌、铜、锰、铁、钼及硼盐等物质，还添加生物活性物质，以增加作物抗逆能力。

3. 生产方法

（1）原料预处理：将含蛋白的生产原料除去杂质，饼粕原料粉碎为直径1～2毫米的小颗粒，备用。

（2）配酸：将浓硫酸配成50%的稀硫酸，配酸时应注意安全，先在耐酸容器中加入定量的水，再往水中慢慢加入浓硫酸。

（3）水解：在搪瓷反应釜内加入定量的50%稀硫酸，开动搅拌器，同时升温，当液体达到60～70℃时，开始加入经预处理的原料，加入量按原料含蛋白质量计量，一般固液比为1∶2～3。加完原料后加入一定量的水解助剂，封死加料口，升温至113.6～115℃时，水解6～10小时，停止加温。

（4）中和：水解完成后，降温至60℃左右，然后用氨进行中和，至pH4～5.5。

（5）螯合：在中和后的物料中加入微量元素、添加剂等进行螯合反应6～8小时，反应温度80～90℃。

（6）调理：调节螯合物pH为5～6，然后在螯合物料中加入2号添加剂30～50千克、优康锌50千克。

（7）合成：将上述物料调温至75℃左右，搅拌反应1～3小时。

（8）分离：上述物料合成反应结束后，将物料进行分离，液体即为成品，送入成品贮槽，固体为有机肥复混肥原料。

（9）包装：氨基酸叶面肥的包装容器分为复合尼龙袋包装或塑料瓶、桶包装。袋装量一般为25～100克/袋，塑料瓶多为50～500克/瓶，桶一般为1～5千克/桶，包装物按GB/T17419—1998标准要求进行标识。

4. 产品质量指标

本产品执行GB/T17419—1998，主要指标见表11-1。

表11-1　含氨基酸叶面肥料的技术要求

项　目			指　标	
			发酵	化学水解
氨基酸含量，%		≥	8.0	10.0
微量元素（Fe，Mn，Cu，Zn，Mo，B）总量（以元素计），%		≥	2.0	
水不溶物，%		≤	5.0	
pH			3.0～8.0	
有害元素	砷（AS）（以元素计），%	≤	0.002	
	镉（Cd）（以元素计），%	≤	0.002	
	铅（Pb）（以元素计），%	≤	0.01	

注：1. 氨基酸分微生物发酵及化学水解两种，产品类型按生产工艺流程划分。

2. 微量元素钼、硼、锰、锌、铜、铁6种元素中的两种或两种以上元素之和，含量小于0.2%的不计。

5. 产品用途

本产品是一种新型肥料，可作为各种作物的叶面肥和灌根、冲施或滴灌肥料，也可用作种子处理。

6. 产品作用

本产品含有植物必需的多种氨基酸、有机锌、铜、锰、铁、锗和硼等营养成分，可促进作物体内生长素和植保素形成，提高作物体内多种酶的活性，活化植株机能，促进生物固氮，促进和调控发育生长和生殖生长，促进早熟。

经多年大田作物和大棚蔬菜等作物施用表明：拌种、灌根能使秧苗苗壮，根系发达，能增强抗病、抗寒、抗旱能力。作物移栽时蘸根，可提高成活率，使秧苗快速复壮。叶面喷施后，能使光合作用旺盛，改善植株营养状况，增强植株对干旱、低温、早衰、干热风、病害等灾害的抗御能力。对遭受水灾、旱灾、冻害、药害、肥害等灾害的作物有快速恢复生长的功效。施用本品能取代部分追肥，养护土壤，减少环境污染。

农海牌氨基酸肥是无毒型产品，可增进食品的天然风味，提高农产品品质，提高农产品商品价值。适用于各种蔬菜、瓜类、果树、棉花、茶叶、烟草、小麦、水稻、大豆、花生等粮油作物、食用菌、花卉、中药材、苗木、草莓、牧草、草坪、园林作物等。

7. 施用方法

一般采用拌种或浸种并结合叶面喷施的方法，效果好；如果再用800～1 300倍的稀释液滴灌或灌根，肥效更为显著。各种作物使用方法见表11-2。

喷施：按作物种类和不同生长期一般用水稀释800～1 600倍，喷施于作物叶面呈湿润而不滴流为宜，作物生长期一般喷施2～5次，一般7～13天喷施一次，能快速补充养分。高温天气，8～9时和16时以后是一天中的最佳喷施时间。

拌种：用1∶600倍的稀释液与种子拌均匀（稀释液量为种子的3%左右），放置6小时后播种。

浸种：用1∶1 200倍的稀释液，软皮种子浸10～30分钟；硬壳种子浸10～24小时。

蘸根：移栽时秧苗在稀释600倍的肥料液中蘸根，能使根系发达，促进作物生长。

灌根：将肥料液稀释至1 300倍，浇入作物根部，每亩100～200千克。

滴灌：将肥液先稀释300～600倍，然后按作物不同调整滴流速度，一般每亩地每次用3～6袋。

无土栽培：将肥液稀释至1∶1 300～1 800倍，用于无土栽培。

表11-2 农海牌氨基酸叶面肥的施用方法

作物名称	施用时间及方法	作用和效果
棉花	苗期（3个真叶时）1 000～1 300倍喷雾；花蕾期1 000～1 200倍喷雾1次；铃期、桃期、吐絮期1 000倍喷雾各1次。	提高抗寒抗旱、抗盐碱能力；促进花芽分化，花期提前，保花保蕾；减少落铃、防早衰、增加产量、提高品质。

（续）

作物名称	施用时间及方法	作用和效果
叶菜类	生长期 800～1 200 倍喷雾。	叶片迅速增大；白菜、甘蓝等球茎包心结实紧密；对冻害、药害有良好的缓解作用，抵抗各种缺素症。
黄瓜、番茄、茄子、大椒、西葫芦、豆角类	定苗后每 8～10 天喷 1 次 1 000～1 200倍。	促进根系发育，早开花多坐果，预防各种缺素症，提高作物对干旱、低温、抗逆性、抗重茬，促早熟，延长收获期。
甜菜、萝卜、红萝卜	苗期 1 200～1 300 倍喷雾；营养生长期 1 000～1 200 倍喷雾；结球及根茎膨大期 1 000 倍喷雾。	苗壮，提高亢旱、抗寒、抗盐碱能力；生长旺盛，提高抗逆性；使块茎迅速增大，抗病害，防早衰，提高产量，提高品质。
大蒜、大葱、葱头、生姜	苗期 1 200 倍喷雾；根茎生长膨大期 800～1 200 倍喷 2～3 次。	植株健壮，预防病害；促进早熟 5～10 天，提高产量和品质。
食用菌	生长期 1 000～1 200 倍喷雾，每隔 10～15 天喷施 1 次。	促进菇体圆润、伞厚、色亮，不易裂伞，不长筋、增加产量，耐贮存。
西瓜、甜瓜、香瓜、哈密瓜、白兰瓜	移栽前三天 1 200～1 600 倍苗床喷雾；苗期 1 200～1 600 倍喷雾；果实膨大期 1 100～1 300 倍喷雾 2～3 次。	预促生根，提高移栽成活率；促壮苗，提高抗寒能力；增加糖分，促早熟 5～10 天，提高产量、品质。
果树	果实生长期 800～1 000 倍喷雾 2 次；着色期 800～1 000 倍雾。	促进叶片和枝条茁壮成长，提高抗寒抗旱能力，防生理黄化；促进果实膨大，果粒整齐，果色鲜亮；促早熟 8～15 天，增产，改善品质，耐贮存。
草莓	生长期 1 000～1 200 倍每 10 天左右喷 1 次。	促进花芽分化，提高抗寒抗病能力，果型周正，果味浓香，提高产量，耐贮运。
啤酒花、枸杞、黑加仑、树莓、蓝莓	展叶期至营养生长期 1 200 倍喷雾 2 次；果实膨大期 1 000 倍喷雾 1～2 次。	营养生长旺盛，抗寒、抗旱，提高产量，改善品质，抗病害。
花生、芝麻	苗期至初花期 1 000～1 200 倍喷雾 2 次；果实膨大期 800～1 000 倍喷雾 2 次。	促进根系发育，防止由缺素引起的黄化、白化，生长旺盛；防病，驱蚜，子粒饱满，增产，提高品质。

（续）

作物名称	施用时间及方法	作用和效果
茶叶	新芽生长期 800～1 000 倍；生长期至采摘期 800 倍每 15 天喷施 1 次。	促进新叶生长，提高抗寒抗旱能力，提高春茶质量；促进新芽生长，促叶片肥厚、色绿、味香浓，提高品质。
烟草	定植后 1 000～1 200 倍喷雾 2～3 次。	促进叶片生长，抗病，抗寒，抗旱，抗风，提高产量，提高等级。
小麦、水稻	分蘖期、拔节期、灌浆期 1 000 倍各喷 1 次。	提高有效分蘖，抗病，抗干热风，抗倒伏，增产，提高品质。
大豆、玉米	生长期 1 000～1 200 倍喷雾 2 次。	提高作物抗逆性、抗病能力；子粒饱满，增加产量，提高品质。
薯类作物	生长期 800～1 200 倍喷雾。	植株苗壮，促块根（茎）生长，预防病害，提高产量和品质。
花卉、苗木	育苗、插条前 800 倍浸蘸；生长期每 10 天喷 1 次 1 000～1 300 倍喷雾。	促砧木生根、发芽，提高成活率；花卉延长花期，花色鲜艳，香味浓郁。

第三节 氨基酸复混肥料

氨基酸复混肥料是一种新型高效肥料，其产品中所含的复合氨基酸是一种重要的生理活性物质，也是微量元素的螯合剂，对于提高作物对养分的吸收利用有良好的作用。作者研发的氨基酸复混肥料生产技术已获国家发明专利，被列为“重点创新项目”。

1. 性质

产品为棕褐色颗粒，有效养分溶于水，pH5.5～8，吸湿性较小，施入土壤后养分不易流失，肥效期较长。产品含有复合氨基酸 4%～8%，氮、磷、钾 25%～40%，钙、镁、硅、硫 10%～30%，微量元素 0.5%～2%。

2. 产品配方

目前企业生产的氨基酸复混肥料有多种不同的配方。水稻专用的有：35%＝N16：$P_2O_5$12：K_2O7；40%＝N18：$P_2O_5$13：K_2O9；45%＝N19：$P_2O_5$11：K_2O15。大豆专用的有：35%＝N13：$P_2O_5$14：K_2O8；40%＝N14：$P_2O_5$16：K_2O10；45%＝N17：$P_2O_5$20：K_2O8；35%＝N18：$P_2O_5$9：K_2O8；40%＝N17：$P_2O_5$15：K_2O8；45%＝N22：$P_2O_5$11：K_2O12 等。

蔬菜专用的品种繁多。

原料用量（按标准品计量，生产时应加3%～6%的生产损耗）：硫酸铵100千克，尿素210千克，磷酸一铵122千克，过磷酸钙100千克，钙镁磷肥10千克，氯化钾217千克，氨基酸锌5千克，氨基酸铜5千克，硼络合物5千克，40%复合氨基酸150千克，沸石粉40千克，凹凸棒粉36千克。

3. 生产方法

生产前先确定生产配方，然后按配方备料，并对原料进行预处理，按工艺要求进行粉碎。经预处理后的原料按配方要求的量输送到混合机中进行充分混合，采喷浆造粒工艺时，将混合料送入到浆机中，然后将料浆用泵打入喷浆造粒装置进行喷浆造粒。若采用圆盘造粒时，则进行两级成粒工艺，并经干燥、冷却、筛分、涂膜、包装等工序即得产品。

氨基酸复混肥料生产工艺流程图

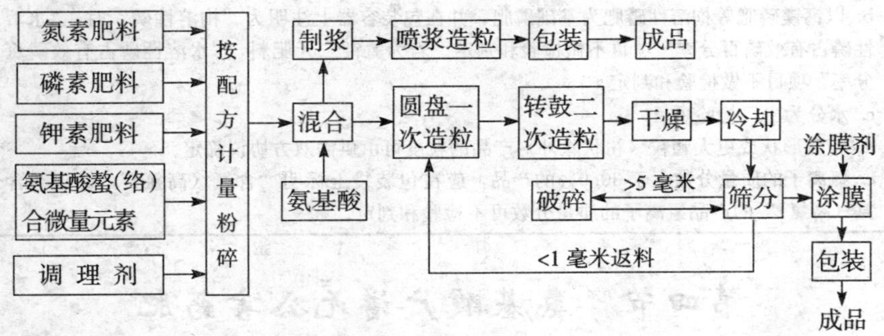

4. 产品主要技术指标

本产品执行国家标准，主要技术指标见表11-3。

5. 合理施用技术

氨基酸复合肥可作基肥和追肥，适用于多种土壤和各种作物。在旱地作物上，氨基酸复混肥一般用作基肥，施肥深度应在不同作物的根系密集层，一般在8～16厘米；施后覆土。施肥量可根据土壤肥力情况和目标产量特因素确定，对普通肥力的土壤，一般每亩基施氮磷钾含量为35%的氨基酸复混肥30～50千克，可使作物获得较高的产量。

在水稻上可采用全层施肥法，整地时一次基施于稻田土壤中。在整地过程中，肥料与土壤混匀，然后再放水泡田。如作种肥，必须将种子与肥料用土隔开，否则将会影响出苗而导致减产。氨基酸复混肥忌撒施在土壤表面，不仅作物难以吸收，而且养分损失大，降低肥效，增产效果差。

表 11-3　复混肥料国家标准（GB15063—2009）

项　目			指　标		
			高浓度	中浓度	低浓度
总养分（$N+P_2O_5+K_2O$）的质量分数[a]，%		≥	40.0	30.0	25.0
水溶性磷占有效磷百分率[b]，%		≥	60	50	40
水分（H_2O）的质量分数[c]，%		≤	2.0	2.5	5.0
粒度（1.00～4.75 毫米或 3.35～5.60 毫米）[d]，%		≥	90	90	80
氯离子的质量分数[e]，%	未标"含氯"的产品		3.0		
	标识"含氯（低氯）"的产品		15.0		
	标识"含氯（中氯）"的产品		30.0		

a. 组织产品的单一养分含量不应小于 4.0%，且单一养分测定值与标明值负偏差的绝对值不应大于 1.5%。

b. 以钙镁磷肥等枸溶性磷肥为基础磷肥，并在包装容器上注明为"枸溶性磷"时，"水溶性磷占有效磷百分率"项目不做检验和判定。若为氮钾二元肥料，"水溶性磷占有效磷百分率"项目不做检验和判定。

c. 水分为出厂检验项目。

d. 特殊形状或更大颗粒（粉状除外）产品的粒度可由供需双方协议确定。

e. 氯离子的质量分数大于 30.0%的产品，应在包装袋上标明"含氮（高氯）"，标识"含氮（高氯）"的产品氯离子的质量分数可不检验和判定。

第四节　氨基酸广谱无公害药肥

近年来，农药和化肥不合理施用对环境污染已构成了严重的社会问题。人们一致希望能有不构成公害的农药和肥料问世。氨基酸无公害药肥既不会造成环境污染，也不会对动植物有不良影响，近年来得到极大的发展。

氨基酸及其金属盐类和聚合物、衍生物、混合物具有广谱保护性杀虫、杀菌和促进作物生长的功能，用其制成的氨基酸药肥和无公害药肥等具有农药功能的生态环保新型肥料，分为喷施、冲施（追施）、基施系列，是防病、杀菌、防虫、杀虫、提供作物养分、调控作物生长的多功能无公害药肥。

1. 作用机理

（1）防病、抗病、杀虫机理：根据不同作物并尽量结合不同土壤所含养分情况，设计成为专用型的产品，产品中含有作物所必需的适量养分，从而达到防治作物因缺素而造成的生理病害。如钼元素可防治豆类作物因缺钼而造成的黄斑病、因土壤中缺锰时会导致大白菜患干烧心病等。

产品中含有氨基酸螯（络）的无机养分，具有促进作物健壮生长的作用，同时具有提高作物抗病能力，是广谱保护性杀菌剂。如氨基酸铜可毒害病菌体内含 —SH 基的酶，使这些酶控制的生长活动终止而杀死病菌，对防止瓜类枯萎病等病害率可达 85％～86％。

氨基酸无公害药肥可防治水稻稻瘟病，玉米、黄瓜多种病害。

产品中的丙氨酸、半胱氨酸、苏氨酸、高精氨酸、甘氨酸、缬氨酸等均有抑菌作用，如甘氨酸及其衍生物等对病菌的菌丝生长及孢子萌发具有很强的抑制作用，可破坏病菌的细胞膜、凝固蛋白质、使酶变性而起杀菌的作用。

产品含有植物体内多种酶的激活物质和酶生成物质，从而使作物能健壮生长，增强免疫能力，增强抗病性能，减少病害发生。如氨基酸锰是许多种酶的激活剂（核糖核酸聚合酶、二肽酶、精氨酸酶等），氨基酸铜是植物体内多酚氧化酶、抗坏血酸氧化酶等许多酶的成分。

产品中的增效剂对抑制病毒成分和杀菌成分产生加合效应，诱导植株抗病毒物质产生、抑制真菌、细菌的繁殖、传播。

产品中的氨基酸等活性物质有调节植物体内酸碱平衡的功能，使作物减少病害。

（2）杀虫机理：氨基酸及其金属盐类或聚合物、衍生物有杀虫功能。如刀豆氨酸与一羟色氨酸可使毛虫拒食而死，半胱氨酸可杀死瓜蝇，甘氨酸乙酯衍生物的二硫代磷酸盐有强烈的杀灭蚜虫、螨虫作用等。

产品中的生物制剂、氨基酸衍生物、螯合物等杀虫物质能阻碍害虫的神经传输，或使失去正常生存能力，导致害虫死亡。生物制剂类物质还能使虫体蛋白凝固，堵死虫体气孔，使害虫窒息而死。系列产品对各种植物上的青虫、蚜虫、红蜘蛛、蚁类、小地老虎、蟋蟀、金龟子、蝼蛄等有较好的防止效果。

（3）提高产量、改善品质机理：氨基酸广谱无公害药肥是以有机物为载体，配以适量无机养分和生物提取物及增效剂等制成，其有效养分相互协调，利用率高，是集防病、抗病虫害、营养调控为一体的无公害多效药肥，具有提高作物产量和改善农产品品质的作用。

产品中有促进作物根系发达的物质，能增强根系活力和吸收能力，促进营养物质传导和转化，快速补充作物亏损的营养元素，使作物健壮生长，促进增产。

氨基酸金属离子螯合物能增强光合作用，促进作物新陈代谢，控制作物生长发育，增强作物植株活力，促进作物健壮生长，促进作物优质高产。

氨基酸活化剂等物质能增强植物对不良环境的适应性和抵抗能力。

产品的活性物质能促进土壤磷酸酶活性的作用，从而促进作物对磷素的吸收利用，同时也促进了作物对 N、K、P、微量养分的“连应”吸收。

产品有快速修复作物受损伤细胞的功能，能使遭受肥害、药害、冻害、病害、雹灾、风灾、旱灾、涝灾等自然灾害的作物快速恢复正常生长。

产品有调节营养生长和生殖生长的功能，使有效养分发挥到果实上，使作物增加产量。

2. 水剂和粉剂的生产方法

（1）主要原料：含动物胶质蛋白的屠宰场废弃物、豆饼粉、水解增效剂、水解剂（硫酸）和中和剂（NH_3、氢氧化钙）、1[#]添加剂、2[#]添加剂、3[#]添加剂、稳定剂。

（2）主要生产设备：反应釜3000L3台；冷却器3台；压滤机2台；分离机2台；高位槽3台；贮罐（10米^3）2台；包装机一套（水剂、粉剂）；泵12台；蒸气锅炉（1吨/小时）1台，附带水处理装置。

（3）生产工艺流程：水剂、粉剂型氨基酸无公害药肥的生产采用水解合成法进行，其生产工艺流程如下：

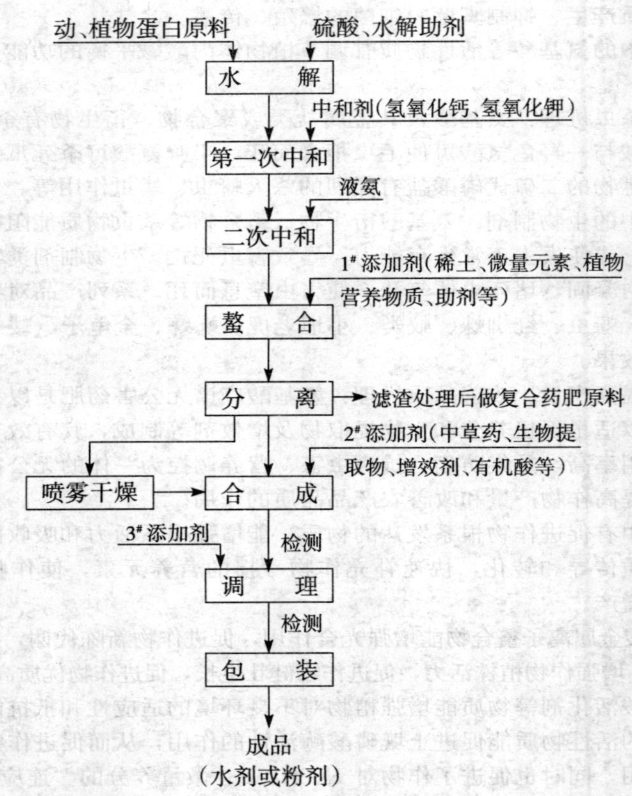

(4) 产品主要技术指标：国家尚没有“药肥”标准，本产品执行国家含氨基酸叶面肥的标准 GB17419－1998。

(5) 产品性质：液体剂型为红褐色酱油状液体，pH4～8。粉状剂型为深褐色粉末，易溶于水，水溶液 pH4～8，易吸湿结块，但不影响使用效果，两种剂型均含复合氨基酸及氨基酸螯合物、聚合物、混合物等活性物质，具有杀虫、杀菌、促进作物健壮生长的作用。

(6) 合理施用方法：系列药肥产品分为杀虫药肥、杀菌药肥和杀虫杀菌 3 种。作为叶面肥施用时，同时起到杀虫、杀菌效果. 当作物发生病害或虫害时可分别施用不同的产品，以降低使用成本。气温较高时，最佳喷施时间是 10 时前或 17 时后。喷施时将液体或粉剂产品用清水稀释 500～800 倍，一般每亩每次喷施 45～60 千克。用于灌根时将产品用清水稀释至 800～1 000 倍，每株灌 0.5～1 千克稀释液。本系列产品对蚜虫、莱青虫、地下害虫等及各种作物的生理病害效果明显。

3. 氨基酸广谱无公害复混药肥及其应用方法

(1) 性质：产品为深褐色颗粒剂，呈弱酸性，有效养分溶于水，pH5.5～8。产品能改善土壤理化性状，有蓄肥、保肥作用。对作物生长有广谱调节作用，促进根系生长，提高作物抗性，增加养分吸收。氨基酸金属离子螯合物、氨基酸衍生物、聚合物等有防止作物病虫害的功能。产品含混合氨基酸螯合铜、锌、锰、铁、镁 13%～20%，氨基酸衍生物 3%～6%，甘氨酸盐酸盐 2%～6%，生物制剂 1%～5%，氮、磷、钾 20%～35%。

(2) 生产方法：

粉碎：将经过预处理的原料分别进行粉碎，全部原料粒度小于 1 毫米。

混合：将粉碎后的原料按生产配料计量后加入混料机中，对于直径 2 000毫米的混合机来说，转速为每分钟 26 转左右，混合时间 30 分钟左右。

造粒：造粒方法有喷浆造粒、圆盘、转鼓、挤压等造粒方法，本工艺采用两级造粒，第一次造粒在圆盘造粒机中进行，把混合好的物料输送入造粒机内，加入适量的黏合剂，进行造粒，一般直径 2 200 毫米造粒盘，每小时给料 4 000 千克，速度每分钟 24 转较为适宜，经圆盘送入转鼓造粒机进行第二次造粒，使颗粒均匀圆滑。

干燥：由造粒机出来的颗粒药肥一般含水 6%～16%，需要进行干燥。本工艺采用的是回转干燥机。

冷却：从干燥机出来的物料温度较高，如不经冷却直接包装会造成吸湿结块，影响产品质量。本工艺采用的是回转式冷却机。

筛分：经冷却后的半成品药肥粒度有一定的差别，在干燥、冷却过程中还会有不同程度的破损，需要进行筛分，将粒度合格的产品送入下道工序。大于5毫米的送去粉碎，然后再次混料造粒，粒度小于2毫米的直接返回造粒机。

涂膜：为了减少产品结块，提高施肥效果，肥料在包装前进行涂膜包裹，采用的是包裹筒。转筒内有条状抄板，使颗粒肥料在其中翻动。喷嘴从转筒端部伸入筒内进行喷洒，包裹剂由螺旋加料器进入筒内，包裹筒在转动时将颗粒表面包裹一层外壳。使颗粒外观良好，增强其物理性能，便于贮存。

包装：经涂膜后的产品即可输送到自动计量缝包机进行包装。

生产工艺流程如下：

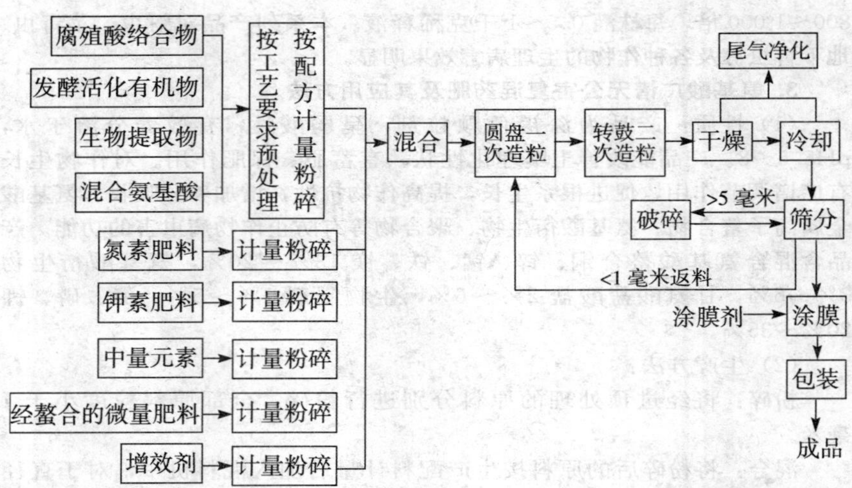

（3）产品主要质量指标：国家目前没有药肥标准，本产品执行国家标准GB18877—2009（表11-4）。

表11-4 有机—无机复混肥料技术指标

项　目[a]		指标		
		Ⅰ型	Ⅱ型	Ⅲ型
总养分（$N+P_2O_5+K_2O$）的质量分数[b]，%	≥	15.0	25.0	30.0
水分（H_2O）的质量分数[c]，%	≤	12.0	12.0	8.0
有机质的质量分数，%	≥	20	15	8
总腐殖酸的质量分数[d]，%	≥	/	/	5

（续）

项 目[a]		指 标		
		Ⅰ型	Ⅱ型	Ⅲ型
粒度（1.00～4.75 毫米或 3.35～5.60 毫米）[e]，%	≥	70		
酸碱度（pH）		3.0～8.0		
蛔虫卵死亡率[f]，%	≥	95		
大肠菌值[f]	≥	$10^{-1}/10^{-1}$		
氯离子的质量分数[g]，%	≤	3.0		

a 砷、镉、铅、铬、汞及其化合物的质量分数的要求见 GB 相关肥料中砷、镉、铅、铬、汞生态指标。

b 标明的单一养分含量不得低于 3.0%，且单一养分测定值与标明值负偏差的绝对值不得大于 1.5%。

c 水分以出厂检验数据为准。

d 对于在包装容器上标明含腐殖酸的产品，需采用本标准 5.9 节规定的方法测定总腐殖酸的质量分数。

e 指出厂检验结果。当用户对粒度有特殊要求时，可由供需双方协商解决。

f 对于有机质来源仅为腐殖酸的有机—无机复混肥料，可不测定蛔虫卵死亡率、大肠菌值。

g 如产品氯离子含量大于 3.0%，在包装容器上标明“含氯”，该项目可不做要求。

（4）产品包装及贮运：与氨基酸复混肥料相同，不再叙述。

（5）合理施用方法：氨基酸广谱无公害药复混药肥主要用作基肥，在整地时施入土地，通过整地过程使药肥与耕作层的土壤混匀，也可作种肥用，将药肥与种子分行施于土壤，不可与种子混合播施，以免影响种子发芽。作基肥或种肥施用后，能预防土传病害和作物生理病害，对线虫和地下害虫也有明显的防止效果。一般每亩施用50～80 千克。

当作物发生病害或地下害虫危害时，也可作为追肥施用，与 10 倍量的细土或有机肥混匀后，可穴施或条施，施后浇水；也可用水稀释后随水冲施，一般每亩每次施用量 30～40 千克。

第十二章　微生物肥料

第一节　概　　述

1. 微生物肥料的概念

微生物肥料又称菌肥或生物肥料，是一类含有活微生物的农用制品。微生物肥料应用于农业生产，制品中的微生物能起到肥料的作用。微生物肥料是通过微生物的生命活动增加了作物营养元素供应，同时微生物生命活动中的代谢产物还具有刺激和调节作物生长，提高作物的产量和品质。

2. 微生物肥料的主要功效

（1）增加土壤肥力，活化土壤养分，促进作物对养分的吸收利用。

（2）直接为作物提供营养元素，如根瘤菌，其自生和联合固氮菌类肥料可以固定大气中的氮，从而增加作物的氮素养分。

（3）活菌在生命活动中分泌多种生理活性物质，刺激和调节作物生长。

（4）对作物产生抗病和抗逆作用，间接促进作物生长。

（5）减少化肥用量，改善农产品品质。

（6）对有害微生物有抑制作用。微生物肥料中的活菌在作物根部大量生长繁殖，形成作物根际的优势菌群，抑制其他病原菌繁殖生长，从而降低作物病害的发生率。

3. 微生物肥料的主要特点

（1）生态环保：微生物肥料不含有害物质，施用后不会对土壤造成污染和毒害，还会降低农产品有害残留，适用于绿色食品用肥。

（2）培肥地力，提高化肥利用率：据试验，施用微生物肥料固氮菌，每亩每年能固定空气中的氮素平均为 45 千克，磷细菌每亩每年能使被土壤固定的磷释放出 P_2O_5 平均 30 千克，钾细菌每亩每年能释放出被土壤固定的 K_2O 平均 45 千克。通过试验分析，施用微生物肥料一般可减少化肥用量 10％～30％，并可培肥地力，促进作物健壮生长，提高作物产量。

（3）改善作物品质：微生物肥料施入土壤中，可补充土壤有机质并提供大量有益微生物，为作物提供了良好的生长环境，促进作物健壮生长，可减少化肥和农药的施用量，从而降低化肥农药对农产品有害污染，提高农产品品质。

（4）微生物肥料与有机肥料、无机肥料配合施用，可获得较好效果。

（5）耐贮性差：由于产品中的微生物对生存温度、湿度、酸碱度等环境条件有一定的要求，有效活菌量在不适宜的条件下受影响而减少。一般贮存期不宜超过6个月。

第二节　微生物肥料的种类与性质

1. 微生物肥料的分类

微生物肥料的分类方法见表12-1。

表12-1　微生物肥料的分类

按功能分类	微生物拌种剂：利用多孔的物质作为吸附剂（如草炭粉、蛭石粉），吸附菌体的发酵液而制成菌剂，这种菌剂主要用于拌种。如各类根瘤菌肥料，主要应用于豆科植物，能在豆科植物根、茎上形成根瘤，同化空气中的氮素来供应作物氮素营养。 复合微生物肥料：两种或两种以上的微生物（固氮菌、芽孢菌或其他一些细菌）互相有利，通过其生命活动使作物增产。各类微生物在繁殖过程中自身产生的植物生长刺激素可拮抗某些病原菌，达到抑制病害的目的，尤其是土传病害，例如线虫病、全蚀病、青枯病、枯萎病等。有的菌剂能活化土壤中被固定的磷、钾元素，使之被植物吸收。 腐熟促进剂：一些菌剂能加速作物秸秆腐熟和促进有机废物发酵，主要由纤维素分解菌构成。
按剂型分类	液体菌剂、冻干菌剂、油干菌剂、浓缩冷冻液体菌剂、固体菌剂、颗粒接种剂、真空渗透接种剂以及其他形式的颗粒接种剂。
按营养物质分类	微生物和有机物复合、微生物和有机物及无机元素复合。
按作用机理分类	以营养为主、以抗病为主、以降解农药为主，也可多种作用同时兼有。
按微生物种类分类	细菌肥料（根瘤菌肥、固氮、解磷、解钾肥）、放线菌肥（抗生肥料）、真菌类肥料（菌根真菌、霉菌肥料、酵母肥料）、光合细菌肥料。

2. 微生物肥料的主要种类及性质

目前我国微生物肥料的主要种类及性质见表12-2。

表 12-2　目前我国生产的微生物肥料的主要种类及性质

根瘤菌肥料	含有大量根瘤菌的肥料能同化空气中的氮气，在豆科植物上形成根瘤（或茎瘤），供应豆科植物氮素营养。产品是由根瘤菌或慢生根瘤菌属的菌株制造。根瘤菌一般可分为大豆根瘤菌、花生根瘤菌、紫云英根瘤菌等，其形状一般为短杆状，两端钝圆，会随生活环境和发育阶段而变化。
固氮菌肥料	能在土壤和多种作物根际中同化空气中的氮气，供应作物营养，并能分泌激素，刺激作物生长。在生产中应用的菌种可以是固氮菌属、氮单胞菌属、固氮根瘤菌属或根际联合固氮菌等，这些菌的主要特征是在含一种有机碳源的无氮培养基中能固定分子态氮。应用的作物主要有小麦、水稻、高粱、蔬菜、果树等。
磷细菌肥料	能把土壤中的难溶性磷转化成有效磷供作物利用。可用于生产磷细菌肥料的菌种分为两大类：①分解有机磷化合物的细菌，其中包括解磷巨大芽胞杆菌、解磷珊瑚红赛氏杆菌和节杆菌属中的一些变种。②转化无机磷化合物的细菌，如假单胞菌属中的一些变种。 有机磷细菌在含磷矿粉或卵磷脂的合成培养基上有一定解磷作用，在麦麸发酵液中含刺激植物生长的生长素。无机磷细菌具有溶解难溶性磷酸盐的作用。
硅酸盐细菌肥料	能分解土壤中云母、长石等含钾的硅铝酸盐及磷灰石，释放出可被作物吸收利用的有效磷、钾及其他营养元素。生产硅酸盐细菌肥料的菌种为胶质芽胞杆菌等的菌株。该菌种在含钾长石粉的无氮培养基上有一定解钾作用，菌体内和发酵液中存在刺激植物生长的生长素。主要用于缺钾地区的作物或对钾需要量较大的作物。
复合微生物肥料	含有解磷、解钾和固氮微生物中 2 种以上互不拮抗的菌株，也有在此基础上加营养物质复合，如化肥、微量元素稀土等。通过生命活动，提供作物生长的营养物质。

第三节　根瘤菌肥料

根瘤菌肥料是利用根瘤菌生产的微生物肥料。用于豆科作物接种，使豆科作物根部结瘤、固氮的叫接种剂；以根瘤菌为主，加入适量能促进结瘤、固氮用的芽孢杆菌、假单胞细菌或其他有益的促生微生物的根瘤菌肥料，称为复合根瘤菌肥料，加入的促生微生物菌种必须是对人畜及作物无害的。根瘤菌肥料是目前世界上公认的效果最好、稳定性最好的微生物肥料。

1. 根瘤菌肥料的种类及性质

根瘤菌是存在土壤中的好气的革兰氏阴性杆菌，通过豆科作物的根毛进入根内，形成根瘤。根瘤菌在根瘤中生活，固定空气中游离的氮素，将其转化为作物可利用的含氮物质。据测定，每亩面积的根瘤菌在豆科作物一个生长季节能固氮的数量为大豆3.8～6.7千克、苜蓿8.5～40千克。根瘤破溃后根瘤菌回到土壤中生活。土壤中自然存有的根瘤菌一般约25%是高效固氮，其余的是中、低效的根瘤菌，使用人工培育的高效固氮的根瘤菌系接种，以增强土壤中的根瘤菌势，可使豆科作物增产。根瘤菌肥料按剂型不同分为液体根瘤菌肥料和固体根瘤菌肥料。按寄主的不同，又分为花生、大豆、豌豆、菜豆、三叶草、苜蓿、紫云英、沙打旺等根瘤菌肥料。

2. 根瘤菌肥料的生产方法

根瘤菌肥料的生产包括固体发酵培养和液体培养两种方法。

（1）固体发酵培养法：采用克氏瓶装固体培养基，经灭菌后摆成平面，接种。培养6～8天，每瓶菌体达到3 000亿以上时，将菌落洗下，稀释后与灭菌的草碳粉混合均匀后即可使用。

生产工艺流程：

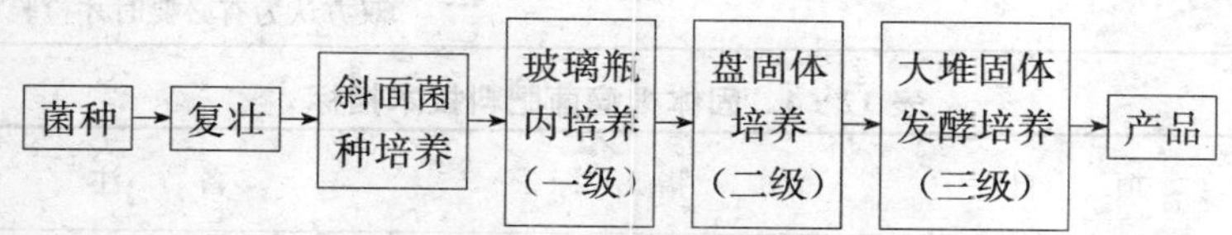

（2）液体深层发酵法：工厂化大规模生产多采用液体深层发酵法，用发酵罐进行通气搅拌发酵培养，一般含活菌量每毫升10亿～20亿个时，即可用灭菌后的草炭粉在搅拌下吸附成固体产品。液体发酵多采用三级培养，逐级扩大菌液数量，并随时检测菌液的质量。

生产工艺流程：

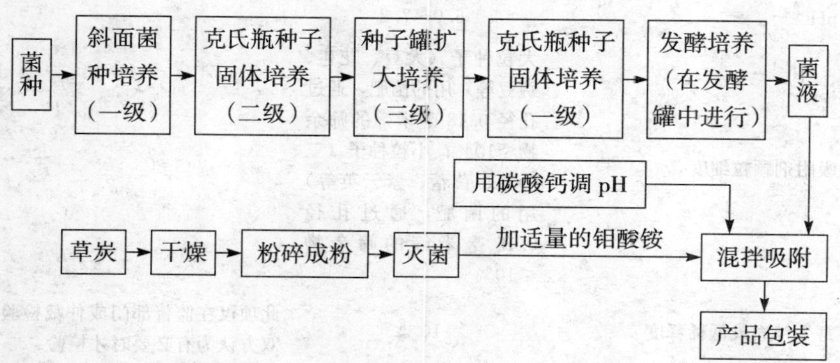

3. 产品技术指标

根瘤菌肥料的技术指标应符合中华人民共和国农业行业标准

NY410—2000《根瘤菌肥料》所规定的指标（表 12-3、表 12-4）。

表 12-3　液体根瘤菌肥料技术指标

项　目	指　标	备　注
外观、气味	粉末状、松散、湿润、无霉块、无酸臭味，无霉味	
根瘤菌活菌个数，$\times 10^8$/毫升	≥5.0	
杂菌率，%	≤5.0	
pH	6.0～7.2	用耐酸菌株生产的菌液，pH可以大于 7.2
寄生结瘤最低稀释度	10^{-6}	此项仅在监督部门或仲裁检验双方认为有必要时才检验
有效期，月	≥3.0	此项仅在监督部门或仲裁检验双方认为有必要时才检验

表 12-4　固体根瘤菌肥料技术指标

项　目	指　标	备　注
外观、气味	粉末状、松散、湿润、无霉块、无酸臭味，无霉味	
水分含量，%	25～30	
根瘤菌活菌个数，$\times 10^8$/毫升	≥2.0	
杂菌率，%	≤1.0	
pH	6.0～7.2	
吸附剂颗粒细度	大粒种子（大豆、花生、豌豆等）用的菌肥，通过孔径 0.18 毫米筛的筛余物≤10%；小粒种子（三叶草、苜蓿、紫云英等）用的菌肥，通过孔径 0.15 毫米筛的筛余物≤10%	
寄生结瘤最低稀释度	10^{-6}	此项仅在监督部门或仲裁检验双方认为有必要时才检验
有效期，月	≥6	此项仅在监督部门或仲裁检验双方认为有必要时才检验

4. 合理施用方法

根瘤菌肥料多用于豆科作物拌种。在豆科作物种植前，将1份根瘤菌肥加少量水调成糊状，然后拌在种子上，使每粒种子上都拌有根瘤菌肥，略微风干即可播种，一般每亩所需的种子用根瘤菌肥250～500克。用根瘤菌肥料拌种的种子不能再拌杀菌剂、杀虫剂农药，也不可与化肥混播。据试验，花生用根瘤菌肥料拌种平均每亩增产35千克，增产幅度为16%左右。

5. 施用注意事项

根瘤菌肥料是喜温好气型菌类，适用于pH6.5～7.5的中性土壤，若酸性土壤用时，应加石灰调节土壤pH至中性。土地板结、通风不良、干旱缺水等不良条件都会使根瘤菌活动减弱或停止生长。使用根瘤菌肥料拌种时要选用与播种的豆科作物一致的根瘤菌，如大豆用根瘤菌肥、紫云英用根瘤菌肥等。

第四节　固氮菌肥料

空气中的气态氮约占空气体积的78%，气态氮不能被植物直接利用，有些微生物在固氮酶的液化作用下能将氮还原为氨，这一过程被称为生物固氮。

固氮菌肥料中含有益的固氮菌，能在土壤和多种作物根际既能固定空气中的氮气，为作物提供氮素营养，又能分泌激素，是刺激作物生长的活体制品。

1. 固氮菌肥料的种类

按菌种及特性分为自生固氮菌肥料、根际联合固氮菌肥料、复合固氮菌肥料。产品一般有液体固氮菌肥料、粉剂或颗粒剂固氮菌肥料。自生固氮菌肥料的生产主要采用圆褐固氮菌、氯单胞菌属的菌种，也可采用茎瘤、根瘤菌和固氮芽孢杆菌菌株。根际联合固氮的微生物主要有多黏类芽孢杆菌、生脂固氮螺菌、阴沟肠杆菌、粪产碱菌、肺炎克氏杆菌等经鉴定为非致病菌的菌株。

目前，我国有液体瓶装的剂型和月草炭等载体作为吸附剂吸附而成的固体固氮菌肥料。固氮菌肥料的生产应该在有良好的设备和无菌条件下生产，生产出的产品应符合一定的质量标准。

2. 固氮菌肥料的作用特点

固氮菌肥料最适宜的土壤酸碱度为pH7.4～7.6，土壤湿度在60%～70%时生长最好，最适宜的生长温度为25～30℃。

（1）自生固氮菌的作用特点：自生固氮菌是指由人工培育的自生固氮菌（可以独立生活），单独生长繁殖时能固定分子态氮，在满足自生需要时，多余的氮会抑制固氮作用，使固氮效率降低。

土壤中有机质含量低时，会影响固氮菌生长繁殖和固氮作用。在化合态氮较丰富的肥沃土壤中，固氮菌利用有效氮而不固定分子态氮。自生固氮细菌除固定少量的氮外，还能分泌引哚乙酸类似物和赤霉素类物质，产生维生素和生长素类物质，如圆褐固氮菌产生维生素 B_1、维生素 B_6、维生素 B_{12} 等。这些物质不仅刺激农作物的根系发育，而且也加强根际其他微生物的生命活动，促进土壤有机物质的转化，增加作物的营养。

（2）联合固氮菌的作用特点：联合固氮菌是指依赖根际、根表、叶表环境生活时才能固定空气中氮气的微生物。在自界中分布广泛，如小麦、玉米等作物及一些牧草等植物根上，是对作物生长发育产生积极作用的微生物。联合固氮又称共栖固氮，是介于自生固氮和共生固氮体系之间的中间类型。联合固氮菌有较强的寄主专一性，如固氮螺菌与玉米、高粱等的联合，但也有些固氮细菌与植物无专一选择性，而只生活在植物的根表或根际。

联合固氮菌的固氮能力较共生固氮菌低，一般每亩土地每年固定纯氮约 3.8～7.5 千克。农业生产中使用联合固氮菌肥一般都有增产作用，增产幅度约 5%～30%。联合固氮微生物的生长代谢产物除了改良土壤性质外，对作物的生长、产量和品质都有很大作用。

3. 固氮菌肥料的生产方法

自生固氮菌肥料和联合固氮菌肥料的生产工艺基本相同，有固体和液体两种生产方法和剂型。

固氮菌肥料利用固氮活性高的优良菌株进行工业化生产，与其他农用生物制剂一样，要在良好的设备和无菌条件下进行。

液体剂型生产工艺：

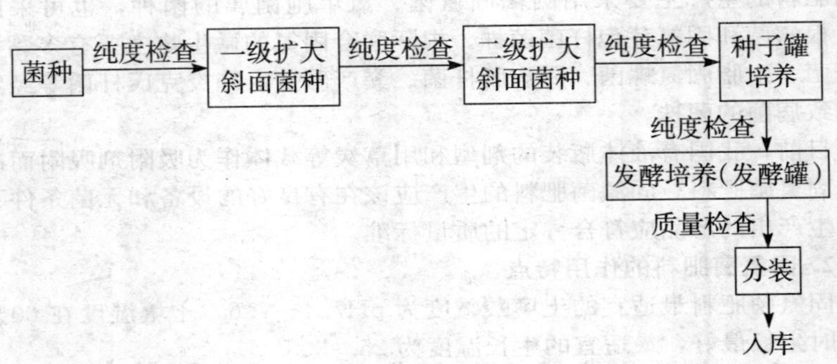

固体生产工艺：

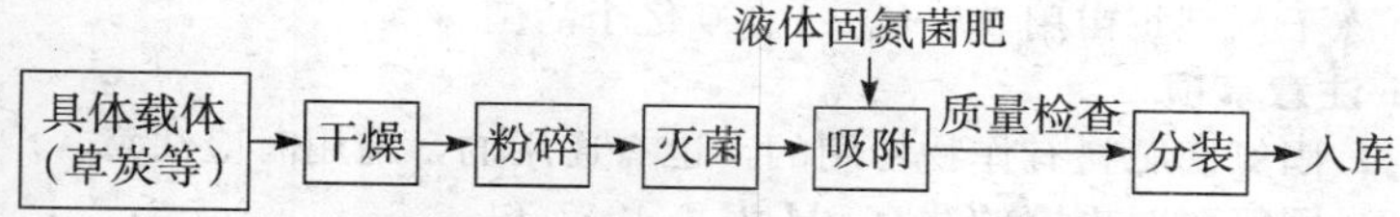

4. 固氮菌肥料的技术指标

产品应符合中华人民共和国农业行业标准 NY411—2000《固氮菌肥料》标准所规定的技术指标，见表 12-5。

表 12-5　固氮菌肥料技术指标

项　目		指　标		
		液　体	固　体	冻　干
外观、气味		乳白或淡褐色液体，浑浊，稍有沉淀，无异臭味	黑褐色或褐色粉状，湿润、松散，无异臭味	乳白色结晶，无味
水分，%		—	25.0～35.0	3.0
pH		5.5～7.0	6.0～7.5	6.0～7.5
细度，过孔径 0.18 毫米标准筛的筛余物，%	≤	2	20.0	—
有效活菌数，个/毫升、个/克、个/瓶	≥	5.0×10^{8}	1.0×10^{8}	5.0×10^{8}
杂菌率①，%	≤	5.0	15.0	2.0
有效期②，月	≥	3	6	12

①其中包括 10^{-6} 马丁培养基平板上无霉菌。

②此项仅在监督部门或仲裁检验双方认为有必要时才检测。

5. 固氮菌肥料的施用方法

固氮菌肥料适用于各种作物，特别是对禾本科作物和叶菜类蔬菜效果明显。可作基肥、追肥和种肥。与有机肥、磷肥、钾肥及微量元素肥料配合施用对固氮菌的活性有促进作用。

基肥：与有机肥料配合沟施或穴施，施后立即覆土，以避免阳光直射。也可蘸秧根或作基肥施在蔬菜菌床上、与棉花盖种肥混施。

追肥：把固氮菌肥料用水调成糊状，施于作物根部，施后覆土；也可结合灌根进行追肥。

拌种：将固氮菌肥料加适量水搅成稀糊状，倒入种子混拌，捞出阴干后即可播种。对水稻、甘薯、蔬菜等移栽作物可采用蘸秧根的方法。固体固氮菌肥料一般每亩用量为 0.25～0.5 千克；液体剂型的每亩用 100 毫升左右；冻干剂型每亩用500亿～1 000亿个活菌。

6. 注意事项

（1）固氮菌肥料有作物专用的，也有通用的，施用时应注意。

（2）固氮菌对土壤的适宜pH为7.4～7.6。

（3）固氮菌在土壤湿度25%～40%时才开始生长繁殖，当湿度至60%时生长繁殖最旺盛。

（4）在25～30℃温度条件下生长繁殖最好，当温度低于10℃或高于40℃时生长受到抑制。

（5）联合固氮菌剂在10～20℃时可保存3～4个月，在25℃以上保存时不宜超过15天。

（6）固氮菌肥料用于拌种时切勿置于阳光下，当天拌种，当天用完，不能与杀菌剂、草木灰、速效氮肥及稀土微肥等同时并用。

第五节　磷细菌肥料

磷细菌肥料由能够分解和转化土壤中无效态磷的细菌剂制成。

1. 磷细菌肥料的性质

磷细菌分为两种。一种是巨大芽孢杆菌，有芽孢，在有很多微生物产生的磷酸酯酶的参与下，能使土壤中的有机磷水解，转化为作物可吸收利用的形态，称为有机磷细菌。另一种是短而小的无芽孢杆菌，它能利用生命活动中产生的二氧化碳和多种有机酸及植酸类等物质，将土壤中一些难溶性的矿质态磷酸铁、磷酸铝、磷酸钙等磷酸盐溶解为作物可吸收利用的速效磷。在磷细菌的作用下，增加土壤中磷的有效性，改善作物的磷素营养；还能促进固氮菌和硝化细菌的活动，改善作物的氮素营养。在土壤中有效磷较低的地块施用磷细菌肥料一般可增产15%左右。

目前，国内生产的磷细菌肥料有液体和固体两种剂型。液体剂型的磷细菌肥料外观呈棕褐色浑浊液，含活菌数5亿～15亿个/毫升，杂菌数小于5%，含水量20%～35%，有机磷细菌≥1亿/毫升，无机磷细菌≥2亿/毫升，杂菌数小于15%，pH6.0～7.5。颗粒剂型的磷细菌肥料外观呈褐色，有效活菌数大于3亿/克，杂菌率小于20%，水分小于10%，有机质≥25%，粒径2.5～4.5毫米。

2. 磷细菌肥料生产方法

在农业生产上，磷细菌的解磷和溶磷作用已受到重视，我国应用磷细菌肥料已有50多年的历史，磷细菌肥料已为微生物肥料中的一个重要品种。目前，国内主要采用液体发酵载体吸收生产工艺，产品有液体剂型、粉剂和颗粒剂3种。其主要生产工序如下。

（1）菌种培养：

固体培养：20%马铃薯汁 1 000 毫升，碳酸钙（$CaCO_3$）5.0 克，琼脂 20 克，自然 pH。将保藏斜面菌种接种到新鲜固体斜面培养基中，培养后置于冰箱中保存待用。

三角瓶液体培养：先将斜面菌种转接液体培养基中，振荡培养或克氏瓶固体培养。麦麸浸汁 1 000 毫升，$CaCO_3$ 5.0 克，自然 pH。

种子罐液体培养：种子罐液体培养液配方同三角瓶液体培养基，一般投料为罐容量的 2/3 左右，接种到种子罐中，培养 10 小时后，每隔 2 小时抽样检验和计数。镜检无杂菌，菌体正常，每毫升菌液的菌数达到 20 亿～30 亿时，将无杂菌的种子罐发酵液接种到发酵罐中，接种量 10%～20%。

发酵罐培养：空罐和所有管道在投料前应用高压蒸气灭菌，时间30～60 分钟。降压后投料，其配方同种子罐培养液。再用高压蒸气灭菌 30 分钟，然后降压，待温度 28～30℃时接种。将无杂菌的种子罐发酵液通过压力接种到发酵罐中，接种量 10%～20%。培养 10 小时后，每隔 2 小时抽样检查杂菌和计数，达到质量要求后方可放罐。放罐前必须用平板稀释法测定含菌量。

（2）造粒与烘干：载体粉碎、烘干，原料混合加成粉剂，混合吸附，造粒烘干。

3. 磷细菌肥料的生产工艺

（1）液体磷细菌肥料生产工艺：

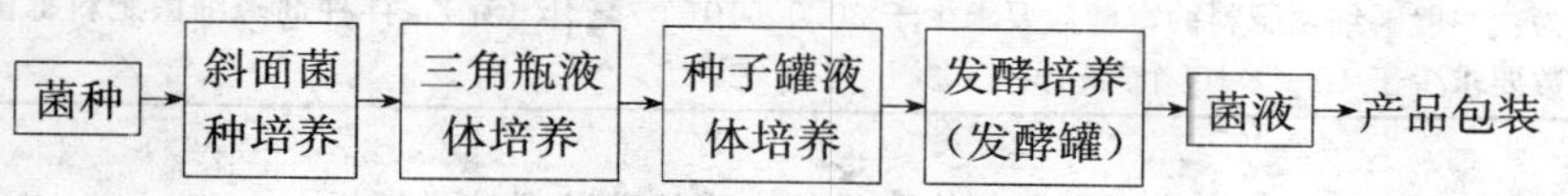

（2）固体磷细菌肥料生产工艺Ⅰ：

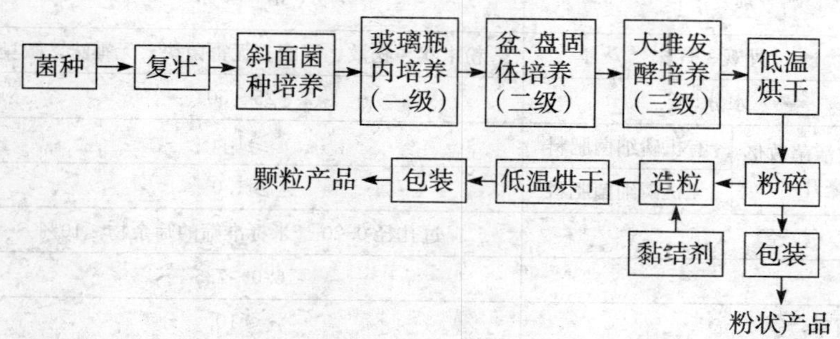

（3）固体磷细菌肥料生产工艺Ⅱ：

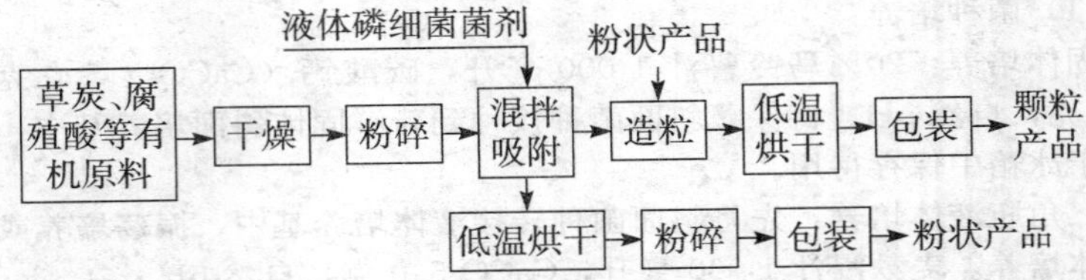

4. 磷细菌肥料的技术指标

产品的技术指标应符合中华人民共和国农业行业标准 NY412—2000，见表 12-6、12-7、12-8。

表 12-6 液体磷细菌肥料技术指标

项目		指标
外观、气味		浅黄或灰白色混浊液体，稍有沉淀，微臭或无臭味
有效活菌数亿个/毫升	有机磷细菌肥料	≥2.0
	无机磷细菌肥料	≥1.5
杂菌率①，%		≤5
pH		4.5～8.0
有效期，月		≥6

①杂菌率包括在选择培养基上的杂菌数和在马丁培养基上的霉菌数。其中对霉菌数的规定为：一般磷细菌肥料的霉菌数要求少于 30.0×10^5 个/毫升（克），拌种剂磷细菌肥料霉菌数要求少于 10.0×10^4 个/毫升。

表 12-7 固体（粉状）磷细菌肥料技术指标

项目		指标
外观、气味		粉末状，松散、湿润、无霉菌块，无霉味，微臭
水分，%		25～50
有效活菌数亿个/毫升	有机磷细菌肥料	≥1.5
	无机磷细菌肥料	≥1.0
细度（粒径）		过孔径 0.20 毫米标准筛的筛余物≤10%
pH		6.0～7.5
杂菌率，%		≤10
有效期，月		≥6

表 12-8　固体（颗粒）磷细菌肥料技术指标

项　目		指　标
外观、气味		松散、黑色或灰色颗粒、微臭
水分,%		≤10
有效活菌数亿个/毫升	有机磷细菌肥料	≥0.5
	无机磷细菌肥料	≥0.5
细度（粒径）		全部通过 2.5～4.5 毫米孔径的标准筛

5. 磷细菌肥料的合理施用

磷细菌肥料在有机质丰富而缺磷的中性土壤上施用效果显著。据试验，水稻平均增产 10%以上，玉米、花生、油菜等增产 8%～25%。磷细菌的适宜温度为 30～37℃，与不同类型互不拮抗的解磷细菌配合使用也能增加磷细菌肥料的效果。

磷细菌肥料可以作基肥、追肥和种肥（浸种、拌种）。

（1）基肥：可与农家肥、磷矿粉混匀后沟施或穴施，一般每亩用磷细菌肥料 1～2 千克，与农家肥等混合，施后立即覆土。

（2）追肥：将磷细菌肥料用水稀释后在作物开花前追施于作物根部，一般每亩用 1～1.5 千克。

（3）拌种：将磷细菌肥料加适量水调成稀糊状，加入种子混拌后，取出风干即可播种，防止阳光直接照射。拌种时随配随拌，不宜留存。一般每亩种子用固体磷细菌肥料 1～1.5 千克或液体菌肥0.3～0.6 千克，加 4～5 倍水稀释。

第六节　硅酸盐细菌肥料

硅酸盐细菌肥料又称钾细菌肥料或生物钾肥。硅酸盐细菌肥料在土壤中通过硅酸盐细菌的生命活动，增加作物营养，刺激作物生长，抑制有害微生命活动，对作物有一定的增产效果。目前应用多的硅酸盐形态钾细菌主要是胶质芽孢杆菌，易于生产、保藏；另一类是非硅酸盐形态的钾细菌。

1. 硅酸盐细菌肥料的性质

硅酸盐细菌在土壤中生活能产生多种有机酸类物质，能强烈分解土壤中含钾的矿物，破坏含钾矿物的晶格结构，释放出能被作物吸收利用的钾，还能提高磷灰石粉的水溶性磷含量，改善作物钾、磷营养水平。一般每亩施 0.7 千克硅酸盐细菌肥料与每亩施 7.5 千克氯化钾的增产效果相当，增产幅度为 10%左右。

硅酸盐细菌肥料产品主要有液体和以草炭腐殖酸等有机物为载体的固体肥料。液体剂型外观为浅褐色浑浊液，无异臭，有微酸味，有效活菌含量大于10亿个/毫升，杂菌数小于5%，pH5.5～7。以草炭为载体的粉状硅酸盐细菌肥料外观为黑褐色或褐色，湿润而松散，无异味，含水量20%～35%，含活菌大于2亿个/克，杂菌数小于15%，pH6.0～7.5。颗粒剂型的硅酸盐细菌肥料外观为褐色颗粒，有效活菌数大于1亿个/克，水分小于10%，粒经2.5～4.5毫米，有机质（以C计）大于25%，pH6.9～7.5，杂菌数小于20%。

2. 硅酸盐细菌肥料的生产方法

（1）简易生产方法：将草炭或腐熟的堆肥晒干，粉碎成细粉，加入0.1%的磷矿粉，拌匀，调湿，至手捏成团触之即散的程度，然后进行分装，用双层纱布包扎，在121℃高温下灭菌60分钟，在26～30℃下培养5～7天，加入5%的木薯渣（先将木薯加水搅成糊状，再拌入上述固体培养基中）。在上述培养基中加入0.5%的面粉和0.1%的硫酸铵，搅拌均匀，在121℃高温下灭菌60分钟。冷却至40℃时迅速接种，接种量为5%～10%。在26～30℃下发酵培养5～7天，即可使用。其工艺流程如下。

（2）工业化生产方法：以上介绍的简易方法只适合于农村小规模就地生产，就地使用，不适用于大规模的工业化生产。工业化生产与其他微生物肥料基本一致，生产工序如下。

制斜面菌种：活化菌体，使菌体或芽孢从休眠状态回复到生命旺盛阶段，繁殖扩大菌体数量。

斜面培养基：蔗糖5.0克，磷酸氢二钾0.2克，硫酸镁0.2克，氯化钠0.2克，硫酸钙0.1克，碳酸钙5.0克，水1 000毫升，pH7.2～7.4，或者蔗糖6.0克、钙镁磷肥（或磷矿粉）0.2克、钾长石粉0.2克、氯化钠0.2克、石膏粉0.1克、石灰粉5.0克、水1 000毫升，pH7.2～7.4。按配方称重，充分溶解均匀，在250毫升三角瓶中装100毫升培养基，塞上棉塞。98千帕灭菌30分钟，冷却后，用斜面菌种或液体种子液接种。置26～30℃下培养3～4天，斜面上形成黏液状无色透明菌落，即可作液体种子。

斜面菌种的鉴定：无杂菌污染的斜面无色透明，表面有光泽，边缘整齐，有黏液状凸起，用接种针挑时能拉起较长菌丝。石炭酸—复红染色为革兰阴性，也可用荚膜染色法来区别荚膜和杂菌。

液体扩大培养：为固体培养或堆制发酵进一步扩大菌种量。培养基及培养方法基本同上。

液体菌剂的鉴定：用无氮培养基培养无杂菌污染时，菌体与碳酸钙沉淀物在瓶底形成不易分散的菌胶团，上层菌液呈无色、清亮、透明、黏稠度较大的液体，染色镜检则为具有荚膜的杆菌。如生长不良，或有杂菌污染，则菌液底部不形成牢固的菌胶团，稍一摇动即浑浊或液面有泡沫、其他杂菌菌丝体。

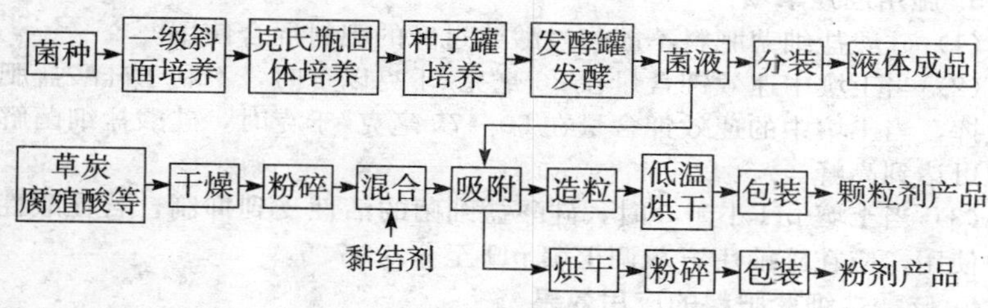

3. 硅酸盐细菌肥料的主要技术指标

产品执行中华人民共和国农业行业标准 NY413－2000《硅酸盐细菌肥料》规定的技术标准，见表 12-9。

表 12-9 硅酸盐细菌肥料成品技术标准

项目	指标		
	液体	固体	冻干
外观	无异臭味	黑褐色或褐色粉状，湿润、松散，无异臭味	黑色或褐色颗粒
水分，%	—	25.0～50.0	≤10
pH	6.5～8.5	6.5～8.5	6.5～8.5
细度筛余物，%	—	过孔径 0.18 毫米标准筛的筛余物≤20	孔径 5.0～2.5 毫米
有效活菌数，个/毫升、个/克、个/瓶 ≥	5.0×10^{8}	1.2×10^{8}	1.0×10^{8}
杂菌率①，% ≤	5.0	15.0	15.0
有效期②，月 ≥	3	6	6

①其中包括 10^{-6} 马丁培养基平板上无霉菌。

②此项仅在监督部门或仲裁检验双方认为有必要时才检测。

4. 合理施用方法

基肥：每亩沟施或条施 3～4 千克。固体硅酸盐肥料与农家肥混合使用效果好，施后覆土。

种肥：每亩用1.5～2.5千克硅酸盐细菌肥料与其他种肥混合使用。

拌种：在硅酸盐细菌肥料内加适量清水配制成悬浊液，喷在种子上，拌匀，稍干后立即播种。

蘸根：将硅酸盐细菌肥料用5～6倍清水稀释，搅匀后，将水稻、蔬菜等移栽的作物根部在肥液中蘸根，随蘸随栽，避免阳光照晒。

5. 施用注意事项

（1）硅酸盐细菌肥料不能与过酸或过碱的肥料混合使用。

（2）当土壤中速效钾含量在26毫克/千克以下时，不利于硅酸盐肥效的发挥，当土壤中的速效钾含量在50～75毫克/千克时，硅酸盐细菌解钾能力可达到高峰。

（3）当土壤pH小于6时，硅酸盐细菌的活性受到抑制，若在酸性土壤中使用，应在施前用石灰调土壤pH至6.0～7.5。

6. 硅酸盐细菌肥料的应用效果

在我国北方大规模施用硅酸盐细菌肥料，粮食作物一般增产10%左右，水稻增产10%～18%，玉米增产10%～16%，棉花一般增产10%～20%，甘蔗增产15%～23%，瓜果蔬菜增产10%～30%；在南方薯类作物增产10%～20%，棉花增产10%～17%。

第七节　抗生菌肥料

抗生菌肥料是利用能分泌抗菌物质和刺激素的微生物制成的微生物肥料。常用的菌种是放线菌，我国应用的是5406（细黄链霉菌）即属这一类，此类制品不仅有肥效作用而且能抑制一些作物的病害，促进作物生长。

1. 抗生菌肥料的基本特征

抗生菌肥料是一种新型多功能微生物肥料，抗生菌在生长繁殖过程中可以产生刺激物质、抗生素，还能转化土壤中的N、P、K元素，具有改进土壤团粒结构等功能。有防病、保苗、肥地、松土以及刺激植物生长等多种作用。

环境因素影响抗生菌的繁殖和生长：

（1）温度：抗生菌生长最适温度为28～32℃，超过32℃或低于26℃生长减弱，超过40℃或低于12℃几乎停止生长。

（2）湿度：含水量在25%左右最为适宜。

（3）通气：要求有充分的通气条件。

（4）营养：抗生菌对营养的要求较低，一般用土10份，豆饼0.5～2份，加些玉米面、米糠和麦麸即可提高刺激素的产量，增加孢子数量。

（5）酸碱度：最适pH6.5～8.5，但土壤加过磷酸钙使酸碱度达pH

5，也不会影响 5406 的生长。一般土壤过酸时可用石灰调节，过碱时用过磷酸钙进行调节。

2. 抗生菌肥料的作用机理

国内外的抗生菌肥料绝大部分为放线菌中的链霉菌属。绝大多数链霉菌属都可产生抗生素，对植物病原真菌、寄生性菌如镰刀菌有很好的拮抗作用。其作用机理主要体现在以下几个方面。

（1）提高农作物对养分的吸收，改善土壤物理性能。研究表明，5406 可提高作物肥料中营养元素的吸收能力。抗生菌肥料在水旱田有松土作用，凡是施用 5406 菌肥的土壤，水稳性团粒结构有所增加，增加幅度在 5%～30%，土壤空隙和通气度增加 1%左右。

（2）转化土壤和肥料的营养元素。5406 抗生菌肥料能够把植物不能吸收利用的 N、P、K 元素转化成可利用的状态。接种 5406 抗生菌肥料对有效磷的转化都有不同程度的增加，其中增加最高的是棕黄土，最低的是黄绵土。试验证明，抗生菌肥料可提高水解氮、速效磷和速效钾含量。

（3）促进土壤有益微生物的活动。施用抗生菌肥料能促进某些有益微生物生长，抑制某些有害微生生长。

（4）可提高土壤微生物的呼吸强度和对纤维素的分解强度。抗生菌肥料施入土壤后，土壤微生物的呼吸强度提高 80%～20%，纤维素的分解强度提高 6%～30%。

（5）刺激作物生长。在 5406 抗生菌的代谢产物中，含有不同类型的刺激素，这些成分可使作物愈伤组织明显增重，促进植物细胞分裂。主要表现为提前出苗 1～3 天，苗齐、苗壮，分蘖数增多，叶绿素含量增加；可提早发根，缓苗快，成活率高，根系发达；促进作物提前抽穗、开花，提早成熟 3～6 天，生育期缩短，千粒重增加。

（6）防病保苗作用。抗生菌能产生壳多糖酶，可分解真菌病害的细胞壁，抑制或杀死真菌，还可产生抗生素物质。对水稻烂秧、小麦烂种有明显的防治效果，并对多种植物病原菌有抑制作用。

3. 抗生菌肥料的生产方法

近年来我国多采用工业发酵生产抗生菌肥料。一类产品是通过工业发酵获得含有大量植物激素（如细胞分裂素）的制剂，另一类产品则是从液发酵→固体发酵→复合菌剂或复合微生物肥料。

抗生菌肥料的生产工艺流程：

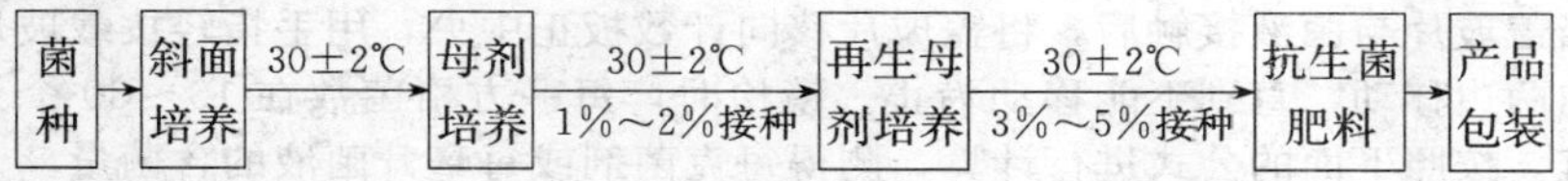

（1）菌种培养：

培养基的配制：马铃薯 2%，蔗糖（$C_{12}H_{22}O_{11}$）2%，磷酸氢二钾

（K_2HPO_4）0.1%，氯化钠（NaCl）1.3%，琼脂 1.7%，pH7.5～8，28～32℃培养 4～7 天，分生孢子长满即可。

在无马铃薯时可用下列物质代替：大麦粉 30 克，肥土 30 克，豆饼 30 克，葡萄糖（$C_6H_{12}O_6 \cdot H_2O$）10 克；玉米面 20 克，肥土 20～30 克，食盐（NaCl）3 克。

（2）母剂培养：培养基经灭菌后冷却至 45℃左右时即可抢温接种，以防止杂菌污染。接种后摇动三角瓶使孢子分散均匀，在 28～30℃温度条件下培养，在菌丝未长满培养基时不要翻动三角瓶，以防菌丝断裂，影响生长速度。待长满菌丝后，即可用于接种。

（3）再生母剂培养：母剂进一步扩大 20～50 倍进行培养，配方与母剂量一样。豆饼：土＝1：15～20 的饼土。在 28～30℃温度条件下进行培养，3～4 天菌株基本长满培养基料。

（4）抗生菌肥料生产：抗生菌肥料生产条件粗放，不需要灭菌，配方最好还是采用豆饼：土＝1：15～20 的饼土为基料。

（5）抗生菌肥料生产中应该注意事项：采用代料培养基时，菌体长速度缓慢，因此除抢温接种外，还要加大接种量，使 5406 形成生长优势，一般可按 1：100 至 1：30 的接种量。抗生菌肥料的气味，糠麸类生产的抗生菌肥料有冰片味，用其他代料培养的抗生菌略带青草香味，无臭、霉、馊、酸味。

堆制法生产抗生菌肥料时，应防止小单胞菌污染，温度控制在 28～30℃之间，最高不要超过 34℃。还应注意的是菌种储藏时间不宜过长。

4. 抗生菌肥料生产中的质量检验：

（1）平皿计数法：取 10 克产品加 90 毫升无菌水、玻璃珠或粗沙 50 粒，充分摇动 5～10 分钟，即得 1/10 产品稀释液，再用吸管吸取此稀释液 1 毫升，加入盛 9 毫升无菌水的试管中，制成 1/100 的稀释液，依此法可稀释到 10^{-7}～10^{-8}（稀释的倍数视产品大概含菌量而定，一般要求每个平皿 30～100 个菌落）。然后，取要求浓度的稀释液 1 毫升，倒入装有 15～20 毫升冷至不烫手又没有凝固的平皿培养基中，三次重复，充分摇匀。冷却后倒置适宜温度下培养，待平皿长出菌落后进行计数。

计算公式为：每克产品含菌数＝平皿平均菌数×稀释倍数

（2）细菌计数板（血球计算板）：根据产品质量将菌剂或菌液稀释至适当倍数，用滴管吸取菌液一滴放在计数室中，将盖玻片缓缓推向菌液，当盖玻片与菌液接触后，将盖玻片移向计数板正中央，用手指轻按载玻片向两边移动，直到不能移动为止。镜检时，每一方格菌数在 10～30 个为宜。按照下面的公式进行计算，测得每克菌剂或每毫升菌液的含菌量。

计数室体积为：1/400 毫米^2 × 0.1 毫米 ＝ 1/4 000 毫米^3 ＝ 1/4 000 000 毫升

每克菌剂或每毫升菌液含菌数计算公式为：每一小格平均菌数×400 000×稀释倍数

计数室体积为：1/400 毫米^2×0.02 毫米=1/20 000 000 毫升

每克菌剂或每毫升菌液含菌数计算公式为：每一小格平均菌数×2 000 000×稀释倍数

5. 抗生菌肥料的施用方法

抗生菌肥适用于棉花、小麦、油菜、甘薯、高粱和玉米等作物，一般用作浸种或拌种，也可用作追肥。

（1）种肥：种肥一般每亩用抗生菌肥料 7.5 千克，加入饼粉2.5～5千克、细土 500～1 000 千克、过磷酸钙 5 千克，拌匀后覆盖在种子上，施用时必须配施有机肥料和化学肥料。

（2）浸种：玉米种用 1∶1 至 1∶4 抗生菌肥浸出液浸泡 12 小时，水稻种子浸泡 24 小时，不同种子浸泡时间视种皮厚薄而定。

（3）浸根或沾根：用 1∶1 至 1∶4 抗生菌肥浸出液浸根或蘸根。

（4）穴施：在作物移栽时每亩用抗生菌肥 10～25 千克。

（5）追施：作物定植后，在苗附近开沟施肥，覆土。

（6）叶面喷肥：用抗生菌肥浸出液进行叶面喷施，主要是对一些蔬菜作物和温室作物。

6. 施用注意事项

（1）配合施用有机肥料、化肥效果较好；

（2）不能与杀菌剂混合拌种，可与杀虫剂混用；

（3）不能与硫酸铵和硝酸铵等混合使用，但可交叉施用。

第八节　复合微生物肥料

复合微生物肥料是指两种或两种以上的有益微生物或一种有益微生物与其他营养物质复配而成，能提供、保持或改善植物的营养，提高农产品产量或改善农产品品质的活体微生物制品。

1. 产品性质

一般来说，凡是没有生物拮抗作用的微生物肥料都可组成复合微生物肥料使用。目前按剂型不同分为液体、粉剂和颗粒 3 种。根据复配的其他营养物质又可区分为生物有机肥、生物有机—无机复合肥等。

复合微生物肥料可以增加土壤有机质、改善土壤菌群结构，并通过微生物的代谢物刺激作物生长，抑制有害病原菌。

复合微生物肥料的有效活菌数，液体剂型为 0.50 亿/毫升，固体为 0.2 亿/克。总养分（$N+P_2O_5+K_2O$）液体剂型为≥4%，固体剂型为≥6%，杂菌率液体剂型为≤15%，固体剂型为≤30%。水分粉剂为≤35%，颗粒为≤20%，液体剂型为 pH3.0～8.0，固体剂型为 pH5.0～8.0。

2. 复合微生物肥料的主要类型

（1）由两种或多种有益微生物复合的微生物肥料。可以是同一个微生物菌种的复合，如同是大豆根瘤菌的不同菌系分别发酵，吸附时混合，在不同大豆基因型的地区使用，或用于不太明确使用豆科作物品种的地区；也可以是不同微生物菌种分别发酵，吸附时混合在一起，从而增强微生物肥料的效果。选用两种或两种以上微生物复合时，微生物之间必须无拮抗作用。

（2）由一种微生物与各种营养元素、添加物等复合的微生物肥料。采用复配的方式：将微生物与一定量的氮、磷、钾或其中 1～2 种复合，菌剂加一定量的微量元素或菌剂加一定量的植物生长调节剂等；也有用农药肥、畜禽粪便等作为主要基质的。无论哪一种方式，必须考虑到复合物的量、复合物料中的 pH 和盐浓度对微生物是否有抑制作用。

3. 复合微生物肥料生产注意事项

复合微生物肥料生产时微生物菌种必须分别发酵，在复合时再混合。因为不同种类的微生物所需要的营养条件和繁殖时代各不相同。对微生物菌与营养元素的复合，造粒时严格控制温度，以免高温使活菌死亡。

复合微生物肥料具有一定的综合效果，因而这类微生物肥料适应作物和使用区域较广，但应注意科学、合理的复合，生产性能稳定的高效复合微生物肥料，产品也必须符合国家有关技术标准。

4. 复合微生物肥料的技术指标

产品执行中华人民共和国农业行业标准《复合微生物肥料》NY/T798—2004。其产品技术指标和无害化指标见表 12-10、表12-11。

表 12-10　复合微生物肥料产品技术指标

项　目		剂型		
		液体	粉剂	颗粒
有效活菌数（cfu）[a]，亿/克（毫升）	≥	0.50	0.20	0.20
总养分（$N+P_2O_5+K_2O$），%	≥	4.0	6.0	6.0
杂菌率，%	≤	15.0	30.0	30.0
水分，%	≤	—	35.0	20.0
pH		3.0～8.0	5.0～8.0	5.0～8.0
细度，%	≥	—	80.0	80.0
有效期[b]，月	≥	3	6	

a　含两种以上微生物的复合微生物肥料，有一种有效菌的数量不得少于 0.01 亿/克（毫升）；

b　此项仅在监督部门或仲裁双方认为有必要时才检测。

表 12-11　复合微生物肥料产品无害化指标

参　数		标准极限
粪大肠菌群数，个/克（毫升）	≤	100
蛔虫卵死亡率，%	≥	95
砷及其化合物（以AS计），毫克/千克	≤	75
镉及其化合物（以Cd计），毫克/千克	≤	10
铅及其化合物（以Pb计），毫克/千克	≤	100
铬及其化合物（以Cr计），毫克/千克	≤	150
汞及其化合物（以H克计），毫克/千克	≤	5

5. 合理施用方法

复合微生物肥料适用于经济作物、大田作物和果树蔬菜类等作物。

（1）基肥或追肥：每亩用复合微生物肥料1～2千克，与农家肥或化肥和细土混匀后沟施、穴施、撒施均可，沟施或穴施后立即覆土；结合整地可撒施，应尽快将肥料翻于土内。

（2）果树施肥：幼树采取环状沟施，每棵用200克，成年树采取放射状沟施，每棵用0.5～1千克，可拌肥施，也可拌土施。

（3）蘸根灌根：每亩用复合微生物肥2～5千克，对水5～20倍，移栽时蘸根或干栽后适当增加稀释倍数，灌于根部。

（4）拌苗床土：每平方米苗床土用复合微生物肥200～300克，与其混匀后播种。

（5）冲施：根据不同作物每亩用复合微生物肥料1～3千克与化肥混合，再用适量水稀释后灌溉，随水冲施。

第九节　生物有机肥料

生物有机肥料是特定功能微生物与主要以动植物残体（如畜禽粪便、农作物秸秆等）为来源并经无害化处理、腐熟的有机物料复合而成的一类兼具微生物肥料和有机肥效应的肥料。

一、生物有机肥料的生产方法

生物有机肥料的有机原料主要是畜禽粪便、作物秸秆等，经接种农用微生物复合菌剂，利用生化工艺技术，对有机原料进行分解，同时杀灭病原菌、寄生虫卵、清除腐臭，制成生物有机肥料。

1. 有机原料发酵菌种的生产

用于生产生物有机肥料的菌种必须具备对固体有机物发酵的性能，即能通过发酵作用使有机废弃物腐熟、除臭和干燥。目前用于固体有机物发酵的菌种有丝状真菌、担子菌、酵母菌、放线菌等，也可采用光合菌与上述一些菌种制成发酵剂，用于固体有机原料的发酵。在实际生产中常采用复合微生物发酵剂，包括纤维分解菌、半纤维分解菌、木质素分解菌、芽孢杆菌等。

将菌剂加入畜禽粪便中进行生物发酵，在有氧条件下微生物迅速繁殖，快速分解粪便中的有机质，在高温微生物作用下，有机质氧化分解产生生物热。通过60～70℃的高温杀死病原菌、虫卵，并经过矿质化和腐殖质化过程，释放出氮、磷、钾以及微量元素等有效养分，进行物质交换，具有特殊作用的芽孢杆菌产生的非特异性免疫因子可抑制有害微生物活性和粪便中腐败菌、致病菌的生长以及腐败物质的分解；菌剂中的丝状真菌、光合菌能吸收、分解恶臭等有害物质。最终，畜禽粪便经过生物发酵后生成了无害、无臭、无病菌虫卵的生物有机肥料的原料或直接施用的有机肥料。

2. 生物有机肥料的生产工艺

（1）生产原料：微生物菌剂、畜禽粪便、农作物秸秆和农业有机废弃物等。

（2）工艺流程：

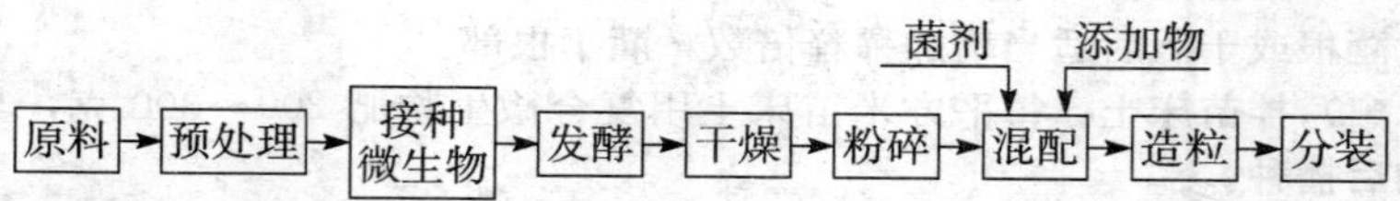

（3）配料：配料的一般原则是：在总物料中的有机质含量应大于30%，以50%～70%为宜；碳氮比应为30∶1至35∶1，腐熟后达到15∶1至20∶1；pH6～7.5；水分含量控制在50%左右，加入发酵菌剂时的水分含量可调节到40%～70%。具体配方视有机物料成分而定。

（4）发酵腐熟：有机物料发酵腐熟的方法主要有以下几种。

平地堆置发酵法：在发酵棚中将调配好的原料堆成宽2米、高1.5米左右的长堆，视温度进行翻堆。

发酵槽发酵法：一般发酵槽内长5～10米、宽6米、高1.5～2米，若干个发酵槽排列组合，置于封闭或半封闭的发酵房中。每槽底部埋设1.5毫米的通气管，配制好的物料填入后用高压法风机定时强制通风，以保持槽内通气良好，促进好气微生物迅速繁殖。使用翻料专用工具定期翻堆。经过18～25天发酵，温度由最高时的70℃左右逐步下降至稳定，即已腐熟。

塔式发酵箱发酵法：发酵箱为矩形塔，内部是分层结构，上下通风透气，体积可大可小。多个塔可组合成塔群。配制好物料被提升到塔的顶层，通过自动翻板定时翻动，同时落向下层，5～7天后下落到底层即发酵腐熟，由皮带传送机自动出料。

（5）发酵腐熟物料后加工：将发酵腐熟的物料进行低温干燥，至含水量≤30%时，停止干燥，进行粉碎，作为粉剂产品时，经检验合格后即可进行分装；生产颗粒产品时需将水分干燥到≤15%，然后进行粉碎、配料、造粒等工序得产品，经检验合格后即可进行计量分装。

二、生物有机肥料的技术指标

生物有机肥料执行中华人民共和国农业行标准 NY884—2004《生物有机肥料》。标准规定使用的微生物菌种应安全、有效，有明确来源和种名。对生物有机肥料成品外观（感官）技术指标的要求是：粉剂产品应松散、无恶臭味；颗粒产品应无明显机械杂质、大小均匀、无腐败味。标准规定了生物有机肥料产品的各项指标。外观和各项技术指标的具体检验方法在 GB 20287—2006《农用微生物菌剂》中有规定。生物有机肥料产品中的重金属含量指标应符合 GB 20287—2006《农用微生物菌剂》中的规定。标准规定了生物有机肥料产品加入的无机养分，应标明产品中总养分含量，以氮、磷、钾（$N+P_2O_5+K_2O$）总量表示。生物有机肥料技术指标要符合中华人民共和国农业行业标准 NY884—2004《生物有机肥》，见表 12-12。

表 12-12　生物有机肥料产品技术要求

项　目		剂　型	
		粉剂	颗粒
有效活菌数（cfu）^{n}，亿/克（毫升）	≥	0.20	0.20
有机质（以干基计），%	≥	25.0	25.0
水分，%	≤	30.0	15.0
pH		5.5～8.5	5.5～8.5
粪大肠菌群数，个/克（毫升）	≤	100	100
蛔虫卵死亡率，%	≥	95	95
有效期，月	≥	6	6

（1）生物有机肥料产品检验具备下列任何一条款项，均为合格产品。

产品全部技术指标都符合标准要求；

在产品的外观、pH、水分检测项目中，有1项不符合标准要求，而产品其他各项指标符合标准要求。

（2）生物有机肥料产品检验具备下列任一条款项，均为不合格产品。

产品中有效活菌数不符合标准要求；

有机质含量不符合标准要求；

粪大肠菌群数不符合标准要求；

蛔虫卵死亡率不符合标准要求；

重金属如砷、镉、铅、铬、汞中任一项含量不符合标准要求；

产品的外观、pH、不分检测项目中，有 2 项以上不符合标准要求。

三、生物有机肥料的合理施用

生物有机肥料是在经生化处理后的有机物中添加固氮菌、磷细菌、解钾微生物菌群以及适量无机养分等复配而成，具有养分完全、肥效稳而长、含有机质较多、能改善土壤理化性状、提高土壤保肥供肥和保水能力。生物有机肥适用于各种作物，宜作基肥施用，一般每亩施 50～120 千克，最好是与农家肥等有机肥混合施用；果树应在秋季或早春施入生物有机肥和有机肥的混合肥料，夏季再适当补施果树专用复混肥。

施用生物有机肥应注意的几个方面：

（1）在高温、低温、干旱条件下的农作物田块不宜施用。

（2）生物有机肥料中的微生物在 25～37℃时活力最佳，低于 5℃或高于 45℃活力较差。

（3）有机生物肥料中的微生物适宜土壤相对含水量为60％～70％。

（4）生物有机肥料不能与杀虫剂、杀菌剂、除草剂、含硫化肥、碱性化肥等混合使用，否则易杀灭有益微生物。还应注意不要阳光直射到菌肥上。

（5）生物有机肥在有机质含量较高的田地上施用效果较好，相反，在有机质含量少的瘦地上施用则效果不佳。

（6）生物有机肥料不能取代化肥，是与化肥相辅相成的；与化肥混合使用时应特别注意其混配性。

第十三章　叶面肥料

第一节　概　　述

叶面肥料是将养分喷洒到作物叶面和枝、茎上，供作物吸收利用的一类肥料。根据土壤养分供应状况和作物需要将一种或几种营养元素混合起来，制成肥料，用水溶解或稀释后，进行喷施。叶面肥料有固体和液体两种剂型。

叶面肥料同作物根系吸收养分相比，是一种通过根外吸收的肥料。通过叶面施肥可以达到部分补充作物所需养分的目的，比如一些土壤中含量少或有效供应不足的微量元素或有益元素。

通过合理喷施叶面肥，进行养分比例调控以及喷施时期控制，可以有效激活作物体内酶的活性。这是叶面施肥最重要的作用之一。作物通过叶面吸收养分，同根部吸收的养分具有同样的效果，还能更有效地调节植物体内酶的活性。其机制主要是通过准确地调整有关营养元素的比例和用量来调节作物体内酶的活性，消除作物生理病害，使作物健壮生长，这是根部施肥难以解决的问题。

叶面施肥的优点是见效快、养分效率高、能有效提高产量、改善农产品品质。叶面肥料一般喷后当天或者 1～2 天就能看出明显效果（表 13-1）。喷到叶片上和作物体上的养分可以避免类似土壤对营养元素的固定或转化而成为无效态，所以根外施肥养分效率高、节省肥料。

值得注意的是，施用叶面肥料不能替代土壤施肥。为了满足作物所需的养分，应以根部施肥为主，叶面喷施只是作为施肥的一种辅助措施。

表 13-1　作物叶片吸收养分的速度

养分	作　物	吸收所施养分50%所需时间	养分	作物	吸收所施养分 50%所需时间
N	柑橘	1～2 小时	K	扁豆、甘蔗	1～4 天
	苹果、菠萝	1～4 小时	Ca	菜豆	4 天
	黄瓜、玉米、番茄	1～6 小时	S	菜豆	8 天
	咖啡	1～8 小时	Zn	扁豆	1 天
	芹菜、马铃薯	12～24 小时	Mn	扁豆	1～2 天
	烟草	24～36 小时	Fe	扁豆	1 天（吸收 8%左右）
P	扁豆	5～6 天	Mo	扁豆	1 天（吸收 2%左右）
	苹果	7～11 天	Cl	扁豆	1～2 天
	甘蔗	14～15			

第二节　无机营养型叶面肥料

无机营养型叶面肥料一般是由大量营养元素、中量元素、微量元素及表面活性调理剂等组成。此类叶面肥中氮、磷、钾及中、微量元素等养分含量较高，主要功能是为作物提供各种营养元素，适宜于作物生长后期各种营养的补充。

（1）大量营养元素一般占溶质的60%～80%，氮源主要由尿素和硝酸铵配成。其中氮元素以尿素最佳，一直广泛作为叶面肥的主要成分。最适宜的磷钾源为 KH_2PO_4（含 P_2O_5 52%、K_2O34%）。磷源也可用磷酸铵，钾还可选择农用硝酸钾、氯化钾、硫酸钾。

（2）中、微量营养元素一般加入总量占溶质的6%～30%。将中、微量元素用于叶面喷施，效果明显高于等量元素的根部施肥。这是由于避免了土壤对微量元素的固定、转化等降低肥效的影响。通用型复合营养液一般加入5～9种中、微量元素（如B、Mn、Cu、Zn、Mo、Fe、Ca、Mg、Co）；专用型复合营养液大都加入对喷施作物有肯定效果的3～6种中、微量元素，或可择其中最重要的几种，适当增加用量。

叶面肥中微量元素多选用硫酸锌、硫酸锰、硼砂、硼酸、硫酸铜、硫酸亚铁、柠檬酸铁、硫酸镁、硝酸钙等。

不定期量喷施微量元素会产生肥害，所以不论是单独喷施1～2种微肥，还是将其配入复合营养液中，都须十分重视喷施浓度。无机营养型叶面肥的喷施浓度见表13-2。

表13-2　无机营养型叶面喷施浓度（按化合物百分比计，%）

元　素	化合物形态	有效成分	常用浓度
硼（B）	硼酸（H_3BO_3）	17	0.05～0.10
	硼砂（$Na_2B_4O_7 \cdot 10H_2O$）	11	0.05～0.20
锰（Mn）	硫酸锰（$MnSO_4 \cdot 7H_2O$）	24～28	0.10～0.20
铜（Cu）	硫酸铜（$CuSO_4 \cdot 5H_2O$）	25	0.04～0.05
锌（Zn）	硫酸锌（$ZnSO_4 \cdot 7H_2O$）	23	0.12～0.20
钼（Mo）	钼酸铵（NH_4）$_6Mo_7O_{24} \cdot 4H_2O$	50～54	0.02～0.05
铁（Fe）	硫酸亚铁（$FeSO_4 \cdot 7H_2O$）	19～20	0.20～0.50
氮（N）	尿素 $CO(NH_2)_2$	46	0.50～2.00
磷（P）	过磷酸钙 $Ca(H_2PO_4)_2 \cdot H_2O$	12～18	1.50～2.00
钾（K）	硫酸钾（K_2SO_4）	50	1.00～1.50

（续）

元　素	化合物形态	有效成分	常用浓度
氮、钾（N、K）	农用硝酸钾 KNO_3	N13.5，K_2O44～46	1.00～1.50
磷、钾（P、K）	磷酸二氢钾 KH_2PO_4	P_2O_5 24，K_2O27	0.50～1.00
镁（Mg）	硫酸镁 $MgSO4 \cdot 7H_2O$	16	1.50～2.50

最易被作物吸收的微量元素是螯合态化合物，如Fe-EDTA，Zn-DTPA，氨基酸螯合铜、锌、锰、铁、钼等，但价格较贵，必要时可少量配入。

目前市场上销售的叶面肥多数是由多种元素混合配制而成的复混营养型叶面肥。有的是几种微量元素相配，国家标准要求各种微量元素单质含量之和≥10%（表13-3）；也有的是几种大量、微量元素相配，国家标准要求大量元素含量之和≥50%，微量元素单质含量之和≥1%（表13-4）。

表13-3　微量元素叶面肥料技术要求（GB/T17420—1998）

项　目			指标 固体	指标 液体
微量元素（Fe，Mn，Cu，Zn，Mo，B）总量（以元素计），%		≥	10.0	10.1
水分（H_2O），%		≤	5.0	—
水不溶物，%		≤	5.0	5.0
pH（固体1+250水溶液，液体为原液）			5.0～8.0	≥3.0
有害元素	砷（AS）（以元素计），%	≤	0.002	0.002
	镉（Cd）（以元素计），%	≤	0.002	0.002
	铅（Pb）（以元素计），%	≤	0.01	0.01

注：微量元素钼、硼、锰、锌、铜、铁六种元素中的两种或两种以上元素之和，含量小于0.2%的不计。

表13-4　大量元素水溶性肥料液体产品技术要求（NY1107—2006）

项　目		指　标
大量元素含量[a]，%	≥	500
微量元素含量[b]，%	≥	5
水不溶物含量，%	≤	50
pH（1∶250倍稀释）		3.0～7.0

a 大量元素含量指N、P_2O_5、K_2O含量之和。大量元素单一养分含量不低于60克/升。

b 微量元素含量指铜、铁、锰、锌、硼、钼元素含量之和。产品应至少包含两种微量元素。含量不低于1克/升的单一微量元素应计入微量元素含量中。

（3）表面活性剂是一种助剂，可以减少叶面肥雾滴接触叶面时的表面张力，使其易于黏附，减少损失，增加叶片吸收效果，尤其是对叶表面蜡质厚、绒毛少的叶片（如果树）更重要。常用的有烷基苯磺酸盐和烷基磷酸酯盐等。叶面肥中的助剂可添加在原液中，也可在稀释使用时加入。

第三节　生物有机水溶型叶面肥料

这类肥料中含有不同生物体如海藻、蚯吲、树木，甚至包括甘蔗渣、秆秆发酵料中的提取物，如氨基酸、核苷酸、核酸类物质等，对作物具有较好的营养作用和生理调节作用。其主要功能是刺激作物生长，促进作物代谢，减轻和防止病虫害发生等。国内已先后应用过由椴树干馏物分离的产物、甘蔗渣发酵产物、海藻和蚯蚓提取物作为叶面肥料施用。其中氨基酸型叶面肥料最为常见。

氨基酸的来源主要是动植物的一些下脚料或其他物质的发酵或水解产物，植物性的如大豆、饼粕及其发酵或水解产物，生产豆制品和粉丝的下脚料等；动物性的如皮革、毛发、蹄角、海产品加工含蛋白质下脚料及屠宰场下脚料等。生产氨基酸一般采用水解工艺。常用4～6摩尔盐酸（HCl）按比例与物料进行水解，水解完成后一般用氨中和余酸，调节pH后即为原液，经后加工得产品。微生物发酵工艺是用复合菌群在一定条件下对物料进行4～6周的发酵处理，获得含氨基酸的发酵液。含氨基酸的发酵液与微量元素螯合再增加其他营养物质和添加调理剂后，即成为正式产品。

近十年来，氨基酸叶面肥得到广泛应用，肥效较好。不仅能增产，还能改善农产品品质。一般来说，含在叶面肥料中的氨基酸，动物性的比植物性的肥效明显较高；含完全氨基酸的比不完全的或只含单一氨基酸的肥效高；由发酵工艺生产的比酸水解工艺生产的肥效高；氨基酸与无机养分配施的肥效高。

在实际生产中，要按照国家标准GB/T 17419—1998的要求进行氨基酸叶面肥料生产。生产工艺和施用方法参照本书第十一章“氨基酸叶面肥”的有关内容。

近年来还出现一类以木炭或竹炭生产过程中产生的木酢液或竹酢液为原料、添加营养元素生产的叶面肥料，在日本应用相当广泛，也有相关的生产标准。我国目前用木酢液和竹酢液生产的叶面肥料还没有国家标准，但是用木酢液或竹酢液生产的叶面肥料已经投放市场。木酢多元叶面肥料在水稻和番茄上进行了大量试验，不仅能提高水稻产量，而且能提高水稻抗病虫害的能力。

第四节 含腐殖酸水溶型叶面肥料

腐殖酸是以风化煤、褐煤或草炭等为原料经化学处理得到的具有生物活性的高分子化合物。化学方法提取的腐殖酸含有黄腐酸，一般是钠、钾或铵的腐殖酸盐，可溶于水，也易与其他营养元素相配合，因而常被用作叶面肥料的原料。可单一施用，原液浓度约5%～10%，但较多的是与无机养分共同配制，产品中腐殖酸浓度一般在5%左右。

腐殖酸对植物生长有明显的促进作用，在播种前，种子用适宜浓度的腐殖酸液处理后，萌发率提高，萌发整齐，幼苗粗壮，使植物生长有个良好的开端，还表现在使苗期的植物抗逆性提高，增加产量，改善农产品品质等方面。腐殖酸是通过影响植物的某些生理生化反应来促进其生长的，其中包括提高种子萌发期和苗期的呼吸作用，促进光合作用，增加作物苗期的叶绿素含量，提高 α-淀粉酶、过氧化氢酶活性等。

腐殖酸促进植物生长作用的大小与其生产腐殖酸的原料来源及分子量有关。一般来说，泥炭腐殖酸优于风化煤腐殖酸，分子量较小的腐殖酸优于分子量较大的，其中以黄腐殖酸的促进作用最好，这可能与它的分子量最小有关。腐殖酸对植物生长的促进作用不是由哪一个或几个基团引起的，而是各官能团作为分子整体的一部分协调作用而产生的。

含腐殖酸水溶肥料既是优良的叶面肥料，也可作为优质的土施肥料。农业部也规定了含腐殖酸水溶肥料的产品标准（NY 1106），该标准将这类产品分为粉剂和水剂。要求产品中必须包含一定量的腐殖酸和大量元素或者微量元素。腐殖酸加大量元素可以是粉剂或者水剂，而腐殖酸加微量元素目前规定只能是粉剂（表13-5，表13-6，表13-7）。

表13-5 含腐殖酸水溶肥料（大量元素型）固体产品技术要求（NY1106—2006）

项目		指标 Ⅰ型	指标 Ⅱ型
腐殖酸，%	≥	3.0	4.0
大量元素，%	≥	35.0	20.0
水不溶物，%	≤	5.0	
pH，1∶250倍稀释		4.0～9.0	
水分（H_2O），%	≤	5.0	

注：大量元素指氮（N）、磷（P_2O_5）、钾（K_2O）含量之和。大量元素单一养分含量不低于4.0%。

表 13-6 含腐殖酸水溶肥料（大量元素型）液体产品技术要求（NY1106—2006）

项目		指标	
		Ⅰ型	Ⅱ型
腐殖酸，克/升	⩾	30	40
大量元素，克/升	⩾	350	200
水不溶物，克/升	⩽	5.0	
pH，1∶250 倍稀释		4.0～9.0	

注：大量元素指氮（N）、磷（P_2O_5）、钾（K_2O）含量之和。大量元素单一养分含量不低于 40 克/升。

表 13-7 含腐殖酸水溶肥料（微量元素型）**产品技术要求**（NY1106—2006）

项目		指标
腐殖酸，%	⩾	3.0
大量元素，%	⩾	6.0
水不溶物，%	⩽	5.0
pH，1∶250 倍稀释		4.0～9.0
水分（H_2O），%	⩽	5.0

注：微量元素含量指铜、铁、锰、锌、硼、钼元素含量之和。产品应至少包含 2 种微量元素。除钼元素外，其他 5 种微量元素单一养分含量不低于 0.1%。

第五节 其他类型叶面肥料

一、植物生长调节剂型叶面肥料

这类叶面肥料中含有植物生长调节剂，主要功能是调节作物的生长发育，适于作物生长前期、中期使用。国家标准为植物生长调节剂加上微量元素，其中单质微量元素含量之和⩾4%。

植物在其生长过程中不但能合成许多营养物质与结构物质，同时也产生一些具有生理活性的物质，称为内源植物激素。这些激素在植物体内含量虽很少，却能调节与控制植物的正常生长和发育。如细胞的生长、分化，细胞的分裂，器官的生成、休眠和萌芽，植物的趋向性及成熟、脱落等，都直接或间接受到激素的调控。人工合成的一些与天然植物激素有类似分子结构和生理效应的有机物质叫做植物生长调节剂。

植物生长调节剂有以下几种类型，即生长素、赤霉素与矮壮素、细胞分裂素、脱落素和乙烯等。目前常用的植物生长调节剂见表13-8。

表13-8　常用国产植物生长调节剂

名　称	剂　型	用　途
吲哚乙酸（IAA）	粉剂	促进蔬菜、花卉苗木生长，提高成活率
吲哚丁酸（IBA）	粉剂	促进蔬菜、花卉苗木生长，提高成活率
萘乙酸（NAA）	粉剂	促进果树、蔬菜、花木、茶、桑等作物生长
2，4-D	粉剂、水剂	防止落花、落果，增加早期产量
防落素（PCPA）	粉剂、水剂	防止蔬菜、瓜果落花、落果，提早成熟，增加产量
生长素	水剂	促进生长、增强抗性、改良品质
赤霉素（920，GA）	粉剂	用于杂交水稻制种，促进作物生长
乙烯利（CEPA）	水剂	用于瓜果、蔬菜催熟
多效唑	粉剂	控制作物生长，防止稻苗徒长
矮壮素（CCC）	水剂	防止植物徒长
助壮素（缩节胺 PiX）	水剂	控制植物徒长
比久（B9）	粉剂	防止植物徒长，矮化植株
复硝酸钠（爱多收）	水剂	促进作物发芽、生根、生长，增加产量
三十烷醇（TRLA）	水剂	促进作物生长，增加产量

（1）生长素类：如萘乙酸、吲哚乙酸、防落素、2，4-D、增产灵、复硝钾、复硝酸钠（爱多收）、复硝铵（多效丰产灵）等。

（2）赤霉素类：赤霉素类化合物种类较多，但在生产上应用的赤霉素主要是赤霉酸（GA_3）及GA_4、GA_7等。

（3）细胞分裂素类：如5406。

（4）乙烯类：乙烯利（乙烯磷、一试灵）。

（5）植物生长抑制剂或延缓剂：矮壮素、比久（B9）、缩节胺、多效唑、整形素等。

除此以外，还有油菜素内酯、玉米健壮素、脱落酸、脱叶剂、三十烷醇等。

叶面肥料施用初期，用赤霉素、吲哚乙酸、a-萘乙酸，4-碘苯氧乙酸等。配制液面肥料很普遍，可单独施用，也可以在30%～40%的化肥养分溶液中添加一定量生长素。植物生长调节剂类叶面肥料有时还添加水溶性的维生素，如较为稳定的维生素B_1和维生素B_2等。含有这类物质的叶面肥，必须注意生产日期，防止发霉变质。

二、药肥型叶面肥料

在叶面肥料中，除了营养元素成分外，还可加入一定数量和不同种类的农药或除草剂，对作物喷施后不仅有肥料效果，促进作物生长发育，而且有防病、治虫、除草效果。

药肥是指由农药与肥料结合的一种肥料，药肥可分成除草专用肥、除虫专用肥、杀菌专用肥等。在施用药肥时，应尽量避免或减少药害或毒害。根据作物生物学特性、农药与肥料的可配性、作物对药剂的忍受能力、防治对象的发生规律、生活习性、气候条件等因素进行配制和施用，从而有效地消灭病、虫、杂草等有害生物，既对人、畜、作物安全，又能达到增产效果，省工又省时。随着农业科学施肥技术的发展，药肥类叶面品种将会更多，应用更广泛。

三、稀土型叶面肥料

农用稀土元素是指 17 种稀土元素中的镧、铈、镨、钕 4 种轻稀土元素。用于农业的主要是硝酸稀土。我国在 1972 年开始研究和使用稀土肥料。无论是单一稀土还是混合稀土，都表现出对作物有一定的增产效果。目前稀土对植物的作用机理尚不清楚，但在实践中，稀土对农作物的生理作用主要表现在以下几个方面。

(1) 促进作和种子发芽、出苗及生根。据报道，使用不同浓度稀土溶液浸种，辣椒种子发芽率提高 13.1%左右，冬小麦种子萌发率提高 8%～19%。

(2) 提高作物叶绿素含量和增强光合作用。根据试验材料，喷施稀土后，水稻剑叶叶绿素含量提高 11.8%，荔枝提高 11.22%～14.5%，棉花提高 13.4%。在花生初花期喷施叶片，14 天后其叶片光合速率提高 24.3%。

(3) 增强作物对磷的吸收运转。施用稀土后作物对磷的吸收明显增加，水稻孕穗期和抽穗期喷施稀土，10 天后磷的吸收率提高 16.7%。

(4) 提高作物的抗逆性。稀土对防治水稻稻瘟病和纹枯病有良好效果；防治香蕉早期束顶病，效果比较明显。

(5) 增加作物产量和提高品质。表 13 - 9、表 13 - 10。

表 13 - 9 稀土对作物产量和品质的影响

作物名称	增产效果			对农产品质量的影响
	幅度（%）	平均（%）	千克/亩	
春小麦	6～15	10	23.5	麦粒赖氨酸含量有增加趋势
水稻	8～15	8	25	蛋白增加 53%
花生	7～15	13.2	19.5	蛋白有增加趋势

（续）

作物名称	增产效果			对农产品质量的影响
	幅度（%）	平均（%）	千克/亩	
大豆	11～16	13	28	脂肪含量有提高趋势，蛋白增加4%～6%
甘蔗	10～15	9	400	绝对含糖量增加0.4%
甜菜	7～14	10	200	绝对含糖量增加0.4%
大白菜	10～20	15	500	包心率增加（平均每棵增叶3.5片）
辣椒	9～15	13	80	维生素C增加13.8%
黄花菜	7～15	8.4	10.5	色泽澄清，加工等级提高
烤烟	7～16	10	15	上等烟率提高10%
西瓜	8～20	10	250	绝对含糖量增高0.8%
红元帅苹果	5～21	15	75	维生素C含量提高20%，可溶性固形物提高5%，着色好
荔枝	14～25	17	75	果实增大，提高总产糖量5%，可溶性固形物增加5%
葡萄	10～15	12	120	维生素C含量提高20%，含糖量提高4%
橡胶树	8～16	14	19	制成干胶均可达一级品
水仙花	以围径≥22厘米的大花球计	20		鳞茎围径大，花亭数多，出口品级增加
冬小麦	8～15	11	25	子粒氨基酸含量增加

表13-10　氨基酸螯合稀土对作物产量、品质、农药残留量的影响

作物名称	增产率（%）	品质改善	氧化乐果残留量下降率（%）
水稻	8～15	米质更佳	28
柑橘	10～38	适度增加	25～58
西瓜	20～30	糖度提高0.5	25～58
葡萄	60～90	糖度提高0.5	—
黄瓜	20～35	维生素C上升17%	—
豆角	10～12	维生素C增加316%	—
大豆	11.5～16	蛋白增加5%～7%	—

在生产稀土叶面肥时，也可加入无机营养元素或其他添加物料，其产品施用方法如下：①掌握适宜浓度和用量。适宜的浓度和用量是影响施用效果的主要因素之一。农作物对稀土需要量很少，在低浓度时对植物生长发育有促进作用，浓度过高时会产生抑制作用。研究表明，不同地区土壤和不同作物施用含稀土的肥料浓度和用量各不相同。苹果、葡萄等果树的施用浓度为 0.05％～0.10％，水稻的施用浓度为 0.01％～0.03％，西瓜的施用浓度为 0.05％；玉米对稀土元素很敏感，0.01％的稀土溶液就能抑制幼苗的生长。含稀土的肥料在施用时次数也不能过多，一般在整个生长期只能喷施 1～2 次。②施用时期。喷施稀土后的第一周，对作物生长影响很小，第二周起，作物生长开始发生变化，第三周效果最明显，第四周起作用逐渐减少。喷施含稀土叶面肥时，要根据作物的生长特性选择适宜的喷施时期。小麦在拔节期、扬花期喷施效果较好，西瓜、果树在盛花期、果实膨大期喷施较有效。

稀土元素不是植物必需的营养元素，不能代替大量元素或微量元素，只能起到辅助作用，但可以与氮、磷、钾或微量元素以及酸性农药配合施用。同时还要注意稀土肥料的放射性。

四、含海藻酸水溶叶面肥料

海藻肥料含有大量的非含氮有机物、钾、钙、镁、铁、锌、碘等多种矿物质元素和丰富的维生素。其核心物质是海藻提取物，特别是含有海藻中所特有的海藻多糖、多种天然植物生长调节剂，具有很高的生物活性。海藻肥料中的海藻酸可以降低水的表面张力，使水溶性物质比较容易透过茎、叶表面细胞膜进入植物细胞，使作物吸收利用海藻肥料中的营养成分。

海藻肥料能为作物提供大量营养元素、微量营养元素、多种氨基酸、多糖、维生素及细胞分裂素等多种活性物质。能使作物根系发达，促进对土壤养分、水分的吸收利用；可增大植物茎秆秆的维管束细胞，加快水、养分与光合产物的运输；能使进植物细胞分裂，延迟细胞衰老，有效地提高光合作用效率，增强作物抗旱、抗寒、抗病虫等抗逆功能，提高产量，改善品质，延长贮藏保鲜期。

五、复合型叶面肥料

复合型叶面肥料种类繁多，复合、混合形式多样，其功能有多种，既可为作物提供营养，又可刺激和调节作物生长发育。

第六节　叶面肥料的生产方法

不同厂家生产的叶面肥料名称或种类虽然不同，但其生产原理基本一致，不同品牌叶面肥料效果的差异主要体现在配方的组成、原料的选择和生产工艺上。

1. 叶面肥料的配方原则

叶面肥料的配方选择是生产叶面肥的重要环节。叶面肥料配方的选定要遵循我国已制定的有关不同类型叶面肥的国家标准，生产的叶面肥料中营养成分必须符合国家标准的规定。

叶面肥料生产，还要因地制宜调整配方。我国地域辽阔，气候条件差别较大，土壤类型较多，不同土壤中养分状况各不相同，叶面肥中各种元素含量或配比要根据一定地区的作物和土壤条件的不同而有变化，对目标施用地区和主要作物，应根据有关土壤特点、养分水平等因素确定叶面肥料或复合营养液的配方。

2. 叶面肥的生产工艺流程

叶面肥料产品有液体和固体两种。生产上多采用混配工艺进行生产。

（1）固体叶面肥料生产工艺：固体叶面肥生产比较简单，需要的设备也较少，主要有粉碎机、搅拌机和包装机。一般先将各种原料在粉碎机中进行粉碎，然后按照配方要求把各种原料准确称量（表 13-11），放入混合机中进行搅拌，搅拌均匀后直接称量、分装，即得到成品。

表 13-11　固体叶面肥料常用配方参考值（以 100 千克产品计）

配制原料	加入原料量（千克）		配制原料（工业品）	加入原料量（千克）	
	配方Ⅰ	配方Ⅱ		配方Ⅰ	配方Ⅱ
尿素	82.7	61.0	硼砂	0.045	0.099
磷酸二氢钾	16.5	37.4	硫酸亚铁	0.035	0.079
硫酸铜	0.045	0.101	钼酸铵	0.025	0.056
硫酸锌	0.05	0.112	腐殖酸钠	0.023 2	0.5
硫酸镁	0.988	0.045	展着剂	0.26	0.57
硫酸锰	0.02	0.04			

固体叶面肥料生产工艺流程：

原料→粉碎→称量→混合→计量包装→成品

（2）液体叶面肥料生产工艺：液体叶面肥料的生产比固体叶面肥料复杂，生产设备也较多，有时还需要加热。以液体形态混合生产的叶面肥料营养成分均匀，产品质量比较稳定。液体叶面肥料的生产工艺根据原料形态的不同有所不同。以固体原料为主的液体叶面肥，按配方要求将固体原料分别称量、粉碎，按照一定的顺序投入反应釜，配入一定量的水搅拌溶解，然后用泵打入贮罐，再从贮罐倒入反应釜。以液态原料为主生产液体叶面肥料，按配方要求只需将液体原料分别计量，投入或从原料贮罐中用泵打入到反应釜中，搅拌混匀即可。

液体叶面肥料生产工艺流程：

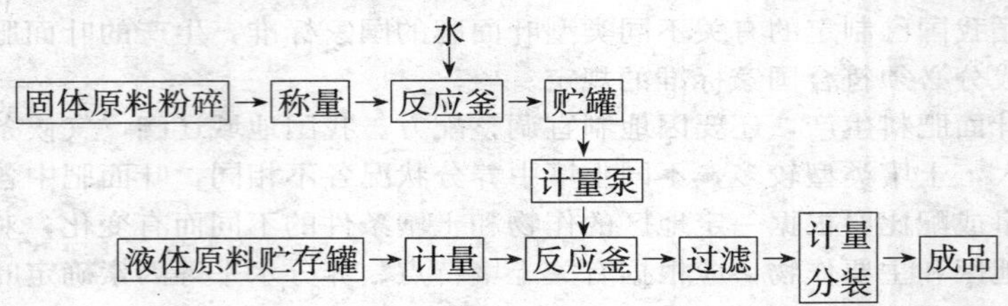

为了增加溶质在原液中的溶解度，防止原液产生浑浊沉淀，液体叶面肥料生产中通常要调节酸度。用盐酸或醋酸将原液调至酸性，一般控制在pH3～5为宜，用水稀释后，喷施液的pH约为6.0～6.5。

生产时，采用固态和液态原料配用的液体叶面肥料，先将液态原料按照配方计量投入或用泵打入反应釜中，再将粉碎后固态原料根据配方计量后，按一定顺序加入到反应釜中搅拌混合。

在搅拌溶解过程中，有时需要加热，以利于某些原料的溶解彻底和氨基酸与某些原料产生螯合或络合。同时加入配方所规定的展着剂等附加成分，彻底搅拌均匀，待混合液冷却后，过滤，滤液即为原液，进行计量包装，就可以得到液体叶面肥料产品。

第七节　叶面肥料的施用技术

叶面肥料喷施只是作物吸收养分的一种补充，对叶面肥料的施用范围、施用浓度、施用量等需要特别注意。叶面肥料是含微量元素的肥料，微量元素对作物的范围较小，过量喷施易造成作物毒害，施用时应加以注意。

1. 叶面肥料的选择

作物在苗期或生长初期，为促进其生长发育，应选择调节叶面肥料；若作物营养缺乏时，需补充营养或作物生长后期根系吸收能力减退，应选用营养型叶面肥料。

2. 合适的喷施浓度

在一定浓度范围内，养分进入叶片的速度和数量随溶液浓度的增加而增加，但浓度过高容易造成肥害，尤其是微量元素叶面肥料，作物营养从缺乏到过量之间的临界范围很窄，必须严格控制。含有生长调节剂的叶面肥料亦应严格按浓度要求进行喷施，以防调控不当造成危害。不同作物对不同肥料具有不同的浓度要求。一般在中量元素（氮、磷、钾、钙、镁、硫）使用浓度为 500～600 倍，微量元素铁、锰、锌 500～1 000 倍，硼 3 000倍以上，铜、钼 6 000 倍以上。尿素喷施浓度一般为 1%～2%，蔬菜、瓜果等作物喷施浓度为 0.5%～1%，苗期喷施浓度不高于 0.2%，微量元素喷施浓度通常为 0.2%～0.5%，钼、铜的施用浓度应适当降低。

3. 喷施时间及次数

叶面施肥时，湿润时间越长，叶片吸收养分越多，效果越好。一般情况下保持叶片湿润时间在 30～60 分钟为宜，所以叶面施肥最好在傍晚无风的天气进行；在有露水的早晨喷肥，会降低溶液的浓度，影响施肥的效果。雨天或雨前也不能进行叶面追肥，因为养分易被淋失，达不到应有的效果，若喷后 3 小时遇雨，待晴天时补喷一次，但浓度要适当降低。叶面肥料的喷施次数一般不少于 2～3 次，间隔时间一般为 7～12 天，含调节剂的叶面肥料至少应在 7 天以上。

4. 喷施要均匀、细致、周到

喷施叶面肥料要对准有效部位。要求雾滴细小，喷施均匀，尤其要注意喷洒在生长旺盛的上部叶片和叶的背面，将肥液着重喷施在植物的幼叶、功能叶片背面上，因为幼叶、功能叶片新陈代谢旺盛，叶片背面的气孔比上面多，能较快吸收肥液中的养分，提高养分利用率。只喷叶面不喷叶背、只喷老叶而忽略幼叶均会大大降低肥效。

5. 叶面肥的合理混用

将两种或两种以上叶面肥合理混用，可节省喷洒时间和用工，其增产效果也会更加显著。但肥料混合后不能有不良反应，也不能降低肥效，否则达不到混用目的。另个外，肥料混合时要注意溶液的浓度和酸碱度，一般情况下，溶液 pH7 左右即中性条件不利于叶部吸收。

6. 喷施注意事项

花期喷施时因花朵娇嫩，易受肥害；幼苗期喷施应降低浓度；一天之中不可在高温季节的中午喷施，因雾滴蒸发，降低喷肥效果。

7. 选购注意事项

目前市面上出现的叶面肥料种类繁多，但是良莠不齐，在经销和选购叶面肥料时，应注意首先看包装和说明书，正规的产品符合国家质量要求，同时标明①产品名称、生产企业名称和地址；②肥料登记证号、产品标准号、有效成分名称和含量、净重、生产日期；③产品适用作物、适用区域、使用方法和注意事项。

第十四章　功能性复混肥料

第一节　概　述

一、功能性复混肥料概念

功能性复混肥料是具有特殊功能的复混肥料的总称，是指适用于某一地域的某种（或某类）特定作物的肥料，或含有某些特定物质、具有某种特定作用的肥料。

复混肥料是指氮、磷、钾3种养分中至少有2种标明量、由化学方法和（或）物理方法加工制成的产品。其规格和（或）品级是按氮、磷、钾的次序分别以N、P_2O_5、K_2O的质量百分含量表示。例如17—17—17是一种通用型的三元肥料，其N、P_2O_5、K_2O含量均为17%。如果系二元肥料，应在不含单养分含量的位置标以“0”，如15—0—12即表示该肥料中含N15%，K_2O 12%，不含P_2O_5。初期的复混肥料大都以通用型为主，以便销售到较大范围和施用于多种作物，其主要成分的含量、配比和形态一般不作调节，有的甚至取决于生产工艺。同时，为降低贮运的费用，尽可能生产高浓度产品，如15—15—15、17—17—17、19—19—19等。此类产品直接用于不同土壤、不同作物或作物的不同生育期，均易造成某种养分不足和浪费，因此需要针对实际施肥要求配施其他肥料。表14-1列出了几种作物在不同地域曾采用的肥料养分比例。在农业生产中，不同作物所需养分比例差别很大，而且同一种作物在不同地域所需养分比例也有不同。

表14-1　我国不同地域作物所需养分比例参考值

地域	玉　米	水　稻	果　树	甘　蔗
台湾	1∶0.44∶0.44	1∶1.5∶1	1∶1∶1	1∶0.25∶0.5
浙江	1∶1∶1.8	1.2∶0.6∶0.6	1∶0.8∶0.6	1∶0.4∶0.33～0.66
河南	1∶0.43∶0.34	1∶0.57∶0.28	1∶0.57∶0.86	
湖北	1∶0.5∶0.33	1∶0.31∶0.56	1∶0.47∶0.53	
江苏	1∶1∶1.8	1∶0.41∶0.73	1∶0.7∶0.9	1∶0.4∶0.5～0.67
广东	1∶0.5∶1	1∶0.5∶1.5	1∶0.5∶1	1∶0.3∶2.2

随着我国农业发展的需要，科学施肥已由过去的单一补充营养元素的“矫正施肥”转向平衡施肥。其配方技术正由初级的定性—半定量阶段向高级的定量、优化阶段发展，采用的方法可分为三大类型，即肥料效应函数法、测土施肥法和农作物营养诊断法。功能性复混肥料的生产、发展和不断完善，正是推广和实现科学施肥的一个重要环节，也是促进我国农业持续健康发展的一项重要措施。

功能性复混肥料简称为功能性复肥或功能肥料。由于专用型复混肥料属于功能性肥料，因此在某些情况下，功能性肥料也被称为“专用肥料”。

二、功能性复混肥料的特点

1. 施肥针对性强

在某一特定的土壤、作物上施用功能性肥料，可按作物需肥规律、土壤供肥状况及肥料原料等因素确定该肥料中应配入的氮、磷、钾以及中量、微量营养元素和功能物料等的比例和养分形态，做到缺什么配入什么、缺多少量配入多少量、需什么形态配入什么形态，从而实现农产品优质、高产和高效益。例如，在北方地区小麦底肥中要配入充足的速效磷及一定量的硅和锌，以保证其盘根、分蘖和健壮生长；在烟草肥中配入硝态氮和无氯硫酸钾或农用硝酸钾，以确保产品具有较高的质量品级；在酸性土壤中配入高比例的枸溶性磷、在碱性土壤中配入高比例的水溶性磷，以确保养分的高利用率，并有利于改良土壤。

2. 有效提高肥料利用率

作物在生长过程中要吸收多种养分，其中各养分数量的多少以及各养分间的比例取决于作物本身的生物学特性。随着作物单产水平的提高，肥料施用水平也要相应增加。如果施用养分的比例失调，就会破坏养分平衡，导致作物产量和品质的下降。例如，有的地区因偏施氮肥引起土壤缺磷、缺钾，相应限制了作物对氮肥的吸收，造成氮肥的浪费，如果在施用氮肥的基础上，适当配施磷肥、钾肥，就能消除或减轻由于氮肥过多而出现的不良影响；根据具体情况再配入适宜的中、微量营养元素和有益物质，就会使养分供应更趋于平衡。平衡施肥是以植物营养为基础，综合考虑气候条件、土壤状况和肥料特性等对肥料效应的影响而实现的。功能性肥料生产的基点也正是源于平衡施肥。

目前，由于科学施肥还未能普及，化肥利用率较低．损失浪费现象严重。据中国科学院南京土壤研究所汇总全国 782 个田间试验的资料，氮肥当季利用率平均为 33.3％，比发达国家要低 10％～15％，磷肥的当季利用率只有 10％～20％，钾肥的当季利用率为 35％～50％。功能性肥料是按平衡施肥的要求生产的，可使肥料利用率提高到 45％以上，从而使有限的资源发挥更大的经济效益。

3. 配方灵活，施用方便

功能性肥料可依据作物的需肥特点和土壤养分的丰缺等情况，灵活确定氮、磷、钾及各种中、微量元素及功能性物质的配比，从而形成系列化的功能性肥料配方。当条件发生变化时，又可及时加以调整。对于某一个具体产品，用于特定土壤和作物的施肥量、施肥期、施肥位置和施肥方式等都有明确、具体的要求。产品颗粒均匀，大小和强度适宜，能有效减少施肥次数，提高施肥效率，减少肥料损失，还易于实现机械化施肥。

第二节　功能性复混肥料的类型

由于作物种类繁多，同一作物在不同地域、不同时期的施肥要求相差较大，因此功能肥料出现了数千种的专用品种。目前还没有一个公认的分类方法，本书主要根据肥料的用途、性质、生产工艺等进行分类。

1. 按用肥对象分类

按用肥对象分类，可分为粮食作物功能性肥料、油料作物功能性肥料、果树类功能性肥料、蔬菜类功能性肥料、草坪花卉类功能性肥料和林木类功能性肥料。每一类功能性肥料又可以分为若干品种，例如粮食作物功能性肥料中有小麦、大豆、水稻、玉米等功能肥料，小麦肥又可分为小麦基施功能性肥料、小麦追施功能性肥料、小麦叶面功能性肥料等。

2. 按性质分类

按性质分类，可分为无机功能性肥料、有机功能性肥料、微生物性肥料、有机—无机功能性肥料、缓释肥料和药肥类功能性肥料。每一类型功能性肥料还可分为更多的相应品种。

3. 按生产工艺分类

（1）颗粒掺合型：颗粒掺合型功能性肥料是指用物理方法将几种单一或复合的颗粒肥料及功能性物质掺合在一起的功能性肥料，也称BB肥型。该工艺与复合肥相比，设备投资和能耗均较低，可节省投资，生产出的产品针对性强。

（2）干粉配合造粒型：干粉配合造粒型功能性肥料是采用两种以上粉状基础肥料和功能性物质，在黏结剂、水、蒸气、肥料浆、酸等的作用下，在造粒机内形成颗粒后，经干燥、冷却、筛分等过程制成的一类产品。其造粒方法有圆盘造粒、转鼓造粒和挤压造粒，是目前国内功能肥料生产的主要造粒方式，可生产出高浓度（$N+P_2O_5+K_2O\geqslant40\%$）、中浓度（$N+P_2O_5+K_2O\geqslant30\%$）、低浓度（$N+P_2O_5+K_2O\geqslant25\%$）等不同规格的产品，产品符合国家际准GB15063—2001要求。

（3）包裹型：包裹型功能性肥料是以速效的颗粒肥料如尿素、硝酸铵、硫酸钾、磷铵等为核心，以功能性肥料所需的其他组分为包裹层（根据需要，可在包裹层中加入中、微量元素及其螯合剂、氮肥增效剂、植物生长调节剂、农药等），在黏结剂的作用下制成的颗粒状包裹型功能性复混肥料。调节包裹层的组成、厚度和黏结剂类型等，可制成各种类型的功能性肥料。

包裹型功能性复混肥料是基于肥料养分利用率较低的现实，旨在提高肥料利用率和增加功能性而开发的缓释型功能性肥料剂型。其方法特征是以肥料包裹肥料，不同于国内外以树脂、石蜡、硫黄等包膜的肥料。其功能特征为多种功能性复混肥料的养分具有缓释及控制释放的性质。根据工艺性能的差别可分为三大类：①以颗粒氮肥为核心，以钙镁磷肥等缓溶性肥料为主要包裹往返层，在包裹物中加入磷肥、钾肥、微肥及其螯合剂和植物生长调节剂、功能性物质、氮肥增效剂等，以无机酸及其复合物等为黏结剂制成的缓释型功能性复混肥料。该类肥料中氮利用率较普通掺混肥料提高 8%，经不同作物施用增产幅度为 10%以上。②以硫酸或磷酸化磷矿粉（加入钾肥和微肥等）为包裹层的缓释型功能性复混肥料，其特点是可降低生产成本。③以多种二价金属（二价金属为 Mg^{2+}、Fe^{2+}、Zn^{2+}、Mn^{2+}、Cu^{2+}）、磷酸铵、钾盐、功能性物质等为包裹层，经多层包裹而形成的控释型功能性肥料。其特点是使用水溶性盐类与含镁矿物经反应制成黏结剂，在不同包裹层中形成不同类型的微溶性化合物，制成可控制养分释放速率在 60～120 天的不同类型的功能性肥料。

（4）流体型：流体型功能性肥料又称液体型，俗称液肥。混流体复肥是含有 2 种或 3 种作物必需的大量营养元素和适量微量元素的液体产品，同时还可加入中量元素、除草剂、杀虫剂和植物生长调节剂、功能性物质等。流体功能性复肥又可分为清液或悬浮液功能性肥料。清液产品中的物料是全水溶的，不含分散性固体颗粒，由于溶解度的限制，其中所含营养元素的浓度较低；在悬浮液功能性复混肥料中，液相分散有不溶性固体微粒，各营养元素呈过饱和状态，因此产品中所含养分的浓度较高。

流体功能性复混肥料生产过程较简单，建厂投资和生产成本都较低，在施肥地区可就地加工，能降低各项施肥费用。但是，流体型产品中氮、磷、钾三大营养元素的含量比固体产品低，一般只适合就近施用，不宜于远距离运输。

（5）熔体造粒型：熔体造粒型功能性肥料是熔融态的高温物料经喷射装置直接喷浆造粒，其特点是配合物料处于高温熔融状态，含水量很低，不需设置干燥设备，可以有效节省投资和能耗。

用熔体造粒法生产功能性肥料的工艺按造粒方式不同可分为高塔喷淋造粒工艺和油冷造粒工艺。高塔喷淋造粒工艺造粒塔的有效高度由熔体的液滴受冷固化所需时间确定，与物料性质、颗粒大小和塔内通风方式有关，因此造粒塔必须要有一定的高度，对小规模生产而言，投资较高。油冷造粒工艺是将喷洒出来的熔体物料直接送入矿物油中，液滴经油冷却后凝固成粒。与高塔喷淋造粒工艺不同的是，高塔工艺是以空气作为液滴的冷却介质，油冷造粒的冷却介质是矿物料。该造粒工艺可大幅度降低造粒设备高度，减少投资，简化流程，提高产品外观质量并改善吸湿性，是功能性肥料生产应首选的生产工艺。

第三节 功能性复混肥料的主要原料

功能性复混肥料生产的主要原料见表 14-2。

表 14-2 功能性复混肥料的主要原料

类别		原料名称
大量营养元素	氮（N）	尿素 $(NH_2)_2CO$，氯化铵 NH_4Cl，硫酸铵 $(NH_4)_2SO_4$，农用硝酸铵 NH_4NO_3
	磷（P）	过磷酸钙 $Ca(H_2PO_4)_2 \cdot H_2O$，$CaSO_4$，重过磷酸钙 $Ca(H_2PO_4)_2 \cdot H_2O$，磷酸一铵 $NH_4H_2PO_4$，磷酸二铵 $(NH_4)_2HPO_4$，钙镁磷肥（熔融钙镁磷肥的主要元素组成见表 14-3）
	钾（K）	氯化钾 KCl，硫酸钾 K_2SO_4
中量营养元素	钙（Ca）	硝酸钙 $Ca(NO_3)_2$，石灰氮 $CaCN_2$，CaO，过磷酸钙，钙镁磷肥，生石灰 CaO，碳酸钙 $CaCO_3$，白云石 $CaMg(CO_3)_2$，石膏 $CaSO_4 \cdot 2H_2O$
	镁（Mg）	硫酸镁 $MgSO_4$，氯化镁 $MgCl_2$，钙镁磷肥、菱镁矿 $MgCO_3$，轻烧镁 MgO，白云石，钾镁肥 $KCl \cdot MgSO_4$
	硫（S）	硫酸钾，硫酸铵，过磷酸钙，石膏，硫黄 S，硫酸镁，硫酸亚铁 $FeSO_4 \cdot 7H_2O$，硫酸锌 $ZnSO_4 \cdot 7H_2O$
	硅（Si）	硅酸钠，硅镁钾肥，钙镁磷肥，粉煤灰，硅酸炉渣类硅肥（主要化学成分见表 14-4）
微量营养元素	锌（Zn）	硫酸锌 $ZnSO_4 \cdot 7H_2O$ 或螯合锌 NaZnHEDTA
	硼（B）	硼砂 $Na_2B_4O_7 \cdot 10H_2O$，硼酸 H_3BO_3
	锰（Mn）	硫酸锰 $MnSO_4 \cdot 3H_2O$ 或 $MnSO_4 \cdot 4H_2O$，螯合锰 $Na_2MnEDTA$
	铜（Cu）	硫酸铜 $CuSO_4 \cdot 5H_2O$，螯合铜 NaCuHEDTA
	铁（Fe）	硫酸亚铁 $FeSO_4 \cdot 7H_2O$，螯合铁 NaFeEDTA
	钼（Mo）	钼酸铵 $(NH_4)_6Mo_7O_{24} \cdot 2H_2O$，钼酸钠 $Na_2MoO_4 \cdot 2H_2O$

（续）

类　别	原 料 名 称
有机肥料	经活化处理的秸秆肥类、饼肥类、腐殖酸类等，各类有机肥养分含量见表 14－5
腐殖酸类肥料	腐殖酸铵、腐殖酸钾、腐殖酸钠、硝基腐殖铵、黄腐酸等，有时也用含腐殖酸的物料，其腐殖酸原料主要成分见表 14－6
微生物肥料	根瘤菌肥料、固氮菌肥料、磷细菌肥料、钾细菌肥料、复合微生物肥料、抗生菌肥料
稀土	硝酸稀土、氯化稀土
有益元素	硒（Se）、钛（Ti）、镍（Ni）、钴（Co）、钠（Na）、碘（I）

表 14－3　熔融钙镁磷肥的主要元素组成（质量百分数，%）

产地	P_2O_5	CaO	MgO	SiO_2	Fe_2O_3	Al_2O_3	B_2O_3	MnO	ZnO	Cu	Mo	Co	K_2O
江苏	15.05	27.96	15.29	27.52	3.15	2.94	0.003	0.085	0.001	0.003	0.001	0.003	2.11
云南	25.1	36.71	11.58	21.33	1.28	3.36	0.003	0.089	0.001	0.003	0.001	0.003	0.12

表 14－4　炉渣类硅肥主要化学组成（%）

项　目	SiO_2	CaO	MgO	Fe_2O_3	Al_2O_3	K_2O	P_2O_5	有效 SiO_2
黄磷炉渣肥	38.21	46.30	6.17	0.53	4.79	0.93	1.91	24.50
增钙煤灰渣肥	38.24	29.65	1.85	3.93	24.19	—	—	26.50
碳化煤球渣肥	20.73	37.87	3.05	2.03	13.23	0.38	0.25	13.20
高炉炼铁渣肥	36.41	42.69	0.85	0.68	9.72	2.58	—	28.50
电炉制铁渣肥	42.10	48.00	—	—	—	—	—	19.40①

①以 2%柠檬酸为提取剂，其结果较 0.5 摩尔/升盐酸提取法略低。

表 14－5　各类有机肥养分含量参考值（质量百分数，%）

种　类	粗有机物平均值	全氮平均值	全磷平均值	全钾平均值
粪尿类	58.15	4.70	0.79	3.03
人粪尿	51.28	11.19	1.60	2.89
人粪	71.26	6.38	1.32	1.60
猪粪	63.71	2.09	0.89	1.12

（续）

种　　类	粗有机物平均值	全氮平均值	全磷平均值	全钾平均值
牛粪	66.22	1.67	0.43	0.95
鸡粪	49.48	2.34	0.93	1.61
堆沤类	39.18	0.94	0.33	1.28
堆肥	26.10	0.69	0.24	1.07
沤肥	28.51	0.71	0.29	1.31
猪厩肥	46.51	0.94	0.46	0.95
秸秆类	84.68	0.95	0.19	1.50
水稻秸秆	81.45	0.91	0.13	1.87
大豆秸秆	90.16	1.81	0.19	1.17
绿肥类	83.18	2.67	0.30	2.32
苕子	87.34	3.34	0.31	2.36
满江红	67.84	3.11	0.38	2.46
饼肥类	84.11	4.43	0.77	1.06
豆饼	88.04	7.19	0.77	1.70
茶子饼	95.73	1.46	0.28	0.83
菜子饼	86.00	5.90	1.07	1.29
泥肥	6.74	0.24	0.15	1.82
肥土	11.45	0.42	0.13	1.57
屠宰场废弃物	79.43	1.94	0.29	0.83
海肥类	54.19	3.81	0.83	1.92
植物性海肥	61.01	2.13	0.27	3.41
动物性海肥	4.41	1.89	0.17	2.19
腐殖酸类	36.11	1.01	0.24	1.15
中位泥炭	17.42	0.68	0.17	1.64
风化煤	29.05	0.37	0.05	0.66
腐殖酸钠	68.60	1.41	0.49	0.51
沼气肥	46.92	6.35	1.09	4.64
农用城镇废弃物类	19.65	1.01	0.38	1.21

表 14-6　腐殖酸类原料养分含量（风干基）

项　目	褐煤	风化煤	草甸土	黑龙江泥炭
水分（%）	8.26	8.37	8.70	17.90
有机 C（%）	8.36			44.80
粗有机物（%）	34.25	24.79	21.83	76.64
全 N（%）	0.88	0.25	0.49	2.24
全 P（%）	0.14	0.04	0.22	0.367
全 K（%）	0.95	0.62	0.53	0.176
Ca（%）	1.35			1.13
Na（%）	0.23	0.09		
Mg（%）	0.36			
Cu（毫克/千克）	9.46	7.82		1.8
Zn（毫克/千克）	11.04	56.22		2.72
Fe（毫克/千克）	219.20	194.00		
Mn（毫克/千克）	93.91	93.44		31.46
B（毫克/千克）	43.10			0.30

第四节　功能性复混肥料的生产技术

一、配料的基本原则

1. 提高养分利用率

在特定地域和土壤的基础上，针对一种或一类特定的作物，根据其需肥规律、土壤供肥性能、气候条件和肥料效应确定配料中需配入的氮、磷、钾，以及中、微量元素的量和形态，尽量做到养分缓速适量搭配、有机肥与无机肥结合，作物喜欢什么形态的养分配入什么形态养分，使该种肥料养分比例、形态、供给量均趋合理，从而提高养分利用率。

2. 合理配伍

生产功能肥料时要综合考虑各单元肥料组分间的柞互影响，合理配伍。原料间的配伍性可分为三大类，即可混配型、不可混配型和有限混配型。

（1）可混配型：这类原料在混配时，有效养分不发生损失或退化，其物理性质可得到改善。例如：①过磷酸钙和硫酸铵混合时，反应使物料中的游离水转化为结晶水，使混合料变得干燥和疏松，反应式如下：

$(NH_4)_2SO_4 + Ca(H_2PO_4)_2 \cdot H_2O + H_2O = 2NH_4H_2PO_4 + CaSO_4 \cdot 2H_2O$

$(NH_4)_2SO_4 + CaSO_4 + H_2O = (NH_4)_2SO_4 \cdot CaSO_4 \cdot H_2O$

②含氯肥料（NH_4Cl、KCl 等）与铵态氮肥混合后，氯离子能抑制铵态氮在土壤中硝化，减少氮的损失。③硫酸铵、氯化铵等为生理酸性肥料，与骨粉、磷矿粉混合施用，可增大磷的溶解性，有利于提高磷的肥效。

（2）不可混配型：此类型肥料混合时可能出现的 3 种情况：一是临界相对湿度明显下降，吸湿性增强，物性变坏；二是发生的化学反应使有效养分产生气态放出，造成养分挥发损失；三是发生养分由有效性向难溶性的退化，导致有效成分降低。例如：①硝酸铵和尿素混合后，其临界相对湿度显著降低。在 30℃下，尿素和硝酸铵的临界相对湿度分别为 75.2% 和 59.4%，而其混合物则为 18%，极易吸湿，使产品物性恶化。②硝酸铵和过磷酸钙混合后，发生下列反应：

$H_3PO_4 + NH_4NO_3 = NH_4H_2PO_4 + HNO_3\uparrow$

$Ca(H_2PO_4)_2 \cdot H_2O + 2NH_4NO_3 = 2NH_4H_2PO_4 + Ca(NO_3)_2 + H_2O$

生成的 HNO_3 蒸气导致氮损失，$Ca(NO_3)_2$ 的生成及结晶水转变为游离水，可使混合物的物性恶化。

（3）有限混配型：有限混配是指在一定条件下可以混配的肥料类型。其条件为在一定组成范围内可混配或经过一定的处理后可以混配。例如：①碳酸氢铵与过磷酸钙的混合。碳酸氢铵与过磷酸钙混合可以发生中和反应，改善过磷酸钙与其他肥料如尿素的混合性能，但是对过磷酸钙中混入碳酸氢铵的量必须加以限制，以避免如下反应进行：

$NH_4HCO_3 = NH_3\uparrow + CO_2\uparrow + H_2O$

$Ca(H_2PO_4)_2 \cdot H_2O + NH_4HCO_3 = NH_4H_2PO_4 + CaHPO_4 + CO_2\uparrow + 2H_2O$

$2CaHPO_4 + CaSO_4 + 2NH_3 = Ca_3(PO_4)_2 + (NH_4)_2SO_4$

上述反应发生氮的损失和有效 P_2O_5 向难溶性 P_2O_5 退化。加入碳酸氢铵的量取决于过磷酸钙中游离酸的含量。②硝酸铵、磷酸盐和硫酸铵的混合。此类物料混合粒化时可生成 $2NH_4NO_3 \cdot (NH_4)_2SO_4$ 复合物，该复合物在干燥时受热发生分解，在储存过程中由于温度的降低和堆压又会生成 $2NH_4NO_3 \cdot (NH_4)_2SO_4$ 复合物，从而导致颗粒产品的粉化和结块。研究表明，当配料中 $NO_3^-/SO_4^{2-} > 2.5$ 时，可防止粉化和结块的发生。③尿素与过磷酸钙（重过磷酸钙）的混合。过磷酸钙（重过磷酸钙）与尿素混合时，可发生释放其自身结晶水、生成溶解度很大的 $Ca(H_2PO_4)_2 \cdot 4CO(NH_2)_2$ 和 $CO(NH_2)_2 \cdot H_3PO_4$ 的反应，导致物料性质恶化并易“出水”结块。如果在混合之前对过磷酸钙（重过磷酸钙）进行中和处理，该物料与尿素之间就变成可配性物料。

有限混配型情况复杂、类型较多，难以详述，一般要通过实验摸索，掌握其规律性，根据配料的具体条件和要求采用相应的方法。

3. 配方合理

功能性复混肥料的配方是指产品中氮、磷、钾含量的比例以及中、微量营养元素等的加入量。其配方是根据土壤、作物状况、目标产量等因素估算出作物需要的氮、磷、钾养分的适宜量，根据土壤中量、微量元素的丰缺情况以及作物对微量营养元素的敏感程度，有针对性地加入适量中、微量元素肥料，同时配入一定量的有机肥料和功能性物质。

作物的生长、发育过程中所需的各种营养元素之间具有一定的比例，合理的配方就是要有针对性地补充作物所需要的养分，发挥各种养分之间的相互促进作用。过多施入某些养分，不仅会造成养分的浪费，还会由于某些元素的过量而造成对作物的营养失调，甚至造成对环境的污染，并对产品质量产生不利的影响。

二、主要作物的配料比例

作物生长过程中同时需要氮、磷、钾等多种营养元素，各种元素肥料的合理配合才可有效提高养分利用率，提高作物的产量和质量。

功能性肥料的养分配方要因地、因作物、因气候、因肥源性状等因素来确定，这是一项非常繁琐而又细致的工作，必须认真去做。表 14－7 至表 14－14 分别列出了我国不同地区土壤氮磷钾肥力、土壤中微量元素有效含量分级、我国主要作物用肥配料比、土壤养分分级指标及土壤当季供给作物养分量、国内应用功能性肥料配方以及作物吸收氮磷钾的大致数量、几种有机物料矿化系数、几种主要土壤的有机质矿化率，供配料时参考。

表 14－7 我国不同地区土壤氮、磷、钾含量参考值

单位：毫克/千克

地　区	有效氮（N）	有效磷（P_2O_5）	有效钾（K_2O）
东北地区	192	10.4	245
西北地区	63	9.3	225
黄淮海地区	66	5.6	99
长江流域	128	11.1	86
华南地区	132	11.4	77
平均	119	9.7	139
中等含量水平	100～200	8～12	80～130

表 14-8 土壤中微量元素有效含量分级参考值

单位：毫克/千克

元素		很低	低	中等	高	很高	临界值
B		<0.25	0.25～0.5	0.51～1.00	1.01～2.00	>2.00	0.5
Mo		<0.10	0.10～0.15	0.16～0.20	0.21～0.30	>0.30	0.15
Mn	（代换态）	<1.0	1.0～2.0	2.1～3.0	3.1～5.0	>5.0	3.0
	（易还原态）	<50	50～100	101～200	201～300	>300	100
Zn	酸性土壤	<1.0	1.0～1.5	1.6～3.0	3.1～5.0	>5.0	0.5
	石灰性、中性土壤	<0.5	0.5～1.0	1.1～2.0	2.1～5.0	>5.0	
Cu	酸性土壤	<1.0	1.0～2.0	2.1～4.0	4.1～6.0	>6.0	0.2
	石灰性、中性土壤	<0.1	0.1～0.2	0.3～1.0	1.1～1.8	>1.8	

表 14-9 我国主要作物的用功能性肥料配比参考值

作物	亩产量（吨）	质量百分比（N：P_2O_5：K_2O）	亩用N量（千克）	备注
水稻	0.52	1：0.3～0.5：0.7～1	14～17	适宜南方
小麦	0.51	1：0.5～1：0.3～0.4	14～17	适宜北方
春玉米	0.53	1：0.46～0.60：0.45～0.60	14～17	适宜北方
夏玉米	0.53	1：0.27～0.40：0.27～0.40	14～17	前茬施足肥料
大白菜	3.5～4.8	1：0.3～0.4：0.70～0.80	7.5～13	可全用功能性肥料
番茄	3.0～4.6	1：0.4～0.6：1～1.2	7.0～13	可全用功能性肥料
黄瓜	3.0～5.6	1：0.5～0.7：0.9～1.1	10～18	可全用功能性肥料
花生	0.5	1：0.25～0.5：0.7～1.6	11～15	可全用功能性肥料
棉花	0.07～0.10（皮棉）	1：0.7～0.9：0.7～0.9	8～12	可全用功能性肥料
大豆	0.14～0.26	1：1.4～1.8：0.8～1.2	6～12	可全用功能性肥料
烟草	0.12～0.15（干）	1：0.8～1.2：1～1.5	4～6	可全用功能性肥料
甘蔗	5.0～7.0	1：0.33～0.44：0.76～1	16～21	可全用功能性肥料
桃树	成龄树（株）	1：0.6～0.8：0.8～1.2	0.3～0.6	可全用功能性肥料
西瓜	4.0～5.6	1：0.4～0.6：0.7～0.9	10～15	可全用功能性肥料
香蕉	2.0～4.0	1：0.33～0.43：1.2～1.8	32～45	可全用功能性肥料
茶叶	0.11～0.13（干）	1：0.3～0.5：0.5～0.7	16～22	可全用功能性肥料

表 14-10　土壤养分分级指标及土壤当季供给作物养分量参考值

分级	全N（%）	全 P_2O_5（%）	全 K_2O（%）	有机质（%）	水解N（毫克/千克）	速效 P_2O_5（毫克/千克）	速效 K_2O（毫克/千克）	当季供养分（千克/公顷）		
								N	P_2O_5	K_2O
甚缺乏	<0.03	<0.04	<0.5	<0.5	<30	<5	<50	22.5	7.5	26.3
缺乏	0.03～0.08	0.04～0.08	0.6～1.00	0.5～1.5	30～60	5～15	50～80	45.0	15.0	52.5
中等	0.08～0.16	0.08～0.12	1～1.5	1.5～3.0	60～90	15～30	80～150	67.5	22.5	78.8
丰富	0.16～0.30	0.12～0.18	1.5～3.5	3.0～5.0	90～120	30～80	150～200	90.0	30.0	105.0
甚丰富	>0.30	>0.18	>2.5	>5.0	>120	>80	>200	>112.5	>37.5	>131.3

表 14-11　国内应用功能性肥料养分配方参考值

功能肥名称	配料比	应用地域
水稻肥功能性肥料	1∶0.3∶0.6	安徽
	1∶0.31∶0.56	鄂西地区
	1∶0.4～0.5∶0.5～0.7	浙江
	1∶0.41∶073	湖南
	1∶0.5∶1	徐州地区
	1∶0.55∶0.7	四川
	1∶0.57∶0.28	河南
小麦肥功能性肥料	1∶0.38∶1	鄂中
	1∶0.5∶0	安徽
	1∶0.5∶1	江汉
	1∶0.5∶0.3	山东
	1∶0.67∶0.33	河南
	1∶0.83∶0	江苏
	1∶0.90∶0	甘肃
	1∶1.1∶0	河湟灌区
	1∶1.1∶0	柴达木地区

（续）

功能肥名称	配料比	应用地域
棉花肥功能性肥料	1∶0.41∶0	甘肃
	1∶0.43∶0.36	山东
	1∶0.43∶0.56	四川
	1∶0.5∶0.6	湖北
	1∶0.72∶0.54	河南
	1∶0.78∶0.67	江苏
	1∶1∶0.6	湖南
	1∶1∶1.2	浙江
苹果功能性肥料	1∶0.3∶1.14	山东曲阜
	1∶0.5∶0.5	辽南辽东
	1∶0.57∶0.70	安徽
	1∶0.57∶0.86	河南
	1∶0.8∶1	河北
	1∶1∶1	陕西
	1∶1.25∶1	山西

表 14-12　作物吸收氮、磷、钾的大致数量

	作　物	收获物	100 千克收获收吸收养分量（千克）		
			氮（N）	磷（P_2O_5）	钾（K_2O）
大田作物	水稻	稻谷	2.40	1.25	3.13
	冬小麦	子粒	3.00	1.25	2.50
	春小麦	子粒	3.00	1.00	2.50
	玉米	子粒	2.51	0.86	2.14
	高粱	子粒	2.60	1.30	3.00
	马铃薯	块茎	0.50	0.20	1.06
	大豆	子粒	7.20	1.80	4.00
	花生	荚果	6.80	1.30	3.80
	棉花	子棉	5.00	1.80	4.00

（续）

	作　物	收获物	100千克收获收吸收养分量（千克）		
			氮（N）	磷（P_2O_5）	钾（K_2O）
大田作物	油菜	菜子	5.80	2.50	4.30
	烟草	鲜叶	4.10	0.70	1.10
	甜菜	块根	0.40	0.15	0.50
	甘蔗	茎	0.19	0.07	0.30
	黄麻	干纤维	3.25	1.50	8.00
	橡胶	干纤维	2.40	1.20	2.60
	油棕	新鲜果穗	0.76	0.24	1.20
蔬菜	黄瓜	果实	0.40	0.35	0.55
	茄子	果实	0.30	0.10	0.40
	萝卜	块根	0.60	0.31	0.50
	芹菜	全株	0.16	0.08	0.42
	菠菜	全株	0.36	0.18	0.52
	胡萝卜	块根	0.31	0.10	0.50
	大白菜	全株	0.19	0.087	0.34
	豇豆	果实	0.41	0.25	0.88
	菜豆	果实	0.34	0.22	0.59
	韭菜	全株	0.37	0.09	0.31
	大蒜	果实	0.51	0.13	0.18
	大葱	全株	0.18	0.06	0.11
	莲藕	根茎	0.60	0.22	0.46
	西葫芦	果实	0.55	0.22	0.41
	番茄	果实	0.28	0.13	0.38
	甘蓝	全株	0.53	0.12	0.69

（续）

	作物	收获物	100千克收获收吸收养分量（千克）		
			氮（N）	磷（P_2O_5）	钾（K_2O）
果树	柑橘	果实	0.60	0.11	0.40
	梨	果实	0.47	0.23	0.48
	葡萄（玫瑰露）	果实	0.60	0.70	0.72
	苹果（国光）	果实	0.30	0.08	0.32
	桃	果实	0.48	0.20	0.26
	香蕉	果实	0.63	0.15	2.50
	菠萝	果实	0.37	0.11	0.70
刺激性作物	可可	干豆	4.0	1.5	9.0
	咖啡	净豆	8.0	2.0	8.67
	茶	加工茶	6.40	2.0	3.60

表 14-13　几种有机物料的腐殖化系数参考值

名称	牛、马粪	猪粪	稻草	玉米秸	草叶类	绿萍	麦秸
腐殖化系数(%)	36～37	27～36	35～36	27～31	19～21	35～36	25～31

表 14-14　几种主要土壤的有机质矿化率参考值

土壤类型	肥力水平	有机质矿化率（%）
棕黄土	高	2.4～4.2
	低	1.6～2.9
褐　土	高	4.0～7.1
	低	2.0～2.7
冲积性草甸土	高	3.7～5.7
潮褐土	高	3.6～6.1
沙姜黑土	中低	2.3～6.0
河潮土	中	2.5～5.5

三、生产工艺

1. 颗粒掺合法生产工艺

将原料分别送入斗式提升机，由于斗式提升机将物料分别输送到由多个高架料斗组成的料斗群中的专用料斗中，再由配料机按配方将各物料分别定量加入到提升机再送入混合机中。在进混合机前，为避免块状废料和大块原料进入系统，在斗提机出料口和组合料斗的中间安装一粗选筛。物料由各个组合料斗的底部送至称量斗中，准确计量过的各种原料依次卸入混合机内，混合均匀的合格产品经斗提机送入成品料仓，经计量包装后入库。

颗粒掺合肥料所用关键设备为混合机。目前用于规模生产装置中的混合机分为两类：倾斜式转鼓混合机和水平式转鼓混合机。倾斜式混合机外形类似于混凝土搅拌机。目前国内基本上采用此类机型，其生产能力一般为5～20吨/小时，最大可达1 000吨/小时，混合周期2.5～4分钟。

2. 干粉混合造粒工艺

（1）挤压法工艺：经预处理后的原料分别粉碎为20目以上的粉状物，按配料计量后输送到混合机，混合均匀后送入挤压机内挤压成颗粒，然后输送到成品贮斗，经称量包装后为成品。

（2）转动造粒法工艺：经过预处理（活化或中和、粉碎等）后的基础原料由斗式提升机将其分别输送到各自的料斗中，用电子配料秤按配料要求经计量的各种原料分别加入到混料机中，混匀后卸入斗式提升机进料口，由提升机将混匀的物料送入贮斗，再由给料机均匀地加入造粒机中（圆盘式或回转式），在黏结剂作用下粒化成粒，粒化温度控制在60℃左右为宜。

经造粒机自动卸出的湿颗粒物料经皮带输送入回转干燥机进料口，与来自燃烧炉的热炉气并流进入干燥机。进入干燥机的热气温度一般控制在130～300℃。物料在干燥机内停留10～25分钟，出干燥机的物料温度为60～75℃，尾气温度70～85℃，具体根据配料及产品要求确定。

干燥机尾部卸出的物料经斗式提升机进入筛分系统，大于4.75毫米的大颗粒经破碎后与小于1毫米的细粉料返回混料斗提升机进入造粒系统，1～4.75毫米的合格颗粒经溜槽进入回转冷却机与来自尾部的冷空气逆流接触换热，湿度至40℃以下后进入调理机，经过防结块、防吸湿（或着色）处理后，进入成品料仓，经定量连续的电子计量包装机系统包装后即为成品。

干燥机和冷却机排出的尾气经气固分离设备（沉降室、旋风分离器、布袋除尘器等）除尘后进入尾气洗涤系统，用洗涤水进一步除去固体尘粒及有害气体后，经引风机送烟囱放空。含有肥料组分的废水循环利用，并返回系统做工艺水用，损耗部分定期补加。

3. 包裹型造粒工艺

本工艺流程分为原料预处理，黏结剂配制，肥料的包裹、干燥、后处理及包装和尾气的净化等 4 个工序。

（1）原料及原料预处理：原料通常有颗粒氮肥、磷酸铵、钙镁磷肥或过磷酸钙、钾肥、微量元素肥、无机酸和添加物等。

颗粒氮肥计量后经斗式提升机送至贮斗，定量加入包裹机，钾肥、磷肥及其添加剂经处理并粉碎至 100％过 0.25 毫米筛后，经计量装置送至皮带输送机上，输送到混合机中，充分混匀后，再经混料斗提机送至混料贮斗，由螺旋给料机定量加入到包裹机作为包裹物。

（2）黏结剂配制：将无机酸（硫酸、盐酸、磷酸等）用泵送至酸贮槽，根据包裹功能性肥料要求分别将水、酸或黏结剂等原料按比例加入配制槽，将黏结剂配制好后，经流量计按计量比定量加入包裹机系统。

（3）包裹、干燥、冷却处理及包装：上述固体原料和黏结剂汇集于包裹机，包裹物磷肥、钾肥、添加剂等在黏结剂的作用下逐层包裹于颗粒氮肥上。包裹后的颗粒卸入半成品贮斗中，经皮带输送机送入干燥机中，与由热风炉送来的热炉气并流接触进行干燥。从干燥机卸出的干物料经斗提机送入冷却机，冷却后的产品经斗提机送至成品筛进行筛分，1～4.75 毫米的颗粒送入成品贮斗，经自动定量包装机包装为成品。

（4）除尘、净化：在包裹机上设置排风罩，通过旋风除尘器、引风机，从冷却机头部出来的气体经除尘器回收尘料（肥料尘）后放空；经干燥机与肥料换热后的尾气经旋风除尘器除尘回收原料后，进入水洗除尘器，经洗涤净化后由引风机送入烟囱放空。来自洗涤塔的洗涤水送沉降池除去杂质后，用循环水泵送入水洗除尘器，循环使用，部分循环水返回黏结剂配制系统作为工艺用水。

4. 流体配合法工艺

（1）清液型功能性肥料的生产工艺：清液型功能性肥料的生产一般分为冷混和热混两种工艺。冷混法系以基础液肥（10—34—0、11—37—0 等）和硝酸铵、尿素、钾肥、微量营养元素等原料，在使用时就地生产、就地施用。微量元素化合物在磷酸铵或聚磷酸铵溶液中的溶解度见表 14-15。

表 14-15 部分微量元素化合物在基础液肥中的溶解度（％）

化 合 物	8—24—0 （含正磷酸铵）	10—34—0 （含聚磷酸铵）	11—37—0 （含聚磷酸铵）
CuO	0.03	0.55	0.7
$CuSO_4 \cdot 5H_2O$	0.13	1.13	1.5
$Fe_2(SO_4)_3 \cdot 9H_2O$	0.08	0.80	1.0

（续）

化 合 物	8—24—0（含正磷酸铵）	10—34—0（含聚磷酸铵）	11—37—0（含聚磷酸铵）
MnO	<0.02	0.15①	0.2②
ZnO	0.05	2.25	3.0
$ZnSO_4 \cdot H_2O$	0.05	1.50	3.0②
$Na_2B_4O_7 \cdot 10H_2O$	0.9		0.9
$Na_2MoO_4 \cdot 2H_2O$	>0.5		0.5

①数天后会沉淀；②以氨保持 pH 值为 6.0。

热混工艺由磷酸提供一半 P_2O_5，其余部分由基础液肥（如 10—34—0）提供，产品 pH6.0。主要设备有混合器、搅拌器、循环泵、冷却器、包装机组等。

还有一种热混兼冷混的生产工艺，常以基础液肥（10—34—0、11—37—0 或 8—24—0）与含氮溶液混合后又与钾肥、微肥以及必需的氮肥混合，制成多种规模的产品，生产工艺条件见表 14 - 16。

表 14 - 16　清液功能性肥料生产工艺指标

项　　目	指标	项　　目	指标
磷酸铵液中 P_2O_5（%）	34～37	混合温度（℃）	25～35
磷酸铵液中 N（%）	10～11	混合时间（分钟）	15～20
液清肥中 P_2O_5转化率（%）	55～70	混合器装载系数	0.7～0.8
钾肥中 K_2O（%）	46～60	混合器生产能力（小时）	≥20
钾肥粒度（毫米）	≤2.5		

没有基础液肥的清液型功能性肥料所采用的主要原料为尿素、氯化钾、磷酸和氨水等。其过程为：由磷酸贮槽来的磷酸经高位槽、转子流量计与来自高位槽并经计量的氨水一起进入中和器，得到的磷铵溶液送最终混合器与来自氯化钾、尿素的盐溶解槽的料液充分混合，从而获得产品。

以 10—34—0 为基础液肥制成的各种清液型功能性肥料配方见表 14 - 17 和表 14 - 18。

表 14-17　以 10—34—0 为基础制成各种清液型功能性肥料的配方

单位：千克/吨

营养元素比例 ($N:P_2O_5:K_2O$)	肥料品位	聚磷酸铵 (10—34—0)	氮溶液 (32%N)	氯化钾 ($62\%K_2O$)	水
1∶1∶0	16—16—0	470.5	352.5		177
1∶2∶0	13—26—0	765	167		68
1∶3∶0	10—30—0	882.5	36.5		81
1∶1∶1	8—8—8	235.5	176.5	129	459
1∶2∶1	8—16—8	470.5	102.5	129	298
1∶3∶1	7—21—7	617.5	25.5	113	244
1∶1∶2	5—5—10	147	111	161.5	580.5
1∶2∶2	5—10—10	294	65.5	161.5	479
1∶3∶2	5—15—10	441	19	161.5	378.5
1∶1∶3	4—4—12	117.5	89	193.5	600
1∶2∶3	4—18—12	235.5	51.5	193.5	519.5
1∶3∶3	3—9—9	264.5	11	145	579.5
2∶1∶0	20—10—0	294	532.5		173.5
2∶1∶1	10—5—5	147	265.5	80.5	507
2∶2∶1	10—10—5	294	222	80.5	43.5
2∶3∶1	10—15—5	441	175	80.5	303.5
2∶4∶1	10—20—5	588	129.5	80.5	202
2∶1∶2	6—3—6	88	161	97	654
2∶3∶2	8—12—8	353	140.5	129	377.5
2∶1∶3	6—3—9	88	161	145	606
2∶2∶3	6—6—9	176.5	133	145	545.5
2∶3∶3	6—9—9	264.5	106.5	145	484
3∶1∶0	21—7—0	206	592		202
3∶2∶0	18—12—0	353	468		179
3∶1∶1	12—4—4	117.5	339	64.5	479
3∶2∶1	12—8—4	235.5	301.5	64.5	398.5
3∶3∶1	12—12—4	353	365.5	64.5	317
3∶4∶1	12—16—4	470.5	228	64.5	237

（续）

营养元素比例 ($N:P_2O_5:K_2O$)	肥料品位	聚磷酸铵 (10—34—0)	氮溶液 (32%N)	氯化钾 ($62\%K_2O$)	水
3∶1∶2	9—3—6	88.5	253.5	97	561
3∶2∶2	9—6—6	176.5	226.5	97	500
3∶3∶2	9—9—6	264.5	200	97	438.5
3∶1∶3	9—2—6	59	169	97	675
3∶2∶3	6—4—6	117.5	151.5	97	634
4∶1∶0	24—6—0	176.5	695		128.5
4∶1∶1	12—3—3	88	348.5	48.5	515
4∶2∶1	12—6—3	176.5	320.5	48.5	453.5
4∶3∶1	12—9—3	264.5	292	48.5	395
4∶4∶1	12—12—3	353	265.5	48.5	333
4∶1∶2	8—2—4	59	231.5	64.5	645
4∶3∶2	8—6—4	176.5	195.6	64.5	563.5
4∶1∶3	8—2—6	59	231.5	97	612.5
4∶2∶3	8—4—6	117.5	214	97	571.5
4∶3∶3	8—6—6	176.5	195.5	97	531
4∶4∶3	8—8—6	235.5	176.5	97	491
4∶3∶4	8—6—8	176.5	195.5	129	499

表 14-18　以 11—37—0 为基础制成各种清液型功能性肥料的配方

单位：千克/吨

营养元素比例 ($N:P_2O_5:K_2O$)	肥料品位	聚磷酸铵 (10—34—0)	氮溶液 (32%N)	氯化钾 ($62\%K_2O$)	水
1∶1∶0	19—19—0	513.5	417		69.5
1∶2∶0	15—13—0	810	190		
1∶3∶0	12—36—0	970	30		
1∶1∶1	8—8—8	216	176	129	479
1∶2∶1	8—16—8	432.5	101.5	129	337
1∶3∶1	7—21—7	567.5	23.5	113	296
1∶1∶2	5—5—10	135	110	161.5	593.5

（续）

营养元素比例 ($N:P_2O_5:K_2O$)	肥料品位	聚磷酸铵 (10—34—0)	氮溶液 (32%N)	氯化钾 ($62\%K_2O$)	水
1∶2∶2	5—10—10	270.5	63.5	161.5	504.5
1∶3∶2	5—15—10	405.5	17	161.5	416
1∶1∶3	4—4—12	108	88	193.5	610.5
1∶2∶3	4—8—12	216	51	193.5	539.5
1∶3∶3	3—9—9	243	10	145	602
2∶1∶0	20—11—0	297.5	586		116.5
2∶1∶1	10—5—5	135	266	80.5	518.5
2∶2∶1	10—10—5	270.5	219.5	80.5	429.5
2∶3∶1	10—15—5	405.5	173.5	80.5	340.5
2∶4∶1	10—20—5	540.5	126.5	80.5	252.5
2∶1∶2	8—4—8	108	213	129	550
2∶3∶2	8—12—8	324.5	138.5	129	408
2∶1∶3	6—3—9	81	159.5	145	614.5
2∶2∶3	6—6—9	162	132	145	561
2∶3∶3	6—9—9	243	104	145	508
3∶1∶0	24—8—0	216	676		108
3∶2∶0	21—14—0	378.5	526.5		95
3∶1∶1	12—4—4	108	338	64.5	489.5
3∶2∶1	12—8—4	216	301	64.5	418.5
3∶3∶1	12—12—4	324.5	263.5	64.5	347.5
3∶4∶1	12—16—4	432.5	226.5	64.5	276.5
3∶1∶2	9—3—6	81	253.5	97	568.5
3∶2∶2	9—6—6	162	225.5	97	565.5
3∶3∶2	9—9—6	243	197.5	97	462.5
3∶4∶2	9—12—6	324.5	169.5	97	409
3∶1∶3	6—2—6	54	169	97	680
3∶2∶3	6—4—6	108	150.5	97	644.5
4∶1∶0	24—6—0	162	694.5		143.5

（续）

营养元素比例 ($N:P_2O_5:K_2O$)	肥料品位	聚磷酸铵 (10—34—0)	氮溶液 (32%N)	氯化钾 (62%K_2O)	水
4∶1∶1	12—3—3	81	347	48.5	523.5
4∶2∶1	12—6—3	162	319.5	48.5	470
4∶3∶1	12—9—3	243	291.5	48.5	417
4∶4∶1	12—12—3	324.5	263.5	48.5	363.5
4∶1∶2	8—2—4	54	231.5	64.5	650
4∶3∶2	8—6—4	162	194.5	64.5	579
4∶1∶3	8—2—6	54	231.5	97	617.5
4∶2∶3	8—4—6	108	213	97	582
4∶3∶3	8—6—6	162	194.5	97	546.5
4∶4∶3	8—8—6	216	176	97	511
4∶3∶4	8—6—8	162	194.5	129	514.5

（2）悬浮液功能性肥料：悬浮液功能性肥料因产品贮存、运输条件的限制，国内生产使用较少，故本书不作介绍。

5. 熔体油冷造粒工艺

本造粒工艺是将配合料加热，使物料呈熔融态后经喷头将熔融体喷洒出来，落入矿物油中，熔融液滴在油中骤冷收缩凝固成颗粒。

熔体造粒是利用混合物具有最低共熔点的特性进行的。例如，硝酸铵的熔点为169.6℃，由17%的磷酸一铵与83%硝酸铵组成的混合物的共熔点为147.5℃；尿素的熔点为132.7℃，氯化钾的熔点为770℃，85%的尿素与15%的氯化钾混合后，其低共熔点为115℃。生产中利用这一性质可在较低温度条件下操作，从而简化流程，节能降耗。由于是在熔融状态下油冷成粒，生产中粉尘少，产品圆润光滑，不易吸湿结块，但对原料的选择、计量、混合条件和温度控制均要有严格要求。

产品上吸附的油量取决于颗粒直径（即表面积）、油品的黏度、温度以及分离机的离心力，为尽量减低肥料表面黏附的油量，应综合考虑以上各项因素。

工艺流程是将熔融态氮肥（如尿素）与经预热的磷铵、钾肥、助剂等按配料比计量加入熔体加热混合机，经充分混合加热至熔体时，送入造粒装置，造粒装置由上部熔料喷头和下部油冷槽组成，熔融混合料经喷头喷洒成液滴进入造粒装置的轻质矿物油中，在降落的过程中将热量传递给冷却油，自身冷却凝固成球。颗粒球体与油一起先后进入回转式离心机和锥篮式离心机将分离出的油进入收集槽，用泵送回造粒装置循环使用，颗粒送入筛分机，合格的颗粒（一般为 1.4～3.3 毫米）作为成品送包装工序，不合格的小颗粒作为返料送配料系统。加热混合器用 0.5 兆帕左右蒸气作为热源，冷却油以冷却水循环降温。

四、主要生产设备

表 14-19　功能性复混肥料生产主要设备

造粒设备（可根据具体情况选择）	盘式造粒，通过倾斜圆盘的旋转运动而使物料成粒。规格：ϕ1 600×3 500，生产能力每小时 0.5～8 吨，电机功率 4～18.5 千瓦。
	转鼓或滚筒造粒机，适用于大规模工厂化生产。滚筒造粒机筒体直径一般为 2～3 米，长度为 7～9 米，生产能力为年产 8 万～15 万吨。
	喷浆造粒干燥机，比较先进的造粒和干燥过程合并在一个回转圆盘设备内完成颗粒肥料的生产，生产能为每小时 60～70 吨，外形尺寸 2 284 毫米×8 000 毫米，电动机功率 400 千瓦。
	熔体油冷造粒装置，包括熔融器、造粒机、离心机、油收集槽、振动筛、油循环泵等。
	挤压造粒机，有对辊挤压和轮碾挤压两种形式。辊式挤压或造粒机有 DZJ25-B、DZJ45-A 等型号，生产轮碾式挤压造粒机有FZL-3、FZL-5 等型号，生产能力为 2.5～2.8 吨/小时，电机功率 75～110 千瓦。
干燥设备	回转干燥机有 ϕ1 800×14 000～ϕ2 800×24 000 等多种规格，生产能力 8～20 吨/小时。
冷却设备	常用的冷却设备是回转或冷却机，转筒尺寸有 ϕ2 000×16 000～ϕ3 000×24 000，电机功率 30～160 千瓦。
筛分设备	电磁振动筛、电机振动筛、滚筒筛、机械振动筛、旋振筛等，常用的是滚筒筛，型号有 Y132M2-6，电机功率 55 千瓦。
包裹设备	包裹筒 ϕ1 500×3 000，生产能国为 12.5～16 吨/小时，电机功率 11 千瓦；Φ2 400×8 000，生产能力为 45～60 吨/小时，电机功率 45 千瓦。
计量设备	圆盘给料机、电脑调秤。
包装设备	ZDC 型包装机、DCS 系列自动定量包装机、BFT－3 系列电脑自动定量包装机等。
输送设备	皮带输送机、斗式提升机、螺旋输送机。
流体产品的主要设备	混合机、反应釜、各种原料贮斗、产品贮槽、冷却器、喷射器、计量包装机组等。

第五节　除草专用药肥的生产与应用

药肥是指由农药与肥料结合的一种肥料，属功能性肥料范畴。我国20世纪80年代开始起步，是适应现代农业发展要求．为达到农业优质、高产、高效益的目的而研制出来的新型产品。

目前，国内已有不少单位与部门参与了研制和试月此类产品。如甘肃农业科学院土肥所开发的小麦除草专用肥，江苏里下河地区农业科学院的小麦除草专用肥，浙江省农资公司的水稻除草专用肥，湛江甘蔗试验站的甘蔗专用肥，北京海玉生化高新技术研究所和北京泽农生化科技有限公司研制的氨基酸广谱无公害药肥、防治线虫和地下害虫的无公害药肥、防治枯黄萎病、根腐病的无公害药肥等。

药肥可分成除草专用肥、除虫专用肥、杀菌防病药肥等种类。除草专用肥是在肥中加入适宜的除草剂，除虫、杀菌专用肥则是加入适宜的生物农药和可配的低毒农药等物质。目前，也有部分药肥是通过先制成单功能药肥后再复配的方法，也有把农药作为包衣剂而生产的各种药肥。

一、除草专用药肥的配方原则

除草专用药肥因其生产简单、适用，又能达到高效除草和增加作物产量的目的，因此受到广大农民的欢迎，但其不足之处是目前产品种类少，功能过于专一，因此在制定配方时应根据主要作物、土壤地力、草害情况等综合因素来考虑。如小麦与水稻就有明显区别，小麦易发生看麦娘、硬草、猪殃殃等草害，而水稻则易发生节节菜、三棱草、母草、稗草等恶性杂草的危害。因此，小麦、水稻、大豆、玉米、棉花等必须考虑到其不同的草害及耕作方式分别制定不同的除草药肥配方。

除草专用药肥由于其配方不同，添加的除草剂也不同，重要的是所添加的除草剂品种与该药肥的可配性不能与专用肥中其他成分发生反应，不能降低产品的肥效和除草效果。另外，还要考虑到工艺的可行性及操作的安全性，同时要求低毒，不影响农产品的安全性。

二、生产工艺

除草专用药肥在生产工艺上无特殊要求，只需要将传统的复混肥生产装置作一些改进即可。目前，复混肥料的生产工艺为挤压造粒或圆盘造粒、转鼓造粒，一般可随不同工艺添加除草剂。

1. 圆盘造粒工艺

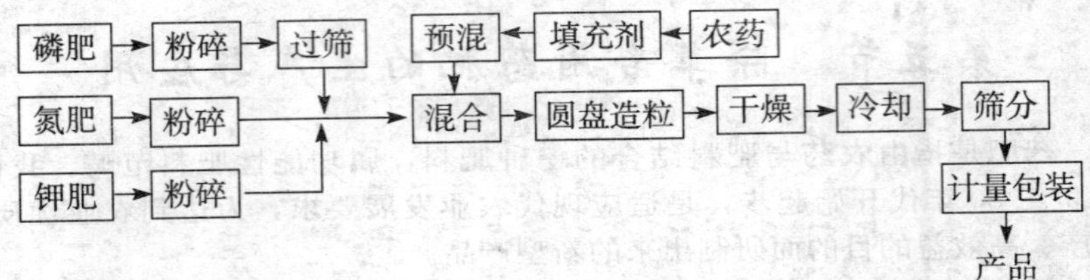

2. 挤压造粒工艺

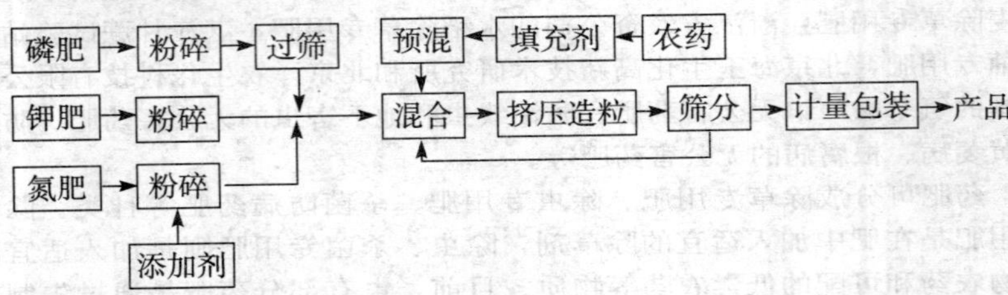

3. 转鼓造粒生产工艺流程

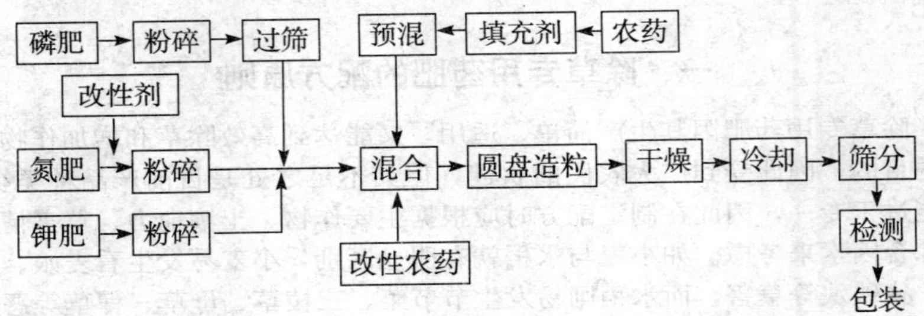

三、除草专用药肥的应用

1. 除草专用药肥的用法

由于除草剂的专用性，除草专用药肥也是专肥专用，如小麦除草专用药肥就不能使用到水稻上。除草专用药肥一般是基肥剂型，也可生产追肥剂型。作为基肥使用的除草专用药肥在配方上与追肥有较严格的区别，施用时按产品说明书分别操作即可。

2. 除草专用药肥的施用时期

小麦应在播前施用，水稻应在插秧前施用，不同的施用时期其使用灭草效果有差异。试验表明，播（插）前施用的除草效果很好，对各种杂草的防除率能达到 100%，其原因是播（插）前施用能充分发挥药效作用，把各种杂草消灭在幼小和萌芽之中。药肥残留期较长，田间在 30 天内无杂草发生，但到中后期有少量杂草发生。

3. 施用时期对作物安全性的影响

施用除草专用药肥对作物有一定的影响，不同施用时期其影响也不相同。播（插）前施用，从苗期到返青期对小麦的株高均有矮化作用，越冬期以后就自行消解，株高恢复正常并略有所增高；对于小麦茎蘖数和生物量的观察也发现类似的结果。这表明，施用小麦除草专用药肥呈现出“先抑后扬”的生物效应。这一生物效应也体现了一定的积极作用，如增强小麦的抗寒、抗病能力等。水稻施用除草专用药肥后，有部分叶片出现深褐斑块，根系新生白根，也有斑块，但没有腐烂，也没有明显的药害产生。这可能是由于水稻株体部分生理效应受阻所致，几天后恢复正常。据观察，水稻施用药肥后对分蘖、生长、成穗都没有明显的不良影响产生。

4. 除草专用药肥的增产效果

施用除草专用药肥省时、省力，节约肥料，还有一定的增产效果。一些资料表明，小麦施用除草专用药肥增产幅度为 10.7%～29.8%，平均为 19.7%，千粒重增加 9.81%～20.4%；水稻施用除草专用药肥每亩增产稻谷 27.78～36.11 千克。

5. 除草专用药肥对后季作物的安全性问题

目前国内对除草专用药肥的研发应用对当季作物的效果考虑较多，对后季作物的安全性有欠考虑。应在设计配方时考虑到配方中除草剂的特性及可能对后季作物产生的影响。如小麦除草专用药肥施用后有可能影响后茬作物栽种的油菜等作物。

6. 除草专用药肥的作用机理

施用除草专用药肥后，一般既能达到除草目的，又能起到增产的效果。其作用基理可能有以下几个方面：

（1）施用药肥后能有效杀死多种杂草，有除杂草并吸收土壤中养分的作用，使土壤中有限的养分供作物吸收利用，从而使作物增产。

（2）有些药肥是以包衣剂的形式存在，客观上造成肥料中的养分缓慢释放，有利于提高肥料的利用率。

（3）除草专用药肥在作物生长初期有一定的抑制作用，而后期又有促进作用，还能增强作物的抗逆能力，使作物提高产量。

（4）除草专用药肥施用后，在一定时间内能抑制土壤中的氨化细菌和真菌的繁殖，但能使部分固氮菌数量增加，因此降低了氮肥的分解速度，使肥效延长，也明显提高了土壤富集氮的能力，提高氮肥的利用率。

第六节　防治线虫和地下害虫的无公害药肥

本产品是笔者的发明专利——“防治线虫和地下害虫的药肥专利（专利证书号 267799）”，可直接基施，也可与有机肥混合施用。施用后既有促进作物优质高产的肥料功能，又有防治病虫害的效果。其系列产品可用于各种土壤、各种作物，是一种新型的多功能生态环保肥料。

据报道，国内每年施用农药防治病虫害面积达48亿亩次，通过使用农药每年可挽回粮食损失4 800万吨、蔬菜5 800万吨、棉花180万吨、水果620万吨，总价值5 500亿元左右。

线虫给农作物造成的损失比其他病虫害更难于估测，全球每年被线虫危害的作物产量损失估计约780亿美元。在我国重要植物的病原线虫有大豆孢囊线虫、花生根结线虫、甘薯糠腐茎线虫、蔬菜根结线虫、松材线虫、小麦禾谷孢囊线虫、甜菜孢囊线虫等。线虫使蔬菜、花生、大豆、烟草、甘蔗、柑橘、甘薯、小麦、水稻、麻类等作物均受到不同程度的危害，给农业生产造成的损失很大，如花生根结线虫一般使花生减产30%～40%，重则70%～80%，甚至收获量不足种子量；烟草根结线虫在云南、贵州、四川、山东、河南等省均有发生，一般使烟草减产30%～40%，重则60%～80%；大豆孢囊线虫在黑龙江、吉林、沈阳、内蒙古和黄淮等大豆种植区发生较重，严重的使大豆减产70%～80%，轻则减产30%～50%，仅黑龙江省每年产减产大豆达0.5亿～1.5亿千克。

地下害虫主要有蝼蛄、蛴螬、金针虫、地老虎、蟋蟀、地蛆等，主要危害作物的种子、幼苗和茶、果、林的苗木或种子。

目前防治线虫和地下害虫的农药大多毒性高，用量大，投入费用大，防治操作难度大，已成为当今农业生产中亟待解决的难题。本产品从配方设计、原料选配、生产工艺、产品特点等，均以生态环保、资源利用、促进高效农业发展为基准，是三者相结合的产物。

一、生产方法

（一）原料的选配与预处理

本产品所选配的原料、用量是根据不同土壤和不同作物以及产量指标等因素设计的。

1. 有机原料的选配与预处理

（1）选配：

烟草秸秆及烟草加工下脚料

平均有效成分含量：粗有机物91.7%、全氮（N）1.44%、全磷（P）0.169%、全钾（K）1.85%、钙（Ca）1.49%、镁（Mg）0.19%、铜（Cu）14.9毫克/千克、锌（Zn）33.5毫克/千克、铁（Fe）616毫克/千克、锰（Mn）50.7毫克/千克、硼（B）16.8毫克/千克、钼（Mo）0.48毫克/千克、烟碱0.3%～0.6%。

烟碱分子式$C_{10}H_{14}N_2$，可与多种酸成盐，具有良好的杀虫活性。

功能：提供营养、杀虫、促进作物健壮生长。

配方用量为20%～30%。

辣椒秸秆及辣椒加工下脚料

平均有效成分含量：粗有机物87.8%、全氮（N）3.27%、全磷（P）0.3%、全钾（K）4.49%、辣椒碱0.05%。

辣椒碱化学名称：8-甲基-N-[（4-羟基-3-甲氧基苯基）-甲基]-（E）-6-壬烯基酰胺

结构式：

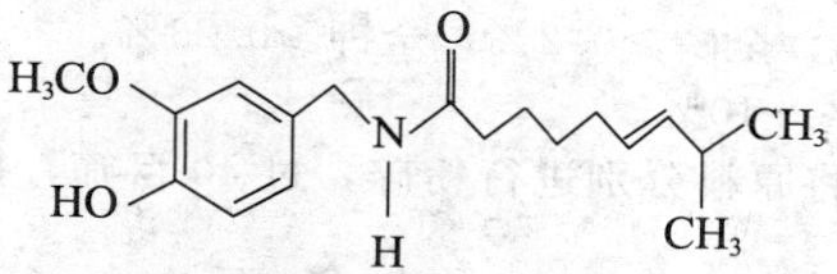

功能：提供营养、杀虫、增效。

配方用量为13%～20%。

茶子饼

平均有效成分含量：粗有机物95.77%、有机碳43.5%、全氮（N）1.46%、全磷（P）0.288%、全钾（K）1.22%、钙（Ca）0.21%、镁（Mg）0.18%、铜（Cu）13.6毫克/千克、锌（Zn）27.5毫克/千克、铁（Fe）269毫克/千克、锰（Mn）273毫克/千克、硼（B）12.6毫克/千克、钼（Mo）0.2毫克/千克、茶皂素7%～13%。

茶皂素是五环三萜类皂素，分子式$C_{57}H_{90}O_{26}$，分子量1 191.28。

功能：提供营养、杀虫、增效。

配方用量为8%～15%。

（2）有机原料的预处理：将有机质物料分别粉碎，过40目筛，按配方用量混合均匀，用有益综合菌剂进行固体堆集发酵（按菌剂说明书进行发酵处理）。然后低温干燥，使其含水量≤20%，粉碎，过40目筛，备用（图14-1）。有益综合菌剂包括固氮菌、磷细菌、解钾菌（硅酸盐细菌）、酵素菌、光合素等有益菌群。

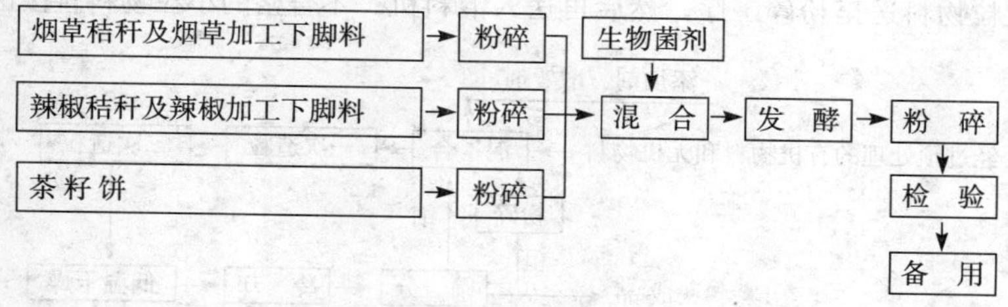

图14-1　有机原料预处理工艺流程图

2. 含氮、磷、钾原料及腐殖酸的选配与预处理

(1) 选配：

尿素：N≥46%，配方用量为8%～12%。

硫酸铵：N≥20%，配方用量为3%～5%。

磷酸一铵：N≥10.5%，P_2O_5≥49.7%，配方用量为12%～15%。

钾肥：K_2O 50%～60%，配方用量为8%～13%。

平均有效成分含量：有机质≥78%，腐殖酸≥50%，游离腐殖酸≥45%，全氮≥1.7%，全磷≥0.2%，全钾≥0.23%。

配方用量为6%～10%。

(2) 预处理：将原料分别进行粉碎，过40目筛，按配方用量混合均匀备用。

3. 添加剂、增效剂的选配

(1) 添加剂：氨基酸螯合（络合）锌、锰、铁、铜、钼、硼，配方用量为2%～3%。

(2) 添加剂：氨基酸螯合稀土（含稀土10%），配方用量为0.2%～1%。

(3) 增效剂：线虫、地下害虫克星（主成分为生物提取物，北京泽农生化科技有限公司的专利产品），配方用量为5%～8%。

（二）生产工艺

1. 生产设备

利用生物复合肥生产装置略作改造即能进行生产。

2. 工艺流程

制备工艺的主要特征为“二级造粒，低温干燥”。经预处理的物料和添加剂、增效剂按配方计量，通过输送机进入混合机，混合7分钟，混合均匀的物料经输送机以均匀的速度（80千克/分钟为宜）送入圆盘造粒机Ⅰ进行初级造粒，初级造粒后的小粒物料进入圆盘造粒机Ⅱ，达到造粒工艺要求后，送入低温干燥机。干燥机进口气温控制在160～180℃，出口气温为50～56℃。干燥后的物料进入冷却机，经冷却的物料送入分级筛，不合格的大粒物料送至粉碎工序，然后再送入混料机；不合格的小粒物料直接送到

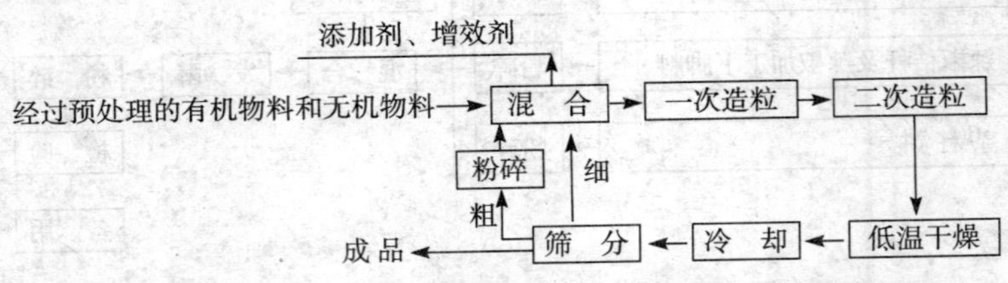

图14-2　防治线虫、地下害虫生态环保药肥工艺流程图

混料机中。经筛分的合格产品经计量、包装，入库。工艺流程见图 14-2。

二、产品质量指标和测试结果

根据三年的研究试验和试用情况，参照有机—无机复混肥的国家标准 GB—18877—2002 和复合微生物肥料标准 NY/T 798—2004，制定了本项目产品的质量指标（表 14-20）。

表 14-20　防治线虫、地下害虫药肥质量指标和测试结果

项 目	$N+P_2O_5+K_2O$（%）	有机质（%）	Zn、B、Mn、Fe、Cu、Mo（%）	腐殖酸+氨基酸（%）	有益活菌数(亿/克)	增效剂（%）	水分含量（%）	酸碱度（pH）
质量指标	≥20	≥50	0.9	≥4	0.2	≥5	≤20	5～8
测定值	20.38	56	1	5	0.28	6	19.6	6～7

三、施用方法

本品是从天然植物中提取的生物碱、楝素、茶皂素等有效成分和生物提取物，配以氨基酸、黄腐酸及无公害的助剂研制而成，是安全、高效、新型多功能肥料。本品能有效消除韭蛆、蒜蛆、黄瓜根结线虫、甘薯根瘤线虫、马铃薯、花生、大豆等作物的蛴螬、地老虎、蝼蛄等地下害虫对作物的危害，同时具有抑菌功能，并可促进作物壮生长，提高品质，增产增收。

（1）用量：根据不同作物和使用方式及病虫害情况，一般每亩用 1 500～6 000 克。

（2）基施：可与生物有机肥或其他基肥拌匀后同施。

（3）灌根：将本品用清水稀释 1 000～1 500 倍，灌于作物根部，灌根前将作物基部土壤耙松，使药液充分渗入。

（4）沟施、穴施：与 20 倍以上的生物有机肥混匀后施入，然后覆土、浇水。

（5）冲施：将本品用水稀释 300 倍左右，随浇地水冲施工，每亩用量为 5 000～6 000 克。

四、应用效果

本产品经黑龙江、山东、河北、北京等地的大豆、花生、蔬菜等 9 个作物 27 个点试验示范应用，基施或追施（穴施或沟施），施后覆土、浇水。大豆、花生每亩施防治线虫、地下害虫药肥 60 千克，大棚黄瓜每亩施 80 千克。与等价的专用无机复混肥相比较，大豆平均增产 19.9%，亩纯增收 107.3 元；花生平均增产 58.38%，亩纯增收入 303 元；黄瓜增产 47.03%，亩纯增收入 878.6 元（表 14-21）。

表 14-21　防治线虫、地下害虫生态环保药肥试验效果

项　目	防治效果（%）		亩产量（千克）			与常规施肥[a]相比较					
						增产（%）			亩纯增收入（元）		
	根结线虫	地下害虫	大豆	花生	黄瓜	大豆	花生	黄瓜	大豆	花生	黄瓜
防治线虫地下害虫药肥[b]	86	99.6	189.3	296.3	4 846	19.9	38.38	47.3	107.3	303	878.6
常规施肥＋农药	74	81	157.88	214.12	3 289						

注：a　常规施肥是指相对应作物施用与本药肥等价的专用无机复混肥。药肥亩施60～100 千克；专用无机复混肥亩施 63～106 千克，另加丙线磷（20%的颗粒剂）1 500～1 750 克（有效成分 300～350 克）。

b　药肥平均价为 1 700～1 800 元/吨，大豆、花生、黄瓜专用无机复混肥平均价格 1 600～1 700 元/吨。

通过调查发现，凡是施用本药肥的地块，在作物收获后，经翻地检查很难找到活的地下害虫，对线虫的防治率在 80%以上。在同一块田地再次施用作基肥后，能有效防止线虫、地下害虫对农作物的危害。

第七节　防治枯黄萎病的无公害药肥

（1）用液体制剂或粉剂产品对棉花、瓜类、茄果类蔬菜等作物的种子进行浸种或拌种后再播种，可彻底消灭种子携带的病菌，预防病害发生。

（2）用颗粒型产品做基肥（底肥），既能为作物提供养分，还能杀灭土壤中病源菌，使作物健壮生长发育，减少作物枯、黄萎病以及根腐病、土传病等危害。

（3）在作物生长期使用液体剂型产品对作物进行叶面喷施，既能促进作物增产，还能预防病害发生；使用粉剂或颗粒剂型产品作追肥，既能快速补充作物营养，还能有效防治枯、黄萎病、根腐病等病害。

（4）当作物发生病害时，在病发初期用液体剂型产品进行叶面喷施（同时灌根更佳），3 天左右可抑制病害蔓延，4～6 天病株可长出新根新芽。

总之，施用本系列产品能有效防治农作物枯、黄萎病以及根腐病等病害，可取代大部分化肥和农药。

一、生产方法

1. 追施型系列产品

本产品在棉花等作物枯、黄萎病发初期用于喷施或灌根。在作物发病初期，将本品用水稀释 800～2 000 倍，喷雾至株叶湿润；同时灌根，每株 200～500 毫升，3～5 天可控制病害蔓延，病株长出新芽、新根。

（1）主要原料：含动物胶质蛋白的屠宰场废弃物；豆饼粉、植物提取物、中草药提取物、生物提取物；水解助剂、硫酸钾、磷酸、中微量元素；水解剂（硫酸）及中和剂（NH_3、氢氧化钙）；1# 添加剂、2# 添加剂、3# 添加剂；稳定剂、助剂等。

（2）工艺流程：

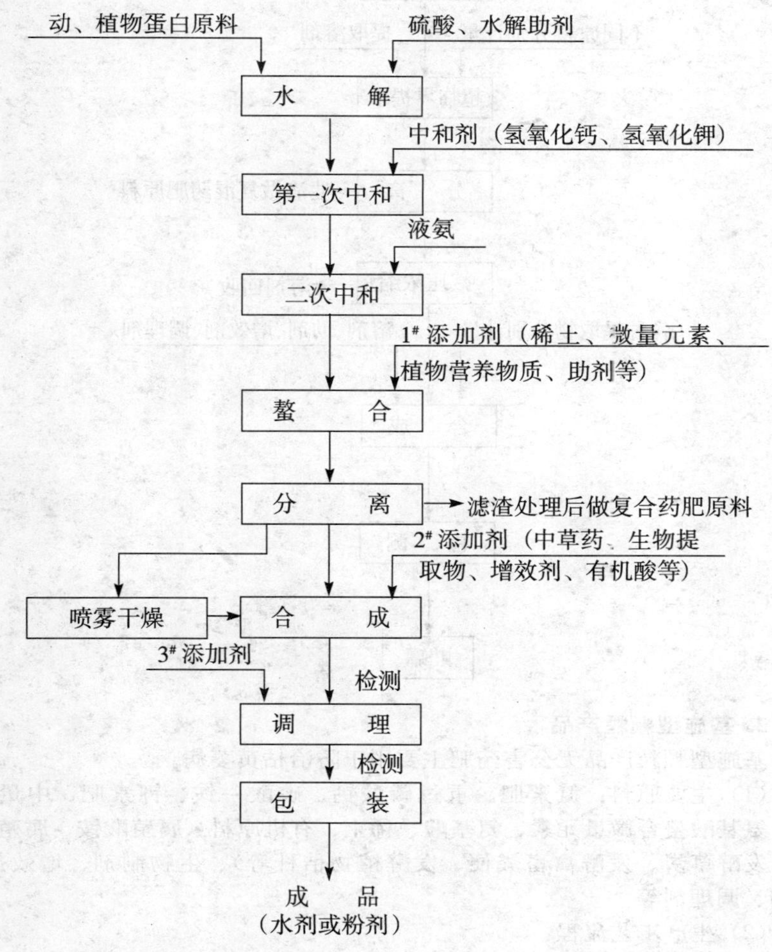

附：植物提取物工艺流程

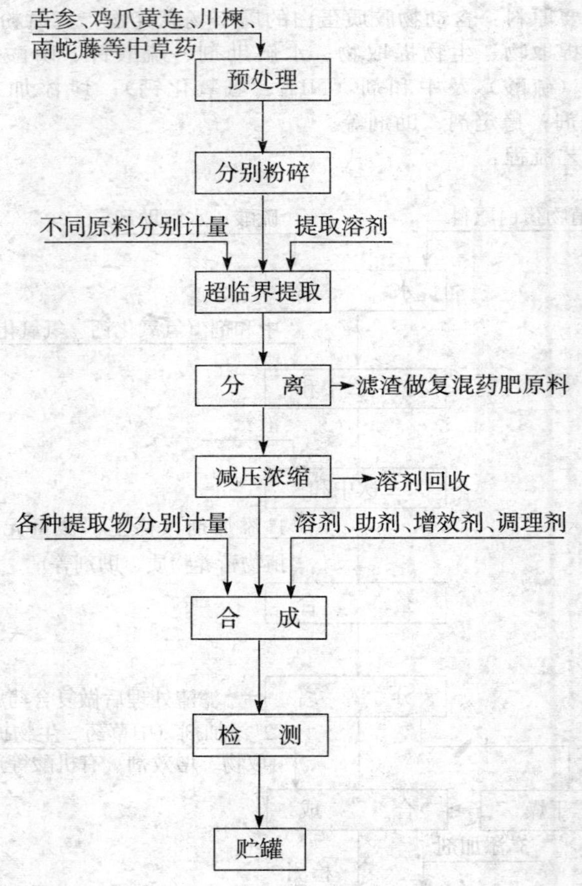

2. 基施型颗粒产品

基施型颗粒产品无公害药肥主要用于防治枯黄萎病。

（1）主要原料：氮素肥、重过磷酸钙、磷酸一铵、钾素肥、中量元素、氨基酸螯合微量元素、氨基酸、稀土、有机原料（腐殖酸铵、腐殖酸钾、发酵草炭、发酵禽畜粪便、发酵植物秸秆等）、生物制剂、增效剂、助剂、调理剂等。

（2）生产工艺流程：

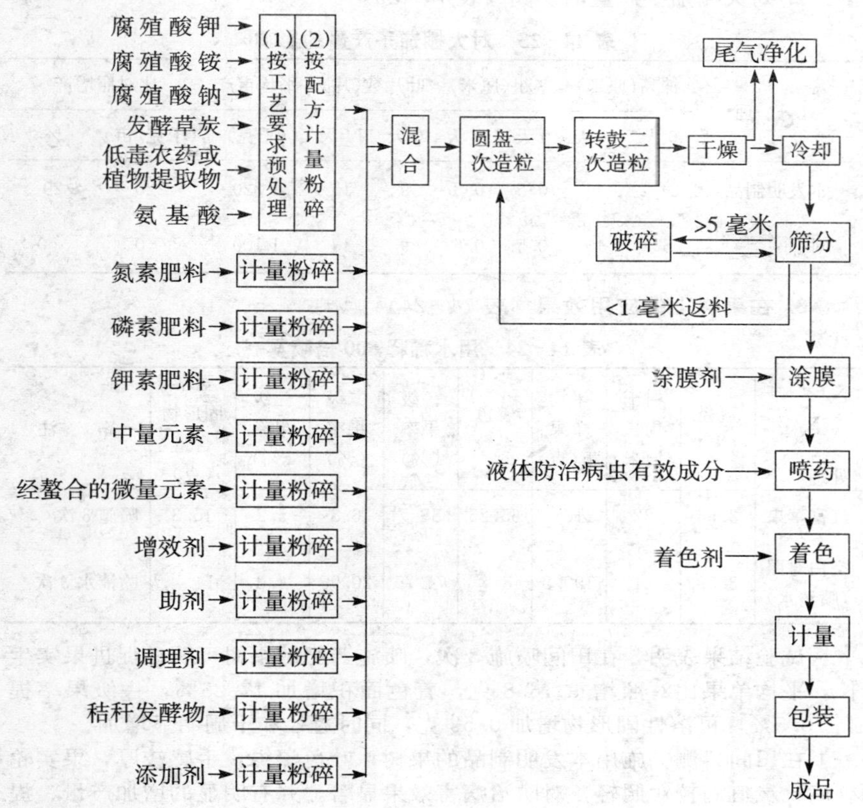

二、应用效果

1. 对大棚茄子枯萎病的防治效果试验（表 14-22）

表 14-22　1 000 倍稀释液喷雾

处　　理	调查株数（株）	发病株数（株）	发病率（%）
本发明制品	76	40	52.6
对照（喷清水）	74	64	86.5

试验地有 3 块茄子地，枯萎病重达 50%，有的已死亡，经喷施本发明制品 2 次后（每 7 天 1 次），病情停止发展，长出新根、新叶片无病情，又能开花结果。

2. 对大棚茄子产量的影响（表 14-23）

表 14-23 对大棚茄子产量的影响

处 理	株高（厘米）		茎粗（厘米）		叶片数（片）		平均亩产	比对照增产	
	0 天	14 天	0 天	14 天	0 天	14 天	（千克）	（千克/亩）	%
本发明制品	24.2	45	0.5	0.9	9	15	1 320	220	20
对照	25	40	0.5	0.6	9	13	1 100	0	0

3. 在果树上的应用效果（表 14-24）

表 14-24 用水稀释 800 倍喷雾

内容 处理	冠径（米）	树干周长（厘米）	平均单果重（克）	着色系数	一级果率（%）	二级果率（%）	三级果率（%）	可溶固形物含量（克）	备 注
红富苹果	3.66	32	216	65.25	88	6.8	5.2	15.3	喷施 3 次
空白对照（喷清水）	3.592	21	199.2	48	74.75	20.95	4.3	14	喷清水 3 次

试验结果表明，在田间喷施 3 次，喷施药肥的果树可明显促进果实生长，平均单果比对照增重 16.8 克，着色面积增加 17.25%，一级果率提高 10.5%，可溶性固形物增加 0.53 克，同时冠径和干周明显增加。

在田间目测，施用本发明制品的果树，叶色深绿，手感较厚，果实轮纹病、炭疽病较对照轻，对防治病害效果显著，并有明显的增加产量、提高品质的效果。

第八节 生态环保复合药肥

生态环保复合药肥是选用多种有机物为原料，经酵素菌发酵或活化处理，配入以腐殖酸为载体的综合有益生物菌剂，再添加适量含氮、磷、钾、钙、镁、硫、硅肥以及微量元素、稀土等而生产的系列产品。经试验和大田应用，在蔬菜、瓜类、果树、棉花、花生等作物上施用，与常规化肥相比，一般可提高产量 16%以上，提高化肥利用率 10%～30%，降低农药、化肥投入 15%～30%。

一、生产方法

1. 有机物原料的选择与处理

（1）腐殖酸（含黄腐酸）：是一种多功能的有机肥料，还是化肥农药用其做有益菌或生物农药的载体，不但可以保护菌体，还可起到增效作用。

（2）植物秸秆、畜禽粪便等：经用酵素菌发酵处理作为生物有机物原料，也可做为稀土、生物菌的载体。

（3）选择有杀虫、抑菌等活性的功能性有机物类，如茶子饼（含有6%～13%的皂素，有杀虫、抑菌和表面活性剂的作用）、棉子饼（含有棉酚，有杀虫抑菌作用）等，经活化处理后备用。

（4）烟草废弃物（含有烟碱，有杀虫作用）、辣椒废弃物（含辣椒素，可杀虫杀菌，对农药有增效作用）、野生植物（含生物碱，有杀虫杀菌等多项功能）等，经活化处理后备用。

（5）提取阿维菌素后的发酵物、提取生物碱后的药渣等（含杀虫杀菌和促进作物生长成分），经机械物处理后备用。

（6）含有蛋白质的废弃物：经生化处理，使其富含氨基酸及其螯合物，是高效营养物质，并起抑菌抗病，为化肥农药增效作用。

2. 主要原料

功能性有机物（腐殖酸、植物秸秆、畜禽粪便、茶子饼或棉子饼等）、尿素、硫酸铵、氯化铵、磷铵、硫酸钾、氯化钾、重过磷酸钙、过磷酸钙、钙镁磷肥、中、微量元素、含氨基酸及其螯合物的有机物、稀土、以腐殖酸为载体的有益菌群（分别含有固氮菌类、溶磷菌群、硅酸盐细菌、促生菌、CM 菌群、5406 抗生菌等）、生物农药或低毒农药、除草剂等。

3. 生产工艺

根据不同类型专用肥料配方的要求，将所需原料分别计量，无机原料要按常规进行烘干和粉碎，然后按性质确定投料次序，分别加入到混料机中，原料充分混合均匀后倒入挤压造粒机中进行造粒，经筛分后，分装入库。

也可采用圆盘造粒、转鼓造粒等方法进行生产，但应在低温条件下进行生产，以保生物活性。其工艺流程为：

（1）根据配方要求，有机成分一般占总物料重量比的 40%～50%，各种功能性原料按配方要求配入。

（2）调理剂、黏合剂，根据生产情况，按常规加入。

（3）根据需要，需加入农药（含除草剂、植物生长调节剂）时，严格按亩用量控制，加入到 100 倍量以上的载体内，再混入原料，一般加入量约为 0.01%～0.06%。

（4）生物菌剂要加入 6%～10%的保护剂，用 10 倍量以上的腐殖酸作为载体，然后混入生态环保药肥物料中。

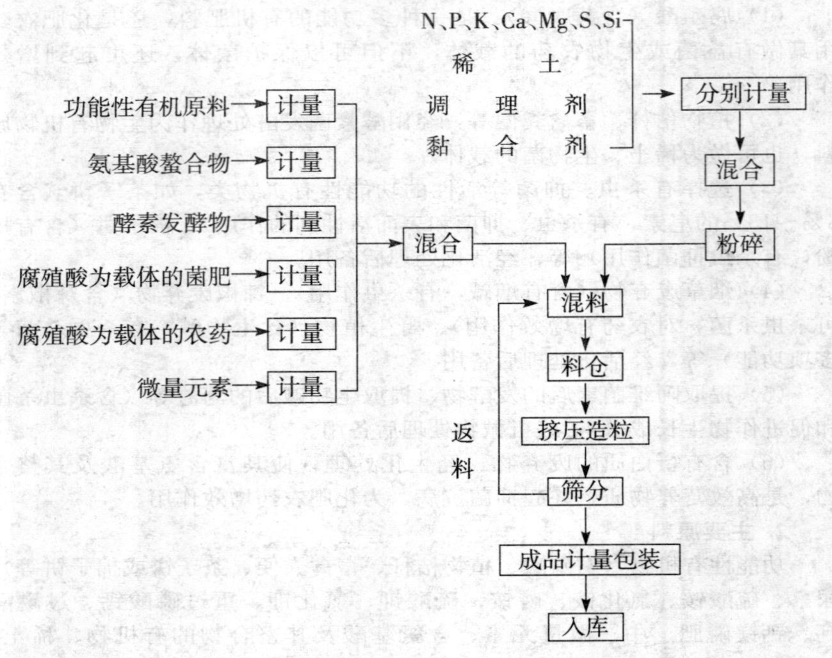

二、产品质量指标

生态环保复合药肥产品质量指标见表 14-25。

表 14-25 生态环保复合药肥产品质量指标

项目	指标
大量元素（$N+P_2O_5+K_2O$），≥	25%
中、微量元素（Ca、Mg、S、Si、Fe、B、Cu、Zn、Mn、Mo），≥	10%
有机质，≥	20%
氨基酸+腐殖酸，≥	6%
有效活性菌，≥	0.2亿/克
酸碱，pH	5.5～8
粒度（4～10毫米），≥	85%

三、产品有效成分含量检测结果

通用型产品有效成分含量检测结果见表 14-26。

表 14-26　通用型产品有效成分含量检测结果（%）

项目	N	P_2O_5	K_2O	有机质	氨基酸腐殖酸	Ca	Mg	S	Cu	Zn	Mn	B	Fe	Mo	有益菌
设计配方	8	8	9	20	6	3	3.6	4	0.2	0.25	0.23	0.3	0.4	0.02	0.2 亿/克
检测结果	8.6	8.3	9.6	26	7	3.5	4	5	0.22	0.26	0.26	0.25	0.43	0.02	0.3 亿/克

四、产品的使用方法

1. 适用作物

蔬菜、瓜类、果树、棉花、花生、烟草、茶树、小麦、大豆、玉米、水稻等作物。

2. 用法及用量

本产品可做基肥（随整地适入土壤），也可穴施、条施、沟施。可与有机肥、农家肥混合施用。每亩用量 50～70 千克。果树根据树龄施用，一般每株 3～7 千克，可与有机肥混合施用。

第十五章 土壤调理剂

第一节 土壤调理剂的概念和分类

改良土壤结构有多种方法，如实行精耕细作、种植绿肥、增施有机肥、制订合理的耕作、轮作制度等，而使用土壤调理剂，对迅速有效改良土壤结构有重要意义。应用土壤改良剂是修复退化土壤的重要措施之一。土壤调理剂能有效改善土壤理化性状和土壤养分状况，并对土壤微生物产生积极影响，从而提高退化土壤的生产力。

土壤调理剂又称土壤结构改良剂，简称土壤改良剂。广义地讲，对土壤性状具有改良和调节作用的物质都可以称为土壤调理剂。但在不同历史时期，由于使用材料的不同及认识上的差异，对土壤调理剂的概念有所不同。我国国家标准 GB/T6274—1997 将土壤调理剂定义为加入土壤中用于改善土壤的物理和（或）化学性质及其（或）生物活性的物料。

土壤调理剂的分类见表 15-1。

表 15-1 土壤调理剂的分类

<table>
<tr><th>分类方式</th><th>类　别</th><th colspan="2">主 要 品 种</th></tr>
<tr><td rowspan="9">按原料来源分类</td><td rowspan="6">天然土壤调理剂</td><td rowspan="2">无机物料</td><td>天然矿物：石灰石、膨润土、石膏、蛭石、珍珠岩等</td></tr>
<tr><td>无机固体废弃物：粉煤灰等</td></tr>
<tr><td rowspan="3">有机物料</td><td>有机固体废弃物：造纸污泥、城市污水污泥、城市生活垃圾、作物秸秆、豆科绿肥、畜禽粪便等</td></tr>
<tr><td>天然提取高分子化合物：多糖、纤维素、树脂胶、丹宁酸、腐殖酸、木质素等</td></tr>
<tr><td>有机质物料：泥炭、炭等</td></tr>
<tr><td colspan="2"></td></tr>
<tr><td>合成土壤调理剂</td><td colspan="2">聚丙烯酰胺、聚乙烯醇、聚乙二醇、脲醛树脂等</td></tr>
<tr><td>天然—合成共聚物土壤调理剂</td><td colspan="2">腐殖酸—聚丙烯酸、纤维素—丙烯酰胺、淀粉—丙烯酰胺/丙烯腈、沸石/凹凸棒石—丙烯酰胺、磺化木质素—醋酸乙烯等</td></tr>
<tr><td>生物土壤调理剂</td><td colspan="2">生物控制剂、微生物接种菌、菌根、好氧堆制茶、蚯蚓等</td></tr>
</table>

（续）

分类方式	类　别	主　要　品　种
按性质分类	无机土壤调理剂	不含有机物，也不标明氮、磷、钾或微量元素含量的调理剂
	有机土壤调理剂	来源于植物或动植物的产品，用于改善土壤的物理性质和生物活性
	有机—无机土壤调理剂	可用物质和元素来源于有机和无机物质的产品，由有机土壤调理剂和含钙、镁和（或）硫的土壤调理剂混合和（或）化合制成
按成分分类	多糖类	包括多糖类、多糖羰酸类及同类物质，常用的有藻朊酸钠、糊精、果胶、木质胶制剂等
	纤维素类	包括纤维素黏液、醋酸纤维素、甲基纤维素、羧基甲基纤维素钠盐制剂等
	木质素类	以木材纸浆废液为原料制成，包括木质素盐类制剂、木质素腐殖酸类制剂以及木质素丙烯腈缩合共聚物等类别
	树脂胶类	由廉价的松香皂或工业用松香中提取，主要品种有硬脂酸、松香酸钠制剂等
	腐殖酸类	泥炭、褐煤、风化煤、腐钠、腐钾、腐铵等
	聚丙烯酸类	人工合成的土壤调理剂，主要品种有聚丙烯酸钠、聚钠烯腈、聚丙烯酰胺、聚丙烯二钠—铵盐、水解性聚丙烯腈钙—钠盐等制剂
	聚乙烯醇类	主要成分是聚乙烯基乙酸的水解化合物，主要品种有苏伊拉克、坦利姆、葛萨诺鲁等
	醋酸乙烯·马来酸类	醋酸乙烯酯·嘎丁烯二酸化合物、醋酸乙烯·马来酸共聚物等
	四基铵盐类	包括二甲基烷基铵氯化合物、伯胺盐酸化合物制剂等
	矿物类	石灰、石膏、膨润土、珍珠岩、沸石等
按离子类型分类	阳离子类	聚四乙烯吡啶等
	阴离子类	聚丙烯酸钠、腐殖酸钠等
	非离子类	甲基纤维素、聚乙烯醇等
按作用分类	土壤结构剂	能使分散的土粒形成团粒结构，又称为土壤结构形成剂、土壤胶结剂
	土壤固定剂	能固定表土，防止水土流失，又称为土壤安定剂
	土壤调酸剂	能调节土壤酸碱度
	土壤增温剂	能增加土壤温度
	土壤保水剂	能保持土壤水分
	其他品种	土壤保湿剂、松土剂、固沙剂、增肥剂、消毒剂、重金属钝化剂、降酸碱剂等

第二节　土壤调理剂的主要作用和功能

(一) 改善土壤特性，提高土壤肥力

1. 创造团粒、改良土壤结构

土壤结构是土壤肥力的基础。一般认为直径10～0.25毫米（尤其是1～4毫米）的水性土壤结构对土壤肥力有重要意义。施用土壤结构改良剂可促使分散的土壤颗粒聚形成团粒，增加土壤中水稳性团粒的含量和稳定性，改善通气透水性。

施用土壤调理剂能提高团粒的水稳性。土壤中原有的天然团粒在土壤调理剂的作用下，水稳性远较由分散的土粒所形成的团粒为大，数量甚至超过好几倍。前苏联试验表明，施用聚丙烯酰胺，大于0.25毫米水稳性团粒占大于0.25毫米团粒总数的43.8%，而对照（不施土壤调理剂）仅为20.2%。

增加团粒结构的机械稳定性，因为施用后提高了团粒内部结合力，内聚力增强，使团粒抵抗耕作机械等压力而不破碎的稳定性增加。

土壤中的天然团粒是由土壤腐殖质的胶结作用而形成的，容易被土壤微生物分解，使团粒解体；而施入人工合成的土壤调理剂，土壤微生物不易将它分解，所以形成的人工团粒表现出较高的生物稳定性。

改变团粒粒径的组成，提高大团粒的比率。据国外试验，施用土重0.05%的CRD—186制剂，可使2～5毫米和大于5毫米以上的团粒增加到占团粒总数的63%，而对照只占团粒总数的11%。

2. 改良土壤的物理性质

施用土壤调理剂不仅能增加土壤中水稳性团聚体的含量，显著提高团聚体的质量，而且还可以增大土壤总孔隙度，降低土壤容重，调节三相比，改善其通气性、透水性，最终达到提高土壤农学价值的目的。

天然沸石是一种多孔状碱金属和碱土金属的硅铝酸盐矿物，主要由硅、铝、氧三种元素组成，由于沸石颗粒密度小、孔隙度较大，将天然沸石掺入土壤，可以疏松土壤、增加土壤孔隙度、增加土壤透气性、改善土壤物理性状。

聚丙烯酸类土壤改良剂（PAM）是一种土壤保水剂，属于高分子物质。研究表明，由于高分子电解质的离子排斥作用引起分子扩张和网状结构引起阻碍分子的扩张作用，使聚丙烯酸类土壤调理剂不仅具有保持土壤水分的作用，还可以使土壤体积膨胀，总孔隙度增加，密度降低，土壤结构得到改善。随土壤中保水剂含量的增加，土壤胶结形成团聚体多以大团聚体状态出现，这些大团聚体对稳定土壤结构，改善土壤通透性，防止表土结皮，减少土面蒸发有较好作用。

3. 改良土壤的化学性质

（1）对土壤 pH 的影响。调酸剂的使用可使秧田土壤从 pH 8～8.5 降为 pH6.0～6.5；碱土中施用石膏，pH9 左右降为 pH7～8；酸性土壤中施用石灰，使 pH 上升。土壤 pH 的变化，为作物创造适宜的环境条件，人工合成的土壤调理剂也有类似的作用。

（2）能增加土壤盐基交换量，增加土壤缓冲性能和保肥性能。

（3）能增加土壤中植物有效养分含量，提高作物吸收利用养分的能力。

4. 提高土壤生物学活性

土壤微生物数量直接影响土壤的生物化学活性及土壤养分的组成与转化，土壤酶是土壤中的生物催化剂，它们都是土壤肥力的重要指标。施用土壤调理剂改善了土壤水、肥、气、热状况，为微生物活动创造了良好的环境条件。

5. 提高土壤保蓄养分能力

土壤养分是土壤肥力和土壤生产力的基础。土壤改良剂通过创建水稳性团粒和对肥料元素的吸附、活化作用，减少了肥料进入土壤液相，抑制肥料元素的流失，使土壤肥力得以保持，供给作物吸收利用，从而有利于提高肥料的利用率。

总之，施用土壤调理剂，为土壤创造了团粒结构，改善了土壤的物理、化学、生物学性质，为作物生长发育创造适宜的环境条件，对农作物的产量提高和品质改善产生直接影响。

（二）土壤调理剂对植物生长的影响

1. 提高出苗及发芽率

土壤改良剂可以通过改良土壤结构、增加孔隙度，给水稻的出苗创造一个良好的水、气条件，从而可促进出苗率的提高。

2. 改善作物的生长状况

施用土壤调理剂后，水稻的平均株高和平均单株分蘖株都高于对照，分别增加 31.58%和 87.77%（王志玉等，2006）。

3. 改善作物品质

陈琼贤连续 3 年定点试验表明：龙眼果园施用土壤改良剂有极显著的增产效果，增产量可达 0.11～2.96 千克/株。还能改善果实质量，增加单果重和果肉率，提高果肉维生素 A、可溶性糖和固形物含量。杨振超等在温室西葫芦上的试验表明，施用土壤调理剂后西葫芦果实中总糖、还原糖、维生素 C、蛋白质等均有不同程度增加，其中维生素 C 含量提高了 21.4%。

4. 提高作物产量

1998—1999 年连续干旱，在山西襄汾、万荣、屯留县冬小麦地进行新型 PAM 试验，PAM 处理分别较对照增产 10.0%、4.7%和 8.5%。PAM 尤其对千粒重的影响较大，3 个试验点的小麦千粒重增加 0.8～1.7 克。

土壤调理剂在蔬菜上的试验结果表明，施用于夏菜移苗床，可培育出健壮秧苗，花蕾数多。定植后植株长势好，获得丰产丰收，增产 10%以上。用于夏秋菜播种床，通常可提高成苗率 20%左右，土质差或遇不良气候条件的可提高 50%以上，培育的幼苗生长健壮，根系发达。另外，1989 年春季，用常规方法育苗，栽种大田后穴施改良剂，黄瓜（宁丰 3 号品种，大棚栽培，每亩施土壤调理剂 6.65 千克），每亩增产 388.5 千克，增 18.7%。辣椒（早丰 12 号品种，小棚栽培，每亩施土壤调理剂 2.5 千克），每亩增产 350 千克，增 25.8%。

值得注意的是，土壤调理剂的利用可改良土壤性质，以便更适于植物生长，并非为植物提供养分，因此不能代替肥料的作用。

第三节　土壤调理剂的主要品种、性质及应用

一、天然土壤调理剂

1. 纤维素类

包括纤维素黏液、醋酸纤维素、甲基纤维素、羧基甲基纤维素钠盐制剂等，主要作用是改善土壤结构状况。

纤维素类土壤调理剂的主要成分为纤维素，纤维素的分子量很大，不溶于水，用碱液加温处理后即生成纤维糊，这种制剂称为纤维素黏液；纤维素分子内具有游离的羧基，能被甲基、羧基甲基取代，还可制成甲基纤维素、羧甲基纤维素，也可与酸作用生成纤维素酯类。纤维素类土壤调理剂施入土壤后，在空气中二氧化碳的作用下，不需与土壤胶体发生交换反应，即转化成不溶性纤维素，它能使分散无结构的土壤形成水稳性团粒，并能提高土壤的持水量，改善土壤空气状况。

作为商品出售的甲基纤维素称为 MC 制剂，羧基甲基纤维素钠盐称为 CMC 制剂。CMC 制剂对于土壤微生物比较稳定，短时间内不会被微生物分解，属于高分子阴离子类土壤调理剂。使用纤维素类土壤调理剂时，调成 1%～2%的水溶液施到土壤中，可以明显改善土壤结构状况。

2. 木质素类

一般以纸浆废液为原料制成，包括本质素磺酸、木质素亚硫酸铵、木质素亚硫酸钙、腐殖酸类制剂以及木质素丙烯腈缩合共聚物等。

日本制造的“斯艾斯”制剂的主要成分为木质素磺酸，“东海木质素

F”的主要成分是硫化木质素；前苏联制造的AK-1主要成分为木质素亚硫酸盐，是用亚硫酸木质素碱液与酸性硫酸铵作用制得，制剂呈粉末状，褐色，水溶性好，溶液pH4.4；AK-7是木质素亚硫酸钙盐，制法与AK-1类似，黄色粉末状，水溶性差，悬浊液pH11.2。木质素类土壤调理剂制法不同但性质相似，主要作用是改善土壤团粒结构状况，施用量为土重的0.1%～0.2%。

3. 腐殖酸类

（1）泥炭：又称草炭、草煤，是生成于沼泽中的特定产物，由木本、草本和藓类等植物，埋藏地下经不完全分解而形成的有机沉淀物。含有机质40%～75%，质地疏松多孔，具有较好的保水、保肥性能，是改良低产土壤的好材料。目前泥炭用于改良土壤，有以下几种形式：在有机质少的低产土壤上施一层泥炭，有改良耕层土壤的效果；泥炭填加少量营养元素制成泥炭营养土，作为花卉、苗木、蔬菜的栽培基质；化肥中添加20%泥炭制成颗粒肥料；以泥炭为原料加工成腐殖酸、腐钠、腐钾和腐铵等，用作土壤有机胶结剂，促进土壤团粒，改善土壤结构。

（2）褐煤：是一种年轻煤，热值较低，含腐殖酸10%～50%，农业上主要用的是风化褐煤煤粉，直接施用在低产土壤中（辽宁一些稻作物地区将风化褐煤施在稻田中），起到改良土壤理化性状的作用。褐煤多用于制造氧解产物硝基腐殖酸或用来提取腐殖酸制剂用于改良土壤。

日本把硝基腐殖酸制成钙、镁盐，用于改良火成岩为母质的酸性土壤。我国华北、东北地区用硝基腐殖酸作为水稻育秧床土调酸剂，降低石灰性土壤、碱性土壤pH，使育秧床土从pH 8.0～8.5降低为pH5.0～6.5，达到水稻秧苗生长期对土壤pH的要求。硝基腐殖酸添加量约为秧盘土壤重量的2.5%～5.0%。硝基腐殖酸还可以填加在化肥中混合造粒，100千克化肥中添加10～15千克硝基腐殖酸。制成腐殖酸复混肥，施入土壤有局部改良根际土壤、提高化肥利用率的作用。

（3）风化煤：即露头煤，又叫引煤，是煤层裸露地表经风化作用形成的，含腐殖酸30%～55%，化学交换容量较高。用于改良土壤有以下方式：在风化煤产地附近的低产农田上可直接施用适量的风化煤粉改良土壤理化性状，收到增产效果；在矿毒田大量施用风化煤粉，可以抑制有害金属离子对作物的不良影响，改良矿区附近土壤；风化煤粉与氨水或碳酸氢铵混合堆制，经氨化作用制成腐铵与化肥一起施用，可以收到局部改土的效果，并能提高化肥利用率。风化煤粉中加氨水或碳铵的比例为10%～15%，每亩施用量为50～100千克。

4. 矿物类

（1）石灰：包括生石灰、熟石灰、碳酸石灰等。作为土壤调理剂不仅可中和土壤酸性，消除活性铝的毒害，还可改善土壤物理性状，使土壤

H-胶体变成Ca-胶体，促进胶体凝聚，有利于团聚体形成。酸性土壤施用石灰后可减少磷的固定，促进土壤胶体吸附的铵、钾离子的释放，促进有益微生物的活动，加速有机物的分解及养分的释放。石灰用量，在酸性秧田土壤每亩15～25千克，水田作基肥每亩50～100千克，旱田每亩50～75千克；重点用于改良土壤，每亩用量150～250千克，均匀撒施，然后翻耕，使之与土壤均匀混合。

（2）石膏：主要成分是硫酸钙（$CaSO_4 \cdot 2H_2O$），含硫18%，CaO 23%，微溶于水。磷石膏是硫酸法制取磷酸的残渣，主要成分是硫酸钙，含量约64%，含P_2O_5 2%左右。

石膏作为土壤调理剂主要用于改良碱土。碱土特点是含大量碳酸钠和重碳酸钠，呈强碱性反应，土壤粉粒及腐殖质呈分散状态，通透性差，影响作物生长。施用石膏后，能与土壤溶液中碳酸钠、重碳酸钠发生化学反应，生成易溶于水的硫酸钠（Na_2SO_4），可利用雨水或灌溉水从耕层中淋洗排除，降低碱性。石膏中的钙离子还能与土壤胶体上的钠离子进行交换，形成不易分解的钙胶体，使土壤理化性状得到改善。石膏用量，作基肥或追肥每亩15～25千克，作种肥每亩4～5千克。施用时将石膏粉碎，撒施土表，经耕、耙混入土中，必须结合灌溉排水措施进行，以便冲洗掉硫酸钠，达到治碱、保苗的效果。

（3）膨润土：是以蒙脱石矿物为主要成分的细粒黏土，主要化学成分是SiO_2、Al_2O_3以及少量的Fe_2O_3、FeO、MgO、CaO、Na_2O和TiO_2等。膨润土具有良好的黏结性、分散性、吸附性能，含有多种植物所需要的营养元素，对改良土壤具有较好的效果。将膨润土和沙质土壤混合，能改善土壤物理和化学性质，防止土壤肥料流失，改善土壤水分状况，减少水田漏水。酸性土壤施用膨润土，可减弱土壤胶体阳电荷，减少活性铝对作物根部的伤害。膨润土的施用量以每亩100千克左右为宜，集中施用（穴施或条施）效果更好。

（4）珍珠岩：为硅质物质，是由熔岩流形成的矿物。经加工为直径1.5～3毫米的颗粒，常用于园艺栽培。珍珠岩能保持比它本身重3～4倍的水，基本上是中性，pH6～8，无缓冲作用，没有阳离子交换性能。珠珠岩有坚固的结构，碰撞时会破裂为小的颗粒。珍珠岩加入土壤中能增加通透性，保持土壤水分。细小的颗粒用于种子发芽，粗的颗粒最适于与泥炭等量混合，施在土壤中作为育苗栽培基质。珍珠岩用在黏重土壤中效果更好。

5. 多糖类

包括多糖类及同类物质，常用的有藻朊酸钠、糊精、果胶、木质胶制剂等品种。

多糖类的结构对土壤微粒的聚合有显著的影响，能增加团粒的稳定性、土壤持水量和土壤通气性，起到改良土壤结构的作用，但抗土壤微生物侵蚀性较差。

藻朊酸钠制剂是多糖类土壤调理剂的代表品种之一，是多级藻朊酸钠的化合物，低位分子量为15 000，中位分子量为120 000，高位分子量为200 000。主要用于碱性、石灰性土壤，在酸性土壤中施用，并不能使土粒团聚。

6. 树脂胶类

由廉价的松香皂或工业用松香中提取，主要品种有硬脂酸、松香酸钠制剂等。能降低土壤的亲水性，增加水稳性团粒结构。

二、合成土壤调理剂

合成土壤调理剂由单体聚合而成。单体有丙烯酸（$CH_2=CH—COOH$）、丙烯脂单体（$CH_2=CH—CN$）、丁烯二酸（马来酸）单体（$HOOC—CH=CH—COOH$）、乙烯单体（$CH_2=CH_2$）等。由一种单体合成的制品称为同质聚合物，由不同单体聚合而成的制品称为共聚物或缔合聚合物。

在聚合物链条上有许多功能基，其中有些是活性功能基，如羧基（$—COOH$）、氨基（$—NH_3$）等。这些活性功能基在溶液中离解后，使聚合物成为带电的离子，如聚合阴离子和聚合阳离子。在聚合物链条上还有非活性功能基，如甲基（$—CH_3$）、羟基（$—OH$）、氰基（$—CN$）、酰胺基（$—C—NH_3$）等，它们在溶液中是不解离的。如果聚合物链条上离解基多，属聚合电解质；没有离解基或离解基很少的聚合物，则属于聚合非电解质，也称非离子聚合物。

合成的结构改良剂一般都具有很强的黏结力，能把分散的土粒结成稳固的团粒。

1. 聚丙烯酸类

主要品种有聚丙烯酸钠、聚钠烯腈、聚丙烯酰胺、聚丙烯二钠—铵盐、水解性聚丙烯腈钙—钠盐等制剂。这类制剂是利用丙烯酸（$CH_2=CH—COOH$）、丙烯腈（$CH_2=CH—CN$）等单体聚合而成的，其主要作用是通过离子交换促使土壤形成团粒结构。国内外试验材料表明，这是当前施用效果好、很有发展前途的土壤调理剂。国内生产较少，国外主要品种有：

（1）HPAN-CRD-189：为美国生产的克里利姆土壤调理剂。黄色粉末，吸湿性强，水溶性好，膨胀系数大，溶液呈碱性反应，pH9.2。是一种阴离子类土壤调理剂，施用效果较好。

（2）伊罗提尔：为美国产品，主要成分为聚丙烯酸钠。溶于水，溶液呈碱性反应，pH8.5～9.4，也是一种比较好的土壤调理剂。

（3）聚丙烯酰胺：固体，若脱水不彻底，则为黏稠状液体，易溶于水，含氮量占干物质的19.2%。聚丙烯酰胺是应用最多的土壤调理剂。

聚丙烯酸类土壤调理剂施用量为土重的0.01%～0.1%，据中国科学院南京土壤所试验表明，施用此类制剂，重黏土中大于0.25毫米水稳性团聚体，比对照增加43.3%，轻壤土中比对照增加77.1%，对改善土壤通透性、减少土面蒸发、防止土壤板结或龟裂都有较好的作用。

2. 醋酸乙烯·马来酸类

这类制剂的代表品种是美国生产的Vama-CRD-186，是一种醋酸乙烯酯—嘎丁烯二酸化合物，分子量为15 000～20 000。Vama制剂主要是醋酸乙烯·马来酸共聚物的钙盐，白色粉末，有吸湿性，易溶于水，溶液呈酸性反应，pH3.0，溶解后呈黏稠状。是一种阴离子类土壤调理剂，在黏土地上使用效果较好，壤土次之，在沙土上施用则效果不大。

3. 聚乙烯醇类（PVA）

主要成分是聚乙烯基乙酸的水解化合物，主要作用是以其黏结特性改善土壤物理状况，增加团粒数量，对水分状况亦有调节作用。施用量为土重的0.01%～0.1%。

4. 四基铵盐类

（1）二甲基烷基铵氯化合物，化学式：$[(CH_3)_2N(R)_2]Cl$（R是含有16～20个碳原子的羧基）。纯品系黄色粉末，含有97.5%的干物质。农业用品为膏状物，含干物质78%，易溶于水，施用时先配成2%的水溶液，然后再施入土壤。

（2）伯胺盐酸化合物，又称氯水化合物，化学式：RNH·HCl（R=C16～C20）。制剂为非晶形固态物，干物质含量为82%，易溶于水，溶液呈浅褐色。施用时配制成2%水溶液施入土壤，与非表面活性聚合物制剂配合施用，其改良土壤结构的效果更为显著。

5. 土壤保水剂类

保水剂又称高吸水性树脂，外观为白色粉末，由水溶性高分子通过适度交联的方法制得。按其原料来分，有淀粉类、纤维素类、合成聚合物类等。目前国内外生产的高吸水性树脂有淀粉-丙烯腈接枝共聚型、淀粉-丙烯酸盐接枝共聚型、羧甲基纤维素型、乙烯醇-丙烯酸钠共聚性、丙烯酸钠型、聚氯乙烯型、聚乙烯醇-环状酸酐接枝共聚型、丙烯腈-丙烯酸盐共聚型等。

高吸水性树脂能在瞬间吸收水分，并膨胀成凝胶状的树脂，吸水能力可达自身重量的数百倍，甚至1 000倍以上，水被封闭在高分子网络内，因而产生吸水性和保水性。

保水剂施入土壤后，提高了土壤的吸水和保水能力。含1克保水剂的土壤200克，加水140毫升才达到饱和，而对照仅加水70毫升就饱和，这表明含有保水剂的土壤吸水量比对照（不加保水剂）增加1倍，沙土中加入0.5%～2.0%的保水剂，自然存放22天，保水量是对照的26～43倍；放置53天，保水量是对照的133～267倍。这说明保水剂可以大大减少土表水分蒸发，具有显著保墒作用。保水剂施用量，地表撒施6.6～13.3千克/亩，沟施或穴施每亩0.5～10千克。

保水剂除对土壤水分有显著影响外，还有改善土壤结构，调节土壤水、肥、气、热状况，提高土壤保肥能力等多种作用，在农业上应用，已取得显著增产效果。

6. 土壤增温剂类

土壤增温剂类是一种水包油型乳状液，是将脂肪酸残渣、沥青等不溶于水的黏稠高分子物质分散成细小的颗粒，均匀分布于水中，这种水乳状液由成膜物质、水及乳化剂三种物质组成。成膜物质主要为脂肪酸残渣和沥青，外观为细腻膏状，呈黄褐色（合成原料）或棕褐色（天然原料），pH7～8，有效含量30%，含水量70%。使用时用一般硬水稀释10倍均匀喷洒在土表，1～2小时后可成膜，成膜后可保持20～30天，日降雨40毫米对膜无破坏作用。使用数量每亩80～100千克或每平方米1.5～1.75千克为宜。喷洒后一般在20～30天不灌水施肥，需灌水时采取沟灌，使水层不上床面，延长膜的增温效果。

土壤增温剂能提高土壤温度，改变土壤热量收支平衡状况。据试验结果显示，喷施土壤增温剂，土表晴天比未用增温剂的日平均增温5.7℃，中午最大增温11.4℃，阴天也相应增温2.1℃和3.6℃。土壤20厘米深处比未使用的晴天日平均增温2.6℃，中午最大增温4.5℃，阴天也相应增温2.1℃和2.2℃，增温效果良好。除此之外，土壤增温剂还能抑制土壤水分蒸发，减少土表盐分积累。农田使用效果表明，土壤增温剂可用于水稻育秧、甘薯育苗、棉花育苗、蔬菜育苗等，增产幅度为10%～30%。

三、生物土壤调理剂

目前，研究和应用的生物调理剂包括一些商业的生物控制剂、微生物接种菌、菌根、好氧堆制茶、蚯蚓等，其中研究应用较多的有丛枝菌根（AM）。AM在土壤改良中的应用主要表现在以下几方面：①改善土壤物理性质。AM含有丰富的菌丝体，能增加土壤有机质含量，丛枝菌根真菌（AMF）根外菌丝能产生一种细胞外糖蛋白，与菌丝网一起有利于土壤团粒结构形成，提高土壤稳定性，增强土壤通透性。②AMF能活化土壤中矿质养分，促进植物根系对营养元素尤其是移动性较差的P、Cu、Zn等矿质元素的吸收。③增强宿主植物的抗病性、抗逆性（抗旱、耐盐、抗酸等）。AMF能诱导植物对土传病原物产生抗病性，减轻一些土传病原真菌和胞囊线虫、根结线虫等对植物造成的危害，其机理是AMF提高了植物的营养水平，使植株健壮，从而增强植物对病原菌的抗性。④AM 还可用于重金属、有机污染土壤的修复。

第四节 土壤调理剂的施用技术

一、施用方式

目前，土壤调理剂的施用方式主要是喷施、拌施和浇施。

如果将粉剂直接撒施于表土中，虽可吸水膨胀，但很难溶解进入土壤溶液，这种施用方法的改土效果很小；在相同情况下，将改良剂溶于水施用，土壤的物理性状明显得到改善。土壤调理剂为水剂，每年于春播秋种前各施用 1 次，浇施或拌入基肥中。另外，两种土壤结构改良剂混合使用或土壤改良剂与有机肥、化肥同时施用，能起到改良土壤理化性状，提高土壤养分含量的双重作用，并显著提高作物产量。

两种不同土壤改良剂混合使用，改土的效果会有明显提高。Wallace（1986）试验结果，用 45 千克/公顷聚丙烯酰胺和 90 千克/公顷多聚糖混合，用于改良钙质土壤，效果好，原因是两种改良剂混合使用具有明显的交互作用。

二、影响土壤调理剂施用效果的因素

1. 调理剂的种类、性质与施用效果

土壤调理剂的种类、性质不同，即使在同一土壤上施用量相同，效果也有很大差异。人工合成的聚丙烯酸类（如聚丙烯酰胺）及醋酸乙烯·马来酸类（如 CRD-186）土壤调理剂，改良土壤结构的效果非常明显，施用量为土重的 0.05%；泥炭、腐殖酸类和木质素类土壤调理剂以及多数天然土壤调理剂改良土壤结构的作用较弱，施用数量为土重的 0.5%，才能显示出改土效果。

2. 土壤因素对施用效果的影响

土壤的种类、性质、结构、土粒大小、化学性质等多种因素，直接影响调理剂的施用效果。

（1）土壤质地与施用效果：质地细的土壤其效果比质地粗的土壤好。例如，施用量为土重 0.05%的 CRD-186 制剂，在粉沙壤土上施用，大于 2 毫米的团粒结构从 6%增加到 24%，而在黏土上则从 11%增加到 63%。从土壤粒径上看，土壤粒径愈小，施用调理剂形成的团粒数愈多。在粗沙及粉沙多的土壤中施用效果差，施用量多反而形成“混凝土化”现象，而不形成团粒。

（2）黏土矿物与施用效果：黏土矿物种类不同，其吸收性能、黏结性、黏着性、可塑性等均不同，对调理剂的作用产生不同影响。在伊利石

和高岭土类黏土矿物中的施用效果比在蒙脱土类黏土矿物中的效果好。黏粒矿物含量少，则土壤调理剂的作用小；相反，黏粒含量多，则调节剂的作用大。

(3) 土壤有机质与施用效果：土壤有机质含量多，则调理剂的效果好；有机质分解程度差的土壤，调理剂的效果好；土壤中腐殖质和胶体含量愈多，结构形成的潜力愈大，施用土壤调理剂的效果愈好。

(4) 天然团粒与施用效果：土壤中原有的天然团粒能促进土壤调理剂的团聚作用。土壤中天然团粒含量多，施用调理剂的效果好。在含有30.22%天然团粒的土壤上施用水解性聚丙烯脂（HPAN），水稳性团粒含量增至43.78%，纯增23.56%；而在天然团粒2.42%的土壤上施用同量制剂，水稳性团粒仅增加11.94%，即只增加9.52%。

3. 施用技术对施用效果的影响

(1) 施用量与施用效果：土壤调理剂的施用量常用其占耕层土壤干重的百分率来表示。施用量过小，团粒形成量少，施用效果低，甚至不起作用；施用量过大，一则成本高、投资大、不经济，二则还会引起“混凝土化”现象，所以施用量必须适宜。一般人工合成的土壤调理剂施用量为土重的0.01%～0.5%，超过此量则形成团粒数量反而减少。如聚丙烯酰胺施用量在20～200千克/公顷。天然土壤调理剂如泥炭、秸秆、石灰、石膏、膨润土等，施用量较大，一般为土重的0.1%～1%，施用量小，改土作用差。

(2) 施用方法与施用效果：人工合成的土壤调理剂如聚丙烯酰胺等，可以液施，也可以干施。液施即将调理剂对水配成水溶液，用喷雾器均匀喷于地表；干施即将干盐状态调理剂均匀撒于表土，用圆盘耙翻土混匀。液施的效果优于干施，如果干施后结合灌溉，也能收到液施的效果。施用量大，可撒施土表，耕翻入土，混合均匀；施用量不大，也可集中施用（沟施或穴施）。

(3) 土壤墒情与施用效果：田间土壤湿度过大，土壤泥泞聚合物成胶状，难于混合均匀；过干，作用缓慢。一般土壤墒情为田间持水量的70%～80%时施用土壤调理剂，对团粒形成的作用最为理想。

(4) 混合状况与施用效果：调理剂施用力求与土壤混合，以便充分发挥它的结构形成作用，否则影响其施用效果。

4. 经济因素的制约作用

土壤调理剂的应用是一项新的技术，因成本较高，尚难推广。目前，大多用在经济价值较高的作物上。此外，在改良盐碱土和防止水土流失方面的应用，也有一定的进展，随着高分子化学和有机合成工业的发展，土壤调理剂的成本将会逐步降低，更好的制品也将不断出现。

第十六章　肥料在粮食作物上的应用技术

第一节　冬小麦施肥技术与专用肥配方

一、冬小麦的需肥特点

冬小麦在生长发育的过程中需不断从土壤中吸收氮、磷、钾、钙、镁、硫、硅、氯、铁、锰、硼、锌、铜、钙等营养元素，其中氮、磷、钾吸收量最多。一般中等肥力水平的麦田每生产 1 000 千克麦子粒需要氮（N）25～35 千克、磷（P_2O_5）10～15 千克、钾（K_2O）25～31 千克、钙（CaO）5.9～6.7 千克、镁（MgO）3.4～4.1 千克、硫 8～12 千克、铁 825 克、锌 60～82 克、锰 59～79 克、铜66～70 克。其中氮、磷、钾比例约为 1∶0.42∶0.93。据报道，冬小麦一生吸收氮、磷、钾的比例为 1∶0.35～0.40∶0.8～1.0。从营养元素向子粒运送的效率看，以氮、磷为最高，锌、锰、镁、铜次之，钾、钙、铁最低。

冬小麦在营养生长阶段（出苗、分蘖、越冬、返青、起身、拔节）施肥主要作用是促分蘖和增穗，生殖生长阶段（孕穗、抽穗、开花、灌浆、成熟）则以增粒重为主。一般从拔节到开花期，是小麦一生中吸收养分的高峰时期，占全生育期养分吸收量的 50%以上，尤其对磷、钾的吸收量大。

冬小麦有较长的越冬期，对氮素的吸收占有重要地位。适量的氮素有助于增加冬前的有效成分蘖数和总穗数。如氮素过多，反而会引起减产。

二、冬小麦无公害施肥技术

我国冬小麦的主要产区在黄淮平原和华北平原。北方土壤大多偏碱，磷素易被固定，易使小麦缺磷，而钾素相对比南方较为丰富。小麦施肥应以有机、无机肥相结合。北方小麦较为合理的养分配比为 N 1∶P_2O_5 0.75∶K_2O 0.35，南方旱地小麦为 N 1∶P_2O_5 0.4∶K_2O 0.36 效果较好。

冬小麦在各个生长发育阶段吸收氮、磷、钾养分的规律是：从出苗至返青期前，吸收的养分和积累的干物质较少；返青以后吸收速度增加，从拔节至抽穗是吸收养分和积累干物质最快的时期；开花以后对养分的吸收率逐渐下降。冬小麦对氮的吸收有两个高峰：一是从分蘖到越冬；二是从拔节到孕穗，且吸收高峰大于前一个高峰。据中国农业科学院土壤肥料研究所对每亩产 412 千克冬小麦植株的分析结果，在营养生长阶段吸收的氮占全生育期总量的 40%、磷占 20%、钾占 20%；从拔节到扬花是小麦吸收养分的高峰期，约吸收氮 48%、磷 67%、钾 65%；子粒形成以后，吸收养分明显下降。因此，在小麦苗期应有足够的氮和适量的磷、钾营养。根据小麦的生育规律和营养特点，应重施基肥和早施追肥。基肥用量一般应占总施肥是的 60%～80%，追肥占 40%～20%。

1. 施足基肥

一般在前茬作物收获后结合土地翻耕施基肥，目的是把肥料深施，以满足小麦中后期对养分的需要。基肥以有机肥为主，配合适量的无机养分，一般每亩施有机肥 2 000～5 000 千克和小麦专用肥30～50 千克，或尿素 10 千克、磷酸二铵 15～20 千克、氯化钾 10 千克。

2. 种肥

冬小麦播种时，还可以将少量化肥做种肥，以保证小麦出苗后能及时吸收到养分，对增加小麦冬前分蘖和次生根生长有良好的作用。小麦种肥在基肥用量不足或贫瘠土壤、晚播麦田上应用，其增产效果更为显著。每亩种肥可用尿素 2～3 千克（或硫酸铵 5 千克）和过磷酸钙 5～10 千克。种子和化肥最好分别播施。碳酸氢铵不宜做种肥。

3. 合理追肥

追肥结合灌溉可提高施肥效果。冬小麦生育期一般追肥 2 次，在越冬前或返青后及拔节期各追肥 1 次，每次施小麦专用肥 10～30 千克或尿素 10～25 千克，在小麦生长中后期可喷施农海牌氨基酸叶面肥，若在稀释的肥液中加入 0.2%～0.4%磷酸二氢钾，则效果最好。每 10 天左右喷施 1 次，连喷 2～3 次，可防小麦倒伏，提高小麦产量和品质。

三、冬小麦专用肥料配方

氮、磷、钾三大元素含量为 30%的配方：30%＝N15：P_2O_5 8：K_2O 7＝1：0.53：0.47。

原料用量与养分含量（千克/吨产品）：

硫酸铵 100　N＝100×21%＝21　S＝100×24.2%＝24.2

尿素 263　N＝263×46%＝120.98

磷酸一铵 69　P_2O_5＝69×51%＝35.19　N＝69×11%＝7.59

过磷酸钙 250　P_2O_5＝250×16%＝40　CaO＝250×24%＝60
S＝250×13.9%＝34.75

钙镁磷肥 25　P_2O_5＝25×18%＝4.5　CaO＝25×45%＝11.25
MgO＝25×12%＝3　SiO_2＝25×20%＝5

氯化钾 116　K_2O＝116×60%＝69.6　Cl＝116×47.56%＝55.17

硼砂 20　B＝20×11%＝2.2

氨基酸螯合锌、锰、铁 15
生物磷钾菌肥（颗粒）50
氨基酸 30
生物制剂 25
增效剂 12
调理剂 25

第二节　水稻施肥技术与专用肥配方

一、水稻的需肥特点

水稻在正常生长发育过程中，除必需的 16 种营养元素外，吸收硅的量也很大。据分析，每生 1 000 千克稻谷，需吸收硅 175～200 千克、氮（N）16～25 千克、磷（P_2O_5）6～13 千克、钾（K_2O）14～31 千克。吸收氮、磷、钾的比例约 1∶0.5∶1.2。杂交水稻的吸钾量一般高于普通水稻。水稻不同生育时期的吸肥规律是：分蘖期吸收养分较少，幼穗分化到抽穗期是吸收养分最多和吸收强度最大的时期；抽穗以后一直到成熟，养分吸收量明显减少。

南北稻区土壤不同，在施肥配比上有所差别。南方土壤多偏酸，磷素较为丰富，缺钾；北方稻田多偏碱，缺磷，施磷后易被土壤固定，钾相对丰富。所以，南方水稻较合理的氮、磷、钾之比为 1∶0.3～0.5∶0.7～1.0，平均为 1∶0.4∶0.9；北方水稻施肥的氮、磷、钾比例以 1∶0.5∶0.5 较为合适。

二、水稻无公害施肥技术

1. 水稻秧田施肥

双季早稻秧龄为 28～30 天，中稻秧龄 30 多天。由于早、中稻秧龄期短，要求秧苗生长快而壮。优质的农家肥（如腐熟人粪尿、厩肥或幼嫩绿肥等，每亩施 1～1.5 吨）和适量的化肥或专用肥做基肥。氮肥要深层施。湿润秧田育秧可在秧田第二次犁田时，每亩施碳酸氢铵 15～25 千克（或硫酸铵 15～20 千克）和专用肥 15～20 千克。在我国南方稻作区，早、中稻育秧期间正遇低温阴雨天气，土壤有效磷和有效钾含量较少，应施用磷肥（每亩施过磷酸钙或钙镁磷肥 30～40 千克）和钾肥（每亩施氯化钾 10 千克或专用肥 15～25 千克）做基肥，能够减少水稻秧苗烂秧和培养壮秧。早、中稻秧田追肥可施1～2 次。稻秧生长到 3 叶期时追肥，称断奶肥。一般断奶肥用速效氮肥或人粪尿，每亩施尿素 3～4 千克或硫铵 7.5～10 千克、腐熟人粪尿 500 千克。为了提高移栽秧苗的发根能力，加速活棵返青，有利分蘖，在拔秧前 3～4 天施起身肥。选用硫铵或尿素，一般每亩施硫铵 10～15 千克或施用尿素 3～5 千克。

2. 水稻本田施肥

水稻本田期各生长阶段施肥量有所不同，应根据预期产量、水稻对养分的需要量、土壤养分的供给量以及所施肥料的养分含量和利用率等因素确定。以广东珠江三角洲地区为例，丰产田每亩一季水稻产量 500 千克，施氮量（纯氮）12 千克/亩，施磷、钾量可通过氮、磷、钾比例计算。施肥期可分为基肥、分蘖肥、穗肥、粒肥（视水稻生长势而取舍）4 个时期。

（1）施肥原则：有机肥和化肥配合施用；氮、磷、钾配合施用；缓效性肥料与速效性肥料配合施用；大量元素和微量元素配合施用。

（2）施肥量：因品种熟期不同确定不同的施肥量，晚熟插秧品种每亩施肥量为氮（N）20～22 千克、磷（P_2O_5）9 千克、钾（K_2O）6 千克、硅（SiO_2）50 千克；中早熟品种施肥量为纯氮（N）16～18 千克、磷（P_2O_5）8 千克、钾（K_2O）6 千克、硅（SiO_2）50 千克。

（3）施肥时间：

①基肥：在每亩施有机肥 1～2 吨的基础上，晚熟插秧品种亩施水稻专用肥 40～60 千克、硅肥 50～100 千克，或磷酸二铵 20 千克、尿素 14～16 千克、氯化钾 10 千克。中早熟品种亩施水稻专用肥 30～50 千克，或磷酸二铵 17 千克、尿素 10.5～13 千克、氯化钾 8 千克。

②分蘖肥：分两次施用。晚熟插秧品种第一次在水稻插秧后 5～7 天，每亩追施水稻专用肥 5～7 千克，或尿素 6.5～7 千克、酸氢碳铵 17.5～19.5 千克；第二次在插秧后 15 天左右，每亩追施水稻专用肥 6～7 千克，或尿素 6.5～7 千克。中早熟品种第一次在水稻 3.5～4 叶期时，每亩追施水稻专用肥 5～6 千克，或尿素 5.5～6 千克，盐碱地每亩可追施硫酸铵 15 千克；第二次在插秧后 6 叶期，每亩追施水稻专用肥 5～6 千克，尿素 5.5～6 千克。

③穗肥：根据田间长势确定追肥量和追肥时间，一般 7 月 10 日左右，晚熟品种每亩追施水稻专用肥 4～4.5 千克，或尿素 4 千克；中早熟品种每亩追施水稻专用肥 3～4 千克，或尿素 3.5～4 千克。

④粒肥：在水稻穗抽齐后，晚熟品种每亩追施水稻专用肥 3～4 千克，或尿素 3 千克；中早熟品种每亩追施水稻专用肥 2～3 千克，或尿素 2～3 千克。

3. 直播水稻施肥

晚稻一般为 30～40 天，最长达 50 天。晚稻秧田宜用肥效缓而持久的塘泥、猪粪尿等 1～2 吨做基肥。磷肥也要施用，每亩基施过磷酸钙 25～30 千克或钙镁磷肥 25～30 千克。钾对晚稻育秧是非常重要的，施钾肥可以防治秧苗叶斑病、褐斑病等，每亩晚稻秧田以施氯化钾 8 千克左右做面肥。应特别注意基肥少施或不施氮肥，以利于控制秧苗生长；用氮肥做追肥，必须严格看苗施肥，秧苗中期无缺氮现象不追肥；晚稻秧苗施起身肥（送嫁肥）以移栽前两天每亩施硫铵 10 千克或尿素 5 千克为宜。

4. 再生稻施肥

杂交早、中、晚稻育秧技术一般与常规早、中、晚稻基本相似。但应增施钾肥，一般每亩施 10～15 千克氯化钾做面肥为宜。

三、水稻专用肥料配方

配方Ⅰ：南方水稻专用肥料配方

氮、磷、钾三大元素含量为 30%的配方：30%＝N 13：P_2O_5 5.2：K_2O 11.8＝1：0.4：0.9

原料用量与养分含量（千克/吨产品）：

硫酸铵 100　N＝100×21%＝21　S＝100×24.2%＝24.2

尿素 225　N＝225×46%＝103.5

磷酸一铵 48　P_2O_5＝48×51%＝24.48　N＝48×11%＝5.28

过磷酸钙 150　P_2O_5＝150×16%＝24　CaO＝150×24%＝36
　　S＝150×13.9%＝20.85

钙镁磷肥 20　P_2O_5＝20×18%＝3.6　CaO＝20×45%＝9
　　MgO＝20×12%＝2.4　SiO_2＝20×20%＝4

氯化钾 197　K_2O＝197×60%＝118.2
　　Cl＝197×47.56%＝93.7

硅肥 183　SiO_2＝183×50%＝91.50

硼砂 20　B＝20×11%＝2.2

氨基酸螯合锌、锰 7

生物制剂 20

增效剂 10

调理剂 20

配方Ⅱ：北方水稻专用肥料配方

氮、磷、钾三大元素含量为 30%的配方：30%＝N 15：P_2O_5 7.5：K_2O 7.5＝1：0.5：0.5

原料用量与养分含量（千克/吨产品）：

硫酸铵 100　N＝100×21%＝21　S＝100×24.2%＝24.2

尿素 258　N＝258×46%＝118.68

磷酸一铵 93　P_2O_5＝93×51%＝47.43　N＝93×11%＝10.23

过磷酸钙 150　P_2O_5＝150×16%＝24　CaO＝150×24%＝36
　　S＝150×13.9%＝20.85

钙镁磷肥 20　P_2O_5＝20×18%＝3.6　CaO＝20×45%＝9

$MgO=20\times12\%=2.4$　$SiO_2=20\times20\%=4$

氯化钾 125　$K_2O=125\times60\%=75$　$Cl=125\times47.56\%=59.45$

硅肥 137　$SiO_2=137\times50\%=68.50$

硼砂 15　$B=15\times11\%=1.65$

氨基酸螯合锌、锰 10

氨基酸 30

生物制剂 25

增效剂 12

调理剂 25

第三节　玉米施肥技术与专用肥配方

一、玉米的需肥特点

各地研究表明，每生产 1 000 千克玉米子粒，春玉米氮、磷、钾吸收比例为 1∶0.3∶1.5，吸收氮（N）35～40 千克、磷（P_2O_5）12～14 千克、钾（K_2O）50～60 千克；夏玉米氮、磷、钾吸收比例为 1∶0.4～0.5∶1.3～1.5，吸收氮（N）25～27 千克、磷（P_2O_5）11～14 千克、钾（K_2O）37～42 千克。玉米不同生育期对养分吸收特点不同，春玉米与夏玉米相比，夏玉米对氮、磷的吸收更集中，吸收峰值也早。一般春玉米苗期（拔节前）吸氮仅占总量的 2.2%，中期（拔节至抽穗开花）占 51.2%，后期（抽穗后）占 46.6%；夏玉米苗期吸氮占 9.7%，中期占 78.4%，后期占 11.9%。春玉米吸磷，苗期占总吸收量的 1.1%，中期占 63.9%，后期占 35.0%；夏玉米苗期吸收磷占 10.5%，中期占 80%，后期占 9.5%。玉米对钾的吸收，春、夏玉米均在拔节后迅速增加，且在开花期达到峰值，吸收速率大，容易导致供钾不足，出现缺钾症状。玉米对锌敏感，施适量的锌可提高产量。

二、玉米无公害施肥技术

根据玉米生育期营养吸收规律，玉米的施肥原则是施足基肥，轻施苗肥，重施拔节肥和苞肥，巧施粒肥。

（1）基肥：基肥以有机肥为主，一般每亩施 3 000 千克左右有机肥和玉米专用肥 40～60 千克。一般基肥中迟效性肥料约占基肥总用量的 80%，速效性肥料占 20%。基肥可全层深施，肥料用量少时，可采用沟施或穴施。间作或混作玉米应重视用种肥，一般用有机肥料，配合适量氮、磷、钾化肥，采用条施或穴施方法进行。

（2）追肥：每亩施肥量低于 20 千克专用肥时，宜在拔节中期施一次追肥，秆、穗齐攻。一般早熟品种播后 30 天左右（即“喇叭口”期）追肥为好，中熟品种播后25天左右追肥，晚熟品种播后35～40天追肥，每亩施用量超过20千克专用肥的，以分次追施为好。重点放在攻秆和攻穗肥，辅之以提苗、攻子肥。各地试验结果，采用二次追肥，一般以前重后轻即攻秆肥60%～70%、攻穗肥30%～40%为好，高肥力田块或施过底肥、种肥、提苗肥的，以前轻后重为佳。对于一些缺锌、铁、硼等微量元素的土壤，在拔节、孕穗期喷施农海牌氨基酸叶面肥或0.3%硫酸锌、0.2%硼砂溶液，均有显著的增产效果。

三、玉米专用肥料配方

氮、磷、钾三大元素含量为35%的配方：35%＝N 12.5：P_2O_5 5.5：K_2O 17＝1：0.44：1.36

原料用量与养分含量（千克/吨产品）：

硫酸铵 100　N＝100×21%＝21　S＝100×24.2%＝24.2

尿素 204　N＝204×46%＝93.84

磷酸一铵 73　P_2O_5＝73×51%＝37.23　N＝73×11%＝8.03

过磷酸钙 100　P_2O_5＝100×16%＝16　CaO＝100×24%＝24
S＝100×13.9%＝13.9

钙镁磷肥 10　P_2O_5＝10×18%＝1.8　CaO＝10×45%＝4.5
MgO＝10×12%＝1.2　SiO_2＝10×20%＝2

氯化钾 283　K_2O＝283×60%＝169.80
Cl＝283×47.56%＝134.59

硼砂 20　B＝20×11%＝2.2

氨基酸螯合锌、锰、铁、铜、钼 15

硝基腐殖酸 100　HA＝100×60%＝60　N＝100×2.5%＝2.5

氨基酸 30

生物制剂 23

增效剂 12

调理剂 30

第四节　甘薯施肥技术与专用肥配方

甘薯，别名地瓜、红薯、红芋、白薯、山芋、番薯、甜薯等，在我国栽培面积很广泛，几乎遍及全国。甘薯栽培面积和产量仅次于水稻、小麦、玉米，居粮食作物第四位。主要生产地区有山东、四川、河南、广东、河北及安徽等省。我国划分为5个栽培区域：北方春薯区、黄淮流域春夏薯区、长江流域夏薯区、南方夏秋薯区和南方秋冬薯区。

一、甘薯的需肥特点

甘薯是一种高产作物，生长期较长，根系发达，吸肥能力强。需肥量大。甘薯是喜钾作物，在生育期中从土壤吸收的钾素最多，氮素次之，磷较少。据研究，每生产 1 000 千克鲜甘薯需吸收氮（N）3.5～4.2 千克、磷（P_2O_5）1.5～1.8 千克、钾（K_2O）5.5～6.2 千克，其吸收比例约为 1∶0.4∶1.5。不同生育期对三大养分元素的吸收量不同。一般氮的吸收量以生长前期，中期为多，主要供茎叶生长；当茎叶生长进入盛期，对氮素的吸收量达到高峰，生育后期对氮素的吸收量开始减少；对磷素的吸收在薯块膨大期有所增加；对钾素的吸收在整个生育期都北氮、磷多，尤其是薯块膨大期，吸收量达到高峰。钾对促进薯块膨大和加速物质的积累起着重要的作用，到生育后期薯块根盛长，茎叶生长渐衰，对养分的吸收量下降，并向块根转移。

二、甘薯无公害施肥技术

（1）基肥：甘薯生长期较长，产量高，需要有足够的底肥作基础，中期肥力稳，生长后期不脱肥和早衰，以保优质高产。甘薯为垄作栽培，基肥多集中施在垄的中下部至垄底。基肥以有机肥为主，配合适量的无机肥。根据产量水平、土壤状况及南北气候差异，基肥用量也不同，一般每亩产鲜薯 4 000～5 000 千克，需腐熟的优质有机肥 5 000～9 000 千克、专用肥 50～60 千克，或过磷酸钙 25～45 千克、尿素 5～10 千克、硫酸钾 20～30 千克。南方地区，除以上施肥数量外，可再加施人粪尿 300～400 千克。

（2）追肥：根据甘薯的生长情况，适时进行追肥，以弥补土壤所供的养分不足。其追肥一般分促苗肥、壮株促薯肥、催薯肥。

促苗肥：在栽插后 15～20 天进行追肥，目的是促使茎叶早发，一般每亩施甘薯专用肥 3～5 千克或硫酸铵 8～12 千克、稀人粪尿液 500～1 000千克，浇施在株穴旁边。

壮株促薯肥：栽插后 45～60 天应施壮株促薯肥，以促结薯，早封垄，一般每亩施甘薯专用肥 10～15 千克或过磷酸钙 10 千克、硫酸钾 12 千克、硫酸铵 2～3 千克，南方地区，还可再施稀人粪尿液500～600 千克。

促薯肥：促薯肥一般在栽插后 80～100 天施用，一般每亩施甘薯专用肥 15～20 千克或硫酸铵 10～15 千克、硫酸钾 10～15 千克。肥料可对水灌施在垄背的裂缝中。

（3）根外追肥

在甘薯生长后期，根系吸收养分的能力减弱，为了保护茎叶生长，防止植株早衰，可叶面喷施含尿素、磷酸二氢钾及含多种微量元素的农海牌氨基酸叶面肥，每 10 天左右 1 次，一般喷 2 次。

三、甘薯专用肥料配方

氮、磷、钾三大元素含量 35%的配方：35%＝N14：P_2O_5 5：K_2O16＝1：0.36：1.14

原料用量与养分含量（千克/吨产品）：

硫酸铵 100　N＝100×21%＝21　S＝100×24.2%＝24.2

尿素 238　N＝238×46%＝109.48

磷酸一铵 63　P_2O_5＝63×51%＝32.13　N＝63×11%＝6.93

过磷酸钙 100　P_2O_5＝100×16%＝16　CaO＝100×24%＝24

S＝100×13.9%＝13.9

钙镁磷肥 10　P_2O_5＝10×18%＝1.8　CaO＝10×45%＝4.5

MgO＝10×12%＝1.2　SiO_2＝10×20%＝2.0

硫酸钾 320　K_2O＝320×50%＝160　S＝320×18.44%＝59.01

硼砂 20　B＝20×11%＝2.2

氨基酸螯合锌、锰 9

硝基腐殖酸 90　HA＝90×60%＝54　N＝90×2.5%＝2.25

生物制剂 20

增效剂 10

调理剂 20

第五节　马铃薯施肥技术与专用肥配方

马铃薯，东北称土豆，华北（晋语）称山药蛋，西北、西南与“两湖”称洋芋，江、浙一带称洋山芋，广东及香港称薯仔。

马铃薯是目前世界上除谷物以外作食用的重要的粮菜兼用作物，主要食用其地下块茎。在全世界广泛种植，并被培养出了数千个品种。对土壤的适应性很强，但对气候要求凉、冷、燥，在湿热地区虽然也能生长，不过一代以后品种就会演化，需要经常从寒冷地区引进新种。

一、马铃薯的需肥特点

马铃薯生长需要较多的养分，是喜钾作物。在所需 16 种养分中，需钾量最大，氮次之，磷最少。幼苗期吸收养分较少，约占总吸收量的10%，发棵期约 30%，结薯期约 50%以上。在幼苗期和发棵期应供给充足的氮肥，以保证前期根、茎、叶健壮生长。一般每生产1 000千克鲜马铃薯需吸收氮（N）3.5～6 千克、磷（P_2O_5）1.8～3.0 千克、钾（K_2O）7.9～12 千克，氮、磷、钾的比例平均为 1：0.4：2。通常认为马铃薯是忌氯作物，据报道，每亩地施氯化钾21～25千克，增产效果与硫酸钾基本相同，同时，氯离子对减少块茎内部的黑斑病很有效。

二、马铃薯无公害施肥技术

钾素对马铃薯是一种很重要的营养元素，同时具有提高抗病和抗寒能力。马铃薯吸收的养分有80%以上来自基肥。施肥原则是施足基肥，早施追肥，多施钾肥，最应重视的是施用有机肥。

（1）重施基肥：每亩基施腐熟的有机肥3 500～5 000千克和马铃薯专用基肥80～100千克，同时加入2千克硫黄粉，混匀后施于土壤中。

（2）早施追肥：马铃薯从齐苗到显蕾要及时浇水追肥，一般在齐苗后随水冲施马铃薯专用冲施肥10～15千克，以促进茎叶生长。在发棵初期冲施专用冲施肥10～15千克。在发棵后期冲施专用冲施肥15～20千克，以促进块茎膨大和提高产量。在生育后期可喷施含磷酸二氢钾和铜、硼、锰、锌、铁的农海牌氨基酸叶面肥1～2次，对防止早衰，提高产量有显著的效果。

三、马铃薯专用肥料配方

马铃薯专用基肥配方

氮、磷、钾三大元素含量为35%的配方：35%＝N 16.5∶P_2O_5 5.3∶K_2O 13.2＝1∶0.32∶0.8

原料用量与养分含量（千克/吨产品）：

硫酸铵100　N＝100×21%＝21　S＝100×24.2%＝24.2

尿素291　N＝291×46%＝133.86

磷酸一铵69　P_2O_5＝69×51%＝35.19　N＝69×11%＝7.59

过磷酸钙100　P_2O_5＝100×16%＝16　CaO＝100×24%＝24
　S＝100×13.9%＝13.9

钙镁磷肥10　P_2O_5＝10×18%＝1.8　CaO＝10×45%＝4.5
　MgO＝10×12%＝1.2　SiO_2＝10×20%＝2

氯化钾85　K_2O＝85×60%＝51

硫酸钾162　K_2O＝162×50%＝81

氨基酸螯合锌、锰、铜、铁21

硝基腐殖酸100　HA＝100×60%＝60　N＝100×2.5%＝2.5

硼砂10　B＝10×11%＝1.1

生物制剂20

增效剂12

调理剂20

第十七章　肥料在经济作物上的应用技术

第一节　棉花施肥技术与专用肥配方

一、棉花的需肥特点

棉花正常生长发育需氮、磷、钾、铁、锌、铜、锰等多种元素。据研究，棉花每形成 1 000 千克皮棉，约需要吸收氮（N）133.5 千克、磷（P_2O_5）46.5 千克、钾（K_2O）133.5 千克；每生产 1 000 千克子棉需吸收氮（N）50 千克、磷（P_2O_5）18 千克、钾（K_2O）40 千克，其吸收比例为1：0.36：0.8。据报道，高、中、低产棉吸收氮、磷、钾比例略有差异。亩产 100 千克皮棉的高产田，吸收氮、磷、钾的比例为 1：0.35：0.85；亩产 80 千克皮棉的中产棉田，吸收比例为 1：0.34：0.73；亩产 60 千克皮棉的低产棉田，吸收比例为 1：0.35：0.71。可见，产量越高，对钾素的吸收比例越高。

棉花在苗期，吸收氮 5%、有效磷 3%、有效钾 3%；现蕾期到初花期，吸收氮 11%、有效磷 7%、有效钾 9%；从初花期到盛花期，吸收氮 56%、有效磷 24%、有效钾 36%；盛花期到始絮期，吸收氮 23%、有效磷 52%、有效钾 42%；吐絮后，吸收氮 5%、有效磷 14%、有效钾 10%。可见，棉花吸肥高峰期在花铃期，氮肥吸收高峰期在盛花期，磷、钾吸收高峰期在盛花期至吐絮期。锌、硼、锰等元素根据土壤养分供应状况，因缺补缺，针对性使用。

二、棉花无公害施肥技术

棉花施肥应掌握以基肥为主、追肥为辅的原则。基肥用量应占总施肥量的 60%～70%。基肥中以有机肥料为主，化学肥料为辅。因为有机肥养分全，肥效稳定持久，对控制棉花徒长、防止后期脱肥有利。

根据棉花的需肥特点和目标产量、地力状况等因素确定施肥养分比例和施肥量及施肥方法。

种植棉花要求棉田有较高的肥力，所以要施足基肥，还需适时适量施用追肥。一般要掌握前轻后重的原则，因地、因时、因苗施用。

（1）基肥：要施足基肥，并以有机肥为主，一般亩施农家肥2 000千克和棉花专用肥 40～60 千克。不具备施基肥条件的夏播棉，可在苗期早施追肥。棉花对锌、硼反应敏感，而我国大部分棉区土壤供应相对不足，建议每亩基施锌肥（硫酸锌）1～2千克、硼肥0.5千克。棉花配方肥同时含有氮、磷、钾、锌、硼等养分，最好根据土壤养分特点和管理水平，选择棉花专用肥，一般每亩使用40～60千克。

（2）追肥：追肥以氮肥为主，一般分初花期和盛铃期两次进行，前轻后重，两次施肥比例为1：2。初花期苗情较好、长势偏旺的，可省略第一次追肥，习惯于一次性追肥的，可在花铃前期（每株有1～2个幼铃时）进行。需要追二次肥的，第二次在盛铃期追肥，一般每次每亩追施棉花专用肥30～50千克。

为充分发挥施肥的效果，应注意施肥的深度。根据根系的生长特性，一般棉花苗期追肥应掌握深度为10厘米，离棉株10厘米；蕾期施肥深度为13～17厘米，离棉株13厘米；初花以后追肥深度和距离约为17厘米。

在施肥方法上，也可结合浇水采用冲施法或滴灌法进行追肥。

（3）根外追肥：主要是防止棉花后期缺肥而早衰，以争取多结秋桃和增加铃重。此时补施肥料因不便土施，所以一般采用根外追肥，以喷施磷酸二氢钾为主。进入花铃期如磷、钾不足，可叶面喷施0.2%～03%磷酸二氢钾。氮肥不足的棉田，还可将0.2%～0.3%磷酸二氢钾与0.5%～1.0%尿素及农海牌氨基酸叶面肥配合喷施，喷至叶面布满雾滴为度。喷施时间以16时以后或阴天为好。每隔10～15天喷一次，共喷3～4次即可。

三、棉花专用肥料配方

氮、磷、钾三大元素含量为35%的配方：35%＝N 17：P_2O_5 5.7：K_2O 12.3＝1：0.34：0.72

原料用量与养分含量（千克/吨产品）：

硫酸铵100　N＝100×21%＝21　S＝100×24.2%＝24.2

尿素305　N＝305×46%＝140.3

磷酸一铵58　P_2O_5＝58×51%＝29.58　N＝58×11%＝6.38

过磷酸钙150　P_2O_5＝150×16%＝24　CaO＝150×24%＝36

S＝150×13.9%＝20.85

钙镁磷肥20　P_2O_5＝20×18%＝3.6　CaO＝20×45%＝9

MgO＝20×12%＝2.4　SiO_2＝20×20%＝4

氯化钾205　K_2O＝205×60%＝123　Cl＝205×47.56%＝97.5

硼砂10　B＝10×11%＝1.1

氨基酸螯合锌、锰、铜15

硝基腐殖酸85　HA＝85×60%＝51　N＝85×2.5%＝2.13

生物制剂 20
增效剂 10
调理剂 22

第二节 大豆施肥技术与专用肥配方

一、大豆的需肥特点

大豆（别名黄豆）是合成蛋白质、脂肪较多的作物，因此需要吸收大量的氮、磷、钾等多种营养。大豆需钙较多，在南方酸性缺钙土壤应施用石灰。据报道，大豆需氮虽多，但可通过根瘤固氮，一般可从大气中获取5～7.5千克/亩，约为大豆需氮的40%～60%。每生产1 000千克大豆，需要从土壤中吸收氮（N）81～101千克、磷（P_2O_5）18～30千克、钾（K_2O）29～63千克、钙（CaO）23千克、镁（MgO）10千克、硫（S）6.7千克，平均氮（N）91.2千克、磷（P_2O_5）24千克、钾（K_2O）46千克，其比例为1∶0.26∶0.51。大豆吸收的养分远远高于水稻、小麦和玉米。

大豆生长发育分为苗期、分枝期、开花期、结荚期、鼓粒期和成熟期。全生育期90～130天。

(1) 吸氮高峰期：出苗和分枝期占全生育期吸氮总量的15%，分枝至盛花期占16.4%，盛花至结荚期占28.3%，鼓豆期占24%。开花至鼓粒期是大豆吸氮的高峰期。

(2) 吸磷高峰期：苗期至初花期占全生育期吸磷总量的17%，初花至鼓豆期占70%，鼓粒至成熟期占13%。大豆生长中期对磷的需要最多。

(3) 吸钾高峰期：开花前累计吸钾量占43%，开花至鼓粒期占39.5%，鼓粒至成熟期仍需吸收17.2%的钾。

可见，开花至鼓粒期既是大豆干物质累积的高峰期，又是吸收氮、磷、钾养分的高峰期。

由于大豆营养生长和生殖生长并进时期较长，吸收的氮、磷、钾元素又明显高于小麦、玉米，因此大豆高产需要供应充足的养分，除氮素以外，还需供应较多的磷、钾等养分。

大豆是需肥较多的作物，其子粒及茎秆氮、磷、钾的含量远大于各种粮食作物。子粒、茎秆含氮（N）分别为5.3%、1.3%，含磷（P_2O_5）1.0%、0.3%，含钾（K_2O）1.3%、0.5%。大豆的需肥规律是：从出苗到开花需要的养分占全生育期的20.45%，开花到鼓粒期占全生育期54.6%，鼓粒到成熟占25%。大豆虽然有根瘤，有固氮的能力，但其所需磷、钾元素必须从土壤中吸取，早期需要的氮素也必须从土壤中吸取，因早期尚未结瘤固氮。为使大豆高产，应对大豆给予必要的肥料。

二、大豆无公害施肥技术

大豆施肥一般由基肥、种肥和追肥组成。施肥的原则是既要保证大豆有足够的营养，又要发挥根瘤菌的固氮作用。因此，无论是在生长前期或后期，施氮都不应该过量，以免影响根瘤菌生长或引起倒伏。但另一方面，也必须纠正那种“大豆有根瘤菌就不需要氮肥”的错误观念。施肥要做到氮、磷、钾大量元素和硼、钼等微量元素肥料合理搭配，迟效、速效肥并用。

对大豆施肥要根据地力、品种特性、种植方式和土壤类型等情况而定。

（1）基肥：基肥以有机肥为主，一般每亩施腐熟有机肥 1 000～2 000 千克和大豆专用肥 40～60 千克，混匀后施入土壤耕作层。对酸性缺钙土壤每亩施石灰 15～25 千克。

施足基肥是大豆增产的关键措施。在轮作地，可在前茬粮食作物上施用有机肥料，而大豆则利用其后效，有利于结瘤固氮，提高大豆产量。在低肥力土壤上种植大豆，每亩加施大豆专用肥 20～30 千克或过磷酸钙 20～25 千克、尿素 2.5 千克、氯化钾 10 千克作基肥，对大豆增产有好处。

（2）种肥：种肥一般每亩用大豆专用肥 10～15 千克或过磷酸钙 10～15 千克、磷酸二铵 5 千克。缺硼的土壤加硼砂 0.4～0.6 千克。大豆是双子叶作物，出苗时种子顶土困难，种肥最好施于种子下部或侧面，距种子 6～8 厘米，切勿使种子与肥料直接接触。此外，我国大豆种植地区已有使用 1%～2%钼酸铵拌种，效果也很好。

（3）追肥：大豆对氮、磷、钾的大量吸收在开花以后，至鼓粒期达到高峰，所以施用方法是在开花前或开花初期每亩施大豆专用肥 10～15 千克，开沟条施、覆土。磷、钾肥选用叶面喷施方法较为适宜，可选用农海牌氨基酸叶面肥、0.1%～0.3%磷酸二氢钾溶液，每亩用量 50 千克左右，混合后叶面喷施 2～3 次，每次间隔 7～10 天。

三、大豆专用肥料配方

配方 I

氮、磷、钾三大元素含量为 35%的配方：35%＝N10：$P_2O_5$15：K_2O 10＝1：1.5：1

原料用量与养分含量（千克/吨产品）：

硫酸铵 100　N＝100×21%＝21　S＝100×24.2%＝24.2

尿素 107　N＝107×46%＝49.22

磷酸一铵 252　P_2O_5＝252×51%＝128.52

$N=252\times11\%=27.72$

过磷酸钙 120　$P_2O_5=120\times16\%=19.2$

$CaO=120\times24\%=28.8$

$S=120\times13.9\%=16.68$

钙镁磷肥 12　$P_2O_5=12\times18\%=2.16$　$CaO=12\times45\%=5.4$

$MgO=12\times12\%=1.44$　$SiO_2=12\times20\%=2.4$

氯化钾 167　$K_2O=167\times60\%=100.2$

$Cl=167\times47.56\%=79.43$

硼砂 20　$B=20\times11\%=2.2$

氨基酸螯合钼、锌、锰、稀土 13

硝基腐殖酸 100　$HA=100\times60\%=60$　$N=100\times2.5\%=2.5$

氨基酸 42

生物制剂 25

增效剂 12

调理剂 30

配方Ⅱ

氮、磷、钾三大元素含量为25%的配方：

25%＝N7：P_2O_5 14：K_2O 4＝1：2：0.57

原料用量与养分含量（千克/吨产品）：

硫酸铵 100　$N=100\times21\%=21$　$S=100\times24.2\%=24.2$

尿素 47　$N=47\times46\%=21.62$

磷酸一铵 222　$P_2O_5=222\times51\%=113.22$

$N=222\times11\%=24.42$

过磷酸钙 150　$P_2O_5=150\times16\%=24$　$CaO=150\times24\%=36$

$S=150\times13.9\%=20.85$

钙镁磷肥 15　$P_2O_5=15\times18\%=2.7$　$CaO=15\times45\%=6.75$

$MgO=15\times12\%=1.8$　$SiO_2=15\times20\%=3$

氯化钾 70　$K_2O=70\times60\%=4.2$　$Cl=70\times47.56\%=33.29$

七水硫酸镁 82　$MgO=82\times16.35\%=13.41$

$S=82\times13\%=10.66$

硼砂 20　$B=20\times11\%=2.2$

氨基酸螯合钼、锌、锰、稀土 13

硝基腐殖酸 150　$HA=150\times60\%=90$　$N=150\times2.5\%=3.75$

氨基酸 39

生物制剂 40

增效剂 12

调理剂 40

配方Ⅲ（本配方适于酸性土壤）

氮、磷、钾三大元素含量为30％的配方：

30％＝N13：P_2O_5 4：K_2O 13＝1：0.31：1

原料用量与养分含量（千克/吨产品）：

硫酸铵 100　N＝100×21％＝21　S＝100×24.2％＝24.2

尿素 224　N＝224×46％＝103.04

磷酸一铵 30　P_2O_5＝30×51％＝15.30

N＝30×11％＝3.3

过磷酸钙 100　P_2O_5＝100×16％＝16　CaO＝100×24％＝24

S＝100×13.9％＝13.9

钙镁磷肥 50　P_2O_5＝50×18％＝9　CaO＝50×45％＝22.50

MgO＝50×12％＝6　SiO_2＝50×20％＝10

氯化钾 217　K_2O＝217×60％＝130.2

Cl＝217×47.56％＝103.21

硼砂 20　B＝20×11％＝2.2

氨基酸螯合钼、锌、锰、铁、稀土 17

硝基腐殖酸 142　HA＝142×60％＝85.20

N＝142×2.5％＝3.55

氨基酸 33

生物制剂 25

增效剂 12

调理剂 30

第三节　花生施肥技术与专用肥配方

一、花生的需肥特点

据研究，每生产 1 000 千克花生荚果需吸收氮（N）50～68 千克、磷（P_2O_5）10～13 千克、钾（K_2O）20～38 千克，其吸收比例约为 1：0.19：0.49。花生对钙、镁的吸收量也很大，每生产 1 000 千克荚果，吸收钙 25.2 千克、镁 25.3 千克，比磷的吸收量还多。不过钙、镁、钾元素相互拮抗，镁、钾多则钙少，会引起花生缺钙症。花生对氮、磷、钾化肥的当季吸收利用率分别为 41.8％～50.4％、15.0％～25.0％、45.0％～60.0％。可见，对氮肥的吸收利用率与施氮量呈极显著负相关，损失率与施氮量呈极显著正相关。

花生植株体内的氮素来源，在中肥力、沙壤土、不施肥条件下，根瘤菌供氮率为 80.76％；施纯氮 37.5～225 千克/公顷，根瘤菌供氮率为 24.44％～70.54％；肥料供氮率为 6.37％～26.52％，土壤供氮率为

23.09%～49.04%。可见，根瘤菌供氮与施氮量呈极显著负相关，肥料、土壤供氮量与施氮量呈极显著正相关。

结果表明，花生施用 N、P_2O_5、K_2O 的参考比例为 1：1.2～1.5：1.5～2。

花生生长发育阶段经历种子发芽出苗期、苗期、开花下针期、结荚期和成熟期。花生是豆科植物，花生根瘤菌能固定土壤空气中的游离氮素，以供自身氮素营养。花生吸收营养除根系外，叶片、果针、幼果也具有直接吸收矿质营养的能力。一般每亩产花生 300 千克的条件下，每生产1 000千克荚果，需要吸收氮（N）45～64 千克、磷（P_2O_5）9～11 千克、钾（K_2O）19～34 千克。此外，还有一定数量的钙、镁、硫及微量元素。

花生不同生育时期对养分的吸收特点是苗期吸收量较少，花针期逐渐增加，结荚期最多，成熟期又下降。研究结果表明，花生苗期吸氮（占全生育期吸收总量的百分率）4.8%、磷 5.19%、钾 6.73%；花针期吸氮 17%、磷 22.64%、钾 22.25%；结荚期吸氮 48.5%、磷 49.53%、钾 66.35%；成熟期吸氮 29.7%、磷 22.64%、钾 4.67%。

二、花生无公害施肥技术

在我国，栽培花生的土壤多为山丘沙砾土、平原冲积沙土和南方红黄壤，这些土壤结构不良，应施用有机肥料以活化土壤，改良结构，培肥地力，再结合施用化学肥料以及时补充土壤养分。有机肥料含多种营养元素，又是微量元素的重要来源，肥效持久。有机肥料的作用是化学肥料不能代替的，但是有机肥料所含养分大多是有机态，养分含量低，肥效迟缓，肥料中的养分当季利用率低，在花生生长发育盛期不能及时满足养分需求，而化学肥料具有养分含量高、肥效快等特点，则可弥补有机肥料的不足。为了保证花生优质、高产，提高施肥效益，应以有机肥料和无机肥料配合施用，大量元素与中、微量元素平衡施用。

花生施肥以有机肥料为主、化学肥料为辅，基肥为主、追肥为辅，追肥以苗肥为主、花肥和壮果肥为辅，氮、磷、钾、钙配合施用为基本原则。

（1）基肥：花生基肥施用量一般应占施肥总量的 70%，以腐熟的有机质肥料为主，配合适量复合肥料。亩施有机肥 1 500～2 000 千克、花生专用肥 30～50 千克，结合播前整地，均匀撒施，耙匀后起畦播种。

（2）追肥：

苗期：3～5 叶期施用速效性氮肥，对促进分枝、早发壮旺和增加花、荚数等方面有良好的效果。一般每亩施专用肥 4～6 千克、尿素 5～6 千克或人畜粪水 1 500～2 000 千克。

开花、结荚期：始花后对养分吸收激增，但根瘤菌也开始源源不断地供应花生氮素营养，如追施氮肥过量，易引起后期茎叶徒长和倒苗。因此，开花以后一般不追施氮肥，主要是抓住花生始花期结合最后一次中耕除草施用复合肥和钙肥，一般每亩施用花生专用肥 10 千克、石灰 10～20 千克。

果荚充实期：此期对磷的需要量增加，可采取根外喷磷的方法，用农海牌氨基酸叶面肥和 0.3％的磷酸二氢钾喷雾，7～10 天喷一次，连续喷 2～3 次。

(3) 根外追肥：花生叶片吸磷能力较强，且能很快运转到荚果内，促进荚果充实饱满。因此，在生育中后期叶面喷施农海牌氨基酸叶面肥，也可在以下肥液中加入农海牌氨基酸叶面肥混合后喷施2％～3％过磷酸钙水溶液，每隔 7～10 天喷一次，连喷 2～3 次，可增产荚果 7％～10％；如果长势偏弱，每亩还可添加尿素 2.25～3 千克，混合喷施。叶面喷施钾、钼、硼、铁等肥，均有一定的增产效果。钾肥可采用 5％～10％草木灰浸出液或 2％硫酸钾、氯化钾水溶液，每次每亩喷液 60 千克。结荚期可用 0.2％～0.4％磷酸二氢钾喷施，最好连喷 3 次，每次间隔 7 天。

三、花生专用肥料配方

氮、磷、钾三大元素含量为 35％的配方：35％＝N 7.78∶P_2O_5 11.67∶K_2O 15.56＝1∶1.5∶2

原料用量与养分含量（千克/吨产品）：

硫酸铵 100　N＝100×21％＝21　S＝100×24.2％＝24.2

尿素 94　N＝94×46％＝43.24

磷酸一铵 123　P_2O_5＝123×51％＝62.73

N＝123×11％＝13.53

钙镁磷肥 300　P_2O_5＝300×18％＝54　CaO＝300×45％＝135

MgO＝300×12％＝36　SiO_2＝300×20％＝60

氯化钾 259　K_2O＝259×60％＝155.4

Cl＝259×47.56％＝123.18

硼砂 15　B＝15×11％＝1.65

氨基酸螯合锌、铁、钼、锰 15

氨基酸 44

生物制剂 20

增效剂 10

调理剂 20

第四节 茶树施肥技术与专用肥配方

一、茶树的需肥特点

茶树为多年生叶用常绿作物，其对矿质营养的需求表现为多元性、喜铵性、聚铝性、低氯性和嫌钙性，吸收利用规律表现有明显的阶段性和季节性。茶叶对氮的需求量较多，氮、磷、钾的吸收比例约为1∶0.2∶0.5。

据各地多年研究结果，对成年茶树而言，每生产100千克干茶需从土壤中吸收氮（N）12～14千克、磷（P_2O_5）2～2.8千克、钾（K_2O）4.3～7.5千克，其吸收比例为1∶0.16～0.22∶0.33～0.58；对幼年树，应提高磷、钾比例；对青年树，也应提高磷的比例。当土壤有效磷达到40～59毫克/千克、速效钾达到100～120毫克/千克时，则应降低磷、钾比例。

对投产茶园来说，氮肥是所有肥料中对茶叶增产效果最好的，所以对茶园强调以氮肥为主，但必须合理配施磷、钾肥，才能维持茶树的正常生长。

二、茶树无公害施肥技术

茶树施肥应有机肥、无机肥相结合，基肥、追肥相结合。茶树施肥氮、磷、钾比较合理的比例为1∶0.3～0.5∶0.5～0.7，平均约为1∶0.4∶0.6。

1. 底肥

底肥是在茶子播种或茶苗定植前施用的肥料，其作用主要是增加土壤有机质，改善土壤理化性状，促进土壤熟化，以利茶苗早发快长。底肥一般以有机肥和磷肥为主，每亩施厩肥或堆肥等有机肥10吨和茶树专用肥30～50千克。底肥数量较少时，要集中施在播种沟里。底肥数量较多时，要全面分层施用，即先将熟土移开，生土不动，开沟约50厘米，沟底再松土15～20厘米，按层将肥与土混合，先施底层，再施第二层，最后放回熟土。

2. 基肥

基肥是在茶树地上部全年生长停止后施用的肥料，其作用主要是为茶树根系在秋、冬季活动以及翌年春茶萌发提供足够的养分，同时改良茶园土壤性质，为茶叶高产、优质奠定基础。基肥大多以厩肥、堆肥和饼肥等有机肥为主，再加适量磷、钾肥，一般每亩施菜子饼100～150千克，掺合茶树专用肥40千克。不同地区茶园基肥施用时间不同，如山东在白露前后，长江中、下游茶区在9月底至10月底，广东、广西、福建等地则在 11 月下旬至 12 上旬，海南在 12 月上旬。不同树龄的茶树基肥施用位置和深度不同，1～2 年生直播茶苗，施在距根颈 5～10 厘米处，施肥深度 15～20 厘米；1 年生扦插苗，施在距根颈 10～15 厘米处，施肥深度10～15 厘米；3～4 年生茶树，施在距根颈 15～20 厘米处，施肥深度20～30 厘米；成年茶树，施在树冠边缘垂直下方，施肥深度 20 厘米处。

3. 追肥

追肥是在茶树地上部生长期间施用的肥料，其作用是不断补充茶树矿质营养，进一步促进茶树生长，达到持续高产的目的。由于茶叶生产需要更多的氮素，故追肥应以速效氮肥为主，适当配施磷、钾及微量元素。

追肥主要分两个时期：

（1）春茶追肥：茶树经过冬季休眠之后，生长能力强，需肥量大，第一次追肥俗称催芽肥，施用时期一般根据茶树生育的物候期来确定，当茶芽伸长到鱼叶初展期施肥，效果最好。长江中、下游茶区约在 3 月上、中旬左右，即在茶园正式开采前 15～20 天施肥效果最好。

（2）夏、秋茶追肥：春茶采摘后，消耗了茶树体内大量的养分，必须及时补充，因此在春茶结束后、夏茶大量萌发前进行第二次追肥，以促进夏茶萌发。春、夏茶之间，时间间隔短，因此春茶结束后应立即施；夏茶结束后进行第三次追肥；在气温高、雨水充沛、无霜期长、茶芽轮次多的茶区和高产茶园，要进行第四次甚至多次追肥。在每轮新梢生长的间隙期都是最好的施肥时期。在长江中、下游茶区，秋茶延续封间长，特别是三茶后常遭干旱，四茶后已有早霜，因此有伏旱的茶区，秋肥必须在伏旱后施，有利于肥效的发挥。在有霜冻的茶区，秋茶的最后一次追肥必须在早霜来临前一个月进行，最后一次追肥太迟，易促使越冬芽萌发，不利于茶树安全越冬。

茶园追施氮肥的用量、次数及其分配等要考虑茶叶的产量、土壤肥力等因素。中国农业科学院茶叶研究所根据各地的施肥经验提出了不同年龄茶树追施氮肥的用量；茶园追肥的次数，一般要考虑茶芽萌发轮次及氮肥用量。在长江中、下游地区，全年茶芽萌发 4～5 轮，每亩施茶树专用肥 40～60 千克或纯氮 20 千克，分 4～5 次施，每亩施 20～30 千克专用肥或 10 千克纯氮，分 3～4 次施用。每亩产 500 千克干茶以上的高产茶园，全年追施 40 千克纯氮，追肥次数应在 10 次以上。在每亩施氮 10 千克时，春、夏、秋肥追肥的分配比例以1：0.25：0.42 最好；长江中、下游茶区一般宜用 1：0.75：0.42 或1：0.33：0.33 的分配比例。在热带及南亚热带南部地区，常年均可采茶，春、夏、秋、冬的追肥比例以 1：0.5：0.5：0.5 为好；而只采春、夏茶的茶园，追肥比例以 1：0.43 或 1：0.67 为宜。

4. 叶面施肥

各地茶园试验表明，根据土壤肥力及茶树生长情况，合理喷施含微量元素锌、硼、钼、锰、铜的农海牌氨基酸叶面肥，能提高茶叶产量，改善茶叶品质。叶面施肥在茶树地上部处于生长期内尤其是在根部养分吸收受到障碍时，效果更好。早春叶面追肥有显著的催芽作用，秋后叶面追施磷、钾肥，有利于体内碳水化合物和含氮物质的转化、转移，增强茶树抗寒能力，在茶叶采摘前 15～30 天喷施某些微量元素，有利于改善茶叶的品质。

叶面喷施还应选择适宜的时期，一般长江中、下游茶区以夏、秋茶叶面施肥效果好；江北茶区则以早春叶面施肥其催芽作用显著；就新梢发育而言，一芽一叶到一芽三叶期间，叶面施肥效果好；在一天当中，则以傍晚喷施效果好。

三、茶树专用肥料配方

氮、磷、钾三大元素含量为 35％的配方：35％＝N 17.5：P_2O_5 7：K_2O 10.5＝1：0.4：0.6

原料用量与养分含量（千克/吨产品）：

硫酸铵 100　N＝100×21％＝21　S＝100×24.2％＝24.2

尿素 285　N＝285×46％＝131.1

磷酸二铵 134　P_2O_5＝134×45％＝60.3

N＝134×17％＝22.78

过磷酸钙 50　P_2O_5＝50×16％＝8　CaO＝50×24％＝12

S＝50×13.9％＝6.95

钙镁磷肥 10　P_2O_5＝10×18％＝1.8　CaO＝10×45％＝4.5

MgO＝10×12％＝1.2　SiO_2＝10×20％＝2

硫酸钾 175　K_2O＝175×50％＝87.5

S＝175×18.44％＝32.27

七水硫酸镁 80　MgO＝80×16.35％＝13.08

S＝80×13％＝10.40

硼砂 15　B＝15×11％＝1.65

氨基酸螯合钼、锌、锰、铜 16

氨基酸 58

生物制剂 30

增效剂 12

调理剂 35

第五节　烟草施肥技术与专用肥配方

一、烟草的需肥特点

烟草正常生长发育需要多种营养元素，每生产1 000千克烤烟叶，需氮（N）22千克、磷（P_2O_5）11.6千克、钾（K_2O）48千克，氮、磷、钾比例约为1∶0.5∶2。据研究，每生产1 000千克烤烟叶，需吸收氮（N）24～34千克、磷（P_2O_5）12～16千克、钾（K_2O）48～58千克，吸收氮、磷、钾比例约为1∶0.48∶1.8。不同类型的烟草需要氮、磷、钾比例不同，白肋烟吸收磷比例稍低、钾和钙的比例稍大，晒烟吸收磷较多。

烟草不同生育期需肥量不同。烤烟苗床阶段在十字期以前需肥较少，十字期以后需肥量逐渐增加，以移栽前15天内需肥量最多，这一时期吸收的氮量占苗床阶段烟草吸氮总量的68.4%、磷72.7%、钾76.7%。大田阶段，在移栽后30天内吸收养分较少，此时吸收氮、磷、钾分别占全生育期吸收总量的6.6%、5.0%、5.6%。大量吸肥的时期是在移栽后45天到75天，吸收高峰是在团棵、现蕾期，这一时期吸收氮为烟草吸氮总量的44.1%、磷50.7%、钾59.2%，此后各种养分吸收量逐渐下降，打顶以后由于发生次生根，对养分吸收又有回升，为吸收总量的14.5%，但此时土壤含氮素过多，容易造成徒长，形成黑暴烟，不宜烘烤。

烟草对不同来源的氮肥利用价值不同。据研究，用硝态氮做氮肥，烟草能充分吸收而正常发育；以铵态氮做氮肥，烟草吸收受阻，生长不良。这是因为硝态氮肥能促进烟草对钾离子的吸收，抑制对氯离子的吸收。因此，硝态氮肥对烟草有促进生长、提高品质的作用。

氯离子虽然对烟草的品质有影响，但少量的氯离子能促进烟草生长，提高抗旱能力。氯离子在烟草植株内积累过多，会干扰烟草碳水化含物的代谢，烟叶厚而脆，淀粉积累过多，叶缘卷起，并使燃烧性变差，烘烤后色味不佳，在贮藏期间易吸收水分，引起霉烂。因此，烟草被列为忌氯作物，氯化铵、氯化钾等含氯肥料不宜在烟田施用。

烟草还需要钙、镁中量元素及硼、锰、铜等微量元素。这些元素在烟草体内含量虽少，但与多种酶、维生素、生长素及其他有机化含物的形成和代谢过程有密切关系。

烟草种植对土壤、地势的要求比较严格。气候条件相同时，土壤性质是决定烟质的首要因素。较高的向阳山坡地、靠山地种烟草较好，因地温较高，前期发苗快，后期易脱肥、落黄快，烘烤后叶色金黄、香气足。土壤质地疏松，富含有机质，一般要求含沙量在20%～25%以内、有机质含量在2%～3%以内、土壤孔隙度在55%～60%以内为宜。土壤黏重或涝洼地不能种烟草。土壤中氮素不易过高，氮、磷、钾比例协调，以1∶1∶1为宜。土壤含盐不能超过0.035%，氯离子含量应在0.003%以下，当土壤全盐含量在0.06%以上、氯离子含量在0.005%以上时，烟草质量明显下降。土壤pH5.5～6.5为宜，过酸，会影响烟草对磷的吸收，还会引起立枯病和黑色根腐病发生，碱性太强，对品质不利。土壤沙性太强或肥力太差的地块，也不宜种烟草。

烟草的前茬以谷茬最好，玉米茬次之，小麦和高粱茬较差，大豆茬不宜种烟草。据分析，谷茬种烟草比高粱茬增产12%，比玉米茬增产5%。谷茬栽培烟草产量高、品质好，是因为谷子根系浅、须根多，土壤残留有机质多，可改善土壤结构，同时谷子吸收氮多而钾少，正好适合烟草的需肥特点，使烟草后期容易脱肥，落黄快，成熟好，容易烘烤。大豆茬含氮较多，小麦茬生育期短，麦地休闲时间长，土质肥沃，都会造成烟叶落黄差，品质降低。

二、烟草无公害施肥技术

烟草以收获优质烟叶为目的，施肥较其他作物复杂，必须根据烟草不同类型、品种、栽培环境条件等因素进行。

烟草无公害施肥应掌握四个原则：①肥料养分的配比合理；②基肥与追肥、有机肥与无机肥合理配合；③硝态氮肥与铵态氮肥相结合；④烟草是忌氯作物，不能施用含氯肥料。

1. 苗床施肥

烟草育秧时间短，生长快，要求苗齐苗壮。其施肥特点要求基肥足、追肥均匀而及时。

(1) 基肥：苗床应施用腐熟的有机肥，农家肥中以猪粪最好，因为猪粪含磷、钾较高，碳、氮比值小，容易形成硝酸盐，养分易分解。要注意肥料中不含烟叶碎屑及茄科植物的残根烂叶，如茄子秧、辣椒秧、马铃薯秧等。磷肥做基肥是十分重要的，以每平方米施有机肥80千克、过磷酸钙0.3千克为好。

(2) 追肥：出苗后，视幼苗长势情况，如需追肥时可喷施农海牌氨基酸叶面肥，按说明使用。

2. 大田施肥

根据烟草"少时富、老来贫、烟株长成肥退劲"的需肥特点，要做到重施基肥，早施追肥，把握时机根外追肥。

(1) 基肥：用有机肥和适量的烟草专用肥做基肥，结合翻地、耙地、起垄时施入。在中等肥力地上种烤烟，一般每亩施腐熟有机肥1 000～2 500千克和烟草专用肥40～60千克。

(2) 口肥：每亩施腐熟有机肥300～600千克、烟草专用肥15～25千克或饼肥、煮熟的豆粒、硝酸铵、过磷酸钙，在栽烟时做口肥施入。饼肥用量每亩20～30千克、过磷酸钙10～15千克、硝酸铵5～10千克。饼肥是烟草的优质肥料，对烟草品质有良好的效果。

（3）追肥：追肥的时期宜早，把腐熟农家肥、炕土、饼肥、草木灰、烟草专用肥在缓苗后或移栽后30天内施入，每亩追施专用肥20～30千克。

（4）根外追肥：苗期至收获前30天内均可喷施农海牌氨基酸叶面肥，必要时在农海牌氨基酸叶面肥的稀释液中加入0.2%～0.3%的磷酸二氢钾进行喷施，对增强烟草植株长势、提高烟叶质量和产量都有明显的效果。根据需要也可选用喷施其他营养物质。

三、烟草专用肥料配方

配方Ⅰ（北方烟草专用肥料配方）

氮、磷、钾三大元素含量为30%的配方：

30%＝N 10.5∶P_2O_5 8∶K_2O 11.5＝1∶0.76∶1.10

原料用量与养分含量（千克/吨产品）：

硫酸铵100　N＝100×21%＝21　S＝100×24.2%＝24.2

尿素31　N＝31×46%＝14.26

硝酸磷肥200　P_2O_5＝200×11%＝22　N＝200×26%＝52

磷酸二铵89　P_2O_5＝89×45%＝40.05　N＝89×17%＝15.13

过磷酸钙100　P_2O_5＝100×16%＝16　CaO＝100×24%＝24
S＝100×13.9%＝13.9

钙镁磷肥10　P_2O_5＝10×18%＝1.8　CaO＝10×45%＝4.5
MgO＝10×12%＝1.2　SiO_2＝10×20%＝2

硫酸钾230　K_2O＝230×50%＝115　S＝230×18.44%＝42.41

硼砂15　B＝15×11%＝1.65

氨基酸螯合锌、锰、铜、铁、稀土21

硝基腐殖酸100　HA＝100×60%＝60　N＝100×2.5%＝2.5

七水硫酸镁40　MgO＝40×16.35%＝6.54
S＝40×13%＝5.2

生物制剂28

增效剂11

调理剂25

配方Ⅱ（南方烟草专用肥料配方）

氮、磷、钾三大元素含量为30%的配方：30%＝N 8.57∶P_2O_5 8.57∶K_2O 12.86＝1∶1∶1.5

原料用量与养分含量（千克/吨产品）：

硫酸铵 100　N＝100×21％＝21　S＝100×24.2％＝24.2

硝酸磷肥 165　P_2O_5＝165×11％＝18.15

N＝165×26％＝42.9

磷酸二铵 111　P_2O_5＝111×45％＝49.95

N＝111×17％＝18.87

过磷酸钙 100　P_2O_5＝100×16％＝16　CaO＝100×24％＝24

S＝100×13.9％＝13.9

钙镁磷肥 10　P_2O_5＝10×18％＝1.8　CaO＝10×45％＝4.5

MgO＝10×12％＝1.2　SiO_2＝10×20％＝2

硫酸钾 257　K_2O＝257×50％＝128.5

S＝257×18.44％＝47.39

硼砂 15　B＝15×11％＝1.65

氨基酸螯合锌、锰、铜、铁、稀土 21

硝基腐殖酸 100　HA＝100×60％＝60　N＝100×2.5％＝2.5

七水硫酸镁 50　MgO＝50×16.35％＝8.18　S＝50×13％＝6.5

生物制剂 30

增效剂 12

调理剂 29

配方Ⅲ

氮、磷、钾三大元素含量为 30％的配方：30％＝N9.5∶P_2O_5 6.85∶K_2O 13.7＝1∶0.72∶1.44

原料用量与养分含量（千克/吨产品）：

硫酸铵 100　N＝100×21％＝21　S＝100×24.2％＝24.2

尿素 38　N＝38×46％＝17.48

硝酸磷肥 183　P_2O_5＝183×11％＝20.13

N＝183×26％＝47.58

磷酸一铵 60　P_2O_5＝60×51％＝30.6　N＝60×11％＝6.6

过磷酸钙 100　P_2O_5＝100×16％＝16　CaO＝100×24％＝24

S＝100×13.9％＝13.9

钙镁磷肥 10　P_2O_5＝10×18％＝1.8　CaO＝10×45％＝4.5

MgO＝10×12％＝1.2　SiO_2＝10×20％＝2

硫酸钾 274　K_2O＝274×50％＝137　S＝274×18.44％＝50.53

硼砂 15　B＝15×11％＝1.65

氨基酸螯合铁、锌、锰、铜、稀土 21

硝基腐殖酸 100　HA＝100×60％＝60　N＝100×2.5％＝2.5

氨基酸 32

生物制剂 25

增效剂 12

调理剂 30

第六节　甘蔗施肥技术与专用肥配方

一、甘蔗的需肥特点

甘蔗生长发育必需的营养元素有磷、氢、氧、氮、磷、钾、钙、镁、硫、硅、铁、锰、铜、锌、硼、钼、氯。据研究，一般每生产1 000千克原料蔗，需从土壤中吸收氮（N）1.5～2 千克、磷（P_2O_5）1～1.5 千克、钾（K_2O）1.25～1.5 千克。氮、磷、钾的吸收比例为 1∶0.67～0.75∶1.25～1.33。另据报道，每生产 1 000 千克甘蔗茎需吸收氮（N）1.65～2.12 千克、磷（P_2O_5）0.36～0.54 千克、钾（K_2O）1.97～2.67 千克、钙（CaO）0.46～0.75 千克、镁（MgO）0.50～0.75 千克，氮、磷、钾的吸收比例约为 1∶0.24∶1.23。

生育中后期需肥量大。在整个生育期需肥总量中，幼苗期占 1%左右，分蘖期占 8%～12%，伸长期占 50%以上，成熟期占 20%～40%。伸长期吸收氮量占总吸收量的 50%～60%，磷和钾各占 70%；成熟期吸收氮占 30%～40%，磷和钾各占 20%左右。因此，伸长期吸收氮、磷、钾最多，对产量的形成和影响也最大。

甘蔗对钾素需求最多，所以增施钾肥可明显增产，并能促进成熟、提高糖分。

二、甘蔗无公害施肥技术

1. 施足底肥

施足底肥能够提高土壤肥力，为蔗芽早生快发、促进根系发达、分蘖早而壮创造良好的条件。如果底肥不足，只靠追肥，则苗不壮、基部细，容易上粗下细、根基不牢，易倒伏。一般每亩施有机肥1 000～1 500 千克、甘蔗专用肥 30～50 千克或尿素 2.5～5 千克、过磷酸钙 15～20 千克、钾肥 5～7.5 千克。肥料充足的，可在耕地时将一部分肥料撒施后翻压，留一部分肥料在下种时施于蔗沟，下种后盖土；如肥量不足，则宜集中在下种时施于蔗沟。为了更好地发挥底肥的作用，宜在施用前将磷肥与有机肥均匀混合后堆沤半月以上，再与氮、钾速效肥混合均匀施用。播种后，每亩再浇施清水粪 1 500～2 000千克。

2. 早施提苗肥

苗期根系大量生长，叶片和分蘖不断产生，早施提苗肥既促进蔗苗和根系生长，又促进叶片生长，使叶面积不断扩大，提高光合作用，从而促进分蘖早生快发。提苗肥以速效氮肥为主，在基本齐苗、幼苗有 3～4 叶时施用。每亩施清水粪 2 000～2 500 千克，配施甘蔗专用肥 3～6 千克或尿素 2.5～3 千克、碳铵 10 千克左右，如粪肥不足，可增加专用肥用量。由于蔗株还没有封行，根系也不发达，吸肥力还不强，为减少肥分挥发损失，宜结合中耕培土进行穴施、兑水施，特别在干旱时更应兑足水穴施。

3. 稳施分蘖肥

分蘖肥要根据具体情况确定施肥量和施肥次数。如果底肥和提苗肥充足，蔗苗壮，可在分蘖期一次施完，施肥量宜少；若底肥不足，提苗肥又不够，幼苗长势弱，应增加施肥量，并分两次施用。一次在分蘖初期施用，用以促进分蘖，称攻蘖肥；一次在分蘖盛期施用，保证分蘖生长壮，称壮蘖肥。分蘖肥一般每亩用人畜粪液 1 500～2 000 千克加甘蔗专用肥 5～10 千克或尿素 5～7.5 千克，兑水穴施。

分蘖肥应在 5 月 10 日前施完，拔节肥应在 6 月底前全部施完，因为甘蔗叶片氮、磷、钾肥不足不会分蘖，8 月下旬就不再吸收钾肥，因此必须在生长盛期前和雨季到来时及时施肥，错过了时间再无法弥补。

4. 重施攻茎肥

伸长期是甘蔗一生中生长量最大的时期，吸肥量最多，攻茎肥是增产的关键，必须重施。由于磷、钾肥主要作底肥和前期施用，因而此期主要是追施氮肥，使蔗株有充足的氮素营养，叶色浓绿，光合作用强，生长快，生长量大。攻茎肥一般在伸长初期和伸长盛期分两次施用，每次每亩用甘蔗专用肥 5～10 千克或尿素 5～7.5 千克、碳铵 15 千克，沟施或穴施，并结合中耕培土施入，以促进蔗根生长，增强吸收功能，加固蔗株，增强抗倒力。如果前期磷、钾肥施用不足，应在此期补施，使之既能达到最大的限量，又不致因氮肥过多而降低含糖量和产量。

5. 补施壮尾肥

为促进和维持甘蔗后期生长，养育地下部蔗芽，为翌年宿根生产打好基础，应补施一次壮尾肥。壮尾肥一般在成熟前 2 个月施用，每亩用甘蔗专用肥 4～5 千克或碳铵 5～7.5 千克，兑水后施用。施用时间不宜过迟，施肥量也不宜过多，以免延迟成熟和降低糖分。肥料施用后进行高培土。收获前 1 个月若出脱肥，应进行叶面喷肥，每亩用农海牌氨基酸叶面肥 50～100 克，加磷酸二氢钾 200 克、尿素 500 克，兑水 100 千克，稀释后喷雾。

6. 按经验配方施肥

以中等肥力的甘蔗地为基准，甘蔗推荐施肥量和折算单质肥料配方为：

亩产 5 000～6 000 千克，亩施氮（N）17～20 千克、磷（P_2O_5）6～8 千克、钾（K_2O）16～18 千克、镁（MgO）4～6 千克、硫 3～5 千克。折亩施甘蔗专用肥 130～150 千克，或尿素 37～45 千克、钙镁磷（18%）50

千克、氯化钾 27～30 千克。硫肥和镁肥，可施用硫酸法制得的复混肥。

亩产 6 000～7 000 千克，亩施氮（N）20～23 千克、磷（P_2O_5）8～9 千克、钾（K_2O）18～20 千克、镁（MgO）5～7 千克、硫 4～6 千克。折亩施甘蔗专用肥 150～170 千克，或尿素 44～50 千克、钙镁磷（18%）60～70 千克、氯化钾 30～35 千克。硫肥和镁肥，可施用硫酸法制得的复混肥。

亩产 7 000～8 000 千克，亩施氮（N）23～28 千克、磷（P_2O_5）8～10 千克、钾（K_2O）30～35 千克、镁（MgO）7～8 千克、硫 6～7 千克。折亩施专用肥 200～240 千克，或尿素 50～60 千克、钙镁磷 70～80 千克、氯化钾 50～60 千克。硫肥和镁肥，可施用硫酸法制得的复混肥。

亩产 8 000～10 000 千克，亩施氮（N）35～40 千克、磷（P_2O_5）18 千克、氯化钾 35～40 千克、氧化镁 8～9 千克、硫 7～8 千克。折亩施甘蔗专用肥 290～320 千克，或尿素 76～87 千克、钙镁磷肥 100 千克、氯化钾 60～70 千克。硫肥和镁肥，可施用硫酸法制得的复混肥。

7. 宿根蔗施肥

收获甘蔗后及时破垄松蔸露晒蔗头，破垄后 10～15 天及时施基肥小培土；中产栽培分基肥和拔节肥两次施即可，高产栽培因施化肥量多要分基肥、分蘖肥、拔节肥三次施。以复混肥为主配方的施肥方法：基肥亩施专用肥 30～60 千克、生物有机肥 30～60 千克，施肥后小培土以掩过肥料为目的；分蘖肥亩施甘蔗专用肥 30～50 千克或尿素 15 千克、氯化钾 15 千克；拔节肥亩施专用肥 30～50 千克，施肥后大培土。

三、甘蔗专用肥料配方

配方Ⅰ

氮、磷、钾三大元素含量为 30%的配方：30%＝N 12.5∶P_2O_5 5∶K_2O 12.5＝1∶0.4∶1

原料用量与养分含量（千克/吨产品）：

硫酸铵 100　N＝100×21%＝21　S＝100×24.2%＝24.2

尿素 214　N＝214×46%＝98.44

磷酸一铵 28　P_2O_5＝28×51%＝14.28　N＝28×11%＝3.08

过磷酸钙 200　P_2O_5＝200×16%＝32　Ca＝200×24%＝48
　　S＝200×13.9%＝27.8

钙镁磷肥 20　P_2O_5＝20×18%＝3.6　CaO＝20×45%＝9
　　MgO＝20×12%＝2.4　SiO_2＝20×20%＝4

氯化钾 208　K_2O＝208×60%＝124.8
　　Cl＝208×47.56%＝98.92

七水硫酸镁 50　MgO＝50×16.35%＝8.18　S＝50×13%＝6.5

硼砂 15　B＝15×11％＝1.65

氨基酸螯合锌、锰、稀土 13

硝基腐殖酸 98　HA＝98×60％＝58.8　N＝98×2.5％＝2.45

生物制剂 20

增效剂 10

调理剂 24

配方Ⅱ

氮、磷、钾三大元素含量为 30％的配方：

30％＝N 13.2∶P_2O_5 5.2∶K_2O 11.6＝1∶0.39∶0.88

原料用量与养分含量（千克/吨产品）：

硫酸铵 100　N＝100×21％＝21　S＝100×24.2％＝24.2

尿素 229　N＝229×46％＝105.34

磷酸一铵 32　P_2O_5＝32×51％＝16.32　N＝32×11％＝3.52

过磷酸钙 200　P_2O_5＝200×16％＝32　Ca＝200×24％＝48
S＝200×13％＝26

钙镁磷肥 20　P_2O_5＝20×18％＝3.6　CaO＝20×45％＝9
MgO＝20×12％＝2.4　SiO_2＝20×20％＝4

硫酸钾 232　K_2O＝232×50％＝116　S＝232×18.44％＝42.78

七水硫酸镁 40　MgO＝40×16.35％＝6.54　S＝40×13％＝5.2

硼砂 15　B＝15×11％＝1.65

氨基酸螯合锌、锰、稀土 11

氨基酸 50

生物制剂 29

增效剂 12

调理剂 30

配方Ⅲ

氮、磷、钾三大元素含量为 27％的配方：

27％＝N 14∶P_2O_5 5∶K_2O 8＝1∶0.36∶0.57

原料用量与养分含量（千克/吨产品）：

尿素 300　N＝300×46％＝138

过磷酸钙 300　P_2O_5＝300×16％＝48　Ca＝300×24％＝72
S＝300×13.9％＝41.7

钙镁磷肥 30　P_2O_5＝30×18％＝5.4　CaO＝30×45％＝13.5
MgO＝30×12％＝3.6　SiO_2＝30×20％＝6

氯化钾 134　K_2O＝134×60％＝80.4
Cl＝134×47.56％＝63.73

硼砂 15　B＝15×11％＝1.65

氨基酸螯合锌、稀土 6

硝基腐殖酸 100　HA＝100×60％＝60　N＝100×2.5％＝2.5

氨基酸 43

生物制剂 25

增效剂 12

调理剂 35

第七节　甜菜施肥技术与专用肥配方

一、甜菜的需肥特点

甜菜生长的第一年主要是营养生长，在肥大的根中积累丰富的营养物质，第二年以生殖生长为主，抽出花枝经异花受粉形成种子。甜菜是直根系作物，在第一年营养生长中，不仅生长期长、生长量大、生物产量高，且在块根中还积累大量的蔗糖和其他有机物，所以甜菜是需养分多、对肥料反应敏感的作物。

甜菜需肥量大，吸肥能力强，需肥周期长，需硼量多。据测定，每生产 1 000 千克块根（包括相应的茎叶）需吸收氮（N）6.5 千克、磷（P_2O_5）2.1 千克、钾（K_2O）8.3 千克，吸收比例为 1∶0.32∶1.28。由此可见，甜菜是喜钾作物。甜菜对硼敏感，需要量较大。据研究，每生产 1 000千克甜菜块根，需要从土壤中吸收氮（N）4.5～5 千克、磷（P_2O_5）1.4～2.5 千克、钾（K_2O）10 千克，三元素比例平均约为 1∶0.4∶1.6，产量水平和品种不同吸收养分比例也不相同。甜菜有强大的根系，不仅能吸收耕层中的养分，还可以吸收深层土壤中的养分。甜菜营养生长期内所吸收的氮、磷、钾有 1/4～1/2 来自 25～50 厘米的土层。甜菜从幼苗期到糖分积累期间，几乎都需要充足的养分。在各生育阶段需肥的总趋势是前期少，中期多，后期较少。如 6 月下旬到 8 月下旬，吸收的氮素占总吸收量的 68.4％，磷素占总吸收量的 69.9％，吸收钾素占总吸收量的 75.1％。幼苗期，苗小，生长缓慢，吸肥少，此期植株吸收氮、磷、钾的量分别占总吸收量的 3％、1.5％、1.2％；叶丛快速生长期，甜菜叶片生长迅速，同化产物积累多，因而耗肥大，对氮、磷、钾的吸收量分别占总吸收量的 40％、42％、28％；块根糖分增长期，甜菜地下部分的增长量最大，还在根内大量积累糖分，此期植株吸收氮、磷、钾的量分别占总吸收量的 35％、40％、51％。

甜菜为深根系作物，出苗时，幼根已扎入土中 15 厘米。出苗一个月后（10 片叶左右），主根深达 60 厘米。到收获时，主根入土可达 2 米以上，而且根系庞大，侧根与地面斜向伸出长约 50～80 厘米，支根长 50～60 厘米。所以，甜菜既能吸收耕层养分，又能吸收深层养分。据资料记栽，甜菜能从有机肥中吸取 25%～35%的磷、钾，从化肥有效成分总量中可吸取 90%～95%的氮、20%～25%的磷和 50%～65%的钾。每生产 1 千克块根，需施 1 千克优质农家肥。

甜菜苗期直至糖分积累期都需要充分的养分。幼苗期生长缓慢，吸肥不多，约占甜菜一生吸收养分总量的 15%～20%；苗期虽吸肥量不大，但对肥料却很敏感，此时缺乏造成的损失是无法弥补的，特别是磷，所以磷肥做种肥尤为重要。甜菜在繁茂期，因叶量迅速增多，块根快速生长，所以需要大量的养分，这时期吸收氮量占甜菜一生吸氮总量的 70%、五氧化二磷 40%、氧化钾 47.5%。因此，在叶丛繁茂期需追施速效性氮肥，配合适量的磷肥；糖分积累期，地上部分和块根的增长都比较缓慢，对氮的需要量显著减少，不超过甜菜一生吸氮总量的 3%～9%，但由于糖分形成和向块根输送，需要大量的磷、钾肥，这时期对磷、钾肥的吸收仍保持较多的数量，吸收的磷占甜菜一生吸磷总量的 45%、钾占 37.5%，进行根外追施磷、钾肥，对提高含糖量有良好的作用。

氮素能促进甜菜茎叶生长，提高叶的生活力，延长叶片寿命，增加叶绿素含量，增强光合作用，提高块根产量。氮不足时，生长受抑制，叶片形成迟缓，叶数减少，叶色变黄，叶片早衰。但氮肥过多，会造成甜菜茎叶徒长，根、叶比例失调。有害氮含量增加，不仅降低块根产量，也给加工造成困难，减少产糖量，而且还会减弱甜菜的抗病能力。

甜菜对磷肥反应特别敏感。磷能促进甜菜根系发育，对块根膨大、糖分形成和运输起着重要作用，并可增强甜菜的抗旱性和抗寒性，提高产量和质量。

钾是甜菜吸收最多的元素，因此甜菜被称为喜钾作物。钾能促进甜菜输导组织正常发育，调节新陈代谢，促进有机物的合成和转化，因此钾对块根糖分积累有很大的作用。钾肥过多时，甜菜块根坚硬、不易切碎，糖汁含有很多泡沫，显著增加糖蜜含量而降低出糖率。

硼对甜菜起着特殊作用，它能促进糖分的代谢和积累，有利于分生组织的形成。缺硼时，甜菜生长点死亡，发生心腐病，造成严重减产。

二、甜菜无公害施肥技术

（1）基肥：施足基肥是提高甜菜产量和质量的关键之一。有机肥营养丰富，肥效长而稳，可源源不断地供给甜菜整个生育期对养分的需求。同时，有机肥可改善土壤的物理性质，增强通气、透水性，为甜菜创造一个良好的生长环境。施用有机肥必须充分腐熟、捣细，否则会带来草荒、虫害。基肥要结合秋、春整地起垄，每亩混合深施农家肥 2 000～3 500 千克、甜菜专用肥 200～500 千克或磷酸二铵125～300 千克，包埋在垄体内，以提高其利用率。

（2）种肥：甜菜苗期营养充足，是获得高产、高糖的基础。幼苗期由于气温低，基肥尚未发挥作用，苗小、苗弱，吸收能力差，施用种肥可及时满足甜菜对养分的需求，促进幼苗发育健壮，增强抵抗病、虫害的能力。种肥以磷肥为主，磷肥能促进幼苗发根、壮苗，增产显著。高量的氮、钾能抑制苗期根系发育，尤其是铵盐对甜菜种子发芽和出苗更为有害。据报道，如每亩用硫酸铵型氮 15 千克，出苗率减少 50%，所以一般不用氮肥做种肥。若土壤肥力太低、不施有机肥的情况下，每亩施用硝酸铵不能超过 55 千克。据黑龙江试验，每亩穴施 10 千克硝酸铵做种肥，出苗率只为 65%。尿素更不宜做种肥。

以磷肥做种肥要深施，深施在种子下面 18～20 厘米处，增产效果最好。经济合理的施用量是每亩施甜菜专用肥 6～10 千克或过磷酸钙 10～20 千克、磷酸二铵 10 千克。

（3）追肥：甜菜叶丛繁茂是追肥的关键时期。追肥以氮肥为主，适当配合一些磷、钾肥。追肥在甜菜生育前期可分 2 次施用或一次集中施用。对每亩施 1 670～2 000 千克基肥的基础地块，田间长势好，可于定苗后施一次追肥，每亩追施甜菜专用肥 150～200 千克；对每亩施基肥不足 1670 千克的地块，田间长势差，可分 2 次追肥，第一次于定苗后，每亩追施甜菜专用肥 8～15 千克或硝酸铵 8～10 千克、过磷酸钙 5～8 千克；第二次于封垄前结合中耕施用，每亩追施甜菜专用肥 10～15 千克或硝酸铵 10～13 千克、磷酸二铵 5～6 千克。在机械化水平较高的地区，应用机械施肥。一般农村人工追肥时，在植株一侧 3～5 厘米处刨坑穴施，盖土。有灌溉条件的，追肥后灌水，更能充分发挥肥效。

为了防止后期脱肥，可于收获前一个月进行根外追肥。用农海牌氨基酸叶面肥和 0.2%～0.4% 的磷酸二氢钾混合喷施，每 10 天左右喷施一次，有明显的增产效果。

（4）硼肥：施硼肥可防治甜菜腐心病，对甜菜生产有明显的增产效果，一般增产 6.9%～35.8%，平均增产 14.5%。用硼砂配制成 0.1% 的溶液进行根外喷施，一般每亩喷施 50～60 千克溶液。

三、甜菜专用肥料配方

配方Ⅰ

氮、磷、钾三元素含量为 30% 的配方：

30%＝N 11.5：P_2O_5 3.8：K_2O 14.7＝1：0.33：1.28

原料及养分含量（千克/吨产品）：

硫酸铵 100　N＝100×21%＝21　S＝100×24.2%＝24.2

尿素 188　N＝188×46%＝86.48

磷酸一铵 40　P_2O_5＝40×51%＝20.40　N＝40×11%＝4.4

过磷酸钙 100 P_2O_5＝100×16％＝16 CaO＝100×24％＝24

S＝100×13.9％＝13.9

钙镁磷肥 10 P_2O_5＝10×18％＝1.8 CaO＝10×45％＝4.5

MgO＝10×12％＝1.2 SiO_2＝10×20％＝2

氯化钾 245 K_2O＝245×60％＝147

Cl＝245×47.56％＝116.52

硼砂 30 B＝30×11％＝3.3

氨基酸螯合锌、锰、稀土 12

硝基腐殖酸 150 HA＝150×60％＝90 N＝150×2.5％＝3.75

氯化钠 20

氨基酸 20

生物制剂 30

增效剂 15

调理剂 40

配方Ⅱ

氮、磷、钾三元素含量为 30％的配方：

30％＝N 10：P_2O_5 4：K_2O 16＝1：0.4：1.6

原料及养分含量（千克/吨产品）：

硫酸铵 100 N＝100×21％＝21 S＝100×24.2％＝24.2

尿素 147 N＝147×46％＝67.62

磷酸二铵 49 P_2O_5＝49×45％＝22.05 N＝49×17％＝8.33

过磷酸钙 100 P_2O_5＝100×16％＝16 CaO＝100×24％＝24

S＝100×13.9％＝13.9

钙镁磷肥 10 P_2O_5＝10×18％＝1.8 CaO＝10×45％＝4.5

MgO＝10×12％＝1.2 SiO_2＝10×20％＝2

氯化钾 267 K_2O＝267×60％＝160.2

Cl＝267×47.56％＝126.99

硼砂 30 B＝30×11％＝3.3

氨基酸螯合锌、锰、稀土 12

硝基腐殖酸 160 HA＝160×60％＝96 N＝160×2.5％＝4

氯化钠 20

氨基酸 30

生物制剂 25

增效剂 10

调理剂 40

配方Ⅲ

氮、磷、钾三元素含量为 35％的配方：

35%＝N 12.5：P_2O_5 6.25：K_2O 16.25＝1：0.5：1.3

原料及养分含量（千克/吨产品）：

硫酸铵 100 N＝100×21%＝21 S＝100×24.2%＝24.2

尿素 148 N＝148×46%＝68.08

磷酸一铵 66 P_2O_5＝66×51%＝33.66 N＝66×11%＝7.26

硝磷磷肥 100 P_2O_5＝100×11%＝11 N＝100×26%＝26

过磷酸钙 100 P_2O_5＝100×16%＝16 CaO＝100×24%＝24

S＝100×13.9%＝13.9

钙镁磷肥 10 P_2O_5＝10×18%＝1.8 CaO＝10×45%＝4.5

MgO＝10×12%＝1.2 SiO_2＝10×20%＝2

氯化钾 270 K_2O＝270×60%＝162

Cl＝270×47.56%＝128.41

硼砂 30 B＝30×11%＝3.3

氨基酸螯合锌、锰、稀土 12

硝基腐殖酸 100 HA＝100×60%＝60 N＝100×2.5%＝2.5

氯化钠 14

生物制剂 20

增效剂 10

调理剂 20

第十八章　肥料在果树上的应用技术

第一节　苹果树施肥技术与专用肥配方

一、苹果的需肥特点

苹果树吸收氮 6 月中旬前后达到高峰，此后吸收量下降，到果实采收前后又有所回升。对磷的吸收也是随着生长的加快而增加达到顶峰，此后一直保持到后期无明显变化。对钾的吸收是生长前期急剧增加，至果实迅速膨大时达到高峰，此后吸收量开始下降，直到生长季结束。苹果树在年周期生长发育过程中前期以吸收氮素为主，中后期以吸收钾素为主，对磷素的吸收全生长季比较平稳。

据报道，每生产 1 000 千克苹果需吸收氮（N）10～13 千克、磷（P_2O_5）6～10 千克、钾（K_2O）9～10 千克，其吸收比例约 1：0.7：0.83。苹果树对钙、锌、硼、铁等营养元素比较敏感。

二、苹果无公害施肥技术

根据苹果树的需肥特点、预期的产量目标、不同树龄以及土壤肥力等因素确定施肥量。一般苹果园专用肥的氮（N）、磷（P_2O_5）、钾（K_2O）比例约为 1：0.8～1：0.8～1 为好，丰产苹果园为 1：0.7～0.9：0.95～1。

1. 基肥

一般在苹果采摘后重施有机肥，到落叶前开沟施入树冠下，每亩施有机肥 2 500～5 000 千克和苹果树专用肥（配合使用）。1～4 年生的幼树，每棵树施腐熟有机肥 50～80 千克和苹果树专用肥 1～3 千克，混匀后施用；5～10 年的初结果树，每棵施腐熟有机肥 100～160 千克和苹果树专用肥 2～5 千克。亩产苹果 2 000 千克左右的成年苹果园，亩施有机肥（农家肥）3 000～5 000 千克和苹果树专用肥 30～50 千克，混匀后施用；亩产 3 000 千克的苹果园，亩施有机肥4 000～7 000 千克和苹果树专用肥 40～60 千克。基肥一般采用环状沟施法，以树基为中心，逐年向外扩展，以上年的环状沟外缘为今年的内缘，也可采用放射状沟施法。

2. 追肥

苹果萌芽或花前追肥，可在花前 15～20 天内进行，平均每棵施苹果树专用肥1～2千克，以穴施为宜。花后追肥在苹果树落花后立即进行，平均每棵施苹果树专用肥1～2千克，应注意与上次施肥的位置错开。花芽分化前追肥，在春梢将停止生长时进行，平均每棵追施苹果树专用肥2～3千克，以促进新梢生长。果实膨大期追肥，平均每棵成年苹果树施苹果树专用肥2～3千克，此次追肥对果实膨大、着色、含糖量及产量提高都有很好的作用。根外追肥从花期至采收前均可进行，叶面喷施农海牌氨基酸叶面肥每7～10天一次，也可结合喷药同时进行（碱性农药除外），对果树防病、抗逆、抗早衰、提高产量和商品价值都有明显效果。

三、苹果专用肥料配方

配方Ⅰ

氮、磷、钾三大元素含量为40%的配方：

40%＝N 14∶P_2O_5 12∶K_2O 14＝1∶0.86∶1

原料用量与养分含量（千克/吨产品）：

硫酸铵100　N＝100×21%＝21　S＝100×24.2%＝24.2

尿素255　N＝255×46%＝117.3

磷酸一铵213　P_2O_5＝213×51%＝108.63　N＝213×11%＝23.43

硫酸钾100　K_2O＝100×50%＝50　S＝100×18.44%＝18.44

氯化钾150　K_2O＝150×60%＝90　Cl＝150×47.56%＝71.34

氨化过磷酸钙100　P_2O_5＝100×16%＝16　CaO＝100×24%＝24

S＝100×13.9%＝13.9　Z＝100×3.5%＝3.5

硼砂17　B＝17×11%＝1.87

氨基酸螯合锌、锰、铜、铁15

生物制剂20

增效剂10

调理剂20

配方Ⅱ

氮、磷、钾三大元素含量为30%的配方：

30%＝N 12∶P_2O_5 6∶K_2O 12＝1∶0.38∶0.92

原料用量与养分含量（千克/吨产品）：

硫酸铵100　N＝100×21%＝21　S＝100×24.2%＝24.2

尿素193　N＝193×46%＝88.78

磷酸一铵80　P_2O_5＝80×51%＝40.8　N＝80×11%＝8.8

过磷酸钙150　P_2O_5＝150×16%＝24　CaO＝150×24%＝36

S＝150×13.9%＝20.85

钙镁磷肥15　P_2O_5＝15×18%＝2.7　CaO＝15×45%＝6.75

$MgO=15\times12\%=1.8$　$SiO_2=15\times20\%=3$

硫酸钾 240　$K_2O=240\times50\%=120$　$S=240\times18.44\%=44.26$

七水硫酸锌 20　$Zn=20\times23\%=4.6$　$S=20\times11\%=2.2$

硼砂 20　$B=20\times11\%=2.2$

氨基酸螯合铁、钙、稀土 15

硝基腐殖酸 100　$HA=100\times60\%=60$　$N=100\times2.5\%=2.5$

生物制剂 30

增效剂 10

调理剂 27

配方Ⅲ

氮、磷、钾三大元素含量为25%的配方：

$25\%=N\ 8:P_2O_5\ 8:K_2O\ 9=1:1:1.13$

原料用量与养分含量（千克/吨产品）：

硫酸铵 100　$N=100\times21\%=21$　$S=100\times24.2\%=24.2$

尿素 113　$N=113\times46\%=51.98$

磷酸一铵 50　$P_2O_5=50\times51\%=25.5$　$N=50\times11\%=5.5$

过磷酸钙 357　$P_2O_5=357\times16\%=57.12$　$CaO=357\times24\%=85.68$

$S=357\times13.9\%=49.62$

钙镁磷肥 25　$P_2O_5=25\times18\%=4.5$　$CaO=25\times45\%=11.25$

$MgO=25\times12\%=3$　$SiO_2=25\times20\%=5$

硫酸钾 180　$K_2O=180\times50\%=90$　$S=180\times18.44\%=33.19$

硼砂 15　$B=15\times11\%=1.65$

氨基酸螯合锌、锰、铁、稀土 15

硝基腐殖酸 95　$HA=95\times60\%=57$　$N=95\times2.5\%=2.38$

生物制剂 20

增效剂 10

调理剂 20

第二节　柑橘树施肥技术与专用肥配方

一、柑橘的需肥特点

柑橘为常绿果树，须根特别发达，主要分布在15～40厘米土层中。柑橘树一年多次抽梢，挂果时间长，结果量多，需肥量大。柑橘是需氮和钾较多的果树，是一般落叶果树的2倍。柑橘树新梢对氮、磷、钾的吸收春季开始逐渐增长。氮素不可施用过量，否则根部会受到伤害，夏季是枝梢生长和果实膨大时期，需肥量达到吸收高峰。秋季根系再次进入生长高峰，为补充树体营养，仍需大量养分。随着气温降低，生长量逐渐减少，需肥量随之减少，入冬后吸收基本停止。果实对磷吸收高峰在 8～9 月，氮、钾的吸收高峰在 9～10 月，以后趋于平缓。

据报道，每生产 1 000 千克柑橘果实，需吸收氮（N）6 千克、磷（P_2O_5）1.1 千克、钾（K_2O）4 千克、钙（CaO）0.8 千克、镁（MgO）0.27 千克，其吸收比例为 1∶0.2∶0.7。

二、柑橘无公害施肥技术

根据柑橘的需肥特点、树龄、树势、土壤供肥状况等因素确定合理的施肥量和施肥时期，结果树每年应施肥 4～5 次，其中一次为基肥，即采果肥，其他几次为追肥。

施肥量

一般每亩产商品柑橘 3 000 千克的柑橘园，需施氮（N）25～30 千克、磷（P_2O_5）10～15 千克、钾（K_2O）25～28 千克，即柑橘专用肥 170～212 千克；每亩产 3 500～5 000 千克的柑橘园，应施氮（N）40～65 千克、磷（P_2O_5）30～45 千克、钾（K_2O）30～45 千克，即柑橘专用肥 290～450 千克。

（1）幼树施肥：春、夏、秋梢抽生期施肥 4～6 次，顶芽枯至新梢转绿前喷施叶面肥，1～3 年幼树每株年施柑橘专用肥 4～6 千克，施肥量应由少到多逐年增加。

（2）结果树施肥：每生产 1 000 千克柑橘施优质有机肥 1 000～2 000千克和柑橘专用肥 40～80 千克，其中秋肥（果前）占全年总量的 20%～40%，春肥（萌芽后开花前）占全年的 20%，夏肥（壮果肥）占全年总量的 40%～60%。施肥结合浇水，是提高肥效的有力措施。

柑橘树施肥采用环状沟施为佳。

根外追肥可喷施农海牌氨基酸叶面肥，一般每 7～12 天喷施 1 次，对增强柑橘树的树势、抗逆能力，提高产量、质量有明显效果。

三、柑橘专用肥料配方

配方Ⅰ

氮、磷、钾三大元素含量为 30%的配方：

30%＝N 10∶P_2O_5 6∶K_2O 14＝1∶0.6∶1.4

原料用量与养分含量（千克/吨产品）：

硫酸铵 100　N＝100×21%＝21　S＝100×24.2%＝24.2

尿素 160　N＝160×46%＝73.6

磷酸一铵 58　P_2O_5＝58×51%＝29.58　N＝58×11%＝6.38

过磷酸钙 190　P_2O_5＝190×16%＝30.4　CaO＝190×24%＝45.6

S＝190×13.9%＝26.41

钙镁磷肥 10　P_2O_5＝10×18％＝1.8　CaO＝10×45％＝4.5

　　　　　　MgO＝10×12％＝1.2　SiO_2＝10×20％＝2

硫酸钾 280　K_2O＝280×50％＝140　S＝280×18.44％＝51.63

钼酸铵 0.5　Mo＝0.5×54％＝0.27

七水硫酸锌 20　Zn＝20×23％＝4.6　S＝20×11％＝2.2

硝基腐殖酸 100　HA＝100×60％＝60　N＝100×2.5％＝2.5

氨基酸 30

生物制剂 21

增效剂 10.5

调理 20

配方Ⅱ（柑橘专用肥料配方）

氮、磷、钾三大元素含量为35％的配方：

35％＝N 11：P_2O_5 9：K_2O 15＝1：0.8：1.36

原料用量与养分含量（千克/吨产品）：

硫酸铵 100　N＝100×21％＝21　S＝100×24.2％＝24.2

尿素 158　N＝158×46％＝72.68

磷酸一铵 139　P_2O_5＝139×51％＝70.89　N＝139×11％＝15.29

氨化过磷酸钙 150　P_2O_5＝150×16％＝24

　　　　　　CaO＝150×24％＝36

　　　　　　S＝150×13.9％＝20.85

　　　　　　N＝150×3.5％＝5.25

硫酸钾 300　K_2O＝300×50％＝150　S＝300×18.44％＝55.32

硼砂 15　B＝15×11％＝1.65

氨基酸螯合锌、锰、钼、铁、铜 17

硝基腐殖酸 86　HA＝86×60％＝51.6　N＝86×2.5％＝2.15

生物制剂 15

增效剂 10

调理剂 10

配方Ⅲ（柑橘专用肥料配方）

氮、磷、钾三大元素含量为25％的配方：

25％＝N 9：P_2O_5 7：K_2O 9＝1：0.78：1

原料用量与养分含量（千克/吨产品）：

硫酸铵 100　N＝100×21％＝21　S＝100×24.2％＝24.2

尿素 130　N＝130×46％＝59.8

磷酸一铵 68　P_2O_5＝68×51％＝34.68　N＝68×11％＝7.48

钙镁磷肥 200　P_2O_5＝200×18％＝36　CaO＝200×45％＝90

　　　　　　MgO＝200×12％＝24　SiO_2＝200×20％＝40

硫酸钾 180　$K_2O=180\times50\%=90$　$S=180\times18.44\%=33.19$

七水硫酸锌 20　$Zn=20\times23\%=4.6$　$S=20\times11\%=2.2$

钼酸铵 0.5　$Mo=0.5\times54\%=0.27$

硝基腐殖酸 200　$HA=200\times60\%=120$　$N=200\times2.5\%=5$

氨基酸 39.5

生物制剂 30

增效剂 12

调理剂 20

第三节　梨树施肥技术与专用肥配方

一、梨树的需肥特点

梨树对主要养分的需求以氮、钾最多，钙次之，对磷相对较少，需要较高的硼。

梨树对氮、磷、钾三要素的吸收随季节变化较大，春季萌芽至开花坐果期需要大量的氮、钾和一定数量的磷，是养分吸收的第一个高峰期；果实迅速膨大期对氮、钾吸收进入第二个高峰，对磷的吸收在整个生育期起伏不大，较为平衡。梨坐果后对钙较敏感，盛花后到成熟对钙的吸收量较大，若缺钙易发生黑底木栓斑、苜蓿青等生理病害。

每生产 1 000 千克梨，约需吸收氮（N）3～5 千克、磷（P_2O_5）2～3 千克、钾（K_2O）4.5～5 千克，其吸收比例约为 1∶0.63∶1.19。

二、梨树无公害施肥技术

根据梨树生长与需肥的特点，适时对梨树施基肥和追肥。

1. 基肥

基肥以有机肥为主，配合梨树专用肥料。秋季是施基肥的最佳时间，早熟品种在果实采收后进行；中晚熟品种在果树采收前进行。成年梨树一般每棵施腐熟优质有机肥 80～160 千克和梨树专用肥 2～3 千克，初结果树每棵施优质有机肥 60～100 千克和梨树专用肥 1～2 千克，1～5 年生的幼树每棵施优质有机肥 30～60 千克和梨树专用肥 0.5～1.5 千克。施肥方法以环状沟施或放射状沟施为佳，沟深一般 50 厘米，与挖出的土混匀后施入，不可长期使用一种方式施肥，各种方法应交替使用，使肥料尽量与更多的树根接触，以利于根系吸收。

2. 追肥

追肥可采取环状沟、放射状沟施或穴施，与挖出的土混匀后施入沟内，沟深一般为 15～20 厘米，每次施肥变换施肥部位，尽量使肥料接触更多的树根，以便根系吸收。

（1）萌芽前追肥：在萌芽前14天左右进行，用量为全年氮肥总用量的30%；盛果期的成年树，每棵可追施梨树专用肥1千克或尿素1千克，对促进新梢生长和增强树势有明显效果。

（2）花后追肥：在梨树落花后进行，用量为全年用量的20%～25%；盛果期的成年树每棵追施梨树专用肥1～1.5千克或尿素和硫酸钾各0.5～1千克，对提高坐果率、促幼果生长有明显作用。

（3）花芽分化期追肥：在中、短梢停止生长前8天左右进行，每棵梨树追施梨树专用肥1～2千克，以促进花芽分化和果实膨大。

（4）果实膨大期追肥：果实膨大期是果实增重的关键时期，盛果期梨树每棵追施梨树专用肥2～3千克，对果实膨大有促进作用。

根外追肥从春季至秋季每10～15天喷施1次含磷酸二氢钾、锌、硼、锰、铜、铁、钙的农海牌氨基酸叶面肥，对增强树势、预防因缺素而引起的生理病害、提高产量和品质有显著效果。

三、梨树专用肥料配方

配方Ⅰ

氮、磷、钾三大元素含量为40%的配方：

40%＝N 14：P_2O_5 12：K_2O 14＝1：0.86：1

原料用量与养分含量（千克/吨产品）：

硫酸铵100　N＝100×21%＝21　S＝100×24.2%＝24.2

尿素208　N＝208×46%＝95.68

磷酸一铵200　P_2O_5＝200×51%＝102　N＝200×11%＝22

过磷酸钙100　P_2O_5＝100×16%＝16　CaO＝100×24%＝24

S＝100×13.9%＝13.9

钙镁磷肥10　P_2O_5＝10×18%＝1.8　CaO＝10×45%＝4.5

MgO＝10×12%＝1.2　SiO_2＝10×20%＝2

氯化钾233　K_2O＝233×60%＝139.8　Cl＝233×47.56%＝110.81

硼砂15　B＝15×11%＝1.65

氨基酸螯合锌、铜、锰、铁、稀土17

硝基腐殖酸80　HA＝80×60%＝48　N＝80×2.5%＝2

生物制剂13

增效剂10

调理剂14

配方Ⅱ

氮、磷、钾三大元素含量为35%的配方：

35%＝N 13：P_2O_5 8：K_2O 14＝1：0.62：1.08

原料用量与养分含量（千克/吨产品）：

硫酸铵 100　$N=100\times21\%=21$　$S=100\times24.2\%=24.2$

尿素 185　$N=185\times46\%=85.1$

磷酸二铵 131　$P_2O_5=131\times45\%=58.95$　$N=131\times17\%=22.27$

过磷酸钙 120　$P_2O_5=120\times16\%=19.2$　$CaO=120\times24\%=28.8$

$S=120\times13.9\%=16.68$

钙镁磷肥 10　$P_2O_5=10\times18\%=1.8$　$CaO=10\times45\%=4.5$

$MgO=10\times12\%=1.2$　$SiO_2=10\times20\%=2$

氯化钾 233　$K_2O=233\times60\%=139.8$

$Cl=233\times47.56\%=110.81$

七水硫酸锌 20　$Zn=20\times23\%=4.6$　$S=20\times11\%=2.2$

硼砂 10　$B=10\times11\%=1.1$

氨基酸螯合稀土 1

硝基腐殖酸 129　$HA=129\times60\%=77.4$　$N=129\times2.5\%=3.23$

氨基酸 20

生物制剂 20

增效剂 10

调理剂 11

配方Ⅲ

氮、磷、钾三大元素含量为30%的配方：

$30\%=N\ 10:P_2O_5\ 9:K_2O\ 11=1:0.9:1.1$

原料用量与养分含量（千克/吨产品）：

硫酸铵 100　$N=100\times21\%=21$　$S=100\times24.2\%=24.2$

尿素 134　$N=134\times46\%=61.64$

磷酸一铵 132　$P_2O_5=132\times51\%=67.32$　$N=132\times11\%=14.52$

过磷酸钙 130　$P_2O_5=130\times16\%=20.8$　$CaO=130\times24\%=31.2$

$S=130\times13.9\%=18.07$

钙镁磷肥 10　$P_2O_5=10\times18\%=1.8$　$CaO=10\times45\%=4.5$

$MgO=10\times12\%=1.2$　$SiO_2=10\times20\%=2$

氯化钾 183　$K_2O=183\times60\%=109.8$　$Cl=183\times47.56\%=87.03$

硼砂 20　$B=20\times11\%=2.2$

氨基酸螯合锌、铜、锰、铁、稀土 18

硝基腐殖酸 188　$HA=188\times60\%=112.8$　$N=188\times2.5\%=4.7$

氨基酸 37

生物制剂 20

增效剂 12

调理剂 20

第四节　葡萄施肥技术与专用肥配方

一、葡萄的需肥特点

葡萄对氮的吸收从春季萌芽、展叶开始，至开花前后需要量最大，对磷的吸收从新梢生长开始至果实成熟。葡萄在整个生长期都吸收钾，是喜钾浆果。一般成年丰产葡萄园每生产 1 000 千克葡萄果实需氮（N）3.8～7.8 千克、磷（P_2O_5）2～7 千克、钾（K_2O）4～8.9 千克。吸收氮、磷、钾的比例约为 1：0.6：1.2。在浆果生长之前，对氮、磷、钾的需要量较大，果实膨大至采收期达到高峰，此阶段供肥不足会对葡萄产量产生较大影响，尤其是开化、授粉、坐果、果实膨大期对磷、钾的需要量较大。葡萄对硼的需要量也相对较多。

二、葡萄无公害施肥技术

葡萄的施肥量应根据目标产量、需肥特点、土壤肥力和树龄等因素确定，采用基肥、追肥的方式施入。

（1）基肥：基肥应在葡萄采收后立即进行，占全年施肥量的 50%～60%，一般亩施土杂肥 5～6 吨，折 N 13～15 千克、P_2O_5 10～13 千克、K_2O 10～15 千克和专用肥 80～120 千克；也可按树施肥，初结果的幼树每棵施有机肥 20～50 千克和葡萄专用肥 0.2～0.3 千克，单株结果量 20 千克左右的成年植株，每株施有机肥 65～100 千克（或饼肥 6～10 千克）和葡萄专用肥 1～3 千克。混匀后沟施或撒施，撒施后将肥料翻入地下深 20 厘米左右处，有利于植株根系全面吸收利用。施肥方法应更替使用。

（2）追肥：在葡萄生长季节，一般丰产园每年需施追肥 2～3 次。在早春芽开始膨大时进行第一次追肥，这时花芽正继续分化，新梢即将开始旺盛生长，需要大量氮素养分，宜施用腐熟人粪尿掺混专用肥或尿素，施用量占全年用肥量的 10%～15%，每亩应追施专用肥10～20 千克。在谢花后幼果膨大初期进行第二次追肥，以氮肥为主，结合施磷、钾肥，这次追肥不但能促进幼果膨大，而且有利于花芽分化；这一阶段是葡萄生长的旺盛期，也是决定下一年产量的关键时期，追肥以施专用肥或腐熟人粪尿或尿素、草木灰等速效肥为主，施肥量占全年施肥总量的 20%～30%，一般亩追施专用肥 20～30 千克。在果实着色初期进行第三次追肥，以磷、钾肥或专用肥为宜，施肥量占全年用的 10%左右，亩追施专用肥 10～15 千克，可结合灌水或雨天直接施入植株根部的土壤中。

（3）根外追肥：根外追肥可选用农海牌氨基酸叶面肥喷施的方法，每

10天左右喷施一次。应该强调的是，根外追肥只是补充葡萄营养的一种方法，但根外追肥代替不了基肥和追肥。要保证葡萄的健壮生长，必须施基肥和追肥。

三、葡萄专用肥料配方

配方Ⅰ

氮、磷、钾三大元素含量为30%的配方：

30%＝N 10：P_2O_5 8：K_2O 12＝1：0.8：1.2

原料用量与养分含量（千克/吨产品）：

硫酸铵 130　N＝130×21%＝27.3　S＝130×24.2%＝31.46

尿素 132　N＝132×46%＝60.72

磷酸一铵 106　P_2O_5＝106×51%＝54.06　N＝106×11%＝11.66

过磷酸钙 150　P_2O_5＝150×16%＝24　CaO＝150×24%＝36

S＝150×13.9%＝20.85

钙镁磷肥 10　P_2O_5＝10×18%＝1.8　CaO＝10×45%＝4.5

MgO＝10×12%＝1.2　SiO_2＝10×20%＝2

硫酸钾 240　K_2O＝240×50%＝120　S＝240×18.44%＝44.26

硼砂 20　B＝20×11%＝2.2

五水硫酸铜 10　Cu＝10×25%＝2.5　S＝10×12.84%＝1.28

七水硫酸锌 10　Zn＝10×23%＝2.3　S＝10×11%＝1.1

七水硫酸亚铁 10　Fe＝10×19%＝1.9　S＝10×11.63%＝1.16

硝基腐殖酸 100　HA＝100×60%＝60　N＝100×2.5%＝2.5

氨基酸 32

生物制剂 20

增效剂 10

调理剂 20

配方Ⅱ

氮、磷、钾三大元素含量为25%的配方：

25%＝N 8：P_2O_5 6：K_2O 11＝1：0.75：1.38

原料用量与养分含量（千克/吨产品）：

硫酸铵 150　N＝150×21%＝31.5　S＝150×24.2%＝36.3

尿素 65　N＝65×46%＝29.9

磷酸二铵 94　P_2O_5＝94×45%＝42.3　N＝94×17%＝15.98

过磷酸钙 100　P_2O_5＝100×16%＝16　CaO＝100×24%＝24

S＝100×13.9%＝13.9

钙镁磷肥 10　P_2O_5＝10×18%＝1.8　CaO＝10×45%＝4.5

MgO＝10×12%＝1.2　SiO_2＝10×20%＝2

硫酸钾 220　K_2O＝220×50%＝110　S＝220×18.44%＝40.57

硼砂 20　B＝20×11%＝2.2

氨基酸螯合锌、铜、铁 15

硝基腐殖酸 246　HA＝246×60%＝147.6　N＝246×2.5%＝6.15

氨基酸 30

生物制剂 20

增效剂 10

调理剂 20

配方Ⅲ

氮、磷、钾三大元素含量为35%的配方：

35%＝N 12.5∶P_2O_5 7.5∶K_2O 15＝1∶0.6∶1.2

原料用量与养分含量（千克/吨产品）：

硫酸铵 100　N＝100×21%＝21　S＝100×24.2%＝24.2

尿素 173　N＝173×46%＝79.58

磷酸二铵 127　P_2O_5＝127×45%＝57.15　N＝127×17%＝21.59

过磷酸钙 100　P_2O_5＝100×16%＝16　CaO＝100×24%＝24
S＝100×13.9%＝13.9

钙镁磷肥 10　P_2O_5＝10×18%＝1.8　CaO＝10×45%＝4.5
MgO＝10×12%＝1.2　SiO_2＝10×20%＝2

硫酸钾 300　K_2O＝300×50%＝150　S＝300×18.44%＝55.32

硼砂 20　B＝20×11%＝2.2

氨基酸螯合锌、铜、铁 15

硝基腐殖酸 100　HA＝100×60%＝60　N＝100×2.5%＝2.5

生物制剂 20

增效剂 12

调理剂 23

第五节　枣树施肥技术与专用肥配方

一、枣树的需肥特点

枣树从萌芽至开花对氮吸收较多，供氮不足时影响前期枝叶和花蕾生长发育；开花期对氮、磷、钾的吸收增多；幼果期是根系生长高峰时期，果实膨大期是对养分吸收的高峰期，养分不足果实生长受到抑制，会发生严重落果；果实成熟至落叶前，树体主要进行养分的积累和贮存，根系对养分的吸收减少，但仍需要吸收一定量的养分，为减缓叶片组织的衰老过程，提高后期光合作用，可喷施含尿素的农海牌氨基酸叶面肥。

据报道，每亩生产1 000千克鲜枣，需氮（N）15千克、磷（P_2O_5）10千克、钾（K_2O）13千克，对氮、磷、钾的吸收比例为1：0.67：0.87。

二、枣树无公害施肥技术

根据枣树的需肥特点、目标产量、土壤肥力状况、肥料利用率等因素确定肥料的施用量。

1. 秋施基肥

基肥是一年中长期供应枣树生长与结果的基础肥料，在秋季枣树落叶前后施基肥为好，施肥量一般占全年施肥量的50%～70%。间作枣园每棵枣树施有机肥150～250千克和枣树专用肥2～3千克，混匀后施入枣树根系附近的土壤；密植园或专用枣园每棵枣树施有机肥60～120千克和枣树专用肥2～3千克，混匀后施入枣树根系附近的土壤。施肥方法以沟施、环状沟施、放射状沟施均可。

（1）环状沟施法：宜于幼树使用。即幼树冠外围挖宽和深各40厘米环型沟，将肥料与挖出的土混匀后施入沟内，用土覆盖后浇水。

（2）放射状沟施法：在树冠下从树干到外围挖6～8条放射状施肥沟，宽和深各40厘米，将肥料施入沟内，混入表土，然后浇水。

（3）沟施法：宜于成龄树使用。即在树冠下株间和靠近行间的两侧挖宽和深各40厘米的沟，施入肥料，混入表土后浇水。

（4）全园撒施法：根据枣树水平根发达的特点，结合间作物施肥，将肥料均匀撒于树冠下和行间，然后翻耕。此法只能作为辅助性的施肥措施。

2. 追肥

（1）萌芽肥：在萌芽前7～10天施入，成龄结果树每棵施枣树专用肥0.5～1千克或硫酸铵0.5～1千克。

（2）花前肥：在枣树开花前施入，成龄枣树每棵施枣树专用肥1千克左右或硫酸铵0.3～0.5千克，过磷酸钙0.5～1千克。

（3）幼果肥：枣树进入幼果期，成龄结枣树每棵施1.5～2.5千克或40%氮磷钾复合肥1.5～2.5千克。

追肥可采用环状沟、短条状沟、穴施等方法，施入土壤10～15厘米深处，将肥料与土混匀，施后覆土，旱时应配合浇水。

3. 根外追肥

叶面喷施含尿素、磷酸二氢钾及硼、铜、锰等微量元素的农海牌氨基酸叶面肥，在果实膨大期每7～10天喷施1次，对提高产量和品质有明显效果（表18-1）。

表 18-1　枣树喷施氨基酸肥的增产效果

处　理	供试株数	坐果数（个）	与对照比较	平均株产（千克）	与对照比较增产（%）
叶面喷施农海牌氨基酸叶面肥	8	822	193	18.96	28.98
喷水对照	8	427	100	14.70	—

三、枣树专用肥料配方

氮、磷、钾三大元素含量为 30%的配方：

30%＝N 12：P_2O_5 8：K_2O 10＝1：0.67：1.83

原料用量与养分含量（千克/吨产品）：

硫酸铵 100　N＝100×21%＝21　S＝100×24.2%＝24.2

尿素 158　N＝158×46%＝72.68

磷酸二铵 138　P_2O_5＝138×45%＝62.1　N＝138×17%＝23.46

过磷酸钙 100　P_2O_5＝100×16%＝16　CaO＝100×24%＝24

S＝100×13.9%＝13.9

钙镁磷肥 10　P_2O_5＝10×18%＝1.8　CaO＝10×45%＝4.5

MgO＝10×12%＝1.2　SiO_2＝10×20%＝2

硫酸钾 160　K_2O＝160×50%＝80　S＝160×18.44%＝29.5

硼砂 20　B＝20×11%＝2.2

氨基酸螯合锌、铜、铁、锰 15

硝基腐殖酸 200　HA＝200×60%＝120　N＝200×2.5%＝5

生物制剂 20

氨基酸 37

增效剂 12

调理剂 30

第六节　桃树施肥技术与专用肥配方

一、桃树的需肥特点

桃树对养分的吸收能力较强，因为桃树根系较浅，侧根和须根较多。桃树对养分的吸收随季节而变化，新梢生长高峰后对氮、磷、钾的吸收量迅速生长，随着果实的膨大对养分的吸收量继续增加。果实迅速膨大期是对养分吸收最多的时期，尤其是钾；果实采收期吸收量减少，幼龄树与成年树有所不同，幼树以树势作为判断施肥的依据，当年生的主枝基部粗细超过 2 厘米直径为旺盛，应减少施肥量，以防幼树推迟结果，成龄结果树当年生的长枝直径1～1.5厘米为中等树势。桃树氮、钾吸收较多，磷相对较少，钾肥对果实的发育特别重要，钾充足桃个大，含糖量高，风味浓，色泽鲜艳。

据报道，每生产1 000千克桃，需吸收氮（N）4.8～10千克、磷（P_2O_5）2～5千克、钾（K_2O）7.6～10千克，吸收比例约为1：0.42：1.58。

二、桃树无公害施肥技术

1. 基肥

在秋季果实采收后及时施基肥，以有机肥为主，配合无机肥料。一般丰产桃园每棵桃树施优质有机肥100～200千克和桃树专用肥1～3千克，混匀后即可施入土壤，也可用尿素0.5～1千克代替专用肥使用。

2. 追肥

（1）萌芽肥：一般在桃树萌芽前14天左右进行，促使开花整齐，提高坐果率。一般每棵树施桃树专用肥1～1.5千克或硫酸铵0.8～1.2千克和过磷酸钙1千克。

（2）花后肥：一般在花后7天左右进行，每棵树追桃树施专用肥0.5～1千克。

（3）果实膨大肥：一般在桃核硬化始期进行，每棵树施桃树专用肥1～1.5千克，沟或穴深15～20厘米，一般在果实采收前20天不再施肥。

（4）采后肥：一般在果实采收后立即进行，每棵树施桃树专用肥0.3～0.5千克，促根系生长，提高树势，增强抗逆能力。

3. 根外追肥

叶面喷施含磷酸二氢钾、尿素、钙、硼等微量元素的农海牌氨基酸叶面肥，一般每7～10天1次，对增强树势、提高产量和品质有明显效果。

三、桃树专用肥料配方

氮、磷、钾三大元素含量为30%的配方：

30%＝N 11：P_2O_5 7：K_2O 12＝1：0.64：1.09

原料用量与养分含量（千克/吨产品）：

硫酸铵100　N＝100×21%＝21　S＝100×24.2%＝24.2

尿素163　N＝163×46%＝74.98

磷酸一铵102　P_2O_5＝102×51%＝52.02　N＝102×11%＝11.22

过磷酸钙100　P_2O_5＝100×16%＝16　CaO＝100×24%＝24

S＝100×13.9%＝13.9

钙镁磷肥10　P_2O_5＝10×18%＝1.8　CaO＝10×45%＝4.5

MgO＝10×12%＝1.2　SiO_2＝10×20%＝2

氯化钾 200　K_2O=200×60%=120　Cl=200×47.56%=95.12

硼砂 20　B=20×11%=2.2

氨基酸螯合锌、铁、稀土 12

硝基腐殖酸 200　HA=200×60%=120　N=200×2.5%=5

生物制剂 25

氨基酸 28

增效剂 12

调理剂 28

配方Ⅱ

氮、磷、钾三大元素含量为35%的配方：

35%=N 13：P_2O_5 9：K_2O 13=1：0.7：1

原料用量与养分含量（千克/吨产品）：

硫酸铵 100　N=100×21%=21　S=100×24.2%=24.2

尿素 172　N=172×46%=79.12

磷酸二铵 160　P_2O_5=160×45%=72　N=160×17%=27.2

过磷酸钙 100　P_2O_5=100×16%=16　CaO=100×24%=24

S=100×13.9%=13.9

钙镁磷肥 10　P_2O_5=10×18%=1.8　CaO=10×45%=4.5

MgO=10×12%=1.2　SiO_2=10×20%=2

氯化钾 217　K_2O=217×60%=130.2

Cl=217×47.56%=103.21

硼砂 20　B=20×11%=2.2

氨基酸螯合锌、铁、稀土 12

硝基腐殖酸 120　HA=120×60%=72　N=120×2.5%=3

生物制剂 25

氨基酸 30

增效剂 12

调理剂 22

配方Ⅲ

氮、磷、钾三大元素含量为25%的配方：

25%=N 9：P_2O_5 6：K_2O 10=1：0.67：1.1

原料用量与养分含量（千克/吨产品）：

硫酸铵 130　N=130×21%=27.3　S=130×24.2%=31.46

尿素 113　N=113×46%=51.98

磷酸一铵 74　P_2O_5=74×51%=37.74　N=74×11%=8.14

过磷酸钙 120　P_2O_5=120×16%=19.2　CaO=120×24%=28.8

S=120×13.9%=16.68

钙镁磷肥 10　P_2O_5＝10×18％＝1.8　CaO＝10×45％＝4.5

MgO＝10×12％＝1.2　SiO_2＝10×20％＝2

氯化钾 167　K_2O＝167×60％＝100.2　Cl＝167×47.56％＝79.43

水硫酸锌 20　Zn＝20×23％＝4.6　S＝20×11％＝2.2

七水硫酸亚铁 20　Fe＝20×19％＝3.8　S＝20×11.63％＝2.33

硼砂 20　B＝20×11％＝2.2

氨基酸螯合稀土 1

硝基腐殖酸 223　HA＝223×60％＝133.8　N＝223×2.5％＝5.58

生物制剂 30

氨基酸 35

增效剂 12

调理剂 25

第七节　香蕉施肥技术与专用肥配方

一、香蕉的需肥特点

香蕉是多年生常绿大型草本植物，植株高大，生长快，产量高，对肥料反应敏感，需肥量大。据报道，中等肥力水平的香蕉园每生产 1 000 千克香蕉果实约需吸收氮（N）9.5～21.5 千克、磷（P_2O_5）4.5～6 千克、钾（K_2O）21.2～22.5 千克。香蕉是典型的喜钾作物，对钙、镁需求量也较高，氮、钙的吸收比例为 1：0.69。氮、镁的吸收比例为 1：0.2。

香蕉整个生长发育过程主要是营养生长期和孕蕾期及果实发育成熟期。孕蕾期前对氮需求量大，后期对磷、钾需求较多。香蕉是耐氯作物，施用含氯化肥不会对产量和品质产生不良影响。

二、香蕉无公害施肥技术

香蕉约需追肥 10～15 次，施肥次数多。应根据蕉齿、土壤肥力、气候条件等具体情况调整施肥方案，一般香蕉的施肥量，每亩年施氮（N）20～51.4 千克、磷（P_2O_5）10～27 千克、钾（K_2O）40～86.5 千克。综合各地施肥量，平均每年每亩（亩）施氮（N）39 千克、磷（P_2O_5）15 千克、钾（K_2O）60 千克，氮、磷、钾的比例约为1：0.38：1.54。如果按每亩种植香蕉 120～140 株，年产香蕉 2 000～4 000千克计算，每年每亩需施含氮、磷、钾为 13：5：20 的香蕉专用肥 250～350 千克，平均每株用肥 3～6 千克。

香蕉施肥主要在两个时期：①定植至花芽分化前，即在定植或留芽后开始施肥，到花芽分化前占全年施肥量的 65％～75％；两广地区一般分 3 次施用，即 2 月、4 月和植株形成"把头"时施肥。②果实生长发育期，肥料用量约占全年施肥量的25%～35%；两广地区一般在田间果实发育时和10月下旬分两次施用。

对新植香蕉园，定植前应施足基肥，一般每株施优质有机肥15～20千克和香蕉专用肥0.3～0.8千克。多季香蕉的施肥量及施肥次数可比单季香蕉多20%。肥料的施用方法多采用穴施法。越冬蕉在12月至次年1月施基肥，每亩用一定量的有机肥配合部分化肥或专用肥；缩根蕉每年施肥5次，分别在2月中旬、4月份、6～7月份、采收后和10月份进行，用于协调植株营养和增强植株抗逆能力。

三、香蕉专用肥料配方

配方Ⅰ

氮、磷、钾三大元素含量为38%的配方：

38%＝N 13：P_2O_5 5：K_2O 20＝1：0.38：1.54

原料用量与养分含量（千克/吨产品）：

硫酸铵100　N＝100×21%＝21　S＝100×24.2%＝24.2

尿素226　N＝226×46%＝103.96

磷酸二铵28　P_2O_5＝28×45%＝12.6　N＝28×17%＝4.76

过磷酸钙200　P_2O_5＝200×16%＝32　CaO＝200×24%＝48

S＝200×13.9%＝27.8

钙镁磷肥30　P_2O_5＝30×18%＝5.4　CaO＝30×45%＝13.5

MgO＝30×12%＝3.6　SiO_2＝30×20%＝6

氯化钾333　K_2O＝333×60%＝199.8

Cl＝333×47.56%＝158.37

硼砂15　B＝15×11%＝1.65

氨基酸螯合钙、稀土、锌11

生物制剂20

增效剂11

调理剂21

配方Ⅱ

氮、磷、钾三大元素含量为30%的配方：

30%＝N 8：P_2O_5 2：K_2O 20＝1：0.25：2.5

原料用量与养分含量（千克/吨产品）：

硫酸铵100　N＝100×21%＝21　S＝100×24.2%＝24.2

尿素128　N＝128×46%＝58.88

过磷酸钙120　P_2O_5＝120×16%＝19.2　CaO＝120×24%＝28.8

S＝120×13.9%＝16.68

钙镁磷肥12　P_2O_5＝12×18%＝2.16　CaO＝12×45%＝5.4

$MgO=12\times12\%=1.44$　$SiO_2=12\times20\%=2.4$

氯化钾 333　$K_2O=333\times60\%=199.8$

$Cl=333\times47.56\%=158.37$

硼砂 15　$B=15\times11\%=1.65$

氨基酸螯合钙、稀土、锌 11

硝基腐殖酸 150　$HA=150\times60\%=90$　$N=150\times2.5\%=3.75$

氨基酸 56

生物制剂 30

增效剂 12

调理剂 30

配方Ⅲ

氮、磷、钾三大元素含量为 26%的配方：

$26\%=N\ 9:P_2O_5\ 3:K_2O\ 14=1:0.33:1.56$

原料用量与养分含量（千克/吨产品）：

硫酸铵 100　$N=100\times21\%=21$　$S=100\times24.2\%=24.2$

尿素 144　$N=144\times46\%=66.24$

过磷酸钙 200　$P_2O_5=200\times16\%=32$　$CaO=200\times24\%=48$

$S=200\times13.9\%=27.8$

钙镁磷肥 20　$P_2O_5=20\times18\%=2.6$　$CaO=20\times45\%=9$

$MgO=20\times12\%=2.4$　$SiO_2=20\times20\%=4$

氯化钾 233　$K_2O=233\times60\%=139.8$　$Cl=233\times47.56\%=110.81$

硼砂 15　$B=15\times11\%=1.65$

氨基酸螯合铁、稀土、锌 12

硝基腐殖酸 211　$HA=211\times60\%=126.6$　$N=211\times2.5\%=5.28$

生物制剂 20

增效剂 10

调理剂 30

第八节　荔枝树施肥技术与专用肥配方

一、荔枝的需肥特点

荔枝生长发育需要 16 种必需的营养元素，从土壤中吸收最多的是氮、磷、钾。据报道，每生产 1 000 千克鲜荔枝果实，需从土壤中吸收氮（N）13.6～18.9 千克、磷（P_2O_5）3.18～4.94 千克、钾（K_2O）20.8～25.2 千克，其吸收比例约为 1：0.25：1.42。由此可见，荔枝是喜钾果树。荔枝对养分的吸收有两个高峰期，一是 2～3 月抽发花穗和春梢期，对氮的吸收量多，磷次之；二是 5～6 月果实迅速生长期，对氮的吸收达到最高峰，对钾的吸收也逐渐增加，如果养分供应不足，易造成落花落果。亩产1 000千克荔枝，需要量约为N 13～16千克、P_2O_5 6～9千克、K_2O 17～21千克、CaO 6～9千克、MgO 3～6千克。

二、荔枝无公害施肥技术

荔枝施肥以腐熟优质有机肥为主，无机肥为辅。

（1）花前肥：成龄结果树在开花前25～30天施入。一般每株施入腐熟人畜粪尿50～100千克、荔枝专用肥2.5～3千克或氯化钾1千克、尿素1千克、磷肥1千克。在树冠滴水线两侧开沟施入，然后覆土。对结果多树、势较弱的树可适当增加施肥量。

（2）壮果肥：开花后至第二次生理落果前施入，不能迟于5月中旬。每株施腐熟人畜粪尿50～100千克、荔枝专用肥2.5～3.5千克或尿素1千克、氯化钾1千克、过磷酸钙1～2千克。对结果少的果园可以晚施或少施。

（3）促梢肥：荔枝的结果母枝主要是秋梢。树弱果多的应在采果前10～15天施促梢肥，树壮果少的树可在采果后15天施肥。如果是促二次秋梢，应在采果前15天内（晚熟品种在6月底，早熟树种在5月上旬）及时施用速效肥料，在第一次秋梢转绿时，再施一次肥（早熟品种在7月，晚熟品种在8月）。每株每次施饼肥2千克、专用肥1.5～2千克或尿素2千克、腐熟猪粪100～150千克。

（4）叶面喷肥：在荔枝树开始结果至采果前20天内均可喷施农海牌氨基酸叶面肥，对提高荔枝品质和产量有明显的效果。

三、荔枝专用肥料配方

氮、磷、钾三大元素含量为35%的配方：

36%＝N16：P_2O_5 5：K_2O 14＝1：0.31：0.88

原料用量与养分含量（千克/吨产品）：

硫酸铵100　N＝100×21%＝21　S＝100×24.2%＝24.2

尿素270　N＝270×46%＝124.2

磷酸二铵71　P_2O_5＝71×45%＝31.95　N＝71×17%＝12.07

过磷酸钙100　P_2O_5＝100×16%＝16　CaO＝100×24%＝24

S＝100×13.9%＝13.9

钙镁磷肥10　P_2O_5＝10×18%＝1.8　CaO＝10×45%＝4.5

MgO＝10×12%＝1.2　SiO_2＝10×20%＝2

氯化钾233　K_2O＝233×60%＝139.8

Cl＝233×47.56%＝110.81

硼砂15　B＝15×11%＝1.65

硫酸镁 29　$MgO=29\times16\%=4.64$　$S=29\times13\%=3.77$

氨基酸螯合锌、锰、铜、铁 16

硝基腐殖酸 89　$HA=89\times60\%=53.4$　$N=89\times2.5\%=2.23$

生物制剂 20

增效剂 12

调理剂 30

第九节　菠萝施肥技术与专用肥配方

一、菠萝的需肥特点

菠萝从定植至收获第一造果，一般需 15～18 个月。在各生育期所需养分均不相同，应按其需肥特点施肥。

菠萝正常生长需要 16 种必需营养元素，以从土壤中吸收的氮、磷、钾、钙、镁较多。营养生长期对氮、磷、钾的吸收比例为 17∶1∶16，进入开花期其吸收比例为 7∶10∶23。据报道，每生 1 000 千克菠萝果实，需氮（N）3.75～8.76 千克、磷（P_2O_5）1.07～1.89 千克、钾（K_2O）7.36～17.2 千克、钙（CaO）2.22 千克、镁（MgO）0.78 千克，其吸收比例约为 1∶0.21～0.29∶1.96∶0.59∶0.21。由此可知，菠萝从土壤中吸收钾最多，氮次之，然后是钙、磷、镁。

菠萝从定植到收果的整个生长过程对氮、磷、钾的吸收有 3 个高峰。10～20 叶期为第一个高峰期，27～45 叶期为第二高峰期，第三个高峰期在现红至小果期。在施肥措施上，第一年重施氮，其次是磷和钾；第二年在催花前特别在小果膨大期，追施足够的钾，其次氮和磷。菠萝在果实膨大期对钙、镁养分吸收量达到最高值。

二、菠萝无公害施肥技术

根据菠萝的吸收养分规律和生长发育过程，一般分为基肥、追肥（含根外追肥）两种方式。

1. 基肥

基肥以有机肥为主，无机肥为辅，在定植前施用。一般每亩施腐熟优质有机肥 2 000～3 500 千克、饼肥 50～100 千克、生物有机肥 30～50 千克、骨粉 50～100 千克、菠萝专用肥 20～30 千克或硫酸铵 5～10 千克、过磷酸钙 15～20 千克、硫酸钾 10～15 千克、硫酸镁 20 千克。

在定植前按行距挖宽 50 厘米、深 30 厘米的栽种沟，将肥料混匀后施入沟内，盖上一层薄土，避免肥料对根系造成伤害。

2. 追肥

菠萝营养生长期长，占整个生育期的 60%以上，是形成产量的关键时期，应适时追肥。

（1）壮苗肥：在营养生长期的3～5月，亩追施菠萝专用肥25～30千克或尿素20千克和氯化钾10千克。7～9月，亩追施菠萝专用肥25～30千克或尿素10千克、氯化钾15千克。视植株长势情况，结合喷施农海牌氨基酸叶面肥2～3次，对增强植株抗逆能力效果明显。

（2）促花壮蕾肥：在花芽分化前期至花蕾抽发前期，即10月至翌年2月，亩施菠萝专用肥30～40千克或生物有机肥40千克、氯化钾15千克。

（3）壮果催芽肥：在菠萝植株谢花后，进入果实膨大期，亩施菠萝专用肥25～30千克或生物有机肥30～40千克，结合喷施农海牌氨基酸叶面肥，每8～15天1次。

（4）壮芽肥：在菠萝果实采收前后与下一次基肥一起施用，亩施菠萝专用肥25～30千克或生物有机肥60～80千克、氯化钾15千克，穴施于离根基部15厘米深处。

三、菠萝专用肥料配方

氮、磷、钾三大元素含量30%的配方：

30%＝N 12：P_2O_5 3.33：K_2O 14.76＝1：0.28：1.23

原料用量与养分含量（千克/吨产品）：

硫酸铵100　N＝100×21%＝21　S＝100×24.2%＝24.2

尿素200　N＝200×46%＝92

过磷酸钙200　P_2O_5＝200×16%＝32　Ca＝200×24%＝48

S＝200×13%＝26

钙镁磷肥20　P_2O_5＝20×18%＝3.6　CaO＝20×45%＝9

MgO＝20×12%＝2.4　SiO_2＝20×20%＝4

氯化钾246　K_2O＝246×60%＝147.6　Cl＝246×47.56%＝117.0

硼砂15　B＝15×11%＝1.65

氨基酸螯合锌、铁、锰、钼13

七水硫酸镁70　MgO＝70×16.35%＝11.45　S＝70×13%＝9.1

硝基腐殖酸85　HA＝85×60%＝51　N＝85×2.5%＝2.13

生物制剂21

增效剂10

调理剂20

第十节　芒果施肥技术与专用肥配方

一、芒果的需肥特点

芒果生长发育需要16种必需营养元素，从土壤中吸收氮、磷、钾、钙、镁的量较大。据报道，每生产1 000千克鲜果需氮（N）1.735千克、磷（P_2O_5）0.231千克、钾（K_2O）1.974千克、钙（CaO）0.252千克、镁（MgO）0.228千克，吸收量最多的是钾，氮次之，其吸收比例为1∶0.13∶1.14∶0.15∶0.13。

芒果树在不同生育时期，叶片和果实对各种养分的吸收量不相同。采果后，植株以营养生长为主，大量吸收养分，积累营养物质，迅速恢复树势。

果实发育及养分变化规律可分为三个阶段：第一阶段，开花稔实至坐果，20～25天，为果实缓慢生长期，氮、磷、钾、钙、镁的吸收量分别占养分总吸收量的25%、14%、1%、15%、14%。第二阶段，坐果后20～60天，为果实迅速生长期，对氮、磷、钾、钙、镁的吸收量分别占养分总吸收量的68%、66%、63%、85%、65%，果实迅速膨大。第三阶段，果实又进入缓慢生长期，对氮、磷、钾、钙、镁的吸收量分别占养分总吸收量的7%、20%、36%、0%、21%。

由此可见，果实生长前期应补充氮和钙，后期应适当补充钾，对磷和镁的需求量较平稳。

二、芒果无公害施肥技术

根据芒果生长发育需肥的特点，综合有关研究成果，芒果施肥的氮、磷、钾比例为1∶0.2∶1.2～1.8较为适宜。热带地区土壤中钙、镁含量低，常按氮、磷、钾、钙、镁为1∶0.2∶1∶0.9∶0.2的比例计算钙、镁用量。根据芒果树的需肥特点，对结果树一般采用4次施肥。

第一次在采果前后，每株施腐熟有机肥15～20千克和芒果专用肥1～3千克，在树冠滴水线内侧挖环状沟浅施，如遇干旱天气，施肥后要灌水。

第二次在芒果花芽分化期施催花肥，一般在10～11月，株施腐熟有机肥15～20千克和芒果树专用肥1～2千克或石灰1千克、复混肥0.5～1千克，或者生物有机肥5～8千克、硫酸钾0.5～1千克，环状沟施，以促进花芽分化，保证花的发育。

第三次施壮花肥，一般在1～3月花蕾发育与开花期进行，株施芒果树专用肥0.2～0.25千克或尿素0.1～0.15千克、硫酸钾0.2千克。在盛花期前及盛花期内，各喷500倍的硼酸一次，可提高树体营养水平，促进花穗和小花发育，提高两性花比率，健壮花质，增强抵抗低温阴雨等不良天气的能力，提高坐果率。

第四次施壮果肥，在4～5月进行，株施生物有机肥3～5千克和芒果树专用肥0.5～0.8千克，促进果实迅速增长，协调枝梢与果实养分分配的矛盾。根据树势状况，必要时喷施农海牌氨基酸叶面肥，并在稀释的肥液中加入0.2%～0.4%的磷酸二氢钾，对增强树势、提高产量和品质，效果明显。也可适时、适量喷施各种化肥（含微量元素肥料）和黄腐酸等营养物质。

三、芒果专用肥料配方

氮、磷、钾三大元素含量30%的配方：

30%＝N 13.5：P_2O_5 2.5：K_2O 14＝1：0.24：1.04

原料用量与养分含量（千克/吨产品）：

硫酸铵 100　N＝100×21%＝21　S＝100×24.2%＝24.2

尿素 248　N＝248×46%＝114.08

过磷酸钙 135　P_2O_5＝135×16%＝21.6　CaO＝135×24%＝32.4

S＝135×13.9%＝18.77

钙镁磷肥 20　P_2O_5＝20×18%＝3.6　CaO＝20×45%＝9

MgO＝20×12%＝2.4　SiO_2＝20×20%＝4

氯化钾 233　K_2O＝233×60%＝139.80　Cl＝233×47.56%＝110.81

硼砂 15　B＝15×11%＝1.65

氨基酸螯合锌、锰、铁、钙 20

七水硫酸镁 90　MgO＝90×16.35%＝14.72　S＝90×13%＝11.7

硝基腐殖酸 84　HA＝84×60%＝50.4　N＝84×2.5%＝2.1

生物制剂 20

增效剂 10

调理剂 20

第十九章　肥料在蔬菜作物上的应用技术

第一节　茄果类蔬菜施肥技术与专用肥料配方

一、番茄施肥

（一）番茄的需肥特点

番茄是连续开花结果的蔬菜，生长期长，产量高，需肥量大，每生产1 000千克商品番茄需吸收氮（N）3.86～7.8千克、磷（P_2O_5）1.15～1.3千克、钾（K_2O）4.44～15.9千克、钙（CaO）1.6～2.1千克、镁（MgO）0.3～0.6千克，对氮、磷、钾、钙、镁5种营养元素的吸收比例约为1∶0.26∶1.8∶0.74∶0.18。番茄施用三大元素参考量见表19-1，基肥用量参考值见表19-2。

表19-1　番茄施用氮、磷、钾三大元素参考值

单位：千克/亩

土地肥力等级	目标产量	推荐施用量		
		氮（N）	磷（P_2O_5）	钾（K_2O）
低肥力	3 000～4 000	19～23	7～11	12～16
中肥力	4 100～5 000	17～21	6～9	11～14
高肥力	5 100～6 000	15～19	5～7	10～12

表19-2　番茄基肥用量参考值　　单位：千克/亩

土地肥力等级		低肥力	中肥力	高肥力
	目标产量	3 000～4 000	4 100～5 000	5 100～6 000
有机肥	农家肥	6 000～7 000	4 000～6 000	3 500～5 000
氮肥	尿素	5～7	5～6	4～5
	（或硫酸铵）	12～15	12～14	9～12

（续）

土地肥力等级		低肥力	中肥力	高肥力
磷肥	磷酸二铵	15～23	13～18	11～16
钾肥	硫酸钾	7～10	7～9	6～8
	（或氯化钾）	6～9	6～8	5～7
番茄专用肥（可代替化肥）		80～120	70～100	60～80

（二）番茄无公害施肥技术

（1）定植前重施基肥：要获得每亩 4 000～7 000 千克的产量，应施有机肥 4 000～7 000 千克和番茄专用基肥 80～120 千克。

（2）定植后追肥：施用量/千克/亩·次。

（3）催苗肥：定植后 10～15 天冲施番茄专用肥 5～10 千克或硫酸铵 20 千克（或尿素 10 千克）。

（4）重施催果肥：在第一穗果开始膨大时冲施番茄专用冲施肥 10～15 千克或硫酸铵 25～35 千克（或尿素 10～15 千克），加硫酸钾 10 千克，每 10～15 天冲施 1 次。

（5）盛果肥：每 10～15 天冲施 1 次番茄专用冲施肥 15～20 千克或硫酸铵 25～30 千克或（尿素 10～15 千克），加硫酸钾 10 千克，每次冲施后 8～10 天加喷施农海牌氨基酸叶面肥效果更好。

（6）盛果中后期追肥：每 10～15 天冲施番茄专用冲施肥10～20 千克或硫酸铵 20～30 千克（或尿素 10～12 千克），加硫酸钾 10 千克，在番茄生育期结合喷施农海牌氨基酸叶面肥，可延长采果期，增加产量，提高品质。也可根据需要，喷施其他营养元素。

（三）番茄专用肥料配方

1. 番茄专用基肥

配方Ⅰ

氮、磷、钾三大元素含量为42%的配方：

42%＝N11：P_2O_5 8：K_2O 23＝1：0.73：2

原料及养分含量（千克/吨产品）：

尿素 120　N＝120×46%＝55.20

硫酸铵 100　N＝100×21%＝21　S＝100×24.2%＝24.2

磷酸二铵 178　P_2O_5＝178×45%＝80.1　N＝178×17%＝30.26

氯化钾 368　K_2O＝368×60%＝220.8　Cl＝368×47.56%＝175.02

七水硫酸锌 20　Zn＝20×23%＝4.6　S＝20×11%＝2.2

五水硫酸铜 20　Cu＝20×25%＝5　S＝20×12.8＝2.56

硼砂 20　B＝20×11%＝2.2

硝基腐殖酸 100　HA＝100×60％＝60　N＝100×2.5％＝2.5
生物制剂 30
增效剂 12
调理剂 32

配方Ⅱ

氮、磷、钾三大元素含量为35％的配方：
35％＝N14：P_2O_5 8：K_2O 13＝1：0.57：0.93
原料及养分含量（千克/吨产品）：
硫酸铵 150　N＝150×21％＝31.5　S＝150×24.2％＝36.3
尿素 160　N＝160×46％＝73.6
磷酸二铵 178　P_2O_5＝178×45％＝80.1　N＝178×17％＝30.26
氯化钾 217　K_2O＝217×60％＝130.2　Cl＝217×47.56％＝103.21
七水硫酸锌 20　Zn＝20×23％＝4.6　S＝20×11％＝2.2
五水硫酸铜 20　Cu＝20×25％＝5　S＝20×12.8＝2.56
硼砂 15　B＝15×11％＝1.65
氨基酸 68
硝基腐殖酸 100　HA＝100×60％＝60　N＝100×2.5％＝2.5
生物制剂 30
增效剂 12
调理剂 30

配方Ⅲ

氮、磷、钾三大元素含量为30％的配方：
30％＝N8：P_2O_5 6：K_2O 16＝1：0.75：2
原料及养分含量（千克/吨产品）：
氯化铵 30　N＝30×25％＝7.5　Cl＝30×66％＝19.8
硫酸铵 100　N＝100×21％＝21　S＝100×24.2％＝24.2
尿素 120　N＝120×46％＝55.2
过磷酸钙 372　P_2O_5＝372×16％＝59.52　CaO＝372×24％＝89.28
　　S＝372×13.9％＝51.71
钙镁磷肥 23　P_2O_5＝23×18％＝4.14　CaO＝23×45％＝10.35
　　MgO＝23×12％＝2.76　SiO_2＝23×20％＝4.6
氯化钾 268　K_2O＝268×60％＝160.8　Cl＝268×47.56％＝127.46
氨基酸锌 5　Zn＝5×10％＝0.5
氨基酸铜 5　Cu＝5×10％＝0.5
硼砂 15　B＝15×11％＝1.65
生物制剂 30
增效剂 12

调理剂 20

2. 番茄专用冲施肥配方

原料及养分含量（千克/吨产品）：

硫酸铵 200　N＝200×21％＝42　S＝200×24.2％＝48.4

尿素 100　N＝100×46％＝46

磷酸二铵 60　P_2O_5＝60×45％＝27　N＝60×17％＝10.2

氨化过磷酸钙 100　P_2O_5＝100×16％＝16　CaO＝100×24％＝24

S＝100×13.9％＝13.9　N＝100×3.5％＝3.5

氯化钾 150　K_2O＝150×60％＝90　Cl＝150×47.56％＝71.34

黄腐酸钾 60　FA＝60×70％＝42　K_2O＝60×10％＝6

氨基酸螯合锌、锰、铜、铁 20

七水硫酸镁 120　MgO＝120×16.35％＝19.62

S＝120×13％＝15.6

硼砂 15　B＝15×11％＝1.65

生物制剂 40

氨基酸 60

增效剂 10

调理剂 65

二、茄子施肥

（一）茄子的需肥特点

茄子是喜肥作物，生育期长，需肥量大，从定植开始到收获逐步增加，盛果期至末果期养分的吸收量约占全生育期的 90％以上，其中盛果期占 2/3。每生产 1 000 千克商品茄子，需吸收 N2.62～3.3 千克、P_2O_5 0.63～1 千克、K_2O 4.7～5.6 千克、钙 1.2 千克、镁 0.5 千克，其吸收比例为 1∶0.27∶1.42∶0.39∶0.16。对主要养分的吸收顺序是钾＞氮＞钙＞磷＞镁。茄子喜中性至微酸性肥料，应重施基肥，适时追肥，喷施叶面肥。注意在生育后期不能追施含磷肥料，以保持茄子的食用品质。茄子施肥参考量见表 19-3 和表 19-4。

表 19-3　茄子施用氮、磷、钾三大元素量参考值

单位：千克/亩

土地肥力等级	目标产量	推荐施用量		
		氮（N）	磷（P_2O_5）	钾（K_2O）
低肥力	2 500～3 500	16～20	5～8	12～16
中肥力	3 600～4 500	14～18	4～7	10～14
高肥力	4 600～5 600	13～16	4～6	9～12

表 19-4　茄子基肥用量参考值　　　　单位：千克/亩

土地肥力等级		低肥力	中肥力	高肥力
	目标产量	2 500～3 500	3 600～4 500	4 600～5 600
有机肥	农家肥	8 000～10 000	6 000～8 000	5 000～6 000
氮肥	尿素	4～5	5～6	4～5
	（或硫酸铵）	12	11～12	9～12
磷肥	磷酸二铵	11～15	9～14	9～11
钾肥	硫酸钾	7～10	6～9	5～8
	（或氯化钾）	6～9	5～8	4～7
番茄专用肥（可代替化肥）		60～100	50～80	40～60

（二）茄子无公害施肥技术

（1）苗期施肥：一般每 10 米^{2}苗床施专用有机肥 100～200 千克（专用肥中含过磷酸钙 0.3%，硫酸钾 0.3%）。苗期喷农海牌氨基酸叶面肥 1 次。

（2）基肥：定植前重施基肥，一般每亩施有机肥 8 000～10 000 千克和专用肥 60～100 千克。

（3）追肥：茄子生长期长，根据产量要求和基肥用量及土壤肥力状况，共需追肥 10 次以上才能延长结果期获得高产。追施“门茄”肥，结合浇水冲施专用肥 20～30 千克；追施“对茄”肥，结合浇水冲施专用肥 20～35 千克；追施“四母斗茄”肥，结合浇水每 6～10 天追肥 1 次，每亩每次冲施专用肥 25～35 千克；追施“八面风”肥，每 10～13 天追肥 1 次，每亩每次冲施专用肥 25～35 千克；追施“满天星”肥，为延长结果期，每 10～13 天追肥 1 次，每亩第次冲施有机质含量高的专用肥。

（4）根外追肥：冲施结合根外追肥效果更好。在盛果期可喷施农海牌氨基酸叶面肥，每 7～8 天 1 次。也可根据需喷施其他营养元素。

（三）茄子专用肥料配方

氮、磷、钾三大元素含量为 35%的配方：

35%＝N 11.5：P_2O_5 7.3：K_2O 16.2＝1：0.6：1.4

主要原料用量及养分含量（千克/吨产品）：

硫酸铵 100　N＝100×21%＝21　S＝100×24.2%＝24.2

尿素 150　N＝150×46%＝69

磷酸二铵 112　P_2O_5＝112×45%＝50.4

N＝112×17%＝19.04

过磷酸钙 150　P_2O_5＝150×16%＝24　CaO＝150×24%＝36

$S=150\times13.9\%=20.85$

钙镁磷肥 20　$P_2O_5=20\times18\%=3.6$　$CaO=20\times45\%=9$

$MgO=20\times12\%=2.4$　$SiO_2=20\times20\%=4$

氯化钾 270　$K_2O=270\times60\%=162$

$Cl=270\times47.56\%=128.41$

氨基酸螯合锌、锰、铜、铁 20

硼砂 10　$B=10\times11\%=1.1$

硝基腐殖酸 100　$HA=100\times60\%=60$　$N=100\times2.5\%=2.5$

生物制剂 25

增效剂 10

调理剂 33

氮、磷、钾三大元素含量为 30%的配方：30%＝N 12：P_2O_5 5.5：K_2O 13＝1：0.46：1.1，所用原料参照氮、磷、钾三大元素含量为 35%的配方。

氮、磷、钾三大元素含量为 25%的配方：25%＝N 8：P_2O_5 2.5：K_2O 14.5＝1：0.31：1.8，所用原料参照氮、磷、钾三大元素含量为35%的配方。

茄子专用冲施肥配方

原料及养分含量（千克/吨产品）：

硫酸铵 150　$N=150\times21\%=31.5$　$S=150\times24.2\%=36.3$

尿素 150　$N=150\times46\%=69$

磷酸一铵 60　$P_2O_5=60\times51\%=30.6$　$N=60\times11\%=6.6$

氨化过磷酸钙 100　$P_2O_5=100\times16\%=16$　$CaO=100\times24\%=24$

$S=100\times13.9\%=13.9$　$N=100\times3.5\%=3.5$

氯化钾 200　$K_2O=200\times60\%=120$　$Cl=200\times47.56\%=95.12$

七水硫酸镁 120　$MgO=120\times16.35\%=19.62$

$S=120\times13\%=15.6$

硝基腐殖酸 100　$HA=100\times60\%=60$　$N=100\times2.5\%=2.5$

氨基酸 50

生物制剂 30

增效剂 10

调理剂 30

三、辣（甜）椒施肥

（一）辣（甜）椒的需肥特点

辣（甜）椒需肥量较多，耐肥能力强，喜 pH5.6～6.8 的弱酸性肥料。幼苗期吸收养分量较少，结果期吸收养分较多，一般每生产1 000千克果实需吸收氮（N）3～5.2千克、磷（P_2O_5）0.6～1.1千克、钾（K_2O）5～6.5千克、钙（CaO）1.5～2千克、镁（MgO）0.5～0.7千克，吸收比例为1∶0.21∶1.4∶0.43∶0.15。盛果期吸收最多，如钾素不足，容易引起落叶，缺镁会引起叶脉间叶肉黄化。辣（甜）椒的施肥参考量见表19-5和表19-6。

表19-5　辣（甜）椒施用氮、磷、钾三大元素量参考值

单位：千克/亩

土地肥力等级	目标产量	推荐施用量		
		氮（N）	磷（P_2O_5）	钾（K_2O）
低肥力	2 000～3 000	21～25	7～10	14～16
中肥力	3 100～4 000	18～23	6～9	12～15
高肥力	4 100～5 100	17～20	5～8	10～14

表19-6　辣（甜）椒基肥用量参考值　　单位：千克/亩

土地肥力等级		低肥力	中肥力	高肥力
	目标产量	2 000～3 000	3 100～4 000	4 100～5 100
有机肥	农家肥	5 000～6 000	4 000～5 000	3 000～4 500
氮肥	尿素	6～7	5～6	4～6
	（或硫酸铵）	14～16	12～14	11～14
磷肥	磷酸二铵	15～20	13～18	11～16
钾肥	硫酸钾	8～10	7～9	6～8
	（或氯化钾）	7～9	6～8	5～7
辣（甜）椒专用肥（可代替化肥）		45～60	40～55	40～50

（二）辣（甜）椒无公害施肥技术

（1）苗肥：每10米^{2}苗床施入含过磷酸钙的有机专用肥150～200千克，定植前15～20天冲施专用冲施肥1千克左右。

（2）基肥：施足底肥，一般每亩施有机肥5 000～6 000千克和专用肥50千克。

（3）追肥：定植后15天，追促苗肥1次，每亩冲施专用冲施肥10～15千克（或硫酸铵20～25千克）。在蹲苗结束后，果实长到核桃大小时每亩冲施专用冲施肥15～20千克（或硫酸铵25～30千克、硫酸钾15千克）。进入盛果期，每10天每亩冲施专用冲施肥20～25千克（或硫酸铵25～30千克、硫酸钾15千克）。

（4）根外追肥：冲施肥结合根外追肥效果更好。在开花结果期，每隔7天喷施1次农海牌氨基酸叶面肥，可提高产量和果实品质。也可根据需要喷无机营养元素。

（三）辣（甜）椒专用肥料配方

1. 辣（甜）椒专用基肥

配方Ⅰ

氮、磷、钾三大元素含量为40%的配方：

40%＝N 11∶P_2O_5 11∶K_2O 18＝1∶1∶1.8

主要原料用量及养分含量（千克/吨产品）：

尿素 100　N＝100×46%＝46

硫酸铵 100　N＝100×21%＝21　S＝100×24.2%＝24.2

磷酸一铵 226　P_2O_5＝226×51%＝115.26

N＝226×11%＝24.86

氯化钾 300　K_2O＝300×60%＝180

Cl＝300×47.56%＝142.68

过磷酸钙 100　P_2O_5＝100×16%＝16　CaO＝100×24%＝24

S＝100×13.9%＝13.9

钙镁磷肥 10　P_2O_5＝10×18%＝1.8　CaO＝10×45%＝4.5

MgO＝10×12%＝1.2

硝基腐殖酸 90　HA＝90×60%＝54　N＝90×2.5%＝2.25

生物制剂 25

增效剂 12

调理剂 37

配方Ⅱ

氮、磷、钾三大元素含量为30%的配方：

30%＝N 11∶P_2O_5 7∶K_2O 12＝1∶0.6∶1.1

原料及养分含量（千克/吨产品）：

硫酸铵 100　N＝100×21%＝21　S＝100×24.2%＝24.2

氯化铵 20　N＝20×25%＝5　Cl＝20×66%＝13.2

尿素 150　N＝150×46%＝69

磷酸二铵 68　P_2O_5＝68×45%＝30.60　N＝68×17%＝11.56

过磷酸钙 250　P_2O_5＝250×16%＝40　CaO＝250×24%＝60

S＝250×13.9%＝34.75

钙镁磷肥 20　P_2O_5＝20×18%＝3.6　CaO＝20×45%＝9

MgO＝20×12%＝2.4　SiO_2＝20×20%＝4

氯化钾 200　K_2O＝200×60%＝120

Cl＝200×47.56%＝95.12

硝基腐殖酸 100　HA＝100×60%＝60　N＝100×2.5%＝2.5

氨基酸 30

生物制剂 25

增效剂 12

调理剂 25

配方Ⅲ

氮、磷、钾三大元素含量为25%的配方：

25%＝N 6∶P_2O_5 6∶K_2O 13＝1∶0.6∶2.17

原料及养分含量（千克/吨产品）：

硫酸铵 100　N＝100×21%＝21　S＝100×24.2%＝24.2

氯化铵 150　N＝150×25%＝37.5　Cl＝150×66%＝99

磷酸一铵 40　P_2O_5＝40×51%＝20.4　N＝40×11%＝4.4

过磷酸钙 260　P_2O_5＝260×16%＝41.6

CaO＝260×24%＝62.4

S＝260×13.9%＝36.14

钙镁磷肥 20　P_2O_5＝20×18%＝3.6　CaO＝20×45%＝9

MgO＝20×12%＝2.4　SiO_2＝20×20%＝4

氯化钾 220　K_2O＝220×60%＝132　Cl＝220×47.56%＝104.6

硝基腐殖酸 100　HA＝100×60%＝60　N＝100×2.5%＝2.5

氨基酸 40

生物制剂 30

增效剂 12

调理剂 28

2. 辣（甜）椒专用冲施肥

原料及养分含量（千克/吨产品）：

硫酸铵 200　N＝200×21%＝42　S＝200×24.2%＝48.4

尿素 257　N＝257×46%＝118.22

氯化钾 200　K_2O＝200×60%＝120　Cl＝200×47.56%＝95.12

过磷酸钙 150　P_2O_5＝150×16%＝24

CaO＝150×24%＝36　S＝150×13.9%＝20.85

碳酸氢铵 15　N＝15×17%＝2.55

黄腐酸钾 90　FA＝90×70%＝63　K_2O＝90×10%＝9

氨基酸螯合锌、锰、铜、铁 20

硼砂 10　B＝10×11%＝1.1

生物制剂 25

增效剂 13

调理剂 20

将上述物料混合均匀后研磨至60目以上，包装入库。

第二节　瓜类蔬菜施肥技术与专用肥料配方

一、黄瓜施肥

（一）黄瓜的需肥特点

黄瓜是多次采收的蔬菜，产量高，需肥量大，喜肥而不耐肥。每生产1 000千克黄瓜约需氮（N）2.7～3.2千克、磷（P_2O_5）1.2～1.8千克、钾（K_2O）3.3～4.4千克、钙（CaO）2.1～2.2千克、镁（MgO）0.6～0.8千克，N：P_2O_5：K_2O约为1：0.5：1.4。黄瓜需要养分量多少的顺序是钾＞氮＞钙＞磷＞镁。

黄瓜各生育期对N、P_2O_5、K_2O的吸收比例，苗期1：0.22：1.22，盛瓜初期1：0.4：1.48，盛瓜后期1：0.4：1。黄瓜三大元素施用量参考值见表19-7。

表19-7　黄瓜施用氮、磷、钾三大元素量参考值

单位：千克/亩

土地肥力等级	目标产量	推荐施用量		
		氮（N）	磷（P_2O_5）	钾（K_2O）
低肥力	2 500～3 500	16～21	8～11	11～14
中肥力	3 600～4 500	14～19	6～9	9～12
高肥力	4 600～5 600	13～17	5～7	7～10

（二）黄瓜无公害施肥技术

1. 基肥

每亩施有机肥5 000～10 000千克和黄瓜专用基肥80～120千克。黄瓜基肥用量见表19-8。

表19-8　黄瓜基肥用量参考值　　单位：千克/亩

土地肥力等级		低肥力	中肥力	高肥力
	目标产量	2 500～3 500	3 600～4 500	4 600～5 600
有机肥	农家肥	6 000～10 000	5 000～8 000	4 000～6 000
氮肥	尿素	5～6	4～6	4～5
	（或硫酸铵）	12～15	9～13	9～12
磷肥	磷酸二铵	17～23	13～18	11～14
钾肥	硫酸钾	4～5	3～5	3～4
	（或氯化钾）	3	3	2～3
番茄专用肥（可代替化肥）		90～120	80～110	60～100

2. 追肥

共需追肥 8～10 次。冲施结合根外追肥效果更好，喷施农海牌氨基酸叶面肥每 7～10 天喷施一次。

3. 结瓜肥

（1）高肥力菜田：亩产量 1 万～1.5 万千克，总追肥量为专用冲施肥 120～150 千克或尿素 100～120 千克、硫酸钾 50 千克。11 月～次年 2 月，每 10～20 天追肥 1 次，每次冲施专用肥 10～12 千克或尿素 5～10 千克、硫酸钾 3～5 千克。3 月～5 月，每 10～15 天追肥 1 次，每次冲施专用肥 10～15 千克或尿素 7～10 千克、硫酸钾 4～6 千克。

（2）中等肥力菜田：亩产量 5 000～8 000 千克，总追肥量为专用冲施肥 130～160 千克或尿素 70～90 千克、硫酸钾 70～90 千克。11 月～次年 2 月，每 10～20 天追肥 1 次，每次冲施专用肥 6～10 千克或尿素 4～6 千克、硫酸钾 3～6 千克。3 月～5 月，每 10～15 天追肥 1 次，每次冲施专用肥8～13 千克或尿素 5～10 千克、硫酸钾 4～8 千克。

（3）低等肥力菜田：亩产量 4 000～5 000 千克，总追肥量为专用冲施肥 100～150 千克或尿素 50～70 千克、硫酸钾 30～60 千克。11 月～次年 2 月，每 10～20 天追肥 1 次，每次冲施专用肥 5～8 千克或尿素 4～6 千克、硫酸钾 3～6 千克。3 月～5 月，每 10～15 天追肥 1 次，每次冲施专用肥 8～10 千克或尿素 5～7 千克、硫酸钾 3～7 千克。

4. 结瓜盛期后追肥

每 10～15 天追肥 1 次，每次冲施专用肥 6～10 千克。冲施专用肥比追施尿素和硫酸钾增产效果好；冲施专用肥结合喷施农海牌氨基酸叶面肥每 7～8 天 1 次，增产效果更为显著。

（三）黄瓜专用肥料配方

1. 黄瓜专用基肥配方

配方Ⅰ

氮、磷、钾三大元素含量为 30％的配方：

30％＝N 8.1：P_2O_5 7.9：K_2O 14＝1：0.981.97

原料及养分含量（千克/吨产品）：

硫酸铵 100　N＝100×21％＝21　S＝100×24.2％＝24.2

尿素 90　N＝90×46％＝41.4

氯化铵 140　N＝140×25％＝35　Cl＝140×66％＝92.4

磷酸二铵 68　P_2O_5＝68×45％＝30.6

N＝68×17％＝11.56

过磷酸钙 100　P_2O_5＝100×16＝16

Ca＝100×24％＝24　S＝100×13.9％＝13.9

钙镁磷肥 10　P_2O_5＝10×18％＝1.8　CaO＝10×45％＝4.5

$MgO=10\times12\%=1.2$　$SiO_2=10\times20\%=2$

氯化钾 234　$K_2O=234\times60\%=140.4$

$Cl=234\times47.56\%=111.29$

硼砂 20　$B=20\times11\%=2.2$

七水硫酸锌 20　$Zn=20\times23\%=4.6$　$S=20\times11\%=2.2$

五水硫酸铜 20　$Cu=20\times25\%=5$　$S=20\times12.8\%=2.56$

硝基腐殖酸 130　$HA=130\times60\%=78$　$N=130\times2.5\%=3.25$

生物制剂 26

增效剂 12

调理剂 30

氮、磷、钾三大元素含量为 35%的配方：$35\%=N\ 12:P_2O_5\ 6:K_2O\ 17=1:0.5:1.4$，所用原料参照氮、磷、钾三大元素含量为 32%的配方。

氮、磷、钾三大元素含量为 25%的配方：$25\%=N\ 11:P_2O_5\ 5:K_2O\ 9=1:0.4:0.82$，所用原料参照氮磷钾三大元素含量为 32%的配方。

配方Ⅱ

氮、磷、钾三大元素含量为 30%的配方：

$30\%=N\ 11.3:P_2O_5\ 6.29:K_2O\ 12.6=1:0.56:1.12$

原料及养分含量（千克/吨产品）：

硫酸铵 100　$N=100\times21\%=21$　$S=100\times24.2\%=24.2$

氯化铵 50　$N=50\times25\%=12.5$　$Cl=50\times66\%=33$

尿素 130　$N=130\times46\%=59.8$

磷酸二铵 80　$P_2O_5=80\times45\%=36$　$N=80\times17\%=13.6$

过磷酸钙 160　$P_2O_5=160\times16\%=25.6$

$CaO=160\times24\%=38.4$

$S=160\times13.9\%=22.24$

钙镁磷肥 25　$P_2O_5=25\times18\%=4.5$　$CaO=25\times45\%=11.25$

$MgO=25\times12\%=3$　$SiO_2=25\times20\%=5$

氯化钾 210　$K_2O=210\times60\%=126$　$Cl=210\times47.56\%=99.88$

氨基酸锌·铜 10

七水硫酸亚铁 20　$Fe=20\times19\%=3.8$　$S=20\times11.63\%=2.33$

硼砂 20　$B=20\times11\%=2.2$

硝基腐殖酸 100　$HA=100\times60\%=60$　$N=100\times2.5\%=2.5$

氨基酸 30

生物制剂 30

增效剂 12

调理剂 23

氮、磷、钾三大元素含量为25%的配方：25%＝N 8.6：P_2O_5 5.2：K_2O 11.2＝1：0.6：1.3，所用原料参照氮磷钾三大元素含量为30%的配方。

氮、磷、钾三大元素含量为35%的配方：35%＝N 12：P_2O_5 6：K_2O 17＝1：0.5：1.4，所用原料参照氮磷钾三大元素含量为30%的配方。

配方Ⅲ

氮、磷、钾三大元素含量为30%的配方：

30%＝N10：P_2O_5 6.2：K_2O 13.8＝1：0.62：1.38

原料及养分含量（千克/吨产品）：

硫酸铵 100　N＝100×21%＝21　S＝100×24.2%＝24.2

尿素 140　N＝140×46%＝64.4

过磷酸钙 150　P_2O_5＝150×16%＝24

CaO＝150×24%＝36　S＝150×13.9%＝20.85

钙镁磷肥 20　P_2O_5＝20×18%＝3.6　CaO＝20×45%＝9

MgO＝20×12%＝2.4　SiO_2＝20×20%＝4

磷酸二铵 82　P_2O_5＝82×45%＝36.9　N＝82×17%＝13.94

氯化钾 230　K_2O＝230×60%＝138

Cl＝230×47.56%＝109.39

七水硫酸亚铁 20　Fe＝20×19%＝3.8　S＝20×11.63%＝2.33

五水硫酸铜 20　Cu＝20×25%＝5　S＝20×12.8＝2.56

硼砂 20　B＝20×11%＝2.2

硝基腐殖酸 100　HA＝100×60%＝60　N＝100×2.5%＝2.5

氨基酸 40

生物制剂 30

增效剂 12

促根剂 3

调理剂 33

氮、磷、钾三大元素含量为25%的配方：25%＝N 10：P_2O_5 5：K_2O 10＝1：0.5：1，所用原料参照氮、磷、钾三大元素含量为30%的配方。

氮、磷、钾三大元素含量为35%的配方：35%＝N 13：P_2O_5 7.0：K_2O 15＝1：0.5：1.2，所用原料参照氮、磷、钾三大元素含量为30%的配方。

生产时可根据产量要求、地力情况等因素选择配方及原料用量。

2. 黄瓜专用冲施肥配方

原料及养分含量（千克/吨产品）：

硫酸铵 200　N＝200×21%＝42　S＝200×24.2%＝48.4

尿素 200　N＝200×46%＝92

过磷酸钙 100　P_2O_5＝100×16％＝16　CaO＝100×24％＝24

S＝100×13.9％＝13.9

氯化钾 150　K_2O＝150×60％＝90　Cl＝150×47.56％＝71.34

黄腐酸钾 100　FA＝100×70％＝70　K_2O＝100×10％＝10

七水硫酸锌 20　Zn＝20×23％＝4.6　S＝20×11％＝2.2

五水硫酸铜 20　Cu＝20×25％＝5　S＝20×12.8％＝2.56

七水硫酸镁 100　MgO＝100×16.35％＝16.35

S＝100×13％＝13

七水硫酸亚铁 20　Fe＝20×19％＝3.8　S＝20×11.63％＝2.33

硼砂 20　B＝20×11％＝2.2

生物制剂 30

增效剂 10

调理剂 30

将上述物料研磨至 60 目，封袋入库。

本配方产品每亩每次用量为 15～20 千克。

二、冬瓜施肥

（一）冬瓜的需肥特点

冬瓜根系粗壮发达，吸肥能力强，在整个生育期需肥量较大，耐肥能力强。施肥以有机肥为主，配合追施复合专用肥。生育前期需肥量较少，根系吸收以氮素为主；开花结瓜期是需肥高峰，需要吸收大量的磷、钾元素；氮素的吸收高峰在开花结瓜期，磷素在种子发育期，钾素在冬瓜膨大期。在整个生育期中氮、磷、钾三要素应配合施用，一般每生产 1 000 千克冬瓜约需氮（N）1.0～3.6 千克、磷（P_2O_5）0.6～1.5 千克、钾（K_2O）1.5～3.0 千克，吸收比例约为 1∶0.53∶1.13。

（二）冬瓜无公害施肥技术

1. 重施基肥

冬瓜产量高，需肥量大，要获得优质高产，必须施足基肥，每亩施富含多种营养元素的腐熟有机肥 5 000～7 000 千克和冬瓜专用基肥50～70 千克或氮、磷、钾复合肥 50～75 千克，混匀后撒施或做畦时沟施。

2. 巧施追肥

（1）缓苗肥：缓苗后在瓜苗 5～6 片真叶时开始追肥，每亩冲施冬瓜专用冲施肥 5～8 千克。

（2）促瓜肥：在瓜坐稳后及时追促瓜肥，这次追肥是冬瓜高优质的关键，每亩追施冬瓜专用冲施肥 10～15 千克。

（3）盛瓜期追肥：瓜膨大期是冬瓜需肥水最多的时期，也是决定冬瓜产量高低的关键期，应在促瓜肥之后大约每隔 15 天左右追肥 1 次，每亩每次冲施冬瓜专用冲施肥 30～40 千克。

（4）喷施叶面肥：在瓜膨大期每 7～10 天喷施 1 次农海牌氨基酸叶面肥，对防止早衰、延长结瓜期有明显效果。也可根据需要喷施其他营养元素。

（三）冬瓜专用肥料（基肥）配方

氮、磷、钾三大元素含量为 30％的配方：

30％＝N 12：P_2O_5 5：K_2O 13＝1：0.42：1.08

原料用量与养分含量（千克/吨产品）：

硫酸铵 100　N＝100×21％＝21　S＝100×24.2％＝24.2

尿素 208　N＝208×46％＝95.68

磷酸一铵 37　P_2O_5＝37×51％＝18.87　N＝37×11％＝4.07

过磷酸钙 120　P_2O_5＝120×16％＝19.2
CaO＝120×24％＝28.8
S＝120×13.9％＝16.68

钙镁磷肥 10　P_2O_5＝10×18％＝1.8　CaO＝10×45％＝4.5
MgO＝10×12％＝1.2　SiO_2＝10×20％＝2

硫酸钾 260　K_2O＝260×50％＝130　S＝260×18.44％＝47.94

硼砂 15　B＝15×11％＝1.65

氨基酸螯合锌、锰、铜、铁 20

硝基腐殖酸 118　HA＝118×60％＝70.8
N＝118×2.5％＝2.95

生物制剂 30

氨基酸 40

增效剂 12

调理剂 30

三、南瓜施肥

（一）南瓜需肥特点

南瓜根系发达，主根可入土深达 2 米，形成强大的根群，吸肥能力很强，需肥量多，从定植到提秧全生育期对主要养分吸收以钾和氮最多、钙居中、镁和磷最少，对养分的吸收量为钾＞氮＞钙＞磷＞镁。一般每生产 1 000 千克南瓜商品需吸收氮（N）3.5～5.5 千克、磷（P_2O_5）1.5～2.2 千克、钾（K_2O）5.3～7.29 千克。南瓜适合厩肥和堆肥等有机肥，基肥应以有机肥为主、化肥为辅；在生长前期不宜施氮素太多，否则会引起茎叶徒长，头瓜易脱落；氮素施用过晚则影响果实膨大。

（二）南瓜无公害施肥技术

1. 基肥

基肥以有机肥为主，配合专用肥。每亩施腐熟有机肥3 000～5 000千克和南瓜专用基肥 35～50 千克，混合均匀后深施。

2. 合理追肥

应根据植株长势和土壤浇肥状况适时追肥。

(1) 发棵肥：在南瓜移栽缓苗后，如果苗势较弱，叶色淡而发黄，可冲施南瓜专用冲施肥 8～10 千克。

(2) 催瓜肥：当坐住 1～2 个瓜时，应在封畦前冲施南瓜专用冲施肥 15～20 千克；在南瓜开始采收后，每 10～15 天追肥 1 次，每亩每次冲施专用肥 20 千克；中后期应喷施农海牌氨基酸叶面肥每 7～8 天 1 次，连喷 3～4 次。

(三) 南瓜专用肥料配方

1. 南瓜基肥配方

氮、磷、钾三大元素含量为 35%的配方：

35%＝N 14：P_2O_5 4.6：K_2O 16.5＝1：0.33：1.18

原料用量与养分含量（千克/吨产品）：

硫酸铵 100　N＝100×21%＝21　S＝100×24.2%＝24.2

尿素 258　N＝258×46%＝118.68

过磷酸钙 100　P_2O_5＝100×16%＝16　CaO＝100×24%＝24
S＝100×13.9%＝13.9

钙镁磷肥 10　P_2O_5＝10×18%＝1.8　CaO＝10×45%＝4.5
MgO＝10×12%＝1.2　SiO_2＝10×20%＝2

氯化钾 275　K_2O＝275×60%＝165　Cl＝275×47.56%＝130.79

硼砂 15　B＝15×11%＝1.65

氨基酸螯合锌、锰、铜、铁 20

硝基腐殖酸 100　HA＝100×60%＝60　N＝100×2.5%＝2.5

氨基酸 40

生物制剂 30

增效剂 12

调理剂 40

2. 南瓜专用冲施肥配方

氮、磷、钾三大元素含量为 30%的配方：

30%＝N 12：P_2O_5 3：K_2O 15＝1：0.25：1.25

原料用量与养分含量（千克/吨产品）：

硫酸铵 100　N＝100×21%＝21　S＝100×24.2%＝24.2

尿素 210　N＝210×46%＝96.6

氨化过磷酸钙 214　P_2O_5＝214×16%＝34.24
CaO＝214×24%＝51.36

$S=214\times13.9\%=29.75$

$N=214\times3.5\%=7.49$

氯化钾 250　$K_2O=250\times60\%=150$　$Cl=250\times47.56\%=118.9$

硝基腐殖酸 100　$HA=100\times60\%=60$　$N=100\times2.5\%=2.5$

生物制剂 30

增效剂 10

氨基酸 50

调理剂 36

四、西葫芦施肥

（一）西葫芦的需肥特点

西葫芦根系强大，吸肥能力强，抗旱耐肥，对养分的吸收以钾最多，氮次之，钙、镁、磷最少。每生产 1 000 千克西葫芦需吸收氮（N）3.92～5.47 千克、磷（P_2O_5）2.13～2.22 千克、钾（K_2O）4.09～7.29 千克，吸收氮、磷、钾三大元素比例约为 1∶0.46∶1.21。生产中重施基肥，以有机肥与含氮、磷、钾、钙、镁、微量元素及有机活性物的西葫芦专用基肥配合施用，有利于营养生长和生殖生长平衡，获得高产、优质。

西葫芦生育前期对氮、磷、钾、钙、镁的吸收量少，生育中期吸收量显著增加，在生育后期生长量和吸收量还在继续增加，栽培中应施大量腐熟有机肥，中后期及时追肥。

（二）西葫芦无公害施肥技术

1. 营养土的配制

菜田土 4 份，腐熟优质有机肥 3 份，猪圈粪 3 份，每立方米土中加入专用肥 2 千克，将上述物料混合均匀后，喷 500 倍多菌灵药液消毒，过筛后堆放 2～3 天即可使用。

2. 基肥

每亩施腐熟有机肥 5 000～7 000 千克和西葫芦专用基肥 30～50 千克，混匀后深施 30 厘米，5～7 天即可定植。

3. 追肥

（1）缓苗肥：定植后 7 天左右每亩冲施西葫芦专用冲施肥 10 千克，促进幼苗生长，为多结瓜、结大瓜打好基础。

（2）促瓜肥：进入结瓜期，当根瓜开始膨大时，每亩冲施西葫芦专用冲施肥 15～20 千克。

（3）盛瓜肥：进入结瓜盛期，一般每隔 15 天追肥 1 次，每亩每次冲施西葫芦专用肥 30 千克。

4. 根外追肥

根据西葫芦长势，可与地面追肥交替进行根外追肥。叶面喷施农海牌氨基酸叶面肥，可弥补根系吸收养分的不足。

（三）西葫芦专用肥料配方

1. 西葫芦基肥配方

氮、磷、钾三大元素含量为35%的配方：

35%＝N 13：P_2O_5 6：K_2O 16＝1：0.5：1.5

原料用量与养分含量（千克/吨产品）：

硫酸铵 100　N＝100×21%＝21　S＝100×24.2%＝24.2

尿素 196　N＝196×46%＝90.16

磷酸二铵 100　P_2O_5＝100×45%＝45　N＝100×17%＝17

过磷酸钙 100　P_2O_5＝100×16%＝16

CaO＝100×24%　＝24　S＝100×13.9%＝13.9

钙镁磷肥 10　P_2O_5＝10×18%＝1.8　CaO＝10×45%＝4.5

MgO＝10×12%＝1.2　SiO_2＝10×20%＝2

氯化钾 266　K_2O＝266×60%＝159.6　Cl＝266×47.56%＝126.51

硼砂 15　B＝15×11%＝1.65

氨基酸螯合锌、铜、铁、钙 20

硝基腐殖酸 133　HA＝133×60%＝79.8　N＝133×2.5%＝3.33

生物制剂 25

增效剂 15

调理剂 20

2. 西葫芦专用冲施肥配方

氮、磷、钾三大元素含量为30%的配方：

30%＝N 13：P_2O_5 3：K_2O 14＝1：0.23：1.08

原料用量与养分含量（千克/吨产品）：

硫酸铵 100　N＝100×21%＝21　S＝100×24.2%＝24.2

尿素 238　N＝238×46%＝109.48

氨化过磷酸钙 200　P_2O_5＝200×16%＝32　CaO＝200×24%＝48

S＝200×13.9%＝27.8　N＝200×3.5%＝7

氯化钾 216　K_2O＝216×60%＝129.6　Cl＝216×47.56%＝102.73

黄腐酸钾 100　FA＝100×70%＝70　K_2O＝100×10%＝10

硼砂 10　B＝10×11%＝1.1

氨基酸螯合锌、铜、铁 10

生物制剂 20

氨基酸 70

增效剂 12

调理剂 24

第三节　豆类蔬菜施肥技术与专用肥料配方

一、菜豆施肥

(一) 菜豆的需肥特点

菜豆用肥的酸碱度以pH6.0～6.7为宜。应施富含有机质的肥料，为根瘤菌生长繁殖创造良好环境。菜豆根瘤菌对磷敏感，适量的磷可达到以磷增氮的效果。

菜豆需氮、钾、钙较多，钙、镁对菜豆荚发育影响很大，适量施氮可促进植株发育，增加花数，有利于获得优质豆荚。

在花芽分化前追施专用冲施肥有利于菜豆获得优质高产。每生产1 000千克菜豆需吸收氮（N）1.2～3.4千克、磷（P_2O_5）0.3～2.3千克、钾（K_2O）1.0～6.8千克。菜豆施肥量参考值见表19-9和表19-10。

表19-9　菜豆施用氮、磷、钾三大元素量参考值

单位：千克/亩

土地肥力等级	目标产量	推荐施用量		
		氮（N）	磷（P_2O_5）	钾（K_2O）
低肥力	1 000～1 500	10～13	6～8	10～13
中肥力	1 600～2 000	8～11	5～7	9～12
高肥力	2 100～2 600	6～9	4～6	8～11

表19-10　菜豆基肥用量参考值　　单位：千克/亩

土地肥力等级		低肥力	中肥力	高肥力
目标产量		1 000～1 500	1 600～2 000	2 100～2 600
有机肥	农家肥	4 000～6 000	4 000～5 000	3 500～4 500
氮肥	尿素	3～5	3～5	2～3
	(或硫酸铵)	7～10	7～10	6～7
磷肥	磷酸二铵	13～16	11～14	10～12
钾肥	硫酸钾	7～10	6～9	5～8
	(或氯化钾)	6～9	5～8	4～7
菜豆专用肥（可代替化肥）		80～110	60～80	50～70

(二) 菜豆无公害施肥技术

（1）苗肥：培育幼苗以营养土为宜，配制比例为根瘤菌肥1%，优质有机肥 30%～40%，未种过豆类作物的菜田土 40%～50%，过磷酸钙 2%～3%，充分拌匀即成。

(2) 基肥：一般每亩施优质有机肥 4 000～5 000 千克和菜豆专用基肥 80～100 千克，混合均匀后施用。

(3) 追肥：冲施肥及根外追肥，每 7～8 天喷施 1 次农海牌氨基酸叶面肥，从初花结荚后每 10～14 天追肥 1 次。抽蔓肥每次冲施菜豆专用冲施肥 10～15 千克；催荚肥每次冲施菜豆专用冲施肥 15～20 千克；结荚盛期每亩每次冲施菜豆专用冲施肥 15～25 千克。

(三) 菜豆专用肥料配方

1. 专用基肥配方

氮、磷、钾三大元素含量为 25%的配方：

25%＝N8：P_2O_5 8：K_2O 9＝1：1：1.13

原料用量与养分含量（千克/吨产品）：

硫酸铵 100　N＝100×21%＝21　S＝100×24.2%＝24.2

尿素 100　N＝100×46%＝46

磷酸一铵 100　P_2O_5＝100×51%＝51　N＝100×11%＝11

过磷酸钙 200　P_2O_5＝200×16%＝32　CaO＝200×24%＝48　S＝200×13.9%＝27.8

钙镁磷肥 30　P_2O_5＝30×18%＝5.4　CaO＝30×45%＝13.5　MgO＝30×12%＝3.6　SiO_2＝30×20%＝6

氯化钾 160　K_2O＝160×60%＝96　Cl＝160×47.56%＝76.1

硝基腐殖酸 200　HA＝200×60%＝120　N＝200×2.5%＝5

硼砂 15　B＝15×11%＝1.65

氨基酸螯合锰、锌、铜、铁、钼 20

生物制剂 20

氨基酸 25

增效剂 10

调理剂 20

2. 菜豆专用冲施肥配方

原料用量与养分含量（千克/吨产品）：

硫酸铵 100　N＝100×21%＝21　S＝100×24.2%＝24.2

尿素 200　N＝200×46%＝92

氨化过磷酸钙 150　P_2O_5＝150×16%＝24　CaO＝150×24%＝36　S＝150×13.9%＝20.85　N＝150×3.5%＝5.25

磷酸一铵 80　P_2O_5＝80×51%＝40.8　N＝80×11%＝8.8

氯化钾 200　K_2O＝200×60%＝120　Cl＝200×47.56%＝95.12

硝基腐殖酸 100　HA＝100×60%＝60　N＝100×2.5%＝2.5

氨基酸螯合锰、锌、铜、铁、钼 20

硼砂 20　B=20×11%=2.2

生物制剂 30

氨基酸 55

增效剂 12

调理剂 33

二、豇豆施肥

（一）豇总的需肥特点

豇豆在开花结荚之前对肥水要求不高，但因豇豆的根瘤菌远不及其他豆科作物发达，需要供给一定数量的氮肥；氮肥不能偏施过多，如前期氮肥过多，蔓叶徒长，会使开花结荚节位升高，花序数目减少，侧芽萌发，形成中下部空蔓，延迟开花结荚。因此，前期宜控制肥水，抑制生长；开花结荚以后需要增加养分，应及时追肥，以促进生长，多开花，多结荚；豆荚盛收时，需要更多肥水，如脱肥、脱水，会落花、落荚，茎蔓生长衰退，应重施追肥，促进翻花，可延长采收期半个月。

据报道，每生产 1 000 千克豇豆产品，需吸收氮（N）12.16 千克、磷（P_2O_5）2.53 千克、钾（K_2O）8.75 千克，所需氮素仅有 4.05 千克是从土壤中吸收的，占所需氮素的 33.31%。从土壤中吸收的氮、磷、钾比例为 1∶0.62∶2.16。由此可以看出，豇豆从土壤中吸收的钾最多，氮次之，磷最少。

（二）豇豆无公害施肥技术

豇豆无公害施肥原则与番茄相同，根据需肥特性、目标产量、种植方式、地力壮况等因素确定施肥量。根据豇豆的需肥规律，采取“先控后促”的施肥原则，使前期不因营养生长过盛而延迟开花结荚，后期不因脱肥、脱水而营养生长过早衰老。

（1）定植前施基肥：豇豆基肥以有机肥为主，每亩施腐熟优质有机肥 4 000～6 000 千克和豇豆专用肥 30～60 千克，混匀后施用。露地栽培豇豆一般亩施优质有机肥 1 500～3 000 千克和豇豆专用肥20～40 千克，混合均匀后施用。

（2）追肥：豇豆在结荚后结合浇水每亩冲施豇豆专用肥 6～10 千克，以后每采收 2 次豆角追肥 1 次，每亩每次冲施专用肥 10～20 千克，或每采收 1 次豆角追施 1 次，但施肥量要减半。

进入结荚期每 7～12 天喷施 1 次含硼砂、钼酸铵、磷酸二氢钾等元素的农海牌氨基酸叶面肥，对增加产量和改善品质作用明显。

（三）豇豆专用肥料配方

氮、磷、钾三大元素含量为 35%的配方：

35％＝N 10：$P_2O_5$6：K_2O 19＝1：0.6：1.9

原料用量与养分含量（千克/吨产品）：

硫酸铵 100　N＝100×21％＝21　S＝100×24.2％＝24.2

尿素 131　N＝131×46％＝60.26

磷酸二铵 94　P_2O_5＝94×45％＝42.3　N＝94×17％＝15.98

过磷酸钙 100　P_2O_5＝100×16％＝16　CaO＝100×24％＝24

S＝100×13.9％＝13.9

钙镁磷肥 10　P_2O_5＝10×18％＝1.8　CaO＝10×45％＝4.5

MgO＝10×12％＝1.2　SiO_2＝10×20％＝2

氯化钾 316　K_2O＝316×60％＝189.6　Cl＝316×47.56％＝150.29

硼砂 15　B＝15×11％＝1.65

氨基酸螯合锰、锌、铜、铁、钼 20

硝基腐殖酸 117　HA＝117×60％＝70.2　N＝117×2.5％＝2.93

生物制剂 25

氨基酸 40

增效剂 12

调理剂 20

豇豆冲施肥配方

氮、磷、钾三大元素含量为 30％的配方：

30％＝N 10：$P_2O_5$2：K_2O 18＝1：0.21.8

原料用量与养分含量（千克/吨产品）：

硫酸铵 100　N＝100×21％＝21　S＝100×24.2％＝24.2

尿素 156　N＝156×46％＝71.76

磷酸一铵 8　P_2O_5＝8×51％＝4.08　N＝8×11％＝0.88

氨化过磷酸钙 100　P_2O_5＝100×16％＝16　CaO＝100×24％＝24

S＝100×13.9％＝13.9　N＝100×3.5％＝3.5

氯化钾 288　K_2O＝288×60％＝172.8

Cl＝288×47.56％＝136.97

黄腐酸钾 50　FA＝50×70％＝35　K_2O＝70×10％＝7

硼砂 15　B＝15×11％＝1.65

氨基酸螯合锰、锌、铜、铁、钼 21

硝基腐殖酸 196　HA＝196×60％＝117.6　N＝196×2.5％＝4.9

生物制剂 20

氨基酸 24

增效剂 12

调理剂 10

三、荷兰豆施肥

（一）荷兰豆的需肥特点

荷兰豆对氮需要量最多，其根瘤有固氮作用，能从空气中固定大量的氮素，从土壤中吸收的氮素较少，因此荷兰豆从土壤中吸收的钾最多，氮次之，磷最少。

荷兰豆虽然有根瘤菌，能固定土壤及空气中的氮，但初期根瘤菌的活动能力弱，故苗期仍需补充一定的氮肥。整个生长期中供应充足的氮、磷、钾等营养元素，栽培中以施用有机肥为主，增施磷、钾、硼、钼等肥料，有利于诱发根瘤的生长和繁殖。

苗期补施氮肥，生长盛期补施磷、钾肥，注意增施钼肥和锰肥。据报道每生产 1 000 千克荷兰豆需氮（N）3～11.5 千克、磷（P_2O_5）1～6 千克、钾（K_2O）5.7～12 千克，氮、磷、钾的吸收比例约为1∶0.36∶0.73；若采摘嫩豆荚，吸收量相应减少。

（二）荷兰豆无公害施肥技术

我国南北方气候相差较大，栽培方式也不同。东北、西北、华北多采用春季露地直播，夏季收获；华北南部及以南地区多采用秋播；为了增加种植效益，利用保护地冬季或早春栽培也很普遍。

（1）基肥：一般在播种前每亩施优质有机肥 3 000～4 600 千克、生物有机复合肥 100 千克、荷兰豆专用肥 50～80 千克，或尿素 20 千克、过磷酸钙 25～30 千克、硫酸钾 40 千克、硫酸锰 0.5～1 千克。撒施在地表，然后翻入耕作层，整平，作畦或起垄，准备播种。

（2）追肥：在开花前、采收前和采收盛期，各追 1 次肥，每亩每次追施（也可冲施）荷兰豆专用肥 8～15 千克或腐熟人粪尿 1 500～2 500 千克。

（3）喷施叶面肥：在整个生育期根据植株长势，可全程喷施农海牌氨基酸叶面肥，对增强植株抗逆能力，提高产量有较好的作用。

（三）荷兰豆专用肥料配方

氮、磷、钾三大元素含量为 30%的配方：

30%＝N 12∶P_2O_5 5∶K_2O 13＝1∶0.421.08

原料用量与养分含量（千克/吨产品）：

硫酸铵 100　N＝100×21%＝21　S＝100×24.2%＝24.2

尿素 194　N＝194×46%＝89.24

磷酸一铵 63　P_2O_5＝63×51%＝32.13　N＝63×11%＝6.93

过磷酸钙 100　P_2O_5＝100×16%＝16

CaO＝100×24%＝24　S＝100×13.9%＝13.9

钙镁磷肥 10　P_2O_5＝10×18%＝1.8　CaO＝10×45%＝4.5

$MgO=10\times12\%=1.2$ $SiO_2=10\times20\%=2$

氯化钾 216 $K_2O=216\times60\%=129.6$ $Cl=216\times47.56\%=102.73$

钼酸铵 1 $Mo=1\times54\%=0.54$

三水硫酸锰 20 $Mo=20\times27\%=5.4$ $S=20\times21.2\%=4.24$

固氮菌、磷、钾菌肥 60

硝基腐殖酸 181 $HA=181\times60\%=108.6$ $N=181\times2.5\%=4.53$

生物制剂 20

增效剂 10

调理剂 25

荷兰豆冲施肥配方

氮、磷、钾三大元素含量为35%的配方：

$35\%=N\ 15:P_2O_5\ 2:K_2O\ 18=1:0.33:1.2$

原料用量与养分含量（千克/吨产品）：

硫酸铵 100 $N=100\times21\%=21$ $S=100\times24.2\%=24.2$

尿素 280 $N=280\times46\%=128.8$

氯化钾 266 $K_2O=266\times60\%=159.6$ $Cl=266\times47.56\%=126.51$

磷酸二氢钾 50 $P_2O_5=50\times50\%=25$ $K_2O=50\times30\%=15$

黄腐酸钾 50 $FA=50\times70\%=35$ $K_2O=70\times10\%=7$

硼砂 20 $B=20\times11\%=2.2$

三水硫酸锰 20 $Mo=20\times27\%=5.4$ $S=20\times21.2\%=4.24$

硝基腐殖酸 94 $HA=94\times60\%=56.4$ $N=94\times2.5\%=2.35$

生物制剂 30

氨基酸 50

增效剂 10

调理剂 30

四、四棱豆施肥

（一）四棱豆的需肥特点

四棱豆正常生长发育需要16种必需营养元素，从土壤中吸收氮、磷、钾量较多，其他营养元素的需要量很少。据测定，每生长1 000千克子粒需氮（N）240千克、磷（P_2O_5）54千克、钾（K_2O）135.4千克。由于根系发达，有较多的根瘤，固氮能力强，其本身的固氮率为68.1%，主要以补充磷、钾肥为主，需肥最多的时期是始花期至结荚中期，这一时期要吸收氮素总量的84.4%、磷素的90%、钾素的60.9%，氮肥和磷肥施用重点在前中期，钾肥则应前轻后重，还要补充钙、硫、硼、锌等微量元素。

在四棱豆的全生育期中，需钾最多，氮次之，磷最少。在生长前期，需要磷素、氮素较多，到开花结荚期需钾素、氮素较多。四棱豆一般不施碳酸氢铵等碱性肥料。生长发育中、后期固氮能力较强，能够固定空气中的氮素，但在苗期仍需供给少量的氮素，以促进幼苗健壮生长和根瘤形成。在营养生长期可少施氮肥，防止茎蔓过旺生长；到开花以后，适当施用磷、钾肥，促进荚果生长。

（二）四棱豆无公害施肥技术

（1）基肥：播种前应施足基肥，基肥以有机肥为主。每亩施腐熟优质农家肥 3 000～4 000 千克、四棱豆专用肥 60～80 千克或过磷酸钙 50 千克、草木灰 100 千克（或氯化钾 10～15 千克），混匀后撒施于地表，然后深翻入土，深耕 25～30 厘米，细耙，整平，作畦，即可准备播种。播种时，在播种穴内再施入生物有机肥每亩 100～150 千克，然后覆土。

（2）追肥：四棱豆出苗后 1 个月内，幼苗生长缓慢，可结合除草进行 2 次浅中耕，以松土保墒，提高地温，促进根系下扎和幼苗生长。不要浇水施肥。当枝叶旺盛生长以后，可停止中耕，但要培土。因四棱豆根瘤多，固氮能力较强，在营养生长期不宜追肥，以免贪青。一般到现蕾开花初期才追肥，每亩追施四棱豆专用肥 40～60 千克或过磷酸钙 50 千克、氯化钾 10～15 千克，以促进开花结荚。结荚期每亩每次冲施四棱豆专用肥 10 千克，采摘嫩荚期间追施一次人粪尿加钾肥。进入开花结荚盛期后，可酌情喷施农海牌氨基酸叶面肥，并在叶面肥稀释液中加入 0.3%的磷酸二氢钾，每 7 天左右喷施一次，一般喷施 2～3 次。

（三）四棱豆专用肥料配方

氮、磷、钾三大元素含量为 30%的配方：

30%＝N10：P_2O_5 6：K_2O 14＝1：0.6：1.4

原料用量与养分含量（千克/吨产品）：

硫酸铵 100　N＝100×21%＝21　S＝100×24.2%＝24.2

尿素 156　N＝156×46%＝71.76

磷酸一铵 65　P_2O_5＝65×51%＝33.15　N＝65×11%＝7.15

过磷酸钙 150　P_2O_5＝150×16%＝24　CaO＝150×24%＝36

S＝150×13.9%＝20.85

钙镁磷肥 15　P_2O_5＝15×18%＝2.7　CaO＝15×45%＝6.75

MgO＝15×12%＝1.8　SiO_2＝15×20%＝3

氯化钾 233　K_2O＝233×60%＝139.8　Cl＝233×47.56%＝110.81

硼砂 15　B＝15×11%＝1.65

氨基酸螯合锌、锰、铜、铁、钼 20

腐殖酸钠 89　HA＝89×70%＝62.30

生物钾肥 50

磷细菌肥料 50

生物制剂 25
增效剂 12
调理剂 20

第四节 叶菜类蔬菜施肥技术与专用肥料配方

一、大白菜施肥

(一) 大白菜的需肥特点

大白菜产量高，需肥多，一般亩产量约 1 0000 千克左右，每生产 1 000千克大白菜需氮（N）1.82～2.6 千克、磷（P_2O_5）0.9～1.1 千克、钾（K_2O）3.2～3.7 千克、钾（CaO）1.61 千克、镁（MgO）0.21 千克，吸肥比例为 1∶0.45∶1.57∶0.7∶0.1。苗期养分吸收量较少；进入莲座期生长加快，养分吸收也较快；结球期是生长最快、养分吸收最多的时期。大白菜施肥量参考值见表 19－11 和表 19－12。

表 19－11 大白菜施用氮、磷、钾三大元素量参考值

单位：千克/亩

土地肥力等级	目标产量	推荐施用量		
		氮（N）	磷（P_2O_5）	钾（K_2O）
低肥力	4 000～5 000	15～19	7～10	12～15
中肥力	5 100～6 000	13～17	6～8	10～13
高肥力	6 100～7 500	12～15	4～7	8～11

表 19－12 大白菜基肥用量参考值 单位：千克/亩

土地肥力等级		低肥力	中肥力	高肥力
目标产量		4 000～5 000	5 100～6 000	6 100～7 500
有机肥	农家肥	3 000～4 000	2 500～3 000	2 000～2 500
氮肥	尿素	4～6	4～5	3～4
	（或硫酸铵）	9～13	9～12	7～10
磷肥	磷酸二铵	15～22	13～18	11～15
钾肥	硫酸钾	7～9	6～8	5～7
	（或氯化钾）	6～8	5～7	4～6
大白菜专用肥（可代替化肥）		60～80	50～70	40～60

（二）大白菜无公害施肥技术

（1）基肥：重施基肥，每亩施优质有机肥 2 500～4 000 千克和大白菜专用基肥 50～80 千克。

（2）追肥：冲施肥结合根外追肥，每 7～8 天喷施 1 次农海牌氨基酸叶面肥。

（3）苗期：每亩冲施大白菜专用冲施肥 10 千克。

（4）莲座期：每亩冲施大白菜专用冲施肥 10～15 千克。

（5）结球始期：每亩冲施大白菜专用冲施肥 15～20 千克。

（6）结球中期：每亩冲施大白菜专用冲施肥 10 千克。若发现因缺钙造成干烧心，可喷施 0.2%硝酸钙，并加少量维生素 B_6 加以矫正。

（三）大白菜专用肥料配方

1. 大白菜专用基肥

配方Ⅰ

氮、磷、钾三大元素含量为 30%的配方：

30%＝N10∶P_2O_5 6.55∶K_2O 13.8＝1∶0.66∶1.38

原料用量与养分含量（千克/吨产品）：

尿素 150　N＝150×46%＝69

硫酸铵 100　N＝100×21%＝21　S＝100×24.2%＝24.2

磷酸一铵 100　P_2O_5＝100×51%＝51　N＝100×11%＝11

氯化钾 230　K_2O＝230×60%＝138　Cl＝230×47.56%＝109.39

过磷酸钙 100　P_2O_5＝100×16%＝16　CaO＝100×24%＝24
S＝100×13.9%＝13.9

钙镁磷肥 10　P_2O_5＝10×18%＝1.8　CaO＝10×45%＝4.5
MgO＝10×12%＝1.2　SiO_2＝10×20%＝2

硝基腐殖酸 200　HA＝200×60%＝120　N＝200×2.5%＝5

硼砂 10　B＝10×11%＝1.1

氨基酸螯合锌 5　Zn＝5×10%＝0.5

生物制剂 25

氨基酸 35

增效剂 10

调理剂 25

配方Ⅱ

氮、磷、钾三大元素含量为 25%的配方：

25%＝N9∶$P_2O_5$6.8∶K_2O 9.48＝1∶0.76∶1.05

原料用量与养分含量（千克/吨产品）：

硫酸铵 100　N＝100×21%＝21　S＝100×24.2%＝24.2

氯化铵 100　N＝100×25%＝25　Cl＝100×66%＝66

尿素 80　$N=80\times46\%=36.8$

磷酸二铵 50　$P_2O_5=50\times45\%=22.5$　$N=50\times17\%=8.5$

过磷酸钙 300　$P_2O_5=300\times16\%=48$　$CaO=300\times24\%=72$

　　$S=300\times13.9\%=41.7$

钙镁磷肥 20　$P_2O_5=20\times18\%=3.6$　$CaO=20\times45\%=9$

　　$MgO=20\times12\%=2.4$　$SiO_2=20\times20\%=4$

氯化钾 158　$K_2O=158\times60\%=94.8$　$Cl=158\times47.56\%=75.14$

氨基酸螯合锌 5　$Zn=5\times10\%=0.5$

硼砂 15　$B=15\times11\%=1.65$

硝基腐殖酸 100　$HA=100\times60\%=60$　$N=100\times2.5\%=2.5$

生物制剂 20

氨基酸 20

增效剂 12

调理剂 20

配方Ⅲ

氮、磷、钾三大元素含量为23%的配方：

$23\%=N12:P_2O_5\ 5:K_2O\ 6=1:0.42:0.5$

原料用量与养分含量（千克/吨产品）：

硫酸铵 200　$N=200\times21\%=42$　$S=200\times24.2\%=48.4$

氯化铵 50　$N=50\times25\%=12.5$　$Cl=50\times66\%=33$

尿素 150　$N=150\times46\%=69$

磷酸一铵 50　$P_2O_5=50\times51\%=25.5$　$N=50\times11\%=5.5$

过磷酸钙 200　$P_2O_5=200\times16\%=32$　$CaO=200\times24\%=48$

　　$S=200\times13.9\%=27.8$

钙镁磷肥 20　$P_2O_5=20\times18\%=3.6$　$CaO=20\times45\%=9$

　　$MgO=20\times12\%=2.4$　$SiO_2=20\times20\%=4$

氯化钾 100　$K_2O=100\times60\%=60$　$Cl=100\times47.56\%=47.56$

氨基酸螯合锌 5　$Zn=5\times10\%=0.5$

硼砂 20　$B=20\times11\%=2.2$

硝基腐殖酸 100　$HA=100\times60\%=60$　$N=100\times2.5\%=2.5$

生物制剂 20

氨基酸 43

增效剂 12

调理剂 30

2. 大白菜专用冲施肥配方

原料用量与养分含量（千克/吨产品）：

硫酸铵 100　$N=200\times21\%=42$　$S=200\times24.2\%=48.4$

氯化铵 150　N＝150×25％＝37.5　Cl＝150×66％＝99

尿素 100　N＝150×46％＝69

氨化过磷酸钙 200　P_2O_5＝200×16％＝32　CaO＝200×24％＝48

S＝200×13.9％＝27.8　N＝200×3.5％＝7

氯化钾 100　K_2O＝100×60％＝60　Cl＝100×47.56％＝47.56

腐殖酸钾 60　HA＝60×60％＝36　K_2O＝60×10％＝6

硫酸镁 120　MgO＝120×9.8％＝11.76　S＝120×13％＝15.6

氨基酸 60

硼砂 15　B＝15×11％＝1.65

氨基酸螯合钙、铁、锰、锌、铜 40

生物制剂 20

增效剂 10

调理剂 25

二、甘蓝施肥

（一）甘蓝的需肥特点

甘蓝产量高，养分消耗量大，从出苗到结球，随着生长量逐渐加大，对养分的吸收量也随之增加；开始结球后养分的吸收量急速增加，在30～40天内，氮、磷、钾的吸收量占总吸收量的80％～90％，吸收钾的量高于氮、磷。每生产 1 000 千克商品甘蓝，需吸收氮（N）3.0～6.5 千克、磷（P_2O_5）1.2～1.9 千克、钾（K_2O）4.9～6.8 千克，其比例约为1∶0.3∶1.2。甘蓝施肥量参考值见表 19－13 和表 19－14。

表 19－13　甘蓝施用氮、磷、钾三大元素量参考值

单位：千克/亩

土地肥力等级	目标产量	推荐施用量		
		氮（N）	磷（P_2O_5）	钾（K_2O）
低肥力	1 500～2 000	17～21	7～9	10～14
中肥力	2 100～2 500	15～19	6～8	8～12
高肥力	2 600～3 000	13～17	5～7	7～10

表 19－14　甘蓝基肥用量参考值　单位：千克/亩

土地肥力等级		低肥力	中肥力	高肥力
目标产量		1 500～2 000	2 100～2 500	2 600～3 000
有机肥	农家肥	4 000～5 000	3 000～4 000	2 500～3 000

（续）

土地肥力等级		低肥力	中肥力	高肥力
氮肥	尿素	5～7	4～6	4～5
	（或硫酸铵）	12～15	9～13	9～12
磷肥	磷酸二铵	15～18	13～16	11～14
钾肥	硫酸钾	6～9	5～8	4～6
	（或氯化钾）	5～8	4～7	3～5
甘蓝专用肥（可代替化肥）		50～70	40～60	30～50

（二）甘蓝无公害施肥技术

（1）苗床肥：一般每亩用腐熟有机肥 5 000～7 000 千克和苗床专用肥 5～10 千克，与营养土混合均匀。

（2）基肥：重施基肥。一般每亩用腐熟优质有机肥 3 000～5 000 千克，与甘蓝专用基肥 30～50 千克混匀后施入菜田，深翻，耙平，整畦，适时定植。

（3）追肥：巧施追肥，每 7～8 天 1 次。缓苗肥，每亩施甘蓝专用冲施肥 10 千克；莲座肥，每亩施甘蓝专用冲施肥 10～15 千克；结球肥，在结球前期每亩每次施甘蓝专用冲施肥 20～25 千克，采收前 20～30 天停止追肥。

（4）根外追肥：甘蓝在苗期至采收前 20 天可全程喷施农海牌氨基酸叶面肥，每 7～10 天 1 次；也可根据需要，喷施 0.3%的硝酸钙和 0.02%的硼砂，硝酸钙 5～6 天喷 1 次，连喷 2 次。

（三）甘蓝专用肥料配方

1. 甘蓝专用基肥

配方Ⅰ

氮、磷、钾三大元素含量为 37%的配方：

37%＝N17.6：P_2O_5 7.4：K_2O 12＝1：0.42：0.68

原料用量与养分含量（千克/吨产品）：

尿素 300　N＝300×46%＝138

硫酸铵 100　N＝100×21%＝21　S＝100×24.2%＝24.2

磷酸一铵 150　P_2O_5＝150×51%＝76.5　N＝150×11%＝16.5

氯化钾 200　K_2O＝200×60%＝120　Cl＝200×47.56%＝95.12

硼砂 20　B＝20×11%＝2.2

硝基腐殖酸 100　HA＝100×60%＝60　N＝100×2.5%＝2.5

七水硫酸镁 40　MgO＝40×16.35%＝6.54　S＝40×13%＝5.2

生物制剂 30

氨基酸 30

增效剂 10

调理剂 20

配方Ⅱ

氮、磷、钾三大元素含量为 28%的配方：

28%＝N10：P_2O_5 9：K_2O 9＝1：0.9：0.9

原料用量与养分含量（千克/吨产品）：

氯化铵 50　N＝50×25%＝12.5　Cl＝50×66%＝33

硫酸铵 100　N＝100×21%＝21　S＝100×24.2%＝24.2

尿素 100　N＝100×46%＝46

磷酸一铵 150　P_2O_5＝150×51%＝76.5　N＝150×11%＝16.5

过磷酸钙 100　P_2O_5＝100×16%＝16　CaO＝100×24%＝24

S＝100×13.9%＝13.9

钙镁磷肥 10　P_2O_5＝10×18%＝1.8　CaO＝10×45%＝4.5

MgO＝10×12%＝1.2　SiO_2＝10×20%＝2

氯化钾 150　K_2O＝150×60%＝90　Cl＝150×47.56%＝71.34

硼砂 20　B＝20×11%＝2.2

硝基腐殖酸 200　HA＝200×60%＝120　N＝200×2.5%＝5

生物制剂 35

氨基酸 40

增效剂 12

调理剂 33

配方Ⅲ

氮、磷、钾三大元素含量为 25%的配方：

25%＝N9：P_2O_5 4：K_2O 12＝1：0.44：1.33

原料用量与养分含量（千克/吨产品）：

硫酸铵 150　N＝150×21%＝31.5　S＝150×24.2%＝36.3

尿素 120　N＝120×46%＝55.2

过磷酸钙 250　P_2O_5＝250×16%＝40　CaO＝250×24%＝60

S＝250×13.9%＝34.75

钙镁磷肥 50　P_2O_5＝50×18%＝9　CaO＝50×45%＝22.5

MgO＝50×12%＝6　SiO_2＝50×20%＝10

氯化钾 200　K_2O＝200×60%＝120　Cl＝200×47.56%＝95.12

硼砂 20　B＝20×11%＝2.2

硝基腐殖酸 100　HA＝100×60%＝60　N＝100×2.5%＝2.5

生物制剂 30

氨基酸 38

增效剂 12

调理剂 30

2. 甘蓝专用冲施肥配方

氮、磷、钾三大元素含量为 24%的配方：

24%=N12：P_2O_5 2：K_2O 10=1：0.180.83

原料用量与养分含量（千克/吨产品）：

硫酸铵 150　N=150×21%=31.5　S=150×24.2%=36.3

尿素 188　N=188×46%=86.48

氨化过磷酸钙 150　P_2O_5=150×16%=24　CaO=150×24%=36

S=150×13.9%=19.5　N=150×3.5%=5.25

氯化钾 150　K_2O=150×60%=90　Cl=150×47.56%=71.34

腐殖酸钾 80　HA=80×60%=48　K_2O=80×10%=8

七水硫酸镁 150　MgO=150×16.35%=24.3　S=150×13%=19.5

硼砂 15　B=15×11%=1.65

氨基酸螯合钙、锰、锌、铁、铜 40

生物制剂 20

氨基酸 25

增效剂 12

调理剂 20

三、花椰菜施肥

（一）花椰菜的需肥特点

花椰菜喜水喜肥，属高氮蔬菜类型，全生育期以氮肥为主，其需肥特性与甘蓝大致相似。除氮、磷、钾营养元素外，硼、镁、钙、钼 4 种元素也对花椰菜的生长起着很重要的作用，每生产 1 000 千克花椰菜的养分吸收量约为氮（N）13.4 千克、磷（P_2O_5）3.93 千克、钾（K_2O）9.59 千克，吸收比例约为 1：0.3：0.7。花椰菜的参考施肥量见表 19 - 15 和表19 -16。

表 19 - 15　花椰菜施用氮、磷、钾三大元素量参考值

单位：千克/亩

土地肥力等级	目标产量	推荐施用量		
		氮（N）	磷（P_2O_5）	钾（K_2O）
低肥力	1 500～2 000	22～26	7～11	13～16
中肥力	2 100～2 500	20～24	6～9	11～15
高肥力	2 600～3 100	18～22	5～7	10～13

表 19-16　花椰菜基肥用量参考值　　单位：千克/亩

土地肥力等级		低肥力	中肥力	高肥力
目标产量		1 500～2 000	2 100～2 500	2 600～3 100
有机肥	农家肥	3 500～5 000	3 000～4 500	2 500～3 000
氮肥	尿素	6～8	5～7	4～6
	（或硫酸铵）	14～17	13～16	11～14
磷肥	磷酸二铵	15～23	13～19	11～16
钾肥	硫酸钾	8～11	7～9	6～8
	（或氯化钾）	7～9	6～8	5～7
花椰菜专用肥（可代替化肥）		60～80	50～70	40～60

（二）花椰菜无公害施肥技术

1. 基肥

每亩施腐熟优质有机肥 3 000～4 500 千克和花椰菜专用基肥40～80 千克，或用三元复合肥代替专用肥；还应施硼肥、钼肥。

2. 追肥

冲施花椰菜专用肥结合根外追肥，每 7～8 天喷施 1 次农海牌氨基酸叶面肥。

（1）缓苗肥：定植 5～7 天后每亩冲施花椰菜专用冲施肥 4～6 千克或用硫酸铵取代专用肥，以促进根系和花球发育。

（2）莲座肥：定植 15 天左右，在花球形成之前结束蹲苗，冲施花椰菜专用冲施肥 10～15 千克。

（3）催球肥：在花球直径达 2～3 厘米时，每亩每次冲施花椰菜专用冲施肥 15～20 千克或有机—无机复混肥 500 千克，每 7 天左右喷施农海牌氨基酸叶面肥 1 次。

（4）促球肥：当花球进入快速膨大期，每 10～15 天追肥 1 次，每亩每次冲施花椰菜专用冲施肥 20～25 千克或腐熟粪尿肥 2 000～3 000 千克，配入适量的复合肥。每 7 天左右喷施农海牌氨基酸叶面肥 1 次，以防早衰提高产量和品质。也可根据需要适量喷施磷钾肥、硼肥、钼肥。

（三）花椰菜专用肥料配方

1. 花椰菜基肥配方

配方Ⅰ

氮、磷、钾三大元素含量为 35％的配方：

35％＝N11.7：P_2O_5 11.7：K_2O 12＝1：1：1.09

原料用量与养分含量（千克/吨产品）：

尿素 160　N＝160×46％＝73.6

硫酸铵 100　N＝100×21％＝21　S＝100×24.2％＝24.2

磷酸一铵 200　P_2O_5＝200×51％＝102　N＝200×11％＝22

过磷酸钙 100　P_2O_5＝100×16％＝16　CaO＝100×24％＝24

S＝100×13.9％＝13.9

钙镁磷肥 20　P_2O_5＝20×18％＝3.6　CaO＝20×45％＝9

MgO＝20×12％＝2.4　SiO_2＝20×20％＝4

氯化钾 200　K_2O＝200×60％＝120　Cl＝200×47.56％＝95.12

硝基腐殖酸 100　HA＝100×60％＝60　N＝100×2.5％＝2.5

硼砂 20　B＝20×11％＝2.2

钼酸铵 0.5（用氨基酸螯合）

氨基酸螯合铜 5

氨基酸 30

生物制剂 29.5

增效剂 12

调理剂 23

配方Ⅱ

氮、磷、钾三大元素含量为 30％的配方：

30％＝N9.5∶P_2O_5 11.5∶K_2O 9＝1∶1.21∶0.95

原料用量与养分含量（千克/吨产品）：

氯化铵 100　N＝100×25％＝25　Cl＝100×66％＝66

硫酸铵 100　N＝100×21％＝21　S＝100×24.2％＝24.2

尿素 60　N＝60×46％＝27.6

磷酸一铵 200　P_2O_5＝200×51％＝102　N＝200×11％＝22

过磷酸钙 100　P_2O_5＝100×16％＝16　CaO＝100×24％＝24

S＝100×13.9％＝13.9

钙镁磷肥 10　P_2O_5＝10×18％＝1.8　CaO＝10×45％＝4.5

MgO＝10×12％＝1.2　SiO_2＝10×20％＝2

氯化钾 150　K_2O＝150×60％＝90　Cl＝150×47.56％＝71.34

硼砂 20　B＝20×11％＝2.2

钼酸铵 0.5（用氨基酸螯合）

硝基腐殖酸 130　HA＝130×60％＝78　N＝130×2.5％＝3.25

氨基酸螯合铜 5　Cu＝5×10％＝0.05

氨基酸 50

生物制剂 32.5

增效剂 12

调理剂 30

配方Ⅲ

氮、磷、钾三大元素含量为25%的配方：

25%=N8：$P_2O_5$7.5：K_2O 9.6=1：0.94：1.2

原料用量与养分含量（千克/吨产品）：

硫酸铵 100　N=100×21%=21　S=100×24.2%=24.2

尿素 110　N=110×46%=50.6

磷酸一铵 80　P_2O_5=80×51%=40.8　N=80×11%=8.8

过磷酸钙 120　P_2O_5=120×16%=19.2　CaO=120×24%=28.8
S=120×13.9%=16.68

钙镁磷肥 100　P_2O_5=100×18%=18　CaO=100×45%=45
MgO=100×12%=12　SiO_2=100×20%=20

氯化钾 160　K_2O=160×60%=96　Cl=160×47.56%=76.1

硝基腐殖酸 200　HA=200×60%=120　N=200×2.5%=5

硼砂 15　B=15×11%=1.65

氨基酸螯合铜、钼 12

氨基酸 35

生物制剂 30

增效剂 10

调理剂 28

2. 花椰菜专用冲施肥配方

氮、磷、钾三大元素含量为25%的配方：

25%=N13：$P_2O_5$2：K_2O 10=1：0.15：0.77

原料用量与养分含量（千克/吨产品）：

硫酸铵 150　N=150×21%=31.5　S=150×24.2%=36.3

尿素 200　N=200×46%=92

氨化过磷酸钙 150　P_2O_5=150×16%=24　CaO=150×24%=36
S=150×13.9%=20.85　N=150×3.5%=5.25

氯化钾 150　K_2O=150×60%=90　Cl=150×47.56%=71.34

腐殖酸钾 100　HA=100×60%=60　K_2O=100×10%=10

七水硫酸镁 120　MgO=120×16.35%=19.62
S=120×13%=15.6

硼砂 15　B=15×11%=1.65

氨基酸螯合钙、锰、锌、铁、钼 21

氨基酸 34

生物制剂 23

增效剂 12

调理剂 25

四、芹菜施肥

(一) 芹菜的需肥特点

需肥量的高峰是旺长期，对氮、磷、钾、钙、镁的吸收量占总吸收量的84%以上，其中钙和钾高达98.1%和90.7%。氮素对芹菜产量起决定作用，其次是钾和磷。钾是芹菜的“品质元素”。芹菜对硼和钙的需求也较强。

每生产1 000千克芹菜需氮（N）1.83～3.56千克、磷（P_2O_5）0.68～1.65千克、钾（K_2O）3.88～5.87千克、钙（CaO）1.5千克、镁（MgO）0.8千克，其吸收比例为1∶0.43∶1.8∶0.56∶0.3。实际的施肥量要大于吸收量的2～3倍，因为芹菜吸肥能力差，要在含肥量较高的土壤中才能充分吸收养分。芹菜的施肥量参考值见表19-17和表19-18。

表19-17 芹菜施用氮、磷、钾三大元素量参考值

单位：千克/亩

土地肥力等级	目标产量	推荐施用量		
		氮（N）	磷（P_2O_5）	钾（K_2O）
低肥力	3 000～4 000	15～19	6～8	8～12
中肥力	4 100～5 000	13～17	5～7	6～10
高肥力	5 100～6 000	11～15	4～6	5～8

表19-18 芹菜基肥用量参考值 单位：千克/亩

土地肥力等级		低肥力	中肥力	高肥力
目标产量		3 000～4 000	4 100～5 000	5 100～6 000
有机肥	农家肥	4 000～8 000	3 500～5 500	3 000～4 000
氮肥	尿素	4～7	4～6	3～4
	（或硫酸铵）	9～14	9～12	7～9
磷肥	磷酸二铵	13～15	11～14	9～11
钾肥	硫酸钾	5～7	4～6	3～5
	（或氯化钾）	4～6	3～5	2～4
芹菜专用肥（可代替化肥）		50～80	40～60	30～45

(二) 芹菜无公害施肥技术

（1）苗肥：每10米^{2}苗床施入苗床专用肥2千克（以含腐殖酸、有机质为主），出苗后 30 天左右追施芹菜苗期专用肥 1 次（以含速效氮为主），每 10 米^{2}施 120～130 克。也可喷施农海牌氨基酸叶面肥 1 次。

（2）重施基肥：可根据菜田土壤肥力和芹菜产量确定基肥用量，一般每亩芹菜产量 4 000～8 000 千克，施优质有机肥 4 000～6 000 千克，与芹菜专用基肥 30～45 千克混匀后施入菜田中。

（3）巧施追肥：冲施肥结合根外追肥，喷施农海牌氨基酸叶面肥每 7～8 天 1 次。苗期每亩追施芹菜专用冲施肥 10～15 千克。蹲苗结束后，每隔 10 天追肥结合浇水每亩冲施芹菜专用冲施肥 15～20 千克，一般追肥 3 次左右，到收获前 15～20 天停止施肥。

（4）根外追肥：定植后 50～60 天是芹菜养分吸收的高峰期，在土壤追肥的基础上喷施农海牌氨基酸叶面肥，每 7～8 天 1 次，以改善芹菜的营养条件，对提高产量和质量有一定作用。也可根据需要喷施其他营养元素。

（三）芹菜专用肥料配方

1. 芹菜基肥配方

配方Ⅰ

氮、磷、钾三大元素含量为 40％的配方：

40％＝N22∶$P_2O_5$12∶K_2O6.6＝1∶0.55∶0.3

原料用量与养分含量（千克/吨产品）：

尿素 336　N＝336×46％＝154.56

硫酸铵 100　N＝100×21％＝21　S＝100×24.2％＝24.2

磷酸二铵 230　P_2O_5＝230×45％＝103.5　N＝230×17％＝39.1

氯化钾 110　K_2O＝110×60％＝66　Cl＝110×47.56％＝52.32

硝基腐殖酸 80　HA＝80×60％＝48　N＝80×2.5％＝2

过磷酸钙 100　P_2O_5＝100×16％＝16　CaO＝100×24％＝24
　S＝100×13.9％＝13.9

钙镁磷肥 10　P_2O_5＝10×18％＝1.8　CaO＝10×45％＝4.5
　MgO＝10×12％＝1.2　SiO_2＝10×20％＝2

硼砂 10　B＝10×11％＝1.1

氨基酸螯合锌 5

生物制剂 9

增效剂 10

配方Ⅱ

氮、磷、钾三大元素含量为 30％的配方：

30％＝N14∶$P_2O_5$10∶K_2O6＝1∶0.77∶0.43

原料用量与养分含量（千克/吨产品）：

氯化铵 60　N＝60×25％＝15　Cl＝60×66％＝39.6

硫酸铵 100　N＝100×21％＝21　S＝100×24.2％＝24.2

尿素 164　$N=164\times46\%=75.44$

磷酸一铵 180　$P_2O_5=180\times51\%=91.8$　$N=180\times11\%=19.8$

氯化钾 100　$K_2O=100\times60\%=60$　$Cl=100\times47.56\%=47.56$

硼砂 20　$B=20\times11\%=2.2$

硝基腐殖酸 100　$HA=100\times60\%=60$　$N=100\times2.5\%=2.5$

过磷酸钙 100　$P_2O_5=100\times16\%=16$　$CaO=100\times24\%=24$

$S=100\times13.9\%=13.9$

钙镁磷肥 10　$P_2O_5=10\times18\%=1.8$　$CaO=10\times45\%=4.5$

$MgO=10\times12\%=1.2$　$SiO_2=10\times20\%=2$

七水硫酸镁 54　$MgO=54\times16.35\%=8.83$　$S=54\times13\%=7.02$

生物制剂 30

氨基酸 40

增效剂 12

调理剂 30

配方Ⅲ

氮、磷、钾三大元素含量为 28%的配方：

28%＝N13：$P_2O_5$6K_2O 9＝10.46：0.69

原料用量与养分含量（千克/吨产品）：

硫酸铵 100　$N=100\times21\%=21$　$S=100\times24.2\%=24.2$

尿素 210　$N=210\times46\%=96.6$

过磷酸钙 200　$P_2O_5=200\times16\%=32$　$CaO=200\times24\%=48$

$S=200\times13.9\%=27.8$

钙镁磷肥 20　$P_2O_5=20\times18\%=3.6$　$CaO=20\times45\%=9$

$MgO=20\times12\%=2.4$　$SiO_2=20\times20\%=4$

磷酸二铵 80　$P_2O_5=80\times45\%=36$　$N=80\times17\%=13.6$

氯化钾 150　$K_2O=150\times60\%=90$　$Cl=150\times47.56\%=71.34$

硼砂 20　$B=20\times11\%=2.2$

硝基腐殖酸 100　$HA=100\times60\%=60$　$N=100\times2.5\%=2.5$

生物制剂 25

氨基酸 40

增效剂 13

调理剂 42

2. 芹菜专用冲施肥配方

原料用量及养分含量（千克/吨产品）：

硫酸铵 100　$N=100\times21\%=21$　$S=100\times24.2\%=24.2$

尿素 200　$N=200\times46\%=92$

氯化铵 100　$N=100\times25\%=25$　$Cl=100\times66\%=66$

过磷酸钙 150　P_2O_5＝150×16%＝24　CaO＝150×24%＝36

S＝150×13.9%＝20.85

碳酸氢铵 15　N＝15×17%＝2.55

氯化钾 150　K_2O＝150×60%＝90　Cl＝150×47.56%＝71.34

硼砂 15　B＝15×11%＝1.65

腐殖酸钾 80　FA＝80×60%＝48　K_2O＝80×10%＝8

氨基酸螯合锰、锌、铜、铁 20

七水硫酸镁 100　MgO＝100×16.35%＝16.35　S＝100×13%＝13

生物制剂 25

增效剂 12

调理剂 33

第五节　根菜类蔬菜施肥技术与专用肥料配方

一、萝卜施肥

（一）萝卜的需肥特点

萝卜以氮、磷、钾、钙、镁、硫的需要量较多，其他营养元素的需要量较少。幼苗期和叶部生长盛期需氮多，磷、钾少；当肉质根迅速膨大时，磷、钾的需要量剧增，对氮、磷、钾的吸收量约占总吸收量的80%，以钾最多，氮次之，磷最少。萝卜对氮敏感，缺氮会降低萝卜的产量，在生育初期缺氮对产量的不利影响更为明显，到生育后期，缺氮对产量几乎没有影响，此阶段如氮素过剩，磷、钾不足，容易造成地上部贪青徒长。钾素过量会抑制钙、镁、硼等元素的吸收。萝卜对微量元素硼和钼也非常敏感。

每生产 1 000 千克商品萝卜需氮（N）4～6 千克、磷（P_2O_5）0.5～1.0 千克、钾（K_2O）6～8 千克、钙（CaO）2.5 千克、镁（MgO）0.5 千克、硫（S）1.0 千克，其吸收比例为 1∶0.15∶1.4∶0.5∶0.1∶0.2。萝卜施肥参考量见表 19－19 和表 19－20。

表 19－19　萝卜施用氮、磷、钾三大元素量参考值

单位：千克/亩

土地肥力等级	目标产量	推荐施用量		
		氮（N）	磷（P_2O_5）	钾（K_2O）
低肥力	3 000～3 500	15～19	7～10	10～13
中肥力	3 600～4 000	14～17	6～8	9～11
高肥力	4 100～4 500	13～15	5～7	8～10

表 19-20　萝卜基肥用量参考值　　单位：千克/亩

土地肥力等级		低肥力	中肥力	高肥力
目标产量		3 000～3 500	3 600～4 000	4 100～4 600
有机肥	农家肥	6 000～7 000	5 000～6 000	4 000～5 000
氮肥	尿素	5～7	5～6	4～6
	（或硫酸铵）	12～15	12～14	11～13
磷肥	磷酸二铵	15～21	13～18	11～16
钾肥	硫酸钾	6～7	5～7	5～6
	（或氯化钾）	5～6	4～6	4～5
萝卜专用肥（可代替化肥）		50～70	40～60	35～50

（二）萝卜无公害施肥技术

基肥用量占总施肥量的 70%～80%，一般每亩施腐熟有机肥4 000～6 000千克和含氮、磷、钾、钙、镁、硼、锌等营养元素的萝卜专用基肥 40～60 千克，基肥要与土壤混合均匀施用，以免主根发生分杈根。

苗期喷含钼和硼的农海牌氨基酸叶面肥 1 次，有壮苗抗逆效果；莲座期以长根为主，随水追施萝卜专用冲施肥 15～20 千克；肉质根迅速膨大期冲施萝卜专用冲施肥 25～30 千克，与腐熟人粪尿或饼肥交替施用，或者喷施含磷酸二氢钾的农海牌氨基酸叶面肥，增产效果非常显著。也可根据需要喷施其他营养元素。

（三）萝卜专用肥料配方

1. 萝卜专用基肥配方

配方 Ⅰ

氮、磷、钾三大元素含量为 40%的配方：

40%＝N16∶$P_2O_5$10∶K_2O14＝1∶0.63∶0.88

原料用量与养分含量（千克/吨产品）：

硫酸铵 100　N＝100×21%＝21　S＝100×24.2%＝24.2

尿素 228　N＝228×46%＝104.88

磷酸二铵 190　P_2O_5＝190×45%＝85.5　N＝190×17%＝32.3

过磷酸钙 80　P_2O_5＝80×16%＝12.8　CaO＝80×24%＝19.2
　　S＝80×13.9%＝11.12

钙镁磷肥 10　P_2O_5＝10×18%＝1.8　CaO＝10×45%＝4.5
　　MgO＝10×12%＝1.2　SiO_2＝10×20%＝2

氯化钾 235　K_2O＝235×60%＝141　Cl＝235×47.56%＝111.77

七水硫酸锌 10　Zn＝10×23%＝2.3　S＝10×11%＝1.1

硼砂 20　B＝20×11％＝2.2

三水硫酸锰 10　Mn＝10×27％＝2.7　S＝10×21.2％＝2.12

硝基腐殖酸 100　HA＝100×60％＝60　N＝100×2.5％＝2.5

调理剂 17

配方Ⅱ

氮、磷、钾三大元素含量为 30％的配方：

30％＝N11：$P_2O_5$7.5：K_2O11.5＝1：0.68：1.05

原料用量与养分含量（千克/吨产品）：

硫酸铵 100　N＝100×21％＝21　S＝100×24.2％＝24.2

尿素 175　N＝175×46％＝80.5

磷酸一铵 88　P_2O_5＝88×51％＝44.88　N＝88×11％＝9.68

过磷酸钙 200　P_2O_5＝200×16％＝32　CaO＝200×24％＝48

S＝200×13.9％＝27.8

钙镁磷肥 20　P_2O_5＝20×18％＝3.6　CaO＝20×45％＝9

MgO＝20×12％＝2.4　SiO_2＝20×20％＝4

氯化钾 192　K_2O＝192×60％＝115.2　Cl＝192×47.56％＝91.32

硼砂 15　B＝15×11％＝1.65

氨基酸螯合锌、钼 11

硝基腐殖酸 120　HA＝120×60％＝72　N＝120×2.5％＝3

生物制剂 25

氨基酸 19

增效剂 12

调理剂 23

配方Ⅲ

氮、磷、钾三大元素含量为 25％的配方：

25％＝N9：$P_2O_5$6：K_2O10＝1：0.67：1.11

原料用量与养分含量（千克/吨产品）：

硫酸铵 368　N＝368×21％＝77.28　S＝368×24.2％＝89.06

磷酸一铵 122　P_2O_5＝122×51％＝62.22　N＝122×11％＝13.42

氯化钾 168　K_2O＝168×60％＝100.8　Cl＝168×47.56％＝79.9

硼砂 20　B＝20×11％＝2.2

七水硫酸锌 20　Zn＝20×23％＝4.6　S＝20×11％＝2.2

钼酸铵 1　Mo＝1×54％＝0.54

硝基腐殖酸 170　HA＝170×60％＝102　N＝170×2.5％＝4.25

生物制剂 30

氨基酸 50

增效剂 11

调理剂 40

2. 萝卜专用冲施肥配方

氮、磷、钾三大元素含量为30%的配方：

30%＝N11：$P_2O_5$5：K_2O14＝1：0.45：1.27

原料用量与养分含量（千克/吨产品）：

硫酸铵 200　N＝200×21%＝42　S＝200×24.2%＝48.4

尿素 128　N＝128×46%＝58.88

磷酸一铵 100　P_2O_5＝100×51%＝51　N＝100×11%＝11

氯化钾 234　K_2O＝234×60%＝140.4　Cl＝234×47.56%＝111.29

四水硝酸钙 80　N＝80×11.86%＝9.49　CaO＝80×23.75%＝19

七水硫酸镁 65　MgO＝65×16.35%＝10.63　S＝65×13%＝8.45

硝基腐殖酸 100　HA＝100×60%＝60　N＝100×2.5%＝2.5

硼砂 15　B＝15×11%＝1.65

氨基酸螯合锌、锰、钼 11

生物制剂 25

增效剂 10

调理剂 31

二、胡萝卜施肥

（一）胡萝卜的需肥特点

胡萝卜幼苗期吸肥量很少，在肉质根生长前期的“莲坐期”开始，吸肥量明显增多。随着肉质根旺盛生长，养分吸收量迅速增加，特别是在收获前10天，氮、磷、钾吸收量分别占吸收总量的46%、55%、50%。在整个生长发育期中以钾的吸收量最多，氮、钙次之，磷、镁最少。胡萝卜对硼敏感，缺硼时易发生黑痣病。

每生产1 000千克商品胡萝卜，需氮（N）4.1～4.5千克、磷（P_2O_5）1.7～1.9千克、钾（K_2O）10.3～11.7千克、钙（CaO）3.8～5.9千克、镁（MgO）0.5～0.8千克。胡萝卜施肥量参考值见表19-21和表19-22。

表19-21　胡萝卜施用氮、磷、钾三大元素量参考值

单位：千克/亩

土地肥力等级	目标产量	推荐施用量		
		氮（N）	磷（P_2O_5）	钾（K_2O）
低肥力	2 500～3 000	10～13	6～8	11～14
中肥力	3 100～3 500	8～12	5～7	10～12
高肥力	3 600～4 000	7～11	4～6	9～11

表 19-22　胡萝卜基肥用量参考值　单位：千克/亩

土地肥力等级		低肥力	中肥力	高肥力
目标产量		2 500～3 000	3 100～3 500	3 600～4 000
有机肥	农家肥	3 000～3 500	2 500～3 000	2 000～2 500
氮肥	尿素	3～5	3～4	2～3
	或硫酸铵	7～9	7～8	5～7
磷肥	磷酸二铵	13～16	11～14	9～12
钾肥	硫酸钾	8～11	7～9	6～8
	或氯化钾	7～10	6～8	5～7
胡萝卜专用肥（可代替化肥）		50～70	40～60	35～50

（二）胡萝卜无公害施肥技术

基肥每亩施腐熟有机肥 2 500～3 000 千克和胡萝卜专用基肥40～60 千克，混匀后施入土壤。

壮苗肥在出苗后 20～25 天长出 3～5 片真叶定苗后进行，每亩用胡萝卜专用冲施肥 5～8 千克。

促根肥在肉质根膨大期，每亩追施胡萝卜专用冲施肥 20～25 千克。

在采收前 25～30 天，每 10 天左右喷施 1 次农海牌氨基酸叶面肥，以促进胡萝卜增加产量和提高品质。也可根据需要喷施其他营养元素。

（三）胡萝卜专用肥料配方

1. 胡萝卜专用基肥配方

氮、磷、钾三大元素含量为 35％的配方：

35％＝N10.1：$P_2O_5$5.8：K_2O19.3＝1：0.57：1.91

原料用量与养分含量（千克/吨产品）：

硫酸铵 100　N＝100×21％＝21　S＝100×24.2％＝24.2

尿素 150　N＝150×46％＝69

磷酸一铵 80　P_2O_5＝80×51％＝40.8　N＝80×11％＝8.8

过磷酸钙 100　P_2O_5＝100×16％＝16　CaO＝100×24％＝24

S＝100×13.9％＝13.9

氯化钾 323　K_2O＝323×60％＝193.8　Cl＝323×47.56％＝153.62

钙镁磷肥 10　P_2O_5＝10×18％＝1.8　CaO＝10×45％＝4.5

MgO＝10×12％＝1.2　SiO_2＝10×20％＝2

硼砂 25　B＝25×11％＝2.5

氨基酸螯合锌、钼、锰 10

氯化钠 40　Na＝40×39.3％＝15.72

硝基腐殖酸 100　HA＝100×60％＝60　N＝100×2.5％＝2.5
生物制剂 30
增效剂 12
调理剂 20

2. 胡萝卜专用冲施肥配方

氮、磷、钾三大元素含量为 30％的配方：
30％＝N12：$P_2O_5$3：K_2O15＝1：0.25：1.25
原料用量与养分含量（千克/吨产品）：
硫酸铵 200　N＝200×21％＝42　S＝200×24.2％＝48.4
尿素 177　N＝177×46％＝81.42
磷酸二氢钾 40　P_2O_5＝40×50％＝20　K_2O＝40×30％＝12
氨化过磷酸钙 100　P_2O_5＝100×16％＝16　CaO＝100×24％＝24
S＝100×13.9％＝13.9　N＝100×3.5％＝3.5
氯化钾 240　K_2O＝240×60％＝144　Cl＝240×47.56％＝114.14
硼砂 30　B＝30×11％＝3.3
硝基腐殖酸 100　HA＝100×60％＝60　N＝100×2.5％＝2.5
氨基酸螯合锰、锌、铜、铁 20
氨基酸 30
生物制剂 30
增效剂 10
调理剂 23

第六节　葱、蒜、姜类蔬菜施肥技术与专用肥料配方

一、大葱施肥

（一）大葱的需肥特点

大葱要求中性土壤，pH7 为宜。对氮、钾需要量多，基肥以有机肥为主，配施氮、磷、钾、硫、锰、铜等微量元素肥料。追肥以速效氮为主，以前轻后重、攻中补后为原则。

每生产 1 000 千克商品大葱约吸收氮（N）3.4 千克、磷（P_2O_5）1.8 千克、钾（K_2O）6.0 千克，吸收比例为 1.9：1：3.3。

（二）大葱无公害施肥技术

1. 苗床肥

（1）冬葱秋播育苗肥：当小葱长到 3 片叶时，每亩冲施大葱专用冲施肥 10 千克，以后每 10～15 天冲施 1 次，每亩每次冲施大葱专用冲施肥

10～15 千克。

（2）春播育苗肥：从 4 月下旬开始第 1 次浇水施肥，每亩每次冲施大葱专用冲施肥 10 千克或腐熟粪尿肥 300～500 千克。后视葱苗长势，每 10～15 天每亩每次冲施大葱专用冲施肥 15～25 千克。到 6 月上旬停止浇水施肥，进行蹲苗、炼苗，使葱叶增加纤维，增强抗风、抗病能力。蹲苗、促苗 20～25 天后，于移植前 10 天浇水施肥 1 次，为移栽返青打下良好基础。为加强葱苗防病能力，可喷施 0.2%的磷酸二氢钾水溶液 1 次。

2. 定植前重施基肥

一般每亩施腐熟有机肥 2 500～4 000 千克和大葱专用基肥 30～50 千克，混合后施于葱田。

3. 巧施追肥

适时追肥是大葱高产优质的重要措施。

（1）轻施攻叶肥：在葱生长初期施 1 次攻叶肥，每亩冲施大葱专用冲施肥 15～20 千克。

（2）巧施攻棵肥：在葱进入生长盛期追肥 1 次，每亩冲施大葱专用冲施肥 15～25 千克。

（3）重施葱白增重肥：大葱增重期是大葱需肥高峰期，应重施追肥 1 次，一般每亩追施腐熟优质有机肥 4 000～5 000 千克和大葱专用肥 35～45 千克，同时喷施农海牌氨基酸叶面肥 1～2 次。

（三）大葱专用肥料配方

1. 大葱基肥配方

氮、磷、钾三大元素含量为 30%的配方：

30%＝N13∶$P_2O_5$6∶K_2O11＝1∶0∶0.67

原料用量与养分含量（千克/吨产品）：

硫酸铵 100　N＝100×21%＝21　S＝100×24.2%＝24.2

尿素 212　N＝212×46%＝97.52

磷酸一铵 80　P_2O_5＝80×51%＝40.8　N＝80×11%＝8.8

氯化钾 184　K_2O＝184×60%＝110.4　Cl＝184×47.56%＝87.51

过磷酸钙 136　P_2O_5＝136×16%＝21.76　CaO＝136×24%＝32.64

S＝136×13.9%＝18.90

钙镁磷肥 20　P_2O_5＝20×18%＝3.6　CaO＝20×45%＝9

MgO＝20×12%＝2.4　SiO_2＝20×20%＝4

三水硫酸锰 40　Mn＝40×27%＝10.8　S＝40×21.2%＝8.48

五水硫酸铜 20　Cu＝20×25%＝5　S＝20×12.8%＝2.56

硝基腐殖酸 100　HA＝100×60%＝60　N＝100×2.5%＝2.5

生物制剂 30

氨基酸 30

增效剂 10

调理剂 38

2. 大葱专用冲施肥配方

氮、磷、钾三大元素含量为 30%的配方：

30%＝N18：$P_2O_5$0：K_2O12＝1：0：0.67

原料用量与养分含量（千克/吨产品）：

硫酸铵 260　N＝260×21%＝54.6　S＝260×24.2%＝62.92

尿素 273　N＝273×46%＝125.58

氯化钾 200　K_2O＝200×60%＝120　Cl＝200×47.56%＝95.12

硝基腐殖酸 120　HA＝120×60%＝72　N＝120×2.5%＝3

三水硫酸锰 20　Mn＝20×27%＝5.4　S＝20×21.2%＝4.24

五水硫酸铜 20　Cu＝20×25%＝5　S＝20×12.8%＝2.56

生物制剂 25

氨基酸 40

增效剂 12

调理剂 30

二、洋葱施肥

（一）洋葱的需肥特点

洋葱对土壤酸碱度比较敏感，适宜在 pH6.0～6.5 的土壤中生长。肥料 pH6.0～6.5 为宜。洋葱产量高，但根系吸肥能力较弱，因此需充足的营养条件。苗期以氮为主，鳞茎膨大期需增施磷、钾肥。洋葱对氮、磷、钾三大元素的需要量是钾＞氮＞磷。

每生产 1 000 千克洋葱头，约需从土壤中吸收氮（N）2.0～2.4 千克、磷（P_2O_5）0.7～0.9 千克、钾（K_2O）2.2～4.2 千克、钙（CaO）1.16 千克、镁（MgO）0.33 千克。适量施用钙、镁、硫和微量元素锰、铜、硼，有较好的增产效果。

（二）洋葱无公害施肥技术

洋葱施肥分为苗床施肥、基肥和追肥。

（1）苗床肥：苗床施肥主要是提高幼苗素质，一般每 100 米^{2}施氮（N）1.2 千克、磷（P_2O_5）1～3 千克、钾（K_2O）2 千克，施优质腐熟有机肥 250～300 千克，齐苗后冲施洋葱专用冲施肥 1～3 千克。

（2）基肥：基肥在洋葱施肥中很重要，一般每亩施有机肥 1 500～2 500千克和洋葱专用基肥 30～50 千克，结合整地施在耕作层中。

（3）追肥：冲施洋葱专用冲施肥结合根外追肥，喷施农海牌氨基酸叶面肥每 7～8 天 1 次。催苗肥在缓苗后进行，需早施，每亩冲施洋葱专用冲施肥 10 千克；发棵肥每亩冲施洋葱专用冲施肥 15～20 千克；鳞茎膨大期是重点施肥期，每亩每次冲施洋葱专用冲施肥15～25千克。也可根据需要追施其他化肥和有机肥。

（三）洋葱专用肥料配方

1. 洋葱专用基肥配方

配方Ⅰ

氮、磷、钾三大元素含量为35%的配方：

35%＝N14：$P_2O_5$7：K_2O14＝1：0.5：1

原料用量与养分含量（千克/吨产品）：

硫酸铵100　N＝100×21%＝21　S＝100×24.2%＝24.2

尿素235　N＝235×46%＝108.1

磷酸一铵108　P_2O_5＝108×51%＝55.08　N＝108×11%＝11.88

氯化钾233　K_2O＝233×60%＝139.8　Cl＝233×47.56%＝110.81

过磷酸钙100　P_2O_5＝100×16%＝16　CaO＝100×24%＝24

S＝100×13.9%＝13.9

钙镁磷肥10　P_2O_5＝10×18%＝1.8　CaO＝10×45%＝4.5

MgO＝10×12%＝1.2　SiO_2＝10×20%＝2

硝基腐殖酸100　HA＝100×60%＝60　N＝100×2.5%＝2.5

硼砂10　B＝10×11%＝1.1

氨基酸螯合锰、铜10

生物制剂25

氨基酸30

增效剂12

调理剂27

配方Ⅱ

氮、磷、钾三大元素含量为30%的配方：

30%＝N13：$P_2O_5$6：K_2O11＝1：0.46：0.85

原料用量与养分含量（千克/吨产品）：

硫酸铵100　N＝100×21%＝21　S＝100×24.2%＝24.2

尿素185　N＝185×46%＝85.1

氨化过磷酸钙50　P_2O_5＝50×16%＝8　CaO＝50×24%＝12

S＝50×13.9%＝6.95　N＝50×3.5%＝1.75

磷酸二铵133　P_2O_5＝133×45%＝59.85　N＝133×17%＝22.61

氯化钾183　K_2O＝183×60%＝109.8　Cl＝183×47.56%＝87.03

三水硫酸锰20　Mn＝20×27%＝5.4　S＝20×21.2%＝4.24

硼砂20　B＝20×11%＝2.2

五水硫酸铜20　Cu＝20×25%＝5　S＝20×12.8%＝2.56

硝基腐殖酸200　HA＝200×60%＝120　N＝200×2.5%＝5

生物制剂 25

氨基酸 30

增效剂 12

调理剂 22

配方Ⅲ

氮、磷、钾三大元素含量为 25％的配方：25％＝N11.98：P_2O_5 4.68：K_2O8.7＝1：0.4：0.75

原料用量与养分含量（千克/吨产品）：

硫酸铵 100　N＝100×21％＝21　S＝100×24.2％＝24.2

氯化铵 154　N＝154×25％＝38.5　Cl＝154×66％＝101.64

尿素 131　N＝131×46％＝60.26

过磷酸钙 308　P_2O_5＝308×16％＝49.28　CaO＝308×24％＝73.92　S＝308×13.9％＝42.81

钙镁磷肥 20　P_2O_5＝20×18％＝3.6　CaO＝20×45％＝9　MgO＝20×12％＝2.4　SiO_2＝20×20％＝4

氯化钾 145　K_2O＝145×60％＝87　Cl＝145×47.56％＝68.96

五水硫酸铜 15　Cu＝15×25％＝3.75　S＝15×12.8％＝1.92

硼砂 20　B＝20×11％＝2.2

三水硫酸锰 20　Mn＝20×27％＝5.4　S＝20×21.2％＝4.24

生物制剂 25

氨基酸 32

增效剂 10

调理剂 20

2. 洋葱专用冲施肥配方

氮、磷、钾三大元素含量为 30％的配方：

30％＝N8：$P_2O_5$11：K_2O11＝1：1.38：1.38

原料用量与养分含量（千克/吨产品）：

硫酸铵 200　N＝200×21％＝42　S＝200×24.2％＝48.4

尿素 28　N＝28×46％＝12.88

磷酸一铵 200　P_2O_5＝200×51％＝102　N＝200×11％＝22

氯化钾 184　K_2O＝184×60％＝110.4　Cl＝184×47.56％＝87.51

氨化过磷酸钙 100　P_2O_5＝100×16％＝16　CaO＝100×24％＝24　S＝100×13.9％＝13.9　N＝100×3.5％＝3.5

硝基腐殖酸 93　HA＝93×60％＝55.8　N＝93×2.5％＝2.33

三水硫酸锰 20　Mn＝20×27％＝5.4　S＝20×21.2％＝4.24

五水硫酸铜 15　Cu＝15×25％＝3.75　S＝15×12.8％＝1.92

七水硫酸镁 60　MgO＝60×16.35％＝9.81　S＝60×13％＝7.8

生物制剂 30
氨基酸 30
增效剂 10
调理剂 30

三、大蒜施肥

（一）大蒜的需肥特点

大蒜需肥多，又耐肥，需肥量大，但吸肥量较少，增施有机肥有显著的增产效果。苗期需肥较少，叶片旺盛生长期和鳞茎迅速膨大期需养分较多。从花芽充分分化结束到蒜薹采收是营养生长和生殖生长并进时期，生长量最大，需肥量也最多。大蒜需氮最多，钾次之，磷最少。

每生产 1 000 千克大蒜需吸收氮（N）4.5～5 千克、磷（P_2O_5）1.1～1.3 千克、钾（K_2O）4.1～4.7 千克，吸收比例为 N：P_2O_5：K_2O：CaO：MgO=1.0：0.25～0.35：0.85～0.95：0.5～0.75：0.6。施肥以氮为主，适量配施磷、钾肥；硫是大蒜品质构成元素，适当施用硫肥能提高蒜头、蒜薹产量和品质；铜、硼、锌等营养元素对大蒜增产作用也很明显。

（二）大蒜无公害施肥技术

1. 重施基肥

播前施足基肥，一般每亩施优质腐熟有机肥 3 500～5 000 千克和大蒜专用基肥 30～50 千克。

2. 巧施追肥

冲施大蒜专用肥同时结合根外追肥，喷施农海牌氨基酸叶面肥，每 7～8 天 1 次。

（1）催苗肥：一般在出苗 1 个月左右追肥，每亩冲施大蒜专用冲施肥 10 千克。

（2）越冬肥：每亩冲施大蒜专用冲施肥 10～20 千克和适量的腐熟的有机肥，以保护幼苗安全越冬。

（3）返青期追肥：在蒜苗 4～5 叶时每亩冲施大蒜专用冲施肥15～20 千克，以促进磷芽和花芽分化。

（4）蒜薹伸长期追肥：从鳞芽、花芽分化到抽薹是营养生长和生殖生长并进期，即生长旺盛期，每亩每次冲施大蒜专用冲施肥 15～20 千克。

（5）蒜头生长期追肥：在蒜薹露苞时追肥，每亩每次冲施大蒜专用冲施肥 20～30 千克，同时喷施含钼、镁、铜等微量元素的农海牌氨基酸叶面肥每 7 天左右 1 次。也可根据需要喷施需要补给的营养元素。

（三）大蒜专用肥料配方

1. 大蒜专用基肥配方

配方Ⅰ

氮、磷、钾三大元素含量为30%的配方：

30%=N14：$P_2O_5$8：K_2O8=1：0.57：0.57

原料用量与养分含量（千克/吨产品）：

硫酸铵100　N=100×21%=21　S=100×24.2%=24.2

尿素220　N=220×46%=101.2

磷酸一铵140　P_2O_5=140×51%=71.4　N=140×11%=15.4

过磷酸钙100　P_2O_5=100×16%=16　CaO=100×24%=24
S=100×13.9%=13.9

钙镁磷肥10　P_2O_5=10×18%=1.8　CaO=10×45%=4.5
MgO=10×12%=1.2　SiO_2=10×20%=2

氯化钾134　K_2O=134×60%=80.4　Cl=134×47.56%=63.73

硝基腐殖酸118　HA=118×60%=70.8　N=118×2.5%=2.95

氨基酸螯合锌、铜、锰15

七水硫酸镁40　MgO=40×16.35%=6.54　S=40×13%=5.2

氯化钠15　Na=15×39.3%=5.9

氨基酸40

生物制剂30

增效剂12

调理剂26

配方Ⅱ

氮、磷、钾三大元素含量为25%的配方：

25%=N8$P_2O_5$9：K_2O8=1：1.13：1

原料用量与养分含量（千克/吨产品）：

硫酸铵300　N=300×21%=63　S=300×24.2%=72.6

磷酸一铵150　P_2O_5=150×51%=76.5　N=150×11%=16.5

氯化钾140　K_2O=140×60%=84　Cl=140×47.56%=66.58

过磷酸钙100　P_2O_5=100×16%=16　CaO=100×24%=24
S=100×13.9%=13.9

钙镁磷肥10　P_2O_5=10×18%=1.8　CaO=10×45%=4.5
MgO=10×12%=1.2　SiO_2=10×20%=2

硝基腐殖酸100　HA=100×60%=60　N=100×2.5%=2.5

氨基酸螯合锰、锌、铜15

七水硫酸镁60　MgO=60×16.35%=9.81　S=60×13%=7.8

氯化钠20　Na=20×39.3%=7.86

氨基酸35

生物制剂30

增效剂 10

调理剂 30

配方Ⅲ

氮、磷、钾三大元素含量为35%的配方：

35%＝N15：$P_2O_5$11：K_2O9＝1：0.73：0.6

原料用量与养分含量（千克/吨产品）：

硫酸铵 100　N＝100×21%＝21　S＝100×24.2%＝24.2

尿素 240　N＝240×46%＝110.4

磷酸一铵 200　P_2O_5＝200×51%＝102　N＝200×11%＝22

过磷酸钙 100　P_2O_5＝100×16%＝16　CaO＝100×24%＝24

S＝100×13.9%＝13.9

钙镁磷肥 10　P_2O_5＝10×18%＝1.8　CaO＝10×45%＝4.5

MgO＝10×12%＝1.2　SiO_2＝10×20%＝2

氯化钾 150　K_2O＝150×60%＝90　Cl＝150×47.56%＝71.34

硝基腐殖酸 100　HA＝100×60%＝60　N＝100×2.5%＝2.5

氯化钠 15　Na＝15×39.3%＝5.90

氨基酸螯合锰、锌、铜 15

生物制剂 30

增效剂 10

调理剂 30

2. 大蒜专用冲施肥配方

氮、磷、钾三大元素含量为26%的配方：

26%＝N14：$P_2O_5$4：K_2O8＝1：0.29：0.57

原料用量与养分含量（千克/吨产品）：

硫酸铵 200　N＝200×21%＝42　S＝200×24.2%＝48.4

尿素 200　N＝200×46%＝92

磷酸一铵 60　P_2O_5＝60×51%＝30.6　N＝60×11%＝6.6

氨化过磷酸钙 100　P_2O_5＝100×16%＝16　CaO＝100×24%＝24

S＝100×13.9%＝13.9　N＝100×3.5%＝3.5

氯化钾 120　K_2O＝100×60%＝60　Cl＝100×47.56%＝47.56

腐殖酸钾 100　HA＝100×60%＝60　K_2O＝100×10%＝10

七水硫酸镁 80　MgO＝80×16.35%＝13.08　S＝80×13%＝10.4

氨基酸螯合锌、锰、铜、铁、钙 20

生物制剂 30

氨基酸 48

增效剂 12

调理剂 30

四、韭菜施肥

（一）韭菜的需肥特点

韭菜是一年种植多年、多次收获的蔬菜，耐肥力较强，施肥对产量影响显著。宜在 pH5.5～6.5 的土壤生长。

每生产 1 000 千克韭菜需吸收氮（N）2.8～5.5 千克、磷（P_2O_5）0.85～2.1 千克、钾（K_2O）3.13～7 千克，吸收比例约为 1∶0.36∶1.22。氮对韭菜生长影响最大，氮肥充足，叶厚鲜嫩。

（二）韭菜无公害施肥技术

（1）基肥：一般亩施优质有机肥 5 000～8 000 千克和韭菜专用基肥 30～50 千克。

（2）追肥：苗高 10～15 厘米结合浇水追肥 1 次，每亩冲施韭菜专用冲施肥 10 千克；旺长期追肥每 8～10 天 1 次，每亩每次冲施韭菜专用冲施肥 15～20 千克。韭菜可多次收到，每次割后追肥 1 次，配合根外追肥，喷施农海牌氨基酸叶面肥，每 7～8 天 1 次。也可根据需要喷施其他营养元素。大田韭菜入冬前施 1 次冬肥，每亩施有机肥 3 000～5 000 千克，以利翌年植株生长。

（三）韭菜专用肥料配方

1. 韭菜专用基肥配方

氮、磷、钾三大元素含量为 25%的配方：

25%＝N12.1∶$P_2O_5$8.3∶K_2O5＝1∶0.68∶0.41

原料用量与养分含量（千克/吨产品）：

硫酸铵 100　N＝100×21%＝21　S＝100×24.2%＝24.2

尿素 203　N＝203×46%＝93.38

过磷酸钙 330　P_2O_5＝330×16%＝52.8　CaO＝330×24%＝79.2

　　S＝330×13.9%＝48.87

钙镁磷肥 50　P_2O_5＝50×18%＝9　CaO＝50×45%＝22.5

　　MgO＝50×12%＝6　SiO_2＝50×20%＝10

磷酸一铵 42　P_2O_5＝42×51%＝21.42　N＝42×11%＝4.62

硫酸钾 100　K_2O＝100×50%＝50　S＝100×18.44%＝18.44

硝基腐殖酸 100　HA＝100×60%＝60　N＝100×2.5%＝2.5

硼砂 10　B＝10×11%＝1.1

氨基酸螯合锰、铜 10

生物制剂 25

增效剂 10

调理剂 20

本配方对韭菜根蛆有一定的杀灭作用。

2. 韭菜专用冲施肥配方

原料用量与养分含量（千克/吨产品）：

硫酸铵 200　N＝200×21％＝42　S＝200×24.2％＝48.4

尿素 223　N＝160×46％＝73.6

黄腐酸钾 60　FA＝60×70％＝42　K_2O＝60×10％＝6

氨化过磷酸钙 200　P_2O_5＝200×16％＝32　CaO＝200×24％＝4.8

S＝200×13.9％＝27.8　N＝200×3.5％＝7

磷酸一铵 50　P_2O_5＝50×51％＝25.5　N＝50×11％＝5.5

七水硫酸镁 120　MgO＝120×16.35％＝19.62

S＝120×13％＝15.6

氨基酸螯合锰 5

氨基酸 60

生物制剂 30

增效剂 12

调理剂 40

五、生姜施肥

（一）生姜的需肥特点

生姜是喜肥耐肥作物，生长中所需养分主要靠基肥供给，苗期、分杈期、旺盛生长期都应分次适时追肥，要多施钾肥，可促进根茎肥土，减少病害。

幼苗生长缓慢，需肥量较少，三股杈以后需养分量较大，约占全生育期总吸收量的 87.75％。全生育期对肥料的需求以钾最多，氮次之，磷最少。在中等肥水条件下，每生产 1 000 千克商品生姜需吸收氮（N）5.76～6.3 千克、磷（P_2O_5）1.3～2.54 千克、钾（K_2O）11.2～11.47 千克、钙（CaO）5.2 千克、镁（MgO）6.4 千克。

（二）生姜无公害施肥技术

生姜极耐肥，除施足基肥外应多次追肥。

1. 重施基肥

每亩施腐熟有机肥 5 000 千克和生姜专用肥 60 千克，混匀后施用。

2. 巧施追肥

（1）轻施壮苗肥：幼苗期生长时间较长，为促进幼苗健壮生长，应追一次壮苗肥，每亩随水冲施生姜专用肥 10 千克。

（2）重施转折肥：姜苗在三股杈阶段是生长的转折期，也是需肥量变化的转折期，施腐熟有机肥 3 000 千克和生姜专用肥 15～20 千克。

（3）根茎膨大肥：在根茎进入旺盛生长期时，每亩每次追施生姜专用肥 20～30 千克，可促进姜块膨大，防止早衰。

（4）根外追肥：在生姜生长发育期每10天左右喷施1次氨基酸叶面肥，增产效果显著。

（三）生姜专用肥料配方

氮、磷、钾三大元素含量为35%的配方：

35%＝N10：$P_2O_5$5：K_2O20＝1：0.5：2

原料用量与养分含量（千克/吨产品）：

硫酸铵100　N＝100×21%＝21　S＝100×24.2%＝24.2

尿素140　N＝140×46%＝64.4

磷酸一铵72　P_2O_5＝72×51%＝36.72　N＝72×11%＝7.92

氨化过磷酸钙100　P_2O_5＝100×16%＝16　CaO＝100×24%＝24
S＝100×13.9%＝13.9　N＝100×3.5%＝3.5

氯化钾333　K_2O＝333×60%＝199.8　Cl＝333×47.56%＝158.37

七水硫酸镁40　MgO＝40×16.35%＝6.54　S＝40×13%＝5.2

硝基腐殖酸100　HA＝100×60%＝60　N＝100×2.5%＝2.5

硼砂10　B＝10×11%＝1.1

氨基酸螯合锌、锰、铜、铁20

生物制剂25

氨基酸28

增效剂12

调理剂20

第二十章　肥料在西瓜、甜瓜、草莓等作物上的应用技术

第一节　西瓜施肥技术与专用肥料配方

一、西瓜的需肥特点

西瓜生长期较长，需肥量较大，整个生育期内吸钾最多，氮次之，磷最少。幼苗期吸肥量很少，抽蔓期吸肥量占总吸收量的14.6%，结瓜期吸肥量占总吸收量的84.85%。在结瓜期，钾的吸收量增加，而氮的吸收量相对减少。钾既能提高西瓜产量，又能改善西瓜品质，同时还能提高植株抗病毒病、枯萎病、炭疽病的能力，钾对叶片氮代谢有较好的协调作用。对硼、锌、锰、钼等微量元素比较敏感，在土地中等水平时，每生产1 000千克西瓜，需吸收氮（N）2.9～3.7千克、磷（P_2O_5）0.8～1.3千克、钾（K_2O）2.9～3.7千克，N：P_2O_5：K_2O吸收比例为1：0.36：1.14。全生育期为80～120天，瓜膨大期为吸收养分高峰期，因此在施足底肥的基础上重追膨瓜肥，补追叶面肥。

西瓜施肥量参考值见表20-1和表20-2。

表20-1　西瓜施用氮、磷、钾三大元素量参考值

单位：千克/亩

土地肥力等级	目标产量	推荐施用量		
		氮（N）	磷（P_2O_5）	钾（K_2O）
低肥力	3 000～3 500	20～25	8～10	10～13
中肥力	3 600～4 000	20～23	7～9	8～11
高肥力	4 100～4 600	18～21	6～8	7～9

表20-2　西瓜基肥用量参考值　单位：千克/亩

土地肥力等级		低肥力	中肥力	高肥力
目标产量		3 000～3 500	3 600～4 000	4 100～4 600
有机肥	农家肥	5 000～6 000	4 500～5 500	4 000～5 000

（续）

土地肥力等级		低肥力	中肥力	高肥力
氮肥	尿素	6～8	5～7	4～6
	（或硫酸铵）	14～18	13～16	12～14
磷肥	磷酸二铵	17～23	16～20	13～17
钾肥	硫酸钾	6～8	5～7	4～6
西瓜专用肥（可代替化肥）		45～60	40～50	40～45

二、西瓜无公害施肥技术

（1）育苗施肥：配制育苗土用壤质田园土50%、腐熟有机肥34%、细沙16%，每立方米育苗土加入尿素0.5千克、过磷酸钙1.5千克、硫酸钾0.5千克，混匀后过筛即可。

（2）重施基肥：每亩施发酵鸡粪或腐熟有机肥4 500～6 500千克和西瓜专用肥35～50千克，混匀后施入土壤。

（3）适时追肥：催苗肥在定植后结合浇水进行，每亩冲施西瓜专用肥10千克；催蔓肥在西瓜伸蔓后每亩冲施西瓜专用肥10～15千克和优质有机肥500～1 000千克。

（4）西瓜膨大期追肥：结瓜期是西瓜需肥高峰期，西瓜长至3～5厘米大小时，每亩冲施西瓜专用肥20～25千克；当瓜坐住后15天左右，长至15厘米左右时，每亩每次冲施西瓜专用肥15～25千克；西瓜膨大期对磷、钾需求较多，还应进行叶面喷施含锌、硼、锰、铜、铁、钼、稀土的农海牌氨基酸叶面肥，每7～10天1次。也可根据需要喷施有关营养元素。

三、西瓜专用肥料配方

配方Ⅰ

氮、磷、钾三大元素含量为30%的配方：

30%＝N11：$P_2O_5$7：K_2O12＝1：0.64：1.09

原料用量与养分含量（千克/吨产品）：

硫酸铵100　N＝100×21%＝21　S＝100×24.2%＝24.2

尿素150　N＝150×46%＝69

氨化过磷酸钙100　P_2O_5＝100×16%＝16　CaO＝100×24%＝24

S＝100×13.9%＝13.9　N＝100×3.5%＝3.5

磷酸一铵120　P_2O_5＝120×51%＝61.2　N＝120×11%＝13.2

硫酸钾240　K_2O＝240×50%＝120　S＝240×18.44%＝44.26

七水硫酸镁 43　MgO＝43×16.35％＝7.03　S＝43×13％＝5.59
硝基腐殖酸 100　HA＝100×60％＝60　N＝100×2.5％＝2.5
硼砂 20　B＝20×11％＝2.2
氨基酸螯合锌、锰、铜、铁 20
生物制剂 30
氨基酸 35
增效剂 12
调理剂 30

配方Ⅱ

氮、磷、钾三大元素含量为 26％的配方：
26％＝N9：$P_2O_5$6：K_2O11＝1：0.67：1.22
原料用量与养分含量（千克/吨产品）：
硫酸铵 100　N＝100×21％＝21　S＝100×24.2％＝24.2
尿素 130　N＝130×46％＝59.8
磷酸一铵 73　P_2O_5＝73×51％＝37.23　N＝73×11％＝8.03
过磷酸钙 150　P_2O_5＝150×16％＝24　CaO＝150×24％＝36
S＝150×13.9％＝20.85
钙镁磷肥 15　P_2O_5＝15×18％＝2.7　CaO＝15×45％＝6.75
MgO＝15×12％＝1.8　SiO_2＝15×20％＝3
硫酸钾 222　K_2O＝222×50％＝111　S＝222×18.44％＝40.94
硼砂 20　B＝20×11％＝2.2
氨基酸螯合锌、锰、铜、铁、钼、稀土 22
七水硫酸镁 35　MgO＝35×16.35％＝5.72　S＝35×13％＝4.55
硝基腐殖酸 110　HA＝110×60％＝66　N＝110×2.5％＝27.5
氨基酸 33
生物制剂 35
增效剂 10
调理剂 45

配方Ⅲ

氮、磷、钾三大元素含量为 35％的配方：
35％＝N13：$P_2O_5$7：K_2O15＝1：0.54：1.15
原料用量与养分含量（千克/吨产品）：
硫酸铵 100　N＝100×21％＝21　S＝100×24.2％＝24.2
尿素 212　N＝212×46％＝97.52
磷酸一铵 109　P_2O_5＝109×51％＝55.59　N＝109×11％＝11.99
过磷酸钙 100　P_2O_5＝100×16％＝16　CaO＝100×24％＝24
S＝100×13.9％＝13.9

钙镁磷肥 10　P_2O_5＝10×18%＝1.8　CaO＝10×45%＝4.5

　　MgO＝10×12%＝1.2　SiO_2＝10×20%＝2

硫酸钾 300　K_2O＝300×50%＝150　S＝300×18.44%＝55.32

硝基腐殖酸 90　HA＝90×60%＝54　N＝90×2.5%＝2.25

硼砂 15　B＝15×11%＝1.65

氨基酸螯合锌、锰、铜、铁、钼 20

生物制剂 20

增效剂 12

调理剂 12

第二节　甜瓜施肥技术与专用肥料配方

一、甜瓜的需肥特点

甜瓜在苗期生长量很小，吸收肥料也少，开花后对各种营养元素的吸收量逐渐增加。氮、钾的吸收高峰在坐瓜后 16～17 天，磷、钙的吸收高峰期在坐瓜后至甜瓜成熟。甜瓜从开花到瓜膨大末期（约 1 个月左右）是吸收养分最多的时期，也是施肥的最大效益期。甜瓜喜硝态氮，若铵态氮过多会影响光合作用。果实成熟期若植株吸收氮素过多，会降低含糖量及维生素 C 含量，成熟期延迟。

每生产 1 000 千克商品甜瓜约需吸收氮（N）3.5 千克、磷（P_2O_5）1.7 千克、钾（K_2O）6.8 千克、钙 4.95 千克、镁 1.05 千克，吸收比例为 1∶0.49∶1.94∶1.39∶0.3。甜瓜施肥参考量见表 20-3 和表 20-4。

表 20-3　甜瓜施用氮、磷、钾三大元素量参考值

单位：千克/亩

土地肥力等级	目标产量	推荐施用量		
		氮（N）	磷（P_2O_5）	钾（K_2O）
低肥力	1 500～2 000	—	—	—
中肥力	2 100～2 500	—	—	—
高肥力	2 600～3 100	—	—	—

表 20-4　甜瓜基肥用量参考值　单位：千克/亩

土地肥力等级		低肥力	中肥力	高肥力
目标产量		1 500～2 000	2 100～2 500	2 600～3 100
有机肥	农家肥	4 500～5 500	4 000～5 000	3 500～4 500

（续）

土地肥力等级		低肥力	中肥力	高肥力
氮肥	尿素	6～7	5～6	4～6
	（或硫酸铵）	14～16	13～15	12～14
磷肥	磷酸二铵	15～21	13～18	12～16
钾肥	硫酸钾	6～8	5～7	4～6
甜瓜专用肥（可代替化肥）		40～60	35～55	30～50

二、甜瓜无公害施肥技术

（1）苗床肥：配制营养土用三年内没种过瓜类的园土60%、腐熟优质有机肥30%、炉灰或细沙10%，每立方米混合物料中加入甜瓜专用肥2千克，混匀后过筛，即可使用。

（2）基肥：以优质腐熟有机肥为主，配合甜瓜专用肥，忌用含氯化肥，一般每亩施优质腐熟有机肥5 000千克和甜瓜专用肥30～50千克，混匀后即可施用。

（3）追肥：从甜瓜果实长到核桃大小时开始，每亩每次冲施甜瓜专用肥10～15千克。

三、甜瓜专用肥料配方

配方Ⅰ

氮、磷、钾三大元素含量为30%的配方：

30%＝N12∶$P_2O_5$5.5∶K_2O12.5＝1∶0.46∶1.04

原料用量与养分含量（千克/吨产品）：

硫酸铵100 N＝100×21%＝21 S＝100×24.2%＝24.2

尿素160 N＝160×46%＝73.6

磷酸一铵79 P_2O_5＝79×51%＝40.29 N＝79×11%＝8.69

过磷酸钙100 P_2O_5＝100×16%＝16 CaO＝100×24%＝24

S＝100×13.9%＝13.9

钙镁磷肥10 P_2O_5＝10×18%＝1.8 CaO＝10×45%＝4.5

MgO＝10×12%＝1.2 SiO_2＝10×20%＝2

硫酸钾250 K_2O＝250×50%＝125 S＝250×18.44%＝46.1

四水硝酸钙100 N＝100×11.86%＝11.86

CaO＝100×23.75%＝23.75

硝基腐殖酸100 HA＝100×60%＝60 N＝100×2.5%＝2.5

硼砂15 B＝15×11%＝1.65

氨基酸螯合锌、锰、铜 20

氨基酸 21

生物制剂 20

增效剂 10

调理剂 20

配方Ⅱ

氮、磷、钾三大元素含量为25%的配方：

25%＝N10：$P_2O_5$4：K_2O11＝1：0.4：1.1

原料用量与养分含量（千克/吨产品）：

硫酸铵 100　N＝100×21%＝21　S＝100×24.2%＝24.2

尿素 110　N＝110×46%＝50.6

磷酸一铵 80　P_2O_5＝80×51%＝40.8　N＝80×11%＝8.8

硫酸钾 200　K_2O＝200×50%＝100　S＝200×18.44%＝36.88

四水硝酸钙 150　N＝150×11.86%＝17.79

CaO＝150×23.75%＝35.63

腐殖酸钾 100　HA＝100×60%＝60　K_2O＝100×10%＝10

硝基腐殖酸 150　HA＝150×60%＝90　N＝150×2.5%＝3.75

硼砂 15　B＝15×11%＝1.65

氨基酸螯合锌、锰、铜 15

氨基酸 25

生物制剂 25

增效剂 10

调理剂 20

配方Ⅲ

氮、磷、钾三大元素含量为35%的配方：

35%＝N13：$P_2O_5$7：K_2O15＝1：0.54：1.13

原料用量与养分含量（千克/吨产品）：

尿素 139　N＝139×46%＝63.94

硝酸铵 50　N＝50×34.6%＝17.3

硫酸铵 100　N＝100×21%＝21　S＝100×24.2%＝24.2

磷酸一铵 140　P_2O_5＝140×51%＝71.4　N＝140×11%＝15.4

硫酸钾 300　K_2O＝300×50%＝150　S＝300×18.44%＝55.32

硼砂 15　B＝15×11%＝1.65

氨基酸螯合锌、锰、铜、铁 20

四水硝酸钙 100　N＝100×11.86%＝11.86

CaO＝100×23.75%＝23.75

七水硫酸镁 64　MgO＝64×16.35%＝10.46　S＝64×13%＝8.32

氨基酸 20
生物制剂 20
增效剂 12
调理剂 20

第三节　哈密瓜施肥技术与专用肥料配方

一、哈密瓜的需肥特点

哈密瓜在土壤中吸收氮、磷、钾、钙、镁较多，苗期吸收氮、磷、钾比例为 3.2∶1∶2.8，抽蔓期为 3.6∶1∶2.7，坐果期约为 0.4∶1∶1.9，果实生长旺盛期为 3.4∶1∶5。哈密瓜生长前期以氮为主，但氮素的施用需适量，否则会引起落花落果。在果实生长旺盛期需钾量急剧增加。哈密瓜是忌氯作物，一般不用含氯肥料。

每生产 1 000 千克哈密瓜约需氮（N）3～4 千克、磷（P_2O_5）1.5～2 千克、钾（K_2O）5～7 千克，吸收比例约为 1∶0.5∶1.7。

二、哈密瓜无公害施肥技术

（1）育苗营养土的配制：子苗期用锯末或草炭土 60%与近几年没种过瓜类作物的田园土 40%混匀，每立方米加过磷酸钙 1 千克、代森锰锌适量，混匀后过筛即可施用。幼苗期用近几年没种过瓜类作物田园土 50%、锯末 30%、腐熟有机肥（以牛羊粪为佳）20%，混匀；每立方米混合物中加入哈密瓜专用肥 2～3 千克，混匀后过筛即可施用。

（2）基肥：以腐熟有机肥为主，配合施用哈密瓜专用肥。一般每亩施优质有肥 4 000～7 000 千克和哈密瓜专用肥 30～50 千克，混匀后即可施用。

（3）追肥：根据植株长势和产量要求，在团棵期、伸蔓期、结瓜期应适时追肥，一般每亩每次追施哈密瓜专用肥 10～20 千克。

（4）根外追肥：在哈密瓜整个生育期中，每 10 天左右喷施 1 次含多种微量元素和钾的氨基酸叶面肥，对提高产量和品质效果显著。

三、哈密瓜专用肥料配方

氮、磷、钾三大元素含量为 30%的配方：

30%＝N10∶$P_2O_5$5∶K_2O15＝1∶0.5∶1.5

原料用量与养分含量（千克/吨产品）：

硫酸铵 100　N＝100×20%＝20　S＝100×24.2%＝24.2
尿素 152　N＝152×46%＝69.92
磷酸一铵 68　P_2O_5＝68×51%＝34.68　N＝68×11%＝7.48

过磷酸钙 100　P_2O_5＝100×16％＝16　CaO＝100×24％＝24

S＝100×13.9％＝13.9

钙镁磷肥 10　P_2O_5＝10×18％＝1.8　CaO＝10×45％＝4.5

MgO＝10×12％＝1.2　SiO_2＝10×20％＝2

氯化钾 300　K_2O＝300×60％＝180　Cl＝300×47.56％＝142.68

硝基腐殖酸 150　HA＝150×60％＝90　N＝150×2.5％＝3.75

生物制剂 30

氨基酸 50

增效剂 10

调理剂 30

第四节　草莓施肥技术与专用肥料配方

一、草莓的需肥特点

草莓以土壤中的氮、磷、钾需要量较多。草莓根系较浅，吸肥能力强，养分需要量大，对养分非常敏感，施肥过多或不足都含对生长发育和产量、品质带来不良影响。草莓生长初期吸肥量很少，自开花以后吸肥量逐渐增多，随着果实不断采摘，吸肥量也随之增多，特别是对钾和氮的吸收量最多。定植后吸收钾量最多，其次是氮、钙、磷、镁、硼。钾和氮的吸收随着生育期的生长进展而逐渐增加，当采摘开始时，养分需要量急剧增加，磷和镁呈直线缓慢吸收。缺磷时草莓枯叶较多，新生叶形成慢，产量低，糖分含量少。

据报道，每生 1 000 千克草莓需要吸收氮（N）6～10 千克、磷（P_2O_5）2.5～4 千克、钾（K_2O）9～13 千克，其吸收比例约 1∶0.34～0.4∶1.34～1.38。

草莓对氯非常敏感，施含氯肥料会影响草莓品质，应控制含氯化肥的使用。

二、草莓无公害施肥技术

草莓施肥以有机肥为主，无机肥为辅，露地一年一栽的草莓施肥方式分为育苗肥、定植前基肥、定植后追肥。

1. 育苗肥

草莓育苗多采用匍匐茎繁殖方法。繁殖地块一般每亩施腐熟的有机肥 4 000～8 000 千克和专用肥 50～80 千克或饼肥 50～80 千克、尿素 5 千克、过磷酸钙 80～100 千克及适量的钙镁磷肥。

2. 定植前基肥

草莓生长期较长，应施足底肥，一般每亩施腐熟的优质有机肥

5 000～8 000 千克或腐熟发酵鸡粪 2 000～3 000 千克、饼肥 50～80 千克和专用肥 50～60 千克，施肥均匀，翻耕 20～30 厘米，使土肥充分混匀，准备定植。

3. 定植后追肥

（1）露地栽培：在定植成活后（定植后 10 天左右），每亩施专用肥 15～25 千克或尿素 10～13 千克、45%的氮、磷、钾复混肥 20 千克，施肥结合浇水，以促进幼苗迅速生长为壮苗，为花芽分化打下基础。花芽分化后再追施一次，施肥量与前次相同。土壤封冻前结合浇水施专用肥 15～20 千克。早春萌芽前结合浇水每亩施专用肥 15～20 千克或尿素 15～25 千克，以促进根系发育。开花前结合浇水每亩施专用肥 20～30 千克或尿素、硫酸钾各 13～15 千克，以促进坐果和果实发育。

（2）保护地栽培：在定植成活后和花芽分化后追肥，施肥与露地栽培追肥相同。扣棚前每亩施专用肥 15～20 千克或氮、磷、钾含量 45%（16—9—20）的复混肥 20 千克，以促进植株健壮生长。开花前每亩追施专用肥 15～20 千克或尿素和硫酸钾各 10 千克、腐熟的人粪尿 200～300 千克加尿素和硫酸钾各 5～6 千克，以促进开花坐果和果实发育。在幼果膨大时，可追施专用肥 10 千克或尿素和硫酸钾各4～8 千克，以后随果实膨大，采收时都应分别追肥。在草莓整个生育期一般追肥 3～4 次。

在草莓开花结果盛期，每 7～10 天喷施一次含磷酸二氢钾、尿素、钙、硼、锰等元素的农海牌氨基酸叶面肥，对提高草莓产量和品质有明显的效果。也可根据需要喷施其他营养元素。

三、草莓专用肥料配方

氮、磷、钾三大元素含量为 35%的配方：

35%＝N14：$P_2O_5$5：K_2O16＝1：0.36：1.14

原料用量与养分含量（千克/吨产品）：

硫酸铵 100　N＝100×21%＝21　S＝100×24.2%＝24.2

尿素 253　N＝253×46%＝116.38

重过磷酸钙 32　P_2O_5＝32×44%＝14.08　CaO＝32×18.2%＝5.82

过磷酸钙 200　P_2O_5＝200×16%＝32　CaO＝200×24%＝248

S＝200×13.9%＝27.8

钙镁磷肥 20　P_2O_5＝20×18%＝3.6　CaO＝20×45%＝9

MgO＝20×12%＝2.4　SiO_2＝20×20%＝4

硫酸钾 320　K_2O＝320×50%＝160　S＝320×18.44%＝59

硼砂 10　B＝10×11%＝1.1

氨基酸螯合锌、锰、铜、钼 16

生物制剂 19

增效剂 10
调理剂 20

第五节　枸杞施肥技术与专用肥料配方

一、枸杞的需肥特点

枸杞每年花期 5～10 个月，果期 6～10 个月，开花结果期很长。

通过对年周期内枸杞果实、枝条、叶片中氮、磷、钾养分含量变化的测定，4 月上旬至 5 月，枝叶养分含量较高，其 N、P_2O_5、K_2O 含量平均达到 2.79%、0.06%、0.99%；6 月中旬至 7 月初，由于树体开花结果，枝、叶中养分逐渐向果实转移，枝叶中氮、磷、钾含量降低，果实中养分含量较高，N、P_2O_5、K_2O 达到 1.82%、0.56%、1.00%；7 月中、上旬至 7 月中、下旬，由于盛果期树体大量开花结果，消耗大量的养分，果实、枝条、叶片中的氮、磷、钾养分含量都逐渐降低；7 月底至 8 月底，枸杞根系进入夏季休眠状态，此时枝、叶中的养分含量较低；到 9 月初，枸杞进入了秋果生长期，此时根系开始恢复活动，枝、叶养分含量随之回升；9 月下旬至 10 上旬秋果结实期，枸杞果实中的养分含量较高，N、P_2O_5、K_2O 含量平均达到 1.47%、0.24%、0.83%。

选择树龄、长势相似、产量水平具有代表性的成龄枸杞树 30 株，收集周年内修剪的果实、枝条及叶片，测定其氮、磷、钾养分含量。结果表明，每生产 100 千克枸杞干果所吸收的 N、P_2O_5、K_2O 养分分别为 2.25 千克、1.05 千克、1.17 千克，其比例为 N：P_2O_5：K_2O＝1.00：0.44：0.52。

肥效试验结果表明，氮、磷、钾肥用量与枸杞产量之间呈抛物线形式，呈先升高后下降的趋势。当以追求高产为目标时，可选择施用最高产量施肥量，即每亩 N48.97 千克、$P_2O_5$23.28 千克、K_2O18.75 千克，其配比为 N：P_2O_5：K_2O＝1.00：0.48：0.38；当以追求经济效益为目标时，可选择最佳经济施肥量作为施肥上限，即 N45.76 千克、$P_2O_5$21.75 千克、K_2O17.61 千克，其比例为 N：P_2O_5：K_2O＝100：0.47：0.38。在施肥实践中，为了获得最大的经济效益，推荐施用经济最佳施肥量，可根据当地的具体情况来适当调整经济最佳施肥量。

二、枸杞无公害施肥技术

据试验结果，最佳施肥水平距离，第一次施基肥在距树干 40 厘米处，第一次追肥在距树干 60 厘米处，第二次追肥在距树干 90 厘米处，土壤氮、磷、钾速效养分含量随着树距的增大均呈逐渐递减的趋势。土壤氮、磷、钾速效养分含量从上到下呈逐渐下降的趋势，最佳施肥深度为距地下

30 厘米。

以宁夏中宁县 7～8 龄枸杞树为例，当产量水平在 450～500 千克/亩时，可考虑采用以下施肥技术，即 N、P_2O_5、K_2O 的施用量分别为 45.76 千克、21.75 千克、17.61 千克，氮肥基、追施分别占 40%、60%，其中两次追施的施肥量各占总施肥量的 30%；磷、钾肥基、追施分别占 50%，其中两次追施的施肥量各占总施肥量的 25%。基施在 4 月中旬，第一次追施在结果初期（6 月初），第二次追施在盛果期（7 月中旬）。

1. 育苗期施肥

6 月下旬苗高 7～10 厘米时追肥一次，7 月中旬苗高 20～30 厘米时再追一次，每次每 100 $米^2$ 用枸杞专用肥 2～3 千克或尿素 1.5～2.5 千克，随水冲施或撒施后立即灌水。

2. 基肥

以有机肥为主，适量配入无机养分，每亩施有机肥 3 000～5 000 千克和枸杞专用肥 50～80 千克，对移栽前一年的枸杞可于秋季整地时将肥料混匀后撒于地表，然后深翻入土壤中，灌足冬水。栽前每墩用 15 千克 5406 菌肥作基肥，将使植株生长得更好。成年枸杞每墩施腐熟的有机肥 30～35 千克、专用肥 1～2 千克，最好再加麻油渣 1 千克，在灌冬水前的 10 月至 11 月上旬施入。可采用环状沟施、月芽形沟施等方式，将肥料混匀后施 10～20 厘米的土壤内。幼龄枸杞为了促根下伸，施肥沟（穴）可深一些，一般 30 厘米左右。

3. 追肥

一般每年追施 2～3 次，第一次在枸杞老眼枝进入大量现蕾开花期和当年结果枝开始萌发生长的 5 月上旬进行，以满足开花和新梢旺盛生长所需的大量养分。第二次在 6 月上旬进行，此期老眼枝果实正在发育并进入成熟期，新果枝进入大量开花结果期，需要较多的养分。第三次在 6 月下旬至 7 月中旬，可根据结果期的长短提前或推迟追肥，以满足末期结果对养分的需求。各种氮素化肥均可施用，施用量一般幼龄树每次每墩 60～120 克专用肥或 50～100 克尿素，成年树每次每墩 13C～160 克专用肥或尿素 100～150 克。在树冠周围挖穴施入或随水冲施，穴施后应及时浇水。

4. 根外追肥

在枸杞开花结果期喷施农海牌氨基酸叶面肥，并在其稀释液中加入 0.3%～0.6%的尿素和 0.2%～0.3%的磷酸二氢钾，溶解后搅均匀，喷至叶面湿润而不滴流为宜，每 10 天左右喷施一次，对增强树势、提高产量和品质效果显著。

三、枸杞专用肥料配方

氮、磷、钾三元素含量为 30%的配方：

30％＝N16：$P_2O_5$8：K_2O6＝1：0.5：0.38

原料及养分含量（千克/吨产品）：

硫酸铵 100　N＝100×21％＝21　S＝100×24.2％＝24.2

尿素 272　N＝272×46％＝125.12

磷酸一铵 105　P_2O_5＝105×51％＝53.55　N＝105×11％＝11.55

过磷酸钙 150　P_2O_5＝150×16％＝24　CaO＝150×24％＝36

S＝150×13.9％＝20.85

钙镁磷肥 15　P_2O_5＝15×18％＝2.7　CaO＝15×45％＝6.75

MgO＝15×12％＝1.8　SiO_2＝15×20％＝3

氯化钾 100　K_2O＝100×60％＝60　Cl＝100×47.56％＝47.56

氨基酸螯（络）合锌、锰、铁、硼、铜、稀土 26

硝基腐殖酸 110　HA＝110×60％＝66　N＝110×2.5％＝2.75

复合微生物菌剂 60

生物制剂 25

增效剂 12

调理剂 25

第六节　啤酒花施肥技术与专用肥料配方

一、啤酒花的需肥特点

啤酒花从土壤中吸收氮、磷、钾三要素较多。据报道，每生产 1 000 千克啤酒花需吸收氮（N）160 千克、磷（P_2O_5）80 千克、钾（K_2O）150 千克，吸收比例为 1：0.5：0.94。啤酒花对所需的养分在各生育期的吸收利用是不相同的，苗期吸收的养分大部分由宿根吸收提供，随着新根的形成和植株生长加速，吸收量也随之增加，整个苗期吸收氮、磷、钾仅分别占吸收总量的 2.5％、1.9％、2.1％。苗期对养分吸收量不多，但很重要，是以后生长的基础。开花前，啤酒花进入营养生长和生殖生长并进阶段，养分吸收明显增加，氮、磷、钾已分别占 19.3％、13.6％、14.1％。进入球果形成期，是啤酒花生长发育最旺盛的时期，也是养分吸收最多的时期，对氮、磷、钾的吸收分别占到了 50.5％、53.5％、54.9％，这时球果形成，养分向球果转移，供给充足的磷、钾有利于球果发育。啤酒花成熟期养分吸收趋缓，对氮、磷、钾的吸收量均在 30％左右，此时应维持一定的养分水平，可以防止早衰。

二、啤酒花无公害施肥技术

1. 基肥

以有机肥为主，无机养分为辅。一般每亩施腐熟优质有机肥3 000～

4 000千克和啤酒花专用肥 150～200 千克或磷（P_2O_5）20 千克、氮（N）4～5 千克、钾（K_2O）40 千克。在割芽时将肥料施在割芽条沟中。基肥施氮量（包括有机肥的氮）占总施氮量的60%左右。

2. 追肥

一般每亩施啤酒花专用肥 80～100 千克或施氮（N）16～18 千克，分 3 次追施，引苗期占 10%、现蕾期占 20%、球果形成期占 10%，以穴施方法施入。现蕾期配施钾（K_2O）5～6 千克。

3. 根外追肥

从现蕾期开始，喷施农海牌氨基酸叶面肥和 0.2%～0.4%磷酸二氢钾，每 7～10 天喷 1 次，对增强植株长势、提高产量和品质有明显的效果。

三、啤酒花专用肥料配方

氮、磷、钾三大元素含量为 30%的配方：

30%＝N12.3：$P_2O_5$6.15：K_2O11.55＝1：0.5：0.94

原料用量及养分含量（千克/吨产品）：

硫酸铵 100　N＝100×21%＝21　S＝100×24.2＝24.2

尿素 180　N＝180×46%＝82.8

磷酸二铵 97　P_2O_5＝97×45%＝43.65　N＝97×17%＝16.49

过磷酸钙 100　P_2O_5＝100×16%＝16　CaO＝100×24%＝24

S＝100×13.9%＝13.9

钙镁磷肥 10　P_2O_5＝10×18%＝1.8　CaO＝10×45%＝4.5

MgO＝10×12%＝1.2　SiO_2＝20×20%＝2

氯化钾 193　K_2O＝193×60%＝115.80

氨基酸螯（络）合锌、硼、锰、铁 20

硝基腐殖酸 137　HA＝137×60%＝82.20　N＝137×2.5%＝3.43

氨基酸 60

生物制剂 30

增效剂 13

调理剂 60

附　录

本书附录中的一些数据从有关文献择录而来，有些数据虽然在当时适用，但随时间的推移、技术的进步和生产的发展，有可能在以后出现不再适用。遇有上述情况时，请依有关现行标准为准，特此说明。

附录一　常见肥料的主要成分、性质及施用要点

附表 1-1　常用氮肥的成分、性质和施用要点

肥料形态	肥料名称	含氮量（%）	酸碱性	性质和特点	施用技术要点
铵态氮	氨水	12～17	碱性	液体肥料呈强碱性，挥发性强，有渗漏问题有强烈的腐蚀性。	旱田施用无论作基肥或追肥都应开沟深施，水田可随水淌灌；贮运过程中应防挥发、渗漏和防腐蚀。
	碳酸氢铵	16.8～17.5	弱碱性	易吸湿分解、挥发，湿度越大、温度越高，分解越快；易溶于水。	贮存时要防潮，低温、密闭；应深施（10 厘米左右）覆土；作基肥、追肥均可，不可做种肥。
	硫酸铵	20～21	弱酸性	吸湿性小，是生理酸性肥料；易溶于水，作物易吸收。	宜作种肥，也可作基肥、追肥；石灰性土壤应深施、覆土；防止挥发；酸性土壤长期施用应配合有机肥或石灰。
	氯化铵	24～25	弱酸性	吸湿性小，是生理酸性肥料；易溶于水，作物易吸收。	作基肥、追肥均可，不宜作种肥；盐碱地和忌氯作物不宜施用；施于水田效果比硫酸铵好。

（续）

肥料形态	肥料名称	含氮量（%）	酸碱性	性质和特点	施用技术要点
硝态氮	硝酸钙	13～15	中性	为含氮钙质肥料，有改善土壤结构的作用；吸湿性强，是生理碱性肥料。	适用于各类土壤和各种作物，但不宜做种肥，不宜在水田施用；一般作追肥效果好；贮存时应防潮。
	硝酸铵	34～35	弱酸性	吸湿性强，易结块；是生理中性肥料，能助燃。	适用于各类土壤和各种作物，吸湿性强，不宜做种肥，施于水田效果差；贮存时除应防潮，不要和易燃物同存一处，以免发生火灾。
酰胺态氮	尿素	45～46	中性	有一定的吸湿性，长期施用对土壤无不良影响；在土中转化与土壤酸度、湿度、温度等条件有关，温度高时转化快。	宜作基肥，适用于各类土壤和各种作物；作追肥应比一般肥料提前3～5天；不宜做种肥，根外施肥最为理想。

附表1-2　常用磷肥的成分、性质和施用要点

种类	肥料名称	磷酸含量（P_2O_5，%）	性质与特点	施用技术要点
水溶性磷肥	普通过磷酸钙	12～18	粉状，灰白色，有吸湿性和腐蚀性，稍有酸味；所含磷酸大部分易溶于水，呈酸性反应；含有40%～50%硫酸钙（$CaSO_4 \cdot 2H_2O$，即石膏）。	可作基肥、种肥、追肥和根外追肥，尤其在苗期施用能促进根系发育；应施于根层，表施效果差；适用于中性或碱性土壤，在酸性土上应配合施用石灰或有机肥料。
	重过磷酸钙	36～52	灰白色粉状或颗粒状，有吸湿性，易溶于水，呈酸性；含磷量相当于普通过磷酸钙的2～3倍，故又称双料或三料过磷酸钙。	适用于各类土壤和各种作物；作基肥、种肥、追肥均可，施用量应比过磷酸钙减少一半。

（续）

种类	肥料名称	磷酸含量（P_2O_5，%）	性质与特点	施用技术要点
枸溶性磷肥	钙镁磷肥	14～18	灰绿色粉状，不溶于水，不吸湿，不结块，呈碱性；所含磷酸溶于弱酸；在土壤中移动性小，不流失。	适用于酸性土壤，一般作基肥用；浸出液用于蘸秧根、拌稻种，效果明显；在石灰性缺镁土壤上施用，有明显效果。
	钢渣磷肥	5～14	黑褐色粉末，碱性，稍有吸湿性，物理性状好。	适于在酸性土壤上作基肥，不宜作追肥或种肥；与有机肥料混合堆沤后施用，效果更好。
	脱氟磷肥	20左右	深灰色粉末，不易吸湿结块，化学性质与钙镁磷肥相似，含磷量随矿石质量而定。	适于在酸性土壤上作基肥。
	骨粉	22～33	灰白色粉末，不吸湿，含有1%～3%氮素。	适于在酸性土上作基肥，华北地区应与有机肥料堆沤后施用；肥效比磷矿粉高。

附表1-3　常用钾肥的成分、性质和施用要点

肥料名称	含钾量（K_2O，%）	性质和特点	施用技术要点
硫酸钾	48～52	白色或淡黄色晶体，易溶于水，作物易吸收利用，吸湿性弱，是生理酸性肥料。	适用于各种作物，尤其是烟草、亚麻、葡萄、马铃薯及茶等忌氯作物，效果比氯化钾好；可作基肥或追肥，但应适当深施，集中施用；作基肥或早期追肥，效果比晚追肥好。
氯化钾	50～60	白色或粉红色结晶，易溶于水，作物易吸收利用，吸湿性弱，是生理酸性肥料。	与硫酸钾基本相同，但忌氯作物不宜使用。
窑灰钾肥	8～12	灰黄色或灰褐色细粒，松散轻浮，吸湿性强，为强碱性肥料，水溶液pH9～11。	适于酸性土壤，粒散、轻浮，撒施前应与适量湿土拌匀。

（续）

肥料名称	含钾量 (K_2O,%)	性质和特点	施用技术要点
草木灰	5～10	主要成分能溶于水，碱性，含有磷及各种微量元素。	适用于各类土壤和作物，可作基肥或追肥，但不可和人粪尿或铵态氮肥混用。

附表 1-4　微量元素肥料的种类、性质和施用要点

种类	肥料名称	含量（%）		主要性状	施用要点
硼肥	硼砂	含硼	11	白色结晶或粉末，在40°C热水中易溶，是常用的硼肥。	可作基肥或追肥，施用量0.5～1.0千克/亩；追肥宜早施，注意施匀。 根外追肥浓度0.05%～0.1%硼酸溶液或0.10%～0.3%硼砂溶液，每亩喷50千克左右溶液，在作物由营养生长转人生殖生长时期喷施为好；浸种浓度0.01%～0.05%，约6～12小时；拌种浓度每千克种子0.4～1.0克硼酸或硼砂；蘸秧根浓度0.1%～0.2%水溶液。
	硼酸		17.5	性质同硼砂，易溶于水，是常用的硼肥。	
	硼泥		0.5～2	主要成分溶于水；是硼砂、硼酸工业的废渣，除含硼外，还含有镁，呈碱性，应中和后才能施用。	
钼肥	钼酸铵	含钼	50～54	青白或黄白色结晶，易溶于水，是常用的钼肥。	可作基肥、种肥或追肥；水溶性钼肥用作种子处理，钼渣用作基肥；一般肥效可持续数年；浸种浓度0.05%～0.1%，12小时，拌种一般每千克种用1～3克；根外追肥浓度0.01%～0.1%，苗期或现蕾期喷1～2次，先将钼酸铵用少量热水溶解，再用冷水稀释备用。
	钼酸钠		35～39	青白色结晶，易溶于水。	
	钼渣		5～15	杂色粉末，难溶于水，有效钼（Mo）1%～3%。	
锌肥	硫酸锌	含锌	23～35	白色或浅橘红色结晶，易溶于水，是常用锌肥。	可作基肥、种肥或追肥，更适于种子处理和根外追肥；浸种浓度C.02～0.05%，拌种每千克种子用2～6克。

（续）

种类	肥料名称	含量（%）		主要性状	施用要点
锰肥	硫酸锰	含锰	28～31	粉红色结晶，易溶于水。	可作基肥、种肥和追肥，但主要用于种子处理和根外追肥；基肥每亩 1～1.5 千克；浸种浓度 0.05%～0.1%，12～24 小时，拌种每千克种子 2～3 克；根外追肥浓度大田作物 0.1%～0.3%，果树 0.3%～0.4%。
铁肥	硫酸亚铁	含铁	19～20	淡绿色结晶，易溶于水，是常用的铁肥。	外根追肥浓度一般 0.2%～0.3%或 0.3%～1%，缓缓注入果树树干。
	硫酸亚铁铵		14	淡棕色结晶，易溶于水，是常用铁肥，含氮 7%，含硫 16%。	用法与硫酸亚铁相似。
铜肥	硫酸铜	含铜	24～25	蓝色结晶，易溶于水，是常用铜肥。	基肥每亩 1～2 千克，每隔 3～5 年施一次；拌种每千克种子用量不超过 2～4 克，最安全为 0.6～1.2 克；浸种浓度 0.01%～0.05%，12 小时；根外追肥浓度 0.1%～0.2%，可在溶液中加少量热石灰（0.15%～0.25%），以防药害。

附表 1-5　各种复合肥的主要成分、性质及施用要点

肥料类型	肥料名称	主要成分的化学分子式	养分含量（%）	酸碱性	溶解性	物理性状	施用要点
氮磷二元复合肥	硝酸磷肥（冷冻法）	$CaHPO_4$ + $NH_4H_2PO_4$ + $Ca(NO_3)_2$	N：20 P_2O_5：20	中性	水溶性	吸湿性强，易结块	与过磷酸钙施用方法基本相同；氮、磷比例 1：6，应适当补施氮肥。
	磷酸一铵	$NH_4H_2PO_4$	N：12.2 P_2O_5：61.8	中性	水溶性	—	适用于各类土壤和各种作物，可作基肥；作追肥宜早施，作种肥不能与种子直接接触，且用量要少。
	磷酸二铵	$(NH_4)_2HPO_4$	N：21.2 P_2O_5：53.8	中性	水溶性	有吸湿性	

（续）

肥料类型	肥料名称	主要成分的化学分子式	养分含量（%）	酸碱性	溶解性	物理性状	施用要点
磷钾二元复合肥	氨化过磷酸钙	$NH_4H_2PO_4$ · $CaHPO_4$ · $(NH_4)_2SO_4$	N：2～3 P_2O_5：14～18	碱性	溶于水溶柠檬酸	有吸湿性	与过磷酸钙施用方法基本相同；氮、磷比例1∶6，应适当补施氮肥。
	磷酸二氢钾	KH_2PO_4	P_2O_5：24 K_2O：27	酸性	水溶性	吸湿性小	多用于根外追肥或浸种，喷施浓度0.1%～0.3%，浸种浓度0.2%。
氮钾二元复合肥	硝酸钾	KNO_3	N：13 K_2O：46	中性	水溶性	稍有吸湿性	宜用作喜钾、对氯敏感作物的追肥，水田不宜施用；根外追肥多用作生长后期补钾，浓度0.6%～1.0%。
氮磷钾三元复合肥	氮磷钾复合肥	$CO(NH_2)_2$ · $(NH_4)_2HPO_4$ · K_2SO_4	N：10 P_2O_5：10 K_2O：10	中性	水溶性弱酸溶性	—	作基肥施用，不足的氮素可用单质氮肥以追肥方式补充。

附表1-6　常见含钙肥料的成分与主要性质

名　称	主要成分	氧化钙（CaO）含量（%）	主要性质
石灰石粉	$CaCO_3$	52（44.8～56.0）	碱性，难溶于水
生石灰（石灰岩烧制）	CaO	90（84.0～96.0）	碱性，难溶于水
生石灰（牡蛎蚌壳烧制）	CaO	52（50.0～53.0）	碱性，难溶于水
生石灰（白云岩烧制）	CaO、MgO	43（26.0～58.0）	碱性，难溶于水
熟石灰（消石灰）	$Ca(OH)_2$	70（64.0～75.0）	碱性，难溶于水
普通石膏	$CaSO_4 \cdot 2H_2O$	26.0～32.6	微溶于水
磷石膏	$CaSO_4 \cdot Ca_3(PO_4)_2$	20.8	微溶于水
普通过磷酸钙	$Ca(H_2PO_4)_2 \cdot H_2O$，$CaSO_4 \cdot 2H_2O$	23（16.5～28）	酸性，溶于水
重过磷酸钙	$Ca(H_2PO_4)_2 \cdot H_2O$	20（19.6～20）	酸性，溶于水

（续）

名　称	主要成分	氧化钙（CaO）含量（%）	主要性质
钙镁磷肥	$\alpha-Ca_3(PO_4)_2 \cdot CaSiO_3 \cdot MgSiO_3$	27（25～30）	微碱性，弱酸溶性
氯化钙	$CaCl_2 \cdot 2H_2O$	47.3	中性，溶于水
硝酸钙	$Ca(NO_3)_2$	29（26.6～34.2）	中性，溶于水
窑灰钾肥	$K_2SiO_3 \cdot KCI \cdot K_2SO_4 \cdot K_2CO_3 \cdot CaO$	30～40	水溶液呈碱性
粉煤灰	$SiO_2 \cdot AI_2O_3 \cdot Fe_2O_3 \cdot CaO \cdot MgO$	20（2.5～46）	难溶于水
硅钙肥	$CaMgSi_2O_3$	39（30～48）	难溶于水
草木灰	$K_2CO_3 \cdot K_2SO_4 \cdot CaSiO_3 \cdot KCI$	16.2（0.89～25.2）	水溶液呈碱性
骨粉	$Ca_3(PO_4)_2$	26～27	难溶于水
厩肥		5.74	
泥炭		0.9（0.39～1.42）	

注：CaO（%）＝Ca（%）×1.4。

附表 1-7　常见含镁肥料的成分、氧化镁含量与主要性质

名 称	分子式	氧化镁（MgO）含量（%）	主要性质
硫酸镁	$MgSO_4 \cdot 7H_2O$	约 16	酸性，易溶于水
氯化镁	$MgCl_2 \cdot 6H_2O$	约 20	酸性，易溶于水
菱镁矿	$MgCO_3$	45	中性，易溶于水
氧化镁	MgO	约 55	碱性
钾镁肥	$MgCl_2 \cdot K_2SO_4$等	27	碱性，易溶于水
钙镁磷肥	$MgSiO_3$	10～15	微碱，难溶于水
白云石粉	$CaO \cdot MgO$	14	碱性，难溶于水
石灰石粉	$CaCO_3$	7～8	碱性，难溶于水
有机肥料		0.15～1	

注：MgO（%）＝Mg（%）×1.66。

附表 1-8　常见含硫成分的肥料

肥料种类	分子式	营养成分（%）					主要性质
		N	P_2O_5	K_2O	S	其他	
磷铵复合肥料	$NH_4H_2PO_4 \cdot (NH_4)_2HPO_4$	11	48	0	4.5		
硫酸铵溶液	$(NH_4)_2SO_4$	74	0	0	10		溶于水
亚硫酸氢铵	NH_4HSO_3	14.1	0	0	32.3		
亚硫酸氢铵溶液	—	8.5	0	0	17		
硝酸一硫酸铵	—	30	0	0	5		
硫酸铵	$(NH_4)_2SO_4$	21	0	0	24.2		酸性，易溶
碱性炉渣（托马斯磷肥）	—	0	15.6	0	3		
硫酸钴	$CoSO_4 \cdot 7H_2O$	0	0	0	11.4	21（Co）	溶于水
五水硫酸铜	$CuSO_4 \cdot 5H_2O$	0	0	0	12.84	25（Cu）	酸性，溶于水
硫酸亚铁铵	$FeSO_4 (NH_4)_2 \cdot 6H_2O$	7	0	0	16	14%（Fe）	酸性或中性溶水
硫酸亚铁	$FeSO_4 \cdot H_2O$	0	0	0	18.8	32.8（Fe）	溶于水
七水硫酸亚铁	$FeSO_4 \cdot 7H_2O$	0	0	0	11.63	19（Fe）	酸性，溶于水
石膏（水合的）	$CaSO_4 \cdot 2H_2O$	0	0	0	18.6	32.6（CaO）	酸性，溶于水
钾盐镁矾	$MgSO_4 \cdot KCl \cdot 3H_2O$	0	0	19	12.9	9.7（Mg）	
无水钾镁矾	$K_2SO_4 \cdot 2MgSO_4$	0	0	21.8	22.8	8～11（MgO）	
硫酸镁（泻盐）	$MgSO_4$	0	0	0	13	9.8（Mg）	溶于水
七水硫酸镁	$MgSO_4 \cdot 7H_2O$	0	0	0	13	16.35（MgO）	酸性，易溶水
三水硫酸锰	$MnSO_4 \cdot 3H_2O$	0	0	0	21.2	27（Mn）	酸性，溶于水
硫酸钾	K_2SO_4	0	0	50	17.6		酸性溶于水
亚硫酸钠	$NaNO_2$	0	0	0	26.5		碱性，易溶水
硫黄	S	0	0	0	95～99		酸性，不溶水
普通过磷酸钙	$Ca(H_2PO_4)_2 \cdot H_2O$	0	14～16	0	13.9		酸性，部分溶于水
尿素一硫黄	—	40	0	0	10		
硫酸锌	$ZnSO_4 \cdot H_2O$	0	0	0	17.8	36.4（Zn）	可溶
七水硫酸锌	$ZnSO_4 \cdot 7H_2O$	0	0	0	11	23（Zn）	酸性溶于水

附表 1-9 硅肥的技术指标

项目		指标	
		优等品	一等品
有效二氧化硅（SiO_2）含量	≥%	25	20
有效氧化钙（CaO）含量	≥%	35	30
水分（H_2O）含量	≤%	1	1
细度：通过 250 微米标准筛	≥%	80	80

附表 1-10 常见含硅物料

物料名称	二氧化硅含量（%）	其他成分含量（%）
硅酸钠	55.0～60.0	—
硅镁钾盐	35.0～46.0	钾（K_2O）7.50（6.00～9.00）
石灰石粉	5.0	—
磷矿粉	9.8	磷（P_2O_5）25.00（14.00～40.00）
钙镁磷肥	40.0	磷（P_2O_5）16.50（14.00～20.00）
钢渣磷肥	25.0（24.0～27.0）	磷（P_2O_5）12.50（6.00～20.00）
窑灰钾肥	16.0～17.0	钾（K_2O）12.60（6.00～20.00）
钾钙肥	35.0	钾（K_2O）3.50（1.00～5.00）
粉煤灰	50.0～60.0	钾（K_2O）1.20，磷（P_2O_5）0.10
厩肥	4.0～5.0	氮（N）0.93，磷（P_2O_5）1.00，钾（K_2O）1.31
钾长石	58.0～65.0	钾（K_2O）8～16

附录二 常见肥料主要技术指标

肥料名称	标准号	指标名称	技术指标		
			优等品	一等品	合格品
碳酸氢铵	GB3559-2001	N≥	17.2	17.1	16.8
氯化铵	GB2946-1992	N≥	25.4	25.0	25.0
硫酸铵	GB535-1995	N≥	21.0	21.0	20.5

（续）

肥料名称	标准号	指标名称	技术指标		
			优等品	一等品	合格品
尿素	GB2440 - 2001	N≥	46.4	46.2	46.0
		缩二脲≤	0.9	1.0	1.5
结晶状硝酸铵	GB2945 - 1989	N≥	34.6	34.6	34.6
颗粒状硝酸铵	GB2945 - 1989	N≥	34.4	34.0	34.0
多孔粒硝酸铵	HG3280 - 1990	硝酸铵≥		99.5	
过磷酸钙	HG2740 - 1995	P_2O_5≥	18.0	16.0	12.0
重过磷酸钙	HG/t2219 - 1991	P_2O_5≥	46.0	42.0	38.0
钙镁磷肥	HG2557 - 1994	P_2O_5≥	18.0	15.0	12.0
氯化钾	GB6549 - 1996	K_2O≥	60	57	54
硫酸钾	HG/t3279 - 1990	K_2O≥	50.0	45.0	33.0
磷酸一铵（传统法）	GB10205 - 2001	总养分≥	64.0	60.0	56.0
		P_2O_5≥	51	48	45
		N≥	11	10	9
		水溶性磷≥	90	85	80
磷酸二铵（传统法）	GB10205 - 2001	总养分≥	64.0	57.0	51.0
		P_2O_5≥	45	41	37
		N≥	17	14	12
		水溶性磷≥	90	85	80
磷酸一铵（料浆法）	GB10205 - 2001	总养分≥	58.0	55.0	52.0
		P_2O_5≥	46	43	41
		N≥	10	10	9
		水溶性磷≥	80	75	70
磷酸二铵（料浆法）	GB10205 - 2001	总养分≥		57.0	51.0
		P_2O_5≥		41	37
		N≥		14	12
		水溶性磷≥		75	70
硝酸磷肥	GB/t10510 - 1998	P_2O_5≥	13.5	11.0	10.0
		N≥	26.0	27.0	25.0
		水溶性磷≥	70	55	40

（续）

肥料名称	标准号	指标名称	技术指标		
			优等品	一等品	合格品
磷酸二氢钾	HG2321-1992	KH_2PO_4≥		96.0	92.0
		K_2O≥		33.2	31.8
农用硫酸锌	GB21001-1986	锌≥	35		21.8
复混肥料①	GB15063-2001	$N+P_2O_5+K_2O$≥	40.0	30.0	25.0
		水溶性磷≥	70	50	40
有机肥料	NY525-2002	有机质≥		30	
		$N+P_2O_5+K_2O$≥		4.0	
有机无机复混肥	GB18877-2002	$N+P_2O_5+K_2O$≥		15.0	
		有机质≥		20	
微量元素叶面肥	GB/t17420-1998	微量元素≥		10.0	
农海牌氨基酸叶面肥②	GB/t17419-1998	氨基酸≥	8.0		10.0
微生物菌剂	GB20287-2006	有效活菌数≥	2.0	2.0	1.0
		杂菌率≤	10.0	20.0	30.0
根瘤菌肥料	NY410-2000	有效活菌数≥	5.0	2.0	
		杂菌率≤	5	10	
固氮菌肥料③	NY411-2000	有效活菌数≥	5.0	1.0	5.0
		杂菌率≤	5.0	15.0	2.0
有磷细菌肥料	NY412-2000	有效活菌数≥	2.0	1.5	0.5
		杂菌率≤	5	10	20
无磷细菌肥料	NY412-2000	有效活菌数≥	1.5	1.0	0.5
		杂菌率≤	5	10	20
硅酸盐细菌肥料	NY413-2000	有效活菌数≥	5	1.2	1.0
		杂菌率≤	5.0	15.0	15.0
光合细菌菌剂④	NY527-2002	有效活菌数≥	5.0	2.0	1.0
		杂菌率≤	10.0	15.0	20.0
		霉菌杂菌率≤	3.0	3.0	3.0
有机物料腐熟剂	NY609-2002	有效活菌数≥	1.0	0.5	0.5

（续）

肥料名称	标准号	指标名称	技术指标		
			优等品	一等品	合格品
复合微生物肥料	NY/t798－2004	有效活菌数≥	0.5	0.2	0.2
		杂菌率≤	15.0	30.0	30.0
		$N+P_2O_5+K_2O$≥	4.0	6.0	6.0
生物有机肥	NY884－2004	有效活菌数≥		0.2	0.2
		有机质≥		25.0	25.0

注：①技术指标分别为高浓度、中浓度和低浓度产品值；

②技术指标分别为微生物发酵和化学水解法产品值；

③颗粒为冻干产品值；

④霉菌杂菌数单位为10^6/克（毫升）。

附录三　常见有机肥料的主要成分含量

附表 3－1　高温堆肥养分含量表

分析项目	烘干基			鲜基		
	样本数	平均值	95%置信限	样本数	平均值	95%置信限
水分（%）				33	41.626	34.978～48.274
有机碳（%）	48	11.000	7.345～14.656	32	4.352	2.502～6.201
粗有机物（%）	55	24.142	20.070～28.210	32	12.834	9.935～15.733
全氮（%）	64	0.663	0.560～0.766	32	0.277	0.201～0.353
C/N 比	44	13.764	12.514～15.013	44	13.764	12.515～15.013
全磷（%）	65	0.235	0.151～0.320	33	0.066	0.047～0.084
全钾（%）	65	1.214	1.106～1.321	33	0.596	0.502～0.691
pH				56	7.530	7.390～7.671
灰分（%）	43	70.569	64.759～76.379	29	45.096	38.529～51.664
钙（%）	50	3.047	2.575～3.518	33	1.959	1.556～2.362
镁（%）	49	0.640	0.528～0.751	33	0.330	0.271～0.489
钠（%）	2	3.130				
铜（毫克/千克）	5	30.900	27.293～34.507	4	31.575	

（续）

分析项目	烘干基			鲜基		
	样本数	平均值	95%置信限	样本数	平均值	95%置信限
锌（毫克/千克）	5	67.300	60.973～73.627	4	173.221	
铁（毫克/千克）	5	14 567.960	11 967.225～17 168.695	4	4 200.944	
锰（毫克/千克）	5	414.580	356.250～472.90	4	233.234	
硼（毫克/千克）	5	2.744	1.693～3.795			
硫（%）	46	0.043	0.003～0.088	31	0.005	0.004～0.007
铵态氮（毫克/千克）				6	67.460	
速效氮（毫克/千克）				19	349.226	140.859～557.594

附表 3-2　普通堆肥养分含量

分析项目	鲜基		
	样本数	平均值	95%置信限
水分（%）	36	39.549	35.324～43.774
有机碳（%）	36	2.397	1.998～2.796
粗有机物（%）	36	9.379	8.268～10.491
全氮（%）	36	0.183	0.158～0.208
C/N 比	55	13.838	12.800～14.877
全磷（%）	36	0.067	0.046～0.089
全钾（%）	36	0.561	0.506～0.616
pH	55	7.500	7.351～7.649
灰分（%）	31	48.172	43.741～52.603
钙（%）	36	1.934	1.539～2.329
镁（%）	36	0.421	0.317～0.525
铜（毫克/千克）	3	20.542	
锌（毫克/千克）	4	118.063	
铁（毫克/千克）	4	3 085.245	
锰（毫克/千克）	4	240.124	
硼（毫克/千克）	2	4.818	
铵态氮（毫克/千克）	11	9.664	3.131～16.196
速效氮（毫克/千克）	23	75.765	44.977～106.554
硫（%）	35	0.004	0.003～0.005

附表 3-3　各种秸秆养分含量表（烘干基；毫克/千克）

品种	粗有机物（%）	C/N	全氮（N）	全磷（P）	全钾（K）	钙（Ca）	镁（Mg）	硫（S）	硅（Si）	品质分级
大豆秸	89.7	29.3	1.81	0.20	1.17	1.71	0.48	0.21	1.58	2
绿豆秸	85.5		1.58	0.24	1.07					2
蚕豆秸	78.8	29.9	2.45	0.24	1.71	0.62	0.29	0.32	2.03	3
豌豆秸	57.3		2.57	0.21	1.08					3
高粱秸	79.6	46.7	1.25	0.15	1.43	0.46	0.19		3.19	3
谷子秸	93.4		0.82	0.10	1.75					3
大麦秸	92.5	76.6	0.56	0.09	1.37	0.35	0.09	0.10	2.73	3
荞麦秸	87.8	50.5	0.80	1.91	2.12	1.62	0.37	0.14	0.97	2
甘薯藤	83.4	14.2	2.37	0.28	3.05	2.11	0.46	0.30	1.76	2
马铃薯茎	80.2		2.65	0.27	3.96	3.03	0.58	0.37	2.43	2
油菜秸	85.0	55.0	0.87	0.14	1.94	1.52	0.25	0.44	0.58	3
花生秸	88.6	23.9	1.82	0.16	1.09	1.76	0.56	0.14	2.79	2
向日葵秆	92.0		0.82	0.11	1.77	1.58	0.31	0.17	0.62	3
棉秆	90.9		1.24	0.15	1.02	0.85	0.28	0.17		3
麻秆	91.9	41.2	1.31	0.06	0.50					3
甘蔗茎叶	91.1	49.1	1.10	0.14	1.10	0.88	0.21	0.29	4.13	3
烟杆	91.7	31.2	1.44	0.17	1.85	1.49	0.19	0.27	1.59	3
西瓜藤	80.2	20.2	2.58	0.23	1.97	4.64	0.83	0.24	3.01	2
冬瓜藤	82.5		3.43	0.52	2.77					1
南瓜藤	81.7		4.35	0.65	2.47					1
黄瓜藤	75.1		3.18	0.45	1.62					2
梨瓜藤	77.3		2.62	0.38	1.60					2
辣椒秆	87.8	13.9	3.27	0.30	4.49					1
番茄秆	81.6	16.9	2.05	0.24	2.21					2
洋葱茎叶	79.3		2.89	0.37	2.02	1.34	0.24	0.77		2
芋头茎叶	79.0		2.21	0.45	5.68					2
香蕉茎叶	83.6	21.0	1.91	0.20	3.67					2

（续）

品　种	铜（Cu）	锌（Zn）	铁（Fe）	锰（Mn）	硼（B）	钼（Mo）
大豆秸	11.9	27.8	536	70.1	24.4	1.09
蚕豆秸	24.7	51.6	1 240	323	7.4	1.16
高粱秸	14.3	46.6	254	127	7.2	0.34
谷子秸	14.3	46.6	254	127	7.2	0.34
大麦秸	10.1	32.1	179	66.4	4.7	0.30
荞麦秸	4.9	27.9	772	102	13.1	0.31
甘薯藤	12.6	26.5	1 023	119	31.2	0.67
马铃薯茎	14.3	53.0	1 952	145	17.4	0.69
油菜秸	8.5	38.1	442	42.7	18.5	1.03
花生秸	9.7	34.1	994	164	26.1	0.59
向日葵秆	10.2	21.6	259	30.9	19.5	0.37
甘蔗茎叶	6.8	21.0	271	140	5.58	1.14
烟杆	14.9	33.5	616	50.7	16.8	0.48
西瓜藤	13.0	43.6			17.0	0.49

注：表中豌豆为菜用。

附表 3-4　各种饼肥养分含量表（%）

种类	N	P_2O_5	K_2O	种类	N	P_2O_5	K_2O
大豆饼	7.00	1.32	2.13	大麻饼	5.05	2.40	1.35
芝麻饼	5.80	3.00	1.30	柏子饼	5.16	1.89	1.19
花生饼	6.32	1.17	1.34	苍耳子饼	4.47	2.50	1.47
棉子饼	3.41	1.63	0.97	葵花子饼	5.40	2.70	—
棉仁饼	5.32	2.50	1.77	大米糠饼	2.33	3.01	1.76
菜子饼	4.60	2.48	1.40	茶子饼	1.11	0.37	1.23
杏仁饼	4.56	1.35	0.85	桐子饼	3.60	1.30	1.30
蓖麻子饼	5.00	2.00	1.90	花椒子饼	2.06	0.71	2.50
胡麻饼	5.79	2.81	1.27	苏子饼	5.84	2.04	1.17
椰子饼	3.74	1.30	1.96	椿树子饼	2.70	1.21	1.78

附表 3-5　常见草木灰的养分含量表（%）

种　类	K_2O	P_2O_5	CaO
小杉木灰	10.95	3.10	22.09
松木灰	12.44	3.41	25.18
小灌木灰	5.92	3.14	25.09
禾本科草灰	8.09	2.30	10.72
棉子壳灰	5.80	1.20	5.92
稻草灰	8.09	0.59	1.92
芦苇灰	1.75	0.24	—
谷糠灰	1.82	0.16	—
竹秆灰	5.56	1.89	—
垃圾灰	1.98	1.67	—
灶　灰	4.52	1.39	—
山土灰	1.07	0.21	—

附表 3-6　人粪尿养分含量　（鲜样；克/千克）

品种	粗有机质	全氮	全磷	全钾
人粪	144	11.3	2.6	3.0
人尿	12	5.3	0.4	1.4
人粪尿	48	6.4	1.1	1.9

附表 3-7　猪、牛粪尿养分平均含量　（鲜样；克/千克）

品种	粗有机质	N	P	K	Ca	毫克	S
猪粪	183	5.5	2.4	2.9	4.9	2.2	1.0
猪尿	8	1.7	0.2	1.6	0.1	0.1	0.2
猪粪尿	38	24	0.7	1.7	3.0	1.0	0.7
牛粪	149.0	3.8	1.0	2.3	18.4	4.7	3.1
牛尿	28.0	5.0	0.17	9.1	0.6	0.5	0.4
牛粪尿	78.0	3.5	0.82	4.2	4.0	1.0	0.7

附表 3-8　家禽粪便养分含量　（烘干基；克/千克）

品种	粗有机质		全氮		全磷		全钾	
	样本数	平均值	样本数	平均值	样本数	平均值	样本数	平均数
鸡粪	3 160	494.8	3 580	23.4	3 490	9.3	3 590	16.0
鸭粪	1 770	434.9	1 950	16.6	1 950	8.8	1 920	13.7
鹅粪	1 560	492.8	1 710	16.4	1 720	6.7	1 700	17.4

附表 3-9　糟渣肥的养分含量（%）

种类	氮（N）	磷酸（P_2O_5）	氧化钾（K_2O）
啤酒糟	0.78	0.39	0.04
酱油渣（半干）	2.46	0.47	0.45
芝麻酱渣	6.59	3.30	1.30
粉渣（甘薯）	0.26	0.19	—
豆腐渣（湿）	0.68	0.12	0.17
豆渣干	2.51	0.30	0.43
醋糟（干）	2.54	0.42	0.09
可可壳	2.50	0.75	2.50
粉渣（马铃薯）	1.00	0.18	—
咖啡渣	2.32	0.46	1.29
味精渣	1.83	0.92	—
麦芽渣	3.68	1.82	2.08
氨基酸渣	2.26	0.41	—
饴糖渣（干）	6.68	1.30	—
薄荷渣（湿）	0.63	0.33	0.71
甘蔗渣	1.00	4.20	3.30
糖用甜菜渣	0.40	1.50	0.15
烟草碎末	2.40	0.40	3.00

附表 3-10　厩肥养分平均值　（风干；%）

成　分	最　高	最　低	平　均
有机质	58.60	8.54	31.67
矿物质	91.46	54.19	73.40
氮（N）	1.88	0.35	0.93
磷酸（P_2O_5）	2.40	0.12	1.00
氧化钾（K_2O）	2.42	0.17	1.31
氧化钙（CaO）	11.02	1.71	5.74
氧化镁（MgO）	2.19	0.58	1.13
碳（C）	30.90	1.49	11.84
C/N	18.30	4.5	9.50
pH	7.90	7.20	7.36

（续）

成　分	最　高	最　低	平　均
氧化钠（Na_2O）	0.45	0.01	0.13
硅（Si）	16.4	0.01	4.5
水分	—	—	75.1
碘（I_2，毫克/千克）	11.9	0.3	1.9

附录四　肥料混合参考图

	硫酸铵、氯化铵	碳酸氢铵、氨水	尿素	硝酸铵	石灰氮	过磷酸钙	钙镁磷肥	重过磷酸钙	磷矿粉	硫酸钾、氯化钾	窑灰钾肥	磷酸铵	硝酸磷肥	草木灰	石灰	人粪尿	新鲜堆肥、厩肥
硫酸铵、氯化铵																	
碳酸氢铵、氨水	△																
尿素	○	△															
硝酸铵	○	×	×														
石灰氮	×	×	×	×													
过磷酸钙	○	△	○	△	×												
钙镁磷肥	×	×	△	×	×	○											
重过磷酸钙	○	△	○	△	×	○	△										
磷矿粉	○	×	○	○	×	○	○	○									
硫酸钾、氯化钾	○	○	△	○	△	○	○	○	○								
窑灰钾肥	×	×	×	×	×	×	○	×	×	○							
磷酸铵	○	△	○	○	×	○	×	○	○	○	×						
硝酸磷肥	△	△	△	△	×	△	×	△	△	△	×	△					
草木灰	×	×	×	×	○	△	○	△	×	○	○	×	×				
石灰	×	×	×	×	×	×	×	×	×	○	○	×	×	○			
人粪尿	○	△	△	○	×	○	×	○	○	○	×	○	○	×	×		
新鲜堆肥、厩肥	○	○	○	×	○	○	○	○	○	○	○	○	×	○	○	○	

“○”表示可混合施用；“×”表示不能混合施用；“△”表示混合后要立即施用，不宜久放。

注：(1) 新鲜堆肥、厩肥和草木灰、石灰混合，因为前者在分解过程中会产生有机酸，影响微生物的活性加入2%～3%石灰或5%草木灰，能调节酸度，促进肥料的腐熟。

(2) 过磷酸钙可以和适量草木灰混合，因为过磷酸钙通常含有5%游离酸，如用磷肥用量5%草木灰混合，可消除磷肥中游离酸的不良影响，而磷肥和钾肥肥效并不会降低。

(3) 草木灰不能和腐熟人粪尿混合施用，因为草木灰的主要成分是碳酸钾，其水溶液呈碱性，而腐熟的人粪尿中的氮素以碳酸铵形式存在，当它遇碱时，就会挥发出氮，由此造成氮素损失而降低肥效。据试验，用1份草木灰和1.5份人粪尿混合后放3天，氮素损失达27.3%。

附录五　我国耕地土壤的养分状况

我国耕地土壤的养分含量因受自然条件（气候、植被、地形、母质等）和耕作栽培的不同而有很大差异。按综合养分状况划分为6级。一般黑土、草甸土、沼泽土、黑钙土、栗钙土、暗棕壤等含有较丰富的有机质和氮、磷、钾等营养元素；潮土、水稻土、棕壤、黑垆土等养分含量为中等；荒漠土、红壤、砖红壤等养分含量较低。

我国耕地土壤耕层有机质含量较高的是东北黑土地，华南、西南和青藏地区次之，黄淮海和黄土高原的含量最低，具有明显的地带性特点。一般水田土壤有机质含量高于旱地，大多数耕地土壤有机质含量为1%～2%，而且主要集中在耕作层，下层土壤有机质含量很少。

附表5-1　我国土壤养分分级标准

级别	有机质	全氮（%）	速效磷（P）（毫克/千克）	速效钾（K）（毫克/千克）
Ⅰ	>4.00	>0.200	>40.0	>200
Ⅱ	3.01～4.00	0.151～0.200	20.1～40.0	151～200
Ⅲ	2.01～3.00	0.101～0.150	10.1～20.0	101～150
Ⅳ	1.01～2.00	0.076～0.100	6.0～10.0	51～100
Ⅴ	0.61～1.00	0.051～0.075	4.0～5.0	31～50
Ⅵ	<0.60	<0.050	<3	<30

附表5-2　不同地区土壤耕作层有机质含量（平均值）

地　区	旱地（%）	水田（%）
东北黑土区	5.67	4.96
蒙、新	1.83	
青、藏	2.77	
黄土高原	1.04	
黄淮海	0.97	1.51
长江中、下游	1.58	2.27
江南	1.57	2.46
云、贵、川	1.93	2.73
华南、滇南	2.68	2.85

据中国科学院南京土壤研究所资料，我国农业土壤的耕作层中全氮含量不高。除黑土类、高山土类、草甸土、沼泽土外，含量多在0.2%以下。黄土高原、黄淮海、长江中下游、江南等地土壤全氮含量大多小于0.1%。土壤中氮素含量普遍偏低，与氮素的来源及其存在形态有直接关系。但是，土壤全氮含量的高低只能表征土壤潜在的养分肥力，不能完全反映土壤的供氮能力。全国化肥试验网的资料证明，因目前我国农田普遍缺氮，几乎所有的农田施用氮肥都能取得良好的肥效。

附表5-3　不同地区土壤耕作层全氮含量（平均值）

地　区	旱地（%）	水田（%）
东北黑土区	0.263	0.258
蒙、新	0.110	
青、藏	0.114	
黄土高原	0.070	
黄淮海	0.063	0.093
长江中、下游	0.093	0.134
江南	0.090	0.143
云、贵、川	0.109	0.149
华南、滇南	0.139	0.150

我国农业土壤的全磷含量（以 P_2O_5 计），一般在0.05%～0.30%之间变动。江西、湖南的红壤及红壤发育的水稻土和广东、海南的砖红壤全磷含量最低，华北的黄潮土，山东、辽宁的棕壤和黄土高原的黄绵土、黑垆土全磷含量也不高，只有东北、内蒙古的黑土、黑钙土等全磷含量较高。全磷包括有机态含磷化合物占全磷含量的10%～25%，无机态含磷化合物占全磷含量的75%～90%。无机态含磷化合物中水溶性磷酸盐与弱酸溶性磷酸盐之和称为有效磷。由于它们存在的土壤条件极为苛刻，因此在土壤中的数量很少，每千克土壤只有几毫克至几十毫克，故我国有70%左右的耕地缺磷。以后随着生产水平的提高，缺磷的状况还可能发生变化。

我国土壤的全钾含量状况大体上有从北向南逐渐降低的趋势。东北和内蒙古的黑钙土类含钾量很高，最高可达2.5%；北方其他土壤一般在2%以上；淮北沙姜黑土带平均为1.8%；长江中、下游水稻土地区为1.7%左右；红壤、黄壤地区则为1.2%左右；华南砖红壤地区全钾含量最低，平均在0.3%以下。土壤中速效态钾的数量时常被当作评价土壤供

附表 5-4　我国主要土类的全磷含量（%）

土壤类型	地　区	成土母质	全磷（P_2O_5）含量
黑土、白浆土	东北	黄土性沉积物	0.14～0.35
黑钙土、栗钙土	东北、内蒙古	黄土及坡积物	0.14～0.30
棕壤、褐土	华北、西北	黄土母质为主	0.12～0.16
塿土、黑垆土	西北黄土高原	黄土母质为主	0.14～0.18
黄潮土	华北平原	黄土性冲积物	0.11～0.18
沙姜黑土	淮北平原	黄土性老沉积物	0.06～0.10
黄棕壤	江淮丘陵	下蜀黄土	0.05～0.12
水稻土	长江中、下游平原	冲积物	0.10～0.16
红壤、黄壤	华中、西南	酸性母质	0.04～0.08
砖红壤	华南、滇南	玄武岩	0.08～0.17
砖红壤	华南、滇南	酸性母质	0.05～0.12

钾水平和判断是否需要施用钾肥的重要依据。速效态钾包括水溶态钾和交换态钾，通常只占全钾含量的1.5%左右。据统计，目前我国土壤缺钾面积大约占40%。其中南方大部分地区的土壤施用钾肥都有较好的效果。以前一直认为北方地区的土壤不缺钾，但近年来的研究和生产实践证明，在高产田和沙性土壤上已经表现出缺钾症状，施用钾肥也取得了明显的增产效果。

附表 5-5　我国主要土壤全钾含量（%）

土 壤 类 型	地 区	成土母质	全钾（K_2O）含量	
			平 均	幅 度
黑土、白浆土	东北	黄土性沉积物	2.12	1.72～2.49
黑钙土、栗钙土	东北、内蒙古	黄土及坡积物	2.59	2.36～2.90
棕壤、褐土	华北、西北	黄土母质为主	2.06	1.66～2.84
塿土、黑垆土	西北黄土高原	黄土母质为主	2.23	1.92～2.83
潮土	华北平原	黄土性冲积物	2.18	1.63～2.39
沙姜黑土	淮北平原	黄土性老沉积物	1.79	1.65～1.89
黄棕壤	江淮丘陵	下蜀黄土	1.54	0.53～2.25
水稻土	长江中、下游平原	冲积物	1.73	1.10～2.77
红壤、黄壤	华中、西南	酸性母质	1.15	0.47～2.19
砖红壤	华南、滇南	玄武岩、酸性母质	0.26	0.06～0.77

一般来说，我国农田土壤中微量元素的含量能够满足作物生长发育需要。但是，由于土壤 pH、有机质、水分和通气情况等环境条件的变化而降低其有效性，因此在生产中常导致缺素症的发生，影响作物的正常生长。如石灰性土壤能使铁、锰、铜、锌的有效性下降，钼则相反；有机质含量高的土壤易缺铜、锌；石灰性土壤果树缺铁，水稻、玉米缺锌，长江中、下游地区油菜、棉花缺硼，淮北地区小麦缺锰等都较为常见，应通过施肥或其他措施来解决这些问题。

附表 5-6　土壤中微量元素状况分级　（毫克/千克）

元素	类　别	分级指标			适用的土壤
		低	中等	高	
B	有效硼	0.25～0.50	0.50～1.00	1.00～2.00	
Mn	活性锰	50～100	100～200	200～300	
Zn	有效锌（DtPA 溶液提取）	0.5～1.0	1.0～2.0	2.4～4.0	石灰性土壤
	有效锌（0.1 摩尔/升 HCl 提取）	1.0～1.5	1.5～3.0	3.0～5.0	酸性土壤
Cu	有效铜（DtPA 溶液提取）	0.1～0.2	0.2～1.0	1.0～1.8	
Mo	有效钼（草酸－草酸铵溶液提取）	0.10～0.15	0.15～0.20	0.20～0.30	

附表 5-7　蔬菜种植土壤有效养分状况分级　（毫克/千克）

水解氮（N）		有效磷（P_2O_5）		速效钾（K_2O）	
含量	丰缺状况	含量	丰缺状况	含量	丰缺状况
＜100	严重缺乏	＜30	严重缺乏	＜80	严重缺乏
100～200	缺乏	30～60	缺乏	80～160	缺乏
200～300	适宜	60～90	适宜	160～240	适宜
＞300	过高	＞90	偏高	＞240	偏高
交换性钙（CaO）		交换性镁（MgO）		有效硫（SO_4^{2-}）	
含量	丰缺状况	含量	丰缺状况	含量	丰缺状况
＜400	严重缺乏	＜60	严重缺乏	＜40	严重缺乏
400～800	缺乏	60～120	缺乏	40～80	缺乏
800～1 200	适宜	120～180	适宜	80～120	适宜
＞1 200	偏高	＞180	可能偏高	＞120	偏高

附录六　中国化肥区划各区范围

（一）东北黑土、草甸土、棕壤、氮肥低量、磷肥中效、钾肥未显效区

1. 兴安岭及山前台地春麦、大豆、薯类补氮补磷亚区（包括 16 个县、市）

黑龙江　大兴安岭地区（3）、伊春市（3）、黑河地区（黑河市、逊克、孙吴）

内蒙古　呼伦贝尔盟（额尔古纳石旗、额尔古纳左旗、鄂伦春旗、莫力达互旗、阿荼旗、扎兰屯市、牙克石市）

2. 松嫩三江平原玉米、大豆、甜菜增氮补磷亚区（包括 80 个县、市）

黑龙江　合江地区（12）、佳木斯市（1）、七里河市（2）、哈尔滨市（3）、齐齐哈尔市（1）、鹤岗市（1）、双鸭山市（1）、大庆市（1）、松花江地区（9）、嫩江地区（11）、绥化地区（12）、牡丹江地区（密山、虎林）、黑河地区（北安市、嫩江、德都、五大连池市）

吉　林　吉林市（吉林市区、永吉、舒兰）、四平市（5）、白城地区（9）、辽源市（3）

3. 长白山地玉米、水稻、土特产增氮增磷亚区（包括 30 个县、市）

黑龙江　牡丹江地区（牡丹江市、绥芬河市、宁安、海林、穆棱、东宁、林口）、鸡西市（2）

吉　林　通化地区（10）、延边州（8）、吉林市（磐石、蛟河、桦甸）

4. 辽宁平原丘陵玉米、豆、稻、果氮磷钾俱补亚区

辽宁　全省（除朝阳地区外）共 50 个县（市）

（二）黄淮海潮土、褐土，氮肥中量、磷肥高效、钾肥局部显效区

1. 燕山太行山麓平原麦、棉、果补氮补磷亚区（包括 120 个县、市）

北京　全市区 19 个县（区）

河北　石家庄市（3）、邯郸市（2）、邢台市（1），石家庄地区（15），保定市（2），唐山市（1），秦皇岛市（5）

廊坊地区（三河、大厂、香河）、邯郸地区（肥乡、成安、临漳、磁县、武安、涉县、永年）、邢台地区（邢台、沙河、临城、内丘、宁晋、柏乡、隆尧、任县、南和）、保定地区（易县、徐水、涞源、定兴、完县、唐县、望都、涞水、涿县、清苑、容城、新城、曲阳、阜平、定县、安国、博野）

河南　洛阳市（4）、鹤壁市（1）、新乡市（3）、焦作市（3）、安阳市

(6)、郑州市(7)、新乡地区(沁阳、济源、孟县、温县、武陟、获嘉、辉县)、洛阳地区(三门峡市、义乌市、渑池、陕县、灵宝)

2. 黄淮海平原麦、棉增氮增磷亚区(包括 189 个县、市)

山东 德州地区(13)、聊城地区(8)、济宁市(金乡、嘉祥)、惠民地区(滨州市、惠民、滨县、阳信、无棣、沾化)、菏泽地区(菏泽市、曹县、定陶、成武、单县、巨野、梁山、郓城、甄城、东明)

河北 沧州地区(13)、沧州市(2)、衡水地区(11)、邯郸地区(大名、魏县、曲周、丘县、鸡泽、广平、馆陶)、邢台地区(南宫、巨鹿、新河、广宗、平乡、威县、清河、临西)、保定地区(高阳)

河南 濮阳市(8)、商丘地区(8)、开封市(6)、周口地区(周口市、扶沟、西华、太康、淮阳)、新乡地区(原阳、延津、封丘)

天津 全市区 18 个县(区)

江苏 徐州市(7)、连云港市(4)、淮阴市(市区、淮阳、灌南、沐阳、宿迁、泗阳、连水、泗洪)、盐城市(响水、滨海)

安徽 阜阳地区(11)、宿阳地区(6)、淮南市(2)、淮北市(2)、蚌埠市(4)

3. 山东丘陵粮、果、花生稳氮增磷补钾亚区(包括 74 个县、市)

山东 济南市(4)、青岛市(7)、淄博市(2)、枣庄市(2)、烟台地区(14)、潍坊市(10)、泰安地区(9)、临沂地区(13)、东营市(4)、济宁市(市区、兖州、曲阜、邹县、微山、鱼台)、惠民地区(博兴、邹平、高青)

4. 豫西南丘陵盆地麦、烟、油增氮增磷补钾亚区(包括 60 个县、市)

河南 信阳地区(10)、南阳地区(13)、驻马店地区(10)、许昌地区(11)、平顶山市(4)、周口地区(商水、鹿邑、郸城、沈丘、项城)、洛阳地区(伊川、汝阳、嵩县、洛宁、卢氏、临汝、宜阳)

(三)长江中下游水稻土、红壤、黄棕壤、氮肥中量、磷钾肥中效区

1. 长江两岸平原丘陵稻、棉、油、麻、桑、茶稳氮增磷补钾亚区(包括 235 个县、市)

上海 全市区 22 个县(区)

江苏 南京市(6)、无锡市(4)、常州市(4)、苏州市(7)、扬州市(11)、南通市(7)、镇江市(5)、淮阴市(淮安、洪泽、盱

眙、金湖）、盐城市（阜宁、射阳、建湖、市区、大丰、东台）

浙江　嘉兴市（6）、舟山地区（4）、杭州市（市区、萧山、余杭）、宁波市（市区、镇海、慈溪、余姚、鄞县）、湖州市（市区、德清、长兴）、绍兴市（市区、上虞）

安徽　合肥市（4）、马鞍山市（2）、铜陵市（2）、滁县地区（7）、六安地区（7）、巢湖地区（5）、芜湖市（市区、芜湖、繁昌、南陵）、安庆市（市区、黄山市）、安庆地区（怀宁、桐城、枞阳、潜山、太湖、宿松、望江、岳西）

江西　南昌市（5）、宜春地区（丰城、高安、清江）、鹰潭市（余江）、上饶地区（余干、波阳、万年）、抚州地区（抚州市、临川、东乡）、九江市（九江、瑞昌、永修、德安、星子、都昌、湖口、彭泽、市区）、景德镇市（乐平）

湖北　黄石市（2）、鄂州市（1）、十堰市（1）、沙市区（1）、宜昌市（1）、黄冈地区（9）、考感地区（7）、荆州地区（11）、襄樊市（9）、武汉市（市区、汉阳、新洲、黄陂）、宜昌地区（宜昌、宜都、枝江、当阳、远安）、荆州市（1）

湖南　岳阳市（2）、岳阳地区（湘阴、汨罗、临湘、华容）、益阳地区（益阳市、益阳、南县、沅江）、常德地区（常德市、津市市、常德、安乡、汉寿、澧县、临澧、桃源）

2. 江南丘陵双季稻、茶、柑橘增氮稳磷增钾亚区（包括 244 个县、市）

浙江　温州市（10）、金华地区（13）、丽水地区（9）、台江地区（8）、杭州市（桐庐、富阳、临安、建德、淳安）、湖州市（安吉）、宁波市（奉化、象山、宁海）、绍兴市（嵊县、新昌、诸暨）

福建　建阳地区（10）、宁德地区（9）、三明市（11）、龙岩地区（7）、福州市（市区、闽侯、闽清、永泰、连江、罗源）、晋江地区（德化）

安徽　徽州地区（8）、宣城地区（5）、芜湖市（青阳）、安庆地区（东至、贵池）

江西　吉安地区（14）、新余市（2）、萍乡市（1）、赣州地区（18）、景德镇市（市辖区）、上饶地区（上饶市、广丰、玉山、铅山、横峰、弋阳、德兴、婺源）、抚州地区（南城、黎川、南丰、崇仁、安乐、宜黄、金溪、资溪、广昌）、宜春地区（宜春市、奉新、万载、上高、宜丰、靖安、铜鼓）、九江市（武宁、修水）、鹰潭市（市区、贵溪）

湖北　咸宁地区（7）、武汉市（武昌）

湖南　长沙市（5）、株洲市（6）、湘潭市（3）、娄底地区（5）、邵阳市（3）、衡阳市（8）、郴州地区（11）、零陵地区（11）、岳阳地区（平江）、益阳地区（桃江）、邵阳地区（邵阳、隆回、武冈、洞口）

3. 湘鄂西部丘陵山地粮、油、烟、果增氮增磷补钾亚区（包括47个县、市）

湖南　怀化地区（12）、湘西州（10）、益阳地区（安化）、邵阳地区（新宁、绥宁、城步）、常德地区（石门、慈利）

湖北　郧阳地区（6）、鄂西州（8）、宜昌地区（兴山、秭归、长阳、五峰）、直辖单位（神农架林区）

（四）华南赤红壤、水稻土、氮肥中量、磷肥低效、钾肥高效区

1. 闽东南丘陵双季稻、甘蔗、果稳氮补磷增钾亚区（包括25个县、市）

福建　莆田市（3）、龙溪地区（10）、厦门市（2）、晋江地区（泉州市、惠安、晋江、南安、安溪、永春、金门）、福州市（长乐、福清、平潭）

台湾　缺资料

2. 粤桂北部山地丘陵双季稻、甘蔗增氮补磷增钾亚区（包括56个县、市）

广东　韶关市（13）、梅县地区（平远、蕉岭）、惠阳地区（和平、连平、龙川）、肇庆地区（怀集）

广西　柳州市（3）、桂林市（3）、桂林地区（10）、河池地区（10）、柳州地区（鹿寨、象州、融安、三江、融水、金秀、忻城）、梧州地区（昭平、贺县、钟山、富川）

3. 粤桂南部平原丘陵双季稻、甘蔗、果补氮补磷增钾亚区（包括114个县、市）

广东　广州市（9）、深圳市（2）、珠海市（2）、汕头市（10）、江门市（8）、佛山市（6）、茂名市（5）、梅县地区（梅县市、大埔、丰顺、五华、兴宁）、惠阳地区（惠州市、惠阳、紫金、河源、博罗、东莞、惠东、陆丰、海丰）、肇庆地区（肇庆市、高要、四会、广宁、封开、德庆、云浮、新兴、郁南、罗定）、湛江市（市区、吴川、廉江、遂溪）

广西　南宁市（3）、梧州市（2）、南宁地区（12）、玉林地区（8）、钦州地区（6）、柳州地区（合山市、武宣、来宾）、梧州地区（岑溪、藤县、蒙山）、百色地区（百色市、田阳、田东、平果、德保、靖西、那坡）

4. 琼雷海南岛丘陵台地双季稻、热作氮磷钾俱增亚区（包括21个

县、市）

广东　海南行政区（10）、海南行政区黎族苗族自治州（9）、湛江市（海康、徐闻）

（五）北部高原栗钙土、黄绵土、黑垆土，氮肥低量、磷肥高效、钾肥未显效区

1. 内蒙古北部高原牧业、小杂粮补氮亚区（包括20个县、市）

内蒙古　呼伦贝尔蒙（海拉尔市、满洲里市、鄂温克族旗、新巴尔虎右旗、新巴尔虎左旗、陈巴尔虎旗）、锡林郭勒盟（二连浩特市、阿巴嘎旗、苏尼特左旗、苏尼特右旗、东乌珠穆沁旗、西乌珠穆沁旗、锡林浩特市、银黄旗、正镶白旗、正蓝旗）、乌兰察布盟（达尔罕茂明安联合旗、四子王旗）、巴彦淖尔盟（乌拉特中旗、乌拉特后旗）

2. 长城沿线及内蒙古南部高原小杂粮、甜菜补氮补磷亚区（包括119个县、市）

内蒙古　呼和浩特市（3）、包头市（3）、兴安盟（5）、哲里木盟（8）、赤峰市（10）、伊克昭盟（8）、乌海市（1）、锡林郭勒盟（太仆赤旗、多伦）、乌兰察布盟（集宁市、武川、和林格尔、清水河、卓资、化德、商都、兴和、丰镇、凉城、察哈尔右翼前旗、察哈尔右翼中旗、察哈尔右翼后旗）、巴彦淖尔盟、临河、五原、磴口、乌拉特前旗、乌拉特后旗

河北　张家口市（2）、张家口地区（12）、承德区（2）、承德地区（7）

山西　大同市（2）、雁北地区（12）、太阳市（娄烦）、忻州地区（繁峙、宁武、静乐、神池、五寨、岢岚、偏关）、吕梁地区（岚县、方山）

陕西　榆林地区（榆林、神木、府谷、横山、靖边、定边）

辽宁　朝阳地区（7）

3. 晋东丘陵小麦、玉米、小杂粮增氮补磷亚区（包括30个县、市）

山西　阳泉市（3）、长安市（3）、晋东南地区（14）、忻州地区（五台）、晋中地区（榆社、左权、和顺、昔阳、寿阳）、临汾地区（安泽）、运城地区（芮城、平陆、垣曲）

4. 汾渭盆地粮、棉补氮增磷亚区（包括77个县、市）

山西　太原市（市区、清徐、阳曲）、忻州地区（忻州市、定襄、原平、代县）、吕梁地区（汾阳、文水、交城、孝义）、晋中地区（榆次、太谷、祁县、平遥、介休、灵石）、临汾地区（临汾市、侯马市、曲沃、翼城、襄汾、洪桐、霍县、古县、浮山）、运城地区（运城市、永济、临猗、万荣、新绛、稷山、河津、

闻喜、夏县、绛县）

陕西　西安市（7）、渭南地区（11）、咸阳市（12）、铜川市（市区、耀县）、宝鸡市（市区、宝鸡、凤翔、岐山、扶风、眉县、陇县、千阳、麟游）

5. 黄土高原粮、油增氮增磷亚区（包括106个县、市）

山西　忻州地区（河曲、保德）、吕梁地区（兴县、临县、柳林、石楼、离石、中阳、交口）、临汾地区（吉县、乡宁、蒲县、大宁、永和、隰县、汾西）

陕西　延安地区（13）、榆林地区（溪德、米脂、佳县、呈堡、清涧、子洲）、铜川市（宜君）

青海　西宁市（2）、海东地区（8）

甘肃　兰州市（4）、定西地区（7）、平凉地区（7）、庆阳地区（7）、临夏州（8）、天水地区（天水市、张家川、天水、清水、武山、甘谷、秦安、漳县）

宁夏　全自治区共19个县（市）

6. 秦巴山地区丘陵稻、麦、土特产增氮增磷补钾亚区（包括40个县、市）

陕西　汉中地区（11）、安康地区（10）、商洛地区（7）、宝鸡市（凤县、太白）

甘肃　武都地区（6）、天水地区（徽县、两当、西和、礼县）

（六）西南水稻土、紫色土、黄壤、红壤，氮肥中量、磷钾肥中效区

1. 四川盆地稻、麦、油、柑橘、桑增氮补磷增钾亚区（包括145个县、市）

四川　成都市（13）、绵阳地区（15）、南充地区（13）、达县地区（13）、雅安地区（8）、重庆市（13）、自贡市（3）、万县地区（10）、涪陵地区（10）、内江地区（9）、宜宾地区（12）、泸州市（4）、乐山地区（15）、德阳市（6）、凉山州（雷波）

2. 贵州高原水稻、旱粮、烟草增氮补磷亚区（包括82个县、市）

贵州　全省共82个县（市）

3. 川西高原山地牧业、旱粮增氮补磷亚区（包括41个县、市）

四川　阿坝州（13）、甘孜州（18）

云南　怒江州（5）、迪庆州（3）、丽江地区（丽江、宁蒗）

4. 滇北山原水稻、旱粮、烟、甘蔗增氮补磷补钾亚区（包括84个县、市）

四川　渡口市（3）、凉山州（西昌市、南昌、木里、盐源、德昌、会理、会东、宁南、普格、布施、金阳、昭觉、喜德、冕宁、越西、甘洛、美姑）

云南　昆明市（9）、昭通地区（11）、曲靖地区（9）、楚雄州（10）、大理州（12）、东川市（1）、玉溪地区（玉溪市、江川、澄江、通海、华宁、易门、峨山）、红河州（泸西）、保山地区（保山市、腾冲）、丽江地区（永胜、华坪）

5. 滇南中山宽谷水稻、旱粮、热作增氮补磷增钾亚区（包括52个县、市）

云南　文山州（8）、思茅地区（10）、西双版纳州（3）、德宏州（6）、临沧地区（8）、玉溪地区（新平、元江），红河州（个旧市、开远市、蒙自、屏边、建水、石屏、元阳、红河、金平、绿春、河口、弥勒）、保山地区（施甸、龙陵、昌宁）

（七）西北灌漠土、潮土，氮肥低量、磷肥高效、钾肥未显效区

1. 河西走廊麦、油、瓜、果增氮增磷亚区（包括22个县、市）

甘肃　酒泉地区（8）、嘉峪关市（1）、张掖地区（6）、武威地区（5）、金昌市（2）

2. 北疆盆地麦、油、甜菜增氮增磷亚区（包括41个县、市）

新疆　乌鲁木齐市（2）、克拉玛依市（1）、石河子市（1）、昌吉州（8）、伊犁州（10）、塔城地区（7）、阿勒泰地区（7）、博尔塔拉州（3）、哈密地区（巴里坤、伊吾）

3. 南疆盆地麦、棉、葡萄、瓜、果增氮增磷补钾亚区（包括46县、市）

新疆　吐鲁番地区（3）、巴音郭楞州（9）、阿克苏地区（9）、克孜勒苏柯尔克孜州（4）、喀什地区（12）、和田地区（8）、哈密地区（哈密市）

（八）青藏潮土、栗钙土，氮肥极低量、磷肥高效、钾肥未显效区

1. 青藏高原牧业、麦类、油菜增氮增磷亚区（包括56个县、市）

西藏　阿里地区（8）、拉萨市（当雄）、日喀则地区（仲巴、萨嘎）、那曲地区（那曲、嘉黎、比如、聂荣、安多、尼玛、申扎、班戈、巴青）

青海　海北州（4）、黄南州（3）、海南州（5）、海西州（4）、自辖单位（1）、果洛州（6）、玉树州（6）

甘肃　甘南州（7）

2. 藏东南高山峡谷牧业、麦类、杂粮增氮增磷亚区（包括58个县、市）

西藏　昌都地区（15）、山南地区（11）、江孜地区（7）、林芝地区（7）、拉萨市（市区、林周、尼木、曲水、堆龙德庆、达孜、墨竹工卡）、日喀则地区（日喀则、南木林、定日、萨迦、拉孜、昂仁、谢通门、定结、古隆、轰拉木）、那曲地区（索县）

资料来源：褚天铎等编著《化肥科学施肥指南》。

附录七 常见作物栽培适宜的土壤酸碱度

各种作物的正常生长需要适宜的酸碱条件，同时，土壤的酸碱度直接影响土壤养分的有效化，对作物的生长发育有重要的影响。因此，将常见作物适宜的酸碱度列于附表5-7，以便参考。

附表7-1 常见作物适宜的酸碱度

名称	pH	名称	pH	名称	pH
农作物		果树类		蔬菜类	
水稻	6.0～7.5	苹果	5.4～6.8	马铃薯	5.0～6.0
小麦	6.0～7.5	梨	5.6～7.2	西瓜	5.0～6.8
大麦	6.5～7.8	桃	5.2～6.8	生姜	5.0～7.0
玉米	6.0～7.5	葡萄	5.8～7.5	大蒜	5.5～6.5
谷子	6.0～7.0	板栗	5.6～6.5	韭菜	5.5～6.5
荞麦	5.0～7.5	枣	5.2～8.0	百合	5.5～6.5
甘薯	5.0～6.0	柑橘	5.5～6.5	花椰菜	5.5～6.8
棉花	6.0～8.0	橙	6.0～7.0	番茄	5.5～6.8
亚麻	6.0～7.0	柿	5.0～6.8	茄子	5.5～6.8
油菜	6.0～7.5	无花果	7.2～7.5	黄瓜	5.5～6.8
花生	5.5～7.0	樱桃	6.5～7.5	南瓜	5.5～6.8
芝麻	6.0～7.0	山楂	6.0～7.5	甘蓝	5.5～6.8
大豆	6.5～7.0	杨梅	4.0～5.0	甜椒	5.5～6.8
蚕豆	6.0～8.0	杏	6.8～7.9	胡萝卜	5.5～6.8
向日葵	6.0～7.5	菠萝	4.5～5.5	芋艿	5.5～7.0
甜菜	7.0～8.0	香蕉	6.0～6.5	草莓	5.8～6.5
甘蔗	6.0～7.5	油梨	6.0～7.0	莴苣	6.0左右
烟草	5.5～7.0	芒果	5.5～7.5	洋葱	6.0～6.8
茶	5.0～5.5	椰子	7.0左右	豌豆	6.0～6.8
桑	6.0～7.5	荔枝	6.0～7.5	菠菜	6.0～6.8
		核桃	6.5～7.5	大白菜	6.0～6.8
		龙眼	5.4～6.5	甜瓜	6.0～6.8
		香榧	5.0～6.5	毛豆	6.0～6.8
		橄榄	4.5～5.0	芹菜	6.0～7.5
		猕猴桃	4.9～6.7	豇豆	6.2～7.0
		枇杷	6.6～7.0	菜豆	6.2～7.0
		银杏	6.5～7.5	芦笋	6.5～7.0
		腰果	6.0～7.5	黄花菜	6.5～7.5
				大葱	7.0左右

附录八 化肥单位用量换算

附表 8-1 氮素单位用量换算成含氮肥料和复合（混）肥料单位用量（千克）

氮用量	硫酸铵（21%N）	硝硫酸铵（26%N）	硝酸铵钙和氯化铵（25%N）	硝酸钙（34%N）	硝酸铵（15.5%N）	硝酸钠/硫磷酸铵 16-20-0（16%N）	尿素（46%N）	尿素硝酸铵 28-28-0（28%N）
10	48	38	40	29	65	43	22	36
20	95	77	80	59	129	125	43	71
30	143	115	120	88	194	188	65	107
40	190	154	160	118	258	250	87	143
50	238	192	200	147	323	313	109	179
60	286	231	240	176	387	375	130	214
70	334	269	280	206	452	438	152	250
80	380	308	320	235	516	500	174	286
90	428	346	360	265	581	563	195	321
100	476	385	400	294	645	625	217	357
110	524	423	440	324	710	688	239	393
120	571	462	480	353	774	750	361	429
130	619	500	520	382	839	813	283	464
140	666	538	560	412	903	875	304	500
150	714	577	600	441	968	938	326	536

附表 8-2 磷酸盐单位用量换算成含磷肥料和复合（混）肥料单位用量（千克）

磷酸盐 P_2O_5 的用量	过磷酸钙（14%P_2O_5）	过磷酸钙（18%P_2O_5）	重过磷酸钙/磷酸二铵（46%P_2O_5）	尿素磷酸铵 28-28-0（28%P_2O_5）	硫磷酸铵 16-20-0（20%P_2O_5）
10	71	56	22	36	50
15	107	83	33	54	75
20	143	111	43	71	100

（续）

磷酸盐 P_2O_5 的用量	过磷酸钙（14%P_2O_5）	过磷酸钙（18%P_2O_5）	重过磷酸钙/磷酸二铵（46%P_2O_5）	尿素磷酸铵 28-28-0（28%F_2O_5）	硫磷酸铵 16-20-0（20%P_2O_5）
30	214	167	65	107	150
40	286	222	87	143	200
50	357	278	109	179	250
60	429	333	130	214	300
70	500	389	152	250	350
80	571	444	174	286	400
90	643	500	196	321	450
100	714	556	217	357	500

附表 8-3　钾素单位用量换算成钾肥或复合（混）肥料单位用量（千克）

钾（K_2O）的用量	氯化钾（60%K_2O）	硫酸钾（48%K_2O）
10	17	21
20	33	42
30	50	63
40	67	83
50	83	104
60	100	125
70	117	146
80	133	167
90	150	188
100	167	208

附录九　化肥换算系数

附表 9-1　化肥换算系数

N×1.215 9=NH_3	NH_3×0.822 5=N
N×5.643 8=NH_4HCO_3	NH_4HCO_3×0.177 2=N
N×3.819 0=NH_4Cl	NH_4Cl×0.241 8=N
N×2.857 1=NH_4NO_3	NH_4NO_3×0.35=N
N×6.430 9=NH_4NO_3·$CaCO_3$	NH_4NO_3·$CaCO_3$×0.155 5=N
N×3.786 4=NH_4NO_3·（NH_4）$_2SO_4$	NH_4NO_3·（NH_4）$_2SO_4$×0.264 1=N
N×3.477 0=2NH_4NO_3·（NH_4）$_2SO_4$	2NH_4NO_3·（NH_4）$_2SO_4$×0.287 6=N
N×3.322 2=3NH_4NO_3·（NH_4）$_2SO_4$	3NH_4NO_3·（NH_4）$_2SO_4$×0.301 0=N
N×2.143 6=CO（NH_2）$_2$（尿素）	CO（NH_2）$_2$×0.466 5=N
N×3.430 5=CO（NH_2）$_2$·（NH_4）$_2SO_4$	CO（NH_2）$_2$·（NH_4）$_2SO_4$×0.291 5=N
N×4.717=（NH_4）$_2SO_4$	（NH_4）$_2SO_4$×0.212 0=N
N×14.005 6=（NH_4）$_2SO_4$·$FeSO_4$·6H_2O	（NH_4）$_2SO_4$·$FeSO_4$·6H_2O×0.071 4=N
N×7.075 1==NH_4HSO_3	NH_4HSO_3×0.141 3=N
N×5.291 0=（NH_4）$_2S_2O_3$	（NH_4）$_2S_2O_3$×0.189 0=N
N×8.212 2=$NH_4H_2PO_4$	$NH_4H_2PO_4$×0.121 8=N
N×4.712 5=（NH_4）$_2HPO_4$	（NH_4）$_2HPO_4$×0.212 2=N
N×13.341 4=Fe（NH_4）PO_4·H_2O	Fe（NH_4）PO_4·H_2O×0.075 0=N
N×17.765 4=Fe（NH_4）HP_2O_7	Fe（NH_4）HP_2O_7×0.056 3=N
N×5.643 3=H_3PO_4·CO（NH_2）$_2$	H_3PO_4·CO（NH_2）$_2$×0.177 2=N
N×6.926 0=NH_4PO_3	NH_4PO_3×0.144 4=N=N
N×11.090 5=$MgNH_4PO_4$·H_2O	$MGNH_4PO_4$·H_2O×0.090 2=N
N×13.892 5=Cu（NH_4）PO_4·H_2O	Cu（NH_4）PO_4·H_2O×0.072 0=N
N×12.735 6=Zn（NH_4）PO_4	Zn（NH_4）PO_4×0.078 5=N
N×9.398 5=（NH_4）$_2B_4O_7$.4H_2O	（NH_4）$_2B_4O_7$.4H_2O×0.106 4=N
N×6.997 9=（NH_4）$_2MoO_4$	（NH_4）$_2MoO_4$×0.142 9=N
N×14.705 9=（NH_4）$_6Mo_7O_{24}$·4H_2O	（NH_4）$_6Mo_7O_{24}$·4H_2O×0.068 0=N
N×5.858 2=Ca（NO_3）$_2$	Ca（NO_3）2×0.170 7=N

（续）

$N \times 6.068\ 3 = NaNO_3$	$NaNO_3 \times 0.164\ 8 = N$
$N \times 7.217\ 6 = KNO_3$	$KNO_3 \times 0.138\ 6 = N$
$N \times 9.149\ 1 = Mg\ (NO_3)_2 \cdot 6H_2O$	$Mg\ (NO_3)_2 \cdot 6H_2O \times 0.109\ 3 = N$
$N \times 2.859\ 6 = CaCN_2$	$CaCN_2 \times 0.349\ 7 = N$
$P_2O_5 \times 0.436\ 4 = P$	$P \times 2.291\ 5 = P_2O_5$
$P_2O_5 \times 1.380\ 8 = H_3PO_4$	$H_3PO_4 \times 0.724\ 2 = P_2O_5$
$P_2O_5 \times 2.227\ 2 = H_3PO_4 \cdot CO\ (NH_2)_2$	$H_3PO_4 \cdot CO\ (NH_2)_2 \times 0.449\ 0 = P_2O_5$
$P_2O_5 \times 2.1851 = Ca_3\ (PO_4)_2$ (B. P. L.)	$Ca_3\ (PO_4)_2 \times 0.457\ 6 = P_2O_5$
$P_2O_5 \times 1.395\ 0 = Ca\ (PO_3)_2$	$Ca\ (PO_3)_2 \times 0.716\ 8 = P_2O_5$
$P_2O_5 \times 2.424\ 8 = CaHPO_4 \cdot 2H_2O$	$CaHPO_4 \cdot 2H_2O \times 0.412\ 4 = P_2O_5$
$P_2O_5 \times 1.775\ 8 = Ca\ (H_2PO_4)_2 \cdot H_2O$	$Ca\ (H_2PO_4)_2 \cdot H_2O \times 0.563\ 1 = P_2O_5$
$P_2O_5 \times 1.620\ 7 = NH_4H_2PO_4$	$NH_4H_2PO_4 \times 0.617 = P_2O_5$
$P_2O_5 \times 1.860\ 8 = (NH_4)_2HPO_4$	$(NH_4)_2HPO_4 \times 0.537\ 4 = P_2O_5$
$P_2O_5 \times 1.366\ 9 = NH_4PO_3$	$NH_4PO_3 \times 0.731\ 6 = P_2O_5$
$P_2O_5 \times 1.917\ 5 = KH_2PO_4$	$KH_2PO_4 \times 0.521\ 5 = P_2O_5$
$P_2O_5 \times 3.457\ 8 = MgNH_4PO_4 \cdot 6H_2O$	毫克 $NH_4PO_4 \cdot 6H_2O \times 0.289\ 2 = P_2O_5$
$P_2O_5 \times 2.513\ 8 = ZnNH_4PO_4$	$ZnNH_4PO_4 \times 0.397\ 8 = P_2O_5$
$P_2O_5 \times 2.633 = FeNH_4PO_4 \cdot H_2O$	$FeNH_4PO_4 \cdot H_2O \times 0.379\ 8 = P_2O_5$
$P_2O_5 \times 1.753\ 0 = Fe\ (NH_4)\ HP_2O_7$	$Fe\ (NH_4)\ HP_2O_7 \times 0.570\ 4 = P_2O_5$
$P_2O_5 \times 2.741\ 2 = CuNH_4PO_4 \cdot H_2O$	$CuNH_4PO_4 \cdot H_2O \times 0.364\ 8 = P_2O_5$
$K_2O \times 0.830\ 1 = K$	$K \times 1.204\ 7 = K_2O$
$K_2O \times 1.583\ 0 = KCl$	$KCl \times 0.631\ 7 = K_2O$
$K_2O \times 1.850\ 0 = K_2SO_4$	$K_2SO_4 \times 0.540\ 6 = K_2O$
$K_2O \times 1.467\ 2 = K_2CO_3$	$K_2CO_3 \times 0.681\ 6 = K_2O$
$K_2O \times 2.146\ 8 = KNO_3$	$KNO_3 \times 0.465\ 8 = K_2O$
$K_2O \times 2.889\ 3 = KNO_3$	$KNO_3 \times 0.346\ 1 = K_2O$
$K_2O \times 5.285\ 4 = MgSO_4 \cdot KCl \cdot 3H_2O$	$MgSO_4 \cdot KCl \cdot 3H_2O \times 0.189\ 2 = K_2O$
$K_2O \times 4.406\ 0 = 2MgSO_4 \cdot K_2SO_4$	$2MgSO_4 \cdot K_2SO_4 \times 0.227\ 0 = K_2O$

（续）

K_2O×3.893 1=$MgSO_4$·K_2SO_4·$4H_2O$	$MgSO_4$·K_2SO_4·$4H_2O$×0.256 9=K_2O
K_2O×4.275 6=$MgSO_4$·K_2SO_4·$6H_2O$	$MgSO_4$·K_2SO_4·$6H_2O$×0.233 9=K_2O
K_2O×1.637 6=K_2SiO_3	K_2SiO_3×0.610 6=K_2O
K_2O×1.318 7=K_4SiO_4	K_4SiO_4×0.758 3=K_2O
K_2O×2.275 3=$K_2Si_2O_5$	$K_2Si_2O_5$×0.439 5=K_2O
K_2O×3.550 5=$K_2Si_4O_9$	$K_2Si_4O_9$×0.281 6=K_2O
S×1.998 1=SO_2	SO_2×0.500 5=S
S×2.497 2=SO_3	SO_3×0.400 4=S
S×3.091 3=NH_4HSO_3	NH_4HSO_3×0.323 5=S
S×4.121 6=$(NH_4)_2SO_4$	$(NH_4)_2SO_4$×0.242 6=S
S×2.311 1=$(NH_4)_2S_2O_3$	$(NH_4)_2S_2O_3$×0.432 7=S
S×6.116 2=$(NH_4)_2SO_4$·$FeSO_4$·$6H_2O$	$(NH_4)_2SO_4$·$FeSO_4$·$6H_2O$×0.163 5=S
S×6.618 5=NH_4NO_3·$(NH_4)_2SO_4$	NH_4NO_3·$(NH_4)_2SO_4$×0.151 1=S
S×9.115 3=$2NH_4NO_3$·$(NH_4)_2SO_4$	$2NH_4NO_3$·$(NH_4)_2SO_4$×0.109 7=S
S×11.612 1=$3NH_4NO_3$·$(NH_4)_2SO_4$	$3NH_4NO_3$·$(NH_4)_2SO_4$×0.086 1=S
S×5.994 9=$CO(NH_2)_2$·$(NH_4)_2SO_4$	$CO(NH_2)_2$·$(NH_4)_2SO_4$×0.166 8=S
S×5.432 0=K_2SO_4	K_2SO_4×0.184 0=S
S×4.246 4=$CaSO_4$	$CaSO_4$×0.235 5=S
S×4.527 4=$CaSO_4$·$\frac{1}{2}H_2O$	$CaSO_4$·$\frac{1}{2}H_2O$×0.220 9=S
S×5.370 3=$CaSO_4$·$2H_2O$	$CaSO_4$·$2H_2O$×0.186 2=S
S×3.754 8=$MgSO_4$	$MgSO_4$×0.266 3=S
S×4.312 2=$2MgSO_4$·K_2SO_4	$2MgSO_4$·K_2SO_4×0.231 9=S
S×5.720 8=$2MgSO_4$·K_2SO_4·$4H_2O$	$MgSO_4$·K_2SO_4·$4H_2O$×0.174 8=S
S×6.281 4=$MgSO_4$·K_2SO_4·$6H_2O$	$MgSO_4$·K_2SO_4·$6H_2O$×0.159 2=S
S×7.766 1=$MgSO_4$·KCI·$3H_2O$	$MgSO_4$·KCI·$3H_2O$×0.128 8=S
S×3.039 3=ZnS	ZnS×0.329 0=S
S×5.597 5=$ZnSO_4$·H_2O	$ZnSO_4$·H_2O×0.178 7=S
S×8.969 2=$ZnSO_4$·$7H_2O$	$ZnSO_4$·$7H_2O$×0.111 5=S
S×17.436 8=$ZnSO_4$·$4Zn(OH)_2$	$ZnSO_4$·$4Zn(OH)_2$×0.057 3=S

（续）

S×4.709 6=$MnSO_4$	$MnSO_4$×0.212 3=S
S×5.271 6=$MnSO_4 \cdot H_2O$	$MnSO_4 \cdot H_2O$×0.189 7=S
S×6.395 4=$MnSO_3 \cdot 3H_2O$	$MnSO_3 \cdot 3H_2O$×0.156 4=S
S×6.957 4=$MnSO_4 \cdot 4H_2O$	$MnSO_4 \cdot 4H_2O$×0.143 7=S
S×8.671 9=$FeSO_4 \cdot 7H_2O$	$FeSO_4 \cdot 7H_2O$×0.115 3=S
S×4.909 2=$Fe_2(SO_4)_3 \cdot 4H_2O$	$Fe_2(SO_4)_3 \cdot 4H_2O$×0.203 7=S
S×5.847 9=$Fe_2(SO_4)_3 \cdot 6H_2O$	$Fe_2(SO_4)_3 \cdot 6H_2O$×0.171=S
S×4.965 7=Cu_2S	Cu_2S×0.201 4=S
S×4.979 1=$CuSO_4$	$CuSO_4$×0.200 8=S
S×5.541 0=$CuSO_4 \cdot H_2O$	$CuSO_4 \cdot H_2O$×0.180 5=S
S×7.788 8=$CuSO_4 \cdot 5H_2O$	$CuSO_4 \cdot 5H_2O$×0.128 4=S
S×14.110 7=$CuSO_4 \cdot 3Cu(OH)_2$	$CuSO_4 \cdot 3Cu(OH)_2$×0.070 9=S
CaO×0.714 7=Ca	Ca×1.399 2=CaO
CaO×1.321 3=$Ca(OH)_2$	$Ca(OH)_2$×0.756 9=CaO
CaO×1.784 8=$CaCO_3$	$CaCO_3$×0.560 3=CaO
CaO×3.212 2=$NH_4NO_3 \cdot CaCO_3$	$NH_4NO_3 \cdot CaCO_3$×0.311 3=CaO
CaO×2.926 1=$Ca(NO_3)_2$	$Ca(NO_3)_2$×0.341 8=CaO
CaO×2.427 6=$CaSO_4$	$CaSO_4$×0.411 9=CaO
CaO×2.588 2=$CaSO_4 \cdot \frac{1}{2}H_2O$	$CaSO_4 \cdot \frac{1}{2}H_2O$×0.386 4=CaO
CaO×3.070 1=$CaSO_4 \cdot 2H_2O$	$CaSO_4 \cdot 2H_2O$×0.325 7=CaO
CaO×1.843 6=$Ca_3(PO_4)_2$	$Ca_3(PO_4)_2$×0.542 4=CaO
CaO×3.531 4=$Ca(PO_3)_2$	$Ca(PO_3)_2$×0.283 2=CaO
CaO×3.068 8=$CaHPO_4 \cdot 2H_2O$	$CaHPO_4 \cdot 2H_2O$×0.325 9=CaO
CaO×4.495 1=$Ca(H_2PO_4)_2 \cdot H_2O$	$Ca(H_2PO_4)_2 \cdot H_2O$×0.222 5=CaO
CaO×2.071 0=$CaSiO_3$	$CaSiO_3$×0.482 9=CaO
CaO×3.665 7=$Ca_2B_6O_{11} \cdot 5H_2O$	$Ca_2B_6O_{11} \cdot 5H_2O$×0.272 8=CaO
MgO×0.603 2=Mg	Mg×1.657 9=MgO
MgO×4.125 8$Mg(NO_3)_2 \cdot H_2O$	$Mg(NO_3)_2 \cdot H_2O$×0.242 4=MgO

（续）

$MgO \times 3.8531 = MgNH_4PO_4 \cdot H_2O$	$MgNH_4PO_4 \cdot H_2O \times 0.2595 = MgO$
$MgO \times 2.9856 = MgSO_4$	$MgSO_4 \times 0.3349 = MgO$
$MgO \times 10.2930 = 2MgSO_4 \cdot K_2SO_4$	$2MgSO_4 \cdot K_2SO_4 \times 0.0972 = MgO$
$MgO \times 9.0946 = MgSO_4 \cdot K_2SO_4 \cdot 4H_2O$	$MgSO_4 \cdot K_2SO_4 \cdot 4H_2O \times 0.1100 = MgO$
$MgO \times 9.9883 = MgSO_4 \cdot K_2SO_4 \cdot 6H_2O$	$MgSO_4 \cdot K_2SO_4 \cdot 6H_2O \times 0.1001 = MgO$
$MgO \times 6.1751 = MgSO_4 \cdot KCl \cdot 3H_2O$	$MgSO_4 \cdot KCI \cdot 3H_2O \times 0.1619 = MgO$
$MgO \times 2.0915 = MgCO_3$	$MgCO_3 \times 0.4781 = MgO$
$Si \times 2.1404 = SiO_2$	$SiO_2 \times 0.4672 = Si$
$Si \times 4.1390 = CaSiO_3$	$CaSiO_3 \times 0.2416 = Si$
$Si \times 5.4922 = K_2SiO_3$	$K_2SiO_3 \times 0.1819 = Si$
$Si \times 8.8540 = K_4SiO_4$	$K_4SiO_4 \times 0.1129 = Si$
$Si \times 3.8197 = K_2Si_2O_5$	$K_2Si_2O_5 \times 0.2618 = Si$
$Si \times 2.978 = K_2Si_4O_9$	$K_2Si_4O_9 \times 0.3358 = Si$
$B \times 3.2206 = B_2O_3$	$B_2O_3 \times 0.3105 = B$
$B \times 5.7157 = H_3BO_3$	$H_3BO_3 \times 0.1750 = B$
$B \times 4.4248 = (NH_4)_2B_4O_7$	$(NH_4)_2B_4O_7 \times 0.226 = B$
$B \times 4.6468 = Na_2B_4O_7$	$Na_2B_4O_7 \times 0.2152 = B$
$B \times 6.7385 = Na_2B_4O_7 \cdot 5H_2O$	$Na_2B_4O_7 \cdot 5H_2O \times 0.1484 = B$
$B \times 8.8028 = Na_2B_4O_7 \cdot 10H_2O$	$Na_2B_4O_7 \cdot 10H_2O \times 0.1136 = B$
$B \times 6.3371 = Ca_2B_6O_{11} \cdot 5H_2O$	$Ca_2B_6O_{11} \cdot 5H_2O \times 0.1578 = B$
$Zn \times 1.2447 = ZnO$	$ZnO \times 0.8034 = Zn$
$Zn \times 1.4904 = ZnS$	$ZnS \times 0.6710 = Zn$
$Zn \times 2.0846 = ZnCl_2$	$ZnCl_2 \times 0.4797 = Zn$
$Zn \times 1.9179 = ZnCO_3$	$ZnCO_3 \times 0.5214 = Zn$
$Zn \times 2.7448 = ZnSO_4 \cdot H_2O$	$ZnSO_4 \cdot H_2O \times 0.3643 = Zn$
$Zn \times 4.3982 = ZnSO_4 \cdot H_2O$	$ZnSO_4 \cdot 7H_2O \times 0.2274 = Zn$
$Zn \times 1.7094 = ZnSO_4 \cdot 4Zn(OH)_2$	$ZnSO_4 \cdot 4Zn(OH)_2 \times 0.585 = Zn$

（续）

Zn×2.728 7＝Zn（NH_4）PO_4	Zn（NH_4）PO_4×0.366 5＝Zn
Mo×1.500 3＝MoO_3	MoO_3×0.666 6＝Mo
Mo×2.043 0＝（NH_4）$_2MoO_4$	(NH_4)$_2MoO_4$×0.489 5＝Mo
Mo×1.840 9＝（NH_4）$_6Mo_7O_{24}$·$4H_2O$	(NH_4)$_6Mo_7O_{24}$·$4H_2O$×0.543 2＝Mo
Mo×2.521 9＝Na_2MoO_4·$2H_2O$	Na_2MoO_4·$2H_2O$×0.396 5＝Mo
Mn×1.291 3＝MnO	MnO×0.774 4＝Mn
Mn×1.582 6＝MnO_2	MnO_2×0.631 9＝Mn
Mn×1.873 8＝MnO_3	MnO_3×0.533 7＝Mn
Mn×1.436 8＝Mn_2O_3	Mn_2O_3×0.696＝Mn
Mn×1.388 3＝Mn_3O_4	Mn_3O_4×0.720 3＝Mn
Mn×2.092 5＝$MnCO_3$	$MnCO_3$×0.477 9＝Mn
Mn×2.291 0＝$MnCl_2$	$MnCl_2$×0.436 5＝Mn
Mn×3.602 9＝$MnCl_2$·$4H_2O$	$MnCI_2$·$4H_2O$×0.277 6＝Mn
Mn×2.748 8＝$MnSO_4$	$MnSO_4$×0.363 8＝Mn
Mn×3.076 8＝$MnSO_4$·H_2O	$MnSO_4$·H_2O×0.325 0＝Mn
Mn×3.702 7＝$MnSO_4$·$3H_2O$	$MnSO_4$·$3H_2O$×0.267 9＝Mn
Mn×4.060 7＝$MnSO_4$·$4H_2O$	$MnSO_4$·$4H_2O$×0.246 3＝Mn
Fe×1.286 5＝FeO	FeO×0.777 3＝Fe
Fe×1.429 8＝Fe_2O_3	Fe_2O_3×0.699 4＝Fe
Fe×2.074 5＝$FeCO_3$	$FeCO_3$×0.482 0＝Fe
Fe×4.978 0＝$FeSO_4$·$7H_2O$	$FeSO_4$·$7H_2O$×0.200 9＝Fe
Fe×7.021 4＝（NH_4）$_2SO_4$·$FeSO_4$·$6H_2O$	(NH_4)$_2SO_4$·$FeSO_4$·$6H_2O$×0.142 4＝Fe
Fe×4.662 5＝Fe_2（SO_4）$_3$·$5H_2O$	Fe_2（SO_4）$_3$·$5H_2O$×0.236 6＝Fe
Fe×5.030 2＝Fe_2（SO_4）$_3$·$5H_2O$	Fe_2（SO_4）$_3$·$5H_2O$×0.198 8＝Fe
Fe×3.346 2＝Fe（NH_4）PO_4·H_2O	Fe（NH_4）PO_4·H_2O×0.298 8＝Fe
Fe×4.455 8＝Fe（NH_4）HP_2O_7	Fe（NH_4）HP_2O_7×0.224 4＝Fe

（续）

$Cu \times 1.2517 = CuO$	$CuO \times 0.7989 = Cu$
$Cu \times 2.2517 = Cu_2O$	$Cu_2O \times 0.4441 = Cu$
$Cu \times 1.2522 = Cu_2S$	$Cu_2S \times 0.7986 = Cu$
$Cu \times 2.5111 = CuSO_4$	$CuSO_4 \times 0.3982 = Cu$
$Cu \times 2.7945 = CuSO_4 \cdot H_2O$	$CuSO_4 \cdot H_2O \times 0.3578 = Cu$
$Cu \times 3.9281 = CuSO_4 \cdot 5H_2O$	$CuSO_4 \cdot 5H_2O \times 0.2546 = Cu$
$Cu \times 1.7794 = CuSO_4 \cdot 3Cu(OH)_2$	$CuSO_4 \cdot 3Cu(OH)_2 \times 0.562 = Cu$
$Cu \times 2.1155 = CuCl_2$	$CuCl_2 \times 0.4727 = Cu$
$Cu \times 2.6823 = CuCl_2 \cdot 2H_2O$	$CuCl_2 \cdot 2H_2O \times 0.3728 = Cu$
$Cu \times 1.7397 = CuCO_4 \cdot Cu(OH)_2$	$CuCO_4 \cdot Cu(OH)_2 \times 0.5748 = Cu$
$Cu \times 1.8077 = 2CuCO_4 \cdot Cu(OH)_2$	$2CuCO_4 \cdot Cu(OH)_2 \times 0.5532 = Cu$
$Cu \times 3.0613 = Cu(NH_4)PO_4 \cdot H_2O$	$Cu(NH_4)PO_4 \cdot H_2O \times 0.3267 = Cu$

附录十　作物经济产量吸收氮、磷、钾的大致数量（千克）

作　物	收获物	形成100千克经济产量吸收的养分数量		
		氮（N）	磷（P_2O_5）	钾（K）
水稻	子粒	2.1～2.40	0.9～1.30	2.1～3.30
冬小麦	子粒	3.00	1.25	2.5
春小麦	子粒	3.00	1.00	2.5
大麦	子粒	2.70	0.90	2.20
荞麦	子粒	3.30	1.60	4.30
玉米	子粒	2.57	0.86	2.14
谷子	子粒	2.5	1.75	1.75
高粱	子粒	2.6	1.30	3.00
甘薯（地瓜）	鲜块状	0.35	0.18	0.55
马铃薯（土豆）	鲜块茎	0.50	0.20	1.06
大豆	豆粒	7.20	1.80	4.00

（续）

作 物	收获物	形成100千克经济产量吸收的养分数量		
		氮（N）	磷（P_2O_5）	钾（K）
绿豆	豆粒	9.68	0.93	3.51
蚕豆	豆粒	6.44	2.00	5.00
豌豆	豆类	3.09	0.86	2.86
花生	荚果	6.80～7.00	1.30	3.80～4.00
棉花	子棉	5.00	1.80	4.00
棉花	皮棉	13.80	4.80	14.40
油菜	菜子	5.80	2.50	4.30
芝麻	子粒	8.23	2.07	4.41
向日葵	子粒	6.22～7.44	1.35～1.86	14.60～16.60
胡麻	子粒	6.20	1.25	2.75
黄麻	纤维	1.94	0.80	4.50
红麻	纤维	3.00	1.00	5.00
苎麻	纤维	10.00～15.60	2.60～3.8	13.60～19.40
咖啡	咖啡豆	7.00	1.40	7.60
啤酒花	球果	16.00	8.00	15.00
烟草	鲜叶	4.10	0.70	1.10
大麻	纤维	8.00	2.30	5.00
甜菜	鲜块根	0.40	0.15	0.60
甘蔗	茎	0.19	0.07	0.30
柑橘	果实	0.49	0.15	0.60
柑橘（温州蜜橘）	果实	0.60	0.11	0.40
蜜橘	果实	0.30	0.06	0.20
苹果	果实	0.15	0.02	0.16
苹果（国光）	果实	0.30	0.08	0.32
*亚麻	麻茎	0.97	0.50	1.36
黄瓜	果实	0.28	0.09	0.39
架芸豆	果实	0.81	0.23	0.68
茄子	果实	0.30	0.10	0.40

（续）

作　物	收获物	形成 100 千克经济产量吸收的养分数量		
		氮（N）	磷（P_2O_5）	钾（K）
番茄	果实	0.45	0.50	0.50
胡萝卜	块根	0.31	0.10	0.50
萝卜	块根	0.60	0.31	0.50
卷心菜	叶球	0.41	0.05	0.38
洋葱	葱头	0.27	0.12	0.23
芹菜	全株	0.16	0.08	0.42
菠菜	全株	0.36	0.18	0.52
花椰菜	全株	2.00	0.67	1.65
菜豆	荚果	0.80	0.25	0.70
韭菜	地上部	0.15～0.18	0.05～0.06	0.17～0.20
大葱	全株	0.30	0.12	0.40
辣椒	果实	0.34～0.36	0.05～0.08	0.13～0.16
西瓜	果实	0.18	0.04	0.20
冬瓜	果实	0.13	0.06	0.15
甜瓜	果实	0.35	0.17	0.69
*南瓜	果实	0.42	0.17	0.64
*草莓	果实	0.40	0.10	0.45
大白菜	地上部	0.15	0.07	0.20
梨（廿世纪）	果实	0.47	0.23	0.48
樱桃	果实	0.25	0.10	0.30～0.35
核桃	果实	2.80	—	—
柿（富有）	果实	0.59	0.14	0.54
柿子	果实	0.80	0.30	1.20
枣	果实	1.50	1.00	1.30
菠萝	果实	0.35	0.11	0.74
猕猴桃	果实	0.18	0.02	0.32
葡萄（玫瑰露）	果实	0.60	0.30	0.72
桃（白凤）	果实	0.48	0.20	0.76

主要参考文献

陈庆瑞，涂仕华，等.2008. 主要肥料与施肥技巧. 成都：四川科学技术出版社.

褚天铎，等.2008. 化肥科学使用指南. 北京：金盾出版社.

崔英德.1999. 复合肥的生产与施用. 北京：化学工业出版社.

范兴亮，冯天福.2001. 新编肥料实用手册. 郑州：中原农民出版社.

方天翰，等.2003. 复混肥料生产技术手册. 北京：化学工业出版社.

冯文清，陈宗光，等.2009. 蔬菜配方施肥120题. 北京：金盾出版社.

高祥照，申朓，郑文，等.2005. 肥料实用手册. 北京：中国农业出版社.

化学工业出版社.2000. 农用化学品—农药化肥农膜饲料添加剂. 北京：化学工业出版社.

劳秀荣，杨守祥，李燕婷，等.2009. 果园测土配方施肥技术百问百答. 北京：中国农业出版社.

鲁剑巍，曹卫东.2010. 肥料使用技术手册. 北京：金盾出版社

马国瑞，等.2004. 蔬菜施肥手册. 北京：中国农业出版社.

张宝林，等.2003. 功能性复混肥料生产工艺技术. 郑州：河南科学技术出版社.

张洪昌，赵春山，等.2010. 作物专用肥配方与施肥技术. 北京：中国农业出版社

张志明，等.2000. 复混肥料生产与利用指南. 北京：中国农业出版社.

赵广春，徐俊恒，苏成军.2006. 百种作物无公害施肥技术. 郑州：中原农民出版社.

周连仁，姜佰文.2007. 肥料加工技术. 北京：化学工业出版社.

石家庄市农业生产资料总公司

本公司隶属石家庄市供销合作总社，是石家庄地区最大的国有农资经营专业企业，主营化肥、农药、农膜、农机具等，年销售额 10 亿元，承担石家庄地区近 30 万吨化肥的供应量。

为满足新兴农业对化肥的需求及增加化肥品种供应，于 1988 年联合中农集团公司、河北省农资公司共同出资创建石家庄市复混肥厂，占地 20 亩，年设计生产能力 20 万吨。该厂拥有铁路专运线，并具有大型挤压生产线、全自动掺混肥生产线、转鼓造粒生产线等三套自动化工艺流水线，保障了农业产品对复混肥的需求。

（一）企业优势及产品特点

1. 交通便利，拥有全市唯一的农资铁路专运线。

仓储能力强，具有 2 万米^{2}储备库；技术后盾强大，与河北省农业科学院、河北农业大学以及石家庄市农业现代化研究所有长期合作，共同开发研制肥料新配方、新品种，提高肥效利用率，降低农业基本投入费用，把科学理论运用到实践当中，推广到农业前沿，达到三方共赢的目的。主品牌带动新品牌，满足近距离地域销售不同需求，现拥有“华帝”、“华帝丰泰”、“依撒多收”、“栲栳”等注册商标，在河北省各地、市农资市场有良好声誉，2005 年被河北省农业厅评为首批“放心农资企业”称号。

2. 产品多样化，推出各类专用肥料品种达 50 多个，达到最佳使用效果。

根据农业和农民实际需要，推出了高、中、低含量的系列产品，产品含量从 25%至 63%，规格齐全，以满足一般大田作物与高价值经济作物不同投入量的需求；推出了各类功能肥料，现拥有 10 万吨大型挤压造粒设备，可生产大颗粒氯化钾、大颗粒氯化铵、硫铵等替代进口钾肥，在加工的同时加入适量中、微量元素及聚天门冬氨酸，科学配比，达到了不同元素对不同作物的特殊增产作用。

（二）代表产品

玉米缓释补锌肥、芦笋补铁专用肥、缓释硫包尿素、多肽硫基氮肥等。

石家庄市农业生产资料总公司（地址：石家庄仓兴街 36 号）

法定代表人：毛波

石家庄市复混肥厂　法定代表人：赵伟

牡丹江农海氨基酸复合肥有限公司

牡丹江农海氨基酸复合肥有限公司始建于1998年，是一家科研、生产、销售为一体的生态环保多功能新型肥料企业。新产品研发机构设在北京，是北京中关村科技园区的高新技术企业。生产基地建立在牡丹江市的海林振西区，现有固定资产1.058亿元，拥有多项生态环保药肥发明专利，其无形资产（知识产权）达3亿元以上。生产基地占地面积12.18万米^2。

本公司已建成投产的生产装置有：复混肥生产线1条，掺混肥生产装置1套，冲施肥生产装置1套，氨基酸叶面肥生产装置2套，植物源农药提取生产线1条。年总生产能力30万吨。正在建设生物农药、生物钾硅肥（利用钾长石生产）等生产线。

本公司被国家经贸委列为国家重点技术创新项目——年产5万吨氨基酸复合肥生产线的工业性试验单位；系列产品曾荣获“北方7省名优肥料产品”、全国农业技术推广服务中心“无公害农产品生产用肥”。被黑龙江省土肥站定为“测土配方肥料海林配送中心”、“国家测土配方项目海林市配肥站”、“黑龙江省测土配方施肥专家组流动工作站”。

公司具有成熟的生产经营经验和健全的市场营销网络，技术力量雄厚，生产、研发设备齐全，管理系统规范，主要生产氨基酸系列复混肥、缓释掺混肥、有机—无机复混肥、全系列多功能冲施肥和液体肥50多个品种。

公司秉承“质量为本，服务三农”的企业宗旨，依靠科技打造产品，凭诚信塑造品牌，以创新谋求发展，依托地域和资源优势，致力打造黑龙江省肥料行业的龙头企业。

牡丹江农海氨基酸复合肥有限公司的主要产品

产品名称	有效成分含量（%）
农海氨基酸叶面肥（绿色食品水稻专用）	复合氨基酸10—16，螯合微量元素2—14，生物制剂3—6
农海氨基酸叶面肥（绿色食品大豆专用）	复合氨基酸10—16，螯合微量元素2—14，生物制剂3—6

（续）

产品名称	有效成分含量（%）
农海氨基酸叶面肥（绿色食品瓜果专用）	复合氨基酸 10—16，螯合微量元素 2—14，生物制剂 3—6
农海氨基酸叶面肥（绿色食品蔬菜专用）	复合氨基酸 10—16，螯合微量元素 2—14，生物制剂 3—6
农海氨基酸叶面肥（绿色食品甜菜专用）	复合氨基酸 10—16，螯合微量元素 2—14，生物制剂 3—6
农海氨基酸叶面肥（有机食品专用）	复合氨基酸 10—16，螯合微量元素 2—14，生物制剂 3—6
农海氨基酸叶面肥（作物灾害急救专用）	复合氨基酸 10—16，螯合微量元素 2—14，生物制剂 3—6
农海氨基酸叶面肥（具有杀虫效果的多功能肥）	复合氨基酸 10—16，螯合微量元素 2—14，生物制剂 3—6
农海氨基酸叶面肥（具有防病效果的多功能肥）	复合氨基酸 10—16，螯合微量元素 2—14，生物制剂 3—6
农海氨基酸叶面肥（防止枯黄萎病的多功能肥）	复合氨基酸 10—16，螯合微量元素 2—14，生物制剂 3—6
农海氨基酸复混肥（防止地下害虫的多功能肥）	$N+P_2O_5+K_2O=25$—30，氨基酸≥4，中微量元素≥6，生物制剂≥3
农海氨基酸复混肥（防止线虫的多功能肥）	$N+P_2O_5+K_2O=25$—30，氨基酸≥4，中微量元素≥6，生物制剂≥3
农海氨基酸复混肥（预防土传病害的多功能肥）	$N+P_2O_5+K_2O=25$—30，氨基酸≥4，中微量元素≥6，生物制剂≥3
农海氨基酸复混肥（抗重茬的多功能肥）	$N+P_2O_5+K_2O=25$—30，氨基酸≥4，中微量元素≥6，生物制剂≥3
农海氨基酸复混肥（水稻除草多功能肥）	$N+P_2O_5+K_2O=25$—30，氨基酸≥4，中微量元素≥6，生物制剂≥3
农海氨基酸复混肥（绿色食品水稻专用肥）	$N+P_2O_5+K_2O=25$—30，氨基酸≥4，中微量元素≥6，生物制剂≥3
农海氨基酸复混肥（绿色食品大豆专用肥）	$N+P_2O_5+K_2O=25$—30，氨基酸≥4，中微量元素≥6，生物制剂≥3
农海氨基酸复混肥（大棚茄果类蔬菜专用肥）	$N+P_2O_5+K_2O=25$—30，氨基酸≥4，中微量元素≥6，生物制剂≥3

牡丹江农海氨基酸复合肥有限公司

（续）

产品名称	有效成分含量（%）
农海氨基酸复混肥（大棚叶菜类蔬菜专用肥）	$N+P_2O_5+K_2O=25$—30，氨基酸≥4，中微量元素≥6，生物制剂≥3
农海氨基酸复混肥（根菜类蔬菜专用肥）	$N+P_2O_5+K_2O=25$—30，氨基酸≥4，中微量元素≥6，生物制剂≥3
农海氨基酸复混肥（各种作物防重茬专用肥系列）	$N+P_2O_5+K_2O=25$—30，氨基酸≥4，中微量元素≥6，生物制剂≥3
农海氨基酸复混肥（各种作物盐碱地专用系列）	$N+P_2O_5+K_2O=25$—30，氨基酸≥4，中微量元素≥6，生物制剂≥3
农海氨基酸复混肥（各种作物冲施肥系列）	$N+P_2O_5+K_2O=25$—30，氨基酸≥4，中微量元素≥6，生物制剂≥3
农海氨基酸玉米专用缓释肥	氮磷钾＝22＋8＋10＝40，氨基酸≥4，中微量元素≥6，生物制剂≥3
农海氨基酸玉米专用缓释肥	氮磷钾＝20＋10＋10＝40，氨基酸≥4，中微量元素≥6，生物制剂≥3
农海氨基酸玉米专用缓释肥	氮磷钾＝24＋8＋10＝42，氨基酸≥4，中微量元素≥6，生物制剂≥3
农海氨基酸玉米专用缓释肥	氮磷钾＝22＋12＋12＝46，氨基酸≥4，中微量元素≥6，生物制剂≥3
农海氨基酸玉米专用缓释肥	氮磷钾＝24＋12＋12＝48，氨基酸≥4，中微量元素≥6，生物制剂≥3
农海氨基酸大豆专用缓释肥	氮磷钾＝18＋16＋6＝40，氨基酸≥4，中微量元素≥6，生物制剂≥3
农海氨基酸大豆专用缓释肥	氮磷钾＝16＋16＋10＝42，氨基酸≥4，中微量元素≥6，生物制剂≥3
农海氨基酸大豆专用缓释肥	氮磷钾＝14＋16＋12＝42，氨基酸≥4，中微量元素≥6，生物制剂≥3
农海氨基酸大豆专用缓释肥	氮磷钾＝18＋20＋6＝44，氨基酸≥4，中微量元素≥6，生物制剂≥3
农海氨基酸水稻复混肥	氮磷钾＝12＋16＋7＝35，氨基酸≥4，中微量元素≥6，生物制剂≥3
农海氨基酸水稻复混肥	氮磷钾＝18＋13＋9＝40，氨基酸≥4，中微量元素≥6，生物制剂≥3
农海生物有机肥（有机食品、绿色食品专用）	有效活菌数≥0.2亿/克，有机质≥25
农海生物钾硅钙肥	有效活菌数≥0.2亿/克，$K_2O=6$—10，$SiO_2=$20—30，$CaO=6$—8